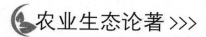农业生态论著 >>>

农业生态节肥

NONGYE SHENGTAI JIEFEI

贾小红 等 编著

中国农业出版社

北 京

作 者 简 介

　　贾小红　　1990 年毕业于北京农业大学土壤农化系，博士，现任北京市土肥工作站副站长、推广研究员，兼任北京土壤学会副理事长。现享受国务院政府特殊津贴，为农业农村部科学施肥专家组成员、肥料登记评审委员会委员。

　　大学毕业后一直在北京从事土肥技术的试验、示范与推广工作，先后开展平衡施肥技术、优质有机肥加工使用技术、旱作农业技术、生物肥加工使用技术、土壤培肥技术的研究与应用，为北京耕地质量的提升和作物优质高产做出了贡献。另外，工作期间先后主持和参加国家、省（部）级科研、推广项目近百项，获省（部）级成果 18 项、实用发明专利 25 项，主持或参与制定农业标准 2 项，在国家级重点专业刊物发表论文 62 篇，主编或者参编技术专著 27 部。

编写人员名单

主　编：贾小红

参　编：于跃跃　任艳萍　石文学　何威明　王　睿

　　　　伍　卫　陈　清　樊晓刚　郭　宁　金　强

　　　　李　萍　李顺江　梁金风　常瑞雪　刘自飞

　　　　吴文强　吴兴彪　闫　实　颜　芳　张成军

　　　　张世文　张　蕾　张雪莲　张彩月　崔良满

前言

中共十九大明确中国特色社会主义进入新时代，我国社会主要矛盾变化为"人民日益增长的美好生活需要和不平衡不充分的发展之间的矛盾"。中共十九大报告明确指出："建设生态文明是中华民族永续发展的千年大计。必须树立和践行绿水青山就是金山银山的理念。坚持节约资源和保护环境的基本国策，像对待生命一样对待生态环境，统筹山水林田湖草系统治理，实行最严格的生态环境保护制度，形成绿色发展方式和生活方式，坚定走生产发展、生活富裕、生态良好的文明发展道路，建设美丽中国，为人民创造良好生产生活环境，为全球生态安全作出贡献。"中共十九大报告也明确指出要"加强农业面源污染防治"。

化肥投入极大地促进了我国作物的增产，随着农业生产的发展，农民对化肥的消费也不断增加，目前我国已经成为世界上最大的化肥生产国，而且也是世界上最大的化肥消费国。我国的化肥施用强度已达到世界平均水平的1.6倍以上，种植业中化肥的大量施用也引起了农业土壤、河流、湖泊、海湾和大气环境质量的衰退，农业面源污染已经成为我国水污染的主要根源和空气污染的重要来源。我国每年在粮食和蔬菜作物上施用的氮肥，大约17.4万t流失掉，而其中接近1/2的氮肥从农田流入长江、黄河和珠江。为了加大农业面源污染防治力度，2016年农业部在全国实施了"化肥农药零增长行动"，2017年农业部在全国启动了关于实施农业绿色发展五大行动，其中与面源污染控制有关的有畜禽粪污资源化利用行动、果菜茶有机肥替代化肥行动、东北地区秸秆处理行动、农膜回收行动。

为了从技术与科普知识方面支持国家生态文明建设，农业农村部农业生态与资源保护总站组织相关行业专家与技术人员编写了"农业生态论著"丛书，本书是该系列丛书之一，主要通过普及节肥与合理施肥技术，促进保护农业生态环境。本书共分15章，包括过量施用化肥的危害、农业生态节肥理论基础、农业生态节肥政策、养分资源综合管理、科学施肥、氮肥损失调控、磷肥污染防治、有机肥替代化肥、生物肥替代部分化肥、绿肥替代部分化肥、秸秆还田利用、种养结合、多作种植高效节肥、堆肥茶生产与肥料化利用、肥料安全控制，系统介绍了节肥重要意义、节肥和合理施肥政策要求及相关技术措施。本书的出版有助于指导农民科学合理施肥，有利于提高肥料利用率、保护农业生态环境。

由于作者水平有限，书中难免存在错误之处，敬请广大读者指正。

贾小红

目 录

第一章 | CHAPTER 1

过量施用化肥的危害

化肥即化学肥料，又称无机肥料，是指利用化学方法合成制造出来的或者是用矿石加工而来的肥料。化肥的投入使用，极大地推动了农业生产的发展，大幅度提高了作物产量，保障了人类粮食安全，在农业生产中占有极为重要的地位。农业生产过程中，投入土壤中的化肥不是静止的，而是处于动态的变化之中。任何种类和形态的化肥，都不可能全部被植物（作物）吸收和利用，化肥用量过大、化肥施用方法不当、施用化肥后作物利用率不高，导致化肥大量流失，都会造成污染。如今，随着化肥用量的逐年增加，化肥被视为仅次于农药的污染源，造成的危害与农药相当。化肥的不合理施用导致的面源污染（非点源污染）、危害作物生长等对生态环境和植物生长造成的影响越来越受到政府和科研工作者的广泛关注。

第一节　农业面源污染及其产生原因

随着点源治理水平的提高，降水径流特别是暴雨径流引起的农业面源污染，已经成为水体富营养化程度日益严重的主要贡献者，虽然农田排放的污染物浓度相对于工业和城市排污浓度小，但因其涉及面广、排放总量大而不可忽视。我国在农业面源污染研究领域虽然已经取得了不少可喜的成果，但仍存在一系列问题制约着面源污染问题的解决。化肥的不合理施用是农业面源污染的重要来源之一，回顾分析已有研究成果，走出认识误区，探讨控制前景，对有效控制农业面源污染、改善水质都具有十分重要的意义。

一、农业面源污染的概念

农业面源污染（agricultural non-point source pollution）是指在农业生产活动中，氮素和磷素等营养物质、农药以及其他有机与无机污染物质通过农田的地表径流、渗漏等形成的对水环境、大气等生态系统的污染。农业面源污染的产生、迁移和转化过程实质是污染物从土壤圈向其他圈层尤其是水圈的扩散过程，其本质是一种扩散污染，主要包括化肥污染、农药污染、集约化养殖场污染等。农业面源污染有其主要的特征：污染发生区域的随机性、污染排放途径以及排放污染物的不确定性、污染负荷空间分布的差异性。近几年，农业面源污染愈演愈烈，已经成为严重制约生态建设、社会稳定、人居环境水平提高的一大主要因素。

最早认识到面源污染问题的是美国，始于 20 世纪 70 年代，相关研究与探讨已经得到重视。我国对这方面的研究起步相对较晚。目前，面源污染已经成为当今世界普遍存在的一个严重的环境问题，并成为水体保护的主要障碍因子。所谓农业面源污染就是指在降水径流的冲刷和淋溶作用下，大气、地面和土壤中的溶解性或固体污染物质（如大气悬浮物，城市垃圾，农田、土壤中的化肥、农药、重金属以及其他有毒、有害物质等），进入江河、湖泊、水库和海洋等水体而造成的水环境污染。农业面源污染是造成水体环境污染隐患的最主要的面源污染形式，由于农业活动的广泛性和普遍性，其已成为目前水质恶化的一大主要威胁。随着点源污染的有效控制，面源污染的严重性也逐步显现出来。美国的相关研究表明，点源污染即使达到零排放，仍然不能有效控制水体污染，可见控制面源污染的重要性。

农业面源污染形成过程受区域地理、气候、土壤条件、土地利用方式、植被覆盖等多种因素的影响，并且具有随机性大、分布范围广、形成机理模糊、潜伏性强、滞后性发生和管理控制难度大的特点，因此至今在世界范围内仍未形成一套有效控制农业面源污染的管理措施和技术标准。但是，国内外的研究人员对农业面源污染问题进行了比较广泛而深入的探讨，并且取得了一些有效的技术成果。

二、施肥产生的农业面源污染

农业面源污染占整个面源污染的比重最大。农业面源污染是指人们从事农业活动时产生的面源污染，包括化肥、农药、畜禽粪便等造成的水环境污染。在我国强化点源排放与治理的同时，面源污染的控制也应积极开展和加强，尤其是农业面源污染。如果对农业面源污染不进行控制，就不能彻底解决水环境的污染问题。

研究表明，化肥的不合理施用是造成水体污染的主要原因。我国在过去的几十年中，粮食产量不断增加，很重要的原因之一就是化肥投入的增加。正是由于化肥在作物增产中的重要作用，化肥的生产和施用才有惊人的增长。但实际上，化肥的利用率并不高，综合各地试验结果，我国每年农田养分被作物利用的部分很少，氮肥的利用率仅为30%～35%，磷肥为10%～20%，钾肥为35%～50%。剩余的养分通过各种途径，如径流、淋溶、反硝化、吸附和侵蚀等进入水环境从而污染水体。

化肥作为一种重要的现代化学投入要素，对我国的农业生产起了很大的作用。改革开放以来，随着农业生产的发展，农民对化肥的消费不断增加（表1-1），我国的化肥工业也不断发展。目前，我国已经成为世界上最大的化肥生产国，而且也是世界上最大的化肥消费国。从化肥施用强度来看，我国处于世界第四位，远高于世界平均水平（图1-1），我国的化肥施用强度已达到世界平均水平的1.6倍以上（黄绍文等，2017）。与此同时，种植业中化肥的大量施用也引起了农业土壤、河流、湖泊、海湾和大气环境质量衰退，成为我国农业面源污染的最主要诱因。据报道，农业的面源污染已经成为我国水污染的主要根源和空气污染的重要来源。我国每年在粮食和蔬菜作物上施用的氮肥，有大约17.4万t流失掉，而其中接近1/2的氮肥从农田流入长江、黄河和珠江，已经对当地、区域和全球范围的环境和生态系统功能产生严重的影响。张锋等（2012）对我国农业面源污染的形式进行研究指出，在我国水体污染严重的流域，农田、农村畜禽养殖地带和城乡结合部的生活排污是造成流域水体氮、磷富营养化的主要原因，其影响大大超过来自城市地区的生活点源污染和工业点源污染。而且最近的一项研究表明，从最佳施肥水平的经济分析角度看，我国过量施用的化肥已达到总施用量的 $30\%\sim50\%$。随着社会经济的发展，人们对环境问题的关注程度不断增加，而我们目前所面临的问题是：一方面化肥施用给环境带来危害，另一方面农户化肥施用已经过量。为了解决目前我们所面临的问题，必须采取措施使农民合理施肥，减少农户化肥施用量，但是如何引导农户的施肥行为才有效果？回答这一问题之前，首先必须弄清楚是哪些因素决定了农户的化肥施用行为及施用水平，而且这些因素究竟如何定量影响他们的相关行为。对这一问题的回答，不仅可以了解为什么目前农民普遍过量施用化肥，更重要的是有助于政府制定相关政策来控制目前已经相当突出的农业面源污染问题。

表 1-1 我国历年的化肥施用强度

年份	施用强度（kg/hm²）				氮磷钾比例
	氮磷钾肥	氮肥	磷肥	钾肥	
1980	86.71	64.44	19.29	2.98	1∶0.30∶0.05
1985	123.64	88.06	25.81	9.77	1∶0.29∶0.11
1990	174.59	118.11	38.84	17.64	1∶0.33∶0.15
1995	239.76	149.82	57.11	32.83	1∶0.38∶0.22
2000	265.28	157.87	63.75	43.66	1∶0.40∶0.28
2001	273.14	160.04	66.38	46.72	1∶0.41∶0.29
2002	280.16	161.94	68.48	49.74	1∶0.42∶0.31
2003	289.45	165.33	71.11	53.01	1∶0.43∶0.32
2004	301.48	170.84	74.07	56.57	1∶0.43∶0.33
2005	306.50	171.31	75.77	59.42	1∶0.44∶0.35
2006	323.87	179.07	80.94	63.86	1∶0.45∶0.36
2007	332.78	182.34	83.02	67.42	1∶0.46∶0.37
2008	335.11	181.68	84.23	69.20	1∶0.46∶0.38
2009	339.86	182.59	85.99	71.28	1∶0.47∶0.39
2010	345.06	183.80	87.45	73.81	1∶0.48∶0.40
2011	351.29	185.67	89.41	76.21	1∶0.48∶0.41
2012	357.14	187.45	91.30	78.39	1∶0.49∶0.42
2013	358.97	187.09	92.11	79.77	1∶0.49∶0.43
2014	362.41	187.26	93.72	81.43	1∶0.50∶0.43

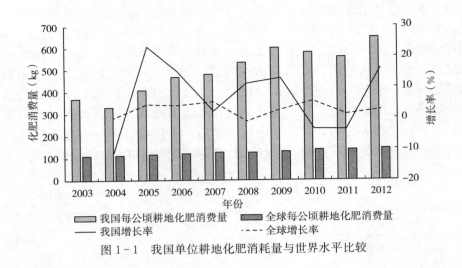

图 1-1　我国单位耕地化肥消耗量与世界水平比较

第二节　过量施用氮肥的危害

　　氮素是作物生长的重要限制营养元素，作物氮素不足特别容易出现。因此，为了提高作物产量，实际生产过程中往往大量投入、施用氮肥。但只有一小部分被作物吸收，更大部分流失到了环境中，对环境造成了污染。同时，不合理施用氮肥，还会对作物生长造成危害，影响作物的正常生长。

一、过量施用氮肥对作物的危害

　　过量施用氮肥一般会引起作物贪青徒长，成熟期推迟，生长发育异常。当一次过量施用氮肥时，很容易造成土壤溶液浓度过高，渗透阻力增大，导致作物根系吸水困难，甚至发生细胞脱水现象，初时叶片发蔫，继而叶片枯黄死亡，群众称为烧苗。越冬植物（大蒜、冬小麦、油菜等）则会降低抗寒性，容易发生冻害。当空气中铵的浓度达到 5mg/kg 时，就会造成叶片伤害；当浓度达到 40mg/kg 时，就会使叶肉组织坏死，叶绿素解体，叶脉间出现褐色斑点或块状。土壤硝态氮含量越高，蔬菜体内积累硝酸盐的可能性越大，而硝酸盐对人体健康不利。在高肥力条件下，随着施氮量的增加，冬小麦的籽粒产量和植株吸氮量均是先增加后降低，籽粒产量和植株吸氮量均以施氮量为 150kg/hm² 最高，氮素生产力则以施氮量为 180kg/hm² 最高。在施氮量为 180kg/hm² 的基础上继续提高氮素用量，植株全氮积累量下降，而土壤硝态氮积累量开始大幅度增加。连年偏施氮肥是引起土壤盐渍化的直接原因。大量研究认为，土壤全盐量超过 3g/kg 时，对作物产生明显的盐害。此时，蔬菜幼苗最易受害，表现出植株矮小、根系吸收功能降低、生长不良、黄化，甚至出现死苗。随着施氮量的增加，莴苣根系的生长呈先上升后下降的趋势。这说明氮对莴苣根系的促生长作用是有一定范围的，过多的氮不但不会进一步改善根系性状，反而对根系生长产生抑制作用。

二、过量施用氮肥对水体的危害

施肥时使用的各种形态的氮在土壤中会由于微生物等作用而形成硝态氮，氮的淋洗使下层土壤中硝态氮含量随保护地种植年限的增加呈上升趋势，它不被土壤吸附，通过土层进入地下水，造成地下水污染。同时，部分硝酸盐随地表径流、土壤侵蚀等流入江河、湖泊等地表水域，引起水体富营养化、作物和水体硝酸盐含量增加，水体富营养化使水生生物（藻类）大量繁殖，水中溶解氧（dissolved oxygen，DO）急剧降低，使水成为死水、臭水。

三、过量施用氮肥对环境的危害

土壤中氮的大量残留是铵态氮挥发的基础，会造成大气污染，主要是污染物氨气（NH_3）的挥发。氮肥在通气不良的条件下，可进行反硝化作用，以 NH_3、氮气（N_2）的形式进入大气，破坏臭氧层，成为温室效应的原因之一。大气中的 NH_3、N_2 可经过氧化与水解作用转化成硝酸（HNO_3），降落到土壤中引起土壤酸化。土壤颗粒由于吸附铵根离子（NH_4^+）而几乎不吸附硝酸根离子（NO_3^-），致使 NH_4^+ 基本滞留在土壤剖面的中上层，而 NO_3^- 在土壤剖面下层大量存在。受经济发达地区常年过量施氮的影响，我国很多地区土壤剖面中出现大量的无机氮（主要是硝态氮）累积，这种现象在北方旱地土壤中表现特别突出。氮肥在土壤中通过硝化作用产生硝酸盐也能使土壤酸化，可加速钙、镁离子从耕作层淋溶，从而降低土壤盐基饱和度和土壤肥力。氮素在一定条件下可转化为硝态氮，其自身毒性很低，但经过生化作用可还原为亚硝态氮，进而在生物体内转化为亚硝胺，成为剧毒和强致癌物质。

四、过量施用氮肥对农产品质量的危害

施入过量氮肥，会使作物体内积累大量硝态氮，导致叶菜类蔬菜硝酸盐含量超标，蔬菜体内硝酸盐的累积虽无害于植物本身，却对人体健康有危害。当硝酸盐通过食物链进入人体内，经细菌的作用可被还原成亚硝酸盐。亚硝酸盐可使血红蛋白中的低价铁变为高价铁而使其失去功能，造成人体器官缺氧即高铁血红蛋白症；亚硝酸盐还可与次级铵结合形成致癌物质亚硝酸铵。过量施用氮肥引起蔬菜、果树、花生、大豆、薯类、烟草、棉花等作物生长发育异常，对桃果类和根块类及烟草等农产品影响尤其厉害。水果氮肥过量会抑制对磷、钾和微量元素的吸收，出现成熟期推迟，主要表现为枝叶繁多、徒长，开花少、坐果率低，果实和块茎奇形怪状，表面凹凸不平，糖分和淀粉含量低，果品着色不良，易出现不甜果、苦味瓜，严重影响果实和块茎的产量与质量，更严重的还会使作物根腐、烂叶、萎蔫直至死亡。对叶菜类作物来说，则会造成叶菜组织柔软多汁且不耐储藏。蔬菜是一种高产的经济作物，通常对氮素的需求量较大，但对氮肥的利用率相对较低。土壤硝酸盐的积累与其总盐量的积累有相同的趋势，土壤的高含盐量会抑制微生物的生长发育，从而降低微生物的活性，也会使得较长棚龄的保护地土壤氮含量偏高，影响蔬菜的生长发育，减少作物体内干物质的积累，降低作物产量。氮肥用量过大导致棉株生长过旺，植株高大，叶面积指数增加，群体荫蔽，影响光合作用进行，

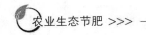

造成棉花品质降低，产量下降。

第三节　过量施用磷肥的危害

磷是作物吸收较多的元素之一，也是肥料三要素之一，磷对作物的生殖生长起着非常关键的作用。20世纪七八十年代，土壤有效磷含量非常低，我国大力发展磷肥工业，使磷肥生产量不断加大，品种也不断更新，土壤有效磷含量迅速增加，上升为原来的2～3倍，保护地、果园的有效磷含量增加更迅速。

一、过量施用磷肥对作物的危害

过多的磷素营养会促使作物呼吸作用过于旺盛，消耗的干物质大于积累的干物质，导致繁殖器官提前发育，造成作物过早成熟，籽粒小。实际上，过多地施用磷肥，作物会出现"早衰症"和"足磷发僵症"，致使作物减产。过量施用磷酸钙后，会在土壤中形成大量难溶性的磷酸锌盐，使作物出现明显缺锌症状；过量施用钙镁磷肥等碱性磷肥后，会使土壤碱化，使锌的有效性降低，影响作物对锌的吸收。玉米白化症、水稻赤枯病等，就是作物缺锌的结果。过量施磷会使作物得磷失硅，而硅对许多作物的生长和高产具有十分积极的作用。例如，喜硅作物水稻若不能从土壤中吸收足够的硅元素，就会发生茎秆纤细，出现倒伏及抗病能力差等缺硅症状，而水稻缺硅症有时就是由大量施磷造成的。适量施用磷肥，会促进作物对钼的吸收；但过量施用磷肥，会使磷和钼失去平衡，影响作物对钼的吸收，从而表现出"缺钼症"。一般磷肥中的镉含量较高，其潜在毒性仅次于汞而居第二位。环境中过量的镉在对作物生长发育产生影响前，就会造成作物对镉的吸收量增加而使作物体内含镉量达到对人畜有害的程度。

二、过量施用磷肥对水体的危害

长期过量施用磷肥，使得农田耕层土壤处于富磷状态。农田土壤中的磷既可以随径流流失，也可被淋溶，但除了过量施肥的土壤或地下水位较高的沙质土壤外，多数情况下淋溶水中的磷浓度很低，随径流流失是农田土壤中的磷进入水体的主要途径。当水体中可溶性磷的含量达到或超过0.1mg/L，磷浓度达到0.02mg/L时就引起地下和地表水体富营养化，会使藻类疯长，夺取水生动植物所需的氧气及养料，导致水生动植物大量死亡。

三、过量施用磷肥对环境的危害

过量施用磷肥会造成土壤理化性状恶化。过磷酸钙含有大量的游离酸，如果连续大量施用，会造成土壤酸化；钙镁磷肥含有25%～30%的石灰，如果大量施用会使土壤碱性加重和理化性状恶化。磷肥生产趋于复合化、高效浓缩化、专业化发展，但由于原料矿石本身含有的杂质以及生产工艺流程的污染，磷肥中常含有不等量的副成分，大多是重金属元素、有毒有害化合物以及放射性物质，长期施用后在土壤中累积，造成土壤污染。同时，磷肥生产过程中，部分有毒、有害物质进入磷肥产品，如一些小磷肥厂生产的废酸磷肥含三氯乙醛等有害物质，通过施用进入土壤。可见，磷肥的施用对土壤生态环境的影响不容忽视。

第四节 过量施用其他化肥的危害

化肥是经过化学反应和物理加工生产的含有一种或几种植物生长所必需的营养元素的产品。按化肥的性质大体可分为氮肥、磷肥、钾肥、复合肥和微量元素肥料等。对于氮肥、磷肥的过量施用造成的危害前面已经讨论过，钾肥及微量元素肥料的过量施用也会危害植物正常生长。许多微量元素过量施入土壤还可能对土壤环境造成污染，不仅影响植物生长，还可能威胁人体健康。对植物生长有益但不是必需的，或只对某些植物种类或在特定条件下是必需的矿质元素，我们称之为有益元素，其中包括了一些微量元素。通常条件下，将一些微量元素（痕量元素）区分为是必需还是有益，是非常困难的。因为这些元素在土壤中有益含量（无害含量）的浓度区间非常窄，而且在土壤中含量偏低，稍高出范围后，就会产生毒害，而低于这个区间又会产生缺乏症状。所以在化肥的施用过程中，对肥料中的一些微量元素量的控制也显得格外重要。除了氮、磷元素以外，以下就常见的其他元素肥料的过度施用对植物和土壤造成的危害进行简单的介绍。

一、过量施用钾肥对作物的危害

钾肥的过量施用首先造成土壤溶液浓度大幅度升高，导致盐害发生，影响蔬菜根系的生长发育。根系生长不良，则影响蔬菜作物的健康生长，从而使植株抗病、抗逆性大大降低。而土壤溶液中钾离子的浓度大幅增加，致使蔬菜作物吸收了大量的钾。钾在植物体内主要以一价阳离子状态存在，且移动性很强，会与其他以阳离子形式存在的元素形成拮抗作用，造成设施果菜类作物对钙、镁、硼、铁、锌等元素吸收不良。例如，造成作物对钙等阳离子的吸收量下降，导致作物容易出现倒伏，或者是降低了作物的抗病能力，引发多种病害的发生，造成叶菜腐心病、苹果苦痘病、芹菜根腐病等；造成镁元素的缺乏或盐分中毒，会影响新细胞的形成，使植株生长点发育不完全，近新叶的叶尖及叶缘枯死；导致蔬菜出现脐腐、生长点坏死、叶片黄化、果实皱皮、籽粒外露等诸多缺素症及多种生理病害症状，严重影响了设施果菜类作物的产量及品质。钾肥过量还会影响作物的生产情况，容易造成烧苗，严重减弱作物的生产能力，降低产量。

二、过量施用微量元素肥料的危害

目前，人们发现的植物必需矿质元素共 14 种，其中植物需要量较少的必需元素称为微量元素，其在植物体内含量占干重的 0.01% 以下，分别是铁、锰、硼、锌、铜、钼、氯、镍。微量元素施用稍有过剩就会对植物产生毒害，影响作物的产量和品质。体内积累过多微量元素的作物还进一步影响人和动物的健康。另外，有些微量元素过量时虽然对植物的生长影响不大，但却通过食物链进入动物体内，会引起动物中毒，如钼元素。

铁毒产生的直接原因是亚铁离子（Fe^{2+}）浓度过高。长期渍水的水田及酸性土壤易积累 Fe^{2+}，诱发多种活性氧的产生，影响植物生长、叶绿素含量、酶活性等各项生理指标，破坏植物细胞的结构和功能，引发铁毒害。不同植物铁中毒症状不一：亚麻铁中毒时叶片呈暗绿色，生长受阻，根变粗变短，并且组织中大量积累无机磷酸盐；烟草铁中毒时叶片呈暗褐色至紫色，烟叶脆弱且质量变劣；菜豆铁中毒时叶片会产生黑色斑点；水稻铁中毒则是从下部叶位的尖端开始出现褐色斑点，然后扩展至整个叶片，再继续发展至上部叶片，最后下部叶片转变成灰色或白色。铁中毒稻株常伴随着钾、磷、钙等营养元素的失衡，因而被认为是一种多重胁迫。一般情况下，植物叶片中缺铁的临界值为 $50\sim150mg/kg$（干重），超出这个范围，植物就会产生缺乏或中毒症状。

土壤中锰过多会造成植物叶片输导组织坏死，阻碍蛋白质合成，叶绿素含量显著下降，光合速率和呼吸速率减弱，导致锰中毒。更严重的锰中毒会引起氧化胁迫，累积大量活性氧自由基，破坏叶绿素，还会抑制钙和铁等必需元素的吸收，影响植物生长。锰元素首先危害的部位是叶片，而不是根系。植物成熟叶片中，缺锰的临界水平为 $10\sim20mg/g$（干重），并且比较稳定，不会因为植物种类、栽培种或者主要的环境条件变化而变化，低于临界水平，净光合量、干物质量以及叶绿素含量均迅速降低，还容易受到冻害。锰中毒的典型症状就是较老叶片上有失绿区包围的棕色斑点，由锰中毒诱发的铁、镁、钙的缺乏症状更为明显，严重影响作物的正常生长。

植物硼中毒的一般症状：首先老叶叶尖或叶缘褪绿，接着叶尖或叶缘出现黄褐色的坏死斑，斑点扩展到侧脉间并伸向中脉，最后导致叶片坏死或呈枯萎状，并过早脱落。绿豆表现为叶缘失绿，迅速扩展到侧脉间，叶片呈枯萎状并过早脱落；梨树硼中毒时皮孔粗大，树皮粗糙，严重时枝皮泛黄、无光泽。低强度硼中毒即会使作物体内活性氧水平提高，破坏叶绿素结构，抗氧化酶活性受抑制，植物细胞结构受损，生物量降低。

随着锌肥的大量施用、铅锌矿的开发和工业废水的排放，锌毒害问题日益突出，并且植物锌中毒后又会随着食物链威胁人类的健康。锌毒害贯穿于植物的整个生活史及各生命现象，包括抑制种子萌发，损伤植物细胞超微结构，严重影响生理功能，进而抑制植物光合效率，影响植株正常生长发育。从形态上看，锌过量时植株矮小，叶片黄化，叶片、叶柄形成红褐色斑点，可以出现在各个叶位。例如，在高锌浓度条件下出现中毒症状时，有的蔬菜首先出现在顶端心叶及新叶，有的蔬菜首先出现在基部老叶或者茎基部。锌元素是植物生长的中微量元素之一，缺乏范围为 $15\sim20mg/kg$（干重），而锌中毒的范围为 $400\sim500mg/kg$（干重）。

过量铜胁迫将诱导植物细胞产生大量活性氧，引起膜脂过氧化，膜透性增大，细胞内容物大量外渗，甚至导致植物死亡。高浓度铜会降低种子的发芽率，影响种子代谢，造成幼根颜色变褐、变黑。大量铜元素积累于根部会抑制细胞分裂、根生长，从而影响整个植株的生长，使植株矮小，叶片失绿、变黄，光合作用下降，严重影响作物产量和品质。苹果树经常喷施杀虫、防虫的高含铜波尔多液，造成苹果园土壤含有高剂量铜。苹果的铜中毒症状为叶片呈网纹状失绿，叶片黄色或黄白色，边缘褐色干枯，严重时部分叶片枯死。铜中毒的葡萄叶片严重烧边。铜中毒的马铃薯主茎萎缩、变粗，叶片褪淡黄化，叶缘卷曲有焦枯。大多数作物叶片中含量高于 $20\sim30\mu g/g$（干重）时，就会产生叶片铜中毒症状。

钼浓度为 $0.5\sim100.0mg/L$ 时会对亚麻生长产生不同程度的影响；$10\sim20mg/L$ 时对大豆生长有危害；$25\sim35mg/L$ 时对棉花生长有轻度危害；$40mg/L$ 时对糖用甜菜生长有

危害。水体中钼浓度达到 5mg/L 时，水体的生物自净作用受到抑制；10mg/L 时这种作用受到更大抑制，水有强烈涩味；100mg/L 时水体微生物生长减慢，水有苦味。我国规定地面水中钼最高容许浓度为 0.5mg/L。在大田条件下，植物钼中毒情况极少见，钼中毒症状不易显现。在极端高浓度镍的条件下，可观察到植物钼中毒症状，表现为叶片褪绿、黄化且畸形、茎组织呈金黄色，作物减产和农产品品质下降。成年人体中钼总含量仅为 9mg，食用钼过量的植物后，因饮食中钼和铜的不平衡会产生腹泻、毛发变色、身体衰弱等症状。

由于氯元素不是重金属元素，所以高浓度氯对植物危害不大，主要是通过增加土壤中水的渗透压降低植物的吸水能力，使植物体相对含水量降低。轻度氯胁迫时，会导致叶片部分气孔关闭，净光合速率和蒸腾速率下降；严重氯胁迫时，植物体内的代谢紊乱，植株矮小，叶片少，叶面积小，叶色发黄，严重时叶尖呈烧灼状，叶缘焦枯并上卷呈筒状，老叶和根尖死亡。氯中毒症状因植物种类不同而表现不同：小麦、大麦、玉米等作物氯中毒时其分蘖受抑；氯中毒的水稻叶片黄化枯萎，开始时叶尖黄化而叶片其余部分仍保持深绿；氯中毒的柑橘叶片呈青铜色，异常落叶，叶柄不脱落。一些木本植物，包括大多数果树及浆果类、蔓生植物和观赏植物均对氯特别敏感，当氯含量达到干重的 0.5% 时，就会出现叶烧病症状。外界溶液中氯化物浓度大于 20mmol/L 就会使氯敏感植物中毒，而耐氯植物在外界浓度高出 4~5 倍时也未降低产量。不同的物种对氯的反应也不尽相同，主要与叶组织对过量氯化物的敏感性不同有关。

镍是土壤中的重金属污染物之一，过量会抑制种子萌发，使叶绿素含量降低，影响抗氧化酶活性，引起植物代谢紊乱、中毒甚至死亡，还会影响植物对其他营养元素的吸收。不同植物或同一植物的不同组织中含镍量相差较大。镍中毒症状是新叶黄化甚至变白，出现灰褐色坏死斑。桑苗受害时，侧根丛生且短小，大部分根尖腐烂。低中毒浓度镍处理雍菜后，真叶黄化，脉间失绿；高中毒浓度镍处理时，子叶展开慢，首片真叶黄化，而子叶保持绿色，最终植株死亡。

第二章 | CHAPTER 2
农业生态节肥理论基础

农业生态节肥就是通过合理施肥，保证作物产量与品质，同时减少施肥对环境的影响，保护农业生态环境，维持农业可持续发展。土壤圈是生态圈的重要组成一环，人类的农业生产活动会对土壤圈产生巨大影响。要保护生态环境，维持农业可持续发展，人们的农业生产活动就要遵守自然规律，实现人与环境协同发展。本章主要介绍了合理施肥、提高养分利用率的一些基本理论知识，供人们在生产中利用，实现节肥、保护生态环境的目的。

第一节　农业生态节肥的含义与意义

一、农业生态节肥的含义

农业生态节肥指利用农业生态学原理，根据作物在生产过程与其他农业植物、动物、微生物及环境之间物质循环利用的相互关系，减少化肥的投入，节约养分资源，提高养分利用率，促进农业生产与农业生态良性循环，维护农业生态平衡，实现经济效益、社会效益和生态效益同步增长，确保农业可持续发展。

二、农业生态节肥技术及其作用

在农业生产中，常见的生态节肥成熟有效的技术主要包括有机肥替代、微生物肥施用。

（一）有机肥替代

有机肥是农村利用各种有机物质，就地取材、就地积制的自然肥料的总称，又称农家肥料。有机肥是农业中养分的再循环和再利用部分，因此随着化肥施用量的增加和作物收获物的增多，有机肥的数量也有所增加。

1. 有机肥的分类　有机肥一般可分八类：一是粪尿肥，包括人粪尿、家畜粪尿、禽粪等。二是堆沤肥类，包括堆肥、沤肥、秸秆还田及沼气肥等。三是绿肥类，按来源分为野生绿肥和栽培绿肥；按植物学分为豆科绿肥和非豆科绿肥；按栽培季节分为早春、夏季和冬季绿肥；按生长年限分为一年生和多年生绿肥；按栽培方式分为单作、套作、混播和插种绿肥等；按用途和利用方式分为专用绿肥（稻田、棉田、桑果茶园绿肥）和兼用绿肥（粮肥兼用、菜肥兼用绿肥等）。四是饼肥类，包括大豆饼、花生饼、菜籽饼和茶籽饼等。五是泥炭类，又称草炭，因含有较多的腐殖酸，可用于制造腐殖酸铵、硝基腐殖酸铵、腐殖酸钠等腐殖酸肥料。六是泥土类，包括塘泥、湖泥、河泥、老墙土、熏土、坑土。七是城镇废弃物类，包括生活污水、工业污水、屠宰场废弃物、垃圾和各种有机废弃物等。八是杂肥类，包括皮屑、蹄角、海肥、蚕粪等。

2. 有机肥的作用　①有机肥不仅含有作物所需要的大量营养元素，而且还含有多种微量元素，是一种完全肥料。有机肥中所含的有机物质又是改良土壤、培肥地力不可替代、不可缺少的物质。②长期施用有机肥可增加土壤微生物数量，提高土壤有机质含量，改善土壤的物理、化学和生物学特性，增强土壤保水、保肥和通透性能。有机肥和无机肥相结合，能缓解耕地缺磷少钾的矛盾，显著提高氮肥的利用率。③有机肥中含有维生素C、激素、酶、生长素等，它们能促进作物生长和增强作物抗逆性。有机肥分解产生的酚类物质，有抑制脲酶和反硝化微生物的作用。④有机肥在分解过程中产生的有机酸，对土壤中难溶性养分有螯合增溶作用，可活化土壤潜在养分，从而提高难溶性磷酸盐及微量元素养分的有效性。⑤有机肥在分解过程中形成的腐殖质是一种弱有机酸，它在土体中与无机胶体结合形成有机-无机复合体，可熟化土层，调节土体中水、肥、气、热状况。腐殖质对种子萌发、根的生长均有刺激作用。

3. 有机肥的施用　科学施用有机肥能提高农产品的营养品质、食味品质、外观品质和降低食品硝酸盐含量。国内田间试验结果表明，有机与无机结合施肥技术与常规施肥方法相比，可提高小麦、玉米蛋白质含量 2.0%～3.5%，氨基酸 2.5%～3.2%；烟叶中的烟碱含量达 2%～3%，氯含量低于 1%，上、中等烟叶增产 4%～20%；茶叶中水溶性糖、茶碱、茶多酚以及水溶性磷含量提高；大蒜优质率增加 20%～30%，大蒜素含量提高 0.9%～1.1%，蛋白质提高 0.84%；蔬菜中的硝酸盐、亚硝酸盐含量降低，维生素C含量提高；大豆中粗脂肪含量提高 0.56%，亚油酸、油酸分别提高 0.31%和 0.92%。

有机肥的重要作用只有科学合理地施用才会充分发挥出来，在施用有机肥时应注意以下几个方面：

（1）基施、深施。有机肥应腐熟，非腐熟有机肥应避免与种子接触，以防发酵高温烧种。有机肥肥效长，养分释放缓慢，一般应作基肥施用。施用有机肥结合深耕，有利于土肥相融，促进水稳性团粒结构的形成，有效改良土壤。有机肥用量以 $20\sim30t/hm^2$ 为宜，作基肥提早施用也有助于有机肥养分的释放与利用。

（2）有机肥与化肥配合施用。有机肥与化肥配合施用，可以取长补短，缓急相济，互为补充，充分保证作物整个生长发育期间有足够的养分供给，从而提高作物产量。

（3）合理混施。羊粪中养分含量在家畜粪便中是比较高的，其中氮、钙、镁含量最高，分解速度较快，粪劲较猛，为达到粪劲平稳，应在羊粪中加入猪粪或牛粪混合施用。人粪尿是速效性肥料，施用时应搭配粗的有机肥料和磷、钾肥；长期施用人粪尿会造成土壤板结，不可连续施用，应间隔一段时间再用；用人粪尿作基肥和追肥时，施前应加水稀释 3～4 倍，施后及时覆土，防止氨气的挥发损失，且一次施用量不宜过大。

（4）因作物施肥。一般作物都可施用人粪尿，但最适宜的作物是叶菜类、禾谷类及纤维作物，不宜施在忌氯作物上，如甘薯、烟草及马铃薯等作物。

（5）施用方法。作物生长期间施用有机肥，应开沟条施或挖坑穴施，施后及时覆土，切不可将肥撒于地表，这样不但起不到应有的效果，甚至会造成环境污染。另外，蔬菜施用有机肥，可搭配酵素菌肥，使其充分发酵分解，肥效更好。

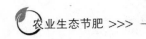

（二）微生物肥施用

微生物肥又称生物肥、菌肥或接种剂，是一类以微生物生命活动及其产物使作物得到特定肥料效应的微生物活体制品。微生物肥因其环境友好、资源节约、绿色安全受到国内外农业科研者的关注。微生物肥在培肥地力，提高化肥利用率，抑制作物对硝态氮、重金属、农药的吸收，净化和修复土壤，降低作物病害发生率，促进作物秸秆腐熟利用，保护农田环境以及提高农产品品质和食品安全方面表现出了不可替代的作用，是农业生产与生态环境同步可持续发展的关键。

1. 微生物肥的分类　微生物肥种类繁多，按照不同的分类标准可进行多种划分，一般认为微生物肥可分为微生物菌剂、生物有机肥和复合微生物肥。微生物菌剂是指含有一种或多种目的微生物的活菌制剂，这些目的微生物都是经过工业化处理的，或生产增殖或浓缩或经载体吸附。菌剂从形态上可分为固态和液态，固态菌剂呈粉末状，易于保存和运输，在生产中占主导地位。生物有机肥则是将特定的目的微生物与腐熟的有机肥复合在一起组成的一种新型肥料，它同时具有微生物肥和有机肥的效用。生物有机肥外观上为颗粒状或粉末状，是一种环保肥料，适合在有机农业生产中施用。复合微生物肥是指微生物与营养物质和有机质复合而成的肥料，既有微生物的作用，又有化肥的作用。

按照制品中特定微生物种类进行分类，可将微生物肥分为细菌类肥料、真菌类肥料和光合细菌类肥料。按照微生物肥的作用机理进行分类，又可分为根瘤菌肥、固氮菌肥、磷细菌肥、钾细菌肥、硅酸盐细菌肥和复合菌肥。

2. 微生物肥的作用　微生物是土壤活性和生态功能的核心，是耕地土壤质量提升的关键要素。各种功能的微生物肥在耕地质量提升中发挥着重要作用，主要体现在以下几个方面：

（1）通过有益菌的大量繁殖，大量有益菌在植物的根系周围形成了优势种群，抑制了其他有害菌的生命活动。

（2）改良土壤，培肥地力。具有固氮、融磷、解钾等功能的微生物肥，可以增加土壤氮素，活化土壤中的磷、钾元素，促进养分的转化循环，提高耕地土壤的生物肥力和基础地力。

（3）促进植物生长，改善抗逆性。具有根际促生功能的微生物肥，通过分泌植物生长激素等促进植物生长，降低化肥用量，提高化肥利用率，既提高了耕地土壤的肥力，又改善了耕地土壤的环境质量。

（4）微生物肥可以分解土壤中的农药残留，避免残留农药对下季作物产生药害，还对植物生长过程中通过根系分泌的有害物质进行分解。大量研究证明，微生物肥利用微生物自身的生命活动及其代谢产物来增加养分供给量，为作物的生长发育提供营养，从而达到提高作物产量、增强抗逆性、改善品质和减少化肥施用等目的。

现在，微生物肥已应用于农业生产的各个方面。在粮食生产中，施用微生物肥可明显改善农田土壤生态，提高土壤微生物总量、放线菌与真菌数量比和肥效微生物数量，优化土壤微生物区系组成，降低土壤容重，提高阳离子交换量，改善土壤理化性状，从而达到高产的目的。在果树生产中，施用微生物肥可改善果品的品质，提高水果中有益成分的含量，降低有害成分的含量，满足现代人们追求高品质生活的需要。有研究表明，施用微生物肥可以协调砀山酥梨对氮素养分的吸收，明显促进砀山酥梨对其他矿质养分的吸收；在常规施肥的基础上施加微生物肥，单株果树增产可达 25％以上；施用微生物肥还能增加果实中维生素 C、可溶性糖、可溶性固形物含量等，大大提高梨果的品质。在蔬菜生产中，施用微生物肥不仅可以提高土壤肥力，还可以协助蔬菜吸收营养，降低蔬菜产品中硝酸盐含量，提高抗病能力，从而提高蔬菜的产量和品质。

第二节　植物营养理论

一、植物必需的营养元素

人们在植物体内可以检测出 70 多种矿质元素，几乎自然界存在的所有元素都能在植物体内找到，但有 17 种元素是植物正常生长发育所必需而不能用其他元素代替的植物营养元素。这 17 种元素直接参与植物新陈代谢，一旦缺少其中一种元素，植物就不能完成其生活周期，并呈现专一的缺素症，其他元素不能替代这种元素。所以，这 17 种元素被称为植物必需营养元素，而其他元素被称为非必需营养元素。

这 17 种必需营养元素根据植物生长期中需求量的不同，又可以分为大量元素、中量元素和微量元素。大量元素：碳（C）、氢（H）、氧（O）、氮、磷、钾。中量元素：镁（Mg）、钙（Ca）、硫（S）。微量元素：氯、铁、锰、硼、锌、铜、钼、镍。

植物对各种营养元素的需要量尽管不一样，但各种营养元素在植物的新陈代谢中各自有不同的生理功能，相互间是同等重要和不可代替的。其中，氮、磷、钾 3 种元素，是植物生长需要吸收最多的元素，但归还比例（植物残茬）不到 10％，土壤中含量又少，所以需要以肥料形式补充。

另外，最新的植物生理学提出，硅（Si）是新增的大量元素，钠（Na）是新增的微量元素。这 17 种或 19 种元素是植物必需营养元素，也是构成各类肥料的主要成分；其他元素则需要根据不同作物特别添加成作物专用肥。

二、营养元素的主要生理作用

作物所必需的营养元素在作物体内都有各自的重要的生理功能，一种营养元素的缺乏或不足都会影响作物的新陈代谢和生理生化过程，导致作物生长受阻，并出现缺素症状。因此，了解必需营养元素的生理功能和缺素症状对指导生产和施肥具有重要意义。

（一）氮

氮是植物体内蛋白质、辅酶、磷脂、叶绿素及某些植物激素、维生素、生物碱等重要有机化合物的组分，也是核酸、核苷酸等遗传物质的基础。氮对植物生命活动以及作物产量和品质均有极其重要的作用。合理施用氮肥是获得作物高产的有效措施。

作物缺氮，首先表现为下部叶片黄化，植株生长迟缓。禾本科作物苗期表现为分蘖少，茎秆细长；双子叶作物则表现为分枝少。严重缺氮时，禾本科作物表现为穗小粒瘪早衰。

氮素过量表现指过量施用氮肥引起蔬菜作物生长发育徒长的现象。它对果菜类和根菜类蔬菜影响尤甚：果菜类主要表现为枝叶增多，徒长；开花少，坐果率低，果实畸形，容

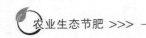

易出现筋条果、苦味瓜，果实着色不良，品质低劣。根菜类往往地上部生长过旺、地下块根发育不良，膨大受影响；储藏物质减少，块根细小或不能充实，容易形成空洞的块根。施氮过多还易导致植株体内养分不平衡，容易诱发钾、钙、硼等元素的缺乏。植株过多地吸收氮素，体内容易积累氨，从而造成氨中毒。不同种类的蔬菜对氮过剩的耐性不同，所表现的症状各异，其危害也有差别，现分述如下：

甘蓝、花椰菜、大白菜等氮过剩：叶色浓绿，叶片肥大、变短变宽；甘蓝、大白菜结球困难，或结球延迟且疏松；花椰菜花球不能正常发育，可食率下降。氮过剩严重时，叶脉间会出现灰黄色氨危害斑块。

番茄氮过剩：茎叶徒长，植株较弱，易感染病；开花不良，落花落果严重；果实转色迟，而且色泽不匀，果柄附近果实往往着色不良，商品质量差。严重时茎和叶柄常出现褐色坏死斑点，顶部茎畸形，有时茎节开裂，髓部褐变，影响正常生长发育。当施氮过多而光照又不足时，还会引起番茄氨和亚硝酸中毒症。氨中毒症主要表现为叶片萎蔫，叶边缘或叶脉间出现褐枯，类似早疫病初期症状；茎部还会形成污斑。田间亚硝酸危害（以大棚栽培多见）表现为根部变褐色，地上部呈黄萎现象，但顶部叶片仍呈绿色，中下部黄化叶也常常是叶中部黄化严重，而叶基部和顶部黄化程度轻。

茄子、甜椒氮过剩：茎叶肥大，节间拉长，前期开花结果明显减少，果实畸形。严重时叶片发黄，叶脉间出现茶褐色斑点，容易落叶。

黄瓜氮过剩：茎节伸长，开花节位提高，雌花分化延迟，容易落花落果；果实上常出现浓淡的纵条纹，呈弯瓜。还有资料认为，氮素过多，容易诱发产生苦味瓜。

萝卜中后期氮过剩：叶片生长茂盛，但地下块根发育不良，后期肉质根常有空心现象。

草莓氮过剩：叶色深绿，匍匐茎抽生多，开花结果受阻；果实畸形，常呈中间大、两头尖的梭形，着色不良，果实基部往往残留部分不转色区，影响产量和品质。

西瓜氮过剩：枝叶茂盛，叶色浓绿，匍匐茎前端上翘；坐瓜难，结瓜少；瓜果皮厚，味淡，品质下降。

（二）磷

磷是核酸、核蛋白、磷脂、植素、腺苷三磷酸等重要化合物的组分，参与糖类代谢、氮代谢和脂肪代谢。此外，磷还能通过增加原生质的黏度和弹性，通过调节可溶性糖和磷脂含量等措施提高作物的抗逆性和适应能力。

作物缺磷时植株生长缓慢，叶小，分枝或分蘖减少，植株矮小；糖分运输受阻，大量积累于叶片中，有利于花青素（糖苷）的形成，因此许多作物的茎叶呈现典型的紫红色症状。作物缺磷的症状首先出现在老叶。

不仅缺磷会对作物造成不利，而且磷过剩也会对作物造成伤害，主要表现为作物营养生长停止，过分早熟，导致减产。大量施用磷肥将诱发锌、铁、镁缺乏症。

（三）钾

钾是重要的品质元素。钾不仅参与作物的碳、氮代谢，促进光合作用，还参与蛋白质的合成，调节细胞的渗透压和气孔的开闭，并能激活多种酶的活性。钾还参与作物体内糖类的形成和运输，增强作物抗逆性，改善产品外观，增加果实甜度和籽粒饱满度，延长产品储存期等。

钾供应不足，作物茎秆细弱，易倒伏和抗旱、抗冻能力差。作物缺钾的症状首先表现在老叶，从叶尖和叶缘开始黄化，俗称"黄金边"，严重时有坏死斑点，有时叶缘焦枯。由于叶中部比叶缘生长快，整片叶子常形成杯状弯曲或褶皱。

一般而言，土壤不会出现钾过剩的现象，钾过剩主要是由钾肥施用过多而引起。钾过量会阻碍植株对镁、锰和锌的吸收而出现缺镁、缺锰和缺锌的症状。

（四）钙

钙是细胞壁的重要组成成分，能稳定细胞膜结构，调节膜的透性和有关的生理生化过程，在植物对离子的选择性吸收、生长、衰老、信息传递以及植物的抗逆性等方面有重要作用。钙还能促进细胞的伸长和根系生长，参与第二信使传递，调节渗透作用，参与离子和其他物质的跨膜运输。因此，钙能增强作物抗病能力，改善作物品质，延长产品储藏期。

钙供应不足使植株生长受阻，节间较短且组织柔软。缺钙首先表现在幼嫩组织，植株的顶芽、侧芽、根尖等分生组织易腐烂死亡；幼叶卷曲畸形，叶缘变黄逐渐坏死。常见的缺钙症状：甘蓝、莴苣、白菜叶焦病，芹菜裂茎病，番茄、辣椒、西瓜脐腐病，苹果苦痘病和水心病，果树裂果现象等。

钙过剩时，土壤呈中性或碱性，引起微量元素（铁、锰、锌）不足，叶肉颜色变淡，叶尖出现红色斑点或条纹斑。

（五）镁

镁是叶绿素和植酸盐（磷酸的储藏形态）的重要组成成分，主要功能是合成叶绿素并促进光合作用，同时参与蛋白质合成，活化和调节酶促反应。

由于镁在韧皮部中的移动性强，因此缺镁症状首先出现在老叶。当植株缺镁时，其突出表现是叶绿素合成受阻，叶脉间失绿，严重时形成褐斑坏死，有时叶片也呈红紫色。

镁过剩时，叶尖萎凋、色淡，叶基部色泽正常。

（六）硫

硫是半胱氨酸和蛋氨酸的组分，因此也是蛋白质不可缺少的组分。硫还是许多挥发性化合物的结构成分，如使大蒜、大葱和荠菜具有特殊气味。

缺硫使蛋白质合成受阻导致失绿症，其外观症状与缺氮很相似，但缺硫症状往往先出现在幼叶。作物缺硫时一般出现以下症状：植株发僵，新叶失绿黄化。双子叶植物老叶出现紫红色斑；禾谷类作物开花和成熟期推迟，结实率低，籽粒不饱满。

硫过剩时，作物叶缘焦枯。

（七）铁

铁是叶绿体合成不可缺少的元素，许多重要的氧化还原酶都含有铁，铁在光合作用、呼吸作用和氮代谢等过程中起着重要的作用。

缺铁作物首先新叶叶片的叶脉间出现网纹状均匀失绿症，根系生长受阻，严重时叶片发白并出现坏死斑点，逐渐枯死。

铁过剩时作物易出现缺锰症。

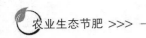

(八) 硼

硼具有促进生殖器官的建成和发育，影响花粉的萌发和花粉管的伸长，促进体内糖类运输的作用；具有调节酚代谢及木质化的作用；具有提高豆科作物根瘤菌固氮能力的作用。

缺硼会导致作物生长点受抑制，叶片变厚、变脆、皱折，叶脉木栓化，根系粗、根毛少，生殖器官发育受阻。如甜菜腐心病、油菜花而不实、棉花蕾而不花、花椰菜褐心病、芹菜茎折病、葡萄僵果病、苹果缩果病及小麦不稔症等。

硼过剩时，首先叶尖、叶缘黄化，随后全叶黄化，并落叶，由成熟叶开始产生病症。

(九) 锰

锰是许多酶的活化剂，与作物的光合、呼吸以及硝酸还原作用关系密切。锰还能促进种子萌发和幼苗生长，对根系生长也有影响。

缺锰导致叶片失绿并出现杂色斑点，而叶脉仍保持绿色。如燕麦灰斑病、豌豆杂斑病、棉花和菜豆皱叶病。

锰过剩时，作物会出现异常落叶现象。

(十) 铜

铜参与植物体内氧化还原反应和光合作用，对花器官的发育、氨基酸活化和蛋白质合成有促进作用。

缺铜使禾本科作物植株丛生，顶端逐渐发白，通常从叶尖开始，严重时不抽穗，或穗萎缩变形，结实率降低或籽粒不饱满，甚至不结实。果树缺铜，顶梢的叶片呈叶簇状，叶和果实均褪色，严重时顶梢枯死，并逐渐向下扩展。

铜过剩时叶肉组织色泽较淡，呈条纹状。

(十一) 锌

锌是叶绿素合成的必需元素，参与生长素的代谢过程，是某些酶的组分或活化剂，参与光合作用，促进蛋白质代谢，对生殖器官发育和受精作用也有影响。

缺锌使生长素的合成受阻，致使顶端生长受抑制，导致节间缩短，出现小叶簇生或缩茎病，也会出现从新叶开始叶脉间不均匀失绿现象。在农业生产中，缺锌的现象十分普遍，如玉米白化苗、花叶条纹病、缩茎病和水稻僵苗现象，蔬菜新叶皱折、生长停止、果树新叶黄化和小叶簇生等。

锌过剩时叶尖及叶缘色泽较淡，随后坏疽，叶尖有水浸状小点。

(十二) 钼

钼是硝酸还原酶的组成成分，对氮代谢有重要作用，参与根瘤菌固氮，促进植物体内有机化合物的合成，在受精和胚胎发育中也有特殊作用。

缺钼使植株矮小，生长缓慢，叶片失绿，且大小不一和出现橙黄色斑点。严重缺钼时叶缘萎蔫，有时叶片扭曲呈杯状，老叶变厚、焦枯，以致死亡。

(十三) 氯

氯具有调节气孔运动、激活 H^+ 泵 ATP 酶、抑制病害发生等作用，还参与光合作用。适量氯有利于糖类的合成和转化。

缺氯使叶片凋萎，根系生长慢，根尖变粗。

第三节 土壤养分循环理论

一、土壤养分循环

土壤养分循环是土壤圈物质循环的重要组成部分，也是陆地生态系统中维持生物生命周期的必要条件。土壤中的养分元素可以反复地再循环和利用，典型的再循环过程包括：生物从土壤中吸收养分—生物残体归还土壤—在土壤微生物的作用下，生物残体被分解，释放养分—养分再次被生物吸收。可见，土壤养分循环是指在生物参与下，营养元素从土壤到生物，再从生物回到土壤的循环过程，是一个复杂的生物地球化学过程。不同营养元素的化学、生物化学性质不同，故其循环过程各有特点。

（一）土壤养分的动态变化

土壤是植物获取营养元素的主要介质，土壤矿物经风化、分解、释放的养分进入土壤溶液。如果与某种矿物有关的某种养分浓度达到过饱和时，就会发生沉淀，直至保持平衡；如果溶液中的养分被植物吸收而不断消耗，则矿物就会逐渐被溶解，直至达到平衡状态。由此可以看出，土壤固相所吸附的营养元素与溶液中的营养元素始终保持着一个动态的平衡。这种固液养分平衡，实际上是养分供给的土壤-植物系统动态的平衡。

植物根系主要从土壤溶液中吸取养分，也可吸取土壤胶体上吸附的交换性养分。但因土壤胶体表面吸附、释放养分的影响因素很复杂，则不同吸附态养分的有效性差别很大。如由静电引力吸附的交换性离子的有效性较高；由共价键结合的表面络合物（内圈）属于专性吸附，则有效性较低。

在生产中，作物从土壤溶液吸取矿质营养，营养元素随着农产品收获不断从土壤中输出，这就需对土壤溶液补充缺乏的元素，以维持其平衡。养分补给的途径：一是靠固液间相互转化、移动，即靠土壤自身调节。二是靠人为施肥补给，补给多少要依据作物对养分的需要量、需肥规律和土壤有效养分的供应能力来确定。

（二）平衡施肥

养分平衡是指维持作物最大生长速率和产量必需的各种养分浓度间的最佳比例和收支平衡。作物在整个生育期中需要吸收多种养分，而需要的各种养分的数量有多有少，这种数量上的差异是由作物的生物学特性决定的。作物吸收的养分来自土壤，而土壤中含有的各种有效养分的数量不一定符合作物不同生长阶段的需要，往往需要通过施肥来调节，使土壤中的养分大体上符合作物不同生长阶段的需要，这就是平衡施肥。

氮、磷、钾是作物生长发育吸收数量最多的元素，土壤中固有的氮、磷、钾含量通常不能满足作物生长发育的全部需要，平衡施肥主要以补充氮、磷、钾为主；对于中微量元素，有时也根据土壤含量水平和作物的特殊需求补充必要的中微量元素。

二、土壤氮素循环

构成农田土壤生态系统氮素循环的主要环节是：生物体内有机氮的合成、氨化作用、硝化作用、反硝化作用和固氮作用。

植物吸收土壤中的铵盐和硝酸盐，进而将这些无机氮同化成植物体内的蛋白质等有机

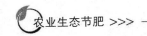

氮。动物直接或间接以植物为食物，将植物体内的有机氮同化成动物体内的有机氮，这一过程为生物体内有机氮的合成。

动植物的遗体、排出物和残落物中的有机氮化合物被微生物分解后形成氨，这一过程为氨化作用。

在有氧的条件下，土壤中的氨或铵盐在硝化细菌的作用下最终氧化成硝酸盐，这一过程为硝化作用。氨化作用和硝化作用产生的无机氮，都能被植物吸收利用。

在氧气不足的条件下，土壤中的硝酸盐被反硝化细菌等多种微生物还原成亚硝酸盐，并且进一步还原成分子态氮，分子态氮则返回到大气中，这一过程被称为反硝化作用。

固氮作用是分子态氮被还原成氨和其他含氮化合物的过程。自然界中的氮气固定成作物可利用的氮有两种方式：一是非生物固氮，即通过闪电、高温放电等固氮，这样形成的氮化物很少。二是生物固氮，即分子态氮在生物体内还原为氨的过程。大气中90%以上的分子态氮都是通过固氮微生物的作用被还原为氨的。由此可见，由于微生物的活动，土壤已成为氮素循环最活跃的区域。

三、土壤磷素循环

土壤中的磷可分为难溶性和易溶性两大类。根据对不同土壤含磷量的计算，难溶性磷占土壤总磷量的95%～99%，这部分磷通常是植物不能直接吸收利用的。所有土壤中的难溶性无机磷大部分被3种元素束缚，一般来说，铁、铝是酸性土壤中的主要接合剂，钙是微酸性至碱性土壤中的主要接合剂。在酸性土壤中，磷酸盐沉淀在铁、铝的氧化物表面或被溶液中游离的铝离子所沉淀或被像高岭石和蒙脱石类的硅酸盐晶体所束缚；在中性或碱性土壤中，磷酸根离子则常与钙离子形成沉淀。难溶性有机磷一般占土壤全磷的20%～50%，占难溶性磷总量的10%～85%。土壤酸性越强，有机磷含量越高。在森林或草原植被下发育的土壤，有机磷可占土壤总磷量的1/2以上，甚至可达90%。在土壤有机磷中，肌醇磷酸盐占20%～50%，磷脂1%～5%，核苷酸0.2%～2.5%，其余30%～50%的有机磷的化学结构还不清楚，可认为肌醇磷酸盐是土壤有机磷的主要形态。土壤磷的易溶部分占土壤全磷的比例很小，它可被植物直接吸收利用。

难溶性磷和易溶性磷之间存在着缓慢的平衡，由于大多数可溶性磷酸盐离子被固相所吸附，所以这两部分之间没有明显的界线。在一定条件下，这些被吸附的离子能迅速地与土壤溶液中的离子发生交换反应。处于被吸附态和存在于土壤溶液中的这种可溶性磷酸盐，常被称为交换性磷。

通过施化肥、畜禽粪便以及作物残茬而进入土壤的磷，一方面由于吸附、沉淀、微生物固持而被土壤所固定，另一方面由于土壤微生物的作用而得以分解和转化，称为释放。这两个过程是土壤磷素循环中的主要过程。

土壤组分与土壤液相中的磷反应将其移出液相，成为生物不易利用的形态，称为磷的固定。土壤磷的固定机制主要有两大类：吸附和沉淀，分别包括了物理吸附、化学吸附、阴离子交换、表面沉淀和独立固相沉淀等。土壤磷的固定除非生物固定外，被微生物固定的量也很大。在一般耕地中，仅由细菌吸收并固定的磷有4～10kg/hm^2。固定在微生物细胞中的磷酸盐，当微生物死亡后就释放出来重新进入土壤。

土壤磷的释放，主要有两个过程：一是有机态磷化合物在土壤微生物分泌的酶的作用下，进行水解作用，释放出有效磷供植物利用；二是无机态的难溶性磷化合物在长期风化过程中，借助于植物和微生物呼吸作用产生的 CO_2、生物化学变化中产生的各种有机酸、无机酸和土壤胶体中的氢离子，使之逐渐转化成有效磷。通常，土壤磷的价态较为固定，氧化-还原作用并不十分重要。土壤生物在这些转化过程中起着重要作用。

许多常见的微生物能溶解已知存在于土壤中的难溶性无机磷，微生物的溶磷作用是酸化土壤环境，通过螯合或交换过程来实现的。

四、土壤钾素循环

在生态系统中，物质循环和能量流动是同时进行的，这种物质和能量的循环流动是生态系统中最根本的运动。各种化学元素包括生命有机体所必需的营养元素，在不同层次、不同大小的生态系统内乃至生物圈里，在气象、地质和生物作用力的推动下，沿着特定的途径从环境到生物体，从生物体再到环境，不断地进行着循环和流动。钾素循环是通过沉积循环的途径进行的。土壤生态系统既是钾的储存库，又是植物所需钾素的主要来源。由于大量的钾处在一个稳定的储存库即土壤含钾矿物中，钾移动性小，循环缓慢，容易受到局部干扰，趋向于不完全循环。

（一）土壤中钾的存在状态及其化学循环

由于母质、气候等成土条件的影响，我国土壤钾含量大体上呈南低北高、东低西高的趋势。土壤钾根据化学形态分为水溶性钾、交换性钾、非交换性钾和结构钾；根据对植物的有效性分为速效钾（水溶性钾和交换性钾）、缓效钾（非交换性钾）和矿物钾（结构钾）。速效钾占全钾的1%左右，能很快被作物吸收利用，是当季作物吸钾的主要来源；缓效钾占全钾的1%～5%，是土壤速效钾的储备库；矿物钾占全钾的95%～98%，对作物的有效性很小。土壤钾的各形态之间存在着动态平衡（图2-1）。

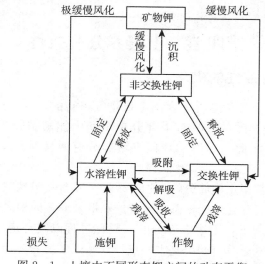

图 2-1　土壤中不同形态钾之间的动态平衡

在上述体系中，水溶性钾和交换性钾之间的转化较快，它们与缓效钾之间的转化较慢，而矿物钾只有通过极其缓慢的风化作用才能转化为作物能吸收利用的有效性钾。显然，体系中钾元素任何一种形态的变化都会引起整个体系的变化。在土壤有钾素收入、支出或温度、水分等发生变化时，土壤中的钾素平衡将会被打破。当体系中的钾含量升高时，土壤中的钾会发生固定和沉积；反之，钾含量减少时，土壤中的钾会释放。

土壤中的钾素循环主要受光、温、水、热、植被等自然因素和人类活动的影响。在岩石圈风化壳中的钾与其他一些矿物元素一样，不断地被风化、侵蚀和流失，积聚在江河、海洋之中。同时，也有极少量的钾由降水补充到陆地土壤中，这样构成了在自然地理条件下的地质循环。另外，植物从土壤中吸收钾元素将其富集储存，又通过残体和凋落物归还土壤，从而构成了钾素的生物循环。然而，农业生产中作物成为人畜的食物以及生活所需的各种原料与燃料，土壤中的钾素随作物收获而被带走，但也有部分通过施肥和秸秆还田等归还到土壤中，从而构成农业钾的循环。

（二）钾素循环在农业生产中的意义

随着农业生产的发展，为建立稳定的农田生态系统，人们逐渐认识到必须综合考虑作物、土壤、空气和降水之间的相互作用，同时对动物排泄物和作物残留物带入农田的再循环养分给予足够的关注。

众所周知，农田生态系统中的养分循环过程受人类活动的影响很大，不合理的人类活动可能对农田生态系统具有巨大破坏作用。农业的可持续发展不能只依靠化肥和能源的投入，还必须重视农田生态系统内部养分循环规律和平衡特性。只有通过研究养分循环，才能使有限的养分得到最大限度的利用；只有了解养分的平衡状况，才能对土壤养分水平的发展趋向进行预测，并采取合理的调控措施。长期以来，由于人们忽略了钾肥的施用，施肥不均衡，加之作物产量大幅度提高，土壤缺钾已成为我国农业生产中普遍存在的限制因子。在充分了解生态系统钾循环的基础上，通过某些途径提高土壤的供钾能力，减少土壤对钾的固定，提高作物对钾肥的利用率，这对提高作物产量、降低生产成本以及保护生态环境将起到重要作用。

第四节　土壤养分有效性

一、土壤养分有效性的概念

通常条件下，土壤中各种营养元素的全量是很丰富的，但其中绝大部分因存在的物理化学形态而对植物是无效的，只有少部分在短期内能被植物吸收，这部分土壤养分才是植物的有效养分。因此，了解和掌握土壤养分有效性对科学施肥与改善植物营养十分必要。

土壤养分有效性通常指土壤养分的生物有效性，其含义包括三方面：①土壤中矿质态养分的浓度、容量与动态变化。②根系对养分的获取及养分向根表迁移的方式与速度。③在根系生长与吸收的作用下，土壤中养分的有效化过程以及环境因素对养分有效化的影响。土壤中的生物有效养分具有两个基本特点：其一以矿质养分为主；其二位置接近植物根表或短期内可以迁移到根表。

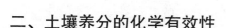

二、土壤养分的化学有效性

化学有效养分是指土壤中存在的矿质态养分，主要包括可溶性的离子态、简单分子态、易分解态和交换吸附态养分以及某些气态养分。化学有效养分通常可以采用不同的化学方法将其从土壤中提取出来。

（一）化学有效养分的提取

提取化学有效养分的浸提剂种类很多，因营养元素和土壤类型的不同而异。提取原理除化学方法外，还有物理化学方法（如电超滤法）。

土壤中阳离子形态的养分主要存在于土壤溶液或吸附于土壤有机无机复合体上，因此可以用过量的阳离子浸提剂将土壤样品中各种交换态和几乎全部的可溶态阳离子提取出来，然后对提取液进行定量测定，从而获得化学有效养分的含量。

土壤中有效阴离子的提取测定，以土壤有效磷为例，所选择的浸提剂要求提取土壤中易分解的有机态磷、可溶性的无机态磷和部分胶体吸附态磷。我国北方石灰性土壤常采用奥尔森（Olsen）法，该法的提取剂是 0.5mol/L 碳酸氢钠（pH 8.5）。

（二）化学有效养分测定值的相对性

对于土壤中某种养分来说，不同化学浸提方法所测出的"有效养分"的数值是不相同的，这在很大程度上主要取决于浸提剂的类型，故不同方法之间缺乏相互比较的基础。因此，对于相同类型的土壤，采用同一种化学浸提方法所测定的化学有效养分的数值才有可比性。

（三）化学有效养分与植物吸收的相关性

由于化学浸提法测得的有效养分是相对值，在应用前需要与生物试验的结果进行相关研究；化学有效养分测定数值有时很难反映植物的生长状况和产量水平。因此，土壤化学有效养分反映了土壤供应养分数量的一个相对指标，不代表植物实际吸收的数量。

（四）化学有效养分在推荐施肥中的应用

在实际农业生产中，常用土壤化学有效养分含量作为推荐施肥的依据。由于化学浸提方法所测定的有效养分是只能部分反映土壤有效养分的因素，因此以土壤化学有效养分含量测定值作为作物推荐施肥指标时，需要以前期大量的田间肥料试验数据分析统计结果为基础，根据土壤多种有效养分含量和肥料产量效应提出适宜的推荐施肥量。在农业施肥实践中，我国已有不同作物的专家推荐施肥系统供种植户和农业科技员使用。

三、土壤养分的空间有效性

（一）养分位置与有效性

土壤有效养分只有到达根系表面才能被植物吸收，成为实际有效养分。对于整个土体来说，植物根系仅占极少部分空间，平均根系土壤容积百分数大约为 3%。因而，养分的迁移对提高土壤养分的空间有效性是十分重要的。

（二）养分向根表的迁移

土壤养分到达根表有两种机理：一是根系对土壤养分的主动截获；二是在植物生长与代谢活动（如蒸腾、吸收等）的影响下，土壤养分向根表的迁移。

土壤养分向根表的迁移有三种方式：截获、质流和扩散。

1. 截获　根直接从所接触的土壤中获取养分而不经过运输。截获所得的养分实际是根系所占据的土壤容积中的养分，它主要取决于根系容积大小和土壤有效养分的浓度。

2. 质流　植物的蒸腾作用和根系吸水造成根表土壤与土体之间出现明显水势差，土壤溶液中的养分随水流向根表迁移。其特点是运输养分数量多，养分迁移距离长。养分通过质流到达根部的数量取决于植物的蒸腾速率和土壤溶液中该养分的浓度。

3. 扩散　当根系截获和质流作用不能为植物提供足够的养分时，根系不断地吸收可使根表有效养分的浓度明显降低，并在根表垂直方向上出现养分浓度梯度差，从而引起土壤养分顺着浓度梯度向根表运输。土壤养分的扩散作用具有速度慢、距离短的特点，扩散速率主要取决于扩散系数。

（三）不同迁移方式对植物养分供应的贡献

在植物养分吸收总量中，通过根系截获的数量很少。大多数情况下，质流和扩散是植物根系获取养分的主要途径。对于不同营养元素来说，不同供应方式的贡献是各不相同的，钙、镁和氮（NO_3^-）主要靠质流供应，而磷酸二氢根离子（$H_2PO_4^-$）、钾离子（K^+）、NH_4^+等主要的迁移方式是扩散。在相同蒸腾条件下，土壤溶液中浓度高的元素，质流供应的量就大。

（四）影响养分移动的因素

养分向根表的迁移受根系吸收和土壤供应两方面的影响。

1. 土壤湿度　水分是土壤养分移动的基质，对土壤养分移动性的影响十分明显。增加土壤湿度，可使土壤表面水膜加厚，一方面能增加根表与土粒间的接触；另一方面又可减少养分扩散的曲径，从而提高养分扩散速率。在实际生产中，降水和灌溉可以增加土壤水分含量，提高养分的移动性，从而增加养分的空间有效性。

2. 施肥　施肥可增加土壤溶液中养分的浓度，直接增加质流和截获的养分供应量。同时，施肥加大了土体与根表间的养分浓度差，也增加了养分扩散迁移量。

3. 养分的吸附与固定　土壤存在对养分的吸附与固定作用，使磷、钾、锌、锰、铁等营养元素的移动性变小。为减少土壤养分的吸附与固定，增加养分的移动性，可直接向土壤供应有机螯合态肥料，或者施用有机肥，减少养分的吸附和固定，增加养分的溶解性和移动性。

四、植物根系生长特性与养分的有效性

植物主要通过根系从土壤或介质中获得养分，因此养分有效性不仅取决于土壤等自然因素，同时也取决于植物根系的状况，如根系的分布深度、总根长、体积与总表面积，根毛的密度与长度等，都有可能影响到根系对土壤养分的获取或养分向根表的迁移等。因此，植物根系对养分的有效性具有重要作用。

（一）根系特征

1. 形态　单子叶植物的根属须根系，主根不发达，但粗细比较均匀，根长和表面积都比较大。双子叶植物的根属直根系，粗细悬殊较大，根长和总吸收表面积都小于须根系。

2. 根毛　除洋葱、胡萝卜等少数植物没有根毛或根毛少而短之外，大多数作物的根系都有根毛。根毛的存在缩短了养分迁移到根表的距离，增加总吸收表面积。根毛的另一作用是加强共质体的养分运输。

3. 根系深度与底层土壤养分的有效性　根系分布深度关系着植物从土壤剖面中获取养分的深度和有效空间。植物种类和环境因素对根系分布深度有很大影响，通常作物的根深为 50～100cm。

4. 根系密度与养分空间有效性　根系密度是指单位土壤体积中根的总长度，表示有多少比例的土壤体积向根系供应养分。

（二）影响根系生长的环境因素

1. 土壤物理因素　土壤容重增加意味着土壤紧实度变大，大孔隙减少，根的伸长速度降低，平均直径减少。主根伸长受阻会激发侧根的发展，形成密集的表层根系。通常根系生长最适温度范围为 20～25℃，土壤温度过高或过低都可能抑制根系的生长。

2. 土壤养分状况　增加养分供应可促进根系生长。一般根系集中生长在养分浓度较高的地方，适当深施肥料有利于根系下扎和吸收下层土壤水分和养分。在局部根区提高养分浓度对根系形态有明显影响，其中以供应硝酸盐最为突出。矿质养分的供应对根毛的长度和密度也有很大影响。土壤硝酸盐和土壤磷的浓度与根毛数目及根毛长度之间呈负相关关系；而铵盐的存在则增加根毛的密度与长度。

3. 土壤 pH 与钙、铝等阳离子的浓度　根系生长对钙的需要量因作物种类而异，也与土壤环境的 pH 和铝离子（Al^{3+}）的浓度有关。土壤溶液中钙等阳离子总量的摩尔比平均为 0.15，在酸性土壤中，当这一比例小于 0.15 时，根系生长便受到抑制。在酸性土壤中，重金属以及有机络合物对根系也有抑制作用，不同元素的毒害程度为：$Cu>Ni>$镉（Cd）$>Zn>$铝（Al）$>Fe$。高 pH 条件下，根系易受 NH_4^+ 的毒害。

4. 有机物　低浓度的富里酸可以促进发根和根的伸长，较高浓度下的酚类和短链脂肪酸类等低分子化合物可以抑制根的生长。淹水条件下，乙酸和其他挥发性短链脂肪酸积累到一定浓度时，对根系的生长不利。

在有机质含量高或施入大量新鲜有机物而又通气不良的土壤上，根际微生物活动可能导致根际微区累计大量乙烯，抑制根系的扩展。

五、植物根际养分的有效性

根际是指受植物根系活动的影响，在物理、化学和生物学性状上不同于土体的那部分微域。根际的范围很小，一般在离根轴表面数毫米之内。根际的许多化学条件和生物化学过程不同于原土体，其中最明显的就是根际 pH、氧化还原电位和微生物活性的变化。

（一）根际养分

1. 根际养分浓度的分布　根际养分的分布与土体比较可能有以下三种状况：

（1）累积。当土壤溶液中养分浓度高，植物蒸腾量大，养分供应以质流方式为主时，根系对水分的吸收速率高于养分吸收速率，根际养分浓度增加并高于土体的养分浓度，出现养分累积区。

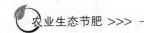

（2）亏缺。当土壤溶液中养分浓度低，植物蒸腾强度小，根系吸收土壤溶液中养分的速率大于吸收水分的速率时，根际即出现养分亏缺区。

（3）持平。一定条件下，当水分蒸腾速率和养分吸收速率相等时，根际没有养分浓度梯度。

2. 根际养分浓度分布的影响因素

（1）营养元素种类。钙离子（Ca^{2+}）、NO_3^-、硫酸根离子（SO_4^{2-}）、镁离子（Mg^{2+}）等养分在土壤溶液中含量较高，在根际一般呈累积分布；$H_2PO_4^-$、NH_4^+、K^+和一些微量元素（Fe、Mn、Zn）等养分在土壤溶液中的浓度低，由于植物吸收，根际出现养分亏缺。养分在根际亏缺的强度、范围与该养分的扩散系数、迁移速率等特性密切相关。

（2）土壤缓冲性能。黏粒含量少的土壤，对养分的吸附力弱，离子迁移速率快，养分亏缺范围大；反之则反。

（3）植物营养特性。根系吸收养分的能力影响根际养分浓度的分布，不同植物在根系容积、养分吸收速率、最低吸收浓度、蒸腾强度等方面都有差异。因此，同一养分在不同种类植物的根际，其浓度分布是不同的。根毛的形态、根毛密度和长度对养分（如磷）移动性也有重要影响。

（二）根际 pH

1. 根际 pH 变化的原因　根际 pH 变化的原因复杂，主要有根系吸收作用和根际微生物的呼吸作用释放 CO_2、根尖细胞伸长过程中分泌质子和有机酸、根系吸收阴阳离子造成的不平衡。

2. 根际 PH 的影响因素

（1）氮素形态。施用铵态氮（NH_4^+-N），根系向外释放 H^+，根际 pH 下降；施用硝态氮（NO_3^--N），根系释放 OH^-，根际 pH 上升。NO_3^--N 对根际 pH 上升的幅度一般低于 NH_4^+-N 对根际 pH 下降的幅度，而且不同种类植物之间有明显差异。

（2）共生固氮作用。一些豆科植物在固定空气中的 N_2 时，也会降低根际 pH。

（3）养分胁迫。双子叶植物和一些耐低铁的非禾本科单子叶植物在铁胁迫条件下，根系主动分泌还原性物质，根在释放电子的同时也释放质子，以酸化根际环境。在石灰性土壤中，白羽扇豆缺磷时，可形成排根，向体外分泌大量柠檬酸，酸化根际，螯合钙、铁、铝等。

（4）植物遗传特性。不同种类植物在选择吸收、体内酸碱平衡的生理调节方式和能力等方面均有差异。

（5）根际微生物。微生物既可通过呼吸作用释放 CO_2，又可合成并分泌某些有机酸而引起根际 pH 的改变。

3. 根际 pH 变化与养分有效性　根际 pH 变化的可以增加磷的活化作用，增加对微量元素的吸收。

（三）根际氧化还原电位

根际微区有机物、酶和微生物增多，生物活性很强，从而使得根际氧化还原状况不同于土体。旱作土壤根际氧化还原电位都低于土体；水稻根系具有输氧的特性，体内存在着由叶片向根部的输氧组织,并有部分氧排出根外,使根际的氧化还原电位高于土体。

(四) 根系分泌物与养分的有效性

植物通过根系以根系脱落物或分泌物的形式进入根际微区,一般占其总同化碳量的5%~25%。所谓的"根系分泌物"是指植物生长过程中向生长基质中释放的有机物质的总称。根系分泌物由于极大地改变了根-土界面物理、化学和生物学性状,因而对土壤中各种养分的生物有效性有重要的影响。

1. 根系分泌物的组成

(1) 渗出物:由根细胞被动扩散出的一类低分子化合物。

(2) 分泌物:由根代谢过程中细胞主动释放的,包括低分子或高分子化合物。

(3) 黏胶质:由根冠细胞、表皮细胞、根毛分泌的胶状物。

(4) 分解物与脱落物:包括脱落的根冠细胞、根毛与细胞碎片。从化学组成来看,根系分泌物有两大部分:一是高分子化合物,主要有多糖、糠醛酸和蛋白质等;二是低分子、易扩散的化合物,主要有氨基酸、寡糖和有机酸等。

2. 影响根系分泌物的因素　影响根系分泌物的因素包括养分胁迫、根际微生物、植物种类等。

3. 根系分泌物对土壤养分有效性的影响

(1) 增加土壤与根系的接触程度。

(2) 对养分的化学活化作用:①还原作用。根系分泌物中的还原物质通过还原作用可提高土壤中变价金属元素铁、锰、铜等的有效性。②螯溶作用。根系分泌的大量有机酸、氨基酸和酚类化合物,与根际内各种金属元素(铁、锰、铜、锌等)形成螯合物。一方面能直接增加这些微量元素的有效性;另一方面也可活化许多金属氧化物所固持的营养元素(如磷、钼等),从而对根际养分有效性产生重要影响。

(3) 增加土壤团聚体结构的稳定性,从而改善根际养分的缓冲性能。

(五) 根际微生物

根际微生物数量为非根际的10~100倍。这些微生物与根系组成的特殊生态体系是根际微生态系统的重要组成部分,对根际土壤养分的有效性和养分循环起着重要作用。根际微生物对土壤养分有效性的影响表现在以下四方面:

(1) 增加养分吸收。根据微生物与根系形成共生体系,根系微生物的活动可以改变根系形态,增加根系养分吸收面积。

(2) 活化与竞争根际养分。在根际,一方面数量可观的微生物通过分泌有机酸、酶、氨基酸等活化根际土壤中难溶性无机态或有机态养分,提高其有效性;另一方面高密度的微生物又会利用根际养分,与植物竞争有效养分,并可导致养分的耗竭与亏缺。

(3) 改变氧化还原条件。根际大量微生物活动对氧的消耗导致根际氧分压降低。这样会增加根际 $NO_3^- - N$ 的反硝化损失;在淹水土壤中,水稻根系氧化力下降,导致还原性铁、锰的奢侈吸收,甚至造成亚铁中毒。

(4) 菌根与养分有效性。菌根是高等植物根系与真菌形成的共生体,分布很广,分外生菌根和内生菌根两大类。外生菌根主要分布于温带森林树种或干旱地区灌木。内生菌根

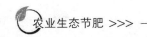

中最普遍的是泡囊丛枝菌根（VA 菌根）。自然条件下，80％以上的植物种都可形成 VA 菌根。菌根的形成能显著增加植物对矿质养分和水分的吸收。外生菌根可以提高树苗对土壤中 K⁺ 和 NH₄⁺ 的吸收率；VA 菌根可以增加植物对土壤中一些移动性小的营养元素如磷、铜、锌等的吸收。VA 菌根增加磷、铜、锌等养分有效性的机理主要是：通过外延菌丝大大增加吸磷表面积；降低菌丝际 pH，有利于磷的活化；VA 真菌膜上运载系统与磷的亲和力高于寄主植物根细胞膜与磷的亲和力；植物所吸收的磷以聚磷酸盐的形式在菌丝中运输效率较高。

第五节　肥料有效性

施肥是农业生产中保障产量与增加产量的必要措施，只有满足了作物对营养的需求才能确保作物的优质、丰收。施用肥料不仅是高产的保证，同时在一定程度上决定着产品的品质。因此，科学合理施用肥料仍是实现现代农业高产、优质、高效必不可少的生产措施。农业生产中肥料种类繁多、性质复杂，充分了解肥料的类型及其有效性对于科学合理施肥、提高肥料利用率，减少养分损失造成的环境污染风险十分必要。

一、肥料分类

肥料的种类繁多，也没有严格规范和统一的分类方法与命名。现将长期习惯的分类方法与命名做简要介绍：

按肥料来源与组分的主要性质可分为：无机肥料（化肥）、有机肥料、生物肥料和绿肥。

按肥料所含营养元素可分为：氮肥、磷肥、钾肥、镁肥、硼肥和锌肥等。有时将这些肥料按植物需要量分为大量营养元素肥料和微量营养元素肥料。

按肥料物理状态可分为：固体肥料（包括粒状和粉状肥料）和液体肥料。

按肥料中养分的有效性或供应速率可分为：速效肥料、缓效肥料和长效肥料。

按肥料中养分的形态或溶解性可分为：铵态氮肥、硝态氮肥和酰胺态氮肥等或水溶性肥料、弱酸溶性肥料和难溶性肥料。

按肥料酸碱性质可分为：酸性肥料、中性肥料和碱性肥料。

按肥料制作方法可分为：堆肥、沤肥和沼气肥等。

二、常用化肥的种类、性质与施用

（一）氮肥

氮肥种类很多，大致可分为铵态氮肥、硝态氮肥、酰胺态氮肥和长效氮肥。各类氮肥的性质、在土壤中的转化和施用既有共同之处，也各有特点。

铵态氮肥是指含有 NH₄⁺ 或 NH₃ 的含氮化合物，包括碳酸氢铵（NH₄HCO₃）、硫酸铵 ［(NH₄)₂SO₄］、氯化铵（NH₄Cl）、氨水（NH₃·H₂O）、液氨（NH₃）。这类肥料的共同特点有：

（1）易溶于水，是速效养分。

（2）易被土壤胶体吸附，不易淋失，部分还进入黏土矿物晶层间。因此，铵态氮肥肥效比硝态氮肥慢，但肥效长；既可作追肥，也可作基肥。

（3）碱性条件下易发生氨的挥发损失。铵态氮肥施在石灰性土壤上会引起 NH_3 的挥发损失；而酸性土壤上则不会发生挥发损失。铵态氮肥不能与碱性物质混合储存和施用，以免造成氨的挥发损失。

（4）高浓度的 NH_4^+ 易对作物产生毒害，造成氨中毒。

（5）作物吸收过量的铵会对 Ca^{2+}、Mg^{2+}、K^+ 的吸收产生抑制作用。

1. 液氨

（1）含量和性质。①含氮 82.3％。②由合成氨工业制造的氨直接加压、冷却、分离而形成的高浓度液体肥料。③呈碱性反应，常温常压下呈气态，密度 0.617，浮点 -33.3℃，冰点 -77.8℃；储存时需要特殊的容器，施用时也需要特殊的施肥机。④施入土壤后很快转化为 $NH_3 \cdot H_2O$，被土壤胶体吸附或发生硝化作用。因此，短时间内土壤碱性增强，但长期施用不会给土壤带来危害。

（2）施用方法。①深施。用施肥机具施用，施在耕作层的中下部，即 15～20cm。②不能与皮肤直接接触，以免造成严重的冻伤。

由于液氨有一定的危险性，生产中直接施用液氨肥的很少，主要是一些肥料厂用作中间原料生产复混肥。

2. 氨水

（1）含量和性质。①含氮 15％～17％。②呈液态，易挥发损失氨，有毒。氨的浓度越高、气温越高挥发越大。③pH 10 左右，呈碱性反应，具有强烈腐蚀性。④施入土壤后，短时间内会解除碱性，这主要是因为：土壤解离的 H^+ 和 OH^-，作物选择性吸收解离的 OH^-；硝化作用产生的硝酸等，中和氨水的碱性。

（2）施用方法。①可作基肥、追肥，不宜作种肥。②深施并覆土。③耐腐蚀容器储存，置阴凉干燥处保存。也可通入 CO_2 形成 NH_4HCO_3、$(NH_4)_2CO_3$ 或在表面撒矿物油，减少挥发。④不宜与种子一起储存，以免影响种子发芽。⑤为减少挥发，施用时应：稀释 19～20 倍，并深施；加入吸附性物质如泥土、泥炭；阴天、早晨、傍晚施用，起稀释作用；减少与叶片的接触，以免灼伤叶片。

由于氨水储存需要专门仪器与设备，使用起来也有一定危险性，生产中使用氨水作肥料的很少。

3. 碳酸氢铵

（1）含量和性质。①含氮 17％左右。②白色细小的结晶，易溶于水，属速效肥料。③肥料水溶液 pH 8.2～8.4，呈碱性反应。④化学性质不稳定，易分解挥发损失氨，应密封、阴凉干燥处保存。⑤储存、运输过程中，易发生潮解、结块。⑥施入土壤后，碳酸氢铵很快解离为均能被作物吸收利用的 NH_4^+ 和 HCO_3^-，不残留任何副成分。

（2）施用方法。①可作基肥、追肥，但不易作种肥；因本身分解产生氨，影响种子的呼吸和发芽。②深施并覆土，以防止氨的挥发。③粒肥能提高利用率，但需提前施用。一般水田提前 4～5d，旱田提前 6～10d；用量可较粉状减少 1/4～1/3。

由于碳酸氢铵养分含量低，容易挥发，生产中也很少使用。

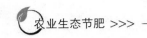
4. 硫酸铵

(1) 含量和性质。①硫酸铵简称硫铵，是应用较早的固态氮肥品种，一般称为标准氮肥，含氮 20%～21%。②纯品为白色结晶，有少量杂质时呈微黄色。③物理性状良好，不吸湿、不结块。④易溶于水，肥料水溶液呈酸性反应。⑤化学性质稳定，常温常压下不挥发、不分解。⑥碱性条件下，发生氨的挥发而损失氮。因此，硫酸铵不能与碱性物质混合储存和施用。⑦属于生理酸性肥料，长期施用会使土壤酸度增强。酸性土壤施用硫酸铵，会使土壤酸性增强，应配施石灰，但注意石灰与硫酸铵应分开施用；石灰性土壤含有大量碳酸钙（$CaCO_3$），施用硫酸铵对土壤酸度的影响较小，但会引起氨的挥发损失，应深施。

(2) 施用方法。①适宜作基肥、追肥和种肥。②适宜各种作物，喜硫作物施用效果更好。③稻田不宜长期施用，否则会使 SO_4^{2-} 在土壤中大量积累，厌氧条件下产生硫化亚铁（FeS）和硫化氢（H_2S），影响水稻根系的呼吸，发生水稻黑根病。④深施覆土。

5. 氯化铵

(1) 含量和性质。①氯化铵简称氯铵，含氮 24%～25%，由合成氨工业制成的氨与制碱工业相联系而制成。②物理性状较好，吸湿性略大于硫酸铵。③易溶于水，肥料水溶液呈酸性反应。④化学性质稳定，不挥发、不分解。

(2) 施用方法。①适宜作基肥、追肥，不宜作种肥。②适宜稻田长期施用，因为：稻田氯离子（Cl^-）易淋失，不会给土壤带来危害；土壤中 Cl^- 的存在能抑制亚硝化毛杆菌的活性，从而抑制土壤中 NH_4^+ 转化为 NO_3^-，减少了 NO_3^- 的淋失。③不宜在忌氯作物（烟草、茶叶、薯类等）上施用，以免影响作物产量，特别是品质；适宜于棉麻类作物，Cl^- 的存在有利于糖类在地上部的积累，增加纤维的强度和长度。④碱性条件下，易发生氨的挥发损失，因此不能与碱性物质混合储存、施用。⑤属于生理酸性肥料。由于作物的选择性吸收，会引起环境的酸化。氯化铵施入土壤后对土壤的影响大于硫酸铵，长期施用会使土壤酸度增强和土壤板结（因 $CaCl_2$ 的溶解度大于 $CaSO_4$）。大量施用氯化铵（特别是酸性土壤）应配施石灰和有机肥料。⑥深施覆土，特别是石灰性土壤。

6. 硝酸铵

(1) 含量和性质。①硝酸铵（NH_4NO_3）含氮 33%～34%。②硝酸铵（NH_4NO_3）白色结晶，含杂质时呈淡黄色，易溶于水，属速效肥料。③吸湿性强，溶解时发生强烈的吸热反应。④储存和堆放不要超过 3m，以免受压结块。⑤易爆易燃，属热不稳定肥料，运输过程中振荡摩擦发热，能逐渐分解释放出 NH_3。⑥施入土壤后，NH_4^+ 和 NO_3^- 能被作物吸收。

(2) 施用方法。①适宜作追肥、种肥，一般不作基肥。追肥要少量多次；作种肥时注意用量，并尽量不使其与种子直接接触，小麦拌种每亩*不超过 2.5kg 且应干拌。②水田不宜施用，避免硝态氮的淋失和反硝化作用损失氮。③不宜与有机肥混合施用，易造成厌氧条件，发生硝化作用。

7. 硝酸钠

(1) 含量和性质。①硝酸钠（$NaNO_3$）简称智利硝石，含氮 14%～15%。②白色结

---

* 亩为非法定计量单位，1 亩＝$1/15hm^2$。——编者注

晶，易溶于水，属速效肥料。③吸湿性强，易潮解。④生理碱性肥料。⑤含有 Na^+，不适合在盐碱土上施用。

（2）施用方法。①作追肥，少量多次。②适于旱地，以减少淋失。③不适合在盐碱土上施用。

8. 石灰氮

（1）含量与性质。①石灰氮（$CaCN_2$）含氮 $20\%\sim22\%$，是氰氨化石的俗称，也是一种有机氮肥，由石灰、焦炭制成碳化钙再与氨气相互作用生成。②产品一般为黑色粉末，带电石味，易气扬，对人体黏膜有刺激性，施用不便，常加入 $2\%\sim4\%$ 的矿物油制成细粒状。③不溶于水，吸湿性较好，在潮湿环境下易吸湿结块。④是一种碱性肥料。

（2）施用方法。①石灰氮是一种碱性肥料，适宜施用在酸性与中性土壤上。②石灰氮直接施用只能作基肥，而且需提前施用，以防石灰氮的中间产物对幼苗、幼根生产毒害作用。③石灰氮在酸性土壤上对棉花、麻类作物等多种大田作物有良好作用。

石灰氮除是一种对环境友好的肥料外，还可用作除草剂、杀虫剂、杀菌剂等，在血防上作杀灭丁螺用。在农业生物防治中有很大用途，作为土壤消毒的一种产品得到广泛应用。

9. 酰胺态氮肥——尿素

（1）含量和性质。①尿素 $[CO(NH_2)_2]$ 含氮 $42\%\sim46\%$，含氮较高，是固态肥料中含氮最高的单质氮肥。②结构式为 $H_2N—CO—NH_2$，是化学合成的有机低分子化合物。③白色针状或棱柱状结晶。④易溶于水，易吸湿，特别是在温度大于 $20℃$、相对湿度 80% 时吸湿性更大。目前通过加入疏水物质制成颗粒状肥料，以降低其吸湿性。⑤尿素制造过程中需要高温高压，但温度过高，会产生缩二脲，尿素中缩二脲含量应低于 2%。

（2）施入土壤后的转化。①$20\%$ 左右借助于氢键和范德华力以分子吸附的形式被土壤胶体吸附，吸附力较弱，易淋失。因此，尿素施入土壤后不要浇大量的水，以免造成尿素的淋失。②大部分分解成 NH_4HCO_3、$(NH_4)_2CO_3$、$NH_3 \cdot H_2O$（在脲酶作用下），3 种氮均不稳定，易解离产生 NH_3，因此尿素应深施。脲酶的活性受土壤温度、水分、酸度的影响。中性、温度较高、水分适宜时转化较快；温度为 $7℃$ 转化率 100% 时需要 $7\sim10d$，温度为 $30℃$ 时仅需 $1d$。③尿素中的缩二脲施入土壤后也会发生转化，旱地 $29d$ 有 60% 分解成 NH_4HCO_3，而水田分解较快。

（3）施用方法。①不提倡作种肥，尿素分解产生 NH_4HCO_3、$(NH_4)_2CO_3$ 和 $NH_3 \cdot H_2O$，挥发氨气，影响种子的呼吸和发芽。另外，尿素肥料中含有的缩二脲对种子发芽有抑制作用。若作种肥，用量要限制，并且避免与种子直接接触。尿素品质鉴定指标包括含氮量和缩二脲含量。②尿素适宜作根外追肥，喷施浓度 $0.2\%\sim2.0\%$。原因如下：尿素为中性有机低分子化合物，电离度较小，对作物茎叶损伤小；尿素分子体积较小；尿素是水溶性的，又具吸湿性，易呈液态被吸收；尿素透过质膜，并且质壁分离少。③肥效较 NH_4^+-N 和 NO_3^--N 慢，尿素在土壤中的转化需要一段时间。因此，作追肥时，要提前 $4\sim5d$ 施用，作水稻追肥要施到浅水层。稻田宜作基肥，不要急于灌水，因尿素施用初期以分子形态存

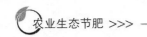

在，大部分未被吸附而具有流动性。

10. 长效氮肥 缓释肥料（slow release fertilizers，SRF）施用后在环境因素（如微生物、水）作用下缓慢分解，释放养分供植物吸收。控释肥料（controlled release fertilizers，CRF）通过包被材料控制速效氮肥的溶解度和氮素释放速率，从而使其按照植物的需要供应氮素。

（1）特点。①降低养分在土壤中的淋失、退化、挥发等损失。②能在很大程度上避免养分在土壤中的生物、化学固定。③减少施肥次数，一次大量施用不会对作物根系产生伤害，省工、省时、省力。④肥效缓慢，一次施用能满足作物各个生育阶段的需要。⑤价格昂贵、养分含量高、利用率高等。

（2）施用方法。长效氮肥一般是根据作物需肥规律研制的专门性肥料，一般作底肥一次性施用，以达到省工省时的作用。

（二）磷肥

磷肥按其溶解性可分为水溶性磷肥、弱酸溶性磷肥和难溶性磷肥。

1. 过磷酸钙 普通过磷酸钙，简称普钙，是酸制法磷肥的一种，是用硫酸分解磷灰石或磷矿石而制成的肥料。

（1）成分。①主要含磷化合物是水溶性磷酸一钙 $[Ca(H_2PO_4)_2 \cdot 2H_2O]$，占肥料总量的30%～50%。②难溶性硫酸钙 $[CaSO_4 \cdot 2H_2O]$，占肥料总量的40%。③3%～5%游离磷酸和硫酸，由于制造过程加入过量酸和储存过程中磷酸一钙的解离。④少量杂质：难溶性磷酸、铁铝盐和硫酸铁、铝盐。⑤成品中含有有效磷（以 P_2O_5 计）12%～20%。

（2）性质。①灰白色、粉末状。②呈酸性反应，有一定的吸湿性和腐蚀性，潮湿的条件下易吸湿结块。③易发生磷酸的退化作用。过磷酸钙在储存和运输过程中的特殊作用：过磷酸钙吸湿或遇到潮湿条件、放置过长，会引起多种化学反应，主要是指其中的硫酸铁、铝杂质与水溶性的磷酸一钙发生反应生成难溶性的磷酸铁、铝盐，降低了磷肥肥效。因此，过磷酸钙含水量、游离酸含量都不宜超标，并且在储存和运输过程中注意防潮，储存时间也不宜过长。

（3）施入土壤后的转化。实践证明：当季作物对过磷酸钙的利用率很低，一般为10%～25%，其主要原因是水溶性的磷酸一钙易被土壤吸持或产生化学和生物固定作用，降低磷的有效性。①磷的化学固定。过磷酸钙施入土壤后发生异成分溶解，水分不断从周围向施肥点汇集，使磷酸一钙溶解为磷酸二钙（$CaHPO_4 \cdot 2H_2O$）和磷酸（H_3PO_4）；随着磷酸一钙的溶解，施肥点磷酸浓度增大，致使磷酸逐渐向外扩散，此时微域土壤溶液的 pH 下降 1.0～1.5 个单位，从而溶解土壤中的 Fe、Al、Ca、Mg，而产生相应的磷酸盐沉淀。酸性土壤含有大量的三氧化物（如 Al_2O_3、Fe_2O_3）、氢氧化物 [如 $Fe(OH)_3$、$Al(OH)_3$]，在干湿交替条件下，形成氧化铁胶膜，把磷酸盐包被起来形成闭蓄态磷（O-P），在旱作条件下植物难以利用。中性、石灰性土壤中，磷酸在扩散过程中与土壤溶液的 Ca^{2+}、Mg^{2+}、交换性钙镁及碳酸钙、碳酸镁等发生反应，逐渐转化为难溶性钙镁盐。转化过程生成的含水磷酸二钙、无水磷酸二钙及磷酸八钙对作物仍有一定效果；但羟基磷灰石只有经过长期风化、释放才能被作物吸收利用。②专性吸附。含铁、铝氧化物及其水化物较多的土壤易发生专性吸附，所以海南砖红壤中磷的当季利用率较低。

（4）施用。过磷酸钙适于各类土壤及作物，可以作基肥、追肥和种肥。无论施入何种土壤，都易被固定，移动性较小。石灰性土壤磷的移动试验表明：过磷酸钙施入土壤 2～3 个月，90％磷酸移动不超过 1～3cm，绝大多数集中在施肥点周围 0.5cm 范围内。因此，合理施用过磷酸钙应减少肥料与土壤的接触，增加肥料与植物根系的接触，以提高过磷酸钙的利用率，具体施肥措施如下：①集中施用。②分层施用。2/3 作基肥，结合耕地翻入底层；1/3 作种肥施于土壤表层。③与有机肥料混合施用（有机胶体对氧化铁等的包被，减少闭蓄态磷的产生；有机酸络合 Fe、Ca 等，减少化学沉淀）。

2. 重过磷酸钙

（1）成分和性质。①简称重钙，是一种高浓度磷肥，由硫酸处理磷矿粉制得磷酸后，再以磷酸和磷矿粉作用而制得。②含磷（P_2O_5）40％～52％，为普通过磷酸钙的 3 倍，故又称浓缩过磷酸钙、三倍磷肥或三料磷肥。③主要成分是磷酸一钙，不同的是它不含石膏，因此含磷量远比普通过磷酸钙高。④性质比普通过磷酸钙稳定，易溶于水，水溶液亦呈酸性反应，吸湿性较强，易结块。⑤由于不含 Fe、Al 等杂质，吸湿后不发生磷酸退化现象。⑥其在土壤中的转化和施用与普通过磷酸钙一样。

（2）施用。①重过磷酸钙可以单独施用，也可以与钾肥一起制成复合肥料或者掺混肥料施用。②施用方法同普通过磷酸钙，但由于有效成分含量高，用量应减少。③由于石膏含量极微，长期施用重过磷酸钙的土壤易缺硫，对缺硫土壤或者硫养分有良好反应的作物，如马铃薯、豆科作物、十字花科作物容易造成缺硫症状。

3. 钙镁磷肥 一种弱酸溶性磷肥，肥料中磷能溶于 2％柠檬酸或中性柠檬酸铵溶液，又称枸溶性磷肥，主要包括钙镁磷肥、沉淀磷肥、脱氟磷肥、钢渣磷肥等。这类磷肥均不溶于水，但能被作物根系分泌的弱酸溶解，也能被其他弱酸溶解供作物吸收利用。弱酸溶性磷肥在土壤中的移动性很差，不会流失，肥效比水溶性磷肥缓慢，但肥效持久。

（1）成分和性质。①钙镁磷肥是热制磷肥的一种，成分比较复杂，主要成分是 α-$Ca_3(PO_4)_2$，含有效磷（P_2O_5）14％～19％。②一般为黑绿色或灰棕色粉末，不溶于水，但能溶于弱酸。③无腐蚀性，不吸湿、不结块，物理性状良好，便于运输、储存和施用。④因含有 30％的氧化钙（CaO）和 15％左右的氧化镁（MgO），是一种碱性肥料，pH 为 8.0～8.5。⑤可以看作含 P、Ca、Mg、Si 的多元肥料，其肥效不如过磷酸钙，但后效长。

（2）施入土壤后的转化与施用。在酸性条件下，有利于弱酸溶性磷酸盐转化为水溶性磷酸盐，提高磷肥的肥效；而在石灰性土壤中，在微生物、根系分泌的酸的作用下，也可逐步溶解释放出磷酸盐，但速度较慢。因此，钙镁磷肥最好施在酸性土壤上。钙镁磷肥宜作基肥并及早施用，一般不作追肥和种肥，对喜 Ca、Mg、Si 的作物较好。

4. 难溶性磷肥 所含磷酸盐大部分只能溶于强酸，肥效迟缓，肥效长。磷矿粉和骨粉是难溶性磷肥的代表。

磷矿粉经机械粉碎磨细而成，既是各种磷肥的原料，也可直接作磷肥施用；但一般需要经过鉴定和选择后才能直接施用。磷矿粉的质量取决于两方面：全磷含量和弱酸溶性磷酸盐的含量。一般而言，磷矿粉中弱酸溶性磷占全磷的比例大，才适合直接施用，肥效也好。通常磷矿粉中的可给性用枸溶率表示，即磷矿粉中 2％柠檬酸可溶性磷占全磷的百分数。凡枸溶率≥10％的磷矿粉才可以直接用作肥料，否则应用于加工其他肥料。

（三）钾肥

1. 氯化钾

（1）成分和性质。①氯化钾（KCl）主要由光卤石（KCl·MgCl$_2$·H$_2$O）、钾石矿、盐卤（NaCl·KCl）加工制成。②白色或淡黄色、紫红色结晶。③氧化钾（K$_2$O）含量为60%，易溶于水，对作物是速效的。④有一定吸湿性，长久储存会结块。⑤属化学中性、生理酸性肥料。

（2）施入土壤后的转化。施入土壤中的氯化钾，很快溶解在土壤溶液中，增加了K$^+$的浓度，其中一部分被作物吸收利用，另一部分与土壤中的阳离子进行交换反应。石灰性土壤中交换反应如下：土壤胶体（Ca、Mg）＋KCl→土壤胶体（K）＋MgCl$_2$＋CaCl$_2$，在多雨季节以及灌溉条件下容易造成钙的淋失，导致土壤板结；酸性土壤中交换反应如下：土壤胶体（H、Al）＋KCl→土壤胶体（K）＋AlCl$_3$＋HCl，引起土壤酸化，酸性土壤上施用氯化钾应配施有机肥及石灰。

（3）施用。①可作基肥、追肥，不宜作种肥，以免造成盐害，影响种子的萌发和幼苗的生长。②不宜在盐碱地上施用，适宜在水田上施用。酸性土壤施用时应配施有机肥和石灰。③耐氯弱的作物慎用。④适宜棉麻类作物。

2. 硫酸钾

（1）成分和性质。①硫酸钾（K$_2$SO$_4$）主要是以明矾石［K$_2$SO$_4$·Al$_2$（SO$_4$）$_3$·4Al（OH）$_3$］、钾镁矾（K$_2$SO$_4$·MgSO$_4$）为原料经煅烧加工而成。②白色或淡黄色结晶。③K$_2$O含量为50%～52%，易溶于水，对作物是速效的。④吸湿性较小，不易结块。⑤属化学中性、生理酸性肥料。

（2）施入土壤后的转化。施入土壤中的硫酸钾，很快溶解在土壤溶液中，增加了K$^+$的浓度，其中一部分被作物吸收利用，另一部分与土壤中的阳离子进行交换反应。石灰性土壤中交换反应如下：土壤胶体（Ca、Mg）＋K$_2$SO$_4$→土壤胶体（K）＋MgSO$_4$＋CaSO$_4$，溶解度小，脱钙程度相对较小，施用硫酸钾使土壤酸化速度比氯化钾慢；酸性土壤中交换反应如下：土壤胶体（H）＋K$_2$SO$_4$→土壤胶体（K）＋H$_2$SO$_4$。

（3）施用。①可作基肥、追肥、种肥。②适宜在喜硫作物（十字花科、葱蒜类）以及对氯敏感的作物上施用。③不宜在水田中施用。

3. 草木灰

（1）成分和性质。①草木灰是植物燃烧后的残渣；因为有机物和氮素大量被损失，草木灰的主要成分是灰分元素（P、K、Ca、Mg）和Fe等微量元素，Ca、K较多，P次之。不同作物灰分的成分差异很大，一般木灰含Ca、K、P多；而草灰含Si多，P、K、Ca略少。同一作物的不同部位灰分中元素的含量也不同，幼嫩组织灰分含P、K较多，衰老组织含Ca、Si多。②草木灰中的钾90%是碳酸钾（K$_2$CO$_3$），其次是KCl和K$_2$SO$_4$，均为水溶性的，对作物是速效的，但易受雨水淋失。③草木灰中含有CaO、K$_2$CO$_3$，呈碱性反应。酸性土壤上施用，不仅能供应钾，而且能降低土壤酸度和补充Ca、Mg等元素。

（2）施用。①可作基肥、追肥，也可作根外追肥、盖种肥。②不宜与铵态氮肥、腐熟的有机肥混合施用，以免造成氨的挥发。

（四）复混肥料

1. 概念 复混肥料（complex fertilizer）是指肥料组分中含有氮、磷、钾三种营养元素中至少两种的肥料。

2. 养分含量的表示方法 为了便于施用，复混肥料都要将其中所含的有效养分标出，表示方法是用阿拉伯数字并且按 N–P_2O_5–K_2O 顺序标出 N、P_2O_5、K_2O 各自在复混肥料中所占的百分率。例如，10–10–10 表示此种复混肥料中 N、P_2O_5、K_2O 的含量均为 10%。"0"表示不含该营养元素，如 15–15–0 表示此种复混肥料中 N、P_2O_5 的含量各占 15%，K_2O 的含量为 0；15–0–15 表示此种复混肥料中 N、K_2O 的含量各占 15%，P_2O_5 的含量为 0。对于多元复混肥料，2002 年 1 月 1 日实施的复混肥料国家标准规定，若加入中量元素或微量元素，不在包装容器或质量证明书上标明（有国家标准或行业标准规定除外），所以表示方法如前所述。如果复混肥料中氯离子含量大于 3%，必须在包装容器上标明。复混肥料的总养分含量仅为其中 N、P_2O_5 和 K_2O 的含量之和，其他养分元素不计入，如 15–15–15 表示此种复混肥料总养分含量为 45%，15–15–0为 30%。

3. 分类 复混肥料根据不同的分类标准可以分为不同的种类，主要分类方法有如下几种：

（1）按生产工艺可分为复合肥料和混合肥料，这种分类方法是目前最常见的。复合肥料是指工艺流程采用化学方法而制成，也称化成复合肥料，如磷酸铵等。其特点是性质稳定，但其中的氮、磷、钾等养分比例固定，难以适应不同土壤和不同作物的需要，在施用时需配合单质肥料。如磷酸铵中磷的含量是氮的 3 倍左右，施用时一般要配合适量氮肥才能满足作物需求。因此，复合肥料直接施用较少，通常是作为配制混合肥料的基础肥料。混合肥料是以单质肥料或复合肥料为基础肥料，通过机械混合而成，工艺流程以物理过程为主，也有一定的化学反应，但并不改变其养分的基本形态和有效性。优点是可按照土壤的供肥情况和作物的营养特点分别配制成氮、磷、钾养分比例各不相同的混合肥料，但缺点是混合时可能引起某些养分的损失或某些物理性质变坏。按混合肥料的加工方式和剂型又可以将其分为粉状混合肥料、粒状混合肥料、粒状掺合肥料、清液混合肥料和悬浮液混合肥料等。粉状混合肥料是采用干粉掺合或干粉混合；粒状混合肥料是由粉状混合肥料经造粒、筛选、烘干而制成；粒状掺合肥料也称 BB 肥料，是将各种基础肥料加工制成等粒径、等密度后混合而成；清液混合肥料指将所有肥料组分都溶解于水中，制成液体肥料；悬浮液混合肥料指一部分肥料组分通过悬浮剂的作用而悬浮在水溶液中的液体肥料。

（2）按所含营养元素的种类或其他有益成分可分为二元、三元、多元和多功能复混肥料。含有氮、磷、钾三要素中任意两种的肥料称为二元复混肥料；同时含有氮磷钾三要素的肥料称为三元复混肥料；在复混肥料中添加一种或几种中量元素或微量元素的称为多元复混肥料；在复混肥料中添加植物生长调节物质、农药、除草剂等称为多功能复混肥料。

（3）按总养分含量可分为低浓度、中浓度、高浓度和超高浓度复混肥料。总养分含量达到 25%～30% 的为低浓度复混肥料，30%～40% 的为中浓度复混肥料，40% 以上的为高浓度复混肥料。

（4）按适用范围可分为通用型和专用型复混肥料。通用型复混肥料适用的地域及作物范围比较广泛，针对性不强，常出现其中某一种或两种有效养分不足或过剩，施用时需根据具体情况补施单质化肥或其他肥料才能充分发挥肥效；专用型复混肥料仅适用某一地域的某种作物，针对性强，养分利用率高，肥效较好。因此，专用型复混肥料发展速度很快，种类也愈来愈多，如水稻专用肥、烟草专用肥等。

4. 特点

（1）优点。与单质肥料相比，复混肥料有许多优点，主要可归纳为以下几点：①养分种类多，含量高，副成分少。复混肥料至少含有氮、磷、钾三要素中的两种，养分种类比单质肥料多，因此施用复混肥料可同时供给作物多种养分，满足作物生长需要，且有利于发挥营养元素之间的协助作用，减少损失，提高肥料利用率。复混肥料养分含量较高，即使是低浓度的复混肥料，总养分含量都在 25% 以上，比许多单质肥料的有效养分含量都高。有效成分高，副成分必然少，因此只要施用合理，对土壤一般不会产生不良影响。此外，配制复混肥料时加入的填料，如黏土、粉煤灰等，对土壤还有一定的改良作用。②物理性状较好。复混肥料一般制成颗粒状，有些还制成包膜肥料，因而吸湿性明显降低，便于储存、运输和施用，尤其适合现代机械化施肥。③节省包装、储存、运输和施用等费用。一方面，由于复混肥料养分含量高、副成分少，所以含等量有效养分时，复混肥料的体积总量比单质肥料少。如 1t 硝酸钾所含的 N 几乎相当于 1t 碳酸铵，所含的 K_2O 几乎相当于 1t 硫酸钾，体积却比单质肥料缩小 1/2，故可节省包装、储存、运输和施用等费用，降低生产成本，提高劳动生产率。另一方面，由于复混肥料含有多种养分，每次施肥可施入多种养分，则可减少施肥次数，从而提高劳动生产率。如要施入一定量的氮、磷、钾元素，单质肥料需施肥至少 3 次，如果施用氮、磷、钾配比相当的复混肥料，只需一次就能满足作物生长需要。

（2）缺点。尽管复混肥料有许多优点，但也存在以下一些缺点：①养分比例固定，尤其是复合肥料，很难完全适应于不同土壤和不同作物。例如，5 - 15 - 12 的复混肥料，磷、钾含量较高，只适合于豆科等需氮较少的作物。所以复混肥料最好根据当地的土壤供肥情况和作物营养特点配制成专用肥，充分发挥复混肥料的增产作用。②难以满足不同肥料施肥技术不同的要求。复混肥料的各种养分只能采用相同的施肥时期、施肥方式，并且施在相同深度，这样就很难充分发挥各种营养元素的作用。例如，磷、钾肥可以作基肥一次施用，氮肥易损失一般不宜全作基肥，如果把作物所需的氮、磷、钾配成复混肥料都作基肥一次施入，则会造成氮素大量损失。

5. 施用　一般来说，复混肥料具有营养元素多、物理性状好、养分浓度高、施用方便等优点。复混肥料的增产效果与土壤、作物以及施用量和施用方法等有关，为了发挥复混肥料的增产作用，施用复混肥料应考虑以下几个问题：

（1）作物类型。按照作物营养特点选用适宜的复混肥料品种，对于提高作物产量、改善作物品质具有非常重要的意义。一般粮食作物以提高产量为主，对养分需求是氮＞磷＞钾，所以宜选用高氮、低磷、低钾的复混肥料；经济作物多以追求品质为主，对养分需求一般是钾＞氮＞磷，所以宜选用高钾、中氮、低磷的复混肥料；豆科作物宜选用磷、钾较高的复混肥料；烟草、茶叶等耐氯力弱的作物，宜选用含氯较少或不含氯的复混肥料。

此外，在轮作体系中，上下茬作物适宜施用的复混肥料品种也应有所不同。例如，在南方水稻轮作制中，同样在缺磷的土壤上，磷肥的肥效往往是早稻好于晚稻，而钾肥的肥效则相反。在北方小麦—玉米轮作制中，小麦苗期正处于低温生长阶段，对缺磷特别敏感，需选用高磷复混肥料；而夏玉米因处于高温多雨生长季节，土壤释放的磷素相对较多，且可利用前茬中施用磷肥的后效，故宜选用低磷复混肥料。若前茬作物为豆科作物，则宜选用低氮复混肥料。还要注意：作物在不同生育时期对养分的需求不同，如苗期对磷、钾较敏感，宜选用磷、钾含量较高的复混肥料；而旺长期对氮肥需求较多，宜选用高氮、低磷、低钾的复混肥料或单质氮肥。

（2）土壤类型。土壤养分以及理化性状不同，适用的复混肥料也不同。一般而言，水田优先选用氯磷铵钾，其次是尿素磷铵钾、尿素钙镁磷肥钾、尿素过磷酸钙钾等品种，而不宜选用硝酸磷肥系复混肥料；旱地则优先选用硝酸磷肥系复混肥料，也可选用尿素磷铵钾、氯磷铵钾、尿素过磷酸钙钾，而不宜选用尿素钙镁磷肥钾等品种。在石灰性土壤上宜选用酸性复混肥料，如硝酸磷肥系、氯磷铵系等品种，而不宜选用碱性复混肥料，如氯铵钙镁磷肥系等；酸性土壤则相反。在某种养分供应水平较高的土壤上，则选用该养分含量低的复混肥料，如在速效钾含量较高的土壤上，宜选用高氮、高磷、低钾复混肥料或氮、磷二元复混肥料；相反，在某种养分供应水平较低的土壤上，则选用该养分含量高的复混肥料。

（3）复混肥料的养分形态。复混肥料中氮素为铵态氮、硝态氮和酰胺态氮。酰胺态氮施入土壤后在脲酶的作用下，很快转化为碳酸氢铵而以铵态氮形式存在；铵态氮由于易被土壤吸附，不易淋失。所以含铵态氮和酰胺态氮的复混肥料在旱地和水田都可施用，但应深施覆土，减少氮素损失。硝态氮在水田中易淋失或反硝化损失，故含硝态氮的复混肥料宜施于旱地。复混肥料中磷素为水溶性磷和枸溶性磷。含水溶性磷的复混肥料在各种土壤上都可施用，而含枸溶性磷的复混肥料更适合在酸性土壤上施用。还需考虑的是：在缺磷的土壤上水溶性磷含量应较高，酸性土壤一般要求水溶性磷为 $30\% \sim 50\%$，石灰性土壤为 50% 以上。复混肥料中钾素为硫酸钾和氯化钾，从肥效来说二者基本相当；但对某些耐氯力弱的作物如烟草等，氯过量对其品质不利，所以在这类作物上应慎用氯化钾。考虑到硫酸钾的价格比氯化钾高，在不影响品质的前提下选用一定量的氯化钾可减少生产成本，提高经济效益。含氯较高的复混肥料也不宜施用在盐碱地上，干旱和半干旱地区的土壤也应限量施用。

（4）复混肥料施用时期与方法。复混肥料一般含有磷或钾，且呈颗粒状，养分释放缓慢，所以作基肥或种肥效果较好。复混肥料作基肥要深施覆土，防止氮素损失，施肥深度最好在根系密集层，利于作物吸收；复混肥料作种肥必须将种子和肥料隔开 5cm 以上，否则会影响出苗而减产。施肥方式有条施、穴施、全耕层深施等，在中低产田上，条施或穴施比全耕层深施效果更好，尤其是以磷、钾为主的复混肥料穴施于作物根系附近，既便于吸收，又可减少固定。不同复混肥料的养分种类和养分含量各不相同，因此施用前宜根据复混肥料的特点和作物对养分需求计算合理施用量。计算时以复混肥料满足最低用量的营养元素为准，其余养分用单质肥料补充。

（五）有机肥

施入土壤的有机肥在微生物作用下，通过复杂的转化过程，转变为简单的有机物和无机物才能被作物吸收利用，其中包括矿质化过程与腐殖化过程。

1. 矿质化 微生物分解有机质，释放 CO_2 和无机物的过程称矿化作用。这一过程也是有机质中养分的释放过程。土壤有机质的矿质化过程主要有以下几种：

（1）糖类的分解。土壤有机质中的糖类如纤维素、半纤维素、淀粉等，在微生物分泌的糖类水解酶的作用下，首先水解为单糖：$(C_6H_{10}O_5)_n + nH_2O \rightarrow nC_6H_{12}O_6$。由于环境条件和微生物种类不同，生成的单糖又可通过不同的途径分解，其最终产物也不同。如果在好氧条件下，由好氧性微生物分解，最终产物为 H_2O 和 CO_2，放出的热量多，称氧化作用。其反应如下：$nC_6H_{12}O_6 + 6O_2 \rightarrow 6CO_2 + 6H_2O +$ 热量。如果在通气不良的条件下，则在厌氧性微生物作用下缓慢分解，并形成一些还原性气体、有机酸，产生的热量少，称发酵作用。其反应为：$nC_6H_{12}O_6 \rightarrow CH_3CH_2CH_2COOH + 2H_2 + 2CO_2 +$ 热量、$4H_2 + CO_2 \rightarrow CH_4 + 2H_2O$。糖类的分解不仅为微生物的活动提供了碳源和能源，扩散到近地表大气层中的 CO_2，还可为绿色植物光合作用提供所需要的碳素营养。CO_2 溶于水形成碳酸，有利于土壤矿质养分的溶解和转化，丰富土壤速效态养分。

（2）含氮有机物的分解。含氮有机物是土壤中氮素的主要储藏状态，包括蛋白质、氨基酸、腐殖质等，不经分解多数不能被植物直接利用。一是水解作用。蛋白质在微生物分泌的蛋白质水解酶作用下，分解成氨基酸的作用称水解作用。氨基酸大多数溶于水，可被植物、微生物吸收利用，也可进一步分解转化。二是氨化作用。分解含氮有机物产生氨的生物学过程称氨化作用。不论土壤通气状况如何，只要微生物生命活动旺盛，氨化作用就可以在多种条件下进行。氨化作用生成的氨，在土壤溶液中与酸作用生成铵盐，可以被植物直接吸收利用，也可以 NH_4^+ 吸附在土壤胶粒上，免遭淋失，也会以 NH_3 形式逸入大气造成氮素的损失，或进行硝化作用，转化成硝酸。三是硝化作用。铵态氮被微生物氧化成亚硝酸，并进一步氧化成硝酸的过程，称硝化作用。这一作用可分为两个阶段：第一阶段，氨被亚硝酸细菌氧化成亚硝酸；第二阶段，亚硝酸被硝化细菌氧化成硝酸。硝化作用是一种氧化作用，只能在土壤通气良好的条件下进行，因此适当中耕、松土、排水，经常保持土壤疏松透气，是硝化作用顺利进行的必要条件。硝化作用产生的硝酸与土壤中的盐基作用生成硝酸盐，NO_3^- 也可直接被植物吸收，但 NO_3^- 不易被土壤胶粒吸附，易随水淋失。四是反硝化作用。细菌在无氧或微氧条件下以 NO_3^- 或 NO_2^- 作为呼吸作用的最终电子受体生成 N_2O 和 N_2 的硝酸盐还原过程，称反硝化作用。反硝化作用是土壤氮素损失的过程，多发生在通气不良或富含新鲜有机质的土壤中，因此改善土壤的通气状况，能抑制反硝化作用的进行。

（3）含磷有机物的分解。土壤中含磷有机物主要有核蛋白、卵磷脂、核酸、核素等，它们在有机磷细菌的作用下进行分解，核蛋白质在细菌作用下逐步分解为磷酸、磷酸盐。产生的磷酸盐是植物可吸收的磷素养分，但在酸性或石灰性土壤中易与 Fe、Al、Ca、Mg 等生成难溶性的磷酸盐，降低其有效性。在缺氧条件下磷酸又被还原为磷化氢，其反应为：$H_3PO_4 \rightarrow H_3PO_3 \rightarrow H_3PO_2 \rightarrow PH_3$，磷化氢有毒，在水淹条件下常会使植物根系发黑甚至死亡。

（4）含硫有机物的分解。植物残体中的硫主要存在于蛋白质中，能分解含硫有机物的土壤微生物很多，一般能分解含氮有机物的氨化细菌，都能分解有机硫化物，产生硫化氢，其反应为：蛋白质→硫氨基酸→H_2S。还原型的无机硫化物被硫化细菌氧化成硫酸的过程，称硫化作用。其反应如下：

$$2H_2S+O_2 \rightarrow 2H_2O+2S$$
$$2S+3O_2+2H_2O \rightarrow 2H_2SO_4$$

硫化作用产生的硫酸与土壤中的盐基物质作用，形成硫酸盐，硫酸盐是植物可吸收的养分。硫酸还可增加土壤中矿质养分的溶解度，提高其有效性。细菌在无氧条件下，以SO_4^{2-}作呼吸作用的最终电子受体产生 S 或 H_2S 的硫酸盐还原过程，称反硫化作用。硫化氢对根系有毒害作用，能造成根系腐烂。因此，应排除土壤多余水分，改善土壤通气条件，抑制反硫化作用进行。

2. 腐殖化　腐殖化指有机质被分解后再合成新的较稳定的复杂的有机化合物，并使有机质和养分保蓄起来的过程。一般认为腐殖质的形成要经过两个阶段：

第一阶段：微生物将动植物残体转化为腐殖质的组分，如芳香族化合物（多元酚）和含氮化合物（氨基酸和多肽）。

第二阶段：在微生物的作用下，各组分通过缩合作用合成腐殖质。在第二阶段中，微生物分泌的酚氧化酶将多元酚氧化为醌，醌与其他含氮化合物合成腐殖质。即多元酚氧化为醌，醌和氨基酸或肽缩合。

腐殖化系数：单位质量的有机物质在土壤中分解一年后的残留碳量。激发作用：土壤中加入新鲜有机物质会促进土壤原有有机质的降解，这种矿化作用称为激发作用。激发效应可正可负。

矿质化和腐殖化两个过程互相联系，随条件改变相互转化，矿化的中间产物是形成腐殖质的原料，腐殖化过程的产物，再经矿化分解释放出养分。通常需调控二者的速度，使其能供应作物生长养分的同时又使有机质保持在一定的水平。

3. 影响有机质转化的因素　微生物是有机质转化的主要驱动力，凡是能够影响微生物活动及其生理作用的因素都会影响有机质的转化。

（1）植物残体特性。一是物理状态。包括新鲜程度、破碎程度和紧实程度。二是碳氮比（C/N）。C/N 不仅影响有机残体分解速度，还影响土壤有效氮的供应，通常以 25 或 30 较为合适。因为微生物体合成需要 5 份 C 和 1 份 N，同时需要消耗 20 份 C 作为能源，故 C/N<25 时，微生物活动最旺盛，分解有机质速度较快，释放出大量 N；相反 C/N>25 时，N 相对不足，会出现微生物与植物共同争夺土壤中有效 N 的现象。三是化合物组成。含易分解有机化合物多的比含难分解化合物多的易分解，如含蛋白质多的比含木质素多的易分解。

（2）水分、通气性。最适湿度为土壤持水量的 $50\% \sim 80\%$，所以低洼、积水有利于有机质的积累。在好氧条件下，微生物活动旺盛，分解作用进行得较快且彻底，有机物质分解释放 CO_2 和 H_2O，而 N、P、S 等则以矿质盐类释放出来。在厌氧条件下，好氧微生物的活动受到抑制，分解作用进行得既慢又不彻底，同时往往还会产生有机酸、乙醇等中间产物。在极端厌氧的情况下，还产生 CH_4、H_2 等还原物质，养料和能量释放很少，对植物生长不利。

（3）温度。在 0~35℃范围内，有机质的分解随温度升高而加快。土壤微生物活动的

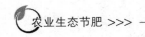

最适宜温度为 25～35℃。

（4）土壤特性。土壤黏粒含量越高，有机质含量也越高，有机质与黏粒结合免受微生物破坏。土壤 pH 通过影响微生物的活性而影响有机质的分解。各种微生物都有其最适 pH 范围，多数细菌的最适 pH 为 6.5～7.5，真菌为 3～6，放线菌为略偏碱性。由于细菌数目最多，所以 pH 6.5～7.5 较适宜，过酸过碱对一般的微生物均不适宜。

第三章 | CHAPTER 3

农业生态节肥政策

　　我国有着世界上古老而又从未中断过的农业文明，曾经长期领先于世界，并留下了众多宝贵的农业文化遗产。随着改革开放的不断深化，我国农业在信息化带动工业化道路上奋力前行，发生了翻天覆地的变化，产量和产值在不断提升，特别是中共十八大以来，党中央坚持把解决好"三农"问题作为全党工作重中之重，统筹推进工农城乡协调发展，出台了一系列强农惠农政策，实现了农业连年丰收、农民收入持续提高、农村社会和谐稳定。农业现代化稳步推进，农业物质技术装备水平大幅提升，粮食生产能力登上 6 000 亿 kg 台阶。然而隐忧也存在，在农机、化肥、农药、激素等的使用量迅速增加，工业化手段不断得到加强的同时，资源、环境、生态的巨大压力也开始显现，洪涝、干旱、赤潮、水体富营养化、地下水污染、土壤污染等变得频繁，生态安全与食品安全事故成为公众关注的焦点。生态环境的严峻形势迫使我们需要及时将生态环境目标纳入农业生产目标中。

　　农业产能大幅度的提高，为粮食增产做出了贡献，但是为环境带来了很大的压力，需要重新正视土壤质量和生态问题。由此，发展生态农业势在必行，而养护、修复土壤靠施用化肥很难解决，唯有转型升级，采取生态农业节肥发展新模式。

　　与此同时，随着全球经济的发展，世界各国都越来越认识到农业生态建设的重要性，如何处理资源、环境和生态的问题成为大家共同面临的问题。发达国家面对工业化农业的资源、环境和生态问题，提出的解决的思路有两个方面：一方面是工业化技术的改进，另一方面是采用有机农业、自然农业、生态农业、生物动力学农业等完全不同于工业化农业的替代途径。从 20 世纪 70 年代开始，我国就开始探索生态农业发展的道路，在中共十七大报告中，提出了生态文明的概念和"走中国特色农业现代化道路"。生态农业在农业发展目标上认为：农业不仅需要满足人民衣食住行对农产品的需求，也不仅需要满足农业生产在经济上的盈利的需求，还要关注农业生产对资源、环境和生态的巨大影响。欧美许多国家逐步建立起涵盖法律法规、财政信贷、科技和教育等多方面的完整体系，针对生态节肥出台了一系列涉及肥料管理、农业面源污染、生态农业方面的政策法规以推动生态农业的发展，其中许多做法可供借鉴。自 20 世纪 80 年代以来，我国也陆续出台了许多涉及生态农业发展的重要纲领性文件，重点在于优化调整种养结构，促进种养循环、农牧结合、农林结合等，因地制宜推广节水、节肥、节药等节约型农业技术。在此基础上，推动各地积极探索生态循环农业创新发展道路，促进农业向绿色发展转型，以提供绿色、安全、高品质的农产品满足群众消费升级的需求。至 2017 年，中央 1 号文件连续 14 年聚焦"三农"发展，特别是中共十九大报告进一步明确了中国特

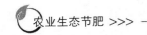

色社会主义进入新时代，"三农"工作在国计民生和全党工作中的战略定位，确立推进农业绿色发展，是贯彻新发展理念、推进农业供给侧结构性改革的必然要求，是加快农业现代化、促进农业可持续发展的重大举措，是守住绿水青山、建设美丽中国的时代担当，对保障国家食物安全、资源安全和生态安全，维系当代人福祉和保障子孙后代永续发展具有重大意义。

第一节　国外控制肥料污染的政策

化肥是农业持续发展的物质保证，是粮食增产的基础。世界农业发展的历史实践证明，不论是发达国家还是发展中国家，施肥（尤其是化肥）都是最快、最有效、最重要的增产措施。化肥的不合理施用会造成养分在土壤中富集，增加重金属等有毒元素含量，导致作物营养失调与硝态氮积累，破坏土壤结构，促使土壤酸化以及降低微生物活性等，从而造成日趋严重的面源污染，在全球范围内带来严重的环境问题。

目前，水资源紧张、能源短缺、环境污染、气候变化、生物多样性锐减、生态系统服务功能退化等已经成为全球共同面临的灾难性环境问题，土壤污染、耕地退化更是让全球陷入"噩梦"。为了有效地保护耕地并维护生态环境，发达国家在防治面源污染方面进行了一系列立法工作，在防治农业面源污染方面存在较大的发挥空间。欧洲一些国家先后采取税收手段试图控制化肥用量，如挪威的化肥税、丹麦的氮税等，但对环境质量的改善作用并不明显，且对农民收入和农业发展产生了较大的负面影响。限制化肥施用的最终目的在于保护水资源不受污染，据此，制定化肥专项立法及完善水资源保护立法对减少化肥面源污染意义重大。

一、国外针对化肥的专项立法

（一）美国

美国没有具体的联邦法律去规定化肥的成分及有效性，但大部分州都根据美国植物养分管理署制定的化肥法案草拟并颁布了自己的化肥法律及一些类似于实施细则的配套法规，如得克萨斯州新修订的《商业化肥控制法案》（2009年）、俄克拉荷马州的《化肥法案》、马里兰州的《化肥法案》等。具体而言，美国的肥料管理主要包括对肥料行业的管理和对施用肥料行为的管理两大部分。对肥料行业的管理涵盖了如下内容：①肥料登记。登记的范围一般包括制造者和分销者的姓名与主要地址、要进行分销的化肥商标或名称及其他信息，而免于登记的情况主要指分销已被登记的品牌或按顾客要求配置的肥料。②肥料标识。主要指包装上应标明产品净重、品牌、等级、养分含量等，如俄克拉荷马州《肥料法》中规定了中微量元素肥料的最低保证含量。③肥料监督检查。该职责主要由肥料管理机构履行，包括抽样、检查、化验，发现违法行为，可对其实行停止销售、停止使用、注销登记证。肥料管理机构一般设在州农业厅，而得克萨斯州还准许该机构将部分职权授权给具体的专业人员。④明确管理要求。对肥料的存放和施用提出具体要求。例如，俄克拉荷马州《肥料法》规定了液体肥料的存储条件、防止渗漏污染的要求，包括喷灌系统应采用措施来防止液体肥料回流，以防止肥料对环境、土壤和水的污染；佛罗里达州《肥料法》规定，农业部门要制定作物施肥限量标准。⑤惩罚措施。惩罚措施主要指没收，但是符合犯罪行为的将被判处二级轻罪。对施用肥料行为的管理主要包括：土壤养分分析和建立施肥指标体系。大部分州的化肥法案基本都是围绕肥料行业的管理制定的详细规定，内容大同小异。

（二）欧盟

欧盟关于化肥方面的立法较为具体。首先是《硝酸盐施用指令》，其在内容上详尽规定了禁肥期、坡地施肥的方法、肥料的存蓄期、合理的肥料施用比例、施肥限额等。该指令要求各成员国制订一个行动计划，该计划应包含的措施有制定条例及引入管理实践等，此外该行动计划还要求农民采取合理的措施去避免或减少化肥的过度施用。鉴于来自农业的硝酸盐排放很难进行监测，为此该指令用税收或是配额的形式来规范硝酸盐的排放。为了配合《硝酸盐施用指令》的执行，1991年又颁布了《有机法案》，鼓励发展有机农业，不用化肥和农药，进而减少氮、磷元素的排放。因《硝酸盐施用指令》的实施不尽如人意，《农业面源硝酸盐污染控制指令》（1991年）进一步提出加强土壤经营管理，确立每公顷土壤施用170kg硝酸肥料为最高限值，要求成员国按指令中规定的标准识别出脆弱区（水中硝酸盐含量超过50mg/L或者水体为富营养化）。2003年，欧盟统一了肥料法，其中明确了无机肥、复混肥、无机液体肥、无机二次营养肥料和微量元素肥料（包括含微量元素的复合肥）五大类肥料养分含量指标。2004年，又提出了《关于堆肥和生物废弃物指令》，其目的也是为了控制潜在的污染，并鼓励施用被批准的复合肥料。

（三）日本

日本针对化肥施用的立法主要见于以下法规：日本于1950年5月1日颁布了肥料管理法律，由特种肥料/常规肥料及官方标准、肥料产品登记、质保标签和生产企业监督四部分组成，内容涵盖肥料管理法律的目的、肥料的定义、肥料的官方标准、肥料登记程序、肥料质量保证标签、肥料监管、行政处置和惩罚规则，共42个条款，对肥料登记和管理进行了立法管理。《可持续农业法》（1999年）主要对农业生产施用肥料进行了规定，如施用堆肥及其他有机质肥料；《堆肥品质法》（1999年）一方面主要对生产堆肥的厂商进行了严格的限制，包括从业前材料的严格审批以及项目变更或停业时的程序性要求，另一方面对堆肥的成分、品质也进行了严格规定；《关于促进高持续性农业生产方式采用的法律》（1999年）也明确了农业生产必须施用堆肥或其他有机质肥料。另外，还有1999年颁布的《化肥控制规范》《畜禽粪肥利用推广及污染处理规范》以及2000年修订的《肥料管理法》等。总之，日本颁布的化肥立法大多针对化肥或堆肥的施用，从而确保这些肥料符合相关环境标准、技术标准的科学规定，其颁布的相关立法已基本形成体系，而且执行程序也规定得较为具体，可操作性较强。

二、国外控制农业面源污染的水资源立法

（一）美国

美国关于面源污染的治理主要在1987年的《清洁水法案》修正案中进行了规定。该法案第319节创设了面源管理项目，向州、海外领土或领地以及印第安部落提供资助，用以支持消减面源污染的示范工程、技术转移、教育、培训、技术援助和相关活动；该法案

要求各州标出因面源污染而不能达到水质标准的水域，并确认污染源及制订相应的管理计划来纠正面源污染；该法案还允许个人对州或环保局官员违反水质标准的行为提起诉讼，加强了民众监督。总之，该法案对面源污染的治理起到了一定的作用，但也存在一些缺陷，如公民的诉讼范围受限、对各州缺乏统一的指导方针等。除该法案外，《水质法案》（1987年）明确要求各州对面源污染进行系统识别。另外，为了避免地下水和地表水遭受化肥、农药的污染，美国于1989年又颁布了《总统水质动员法》。据此，美国在防治面源污染方面的立法已初具体系。

美国主要使用基于自愿和奖励的最佳流域管理措施（BMP）控制农业面源污染，BMP可以分为工程措施和非工程（管理）措施。工程措施主要为增加湿地或植被缓冲区，降低污水地表径流速度，以拦截、降解、沉降污染物；非工程（管理）措施包括规划、农户教育、奖励等形式，促使农民自觉使用廉价的环境友好技术。BMP具体分为四类：一是减少粪便中的磷含量，如对牲畜的精细喂养。二是改变水文状态，如排水管、排水渠的改变。三是土地使用功能的改变，如将临近水域的土地变为河岸缓冲带。四是农村土地上磷的重新分配，如分散牲畜粪便。BMP具有较大的灵活性，不会对本国的农业发展造成负面影响。

（二）欧盟

欧盟与农业面源污染有关的法令主要见于《水框架指令》（2000年）、《地下水指令》（2000年）。其中，《水框架指令》规定了一系列为预防通过土壤渗漏有害物质或营养物污染地表水和地下水的控制标准，它要求分析所有影响水质的因素，并在整个流域中采取行动，而被污染、侵蚀或过度施肥的土壤都将有可能污染地表水和地下水，因而要采取必要的修复措施。《水框架指令》的主要特点包括：①基线分析，于2004年前，将所有水体的自然特性和现状登记注册，对每一流域区绘制完成压力和影响图。②对各流域区内的保护区进行登记注册，与地下水有关的保护区是用于抽取饮用水的地下水体以及依据硝酸盐指令确定的脆弱地区。③基于特征鉴定结果来建立地下水监测网络，以便对地下水的化学状况和数量状况提供综合评价。④为各水体设定环境目标。⑤为每个流域区制订计划措施。《地下水指令》是《水框架指令》的首部重要附属法令，该指令设立了硝酸盐和杀虫剂质量标准，并适用于欧盟所有流域。此外，该指令还包括4个附件，其中附件1主要规定了地下水的质量标准。

据报道，在欧盟各国的地表水体中，农业排磷所占的污染负荷比为24%～71%，硝态氮超标现象十分严重，农业生态系统的养分流失是水体硝酸盐的主要来源。农业集约化程度高的西欧国家（欧盟成员国）自20世纪80年代末以来，各国流域逐步实施农业投入氮、磷总量控制，氮、磷化肥用量分别下降了大约30%、50%。连续20年氮、磷化肥用量的大幅度下降使得农业面源污染得到了有效的控制，使农药、化肥及畜禽废水等排污量大大减少，农业环境及生态环境得到了较大的改善。此外，欧盟成员国在大幅度减少氮、磷化肥用量的同时，通过农业政策的落实，提升农业科技水平，提高氮、磷肥和农业系统中有机氮、磷资源的利用率，促进高产水平下物质投入在生产系统内部的良性循环。因此，虽然耕地面积和化肥投入量不断下降，但其耕地产出率和作物产量逐年上升，粮食总产和单产分别比20世纪90年代初期增加了57%和80%。

（三）日本

日本主要通过立法和技术措施控制农业面源污染。先后出台了《可持续农业法》《家畜排泄物法》及《肥料管理法（修订）》等法律法规，对农业生产方式、畜禽养殖业基础设施、肥料施用等都做了明确规定；对危害农业环境的行为处以严厉的处罚，甚至提升到刑罚的高度，并规定了具体的执行标准，执行起来既有法可循，也有利于监管措施的落实。技术措施主要包括降低农场外部如化肥、农药等投放来保护环境，防止土地盐碱化，保持和逐步提高土壤肥力。同时，利用现代生物技术培育适合水田、盐碱地、荒漠和生态敏感区耕作的作物品种，扩大耕地面积，弥补耕地不足。

三、国外关于生态农业立法

在生态农业立法方面，有美国的《有机农业法》、德国的《生态农业法》、日本的《可持续农业法》、瑞典的《生态农业环保法》、欧盟的《生态农业条例》等。在配套法律法规方面，有日本的《堆肥品质管理法》、德国的《土地资源保护法》、美国的《化肥法》等。在生态农业科研推广方面，西方发达国家十分注重科技对发展生态农业的支撑和保障作用，并且十分注重科技成果的转化与推广。例如，美国农业科研体系最早可追溯至 1862 年颁发的《赠地法案》，规定联邦在每个州建立农业大学和农学院，1887 年国会通过的《哈奇法案》规定在各州普遍建立农业试验站，以及 1997 年国会通过的《全国农业研究、推广和教育政策法》，规定农业部作为负责农业科研的主要机构。可以说，农业科研推广法律的健全完善是这些发达国家发展生态农业的重要法律保障。

在生态农业标准认证方面，实行由第三方独立机构统一认证检测，建立健全客观权威的生态农产品认证制度是生态农业健康发展的重要环节。农产品只有符合生态农业标准，才能获得生态农产品认证机构的相关认证，才可以获准使用生态农产品标识。例如，日本的《农林产品品质规格和正确标示法》对生态农产品的标识和规格分类做了严格规定；德国的《生态标识法》通过立法确立生态标识制度，由联邦农业营养研究所提供技术咨询，各州监管部门负责对企业使用生态标签进行监督检查，对于符合欧盟生态农业标准的农产品实行认证，有力推动了生态农产品市场的发展。

欧盟自成立以来，不断在政策中增加支持农村生态发展的内容，致力于改善农业环境，促进农业持续发展，并将农业发展政策与欧盟的总政策结合在一起发展农村，确保其社会和经济发展的生命力。1992 年 6 月，欧盟部长会议采纳了共同农业政策。共同农业政策中支持农业和土地利用的有关措施，包括环境保护措施的引进、农业用地中的造林项目和农民早期退休计划等。1993 年，欧盟出台了结构政策的环境标准。在化肥和农药的管理上，一些欧盟成员国根据农药和化肥的毒性、用量和施用方法对生态环境和公众健康可能造成的危害，加强管理并建立严格的登记制度。2000 年以来，欧盟水体系指令、减少农业面源污染的硝酸盐指令、控制杀虫剂最大使用量的杀虫剂法、限制水中杀虫剂残留的措施及为保护鱼种、贝类安全而制定的水清洁的共同体措施等，已经成为了治理农业面源污染的重要措施。同时，欧盟各成员国还制定了合理的经济政策，鼓励生态农业的开展，惩罚违反农业环境法规的情况。

除了进行政策支持以外，欧盟还通过立法明确了对农业生态环境的技术保护措施。国家政府每年对农业实施的环境政策补贴可达每公顷 50～1 000 欧元，如在 20 世纪 60 年代推出的农业养分收支平衡记录单模型法，自 80 年代末以来经过科研部门的不断摸索、改进，目前在欧盟国家已经成为农户进行农业养分处理的一项实用技术而被广泛采用。在欧洲，通常规定生态农业不允许使用氮素化肥和农药，对磷素化肥的种类和用量也有严格的限制，因而生态农业是水源保护地允许采用的主要农业利用类型之一。共同农业政策在财政支持方面，欧盟不断加大用于减少农业氮、磷养分总用量与提高农业养分利用率的费用，进行农业面源污染控制的财政预算和投入。近年来，相关投资已经达每年 1 700 亿欧元，为欧盟财政预算总支出的 80% 以上，各欧盟成员国还有各自的相应投入。

在加强机构处理方面，许多国家和地方政府在原来农业部的基础上，设立了农业与环境保护部，将减少污染、维护生态环境作为农业部门的职能之一。农业环境法规的监督和执行主要由各级政府部门委托地方农科院、地方农协等相应机构进行，赋予现代农业以新的内涵，从研究和政府推动两个层面双管齐下，加大对农业面源污染的治理力度。

第二节　国外节肥的生态农业技术模式

为了减少污染、保护生态环境，各国农业部门结合各自实际情况积极落实节肥、节药生产技术，探索生态、循环、健康、可持续农业发展模式，陆续出现了许多有地域特点的节肥农业生产模式。

一、日本

（一）以物质再利用为主要特点的生态农业节肥发展模式

日本是一个多山的岛国，山地和丘陵占国土总面积的 85%，平原仅占 15%，人均耕地少且自然条件差，因此有着珍惜土地和精细利用水土资源的传统。小农经济在农村占有绝对优势，资源的节约与充分利用是日本发展生态农业首要考虑的。简单而言，注重终端控制，将废弃物重新变成资源，回归到农业生产过程中，是循环农业再循环原则的体现。再循环注重废弃资源的再利用，变废为宝，提高农业生产环节中各种产品的利用率，严格控制化肥种类并降低化肥的投入 50% 以上，对于有机、生态认证农产品则实行化肥零投入。

在政府与社会各界的支持下，日本发展生态农业的形式多种多样。一是再生利用型。即通过充分利用土地的有机资源，对农业废弃物进行再利用，降低化肥投入，实现节肥并减轻环境负荷。二是有机农业型。即在生产中不采用通过基因工程获得的生物及其产物，不使用化学合成的农药、化肥、生长调节剂、饲料添加剂等物质，而遵循自然规律和生态学原理，协调种植业和养殖业的平衡，采用一系列可持续发展的农业技术，维持农业生产过程的持续稳定。三是稻作-畜产-水产"三位一体"型。即在水田种植水稻、养鸭、养鱼的同时，在水中种植绿萍，形成稻作、畜产和水产的水田生态循环可持续发展模式。这一方式不需要施用肥料，而是利用绿萍固氮、富钾，增加了稻鸭共作中有机肥的来源。与传统方式相比，水田氮素供给水平为原来的 2 倍。鸭不仅为水稻除草、除虫、施肥、中耕浑水、刺激生长，而且为绿萍除虫、施肥、分萍、倒萍，解决了过去稻田养萍难、利用难的问题。四是畜禽-稻作-沼气型。即农民在养牛、鸭等畜禽过程中，将动物的粪便作为制造沼气的原料。同时，作物的秸秆经过加工用作家养畜禽的饲料，或作为沼气的原料，沼气又可为大棚作物提供热源，沼液、沼渣作为肥料用于作物生产，不施用化肥等。

（二）典型案例

日本菱镇将下水道污泥、家禽粪便、有机废弃物投入发酵设备中，发酵后产生的甲烷气体用于发电，残留物进行固液分离，固态部分通过干燥形成堆肥，液态部分经过处理后再次利用或排放，充分实现了废弃物的资源化和无害化。日本菱镇循环农业模式（图3-1）最大的特点就是注重终端的控制，实现了废弃物的循环再利用，变废为宝，充分挖掘了废弃物的价值，使其为生产、生活服务，是再循环原则的体现。1988年，该镇颁布了《发展自然农业条例》，明文规定农业生产中禁止使用农药、化肥和其他非有机肥料。此后，菱镇开始探索其独特的循环农业模式。

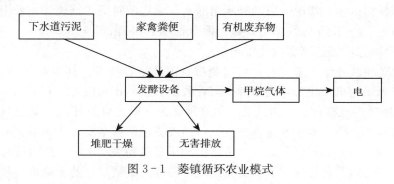

图3-1　菱镇循环农业模式

二、美国

（一）以精准化、减量化为代表的生态农业模式

精准农业也称精确（细）农业，追求以最少的投入获得高产出和高效益，是"减量化"的循环农业。指导思想是按田间每一操作单元的具体条件，精准地管理土壤和各项作物，最大限度地优化农业投入（如化肥、农药、水、种子等），以获取最高产量和最大经济效益，减少使用化学物质，保护农业生态环境。

美国是世界上实施精准农业最早的国家之一，1990年后，美国将全球定位系统（GPS）技术应用到农业生产领域，明尼苏达州农场进行了精准农业技术试验，用GPS指导施肥的作物产量比传统平衡施肥作物产量提高30%左右。试验成功后，小麦、玉米、大豆等作物的生产管理都开始应用精准农业技术。20世纪90年代中期，精准农业在美国的发展相当迅速，至1996年，安装有产量监测器的收获机数量增长到9 000台。

美国减量化原则的典范是"低投入可持续"农业发展模式。简单而言，减少农业生产过程中对外界物质的投入，利用可再生资源代替不可再生资源，从输入端最大限度地减少化肥、农药的投入是减量化原则在农业生产中的体现。美国是世界上最早发展循环农业的国家之一，尽管美国没有明确提出循环农业概念，但循环农业的理念已广泛应用于农业生产中。20世纪80年代，美国就提出了可持续发展的概念，紧接着制定了可持续农业的农作制度。近年来，美国倾向于采用低投入可持续发展的模式。这种模式强调资源的充分利用，并以法规的形式把化肥、农药等施用量控制在安全水平上，最大限度地减少化肥、农药的投入，强调维护资源的自然属性，以获得理想经济效益。美国充分利用高科技的力量，努力发展精准农业。美国这种精准的农业体系主要是依靠世界上最大的农业信息系统AGNET系统、美国庞大的数据库和农业遥感技术（RS）、地理信息系统（GIS）、GPS（3S技术）实现作物的精准管理。这种减量化的生产方式使得农场主能够根据田间的变化，精准调节各种作物的种植措施，自动判断出灌水时间。目前，这种高科技的信息化技术已经应用到美国农业的方方面面，使美国农业的成本大大降低，提高了农产品的生产效率和竞争力。美国循环农业的主要特点：一是注重农业的可持续发展。注重输入端的控制，较少农药、化肥的投入，将农业资源开发与长期资源保护结合起来，使得农业资源在时间和空间上达到永续利用。二是充分利用科技的力量。精准的农业体系有效地促进了低投入，在输入端实现了资源的有效利用，是循环农业减量化原则应用的典范。系统还能根据土壤水分和作物的生长情况，自动判断出灌水、施肥的时间。据统计，采用精准农业技术可节省肥料10％，节约农药23％，每公顷节省种子25kg。

（二）以免耕为代表的减量农业模式

残茬还田免耕法几十年来一直是美国免耕农田的主导技术。其主要是将小麦、大豆、花生等作物秸秆采用机械化粉碎还田和高留茬收割直接归还农田等，并采用专用的6行或4行大中型免耕播种机播种。该方法既能很好地保护土地的自然环境，又能节省机械收割秸秆的能源消耗和人力成本。其运作方式是：地表覆盖秸秆杂草，土地不翻耕，用改装后的轻型播种机的小犁头拨开秸秆层，然后再把种子播撒到表层土中。地表秸秆层能够保持表层土湿润，同时残留物形成的有机覆盖层能够提高土壤质量，使土壤微生物达到平衡水平，承担"耕作任务"。收获时，将秸秆留在田间，保持了土壤水分，减少甚至不再人工灌溉。大量试验表明，这种方式可以明显减少化肥用量10％以上，增加土壤有机质，保持土壤水分，防除杂草。目前，美国约有70％的农田采用这种技术。

三、欧盟

为了降低化学品投入，欧盟积极鼓励休耕和改变农业生产方式。一是引导农民自觉保护环境。严格限制草场的载畜量，同时采用轮作或自由休耕的方式给土地"放假"，在休耕的土地上种植可再生原料，如可加工成生物汽油、纤维、油料等作物。二是改变生产方式。减少化学物质的使用，采用粗放型生产方式或把农田改为粗放型绿地。三是植树造林。保护现有的自然风光，同时再造绿地森林，改善环境。

（一）以"绿色能源"为代表的德国农业

20世纪90年代初，德国科学家发现可从一些农产品中提取矿物能源和化工原料替代品，实现农产品的循环再利用。这些生物质能源和原料是绿色无污染的，德国联邦政府开始重视发展此类经济作物。德国科学家对甜菜、马铃薯、油菜、玉米等进行定向选育，从中制取乙醇、甲烷，成功地研制出绿色能源；从菊芋植物中制取乙醇；从羽豆中提取生物碱等。油菜籽是德国目前最重要的能源作物，不仅可用作化工原料，还可提炼植物柴油，代替矿物柴油用作动力燃料。

德国"绿色能源"模式循环农业注重产业的联系和循环，从整体的角度建立了农业和相关产业的物质循环，将农业系统与生态工业系统交织在一起，使资源得到多级循环利用，增加产业链条，最大限度地多次使用资源。减少废弃物排放是再利用原则在农业生产中的体现。农业在德国整个国民经济中占有重要地位。德国农业部在制定农业政策时给农业的功能做出明确定性：农业除承担整个欧洲粮食、食品和饲料供应外，还负责种植可再生的"工业作物"，即种植那些可以替代矿物能源和化工能源的经济作物，尤其是种植未来生物质原料的经济作物。此外，德国政府非常重视环保，即农业除了承担最基本的农业生产、为经济发展提供动力的任务外，还承担着农业生态环境保护的任务，特别是保护物种的多样性，实现地下水、大气和土壤的良性循环，维持原始的自然景观，保护自然资源等。按照耕地面积计算，德国每公顷土地补贴在 300 美元以上，远远高于大多数国家，并且《施肥条例》中规定所有土地必须实施测土施肥，并明确规定了养分需求量确定准则、有机肥中氮含量限量、氮肥施用限量和养分平衡对照表应包括的内容，还明确农业用肥管理，总氮施用量每年不超过 $170kg/hm^2$，草原和草场加上粪便施加的总氮量不超过 $230kg/hm^2$。在坡地和靠近水源地，对施肥进行更严格的限制。在此背景下，德国形成了独具特色的节肥节药综合型农业发展模式。

（二）以轮作为代表的瑞典节肥生态农业模式

瑞典"轮作型生态农业"模式居世界领先地位。随着生态农业的发展，瑞典生态农业户不断涌现。在种植业方面，瑞典提倡只能施用牲畜粪便等天然肥料，不能施用化肥、农药和除虫剂。为使土地保持肥力和减少病虫害，要实行轮作，可采用豆类作物和牧草。每 4 年循环 1 次，即第一年种小麦，第二年种豌豆，第三年种燕麦，第四年种牧草。生态作物产量相对于普通作物要低，如生态小麦产量比普通小麦低 15%～20%，但销售价格却高出 2 倍以上。在养殖业方面，瑞典提倡让牛、羊、猪、鸡在室外自由活动，使用自己生产的没有使用过化肥和农药的饲料。畜禽传染病以预防为主，一般不喂药；如果畜禽喂了药，要等 3 个月后才能屠宰。普通猪饲养期为 6 个月，而生态猪饲养期为 7～11 个月，生态猪出售价格比普通猪高 1 倍。如今在瑞典，有机农场的发展相当普遍，在整个欧盟位居前列。

四、以节水为主要目的的以色列水肥一体化高效模式

以色列土地资源极其匮乏，水资源更是稀缺，无土农业是其农业发展的重要方向。为了保持区域水环境和生态的持续稳定，以色列的循环农业突出体现为完善的节水农业体系。为此，以色列充分利用自己的高科技优势发展循环农业，主要通过以下两种途径：一是采用无土栽培直接向作物提供无机营养液，确保其生长发育所必需的营养；二是采取将太阳能直接转化为热量的栽培方式。喷灌、滴灌、微喷灌和微滴灌等技术在以色列普遍使用，80%以上的农田灌溉应用滴灌，10%为微喷灌，5%为移动喷灌，完全取代了传统的沟渠漫灌方式。成效最大的是滴灌技术：一是水可直接输送到作物根部，比喷灌节水 20%。二是在坡度较大的耕地应用滴灌不会加剧水土流失。三是经污水处理后的净化水（比淡水含盐浓度低）用于滴灌不会造成土壤盐碱化。

滴灌技术比传统的灌溉方式节约水和肥料 30%以上，而且有利于循环利用废污水。为开辟水源，以色列加大了对污水处理和循环使用的投入。以色列规划农业灌溉全部使用

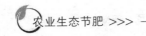

污水再处理后的循环水。目前，80%的城市污水已得到循环使用，主要用于农业生产，占农业用水的20%。经处理后的污水除用于农业灌溉外，还可重输回蓄水层。

五、废弃物资源化利用的英国"永久农业"模式

"永久农业"是循环经济中废弃物资源化利用的一种重要形式，特点是在节约资源和不破坏环境的基础上，通过元素的有效配置达到资源有效利用的最大化。种植者们循环利用各种资源，节省能源，如收集雨水、变粪便为有机肥料、实行秸秆还田。"永久农业"寻求尽可能节约使用土地资源，强调种植多年生植物，鼓励使用自我调节系统。耕种土地时，通过多种类种植和绿色护盖等技术来保养土地，监控当地环境，构建绿色发展规划。"永久农业"不使用人造化肥和杀虫剂，通过种植多种植物以及促使食肉动物进入生态系统来防治害虫。例如，豆科植物苜蓿，能够释放氮气，可使害虫迷失方向。

六、以玛雅农场为代表的菲律宾生态产业园模式

玛雅农场最大限度利用现有资源，自给自足，不从外部购买原料、燃料、肥料，不产生废气、废水、废渣污染，形成农林牧副渔生产良性循环的农业生态系统。其运作方式是：利用面粉厂的大量麸皮养鱼和畜禽，成熟后加工成肉食和罐头，粪便入沼气池，发酵后为农场和家庭提供生活能源，沼渣经处理后送入水塘养鱼养鸭，鱼塘中的水和泥可以肥田，农田生产的粮食又送面粉厂加工。玛雅农场不从外部购买原料、燃料、肥料，却能保持高额利润，而且没有废气、废水和废渣污染，充分实现了物质的循环利用。

七、以平衡农业为代表的澳大利亚农业模式

澳大利亚政府要求在农场规划建设过程中，农田、森林、牧地和水体面积均应有一定的比例。农田轮作、轮歇，保持地力。实行秸秆还田，提倡施用有机肥，少量或不施化肥。植物保护实行综合防治，严格控制农药使用，农民喷药需经批准。推进节水农业，不仅改进地面灌溉技术，提高用水效率，如渠道管道化、精确平地、土壤水分含量自动测定等，而且大力推行节能省水的滴灌和微喷灌技术，重视生活废水的处理及再利用。

第三节　我国生态农业建设及肥料污染防控政策

我国生态农业的发展经过多年的理论探索和初步的实践后，得到了国家有关部门的高度重视，取得了丰富的经验，为推动生态农业节肥技术模式的应用及制定生态农业发展政策提供了参考。

一、国家十分重视生态环境建设

1984年，国务院在关于环境保护工作的决定中指出："要认真保护农业生态环境，积极推广生态农业"，从政府的角度确定了生态农业的指导意见。1993年，农业部等七部委开展了生态农业县试点，2000年开展了第二批试点，并在2005年进行了总结和验收。进入21世纪后，我国连续几十年的经济高速发展带来了很多生态环境问题，从中央到地方

对生态环境建设都给予了高度重视。

十八大以来，以习近平总书记为核心的党中央把生态文明建设纳入"五位一体"总体布局和"四个全面"战略布局，锐意深化生态文明体制改革，坚定贯彻绿色发展理念，开创了生态环境保护新局面。这几年，成为我国生态文明建设力度最大、举措最实、推进最快、成效最好的时期。但是，我国面临的生态环境问题仍然十分突出，资源约束趋紧、环境污染严重、生态系统退化的形势依然严峻。建设生态文明的任务，重大而紧迫，不容丝毫懈怠。中共中央、国务院《关于加快推进生态文明建设的意见》对加快推进生态文明建设提出了指导思想、基本原则、主要目标等总体要求，对全社会推进生态文明建设做出了全面部署，"绿水青山就是金山银山"的绿色理念贯穿全篇，亮点纷呈，令人耳目一新、精神振奋。

十九大报告对生态文明建设有了进一步的强调，甚至在修改党章的时候把建设富强、民主、文明、和谐、美丽的中国写入党的基本路线。显然，把"美丽"两个字加上，跟生态文明相一致。十九大报告首次将"美丽"二字写入了社会主义现代化强国目标，将生态文明建设作为一项功在当代、利在千秋的重大任务摆在了更加突出的位置，对推进绿色发展、解决土壤污染和农业面源污染等突出环境问题、加大生态系统保护修复等做出了一系列重要部署。

十九大报告提出了实施乡村振兴战略的总要求，就是坚持农业农村优先发展，努力做到"产业兴旺、生态宜居、乡风文明、治理有效、生活富裕"。这是站在新的历史背景下，农业农村发展到新阶段的必然要求。中共中央办公厅、国务院办公厅印发《关于创新体制机制推进农业绿色发展的意见》（以下简称《意见》），提出：要把农业绿色发展摆在生态文明建设全局的突出位置，全面建立以绿色生态为导向的制度体系，基本形成与资源环境承载力相匹配、与生产生活生态相协调的农业发展格局。到 2020 年，严守 18.65 亿亩耕地红线，主要作物化肥、农药使用量实现零增长，全国森林覆盖率达到 23％以上，全国粮食（谷物）综合生产能力稳定在 5.5 亿 t 以上，实现农业可持续发展、农民生活更加富裕、乡村更加美丽宜居。《意见》构建了新形势下推进农业绿色发展的制度框架，明确要着力完善绿色农业法律法规体系，加大执法和监督力度，依法打击破坏农业资源环境违法行为，提高违法成本和惩罚标准，用法律法规为市场主体划定行为边界。把《意见》做出的一系列制度安排落到实处，依靠"疏堵结合"的制度环境，有力地引导和推动社会各方共同参与到农业绿色发展的机制中来。

二、我国关于管理肥料方面的立法

我国关于化肥施用的立法较少，散见于一般的法律法规以及政策性文件中。例如，《环境保护法》对化肥施用的原则性进行了规定；《农业法》《农产品质量安全法》对肥料实行登记或许可制度进行了规定；《全国生态环境保护纲要》指出要严格控制氮、磷严重超标地区的氮肥、磷肥施用量；2006 年颁布的《农产品产地安全管理办法》只是就化肥施用进行了原则性的规定。具体到化肥而言，相关的法律法规有：国务院《关于深化化肥流通体制改革的通知》（1998 年）、国家工商行政管理局《关于化肥是否属于"专营物资"问题的答复》（2000 年）、《肥料标识内容和要求》（2000 年）、《肥料登记管理办法》（2000

年）、《肥料登记资料要求》（2001 年）、《海关总署关于进口化肥税收政策问题的通知》（2002 年）等。在以上的法律法规中，《肥料登记管理办法》最为详细地规定了化肥销售、施用内容和要求。2017 年 12 月 1 日，农业部令 2017 年第 8 号公布《农业部关于修改和废止部分规章、规范性文件的决定》，对《肥料登记管理办法》（2000 年 6 月 23 日农业部令第 32 号公布，2004 年 7 月 1 日农业部令第 38 号修订）等 18 部规章和《肥料登记资料要求》（2001 年 5 月 25 日农业部公告第 161 号）等 4 部规范性文件的部分条款予以修改，对 3 部规章和《农业部关于进一步规范肥料登记管理的通知》（2002 年 1 月 17 日农农发〔2002〕2 号）等 36 部规范性文件予以废止，自公布之日起施行。经过修订后，该办法与国外的相关立法规定相比，主要目的还是在于规范肥料市场，保护人畜安全，但是对水资源或是环境保护的条款未予规定。工业和信息化部科技司于 2017 年 12 月 4 日公示了《肥料分级及要求》强制性国家标准，新标准对肥料行业主要提出了 7 个方面的新要求，明确肥料产品等级划分为生态级、农田级、园林级 3 个级别；产品不得人为染色、着色；监控检验指标大幅增加；标准适用于各种工艺生产的商品肥料；必须写入包装标识；明确有效养分最低限量要求；要求开展相应陆生植物生长试验等几方面内容。其中，具有限制性的指标为产品分级、养分含量、监控检验指标、原色肥料要求 4 项，对于限制明确肥料检测和管理有了明确的依据。但是，当前我国肥料生产制造以"许可证"形式、营销以"工商登记"形式、进出口由外贸主管审批、质量监督则属技术监督部门管理的多层次管理体制模式并无改观，我国化肥立法仍以原则性的规定为主，其可操作性方面有待提高。

三、我国关于农业化肥污染方面的立法

防治农业生产中的化肥污染需要多方面的措施，如提高农民的环境意识和文化水平，加强化肥施用技术的指导等，但最为重要的还是建立健全相关的法律制度。目前，我国涉及防治农业化肥污染的立法可分为如下三类：法律类有《环境保护法》《清洁生产促进法》《水污染防治法》《农业法》《农产品质量安全法》等；行政法规类有《基本农田保护条例》等；部门规章类有《肥料登记管理办法》《化肥使用环境安全技术导则》及《农产品产地安全管理办法》。上述法律法规对防治农业生产中的化肥污染发挥了一定的积极作用，但仍然存在较多不完备之处。

四、我国关于水保护方面的立法

我国现有与农业面源污染有关的水资源立法不断设立。随着水资源污染的日益严重，我国相继出台了一系列与水有关的法律，如《水法》《水污染防治法》《水土保持法》等，以及《水污染防治法实施细则》《关于防治水污染技术政策的规定》《水污染物排放许可证管理暂行办法》《污水处理设施环境保护监督管理办法》等行政法规和一些地方性关于水资源保护的法律法规。我国与农业活动相关的立法主要见于《水法》第 33 条：国家建立饮用水水源保护区制度，防止水源枯竭和水体污染，保证城乡居民饮用水安全。该法律主要针对工业用水，而关于农业用水则涉及较少。《水污染防治法》第 3 条提到了防治农业面源污染，积极推进生态治理工程建设，预防、控制和减少水环境污染和生态破坏；第 48 条规定合理地施用化肥和农药，控制化肥和农药的过量使用，防止造成化肥过度施用

所导致的农业面源污染造成水污染；第 63 条规定在饮用水水源保护区内，采取禁止或者限制使用含磷洗涤剂、化肥、农药以及限制种植养殖等措施。而其他行政法规对农业面源污染的关注则普遍不高。

五、我国关于生态农业发展的立法

十六大以来，中央一直强调走可持续发展和农业现代化道路，特别是十八大以来，要求大力推进生态文明建设，完善生态环境保护和资源节约利用的法律法规。但我国目前生态农业发展的相关法律法规依然存在不少的空白，相关配套制度或者尚未建立，或者亟待完善，如涉及生态农业保险、补偿、金融信贷、科研技术推广、标准化认证、产业化等方面都缺少相关政策法律规定。这些相关配套法律制度的建立和完善对生态农业的健康发展具有重要的保障意义。例如，健全的农业保险制度能够有效预防和降低自然灾害等导致的风险和损失，便捷的农业金融信贷制度能够有效延伸生态农业发展的资金链条，完善的补偿制度可以使生态农业的产品更具有市场竞争力，成熟的农业科研和推广制度可以为生态农业发展提供坚实的科技支撑和成果转化应用平台，统一的生态农业产品标准化认证可以保证产品的安全和品质，提升品牌效应和附加值，完善的产业化制度可以使生态农业发展影响力辐射延伸至全产业链，等等。

习近平总书记在关于《中共中央关于制定国民经济和社会发展第十三个五年规划的建议》的说明中，多次提到绿色、生态、可持续发展，充分说明了政府在未来 5 年彻底改善生态环境的决心。2015 年《全国农业可持续发展规划（2015—2030）》的提出更加积极推动农业可持续发展，生态农业发展成为实现"五位一体"战略布局、建设美丽中国的必然选择。2016 年中央 1 号文件中再次提出，加强资源保护和生态修复，推动农业绿色发展。在生态农业立法体系上，我国已经初步建立从作为国家根本大法的《宪法》，到农业和环保领域基本法的《农业法》和《环境保护法》，以及单项性法律如《土地管理法》《大气污染防治法》《水污染防治法》《固体废弃物污染防治法》等，以及一系列行政法规、地方性法规、政府规章、部门规章等组成的法律体系。例如，《宪法》第 26 条规定："国家保护和改善生活环境和生态环境，防治污染和其他公害。国家组织和鼓励植树造林，保护林木。"《农业法》第 57 条规定："发展生态农业，保护和改善生态环境。"《环境保护法》第 32 条规定："各级人民政府应当加强对农业环境的保护，促进农业环境保护新技术的使用，加强农业污染源的监测预警，统筹有关部门采取措施，防治土壤污染和土地沙化、盐渍化、贫瘠化、石漠化、地面沉降以及防治植被破坏、水土流失、水体富营养化、水源枯竭、种源灭绝等生态失调现象，推广植物病虫害的综合防治。"在农业资源保护方面，我国建立了以《草原法》《森林法》《渔业法》《基本农田保护条例》等为主体的单行法。行政法规和部门规章是法律的延伸和细化，是法律落地的载体。在防治农业生态环境污染方面，国务院出台了《基本农田保护条例》《野生植物保护条例》和《畜禽规模养殖污染防治条例》。农业部制定了大量的部门规章，包括《农业生态环境监测工作条例》《农药安全使用规定》《农药安全使用标准》《农田灌溉水质标准》《渔业水质标准》等。在地方性法规方面，山西省走在了全国各省份的前列，1991 年就出台了《山西省农业环保条例》，这是全国第一部农业环保领域的地方性法规。截至 2013 年底，我国已有 21 个省份相继制修订了本地的农业资源环境保护条例或管理办法。这些法律法规在推动生态农业发展、保护农业生态环境与合理开发农业自然资源方面起到了积极的指导和推动作用。

六、我国关于土壤污染防治的立法

"十二五"期间，国家出台了一系列加强土壤污染防治工作的政策文件。例如，2011年2月14日，经国务院批准后环境保护部印发《重金属污染综合防治"十二五"规划》；2011年10月1日，国务院发布《国务院关于加强环境保护重点工作的意见》；2011年12月15日，国务院办公厅印发《国家环境保护"十二五"规划》；2013年1月28日，国务院办公厅印发《近期土壤环境保护和综合治理工作安排的通知》；2013年11月12日，党的十八届三中全会通过《中共中央关于全面深化改革若干重大问题的决定》。

国务院相关部门还出台了一些加强土壤环境监管的规范性文件。例如，2004年7月7日，国家环境保护总局印发《关于切实做好企业搬迁过程中环境污染防治工作的通知》；2008年6月6日，环境保护部印发《关于加强土壤污染防治工作的意见》；2012年11月27日，环境保护部会同工业和信息化部、国土资源部、住房和城乡建设部4个部门印发《关于保障工业企业场地再开发利用环境安全的通知》；2014年5月14日，环境保护部印发《关于加强工业企业关停、搬迁及原址场地再开发利用过程中污染防治工作的通知》。2016年5月28日，国务院印发了《土壤污染防治行动计划》，要求土壤污染防治坚持预防为主、保护优先、风险管控的方针，不主张盲目的大治理、大修复。这个思路汲取了国外几十年土壤污染治理与修复的经验教训。2017年11月，环境保护部和农业部根据《中华人民共和国环境保护法》《中华人民共和国农产品质量安全法》等法律法规共同出台了《农用地土壤环境管理办法（试行）》，要求排放污染物的企业事业单位和其他生产经营者应当采取有效措施，确保废水、废气排放和固体废物处理、处置符合国家有关规定要求，防止对周边农用地土壤造成污染。禁止在农用地排放、倾倒、使用污泥、清淤底泥、尾矿（渣）等可能对土壤造成污染的固体废物。禁止向农田灌溉渠道排放工业废水或者医疗污水。

针对大气、水和土壤三大环境介质，我国已经制定了《大气污染防治法》和《水污染防治法》，至今还没有专门的土壤污染防治立法。有关土壤环境保护的法律规定分散在其他相关法律法规中，如《环境保护法》《固体废物污染环境防治法》《草原法》《矿产资源法》《土地管理法》《农业法》《农产品质量安全法》以及《危险化学品安全管理条例》《农药管理条例》《基本农田保护条例》《土地复垦条例》等。这样必然会存在土壤污染防治相关规定缺乏系统性和针对性的问题，不能满足土壤污染防治工作的需要。因此，加快制定一部专门的土壤污染防治法刻不容缓。

近年来，地方政府在土壤污染防治立法方面做了一些有益探索，为国家层面立法积累了经验。2015年12月，福建省人民政府发布《福建省土壤污染防治办法》，从2016年2月开始实施。2016年2月，湖北省人民代表大会颁布《湖北省土壤污染防治条例》，从2016年10月1日开始实施。2018年8月31日，十三届全国人大常委会第五次会议通过《土壤污染防治法》，并于2019年1月1日正式施行。这部法律是继水污染防治法、大气污染防治法之后，土壤污染防治领域的专门性法律，填补了环境保护领域特别是污染防治的立法空白。作为我国土壤污染防治领域的首部专门法规，其出台弥补土壤污染防治领域法律制度的缺失，首次在立法的高度上对土壤污染的预防、风险评估、风险管控、修复、评估、后期管理等方面做出了规定，明确了土壤污染防治应当坚持预防为主、保护优先、分类管理、风险管控、污染担责、公众参与的原则，确立了土壤污染防治工作的基本原则、基本制度和法律责任体系。该法与《土壤污染防治行动计划》一脉相承，为今后开展土壤污染防治工作奠定了重要的法律基础，具有重要的指导意义：一是贯彻落实党中央有关土壤污染防治的决策部署；二是完善中国特色社会主义法律体系，尤其是生态环境保护、污染防治的法律制度体系；三是为扎实推进"净土保卫战"提供法治保障。

七、落实农业绿色发展的措施及成效

十九大以来，中共中央明确了绿水青山就是金山银山的理念，要坚持节约资源和保护环境的基本国策，推动形成绿色发展方式和生活方式。中央1号文件提出，要推行绿色生产方式，增强农业可持续发展能力。围绕农业绿色发展要求，2017年农业部启动实施畜禽粪污资源化利用行动、果菜茶有机肥替代化肥行动等五大绿色行动，其中涉及节肥技术的有以下几大行动方案：

（一）土壤污染防治行动计划措施及成效

当前，我国土壤污染形势严峻。2005年4月至2013年12月，根据国务院决定，我国开展了首次全国土壤污染状况调查。2014年4月17日，环境保护部和国土资源部联合公布了《全国土壤污染状况调查公报》。调查显示，我国土壤总的点位超标率为16.1%，其中轻微、轻度、中度和重度污染点位比例分别为11.2%、2.3%、1.5%和1.1%。污染类型以无机型为主，有机型次之，复合型污染比重较小，无机污染物超标点位占全部超标点位的82.8%。耕地污染最为严重，点位超标率为19.4%，耕地污染面积达1.5亿亩。在土壤的无机污染中镉污染尤为突出，点位超标率达7.0%。总体而言，我国土壤环境状况并不乐观，耕地土壤环境更是堪忧。

为了保护和提升耕地质量，早在2015年，农业部就下发了《耕地质量保护与提升行动方案》，要求加强耕地质量建设、提高基本地力、提质增效，提升我国农业的国际竞争力。方案提出到2020年，全国耕地质量状况得到阶段性改善，耕地土壤酸化、盐渍化、养分失衡、耕层变浅、重金属污染、白色污染等问题得到有效遏制，土壤生物群系逐步恢复。到2030年，全国耕地质量状况实现总体改善，对粮食生产和农业可持续发展的支撑能力明显提高。到2020年，测土配方施肥技术覆盖率达到90%以上；肥料利用率达到40%以上，提高7个百分点以上，主要农作物化肥施用量实现零增长。

方案指出了耕地质量保护与提升的"改、培、保、控"的技术路径：一是改良土壤。针对耕地土壤障碍因素，治理水土侵蚀，改良酸化、盐渍化土壤，改善土壤理化性状，改进耕作方式。二是培肥地力。通过增施有机肥，实施秸秆还田，开展测土配方施肥，提高土壤有机质含量、平衡土壤养分，通过粮豆轮作套作、固氮肥田、种植绿肥，实现用地与养地结合，持续提升土壤肥力。三是保水保肥。通过耕作层深松耕，打破犁底层，加深耕作层，推广保护性耕作，改善耕地理化性状，增强耕地保水保肥能力。四是控污修复。控施化肥农药，减少不合理投入数量，阻控重金属和有机物污染，控制农膜残留。

2016 年 5 月 28 日，国务院印发了《土壤污染防治行动计划》（以下简称"土十条"）。这一计划的发布可以说是土壤修复事业的里程碑事件。"土十条"指出"土壤是经济社会可持续发展的物质基础，关系人民群众身体健康，关系美丽中国建设，保护好土壤环境是推进生态文明建设和维护国家生态安全的重要内容"。计划中明确说明，要控制农业污染，合理使用化肥农药，使测土配方施肥技术推广覆盖率提高到 90% 以上。2017 年 3 月，农业部印发关于贯彻落实"土十条"的实施意见，全面部署"十三五"及今后一段时期农用地土壤污染防治工作，推动全国耕地土壤环境质量实现总体改善，保障农产品质量安全。

为了更好地规范农用地污染保护工作，2017 年 2 月，国土资源部、国家发展和改革委员会发布了《全国土地整治规划（2016—2020）》，指出将全国划分为 9 个土地整治区，划定 11 个农用地整理重点区域、12 个土地复垦重点区域和 9 个土地开发重点区域，提出"十三五"时期全国共同确保建成 4 亿亩、力争建成 6 亿亩高标准农田，其中通过土地整治建成 2.3～3.1 亿亩，经整治的基本农田质量平均提高 1 个等级。

2017 年 9 月 25 日，环境保护部及农业部联合印发《农用地土壤环境管理办法（试行）》，并规定自 2017 年 11 月 1 日起开始实施。规定，将耕地划分成三类进行管理，提出了农用地安全利用方案，针对主要作物种类、品种和农作制度等具体情况，推广低积累品种替代、水肥调控、土壤改良等农艺调控措施，降低农产品有害物质超标风险。

一系列政策的出台，体现了我国政府对土壤安全问题的重视与关注，也表明了我国解决土壤污染问题的态度和决心。

与发达国家和地区相比，我国土壤污染防治工作起步较晚。总体来看，土壤污染治理与修复技术研发和工程化应用落后于发达国家和地区。国外土壤修复已有 40～50 年的历史，已经形成了专业化和实用化的土壤修复技术体系、完备的修复产业链和修复市场，具有成熟的修复工艺、配套的修复材料、成套的修复设备、高素质的咨询专家和工程技术人员。相对而言，我国土壤修复技术研发和工程化应用只有短短 10 年时间，目前还处于起步阶段。但近几年发展较快，一批自主研发的土壤修复技术开始进入工程示范阶段，一批国外先进的技术设备和修复材料也开始引进国内，一批耕地土壤污染治理与修复试点项目和污染地块修复工程项目开始启动。从事土壤污染治理与修复的咨询机构、专业从事修复和配套服务企业的数量急剧增加，土壤修复产业和市场发展迅速，已逐渐成为新兴的环保产业和经济支柱产业的增长点。

对于农用地土壤来讲，可以通过农艺调控、替代种植、种植结构调整、退耕还林还草等措施，有效实现土壤的安全利用，防控风险，确保农产品安全。总体来看，目前我国土壤污染治理与修复技术水平和工程经验，处于边实践、边提高、边摸索、边总结的阶段。就农用地而言，受污染耕地土壤修复技术研发水平与发达国家基本相当。"十五"以来，通过科技部科研计划项目支持，开展了植物修复、农艺阻控、化学调控、农艺和化学相结合等控制和修复技术研究及示范工作，包括重金属污染耕地土壤的植物修复技术、低积累品种的农艺阻隔技术、水肥调控等耕地土壤安全利用技术等，发展了有机污染农田土壤的生物修复技术、植物-微生物联合修复技术等。近年来，一些技术已开始应用于大规模耕地土壤的修复。例如，我国科学家在国内发现了砷的超富集植物——蜈蚣草，具有极强的耐砷毒能力，其叶片富集砷的含量一般达到 0.5%，比普通植物高出成千上万倍。研究团队分别在湖南、河南、广西等地，成功建立了砷污染耕地土壤植物萃取修复工程，也是世界上最大的砷污染土壤修复工程案例。我国科学家还将镉富集植物——伴矿景天应用于镉污染耕地土壤植物萃取修复工程。另外，我国科学家还研发了可有效阻控水稻可食部分（稻米）中镉积累的生物炭阻控技术，利用工业废弃物赤泥和富含巯基的植物秸秆粉末作为钝化剂，同时结合锌对镉的拮抗作用，降低农产品中镉的含量。

（二）化肥零增长技术模式及成效

据统计，全国化肥用量1979年超过1 000万t（折纯，下同）、1993年超过3 000万t、1998年超过4 000万t、2007年超过5 000万t。农业用肥量迅速增长，为粮食和蔬菜、水果、棉花、油料等重要农产品生产奠定了坚实的物质基础。粮食生产实现"十一连增"，连续登上两个千亿斤*新台阶。2011年以来，粮食总产连续跨越5 500亿kg和6 000亿kg两个关口，这是新中国成立以来没有过的；2013年首次突破6 000亿kg大关，已连续4年站稳这个台阶。这表明我国粮食综合生产能力已由"十一五"期间的5 000亿kg跨上并站稳6 000亿kg的新台阶，其中化肥起到了不可替代的作用。在促进作物增产、保障农产品有效供给的同时，化肥的过量施用也带来了一些问题，如生产成本的增加、农业环境的污染、耕地退化等。据统计，2013年我国农用化肥用量5 912万t，总量居世界第一，亩均用量也比较高。如果按当年作物播种面积24.7亿亩，加上果园茶园面积2.2亿亩，总共26.9亿亩计算，我国亩均化肥用量约21.9kg，是美国的2.6倍、韩国的1.7倍、德国的1.5倍，是荷兰、智利和日本的1.1～1.3倍。而且化肥用量逐渐增多，作物增产效率却在持续下降。1980—1996年，17年间粮食产量增加了2 000亿kg，化肥用量增加了3 000万t；1997—2013年，17年间粮食产量增加了1 000亿kg，但化肥用量增加了2 000万t。现在我国三大粮食作物氮肥、磷肥和钾肥当季平均利用率分别约为33%、24%、42%，虽有所提高，但增速缓慢，还处于较低水平。

针对目前存在的化肥过量施用、盲目施用等问题，以及由此产生的农业生产成本增加和环境污染问题，亟须改进施肥方式，提高肥料利用率，减少不合理投入，保障粮食等主要农产品有效供给，促进农业可持续发展。为此，2015年2月17日，农业部制定《到2020年化肥使用量零增长行动方案》，以确保农业可持续发展。

化肥减量行动计划方案指出化肥减量主要通过以下途径：一是充分利用测土配方施肥、改进施肥方式和应用新型肥料等提高化肥利用率。力争每年化肥利用率提高1个百分点以上，到2020年达到40%以上。二是通过秸秆还田、畜禽粪便资源化和肥料化利用、绿肥种植等提高有机肥资源利用率。力争到2020年畜禽粪便养分还田率达到60%，提高10个百分点；作物秸秆养分还田率达到60%，提高25个百分点。三是通过加强高标准农田建设和耕地质量保护与提升行动实现提高耕地基础地力。力争到2020年，全国耕地基础地力提高0.5个等级以上，土壤有机质含量提高0.2个百分点。四是加强新型经营主体培育，推进适度规模经营，引导科学施肥。通过政府引导耕地质量建设和科学施肥，实现降低化肥用量、提升化肥利用率、提升耕地地力的目标。

当前各地广泛采用的化肥使用量零增长涉及的技术主要有：①测土配方施肥技术。测

---

　　* 斤为非法定计量单位，1斤＝0.5kg。——编者注

土配方施肥技术是以土壤测试和肥料田间试验为基础，根据作物需肥规律、土壤供肥性能和肥料效应，在合理施用有机肥的基础上，提出氮、磷、钾及中、微量元素等肥料的施用品种、数量、时期和方法。这项技术包括"测、配、产、供、施"五个环节。②水肥一体化技术。水肥一体化技术是将灌溉与施肥融为一体的水肥高效利用技术。根据不同作物的需肥特点、需水规律、土壤环境和养分含量状况，借助滴灌系统，将可溶性固体肥料或液体肥料配兑而成的肥液与灌溉水溶在一起，定时、定量、均匀地输送到作物根部土壤供作物吸收。③种肥同穴生物配肥技术。种肥同穴生物配肥技术是一项新技术，是将种子与生物有机肥同穴（沟）播施，实现以种子和生物有机肥同穴、精准施肥为核心的减肥增效集成技术。该技术将生物有机肥直接作用于作物根际，不仅有利于有益菌在土壤中的快速定殖与繁殖，而且有利于促进氮、磷、钾的快速转化与吸收，提高化肥利用率。④化肥深施技术。化肥深施技术是根据不同作物的生长发育特点，将化肥定量、均匀施入地表以下特定的部位，使养分既能够被作物充分吸收，同时又显著减少肥料有效成分的挥发和淋失，达到提高化肥利用率、节肥增产的目的。化肥深施包括底肥深施、种肥深施和追肥深施。⑤有机肥替代化肥技术。我国有机肥资源丰富，总养分7 000多万 t，而实际利用率不足40％。因此，通过推广秸秆粉碎还田、快速腐熟还田、过腹还田等技术，研发具有秸秆粉碎、腐熟剂施用、土壤翻耕、土地平整等功能的复式作业机具充分利用有机养分资源，替代部分化肥，不仅可以减少化肥用量，促进有机养分循环，而且能推进有机无机的结合，改善土壤质量、保护生态环境。⑥豆科、绿肥作物轮作模式。豆科或绿肥作物同主要作物轮作，通过豆科或绿肥作物固氮，提升地力，实现氮肥减施。例如，充分利用南方冬闲田和果茶园土、肥、水、光、热资源，推广种植绿肥。在有条件的地区，引导农民施用根瘤菌剂，促进豆科作物固氮肥田。⑦高标准农田建设。大力实施耕地质量保护与提升行动，开展退化耕地综合治理、污染耕地阻控修复、土壤肥力保护提升。⑧施用新型肥料。加大缓释肥料、水溶肥料、生物肥料、土壤改良剂等高效新型肥料研发推广力度。

以有机肥替代化肥技术为例进行说明。我国有机肥资源很丰富，但利用率不足40％。其中，畜禽粪便养分还田率为50％左右，秸秆养分直接还田率为35％左右。目前，从实际执行过程来看，实现有机肥替代化肥的主要助推措施有以下几点：

第一，推广机械施肥技术，解决农村劳动力短缺的问题。有机肥的利用，难点之一是农村劳动力短缺，这就要通过机械技术的应用，为秸秆还田、有机肥积造等提供有利条件。支持企业研发推广有机肥运输及高效施用机械，发展有机肥机械施肥，克服人工短缺、有机肥施用费时费工问题。

第二，推进农牧结合，实现有机肥资源化利用。畜禽养殖规模化是一个必然趋势，当然也会带来畜禽粪便堆积的问题。今后在推进农牧结合中，特别是在城郊肥源集中区和规模化畜禽养殖场周边建设有机肥工厂，在畜禽养殖集中区建设有机肥生产车间，在农村秸秆丰富和畜禽分散养殖区建设小型有机肥堆沤池（场），逐步实现规模化养殖场畜禽粪便资源化利用。

第三，争取扶持政策，鼓励农民应用有机肥。要加大政策扶持的力度，以补助的形式鼓励新型经营主体和规模经营主体增加有机肥施用，实现有机肥替代部分化肥，不断培肥地力，减少化肥用量，提高肥料利用率。

第四，创新服务机制，提高有机肥资源的服务化水平。发展各种社会化服务组织，为转包户、种田大户等提供全程或阶段性、季节性施肥服务，有效克服农村劳动力短缺的瓶颈。引导企业生产优质商品有机肥。

通过积极开展"化肥、农药使用量零增长行动"，大力推进化肥减量增效，取得明显成效。经科学测算，2015 年我国水稻、玉米、小麦三大粮食作物化肥利用率为 35.2%，比 2013 年提高 2.2 个百分点；化肥利用率提高 2.2 个百分点，减少尿素用量 100 万 t，农民减少生产投入约 18 亿元；农药利用率提高 1.6 个百分点，减少农药用量 1.52 万 t，农民减少生产投入约 8 亿元。减少的化肥投入相当于减少氮排放 47.8 万 t、节省 100 万 t 燃煤。2016 年，全国农用化肥用量自改革开放以来首次接近"零增长"，部分省份实现负增长；全国测土配方施肥技术覆盖率达到 80% 以上，配方肥用量已占主要粮食作物用肥总量的 50% 以上；有机肥资源利用率提升，全国有机肥施用面积近 4 亿亩次，绿肥种植面积 4 800 多万亩。

（三）果菜茶有机肥替代化肥行动技术及成效

2017 年，为贯彻中央农村工作会议、中央 1 号文件和全国农业工作会议精神，按照"一控两减三基本"的要求，深入开展化肥使用量零增长行动，加快推进农业绿色发展，农业部制定了《开展果菜茶有机肥替代化肥行动方案》，力争到 2020 年果菜茶优势产区化肥用量减少 20% 以上，核心产区和知名品牌生产基地（园区）化肥用量减少 50% 以上，打造一批绿色产品基地、特色产品基地和知名品牌基地。

以发展生态循环农业、促进果菜茶质量效益提升为目标，以果菜茶优势产区、核心产区、知名品牌生产基地为重点，大力推广有机肥替代化肥技术，加快推进畜禽养殖废弃物及作物秸秆资源化利用，实现节本增效、提质增效。2017 年选择 100 个果菜茶重点县（市、区）开展示范，支持引导农民和新型经营主体积造和施用有机肥，因地制宜推广符合生产实际的有机肥利用方式，采取政府购买服务等方式培育有机肥统供统施服务主体，吸引社会力量参与，集成一批可复制、可推广、可持续的生产运营模式。围绕优势产区、核心产区，集中打造一批有机肥替代、绿色优质农产品生产基地（园区），发挥示范效应。强化耕地质量监测，建立目标考核机制，科学评价试点示范成果。力争到 2020 年，果菜茶优势产区化肥用量减少 20% 以上，果菜茶核心产区和知名品牌生产基地（园区）化肥用量减少 50% 以上。

开展果菜茶有机肥替代化肥，技术成熟、条件具备。一是有较好的政策环境。中央做出推进生态文明建设的重大部署，正采取一系列强有力措施，保护生态环境，实行永续发展。二是有机肥资源丰富。我国有机肥资源养分总量 7 000 多万 t，实际利用率不足 40%。资源丰富，潜力巨大。三是有成熟的技术模式。各地探索形成了一批种养结合的生产模式，集成了一套畜禽粪便堆沤还田、施用商品有机肥、沼渣沼液无害化处理还田、作物秸秆覆盖等技术模式，为有机肥替代化肥创造了有利条件。

选择果菜茶开展有机肥替代化肥行动主要基于两个方面。一方面，果菜茶化肥用量偏大问题比较显著。据统计，我国果树亩均化肥用量是日本的 2 倍多、美国的 6 倍、欧盟的 7 倍，蔬菜亩均化肥用量比日本高 12.8kg、比美国高 29.7kg、比欧盟高 31.4kg。另一方面，果菜茶是鲜活农产品，质量安全问题更被受到关注，且有机肥替代后农产品质量提升效果更为明显，增收效益更加突出。由于所涉及农产品数量和地区只占少数，有机肥替代化肥行动从主观上并非否定化肥的积极作用，从客观上也不会影响化肥的科学施用，更不会影响化肥行业的发展。化肥用量方面，到2020年，果菜茶优势产区化肥用量减少20%以上，果菜茶核心产区和知名品牌生产基地（园区）化肥用量减少50%以上。产品品质方面，到2020年，在果菜茶优势产区加快推进"三品一标"认证，创建一批地方特色突出、特性鲜明的区域公用品牌，推动品质指标大幅提高，100%符合食品安全国家标准或农产品质量安全行业标准。土壤质量方面，到2020年，优势产区果园土壤有机质含量达到1.2%或提高0.3个百分点以上，茶园土壤有机质含量达到1.2%或提高0.2个百分点以上，菜地土壤有机质含量稳定在2%以上。果园、茶园、菜地土壤贫瘠化、酸化、次生盐渍化等问题得到有效改善。

果菜茶有机肥替代化肥主要聚焦于苹果、柑橘、设施蔬菜和茶叶4种作物及优势产区。推行有机肥替代化肥，主要有4种技术模式：一是"有机肥＋配方肥"模式。在畜禽粪便等有机肥资源丰富的区域，鼓励种植大户和专业合作社集中沤造利用堆肥，减少化肥用量。结合测土配方施肥，在城市近郊果园推广商品有机肥。二是"果-沼-畜"模式。在苹果集中产区，依托种植大户和专业合作社，与规模养殖相配套，建立大型沼气设施，将沼渣沼液施于果园，减少化肥用量。三是"有机肥＋水肥一体化"模式。在水肥条件较好的产区和新建果园，推进矮化密植，在增施有机肥的同时，推广水肥一体化技术，提高水肥利用率。四是"自然生草＋绿肥"模式。在水热条件适宜的区域，通过自然生草或种植绿肥覆盖土壤，减少地表裸露，防止水土流失，培肥地力。针对不同作物品种，北方蔬菜生产有机肥替代化肥将"自然生草＋绿肥"模式替换为"秸秆生物反应堆"模式。推广秸秆生物反应堆，释放二氧化碳、增强光合作用，提高地温，增加土壤有机质含量，抑制土壤次生盐渍化。在长江中下游名优绿茶重点区域、长江上中游特色和出口绿茶重点区域、西南红茶和特种茶重点区域、东南沿海优质乌龙茶重点区域则因地制宜推广"有机肥＋机械深施"模式。在水肥流失较严重的茶园，推进农机农艺结合，因地制宜推广有机肥机械深施等技术，提高肥料利用率。

全国范围内形成的果菜茶有机肥替代化肥生产技术模式主要有：

一是"畜-沼-果（菜）"循环利用技术模式。通过实现规模养殖场粪污综合利用设施改造升级，加快转变农业生产方式，大力发展养殖-沼气-种植"三位一体"生态循环农业，积极开展种养结合循环农业试点示范。以山东省为例，截至2016年底，全省共有各类沼气工程近250万个，总容量达到2 400万 m^3，年产有机沼肥约5 000万t，直接用于蔬菜、果品基肥或灌溉施肥，应用面积2 000多万亩。

二是果园生（覆）草技术模式。通过自然生草或种植绿肥覆盖土壤，减少地表裸露，防止水土流失，培肥地力。以山东省为例，全省推广果园生草70余万亩，人工覆草50余万亩。

三是增施商品有机肥技术模式。在测土配方施肥的基础上，适当调减20%左右的化肥，整地时每亩增施商品有机肥200～500kg，优化有机无机养分投入比例。以山东省为例，全省推广1 000多万亩，带动全省有机肥产业快速发展，2016年全省商品有机肥产销量增加约 100 万 t。

四是秸秆生物反应堆技术模式。利用生物工程原理，在一定设施条件下，将秸秆、微生物菌种、催化剂等原料按一定比例混合，覆盖发酵，为作物提供二氧化碳和有机养料。以辽宁省为例，每年在设施生产上推广 30 万亩，利用秸秆 250 万 t 以上。

五是加强有机肥替代技术示范。以湖南省为例，在 15 个县（区、市）推广秸秆还田、种植绿肥、增施有机肥、土壤酸化改良等耕地质量保护与提升技术 34 万亩；在 12 个县（区、市）建立"测土配方施肥"＋"水肥一体化、畜禽粪便综合利用、有机肥替代、统配统施社会化服务"化肥减量增效示范区 18 万亩。同时，新建规模化大型沼气工程 78 处，集中供气工程 172 处，户用沼气池保有量达 610 余万户。

（四）畜禽粪便无害化资源化利用行动等内容

2017 年，农业部发布《畜禽粪污资源化利用行动方案（2017—2020 年）》，力争到 2020 年基本解决大规模养殖场粪污资源化利用问题。为此，中央财政安排专门资金，采取以奖代补方式，聚焦畜牧大县和规模养殖场，整县推进畜禽粪污资源化利用，统筹现有各种项目，重点支持畜禽粪污处理和利用设施建设。方案坚持保供给与保环境并重，坚持政府支持、企业主体、市场化运作方针，以畜牧大县和规模养殖场为重点，加快构建种养结合、农牧循环的可持续发展新格局。在畜牧大县开展畜禽粪污资源化利用试点，组织实施种养结合一体化项目，集成推广畜禽粪污资源化利用技术模式，支持养殖场和第三方市场主体改造升级处理设施，提升畜禽粪污处理能力。建设畜禽规模化养殖场信息直联直报平台，完善绩效评价考核制度，落实地方政府责任。

完善畜禽粪污资源化利用产品价格政策，降低终端产品进入市场的门槛，创新畜禽粪污资源化利用设施建设和运营模式，通过 PPP（政府和社会资本合作）模式等方式降低运营成本和市场风险，畅通社会资本进入渠道。加强科技支撑，综合考虑水、土壤、大气污染治理要求，探索适宜的粪污资源化利用技术模式，制定本地区畜禽粪污资源化利用行动方案。加强技术服务与指导，开展技术培训，提高规模养殖场、第三方处理企业和社会化服务组织的技术水平。组织科技攻关，研发推广安全、高效、环保新型饲料产品，加强畜禽粪污资源化利用技术集成，推广应用有机肥、水肥一体化等关键技术。建立信息平台，推进行动开展。以大型养殖企业和畜牧大县为重点，围绕养殖生产、粪污资源化处理等数据链条，建设统一管理、分级使用、数据共享的畜禽规模养殖场信息直联直报平台。严格落实养殖档案管理制度，对所有规模养殖场实行摸底调查、全数登记，赋予统一身份代码，逐步将养殖场信息与其他监管信息互联，提高数据真实性和准确性。

争取到 2020 年，实现全国畜禽粪污综合利用率达到 75％以上，规模养殖场粪污处理设施装备配套率达到 95％以上，大规模养殖场粪污处理设施装备配套率提前一年达到 100％。畜牧大县、国家现代农业示范区、农业可持续发展试验示范区和现代农业产业园率先实现上述目标。

畜禽粪便资源化利用主要以源头减量、过程控制、末端利用为核心，重点推广经济适用的通用技术模式。一是源头减量。推广使用微生物制剂、酶制剂等饲料添加剂和低氮低磷低矿物质饲料配方，提高饲料转化效率，促进兽药和铜、锌饲料添加剂减量使用，降低养殖业排放。引导生猪、奶牛规模养殖场改水冲粪为干清粪，采用节水型饮水器或饮水分流装置，实行雨污分离、回收污水循环清粪等有效措施，从源头上控制养殖污水产生量。粪污全量利用的生猪和奶牛规模养殖场，采用水泡粪工艺的应最大限度降低用水量。二是过程控制。规模养殖场根据土地承载能力确定适宜养殖规模，建设必要的粪污处理设施，使用堆肥发酵菌剂、粪水处理菌剂和臭气控制菌剂等，加速粪污无害化处理过程，减少氮磷和臭气排放。三是末端利用。肉牛、羊和家禽等以固体粪便为主的规模化养殖场，鼓励进行固体粪便堆肥或建立集中处理中心生产商品有机肥；生猪和奶牛等规模化养殖场鼓励采用粪污全量收集还田利用和"固体粪便堆肥＋污水肥料化利用"等技术模式，推广快速低排放的固体粪便堆肥技术和水肥一体化技术，促进畜禽粪污就近就地还田利用。

根据地区气候条件差异、生产技术水平、环境要求以及主要畜牧产业类别，目前广泛采用的主要技术模式有以下几种：

一是"粪水肥料化利用"模式。养殖粪水经多级沉淀池或沼气工程进行无害化处理，配套建设肥水输送和配比设施，在农田施肥和灌溉期间，实行水肥一体化施用。该模式适用于京津沪、东北地区、东部沿海地区、中东部地区、华北平原地区、西南地区、西北地区等全国大部分地区。

二是"粪便垫料回用"模式。规模化奶牛场粪污进行固液分离，固体粪便经过高温快速发酵和杀菌处理后作为牛床垫料。该模式适用于京津沪、华北平原地区、西北地区等北方地区。

三是"污水深度处理"模式。对于无配套土地的规模化养殖场，养殖污水固液分离后进行厌氧、好氧深度处理，达标排放或消毒回用。该模式适用于京津沪地区。

四是"粪污全量收集还田利用"模式。对于养殖密集区或大规模养殖场，依托专业化粪污处理利用企业，集中收集并通过氧化塘储存对粪污进行无害化处理，在作物收割后或播种前利用专业化施肥机械施用到农田，减少化肥施用量。该模式适用于东北地区、华北平原地区等有配套农田地区。

五是"粪污专业化能源利用"模式。依托大规模养殖场或第三方粪污处理企业，对一定区域内的粪污进行集中收集，通过大型沼气工程或生物天然气工程，沼气发电上网或提纯生物天然气，沼渣生产有机肥，沼液通过农田利用或浓缩使用。该模式适用于东北地区、东部沿海地区、中东部地区、华北平原地区、西北地区等全国大部分畜牧产区。

六是"异位发酵床"模式。粪污通过漏缝地板进入底层或转移到舍外，利用垫料和微生物菌进行发酵分解。采用"公司＋农户"模式的家庭农场宜采用舍外发酵床模式，规模化生猪养殖场宜采用高架发酵床模式。该模式适用于东部沿海地区、西南地区。

七是"污水达标排放"模式。对于无配套农田的养殖场，养殖污水固液分离后进行厌氧、好氧深度处理，达标排放或消毒回用。该模式适用于东部沿海地区、中东部地区。

近年来，国家大力推进畜禽养殖废弃物处理和资源化利用，累计安排中央预算内投资600多亿元，重点支持规模养殖场标准化改造、农村沼气工程建设。截至目前，通过中央投资有效带动地方、企业自有资金，累计改造养殖场 7 万多个，建设中小型沼气工程 10 万多个、大型和特大型沼气工程 6 700 多处，有效提高了规模化养殖场的粪污处理能力和资源化利用水平。2016 年以来，国家启动了 45 个畜牧大县种养循环一体化整县推进试点。试点县根据县域范围内养殖场分布，采取经济高效适用的处理技术，因地制宜确定资源化利用模式，探索县域范围内种养循环一体化的综合解决方案。从试点县情况看，各地积极以中央投资为引导，在县级层面整合各类涉农资金，撬动社会资本，分区域、分步骤推进畜禽粪污资源化利用工作，取得较好成效。

第四节 我国生态节肥主要模式

我国有着悠久的农业耕作文明史，精耕细作，在没有化肥的漫长岁月中，积累了丰富的有机、生态、循环农业生产模式雏形。为了应对沉重的人口压力、对自然资源的不合理利用、生态环境整体恶化的趋势没有得到根本改善的这一危机，遏制水土流失、土地退化和荒漠化、水体和大气污染、森林和草地生态功能退化等生态破坏趋势，并不断提升农民的收入，推动"三农"发展，就需要探索更加适合我国的节肥农业模式，并通过延长农业产业链，提高农业产值和可持续发展能力。

一、基于畜禽废弃物循环利用的生态节肥模式

（一）"四位一体"农业模式

在利用自然与人口调控相结合条件下，利用可再生能源（如沼气、太阳能）、保护地栽培（大棚蔬菜）、日光温室养猪及厕所 4 个因素，通过合理安排形成以太阳能、沼气为能源供给，以沼渣、沼液为肥源供给，实现种植业、养殖业相结合的能流、物流良性循环系统，这是一种资源高效利用、综合效益明显的生态农业模式。运用本模式的北方某些地区冬季室内外温差可达 30℃，温室内的水果蔬菜能够正常生长，而且畜禽饲养和沼气发酵等技术都非常安全可靠。这种模式使圈舍温度在冬天提高了 3~5℃，不仅使猪的生长期减少了 5~6 个月，而且由于猪舍下的沼气池得到了太阳能而增温，解决了北方地区冬季产气的技术难题。另外，猪呼出的二氧化碳大大改善了日光温室内作物的生长条件，采用不施或少施化肥，即可满足蔬菜生产，使蔬菜产量增加、质量得到提高。

这种模式是一种综合运用生态学、生物学、经济学、系统工程学，以土地资源为基础，以太阳能为动力，以沼气为纽带，进行综合利用的种养生态农业模式。主要技术包括秸秆养畜过腹还田、饲料饲草生产技术、秸秆青贮和氨化技术、有机肥生产技术、沼气发酵技术以及种养结构优化配置技术等，配套技术包括作物栽培技术、节水技术、平衡施肥技术等，适合个体农户小型经营。此外，这种模式对农业技术和知识水平要求不高，因此对一些文化程度不高的农民来说，操作实施起来相对容易。这种模式的推广，一方面可以充分利用闲置的农田及农院，另一方面也可以增加农户的收入。除此之外，还减少了化肥用量，可以改良土壤，提高农产品的质量及市场认可度。

（二）以沼气为纽带的生态畜牧业生产模式

这种模式以养殖业为抓手，以沼气建设为纽带，串联种、养、加等产业，广泛开展沼气综合运用，采用模式化、标准化运作的综合性现代农业生产方式。具体来说，就是利用猪粪和农村秸秆等废弃物入沼气池发酵，产生沼气后供农户烧饭照明，解决农村生活用

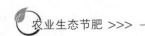

能，利用沼肥浸种、施肥、喂猪、养鱼，形成"畜牧＋沼＋果、菜、茶、粮、桑"的农业废弃物—沼气池—农业生产这种往复循环的生产模式。其中，沼气是核心环节，其本质是强化农业生态体系中微生物还原功能，在能量转化、物质循环、废弃物利用和土壤形成 4 个方面均比以往生态农业有着更新和更广泛的意义。

以南方"猪-沼-果"生态模式为例，该模式又被称为"三位一体"模式，常见于南方，将猪舍、沼气池、果园三者合理有效地结合起来，以农户为生产主体，畜禽粪便直接入沼气池进行厌氧发酵。利用发酵残余物作为果树的肥料，来提高产量和品质，达到无公害生产的目的；利用沼液喂猪，可提高饲料的利用率，减少猪的育肥周期，降低成本。该模式操作简单、投资少，生产出的农产品可达到无公害农产品的要求，利用农业废弃物进行综合利用，降低化肥投入（有报道化肥零投入），可减少环境污染，促进农业可持续发展，而且施用沼肥的果树抗寒、抗旱和抗病能力明显增强，果实品质得到大幅度的提高。

二、基于秸秆综合利用的生态节肥模式

该模式主要分为 4 种：一是以秸秆作为饲料为起点的生态节肥模式，二是以秸秆直接还田为起点的生态节肥模式，三是以秸秆作为食用菌培养基为起点的生态节肥模式，四是以秸秆沼气化为起点的生态节肥模式。

（一）农林牧复合生态模式

农林牧复合生态模式是指借助接口技术或资源利用在时空上的互补性所形成的两个或两个以上产业或组分的复合生产模式。接口技术是指连接不同产业或不同组分之间物质循环与能量转换的连接技术，如种植业为养殖业提供饲料饲草，养殖业为种植业提供有机肥，其中利用秸秆转化饲料技术、利用粪便发酵和有机肥生产技术均属接口技术，是平原农牧业持续发展的关键技术。通过对秸秆进行物理、化学、生物处理，实现秸秆以饲料化为起点的节肥农业生态生产。这种模式同秸秆过腹还田实质是相同的，秸秆经处理加工成饲料，用于畜禽养殖。畜禽粪便通过发酵产生沼气或直接制作有机肥，沼气用于发电或给居民供气，沼液、沼渣作为沼肥用于作物种植，实现秸秆养殖、生态种植与能源生产的相互耦合。这种模式可以增加畜牧业产量，促进农业生产，缓解粮食供需矛盾。例如，松辽平原采用秸秆纤维素快速降解技术，使秸秆饲料喂养率提高了 30％，畜禽育肥提高了 4.6％，畜禽粪便最终以有机肥或沼肥形式还田，使农田整体效益提高 15％。

这种模式能充分利用秸秆的废料资源，化害为利，变废为宝，是解决环境污染的一种极佳方式，并能提供能源与肥料，改善生态环境等，具有广阔的发展前景，为促进高产高效的优质农业和无公害绿色食品生产开创了一条新的好途径。

（二）秸秆直接还田生态节肥模式

秸秆作为肥料还田是目前秸秆利用最现实、最经济、最有效的途径。秸秆还田包括直接还田、堆肥还田和过腹还田三种主要方式。秸秆中含有大量的营养物质，可培肥地力，改善土壤理化性状。据测定，每亩还田玉米秸秆 500kg，1 年后土壤有机质含量提高 0.05％～0.23％，全磷提高 0.03％，速效钾增加 31.2mg/kg，土壤容重下降 0.03～0.16g/cm³；还田稻草秸秆 2 250kg/hm²，其所含养分含量相当于施碳酸氢铵 82.5kg、过磷酸钙 63.0kg 和氯化钾 67.5kg。秸秆还田既能控制农业碳排放量，又能减少化肥施用

量，增加土壤含水量。以山东省齐河县焦庙镇周庄村现代生态农业示范基地为例，通过秸秆深松还田为主、部分秸秆机械打捆回收利用、养殖粪便和食用菌废弃物转化成有机肥替代部分化肥，开展作物间作轮作，成为了现代生态农业新景观。实践表明，基地亩均增产100kg以上，灌溉用水及化肥、农药用量均减少了10%，秸秆综合利用率也达到了100%。

（三）秸秆栽培食用菌为起点的生态节肥模式

这种模式可简述为：秸秆经过浸泡、消毒和发酵处理后用作食用菌栽培的基料，生产食用菌后形成的菇渣可作为畜禽的饲料，而畜禽的粪便又可作为沼气的生产原料，最后将沼渣作为肥料还田。菇渣还可作为沼气发酵的原料，也可作为有机肥直接还田。食用菌栽培作为连接点将养殖业、种植业和加工业有机结合起来，形成一个高效的、清洁的生产过程，通过菇渣的后续开发利用来提升附加值，实现良好的经济效益与生态效益。目前，我国作物秸秆用于食用菌栽培技术已较为成熟，对食用菌栽培过程中的各个环节均有研究，秸秆用作食用菌基料增加了原料来源，降低了生产成本。实践证明，每千克秸秆可生产金针菇、猴头菇或草菇0.25～0.40kg、平菇0.5～0.6kg；以玉米秸秆为主料栽培双孢蘑菇的高产新技术每公顷收益可达20万元以上，综合效益明显。

（四）秸秆沼气化为起点的生态节肥模式

秸秆生物质能是仅次于煤炭、石油、天然气的第四大能源，而且是可再生能源。秸秆沼气循环型农业模式的主要特征是将秸秆利用与清洁能源生产、生态种植结合起来，以秸秆厌氧发酵产生沼气为起点，通过沼渣、沼液的综合利用来实现经济效益和生态效益的统一。沼液和沼渣作为沼肥用于农业种植，沼肥比堆沤肥氮、磷、钾含量大约高出60%，是一种含有多种水溶性养分的速效肥料；沼渣也可作栽培食用菌的基料，其pH约为8，用于食用菌拌料发酵，具有一定的杀菌作用，可减少麦麸、玉米面等辅料的添加，降低生产成本，减少农药使用，提高食用菌品质。有资料显示，秸秆的热值相当于标准煤的1/2，直接燃烧热效低、污染大，在使用时只有15%的热能被利用，而80%以上的热能被浪费掉。沼气作为一种清洁、高效的生物质能源，已成为我国农村能源建设的首选，具有明显的节能效益和经济效益，而且具有长远的生态和社会效益，是解决当前农村能源紧缺矛盾，协调燃料、肥料和饲料三者关系的有效措施。以秸秆为原料的沼气工程存在进出料困难、产气不稳定及发酵速度慢、效率低等问题，要使秸秆成为理想的沼气发酵原料，必须通过特殊微生物的分解作用，将秸秆中难以分解的木质纤维素类物质快速分解为糖类等可溶性有机小分子物质。研究表明，混合纤维素菌群对秸秆木质纤维的分解能力十分强大，日益受到研究者们的重视。

三、南方水田共生生态节肥模式

（一）以"稻+鱼""稻+鸭""稻+鱼+鸭"等模式为主的水稻与鱼、鸭共生模式

该模式是一种自我平衡的生态系统，其中可加入水生蓝藻等水生植物。系统内由于没有化学农药的投放，少投入或不投入化学肥料，对周围的生态环境有重大的保护作用，确保水稻稳产的前提下，通过建立稻渔共生生态循环系统，提高了稻田综合效益。稻田养鱼养鸭的分布主要集中于贵州、湘西、福建、四川、广东、广西以及浙江等地。

以稻田养鱼为例，主要是通过对稻田进行技术改造，将稻田5%的区域开挖鱼沟和鱼溜以放养鱼类，建立稻鱼共生生态循环系统。鱼啄食杂草和害虫，产出的粪便又成为水稻的肥料，水稻又引来昆虫为鱼提供食物。相关的试验和研究证明，稻田养鱼控草控虫效果较显著，尾水筛、金鱼藻等杂草都可以被鱼吃掉，同时鱼还能减少稻飞虱、叶蝉螟、负泥虫等害虫对水稻的威胁，农田只施用有机肥不施用化肥，或施用有机肥与少量磷钾肥即可满足水稻生产。这样不但减少了病虫害发生，还能减少农药和化肥用量，减轻对水体、土壤的污染，促进有机稻、有机鱼的生产。相关调查显示，养鱼养鸭一年后土壤中的氮、磷、钾含量可分别提高57.7%、78.9%、34.8%，更使稻谷产量增加5%~15%。

（二）"源头消减＋综合种养＋生态拦减"水体清洁型生态节肥模式

以湖北省峒山村现代生态农业示范基地为例，该模式通过化肥减施、绿色防控、稻虾共作、林下养禽等关键技术，配套生态沟渠、湿地等工程，构建了利用"稻虾互利共生"复合种养生态系统，实现水质改善、生态功能恢复和产品效益同步提高。"葡萄-草-鸡"立体种养，有效控制病虫害发生，减少农药化肥使用，减少杂草96.8%；利用人工湿地水生植物对氮磷进行立体吸收和拦截作用。通过综合种养，化肥用量下降30%以上，农药用量下降70%以上。利用该模式，可以有效地解决南方水网地区农业面源污染问题。

四、丘陵山区特色生态节肥模式

我国丘陵山区约占国土面积的70%，这类区域的共同特点是地貌变化大、生态系统类型复杂、自然物产种类丰富，其生态资源优势使得这类区域特别适合发展农林、农牧或林牧综合性特色生态农业。其中，包括生态经济沟模式与配套技术、生态保育型节肥模式等。

（一）西南地区以秸秆还田为基础的丘陵轮作生态节肥模式

该模式是在高处修建窑式蓄水池，实行高水高蓄；在旱坡地上聚土筑垄，在垄底先放有机肥，垄上种植怕渍作物（如红薯、花生、棉花），垄沟深耕培肥，种植需水作物（如蔬菜、玉米等），沟内建土挡，增加对降水的拦蓄作用；夏季收获垄上作物后留茬免耕，秋季实行少耕，垄和沟定期互换，耕地周围种树，利用落叶作有机肥。这种模式大大降低了土壤侵蚀和径流，同时通过秸秆还田和有机肥培肥，降低了化肥投入30%左右，明显增加了土壤含水量和提高了水分利用率，也大幅度提高了产量。

（二）生态保育型节肥模式

以重庆市二圣镇集体村现代生态农业示范基地为例，该模式通过加强集成节水节肥节药技术、农业废弃物综合利用、农村清洁和生态涵养工程建设，构建了"生态田园＋生态家园＋生态涵养"的生态保育型节肥模式。从坡顶到坡腰依次发展生态茶园、生态梨园、生态葡萄园及生态花园，配套灌溉管网、排水沟和缓冲塘，建立复合生态系统，采取水肥一体化、病虫害绿色防控技术，有效减少灌溉定额90%、化肥用量50%以上。通过依托山形山势建设生物拦截及沟塘坝系统，实现农田生态涵养；生活垃圾采取"户分类、村集中、镇中转、区处理"的链条式处理，生活污水厌氧发酵处理后进入小型人工湿地排放，人畜粪便采用三格式化粪池处理后作为有机肥，使无害化处理率达到80%以上。该模式可以有效解决西南丘陵地区水土流失、化肥农药过量问题。

五、设施生态农业及配套技术为主的生态节肥模式

设施生态农业及配套技术是在设施工程的基础上通过以有机肥全部或部分替代化肥（无机营养液）、以生物防治和物理防治措施为主要手段进行病虫害防治，以动、植物的共生互补良性循环等技术构成的新型高效生态农业模式。以浙江省宁波市鄞州区章水镇郑家村现代生态农业示范基地为例，通过建成蔬菜生态种植区、水稻生态种植区、"果园养鸡"生态果园区、水产养殖区、畜禽生态养殖区以及城市园林树枝消纳场、有机废弃物处置中心、天敌扩繁中心、雨水收集循环系统等区块，科学配置种养规模，配套清洁生产技术，区块间种养高效循环、资源有机互补，实现以种定养、以养促种，实现雨水及灌溉水循环利用，实现废弃物肥料化、饲料化应用和养分内部循环利用，实现全基地病虫害生物、物理防治，基地成为了水、营养和生物循环平衡整体，改善了产地环境，提高了农产品品质，还带动了休闲观光、旅游采摘和土地认养等休闲农业发展，又为当地劳动力就业创业、增收致富搭建了一个新平台，有效解决了大城市城郊水土资源、劳动力紧张与外来及内在污染风险并存、生态农产品供应能力不足问题。

六、以共生轮作为主的生态节肥模式

（一）通过豆科植物或绿肥同主要作物"间套轮"种植模式

"间套轮"种植模式是指在耕作制度上采用间作、套种和轮作倒茬的模式。利用生物共存、互惠原理发展有效的间作、套种和轮作倒茬技术是进行生态种植的主要模式之一。间作指两种或两种以上生育季节相近的作物在同一块土地同时或同一季成行的间隔种植。套种是在前作物的生长后期，于其株行间播种或栽植后作物的种植方式，选用两种生长季节不同的作物，可以充分利用前期和后期的光能和空间。合理安排间作、套种可以提高产量，充分利用空间和地力，还可以调解好用工、用水和用肥等矛盾，增强抗击自然灾害的能力。典型的轮作倒茬种植模式有：禾谷类作物和豆类作物轮换的禾豆轮作；大田作物和绿肥作物的轮作；水稻与棉花、甘薯、大豆、玉米等旱作物轮换的水旱轮作；西北等旱区的休闲轮作。该模式不仅可以均衡利用土壤养分，改善土壤理化性状，提高土壤肥力，而且可以防治病虫害，减轻杂草危害，从而间接减少肥料和农药等化学物质的投入，达到生态种植的目的。

（二）"生态种植＋生态节水＋循环利用"的果园清洁型生态农业建设模式

以山西省吉县东城乡现代生态农业示范基地为例。种植豆科作物固氮保墒，饲养经济价值高的鹅种，养殖蚯蚓改土壤、为鹅提供蛋白质饲料，鹅粪直接入地提供高氮有机肥；广泛应用沼液和木醋液半量替代农药，布设太阳能灯光诱虫和粘虫板以及利用边际土地种植生物隔离带进行生物防治病虫害；运用坡改水平梯田技术，封坡育林育草，拦截和涵蓄坡面径流，有效提高了苹果"一村一品"专业村农民的科技应用水平，减少了农药投入，通过林下共生，降低了化肥投入30％以上，苹果产量提高10％以上。该模式有效解决了黄土高原区水土流失、生态环境脆弱、土壤有机质缺乏等问题，对于大力构建发展果粮间作、林果业为主的特色种植有显著的借鉴意义。

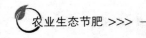

七、其他生态节肥模式

(一) 生态养畜模式

"种草养畜"模式，也叫"二位一体"模式。该模式对于地形的要求比较高，主要适宜在山区推广，在南方的很多山区得到了广泛推广。种植牧草一般不施用农药和化肥，完全通过采用有机肥和天然生产力，北方的少数山区也采用了该模式。这种模式听上去比较简单，但在实践操作时，农户必须注意严格控制草和畜量的比例问题。该模式一方面充分利用了不适宜种植粮食作物的闲置山地，另一方面也解决了畜类（牛、羊、猪）的饲养问题。此外，"种草养畜"模式也有助于改良山区的植被条件，防治水止流失，维持生态平衡。

(二) 无公害农产品生产为主的生态节肥模式

发展生态种植业，注重农业生产方式与生态环境相协调，在玉米、水稻和小麦等粮食作物主产区，推广优质作物清洁生产和无公害生产的专用技术，集成无公害优质作物的技术模式与体系，以及在蔬菜主产区进行无公害蔬菜的清洁生产及规模化、产业化经营模式。配套技术：平衡施肥技术，如中国农业科学院土壤肥料所推出并推广的"施肥通"智能电子秤；新型肥料，如包膜肥料及阶段性释放肥料的施用；采用生物防治技术控制病虫草害的发生；农药污染控制技术，如对靶施药技术及新型高效农药残留降解菌剂的应用；增加膜控制释放农药等新型农药的应用等。通过上述技术，实现节肥、节药30％以上。

第四章 | CHAPTER 4

养分资源综合管理

农业生态节肥就是合理施用肥料，在保证作物养分需求的同时保护和改善生态环境，实现农业可持续发展。土壤圈是生态圈中重要一环，养分流动是生态循环的重要过程。养分资源综合管理就是引导养分资源在土壤-作物生产体系中合理利用，实现良性循环。本章在介绍养分资源综合管理基本知识的基础上，分区域、地块详细阐述了养分资源综合管理的技术和现代手段。以土壤-作物相互作用机理及其调控途径研究为基础，以提高养分资源利用效率为目标，以建立我国典型种植体系中的作物营养诊断推荐施肥技术体系为突破口，建立养分资源综合管理技术体系，为充分利用各种养分资源、节约化肥提供技术支撑，是实现我国农业可持续发展的必由之路。

第一节　养分资源综合管理基本知识

一、养分资源的概念与特征

（一）养分资源的概念

养分是支撑植物、动物和微生物生长发育所必需的营养物质。人们把一定条件下的动植物生产过程看作一个系统，将土壤、肥料和环境所提供的养分作为养分资源。在各种养分来源中，土壤是植物最直接的养分资源库，植物需要的各种矿质养分都能或多或少地从土壤中得到。以各种方式进入土壤的养分，都会成为土壤养分资源库的一部分。肥料是人工用于补充植物养分的物质。另外，环境中的一些养分能通过大气干湿沉降、灌溉水、生物固氮等途径进入植物生产系统，成为养分资源的重要组成部分。

（二）养分资源的特征

养分资源具有作为资源的所有属性，但又具有其特殊性。养分既是生命元素又是潜在的环境污染因子，因此养分资源具有双重性。另外，养分资源还具有多样性、变异性、相对有限性、流动循环性及流动开放性和社会性等多种特性。近年来，人们对农田养分资源认识和实践的片面性，只重视化肥投入而忽视其他养分资源利用，只注意养分对作物的单向作用而忽视了养分的双重性，只追求经济目标而忽视环境目标，因而出现化肥用量过大、肥效偏低、养分配比失调和肥料品种结构不合理，地区和作物之间养分投入不均衡等问题，严重制约了养分资源的有效利用，降低了耕地生产力，同时对生态环境和食品安全产生了不利影响。因此，实施和推行农田养分资源综合管理具有重要的现实意义（张福锁，2003）。

1. 共生性和整体性　土壤养分资源和用于肥料制作的天然矿物资源，与其他自然资源相互联系、相互制约，构成自然资源整体的一部分。其中，一种养分资源的利用，必然会对其他资源的利用和环境产生影响。肥料的过多投入会使矿物或气态的养分资源转化为土壤养分资源，导致土壤养分积累，土壤养分的过量积累又常常会对环境产生污染威胁。养分资源具有共生性和整体性，由此决定了养分资源管理与利用的综合性。

2. 多样性和时空变异性　养分资源的多样性表现为养分资源在来源上有土壤养分、化肥养分和环境中的养分等；每种养分资源中养分元素又以多种形态存在，在土壤养分资源中，许多养分元素有水溶态、交换态、难溶态、矿物态和有机态等。养分资源的时空变异性表现在养分总量和生物有效性两个方面：养分总量的空间变异宏观上表现为区域之间存在很大差异，微观上则表现为田块内不同位置和不同深度也具有明显的差异；养分总量的时间变异则表现为养分元素各形态间不断进行着动态的转化，可供植物利用的养分资源量也随时间的变化而变化。养分资源的生物有效性决定了养分被植物利用的程度和循环强度，它在时间和空间上的变异性主要表现为养分的形态、数量和转化速率等指标的差异。

3. 循环性　在生物圈地球化学循环中，各种生态系统中不同的生命必需元素均沿着一定独特的路线进行着循环运动。这些循环将各种养分元素随生物的生长引入有机体，继而又使其随有机体的消亡回归自然。生物体生生死死，养分循环不已，成为大自然不断更新发展的动力，也构成了生态系统中生物长期生存、繁衍和进化的基础。在农业生态系统中，人类的许多农业措施都能有效调节养分资源循环的强度，从而影响了养分资源的循环性。

4. 有限性　制造肥料的天然矿物往往是不可再生资源。随着人们不断开发利用，资源将不断被消耗，而通过地球化学循环返还的比例却很低，因此有关资源将逐渐表现出稀缺性。在植物生产中，土壤养分资源在不断地被利用，如果其不得到有效地补充，也会逐渐被耗竭，导致土壤养分缺乏。化肥养分虽然能补充土壤养分的消耗，但其生产过程又会引起矿物养分资源的耗竭。由此可见，养分资源的有效性十分明显。

5. 双重性　许多养分元素不但是植物的生命物质，而且也是人类、动物和微生物的营养物质，具有自然资源的多用性；同时，它们又是潜在的环境污染因子，如果其含量超过环境承载量时，会增大环境污染的风险。可见，养分的作用具有明显的双重性，合理利用有益生态环境，否则有害。

6. 层次性　养分资源的管理与利用具有明显的层次性，其对象可以是一个地块、一种作物，也可以是一个农户、一个农场或一个地区，有时还可以是一个国家。特别是肥料养分资源，它的生产和消费在地域、国家之间明显不平衡，需要通过地区贸易和国际贸易来调节，因此需要从国家层次上进行管理。此外，养分资源不合理利用导致的环境问题需要从宏观层次解决，合理利用养分资源也需要从不同层次进行养分资源的管理。

二、养分资源综合管理内涵与理论基础

(一)养分资源综合管理的内涵

养分资源管理（IPNM）是由联合国粮食及农业组织（FAO）、国际水稻研究所（IRRI）于 20 世纪 90 年代提出的，它的目标是植物综合利用各种养分，使产量的维持或增长建立在养分资源高效利用与环境友好的基础上。

养分资源综合管理的核心是"资源"和"综合管理"。它有别于养分管理和养分资源

综合系统，"综合"含有把各种植物养分资源作为利用对象之意，而"管理"则意指农业生产实践活动。它也不同于平衡施肥，平衡施肥是通过施肥调节，使各种养分能均衡满足作物生长发育的需求，强调作物养分的均衡供应；而养分资源综合管理除了强调作物养分均衡供应外，更注重减少养分损失的各种技术措施和各种养分资源的综合利用。西方发达国家和大多数发展中国家在养分资源利用上面临的问题不同，其养分资源综合管理的策略也有所不同。西方发达国家的养分资源综合管理策略主要是针对高投入农业带来的环境污染和农产品质量下降问题，强调减少肥料投入，增强养分利用能力，减少养分损失，保护环境。非洲等发展中国家则由于肥料施用不足、管理不善使土壤肥力严重退化，粮食安全问题也面临极大挑战。因此，其养分资源综合管理策略主要是增加养分投入，减少养分损失，提高产量和维持土壤肥力。我国经济发达的地区养分资源利用状况与西方发达国家类似，但部分边远地区仍存在农业生产中施肥不足的问题。

对养分资源综合管理概念的理解上，目前还没有一个统一的定义。Aune 和 Ygard 强调有机养分的最大化利用，认为养分资源综合管理的主要原则是最大化利用各种有机养分，补充施用化肥，同时利用免耕、梯田和覆盖等措施来减少养分损失，提高养分利用率；其他一些学者则更强调综合技术的运用，认为养分资源综合管理体系不仅要以合适的比例施用有机肥和化肥，还要综合运用包括土壤保护、生物固氮、优良品种、水分管理、害虫杂草控制等技术在内的各种农艺措施。张福锁等认为，养分资源综合管理的内容是从农业生态系统的观点出发，协调农业生态系统中养分投入与产出平衡、调节养分循环与利用强度，实现养分资源高效利用，使生产、生态、环境和经济得到协调发展；层次上涵盖了农田、农户等不同尺度的区域养分资源综合管理和国家宏观养分资源综合管理；观念上把养分资源综合管理既看作一种思想，也看作一个技术体系。

在养分资源综合管理技术的推广方面，不同的国家和地区都在积极探索符合自身情况的模式。养分资源综合管理思想和技术的普及应该是政府、科研机构、农民以及有关企业或其他组织协同参与的结果：政府职能主要是资金与政策支持及农业生产资料与农产品市场培育；科研机构的作用在于养分资源综合管理技术体系的建立；而农民既是养分资源综合管理技术体系建立的农业生产条件与社会经济条件提供者，又是农田养分资源管理的真正实践者（张福锁等，2006）。

（二）养分资源综合管理产生背景

近年来，我国经济快速增长和人民生活水平大幅度提高消耗了大量的资源并造成了极大的环境负担。按照目前的经济增长速度，在 2015—2020 年间，我国的国内生产总值（GDP）占全球的比重将会由 4% 增长到 17%。与此同时，畜牧业的发展给粮食生产带来极大压力，按照目前的人口基数和增长速度，2030 年人口将达到 14.5 亿，粮食需求达到 6.4 亿 t。

为了提高农业综合生产能力，我国政府采取了加大化肥投入力度的方式（图 4-1）。化肥的生产和施用伴随着资源消耗和环境污染，我国 2005 年能源年消耗量达到 22.3 亿 t 标准煤，化肥生产占综合能源消耗的 5%，磷矿石的年消耗量超过 1 亿 t，占国有富矿资源储量的 10%，资源紧缺已经成为制约我国经济发展的关键因素。同时，环境压力增大，预计在 2020 年左右，我国二氧化碳排放量将达到 15.7 亿 t，农田系统是温室气体排放的主要来源。其他与氮、磷相关的环境问题也日益突出，30％人口的饮用水受到了来自氮和磷的污染，30％城市的空气质量低于三级水平，酸雨导致的经济损失每年达到 50 亿美元，61％的湖泊富营养化。

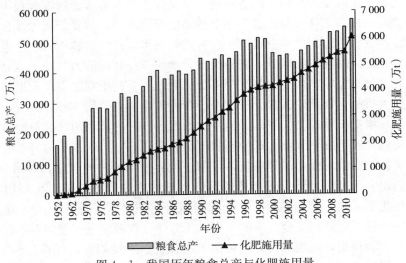

图 4-1　我国历年粮食总产与化肥施用量

以上问题的发生由养分资源在社会经济体系中循环速度加快所致。为了满足作物生长投入了大量的化肥，而作物秸秆由于作生活燃料或其他经济用途导致其中的养分无法完全还田，食品生产过程中养分资源无序排放较多，因为成本问题这些资源也未能还田。上游资源的大量投入和下游各环节的大量排出导致资源浪费和环境污染。我国需要构建新的养分资源综合管理模式，提高养分利用率。

（三）养分资源综合管理的理论基础

传统的作物施肥模式以李比希的矿质营养学说和养分归还学说为理论依据，把施肥作为补充作物生长所需养分的唯一措施，把作物生长状况作为评价施肥效果的主要指标，这一施肥模式在农业发展中发挥了巨大的推动作用。20 世纪末，由于人口不断增长的需要，提高粮食单产成为我国农业生产的主要目标，通过大量施用化肥来实现高产也就成了我国农业生产的一大特征。近年来，化肥肥效降低、农业生产的成本增加和效益下降、过量施用化肥造成的农产品品质下降和环境污染等有关作物施肥问题日益突出，也引起了社会的广泛关注。因此，改进传统施肥模式，使之成为以高产、优质、环境友好和资源高效利用为目标，以合理施肥与相关技术集成为手段的养分资源综合管理模式并指导施肥实践，是解决当前作物施肥问题的根本途径。

土壤养分循环是土壤圈物质循环的重要组成部分，也是陆地生态系统中维持生物生命周期的必要条件。土壤植物营养的研究证实，生物体中含有的 90 余种元素中，已被肯定的植物生长发育的必要元素有 16 种。其中，碳、氢和氧主要来自大气和水，其余元素则主要来自土壤。来自土壤的元素通常可以反复的再循环和利用。典型的再循环过程包括：①生物从土壤中吸收养分。②生物的残体归还土壤。③在土壤微生物的作用下，分解生物残体，释放养分。④养分再次被生物吸收。可见，土壤养分循环是在生物参与下，营养元素从土壤到生物，再从生物回到土壤的循环，是一个复杂的生物地球化学过程。由于不同营养元素的化学、生物化学性质不同，循环过程各有特点（图4-2和图4-3）。

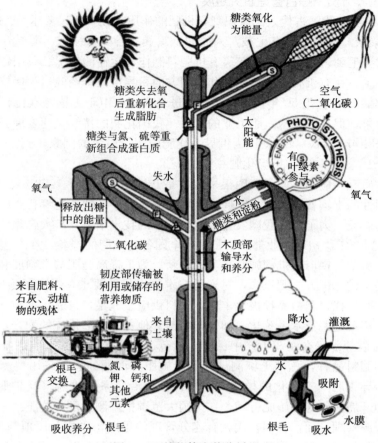

图4-2　植物体内养分循环

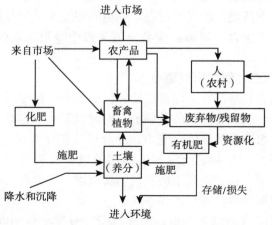

图4-3　农业生态系统中养分循环

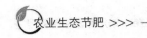

三、我国养分资源综合管理研究进展与重点

(一)我国养分资源综合管理研究进展

约 3 500 年前,我国古代人民认识到有机肥的作用,在《齐民要术》《王祯农书》《陈旉农书》《梦粱录》等书中都有记载,人粪尿、鸡粪、谷壳、绿肥、泥粪(河泥、塘泥)、石灰、糠、禽兽毛羽、马蹄、羊角灰等有机肥料制作和运输的情况。我国传统农业主要以施用有机肥为主,在有机肥生产、储存和施用方面积累了大量经验,为保持土壤肥力经久不衰做出了贡献。20 世纪 50 年代,化肥开始进入我国,由于土壤氮素比较缺乏,施用氮肥具有明显效果,促进了我国氮肥工业的发展。我国化肥的持续飞速发展,促进了我国农业的发展。1989 年之后,我国就成为世界上化肥施用量最多的国家,到 2007 年,我国化肥施用量达 5 107.8 万 t,占世界化肥总量的 1/3。

施肥技术研究与应用方面,我国很早主要是开展测土工作。1958 年、1978 年先后开展了两次全国性的土壤普查工作,掌握了土壤养分状况。各地在土壤普查的基础上,开展了施肥技术的研究。为了提高我国农业生产中施肥的技术水平,扩大合理施肥技术的应用面积,20 世纪 80 年代初期农业部总结归纳了全国各地施肥的经验,在全国范围开展了配方施肥试验、示范与推广,推动施肥技术的革新。为了提高施肥的准确度和精确度,1989 年农业部又提出优化配方施肥概念,对施肥技术提出量的要求,提高了施肥的经济效益。进入 20 世纪 90 年代,肥料品种极大丰富,肥料供应量充足,仅靠单项施肥措施的增产潜力有限。为了实现施肥技术系统化,加强施肥与其他农业生产措施的配合,充分发挥肥料效益,1996 年农业部又在农业生产中试验、示范、推广了平衡配套施肥技术,开发筛选施用效果好的肥料品种,总结土壤测试和平衡施肥方面的经验,采用"测土、配方、加工、供肥、指导施肥"一体化的模式,运用计算机专家系统进行广泛地服务。2005 年,农业部在全国开展测土配方施肥行动,在全国大范围推广测土配方施肥技术。

在养分资源管理方面,我国古代就有养分管理的思路,主要是用地与养地结合起来,开展"开荒—种植—休闲"交替式的耕地管理制度。在当代,随着社会经济的发展,养分资源管理经历了不同发展过程。施肥的目标经历了"产量→产量+经济→产量+经济+品质→产量+经济+品质+环境"的发展过程,环境问题逐渐受到重视;相应的施肥技术也经历了"单施氮肥→氮磷配合→氮磷钾配合→氮磷钾中微量元素配合→养分资源综合管理"的发展过程。

(二)我国养分资源综合管理研究重点

我国的养分资源综合管理研究应注重田块和区域等不同尺度的结合。

农田层次,在建立全国研究网络的基础上,应对以下几个方面进行重点研究:①我国典型农田生态系统中土壤养分持续供应能力、养分迁移转化规律、养分投入和损失状况。②我国典型农田生产系统中作物、土壤相互作用的机制及提高养分利用率的调控技术。③适应我国农业生产要求、持续提高土壤质量的新技术。④提高土壤质量和增强粮食综合生产能力的农田养分资源综合管理技术体系等。

在区域和国家层次应做到以下几点:①深入研究食物链体系养分流动规律及调控机制,进而完善相关政策和法规。目的是通过食物链结构、农牧业结构、城乡结构等的优化，调整作物生产、动物生产、家庭消费的养分比例，改变养分流动数量和模式，减少养分向环境的排放。②针对农田、畜牧和家庭亚系统，阐明养分循环规律，调整农田种植结构、畜禽品种结构、家庭膳食结构，优化各亚系统养分流动，促进养分循环。③继续研究与发展农田、畜牧和家庭系统，以提高系统养分资源利用率为核心的养分资源综合管理技术。④开展食物链体系养分流动模型研究，建立养分资源综合管理决策支持系统，为制定管理政策和法规提供支持。

四、养分资源综合管理的基本原理

养分资源综合管理的基础是实现每个田块水平下的合理施肥。在田块水平上，以协调作物高产与环境保护为核心目标，以高产优质作物的生长发育规律、养分需求规律和品质形成规律为依据，以养分平衡为主要原理，在充分考虑土壤和环境养分供应的同时，针对不同养分资源的特征实施不同的管理策略，实现作物养分需求与养分资源供应的同步。即对根层土壤养分进行有效调控以达到如下目标：①保证根层土壤养分的有效供应以满足作物高产对养分的需求。②避免根层土壤养分的过量累积，以减少养分向环境的迁移。

采用平衡供应的方法，将根层土壤养分浓度控制在"既能满足作物的养分需求，又不至于造成养分大量损失"的合理范围内。对于一个区域，如乡镇、区（市），种植的每种作物均可根据土壤类型、土壤测试数据、作物需肥规律等因素划分为几个养分管理类型区。同一类型区，可以采取相对一致的养分资源综合管理技术及指标体系（贾小红等，2007）。

（一）氮素养分资源的综合管理

为了便于技术推广，田块水平的氮素养分资源综合管理策略主要是根据农业部测土配方施肥技术而实现的，即针对土壤氮素和氮肥效应"易变"的特点及农业生产中作物氮素吸收与氮素供应难以同步的现状，从根层养分调控原理出发，根据高产作物氮素吸收特征，提出了氮素实时监控技术。氮素实时监控技术的要点是：①根据高产作物不同生育阶段的氮素需求量确定作物根层氮素供应强度。②作物根层深度随根系有效吸收层次的变化而变化，并受到施肥调控措施的影响。③通过土壤和植株速测技术对根层土壤氮素供应强度进行实时动态监控。④通过外部氮肥投入将作物根层的氮素供应强度始终调控在合理的范围内。

"线性＋平台"模型的应用可以将一定区域内某一作物的施肥总量控制在一定范围内，并提出施肥指标体系。但是，由于土壤氮素强烈的时空变异性，以及如蔬菜等作物经常性的灌溉施肥，必须对作物不同生育阶段的氮素供应进行精细的调控，遵循少量多次的原则。从蔬菜氮素养分吸收的特点看，一般作物前期养分吸收慢，吸收量少，养分的大量吸收主要在开花结果后。因此，施肥策略的制定必须考虑蔬菜的生长特点和养分吸收规律，在充分利用土壤和环境氮素的基础上，以施肥为调控手段，使氮素养分的供应与作物需求同步，达到协调作物高产与环境保护的目的。

对于果树等具有典型储藏营养特点的氮素推荐，由于对果树储藏营养特点了解得不多，因此应用实时监控技术存在一定的困难，必须根据目标产量和试验条件下的合理施肥数量以及土壤临界指标等实行长期的氮素营养衡量监控技术。由此实现作物根系氮素吸收与土壤、环境氮素供应和外部氮肥投入在时间上的同步和空间上的耦合，最大限度地协调作物高产与环境保护的关系。

（二）磷钾素养分资源的综合管理

与氮肥不同，磷、钾肥施入土壤后相对稳定，因此可以基于养分丰缺指标法采用恒量监控技术，主要包括：

以保障作物持续稳定高产又不造成环境风险或资源浪费为目标，确定根层土壤有效磷和有效钾的合理范围。保障持续、稳定的作物高产需要的土壤肥力，这是根层土壤有效磷和有效钾应达到的下限；土壤有效磷和有效钾不应高到对环境造成风险（水体富营养化）或导致养分资源利用率太低，这是根层土壤有效磷和有效钾应控制的上限。

通过长期定位试验和养分平衡来调控磷、钾肥用量。通过长期定位试验发现，磷、钾肥具有长期的后效，且土壤有效磷和有效钾的变化主要是由土壤-作物系统磷、钾的收支平衡决定的，因此必须利用长期定位试验来进行根层土壤有效磷、有效钾的定量化调控研究。

对照土壤有效磷、有效钾的标准，确定作物是否施磷钾肥以及施肥量。土壤磷钾水平较低时，施磷钾肥的目标为获得期望产量与增加土壤磷钾库；土壤磷钾水平较高时，施磷钾肥仅仅是为了达到更高的产量水平，磷钾肥施用量也较少；土壤磷钾达到极高水平时，可以不施用磷钾肥。果树、蔬菜和粮食作物在磷钾养分供应策略上基本一致，只是施用量和施用时期等方面存在一定的区别（贾小红等，2007）。

（三）微量元素养分资源的综合管理

微量元素也是作物生长必需的营养元素，但作物对微量元素需求量不大，土壤一般能满足作物生长需要。当土壤中微量元素低于作物生长临界值时，施用微量元素肥料会有不同程度的增产作用。微量元素肥料的施用条件比较严格，供应不足会抑制作物生长，施用过量会污染土壤，且造成营养元素间的比例失调，因此补施微量元素肥料要有针对性。微量元素养分资源综合管理的原则是"缺什么，补什么"。即当土壤中微量元素含量低于临界值时，可每隔 2 年底施 1 次微量元素肥料。以北京市为例，地块土壤微量元素临界指标与微量元素肥料用量见表 4-1。微量元素肥料用量少，可先将微量元素肥料掺到有机肥中混合均匀后，随有机肥一同施入。对于粮食作物，如果不施用有机肥，可采取微量元素肥料拌种施用，或选择含有微量元素的复混肥。

表 4-1　微量元素肥料合理用量

微量元素名称	土壤临界值（mg/kg）	肥料种类	用量（kg/hm²）
锌	1.0	硫酸锌	30.0
铜	0.2	硫酸铜	10.5～15.0
锰	100	硫酸锰	30.0
硼	0.25	硼砂	7.5
铁	4.5	硫酸亚铁	30.0
钼	0.15	钼酸铵	0.15

注：有效铁、锰、铜、锌均用二乙基三胺五乙酸（DTPA）浸提，原子吸收分光光度计测定；有效硼采用热水浸提，甲亚铵比色法测定。

第二节 区域养分资源综合管理

在农业生态系统中，养分资源的地域特征很明显。针对各区域养分资源特征，以总体（经济效益、生态效益和社会效益）最佳为原则，制定并实施区域养分资源高效利用的管理策略就是养分的宏观管理。

养分资源的区域管理，对象小可到乡、县，大可到全国乃至全球，不同层次对象的复杂程度不同，强调的重点也有所不用。从理论上讲，实现整体效益最佳，需要对养分资源包括品种、结构、比例和数量进行优化配置。品种和结构的优化需要根据各地的资源特点和条件来进行，数量和比例的优化就要根据不同区域养分资源的效益来进行。区域养分资源的数量、特征及养分资源的需求预测和优化配置是区域养分资源综合管理的重要内容。

区域管理虽然不直接针对某一具体生产单位或地块，而是针对这些生产单位和地块的集合，但其整体效益要体现在每个具体生产单位的管理活动上。因此，在每个生产单位或地块上针对其具体情况实施所制定的优化方案和管理策略都是区域管理的核心。区域管理的实施途径包括养分资源管理的政策与法规、养分资源的经济调控手段、养分资源管理技术的推广和企业农化服务（张福锁 等，2003）。

一、养分资源数据的获取

获取区域各种养分资源数据，即查清养分资源的数量及其特征是区域养分资源综合管理的前提。

养分资源数据获取的来源包括专业统计资料和抽样调查等。统计资料包括有关机构公开出版的农业统计年鉴和各省的统计年鉴等，一般能参照按养分统计的消费量和生产量，国外数据可查询 FAO 的系列出版物——肥料年鉴。一些国际机构的网站也发布有关化肥的统计数据，如世界各国的生产、消费、进出口等一般数据可以从 FAO、国际肥料协会（IFA）、国际肥料发展中心（IFDC）等官方网站上免费下载。然而，这些公开发布的数据往往不能满足要求，需要通过专业统计或抽样调查来补充，如我国有相关不同作物的化肥分配情况、肥料市场变化等数据，必须通过定点调查或农户抽样调查来获得。由于不同部门获取数据的渠道不同，同一种数据可能有不同结果。有机物料种类多、差异大，一般需要直接抽样调查和采样分析。文献资料也是获取有机物料养分数据的重要渠道，20 世纪 90 年代前期农业部曾组织了全国有机养分资源普查，出版了《中国有机肥料资源》《中国有机肥料养分志》《中国有机肥料养分数据集》等专著，为掌握我国有机肥资源数据提供了重要依据。但有机物料养分资源数据随时间的变化较大，应用时要注意文献资料的时效性。另外，根据统计资料中作物生产和畜牧业生产数据来估算有机肥资源量也是常用的方法。

土壤养分管理是养分资源宏观管理的重要内容，过去目标区域土壤养分资源数据的重要渠道就是土壤普查。我国自 1982 年进行第二次土壤普查后，土壤养分状况已经发生了很大变化，亟须进行第三次全国性的土壤普查。其他养分如大气、地下水、生物固氮等也是需要考虑的因素，查阅文献资料是获取这些数据的主要渠道。有些地区性数据如干湿沉

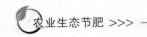

降、灌溉水带入的养分量等也需要进行抽样调查和采样分析。

二、养分资源利用状况的评价

区域养分资源利用状况的评价是养分资源宏观管理的基础，需要从农学、资源效率、经济和环境等不同角度来进行。

（一）农学评价

农学评价重点考虑养分的增产作用，特别是化肥的增产作用。过去，农学评价的依据通常是统计资料，许多学者据此对全国化肥增产作用做了评价，有人还用粮食产量增长和化肥总用量增长的管理来分析化肥的利用效率。但全国农业统计资料中有关化肥部分仅有全国各地氮、磷、钾肥和复合肥的总量，没有各种作物具体施肥情况；全国各地种植结构十分复杂，各种作物化肥施用情况差异很大，在这种情况下使用总用量来分析与评价化肥利用效率显然不妥。近年来，人们已经注意到了这个问题，开始采用农户抽样调查进行各地、各种作物的化肥作用的评价。

（二）资源效率评价

资源效率评价的重点是肥料利用率和养分投入产出平衡状况。肥料利用率通常是汇总目标区域内大量田间试验数据，求取平均值。如朱兆良（1998）总结了全国大量田间试验结果后认为，我国主要粮食作物氮肥利用率为 $28\%\sim41\%$。目前，我国化肥的当季利用率氮肥为 $30\%\sim35\%$，磷肥 $10\%\sim20\%$，钾肥 $35\%\sim50\%$。甚至还有人认为，我国化肥利用率比发达国家低 10 个百分点。Fink 认为，通常氮、磷、钾肥的当季利用率分别为 $50\%\sim70\%$、15%、$50\%\sim60\%$。印度的氮肥利用率水稻为 $20\%\sim25\%$，玉米 45%，小麦 $45\%\sim50\%$。Peoples 认为，氮肥利用率很少能超过 50%。需要注意的是，实际生产中的肥料利用率通常要比精确试验获得的结果低。国际水稻所在我国的试验结果表明，25 个农户早稻氮肥利用率为 29%，而试验站为 41%；农民每千克氮产水稻 5kg，而试验站为 24kg；农户晚稻氮肥利用率仅为 5%。马文奇等（2000）的研究结果表明，山东省的小麦氮肥投入水平为 $290kg/hm^2$ 左右，氮肥利用率只有 10%；大棚蔬菜与苹果更低。因此，用田间试验结果汇总目标区域的肥料利用率也存在一定问题，因此如何准确评价区域肥料利用率仍需进一步研究。

区域养分平衡状况通常是利用统计资料结合文献数据来计算。我国在这方面也进行了大量研究（周建民，2001），其存在问题也是由于对作物的养分投入特别是有机肥养分投入水平不清楚而影响了结果的准确性。农户调查数据可以弥补这一缺陷。国外在区域养分循环和平衡方面的研究很多，并且在生产单位——农场水平上研究很详细，促进了区域养分资源利用现状的评价；而我国在农户水平上的研究很少，影响了区域研究结果的准确性。

（三）经济评价

经济评价即养分投入的经济效益状况，通常用纯利润、产投比（VCR）和作物/肥料价格比等指标来表示。理论上，当边际收益等于边际成本时利润最高，这也是确定经济合理施肥量的依据，它需要在田间试验基础上利用肥料效应函数来确定。VCR 是应用较广泛的一个指标，它用作物因施肥增加的产值除以肥料成本来计算。如果 VCR

大于1，就表示施肥有利可图。一般发展中国家农民希望 VCR 至少大于2。有时这个指标会被误解，首先表现在忽视以前肥料施用的累积效应；其次表现在希望 VCR 较高，而较高的 VCR 通常在肥料效应函数的较低阶段出现。作物/肥料价格比决定了农民投资肥料的积极性，农民决定施肥时，在肥料价格较高而作物产品价格较低的情况下将减少肥料用量。因此，影响肥料和作物产品价格的政策非常重要。应注意，肥料价格对利润的影响可能与作物产品价格变化的影响不等价。541 个水稻试验表明，当稻米价格不变而氮肥价格下降 40％时，利润下降 18％；而当氮肥价格不变而稻米价格下降 40％时，利润下降 58％。

　　肥料投入的经济问题在国外受许多经济学家关注，但在我国受关注的程度还远远不够。我国农民个体经营的土地面积小，因此对施肥的经济效益关注不够，施肥中比较注重作物的外观表现，容易施肥过量。近年来，人们开始从环境经济学角度考虑施肥量的确定。

　　从环境经济学角度看，经济合理施肥量只考虑了施肥的直接成本和使用者的经济效益，是私人最佳施肥量。如果再考虑施肥的外部不经济性，将施肥的社会成本（外部成本加上私人成本）作为施肥总成本，当边际收益等于边际社会成本时所求得施肥量就是最佳生态施肥量。一般最佳生态施肥量小于私人最佳施肥量。这种方法理论上可行，但实际应用时如何准确估算施肥的外部成本难以把握。从施肥对环境的影响看，施肥量与影响程度并不直线相关，如硝态氮淋洗量与氮肥施用量呈倒抛物线或相交直线。可见，施肥的边际外部成本不是常数，而是随施肥量变化而变化，这就更增加了估算的难度。

（四）环境评价

　　环境评价是养分资源宏观管理的重要内容。我国在这方面的工作起步较晚，有一些区域性结果，但缺乏全国性评价结果。国外在这方面的研究较多，研究重点是针对流域内水域氮和磷的污染建立评价模型进行评价和管理。国际机构对这方面的研究也给予了关注，出版了系列专著。

　　评价结果是正确决策的依据，每种养分利用方式都需要同时进行上述评价，而如何将这几种评价的结果有机结合起来是养分资源利用状况评价的难点。因为这几种评价结果的价值取向有时存在矛盾，需要找到其中的平衡点；有时理论上可行，实际执行却比较困难。例如，在经济作物生产中，农民为了追求较高的经济效益，往往存在过量施肥问题。这种施肥量经济上对农民而言是合算的，但养分资源效率很低，环境风险很高。秸秆直接还田，一些研究表明可减少养分损失，增加作物产量；而另一些研究则表明会引起温室气体排放等环境问题。因此，需要进行综合评价，进而指导生产实践。

三、养分资源需求预测和优化配置

（一）化肥需求预测

　　养分资源需求预测是养分资源宏观管理的重要内容。其中，化肥需求预测是化肥宏观调控关心的首要问题，也是化肥工业建设投资和每年制定化肥生产进口计划的主要依据。化肥工业是高投资的行业，根据建设尿素、重过磷酸钙、氯化钙和磷酸二铵的生产厂的投资水平估算，生产 1t 养分需投资 9 000～17 000 元，平均 13 000 元，那么建成 1 万 t 生产

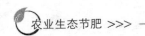

能力的生产厂就需投资 1.3 亿元。如果预测值过高，造成盲目投资和进口，会带来巨大的经济损失；而预测值过低，化肥生产能力和进口量不够，势必影响农业生产。可见，准确预测化肥需求量对农业和化肥工业都具有重要意义。

曾有许多部门和学者对我国化肥的近期和中远期需求做了预测，但预测结果之间相差很大。

农业部曾三次预测 2000 年化肥需求量，1987 年预测数为 3 050 万～3 265 万 t，1993 年预测数为 3 350 万～3 500 万 t，1995 年修正为 3 500 万～3 700 万 t。农业部每年都要预测下一年度化肥需求量，作为制定化肥生产和进口计划的依据，他们采用的测算方法是：①根据农业发展规划中的粮棉增产量估算，公式为：需求量＝当年消费量＋增产量×每增加单位粮棉产量需增加的化肥投入。②各省汇总。③对近几年化肥计划、实际资源、库存和使用情况做相关分析。④参考化肥市场现状。⑤综合其他因素，如化肥价格、农民购买力以及科学施肥水平等。农业部门的预测值由于不包括农业系统外如林业、药材、烟草、军队武警等部门生产的用肥量，一般偏低。

化学工业部门 1993 年预测 2000 年化肥需求量为 4 200 万 t，预测方法是：①化肥消费量增长趋势分析。1978 年化肥消费量 884 万 t，1993 年达到 3 151 万 t，每年平均增长的绝对量为 151 万 t，按此推算，2000 年应需化肥约 4 200 万 t。②农业增长需求分析。按化肥的递增速度与农业的递增速度相匹配测算，农业平均发展速度为 4%，测算的 2000 年化肥需求量也接近 4 200 万 t。③粮食增长需求分析。1989—1993 年粮食总产量（y）和与化肥投入量（x）的关系式为：$y＝5.017x＋29 783$，2000 年我国人口按 12.7 亿人、人均粮食按 400kg 测算，2000 年要比 1993 年增产粮食 5 000 万 t 才能满足需求，据上式化肥与粮食的回归斜率 1：5 计，需增加化肥 1 000 万 t，也接近 4 200 万 t。

中国国际工程咨询公司和中国科学院地理研究所专题研究 2000 年农用化肥氮、磷、钾的消费比例，他们利用"模拟作物"推算作物养分需求量，再根据养分投入产出平衡求得 2000 年全国化肥的总需求量为 3 507 万 t，氮、磷、钾比值为 1：0.38：0.24。另外，也有人预测 2030 年我国化肥需求量为 7 000 万 t。

这些预测均以当时化肥实际消费量和人口、粮食以及化肥的增长趋势为测算依据，没有考虑种植结构、区域差别和肥料效应等因素，而这一点对于中长期化肥需求预测是十分重要的。因此，这些预测结果不能作为中长期化肥发展的依据。

化肥的中长期发展应适应农业发展的需要。理想的化肥需求量应同时满足目标区域中各地、各种作物化肥需求与发挥化肥最大效应又不造成环境污染，也应该是目标区域中不考虑化肥出口条件下化肥发展的最大规模。化肥的发展要逐渐趋近这个目标，这也是化肥宏观合理需求量。当农业中长期规划和种植结构规划确定之后，这个需求量就可以测算出来。植物营养和施肥科学早已证明，在特定的土壤上，每种作物、每种化肥均有一个合理的施肥量。全国化肥总用量是由各地各种作物施肥量简单加和而来，可用式（4-1）表示。

$$S = \sum_i \sum_j \sum_k c_{ijk} f_{ijk} \qquad (4-1)$$

式中：S 为全国化肥总用量；i 为区域；j 为化肥种类；k 为作物种类；c 为作物播种

面积；f 为单位面积施肥量。可见，作物播种面积和单位面积施肥量是计算总施肥量的两个重要参数。当种植结构确定后，由各地各种作物的合理施肥量就可以算出全国的化肥合理施用总量。同理，根据种植结构规划，结合各地各种作物的合理施肥量就可计算出化肥宏观合理需求量。

　　土壤和植物营养科学的发展，科学成果的积累，为研究确定化肥宏观合理需求量提供了技术保证。为了确定各地各种作物的合理施肥量，我国农业特别是土壤肥料科学工作者已经做了大量的工作，我国种植的多数作物都能从文献资料上查到合理施肥量。土壤普查和农业普查的成果以及现代计算机技术和地理信息系统的发展都为研究确定化肥宏观合理需求量提供了便利条件。

（二）养分资源的优化配置

　　养分资源的优化配置是实现养分资源高效利用的重要途径，也是养分资源宏观管理的主要依据。以化肥为例，全国化肥的宏观管理要求能提出全国不同区域的化肥产、销、用的方向和战略原则以及节肥增效的主要途径。1986 年出版的《中国化肥区划》就是一个典型的化肥宏观管理的著作。它反映了上述要求，遵循了化肥施用量、施用比例和肥效一致性，土壤地理分布和土壤速效养分含量的相对一致性，尽可能同土地利用方向和种植区划相适应，尽量照顾行政区划的一致性，以提高可操作性。区划结果对全国化肥的发展、区域分配等起到了重要作用。然而，目前全国这方面的工作比较薄弱，尚缺乏对不同农业生态区养分资源潜力的了解和调配的机制。

　　许多研究表明，全国农田氮肥的投入已超过了作物可以利用的合理水平。在生产水平较高的发达地区，土壤氮素超载现象极其严重；而在非发达地区，氮肥的短缺仍是限制粮食生产的关键因素。然而，由于缺乏这方面的系统研究，目前尚无能为国家和地方政府决策提出切实可行的技术措施。另外，磷肥投入的逐年增加已使全国一些高产田和菜田土壤磷素储备不断增多；而目前钾肥投入还满足不了高产需要，土壤钾素呈耗竭之势。

　　上述情况提出要求：在肥料宏观调控上应限制氮肥进口，充分发挥国内氮肥生产和高效利用的潜力，适当进口磷、钾肥。同时，应考虑不同地区农业生产条件和发展水平的差异，将肥料优先分配给增产潜力大、利用率高的地区，从而使现有肥料的增产效益和利用率在全国范围内得到进一步提高。据林总辉等（1998）统计，我国经济发达的东部地区化肥施用量占全国化肥施用总量的 40.3%，中部地区化肥施用量占全国化肥施用总量的 46.7%，西部地区化肥施用量占全国化肥施用总量的 13.0%，这种格局形成的化肥边际产量为东部 6.2kg、中部 6.7kg、西部 -2.31kg。由此可见，在等量施用化肥的前提下，中部地区的化肥增产效果最大，东部次之，西部最低。如果按照边际产量最大者优先的分配原则配置化肥资源，那么全国粮食总产可提高 10.3%。

四、养分资源的区域管理途径和策略

（一）养分资源管理的政策和法规

　　关于我国过量施用氮肥造成环境污染的现象已有不少报道。在山东省调查发现，大部分农户在果树、蔬菜、小麦上的氮肥过量，大棚蔬菜最严重。被调查的 120 个蔬菜大棚每季在每公顷投入 2 000kg 有机氮的基础上，平均氮肥投入量为 1 681kg/hm²，并且大多是随水冲施，这种不科学的施肥状况可能已对环境和农产品品质造成了不良影响。小麦玉米轮作周期中氮肥的投入量也超过了可能造成地下水污染的施肥界线（500kg/hm²）。在这方面，我国应该吸取西方国家先污染后治理的经验和教训，尽快提出我国养分资源综合管理的政策和法规。

国外在这方面已经积累了大量经验，许多国家都提出了养分管理的有关政策和法规。大部分通过分析目标区域的养分循环与平衡，对各项管理措施进行评价，进而依据有关政策与法规指导制订详细的养分管理计划。为了更好地通过法规手段进行养分管理，欧盟1999年5月启动了欧盟国家养分管理立法项目，有16个国家的科学家参与。该项目的内容是熟悉现有的和建议的欧盟国家养分管理法规，提出修改意见，最终提出欧盟养分管理统一法规的建议书。

模型和决策支持系统是实现政策和法规管理的管理工具。在美国，科学家用土壤侵蚀和生产力影响估算模型（EPIC）（一个土壤侵蚀和植物生长模拟模型）模拟了120个地块的氮素损失状况。结果表明，超农学推荐用量使用氮肥和农场外有机肥造成很大的氮素损失，有机肥用量与农场饲养规模、总粪肥氮、单位面积收入有密切关系。此模型对调查农业氮素损失的决定因素非常有用。有人提出了针对多瑙河盆地的物质核算技术，该技术能够阐明和定量大河流盆地如多瑙河氮和磷的行为，在指导养分来源和去向基础上，能够确认污染的关键因素；指出有限养分资源的低效率利用问题，还能够根据养分平衡原理设计高效利用方法或对策；也能够通过观察一段时间内目标元素储量的变化，早期确认环境中有害物质或有限资源的积累与耗竭，具有很强的预测功能。但是，要把materials accounting技术作为一个国家设计减少养分投入和优化利用有限资源的有效方法还有较大差距。非洲国家研究采用的养分调控模型涵盖多学科和多尺度，主要解决撒哈拉沙漠土壤养分耗竭的问题。这一模型已经发展成为一个通用的养分综合管理技术体系，并将进一步发展成为区域和国家水平的养分调控方法，已在肯尼亚3个区进行了实施。澳大利亚联邦科学与工业研究组织（CSIRO）开发的用于评价土地利用与土地管理政策对养分负载影响的决策支持系统（CMSS）在澳大利亚东部地区被广泛采用。

（二）养分资源管理的经济调控

养分投入是一种经济行为，可以通过经济杠杆进行调控。其途径有两条：一是通过改变产品和投入养分的价格来调节供求关系或投入产出比以影响投入水平；二是通过税收来调控。市场经济中，粮肥价格比合理与否是粮食与化肥产销协调与否的基本标志，在确定粮肥价格比时，要考虑我国大部分农民还没有把粮食生产看成一种经济行为的现实，注意保护和调动农民种粮积极性。在山东省的调查中发现，一般农户粮食种植规模较小，收入有限，习惯上并未把粮食生产看作一种经济行为，也不进行成本核算和投资效益分析。调查问卷中问到确定施肥量的依据时，在1 069个农民的答案中，选择"肥料价格"的有41个，选择"上年产品价格"的只有3个，两项总共仅占4%。这种现状在确定我国相应的经济政策时应给予充分考虑，其中税收和补贴是国外常用的方法。

（三）养分资源管理的技术推广与农化服务

技术推广是区域养分管理的重要手段。在我国农业生产体制下，农户施肥不合理已成为提高肥料利用率的瓶颈，如何引导农民合理施肥是农业可持续发展的核心之一。近年来，我国农业技术推广体系受到很大冲击，用于技术推广的人员和经费难以保证；农民接受农业技术推广的程度比较低，严重影响了施肥新技术的推广和农民合理施肥的积极性。随着加入 WTO，我国应该进一步健全适应市场和农业产业化生产新形势的农业技术推广体系，以指导和帮助农民进行合理的施肥决策。这是提高养分资源利用效率、实现农业可持续发展的重要基础。其他国家非常重视农业技术推广并有完善的推广体系，美国还有相应的立法，印度也开展了养分管理教育和技术推广工作。

化肥企业的农化服务在养分资源宏观管理中担当重要角色。它们以化肥产品为中心，以农民和耕地为服务对象，应用系统工程和农业化学基本原理，对化肥生产、流通、二次加工和施用给予科学的组织、协调和指导，以最大限度地为企业获得顾客，显著提高了农民和企业的经济效益。农化服务的组织形式因发展水平和为农民提供生产、技术、销售等服务各有侧重而不同。国外化肥企业已经形成了完整的农化服务体系，其主要内容包括：①解决问题和提供咨询服务。服务人员必须能分析作物的生产过程，找出问题并提出解决办法。②进行土壤测试和植株组织分析。服务人员必须能正确采集土壤和植株样品，解释实验数据并为农民提供建议。③进行作物观测。雇用专门人员观察和评价农户田块中虫害、病害和杂草情况。④提供计算机程序、肥料掺混方案和配方书籍。⑤定位精确管理。国外化肥企业非常重视农化服务并通过良好的技术服务给企业带来了可观的利润，对区域化肥施用也产生了巨大影响。如美国的 IMC 公司，就是一个以农化服务为中心的化肥生产、流通、施用及二次加工的现代化肥企业。它有一个健全的产品营销网络系统，并通过以肥料二次加工为中心开展的农化服务取得了较好的成效（张福锁等，2003）。

第三节　田块养分资源综合管理

田块（农田）养分资源综合管理是养分资源综合管理的基础，它既强调多种技术的综合运用，也强调多种元素的综合管理。其基本目标是综合利用所有天然和人工生产的养分，以高效和环境友好的方式提高作物生产力，同时维持土壤持续生产力，保护生态环境。

农田养分资源综合管理要求综合运用有关有机肥和化肥、土壤培肥和土壤保护、生物固氮及农艺措施等技术。其中，化肥是最有效和最方便的养分物质，合理施用化肥不仅可以增产增收，改善农产品品质，保护生态环境，而且还可增加作物残体数量，从而培肥和改良土壤结构，增强土壤持续生产力。有机肥在改良土壤结构和增加土壤有机质含量方面有重要作用，同时也是钾和中微量元素的重要来源。生物固氮是一种环境友好的生物学技术，在自然和农业生态系统中起着重要作用。土壤保护措施按其作用分为两类：一是梯田、堤坝、免耕等措施，能改变田块的物理环境，阻止养分淋洗和侵蚀损失；二是覆盖、间作和生物固氮等措施，能改良土壤结构、补充中微量元素。

农田养分资源综合管理也要对多种作物必需营养元素进行综合管理，根据不同养分元素的特点分别采用不同的策略。中国农业大学植物营养系于 1994 年提出了在综合考虑有机肥和作物秸秆管理措施的基础上，根据土壤养分的特点，进行化肥养分优化管理的策略。其中，氮素在环境中的变化最为活跃，应根据土壤供氮状况和作物需氮量，进行适时动态监测和精确调控；磷、钾肥在土壤中相对损失较少，应通过土壤测试和养分平衡监控施肥，以使其不成为产量限制因子为宜；中微量元素应采用因缺补施的策略进行施肥。1999 年，IRRI 的 Dobermann 和 White 也提出了同样的策略，这一方法已经被美国、德国等广泛采用。

在具体养分管理措施上，中国农业大学植物营养系针对我国多年推荐施肥的经验和目前农业生产中的实际问题，在引进国际先进技术的基础上，以肥料效应函数优选控制氮肥总量，以土壤无机氮快速测试进行氮肥基肥用量推荐，以植株氮营养诊断进行氮肥追肥推荐，以养分平衡和土壤肥力监测确定和调整磷、钾及中微量元素肥料用量，建立了一套适合当前我国农业生产现状、简便易行、易于推广的旱地作物推荐施肥技术。目前，该项技术已进入推广应用阶段。实践证明，在高产地区，该项技术的应用可保证在作物产量不减的前提下，大幅度降低氮肥用量，提高氮肥利用率，降低氮肥的损失和对环境的污染，取得了显著的经济效益和环境效益。这一技术已经在小麦、玉米、大麦、马铃薯等作物上成功应用，但在蔬菜等其他作物上的应用还需要进一步研究。

目前，国际上对养分资源综合管理又提出了一些新的技术，如 IRRI 提出定点养分管理（site-specific nutrient management，SSNM）、田间养分管理（field-specific nutrient management，FSNM）和能够对水稻生长期间氮素营养状况实时监控的基于季节实时养分管理（season-based real-time nutrient management，SRNM）；洛桑试验站建立了用于氮素推荐施肥的系统（SUNDIAL-FRS），并成功地在东南亚、非洲和欧洲推广应用。这些技术为氮素的精确管理提供了有力工具，有很好的应用前景。

一、农田养分资源综合管理基本原理

农田养分资源综合管理从农田生态系统角度出发，强调多种养分资源的综合管理和多种技术的综合运用。图 4-4 是农田养分资源综合管理基本概念的形象表达。

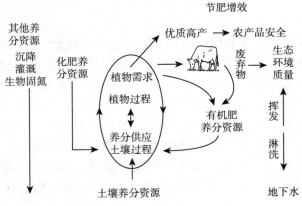

图 4-4　农田养分资源综合管理基本概念

农田养分资源综合管理的主要理论基础如下。

（一）根据不同养分资源的特征确定不同的管理策略

由于氮素资源具有来源的多源性、转化的复杂性、去向的多向性及环境危害性、作物产量和品质对其反应的敏感性等特征，因此氮素资源的管理应是养分资源综合管理的核心，必须进行实时、实地精确监控。相对来说，磷、钾可以进行实地恒量监控，中微量元素的管理做到因缺补施。

（二）根据不同作物的氮素需求规律确定不同的管理策略

在氮素资源的综合管理中，既要满足作物的氮素需求又要避免造成氮素的损失，因此应充分考虑不同作物生长发育规律、品质形成规律和氮素需求规律的差异，通过综合管理，实现作物氮素需求与氮素资源供应的同步。

（三）强调与高产优质栽培技术的结合

高产优质不仅是国家需求和农民的需要，而且也是提高养分资源利用效率的科学需求。大量研究工作证明，高效品种、基因工程、栽培等技术的综合应用可以提高养分资源的利用（张福锁 等，2006）。

二、农田养分资源综合管理技术途径

（一）总体技术体系

农田养分资源综合管理的技术体系是：在高产优质栽培技术的基础上，对氮素进行实时监控，达到氮素资源供应与作物氮素需求的同步，对磷、钾和中微量元素进行实地恒量监控，在满足高产优质作物养分需求的基础上，将土壤有效磷、钾保持在适宜的范围。上述三项技术综合，构成农田养分资源综合管理的技术体系（图4-5）。

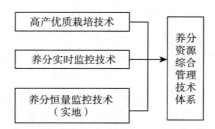

图4-5　农田养分资源综合管理的技术体系

农田养分资源综合管理的主要特色包括以下几点：

在技术路线上，强调先建立初步的养分资源综合管理技术体系，再通过简单的田间试验与示范进行指标校验，进而完善养分资源综合管理技术体系并形成用于推广的技术规程。

试验与示范同步实施。在"数据挖掘"建立初步的养分资源综合管理技术体系的基础上，试验与示范同步实施，通过试验与示范结果对体系进行反馈校验和不断完善。本项目已建立了小麦玉米轮作、水稻、蔬菜、苹果、棉花、水旱轮作、烟草、油菜、热带与亚热带果树等我国10种主要作物生产体系的养分资源综合管理理论与技术体系，在山东、北京、江苏、河南、湖北、四川、新疆、吉林等19个省份建立了58个研究基地（图4-6）。

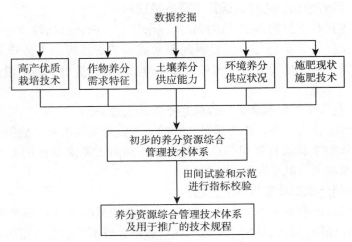

图 4-6　农田养分资源综合管理技术体系的技术路线

传统技术推广手段与市场经济下的新技术推广手段相结合。与全国农业技术推广服务中心合作，在河北、山东、河南、陕西、安徽、浙江、河南、广西、广东9个省份进行了大面积的示范推广工作。与中化化肥控股有限公司等大型肥料生产企业结合，通过作物专用肥的研发进一步加大技术应用的力度。试验示范表明，养分资源综合管理技术体系的应用使作物产量增加 4%～10%，化肥利用率提高 10～15 个百分点，节约化肥 5%～30%，并有效减轻了施肥不当对环境造成的压力，为我国粮食安全和生态环境安全相协调的作物生产提供了技术支持（张福锁　等，2006）。

（二）综合运用减少养分损失及高产、节水等农作技术

建立养分资源综合管理体系也要综合应用各种农作技术。农业生产是一个多种因素综合作用的复杂体系，在生产实践中单一的某项技术很难实现高产、资源高效和环境保护的目标。这些农作技术可分为三类：①免耕、梯田、覆盖、间作和生物固氮等能够改变田块的环境，改善土壤性质和结构，阻止养分淋失和侵蚀损失的措施。②条施、深施、肥料表施盖土，稻田以水带氮能减少养分损失的施肥技术。③高产栽培、节水等技术。

（三）应用科学施肥技术

科学施肥是指在一定气候条件和土壤条件下，为栽培某种作物采取正确的施肥措施。即有机肥与无机肥的适当搭配，肥料品种的合理选择，经济的施用量，适宜的施肥时间和合理的施肥方法等，从而提高肥料的利用率，提高经济效益。

根据不同的土壤特性和养分状况，合理施肥。例如，沙土地施肥应少量多次，浅施，黏土地基肥量加大深施，沙壤土基肥、追肥各占 1/2；一般作物有机肥要全部基施，有机肥基施、追施皆可；养分含量高的肥料，每次少施，养分含量低的肥料每次可多施。

根据不同作物的需肥特点及作物的不同生育时期合理施肥。如粮食作物、油料作物，除个别忌氯作物（如甘薯）外，大多都可施用含氯肥料；而果树、蔬菜一般不施含氯肥料。

大力推广测土配方平衡施肥技术。在我国，配方施肥虽可增产 8%～15%，但推广面积仅为 10%～30%，主要原因是未形成以配方施肥为核心、以经济利益为驱动力的区域性生产—服务—施用产业化网络，即农化服务体系。平衡施肥是指在农业生产中，综合运用现代科学技术新成果，根据作物需肥规律、土壤供肥性能与肥料效应，制定一系列农艺措施，从而获得高产、高效，并维持土壤肥力，保护生态环境。

（四）发挥生物潜力，通过生物学途径提高养分资源利用效率

发挥生物自身潜力，从生物学途径来提高养分资源利用效率也是养分资源综合管理研究与应用的一个重要方面（张福锁 等，1995）。常规育种或遗传工程等手段对于提高养分资源利用效率、减少环境污染不仅完全可行，而且潜力巨大。例如，英国洛桑试验站早在1952—1967年间的研究就表明：在施氮量长期维持在 $144kg/hm^2$ 的情况下，由于采用高产高效品种，春小麦的氮肥利用率由 35% 提高到 65%，因品种差异造成的肥料利用率变异高达 24%～82%。张福锁等（1996）的研究报告也表明，小麦、玉米等作物在长期定位施肥的条件下，品种改善可使肥料利用率提高 20%～30%。而较高的特性通过染色体工程技术转移到小麦上，形成小黑麦，小黑麦的这一特性再转移到小麦上，从而提高了小麦的铜营养效率。基因突变体技术在作物营养性状的改良方面也已得到广泛应用，Kneen和 Lakue 曾用 1% 甲基磺酸乙酯处理的豌豆种 1h 后得到一个单基因突变体 E107，其体内铁的浓度是未处理豌豆的 50 倍以上。

生物固氮是提供人类所需氮素的最重要来源，约占全球固氮量的 3/4。通过这一途径可以开辟氮肥新能源，减少农业对工业氮肥的依赖，减少氮肥污染，保护生态环境。研究已经证明，由于豆科植物能够通过根瘤菌直接固定大气中的氮，所以豆科与禾本科作物轮作或间作时，禾谷类作物能吸收腐烂的豆科作物的根与根瘤释放的氮，从而可减少氮肥施用 30%。豆科绿肥也是重要的有机肥源。但是人类关于固氮的研究，直到 20 世纪 80 年代才取得了两项有划时代意义的进展：证实生物固氮作用只限于原核类微生物；共同固氮基因（nif）的发现，深入了解 nif 在细菌间的转移及对其位置、数目、结构和功能等方面（尤崇杓，1995）。当前，它仍处于现代科学发展的前沿。其研究目标可归纳为：第一，发掘新的固氮资源和高效固氮体系的建立。第二，将固氮基因和与其相关的基因或固氮生物引入非豆科植物，特别是粮食作物，实现自我供氮（陈廷伟，1994）。这些目标的实现不仅将提高养分资源的利用效率，还必然对农业发展产生巨大的推动作用（宁小李）。

第四节 养分资源综合管理现代手段

一、综合利用各种已成熟的新型肥料

新型肥料应该是有别于传统的、常规的肥料。2003 年，我国科学技术部和商务部联合制定的《鼓励外商投资高新技术产品目录》中有关新型肥料目录就包括复合型微生物接种剂，复合微生物肥料，植物促生菌剂，秸秆、垃圾腐熟剂，特殊功能微生物制剂，控、缓释新型肥料，生物有机肥料，有机复合肥，植物稳态营养肥料等。

（一）专用配方肥

专用配方肥通常称为配方肥，是在测土配方施肥工程实施过程中研制开发的新型肥料。配方肥是复混肥料生产企业根据土肥技术推广部门针对不同作物需肥规律及土壤养分

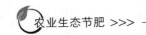

含量、供肥性能制定的专用配方，可以有效调节和解决作物需肥与土壤供肥之间的矛盾，并有针对性地补充作物所需的营养元素，作物缺什么元素补充什么元素，需要多少补多少，将化肥用量控制在科学合理的范围内，实现了既能确保作物高产、又不会浪费肥料的目的。

（二）商品有机肥

商品有机肥是以畜禽粪便、秸秆和蘑菇渣等富含有机质的资源为主要原材料，采用工厂化方式生产的有机肥料。与农家肥相比，其养分含量较高，质量稳定，特别是在生产过程中杀灭了寄生虫卵等有害微生物及杂草籽等杂物，可以大大减少病虫草害的传播。施用有机肥，可以提高土壤有机质含量，改善土壤物理性状，同时对提升农产品品质有一定效果。用于生产商品有机肥的原料主要有四类：一是猪、牛、鸡等畜禽的粪便；二是蘑菇等食用菌的菌渣；三是蚯蚓粪便；四是经脱水干化处理的沼渣。另外，还有个别企业利用污泥或生活垃圾等原料生产有机肥，这类有机肥存在着安全隐患，违反《肥料登记管理办法》相关规定，不予登记以防止其农用后污染土壤。

（三）水溶性肥料

水溶性肥料是一种可以完全溶于水的多元复合肥料，能够迅速地溶解于水中，更容易被作物吸收，而且其吸收利用率相对较高，用于喷滴灌等设施农业，实现水肥一体化，达到省水省肥省工的效能。常规水溶性肥料含有作物生长的全部营养元素，如氮、磷、钾及各种微量元素等。施用时，可以根据作物生长所需要的营养需求特点来设计配方，避免不必要的浪费；因肥效快，还可以随时根据作物长势对肥料配方做出调整。

（四）微量元素肥料

硼、锌、钼、铁、锰、铜等营养元素，作物需要量很少，但却不可缺少。当某种微量元素缺乏时，作物生长发育会受到明显的影响，产量降低，品质下降；过多施用会使作物中毒，轻则影响产量和品质，严重时甚至危及人畜健康。

二、养分优化管理与合理调控技术手段

养分是土壤肥力的重要来源，而土壤肥力的高低在一定程度上取决于土壤肥料施用的多少。数10年来，我国在人口剧增和食物供求多样化的双重压力下，一直以满足食物需求为目标进行养分管理，全力依赖化肥规模化的增产效应和集约化的动物生产，而农田农牧废弃物返田与养分循环的利用则常常被忽视，直接造成肥料资源的严重浪费和生态环境的污染问题。要全面实现农业的又好又快发展，科学施肥与防控污染是重要环节。如何做到农业高产优质，怎样避免生态环境污染，实现农业资源的循环利用，这是新时代赋予土肥科技工作者的一个重要命题。

孙丽敏等（2012）分析了长期施钾肥和秸秆还田对作物产量、土壤钾含量以及钾素平衡的影响，结果表明：在施氮、磷肥时，配施钾肥或者秸秆还田不仅能持续提高小麦、玉米的高产稳产能力，而且对保持农田土壤钾素平衡、有效改善耕层土壤钾素状况、提高土壤肥力有重要的作用。侣国涵等（2013）利用3年定位试验测定磷脂脂肪酸的含量，研究发现：施肥和翻压绿肥明显提高了土壤中磷脂脂肪酸的种类和总量，土壤有机质、碱解氮、有效磷、速效钾和土壤微生物生物碳的含量均呈增加趋势，且不同绿肥与化肥配施比

例对土壤微生物群落结构变化有明显影响。马世军等（2013）采用田间试验，研究了功能性肥料对制种玉米田物理性状、微生物数量的影响及最佳施肥量，结果表明：功能性肥料最佳因素配比为抗重茬剂 30kg/hm²、尿素 600kg/hm²、磷酸二铵 350kg/hm²、聚乙烯醇 30kg/hm²，该组合比例为 0.03∶0.60∶0.35∶0.03；功能性肥料经济效益最佳施肥量为 1 350.01kg/hm²，玉米理论产量为 6 700.99kg/hm²。杨滨娟等（2014）在研究秸秆还田配施不同比例化肥对土壤温度、土壤根标微生物数量和酶活性的影响时发现，秸秆还田配施化肥能够合理调节土壤温度，显著提高土壤微生物的数量与活性，有助于土壤生态环境的改善。孙宁科等（2013）通过连续 24 年田间定位试验和养分差减法研究了河西农田磷养分投入产出平衡及肥料利用率，结果表明：磷素养分投入始终大于产出，化学磷肥连施平均盈余率为 43.3%～97.0%，有机肥与化学磷肥配施平均盈余率为 211.3%～277.9%；在有机肥基础上增施化学钾肥是现代作物生产的必需措施。黄红英等（2013）通过连续 2 年不同沼液替代化肥比例及沼液基追比的等氮田间试验，结果表明：稻麦配施 50%～75% 的沼液且分 3 次施用，可获得与纯化肥处理相当的产量，且在一定程度上能提高稻麦氮素利用率。余喜初等（2013）在研究不同施肥措施下土壤有机碳的演变规律及其作物产量与土壤养分的相关性时发现，有机无机肥配施可以持续快速提高红壤性水稻土的有机碳含量，同时在有机无机肥配施过程中应适当增施钾肥，可促进土壤肥力平衡和维持作物高产稳产，实现农业可持续性。谭炳昌等（2014）通过研究化肥对土壤有机碳的影响，结果表明：长期施用化肥处理的表层水稻土土壤有机碳含量较不施肥处理显著提高（1.00±0.23）g/kg，是不施肥处理的 1.01 倍。这就说明，较高的根系生物量导致较高的碳输入水平，另外相对充足的养分供应能提高土壤固碳效率，这是施肥处理下土壤具有较高有机碳含量的原因。

新近研究提出的食物链养分管理无疑是一项有效的措施。食物链养分管理是一种系统的综合策略，它是包含肥料生产、农田、畜牧、农户等多因素、多环节的农业生产养分统筹管理的措施。食物链养分管理技术措施不但涉及土地资源、工商管理、环境保护、农林复合、营养调控等众多的专业与学科，而且在空间上还涉及区域甚至国家层次的政策及统筹。这些措施的执行效果会直接影响到社会、经济、资源和生态环境等一系列可持续发展目标的实现。食物链养分管理并非只需要强调技术的创新，更要重视政策的改进与引导。食物链的养分行为密切关系着社会的发展目标，为此，政府部门应适时积极地制定相关的政策便于管理。目的是改变如化肥企业从业者、广大农民以及城乡居民等相关人员的养分管理决策行为，广泛普及并传播正确的思路与理想的方式。就养分管理政策而言，食物链养分管理包括约束性的法规和刺激性的经济手段或技术措施。就技术而言，食物链养分管理总体上可分为三类：一是直接调控。人们可因地制宜对养分物质的输入和生产数量进行直接调控，这类技术直接作用于养分物质，效果比较明显，而且广大农民也相对容易接受。二是间接调控。对养分流动过程采取间接调控。这类技术通常不直接作用于养分物质，而且常常属于相应的专业领域。三是综合调控。养分资源综合管理就是通过直接与间接的技术的优化组合与合理搭配来调控养分流动，使之满足供求并有效管好养分。

培育与提高土地质量，必须通过培育土壤的综合地力、有效肥力以及生产力水平来实现，按惯例多采用"水、肥、气、热"相平衡相协调的综合方法来实施，即运用合理投入外源养分与优化培育土壤生态的方法进行。具体来说，就是要因地制宜的针对不同区域的具体特点进行全面治理，利用现代化的高新技术与社会化的多元投入来共同维持并推动。我国幅员辽阔、气候复杂、地理差异明显、生产状况不同、水资源紧缺，优化养分管理受多种因素制约，包括灌溉设施、品种特性、土地改良、机械应用与耕作制度等。要充分发挥施肥效应，除了现有肥料类型之外，还要讲求有机与无机肥料交互，以及种田养地的有机统一。因此，要立足国情，创新理念，研究符合我国国情的推荐施肥技术体系（翁伯琦等，2014）。

三、土壤肥料科技创新与集成推广应用

一直以来，我国土壤肥料科技工作者致力于提高肥料利用率并开展了深入的研究，取得了一系列的科研成果并加以推广应用。通过实施覆盖全国所有农业主产县的测土配方施肥项目，为农民提供测土服务和配方施肥技术指导。农业科技创新与集成应用的目标就是应对气候变化、持续提高产量，同时节约资源和减少对环境的破坏。与此同时，科技工作者确立了农业科技"三步走"战略支撑高产高效现代农业发展的思路：第一步，在高度集约化、过量肥料等资源投入地区，如华北平原"小麦—玉米轮作体系"和太湖流域水稻生产中，通过养分管理技术创新与应用首先实现节肥增效的目标；第二步，在现有农业生产条件下，通过作物栽培学、植物营养学、土壤学等多学科合作，采取综合管理技术实现作物产量和资源效率同步增长 10%～20% 的目标，满足我国当前农业发展技术需求；第三步，通过对土壤-作物系统的综合创新研究，实现作物产量和资源效率同步增长 30%～50% 的目标，满足我国农业和资源环境未来发展需求。不可否认，全球农业发展都面临着粮食安全、资源环境安全双重挑战。我国土地资源有限、水资源短缺、肥料施用不合理、环境污染问题日趋严重，农业面临的挑战尤为突出。只有持续增产并同时降低农业的环境效应，走高产高效的现代农业发展道路才能真正转变农业发展方式，才能实现作物高产与环境保护的协调。

四、基于 GIS 平台的养分资源综合管理

尽管目前农技推广工作开展得比较普遍，但是做到每年针对每个地块进行测土配方施肥在现有条件下是不现实的。地理信息系统的主要功能是对各种空间数据进行管理，地理信息系统和专家模型紧密结合，可以制定出针对不同尺度的决策方案。在区域施肥管理方面，地统计学插值法可以研究空间间断样点的值（实际测定），并按某种空间插值模型对间断样点之间进行"插值"，形成土壤养分、产量或其他要素的空间分布图。如果要素的空间分布图是闭合的，则可以直观观察该要素在农田区域的分布情况，并根据要素的空间分布特点和面积分布，采用氮、磷、钾养分资源综合管理技术建立推荐施肥的相关参数，开发基于 GIS 施肥决策制定相应的施肥决策模块。通过 GIS 和 GPS 的结合应用，生产者可以独立地确定每个田块的养分用量，根据不同地块的作物生产潜力进行调整，最大限度地提高肥料利用率，这对集约化蔬菜生产地区的农田养分推荐管理具有十分重要的意义。

2005 年开始的全国测土配方施肥项目中，就以区县为单位，对主要耕地土壤养分进行网格状布点及土壤样品进行分析测定。这些数据结合 GIS 平台就可以绘制出不同区域水平的土壤养分空间分布图，由于空间分布图是按照要素在空间的实际分布绘制的，因此按照空间分布图制定的施肥决策比常规以自然农田为单位制定的施肥决策更准确和符合实际。3S 技术是 20 世纪 60 年代以后逐渐发展起来的空间信息技术。这一技术以计算机技术为核心、以地学信息为工作对象，整合及应用了多种现代技术，集数据采集、存储、管理、空间分析、信息挖掘、多媒体表达于一体，构成了一个完整的技术体系。近年来，3S 技术在我国农业和生态环境领域中的应用日益广泛和深入，带来了巨大的经济、社会和生态效益，正在为实现农业的可持续发展和生态环境保护发挥着极其重要的作用。例如，在精准农业、水土保持、作物生长监测与估产以及土地利用/覆被等领域，我国学者基于 3S 技术已经做了很多研究工作。

　　目前，在田块或农场尺度范围，测土配方施肥技术体系较为成熟。而在区域尺度上，由于气候条件和种植制度千差万别，加之农业经营主体以农户为主，高度分散，导致了土壤肥力时空变异性大，农业管理可控性和稳定性差。同时，土壤供肥能力、作物的吸肥特性和肥料利用率千差万别，确定施肥量所涉及的土壤、肥料、作物、环境之间关系更加错综复杂，限制了养分资源管理研究技术的应用。土壤肥力的空间表达对于施肥、培肥和环境研究等有极其重要的意义，也一直是土壤肥力研究中的一个难点问题。传统的技术和方法已无法快速获取和提供合理施肥所需的各种信息，使合理施肥缺乏系统的技术支撑。而 3S 技术使得在区域尺度上深入认识土壤养分的空间变异和充分利用这些变异进行区域养分管理提供了很好的平台。GIS 是 3S 技术体系的核心，用于存储、组织、分析一定区域农田的空间位置对应的农田养分、水分等与作物生产有关（影响作物生长和产量形成）的信息。储存于 GIS 的信息分为两类：空间数据（采样点、土地边界）和属性数据（与空间数据相关联的土壤类型、养分含量、气候特征等）。通过 GIS 和 GPS 的结合应用，生产者可以独立地确定每个田块的养分用量，而且由于施肥量可以根据不同地块的作物生产潜力进行调整，这种方法的可行性也在提高。过去，类似 GIS 这样复杂的管理信息系统，国外仅在大型农场的管理中得到应用，但是现在逐渐在亚洲的小型农场管理中发挥作用。日本、韩国和我国台湾都有政府项目支持发展基于网络的 GIS，目的是使农民通过互联网免费得到自己农场田块的土壤肥力和养分水平的信息，最大限度地提高肥料利用率。对土壤养分的监测目前主要依赖于现代分析测试手段，通常是通过对代表性样品的采集，进行化学分析测试，获得土壤养分信息。随着数据采集技术的发展，RS 逐步在农业空间信息采集上得到应用，其优势在于实时监测，即时反映田间情况，减少采样、运输、处理分析等过程，提高监测的速度和能力，保障决策的及时性和有效性，同时也降低了成本。然而，目前我国基于 3S 技术的区域养分资源综合管理的相关研究还较少，而且主要集中于推荐施肥研究，不能体现养分资源综合管理丰富的内涵，因此有待进一步深入研究。

　　综上所述，开展大样本土壤调查，研究土壤养分时空变异，开发基于 GIS 的养分资源综合管理信息系统，把各项养分资源管理技术集成具有充分的必要性，也为我国正在开展的测土配方施肥工程和耕地的质量建设提供了有效的技术手段。

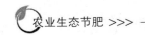

五、基于 GIS 平台的配肥分区

测土配方施肥是根据测土结果、作物需肥规律，生产前提出作物的施肥方案（包括肥料种类、施用量、施用时期、施用方式等）。其核心是确定推荐作物施肥种类、施用量。配方肥是根据推荐施肥方案提出合适肥料种类，是测土配方施肥技术的具体落实与物化。每块地、每一户都可以提出施肥方案，但企业不可能做到每块地生产出一个配方肥。配肥分区就是根据一个地区主要作物种类，把土壤肥力等级相近的区域归为一类，提出这个区域的配方肥配方，为测土配方施肥技术大面积应用提供具体措施。应用 GIS 平台和计算机语言编写配肥分区系统，根据房山区主要栽培作物，调动当地土壤养分检测结果，计算出适合当地的区域专用肥配方。

具体技术路线见图 4-7。

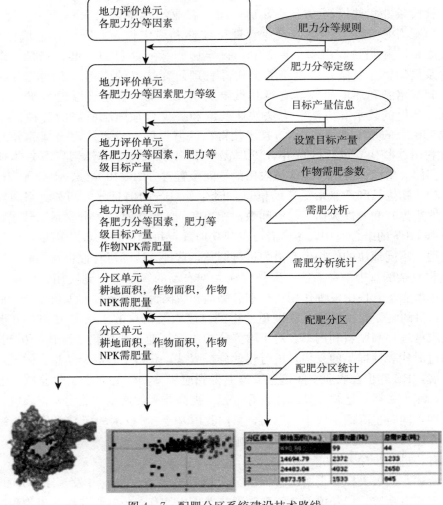

图 4-7　配肥分区系统建设技术路线

第五章 │ CHAPTER 5

科 学 施 肥

　　我国肥料资源紧张，提高肥料的利用率是农业高效生产的根本，也有助减少因肥料的流失对生态环境造成不良影响。在提高作物产量的同时，提高农产品的质量是我国肥料发展的目标。提高肥料利用率既是保护生态环境、实现资源高效利用的有效途径，也是促进广大农民优化化肥投入、减少化肥浪费、降低化肥需求以及在一定程度上抑制化肥价格的过快增长和节本增效的重要手段，对建设资源节约型和环境友好型社会有重要意义。本章重点介绍科学施肥提高肥料利用率的基础理论及关键技术。

第一节　科学施肥的理论依据

　　农谚说"有收无收在于水，多收少收在于肥"，说明施肥是一项技术性很强的农业增产措施。要想农业丰收和农业可持续发展，就离不开科学施肥。目前一些农民受"施肥越多越增产"的误导，盲目施肥的情况时有发生，造成肥料资源不同程度的浪费，不仅农民得不到应有的经济利益，而且还会带来生态环境恶化的严重后果。为了解决农民施肥实践中存在的实际问题，如种地为什么要施肥，施什么肥最有效，施多少肥最经济，以及怎样使有限的肥料资源发挥最大效益等，学习科学施肥理论，对克服当前盲目施肥现象，促进农业生态循环、可持续发展具有非常重要的实际意义。

一、养分归还（补偿）学说

　　种地为什么要施肥？要清楚认识这个问题就要了解科学施肥的一个基本理论——养分归还（补偿）学说。

　　19 世纪中叶，德国杰出化学家李比希提出了"植物矿质营养学说"，认为作物的生长主要依赖于土壤中矿物质以及有机质分解后产生的矿物质，只有不断地向土壤归还和供给矿质养分，才能维持土壤肥力。

　　在当时，这种观点推翻了以前认为植物靠吸收腐殖质而生长的错误学说，推动了化肥的广泛应用；但该学说抛弃了施用有机肥、种植绿肥培养地力措施，忽视了生物因素对提高土壤肥力的积极作用。

　　李比希认为农业、人类和自然界之间物质代谢的过程，即植物从土壤和大气中吸收的养分进行同化形成的植物体，被人类和动物作为食物而摄取，又通过动植物本身和动物排泄物的腐败分解过程，再重新返回大地或大气中。养分补偿学说的中心思想是归还从土壤中带走的养分，这是一个以生物循环为基础，对恢复地力、保证作物持续增产有积极意义

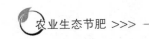

的观点。李比希认为：由于人类在土地上种植作物并把这些产物拿走，这就必然会使地力逐渐下降，从而土壤所含的养分将会愈来愈少。因此，要想恢复地力就必须归还从土壤中拿走的全部东西，不然，就难以再获得过去那样高的产量，为了增加产量，就应该向土壤施加灰分（即肥料）。这里应该指出，李比希所说的"归还"是在生物循环的基础上，通过人为的施肥对土壤养分亏缺的一种积极的"补偿"。李比希的养分归还（补偿）学说，其要点可以归纳如下：

（一）随着作物的每次收获（包括籽粒和茎秆）**必然要从土壤中带走大量养分**

大量的田间试验和分析资料表明，随着作物的收获，不仅需要从土壤中吸取大量的矿质养分，而且还要吸取多量的氮素。豆科作物虽然可以通过根瘤菌固定空气中的氮素，但这只能解决部分氮源问题。

（二）如果不积极归还养分于土壤，地力必然会逐渐下降

李比希曾在他的著作中写道：土壤中储存的养分到底有多少，可能谁也不能确切地说出来；但是，只有愚蠢的人才相信它是取之不尽、用之不竭的。他还认为：如果不补充有效养分，势必由于每年都带走土壤养分而造成地力下降。

（三）要想恢复地力就必须归还从土壤中取走的全部东西

从自然界养分循环和土壤中物质平衡的观点出发，粮食主要是食用，作物茎秆一般作为饲料或燃料，粪尿和柴灰都以农家肥的形式归还土地。由于粮食作物从土壤中吸取的许多大、中量养分，如氮、磷、钾、钙、硫和镁，其中氮和磷80%以上集中在种子，其余分布在茎叶；钾和钙的分布情况与氮、磷相反，80%集中在茎叶。经过消耗循环，氮和磷是主要损失的养分，而氮的损失比磷多，因为粮食作物从土壤中吸取氮、磷是按3：1的比例，而以农家肥归还给土壤的氮、磷比例则是2：1。所以，除了豆科作物外，一般作物养分归还（补偿）的重点是氮，其次是磷，当然，土壤类型不同，情况也有所差异。例如，在南方酸性土壤上，由于土壤有效钾含量少，只有在重视补充钾肥的前提下，才能发挥氮、磷养分的增产作用；在华北石灰性土壤上，只要氮、磷比例平衡，丰产就有希望。至于包括微量元素在内的其他养分，是否需要归还或补偿于土壤，应视土壤类型和作物种类的具体情况而定。一般来说，除氮、磷、钾外，作物地上部摄取的其他养分，远比以根茬方式残留在土壤中的养分要少得多。所以，为了保证作物增产和恢复地力，应该有重点地归还必要养分。

（四）为了增加产量应该向土壤施加养分

这一观点说明李比希当时只认识到要归还矿质养分的重要性，而对有机肥的评价则认识不够。现代农业生产迅速发展的事实说明，施用有机肥（如厩肥）绝不是仅仅补偿植物所需要的矿质养分，更重要的它是植物所需氮素的重要来源；此外，有机肥还有独特的改土作用。因此，为了增加产量，向土壤施加矿质元素（灰分）和氮素同样都是重要的。应当指出，在一般情况下，化肥较有机肥的增产作用更为突出。

李比希提出的养分归还（补偿）学说，尽管一些观点具有片面性，但就其实质而言，它强调的是为了增产必须以施肥方式补充植物从土壤中取走的主要养分。在现代农业中，人为施用化肥，通过扩大物质循环，从而在提高作物产量和均衡增产方面显示了巨大的潜力，是符合世界和我国农业生产发展的实际情况的。因此，在施肥实践中，应根据养分归还（补偿）学说，重视养分的合理投入和平衡供应，必须坚持贯彻"在有机肥的基础上，有机肥与化肥配合施用"的肥料技术政策。

二、最小养分律

同一种化肥施在肥力低的土壤效果很好，可是施在肥力高的土壤效果就不好，这是为什么？这是因为土壤中养分的丰缺状况不同。如果施肥不符合土壤条件，效果自然不好。归根到底，是因为作物产量的高低受土壤最小养分的制约。

最小养分律是李比希提出来的另一个定律，也称木桶定律。它的主要内容是：作物为了生长发育需要吸收各种养分，但是决定产量的却是土壤中那个相对含量最小的养分因素，产量也在一定范围内随着这个因素的增减而相对地变化，如果无视这个限制因素的存在，即使继续增加其他营养成分也难以再提高产量。为使这个定律更加通俗易懂，有人用装水木桶进行图解。木桶是由代表不同养分含量的木板组成，储水量的多少（即水平面的高低）表示作物产量的高低，也就是作物产量取决于表示最短木板（最小养分）的高度（图 5-1）。当然，最小养分律是从某种养分的单一因素考虑的，缺乏养分之间和养分与其他生长因素之间的综合考虑。这是最小养分律的不足之处。但是，它却反映了在土壤非常贫瘠和作物产量水平很低的情况下，只要针对性地增施少量肥料（最小养分），往往可以获得极显著的增产效果（直线效应）的客观事实。但它并不意味着在土壤肥力水平较高的情况下，施肥与产量之间也呈直线关系，否则将会导致"施肥越多越增产"的错误结论。如果把限制产量提高的养分因素扩大到水分、光照、温度等生态因素，那么产量在一定程度上受上述因素的制约，这就称为限制因子律。最小养分律的要点可以归纳如下：

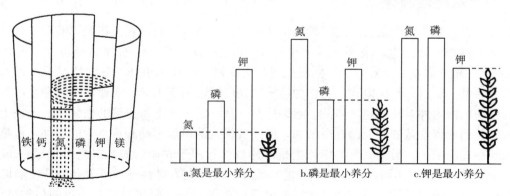

图 5-1 最小养分律示意

（一）决定作物产量的是土壤中那个相对含量少而非绝对含量最少的养分

施肥的目的是为作物提供适量的营养物质，以补充土壤养分的亏缺，从而获得高产。这样，土壤中作物需要相对含量最少的养分，就是首先应该得到补充的养分。我国农田经过长期耕种，生产粮食、棉花、油料等农产品，虽然多年施用有机肥，但土壤中各种养分含量很不平衡，氮素被作物消耗最多，在土壤中就成了最缺的养分（即最小养分），从而限制着作物产量的提高。这时如果仅施用磷、钾而不施氮，则起不到增产作用。影响作物产量提高的最小养分，通常是大量营养元素，如氮、磷、钾，但是也不排斥在某种类型土壤上或某种作物上，某种微量元素（如硼、锌、锰、铜、钼）也可能成为最小养分，对作物产量起着制约作用。例如，南方红壤上甘蓝型油菜"花而不实"症和东北地区大面积"春麦不稔"症都是由土壤缺硼使硼成为最小养分而引起的，华北滨海盐土水稻"缩苗"症是由土壤缺锌使锌成为最小养分造成的。如果不及时补充土壤所缺的最小养分，将会给生产带来很大损失，甚至造成绝收；反之，如果及时采取有效措施，即可提高作物产量。

（二）最小养分不是固定不变的，而是随条件变化而变化的

当土壤中的最小养分得到补充，满足作物需求之后，产量就会迅速提高，原来的最小养分就不再是最小养分而转为其他养分了。

（三）如果不针对性地补充最小养分，即使其他养分增加得再多，也难以提高产量，而只能造成肥料的浪费

就影响作物生长发育的养分因素而言，最小养分是限制产量提高的矛盾所在。如果无视最小养分的客观存在，继续增加其他养分，结果最小养分得不到补充，影响产量的限制因子依然存在，这样势必降低肥料的利用率，从而减少施肥的经济效益。

总之，正确地对待最小养分律，就可以因地制宜地、有针对性地选择肥料种类，以免造成失误。这样，不仅可以较好地满足作物对养分的需要，而且由于养分的平衡供应，作物对养分的利用也比较充分，从而收到增产、节肥和提高肥效的效果。可见，最小养分律在科学施肥中是一个具有重要意义的基本原理。最小养分律告诉我们，施肥一定要有针对性。

三、报酬递减律

农民在施肥实践中最关心的问题是施多少肥最经济。然而，农民在施肥实践中过量施用化肥的事却时有发生。报酬递减律早在18世纪后期，首先由欧洲的经济学家杜尔哥（Turgot）和安德森（Anderson）同时提出。它反映了在技术条件不变的情况下，投入与产出的关系。所以，长期以来，它作为经济法则广泛应用于工业、农业以及牧业生产等领域。目前，国内外对报酬递减律的一般表述是：从一定土地上所得到的报酬随着向该土地投入的劳动和资本量的增大而有所增加，但随着投入的单位劳动和资本量的增加，报酬的增加却在逐渐减少。后来，有些学者把报酬递减律运用于农业，如米采利希（Mistcherlish）等人在21世纪初期，在前人工作的基础上，以燕麦为材料进行了著名的燕麦磷肥沙培试验，深入探讨了施肥量与产量之间的关系，获得了与报酬递减律相一致的科学结论。这就充分说明了报酬递减律不仅是经济学的一个基本法则，而且也是科学施肥的基本理论之一。米采利希通过上述试验发现，在其他技术条件相对稳定的前提下，随着施肥量的逐次增加，作物产量也随之增加；但是，单位肥料的增产量却随施肥量的增加而呈递减趋势（图5-2）。

一般来说，在一个短暂的轮作周期或较长的生产阶段内，生产条件不会发生重大变化或突破，总是保持相对稳定的状态，这就在客观上与报酬递减律的条件相吻合。作物生长受许多条件的影响，其中某些条件如光照、温度、品种的遗传特性等，在一定程度上不会受人们的控制。所以，在影响作物产量进一步提高的诸因素中，大部分技术因素一般均处于相对不变的状态，而只有某些技术因素（如施肥）起着主导作用。虽然在改善某一限制因素后，生产会上升到一个新水平，但是在新的生产条件下，施肥量与产量之间的关系，仍然是总产量按报酬递减律在增长。在达到最高产量之前，尽管肥料报酬是递减的，但它仍是正效应，总产量随施肥量增加而增加；当超过最高产量之后，肥料报酬则出现负效应，此时总产量随施肥量增加而减少。因此，报酬递减律和米采利希学说告诫人们的重点就是：施肥要有限度，超过这个合理的施肥限度，就是盲目施肥，必然遭受一定的经济损失，这是施肥实践中必须严格遵守的一条原则（图5-3）。

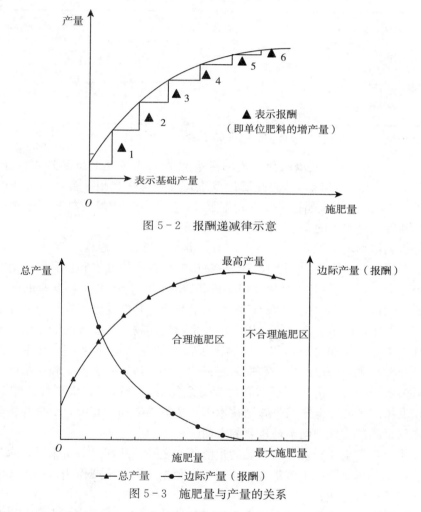

图5-2 报酬递减律示意

图5-3 施肥量与产量的关系

报酬递减律和米采利希学说，都是以其他技术条件不变（相对稳定）为前提，反映了投入（施肥）与产出（产量）之间具有报酬递减的趋势。在科学施肥中应作为重要原理加以运用：一方面要正视它，承认在一定的条件下报酬递减律确实在起作用，才能从主观上避免做出盲目施肥的决策，通过合理施肥达到增收的目的；另一方面也不应该消极地对待它，片面地以减少肥料投入、降低生产成本来提高肥料报酬，达到增加经济效益的目的。我们应该重视施肥技术，研究新的技术措施，在逐步提高施肥水平的情况下，力争发挥肥

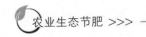

料的最大经济效益，促进农业生产的持续跃进。如果不承认肥料报酬递减律是客观存在的规律，那么科学施肥就成了一句空话，必然要受到客观规律的惩罚。

四、因子综合作用律

在资金不足时能否使有限的肥料发挥最大效益呢？下面举一个玉米施肥和灌水试验的例子来说明这个问题（表5-1）。

表5-1　施肥和灌溉对玉米产量的影响

处理	灌溉情况	每亩产量（kg）
未施肥	未灌溉	315
	灌溉	385
施肥	未灌溉	374
	灌溉	667

注：施肥处理每亩施氮（N）6.7kg、磷（P_2O_5）6.7kg、钾（K_2O）4kg。

从表5-1可以看出：灌溉能使玉米每亩增产70kg，这是灌溉的效应；施用氮、磷、钾肥能使玉米每亩增产59kg，这是化肥的效应；灌溉与施肥相结合，玉米增产效果极显著，每亩增产352kg，大大超过了灌溉和施肥单一措施增产效果的总和。这就是1+1>2，大于2的那部分便是水肥的交互效应增产的效果。

合理施肥是作物增产综合因子（如水分、养分、光照、温度、空气、品种以及耕作等）中重要因子之一。作物丰产不仅需要解决影响作物生长发育和提高产量的某种限制因子（如最小养分），而且只有在外界环境条件足以保证作物正常生长发育的前提下，才能充分发挥肥料的最大增产作用。因此，肥料的增产效应必然受因子综合作用律的影响。

因子综合作用律的中心意思是：作物丰产是影响作物生长发育的诸多因子综合作用的结果，但其中必有一个起主导作用的限制因子，产量在一定程度上受该种限制因子的制约。为了充分发挥肥料的增产作用和提高肥料的经济效益，一方面，施肥措施必须与其他农业技术措施密切配合；另一方面，各种养分之间的配合施用，也是提高肥效不可忽视的。因此，发挥因子的综合作用是施肥技术中一个重要依据。其中，水分与施肥效果、养分的交互作用是施肥实践中两个最重要的方面。

水分是作物正常生长和发育所必需的生活条件之一。从产量分析来看，水与肥的相互作用效应也是十分明显的。也就是说，灌溉与施肥相结合的增产作用远远大于灌溉或施肥单一措施增产效果的总和。

土壤水分状况决定着作物从土壤中吸收养分的能力等。当土壤含水量不足时，由于水分直接抑制了作物的正常生长和发育，致使光合作用减弱，干物质生产较少，肥料中养分利用率降低，因此所施肥料难以发挥应有的增产效果。土壤含水量得到提高后，作物长势增强，吸收土壤养分的能力大大提高，植株体内干物质积累也相应地增多，尤其是在大量施用化肥的情况下，更应重视调节土壤含水量（如灌溉）来改善作物的水分供应，从而有利于发挥肥料的增产潜力。土壤含水量对施肥效果的影响进一步启示我们：在干旱年份，如果没有良好的灌溉条件，盲目施用化肥，势必造成肥料的浪费，降低肥效；相反，在多雨之年，适当地增施肥料，则有利于作物增产，从而提高肥料的经济效益，但是也应防止由于土壤水分过多或氮肥施用过量造成作物贪青晚熟和减产的不良后果发生。

最小养分律所讲述的是作物产量受土壤中最小养分制约，但仅仅补充最小养分，其他元素有可能成为新的最小养分。这就是土壤养分之间交互效应的结果。例如，在基础肥力低的土壤上，如果土壤供氮不足的矛盾大于供磷不足的矛盾，那么单施氮肥的增产效果非常显著，而单施磷肥的增产效果则不明显。当氮肥与磷肥配合施用时，氮、磷养分的交互效应极为显著。而在基础肥力较高的菜田土壤上，土壤供磷水平远远大于供氮水平，所以氮、磷养分的交互效应则不显著。

充分利用养分之间的交互效应，不仅是一项经济合理的施肥措施，而且也是使作物低产变高产的一条有效途径。不同作物对氮、磷、钾的需要均有一定的比例关系，平衡施肥对促进作物良好的生长发育和获得高产有着良好的作用。一般来说，氮肥的最高肥效取决于施用足够数量的磷和钾，同样，磷、钾肥的最高肥效只有在施足氮肥的基础上才能表现出来。

叶类菜需氮较多，氮、磷肥配合施用，往往具有明显的交互效应；而对于需钾较多的果菜类蔬菜来说，则氮、钾肥配合施用具有明显的交互效应。除了大量元素之间有交互效应外，微量元素与大量元素，有时两种微量元素之间也常有明显的交互效应。除了营养元素之间正的交互作用外，营养元素之间还存在负的交互作用。例如，土壤中存在大量的磷元素，磷酸根离子会与微量元素发生反应，生成难溶于水的磷化物，降低了磷与微量元素对植物的有效性；土壤中钾离子含量过多，也会影响作物对镁的吸收，这种负作用也称拮抗作用。

在制定科学施肥方案时，要考虑因子之间的相互作用效应，其中包括养分之间以及养分与生产技术措施（如灌溉、品种、防治病虫害等）之间的相互作用效应。发挥因子的综合作用具有在不增加施肥量的前提下，增进肥效和提高肥料利用率的显著特点。

第二节　测土配方施肥

测土配方施肥是以土壤测试和肥料田间试验为基础，根据作物的需肥规律、土壤供肥性能和肥料效应，在合理施用有机肥的基础上，提出氮、磷、钾及中、微量元素的施肥数量、施肥时期和施肥方法等施肥方案。通俗地讲就是在农业科技人员的指导下科学施用配方肥料。测土配方施肥技术的核心是调节和解决作物需肥与土壤供肥之间的矛盾，有针对性地补充作物所需的营养元素，作物缺什么元素补什么元素，需要多少补多少，实现各种养分的平衡供应，满足作物的需要，达到提高肥料利用率和减少肥料用量、提高作物产量、改善作物品质、节支增收的目的。

一、测土配方施肥的重要性和紧迫性

（一）测土配方施肥是贯彻中央文件精神、推进科技兴农的需要

农业部把开展测土配方施肥作为践行"三个代表"重要思想、贯彻落实科学发展观、维护农民切身利益的具体体现。2005 年，中共中央、国务院《关于进一步加强农村工作

提高农业综合生产能力若干政策的意见》（中发〔2005〕1号）提出："推广测土配方施肥，推行有机肥综合利用与无害化处理，引导农民多施农家肥，增加土壤有机质"。国务院印发的《关于做好建设节约型社会近期重点工作的通知》（国发〔2005〕21号）将"推广节肥、节药技术，提高化肥、农药利用率"作为加强资源综合利用的重要措施。在2005年"两会"期间，胡锦涛和温家宝同志强调要指导和帮助农民合理施用化肥、农药，切实解决农业和农村面源污染问题。温家宝同志批示："大力推广科学施肥技术，指导农民科学、经济、合理施肥，既可以节约开支，降低成本，提高耕地产出率；又有利于改良土壤，保护地力和环境，是发展高产、优质、高效农业，增加农民收入的一条重要途径，应当作为农业科技革命的一项重要措施来抓"。温家宝同志在视察河北农村时再次强调指出，测土配方施肥是农业和农村工作的一个亮点。回良玉同志对农业部做出批示："测土配方施肥是农业节本增效、提高耕地产出率、促进可持续发展的一项关键技术。特别是在当前农资价格持续上涨的情况下，农业部启动'春季行动'，对促进农民增产增收具有重要作用。望强化领导，认真组织实施，有关部门要给予支持。"2005年，为了贯彻落实中央1号文件精神和中央领导同志的重要批示精神，农业部先后发出了《农业部关于开展测土配方施肥春季行动的紧急通知》（农农发〔2005〕8号）与《农业部关于印发测土配方施肥秋季行动方案的通知》（农农发〔2005〕16号），要求在全国范围内开展测土配方施肥春季与秋季行动。2006年，北京市委、市政府高度重视测土配方施肥工作，将该项工作列入市委、市政府的"折子工程"，北京市农业委员会、市农业局联合召开了测土配方施肥工作会议。根据农业部办公厅、财政部办公厅《关于下达2006年测土配方施肥补贴项目实施方案的通知》（农办财〔2006〕11号）精神和《全国测土配方施肥项目规划》、全国测土配方施肥视频会议的有关要求，结合北京都市型现代农业发展和社会主义新农村建设的需要，紧紧围绕发展安全、高效农业和循环经济的主题，制定了《北京市测土配方施肥五年规划》与《2006年北京市测土配方施肥行动方案》，在北京市启动了测土配方施肥补贴项目。2007年，中共中央《关于积极发展现代农业扎实推进社会主义新农村建设的若干意见》（中发〔2007〕1号）中提出要扩大测土配方施肥的实施范围和补贴规模，进一步推广诊断施肥、精准施肥等先进施肥技术。2008年，中共中央《关于切实加强农业基础建设进一步促进农业发展农民增收的若干意见》（中发〔2008〕1号）中提出要加快"沃土工程"实施步伐，扩大测土配方施肥规模。2009年，中共中央《关于促进农业稳定发展农民持续增收的若干意见》（中发〔2009〕1号）中提出要继续推进"沃土工程"，扩大测土配方施肥实施范围。2010年，中共中央《关于加大统筹城乡发展力度进一步夯实农业农村发展基础的若干意见》（中发〔2010〕1号）中提出要扩大测土配方施肥、土壤有机质提升补贴规模和范围。2012年，中共中央《关于加快推进农业科技创新持续增强农产品供给保障能力的若干意见》（中发〔2012〕1号）中提出要继续搞好农地质量调查和监测工作，深入推进测土配方施肥，扩大土壤有机质提升补贴规模。2012年，国务院印发的《关于印发全国现代农业发展规划（2011—2015年）的通知》中提出大力推进农业节能减排，推广土壤有机质提升、测土配方施肥等培肥地力技术。2015年，中共中央《关于加大改革创新力度加快农业现代化建设的若干意见》（中发〔2015〕1号）中提出要加强农业面源污染治理，深入开展测土配方施肥，大力推广生物有机肥。《全国农

业可持续发展规划（2015—2030 年）》中提出，到 2020 年全国测土配方施肥技术推广覆盖率达到 90％以上，化肥利用率提高到 40％，努力实现化肥使用量零增长。农业部启动《到 2020 年化肥使用量零增长行动方案》，要求加快农业发展方式，通过测土配方进行科学合理施肥，以减少化肥用量，改善土壤质量。2017 年，农业部印发的《关于推进农业供给侧结构性改革的实施意见》（农发〔2017〕1 号）中提到深入推进测土配方施肥，集成推广化肥减量增效技术。中共中央《关于创新体制机制推进农业绿色发展的意见》中提出要继续实施化肥农药使用量零增长行动，推广有机肥替代化肥和测土配方施肥。

（二）测土配方施肥是实现农业发展方式转变，粮食增产、农业增效与农民增收的需要

《中共中央关于推进农村改革发展若干重大问题的决定》中明确提出，发展现代农业必须按照高产、优质、高效、生态、安全的要求，加快转变农业发展方式，提高土地产出率、资源利用率、劳动生产率，增强农业抗风险能力、国际竞争能力、可持续发展能力。随着农业产业结构的调整，越来越多的农民转移到高附加值的设施经济作物、名优特农产品的种植上来，各地政府也在加紧推进地方优势农产品的产业发展，重视肥料农药的投入，以高投入高收益为目标，结果带来了生产成本过高、资源浪费严重以及生态环境污染等问题，这些都对转变农业发展方式提出了新的要求。目前，我国农业基础仍然薄弱，人多地少的矛盾突出，土地资源十分宝贵。有限的土地不仅要提供充足的粮食、蔬菜和瓜果等农副产品，还要保证城乡居民生活用地和城市建设用地，土地资源严重短缺。实践证明，测土配方施肥是当前农业生产中最直接、最广泛、最有效的节本增收措施，可有效减轻农民劳动强度，节约劳动成本，尤其在能源供应偏紧、化肥价格居高不下的情况下，大力推广测土配方施肥对农民节本增收意义更加重大。因此，必须充分发挥测土配方施肥的技术支撑作用，把测土配方施肥作为今后促进粮食增产、农业增效、农民增收的一项基础性、公益性、长期性的战略举措，一如既往地坚持下去。

（三）测土配方施肥是保护生态环境、促进农业可持续发展的需要

北京市化肥投入量多年来始终保持着高速的增长，2005 年氮磷钾纯养分的用量达到 14 万 t，约合 500kg/hm^2，远高于全国平均水平，占生产总投入的 50％～60％，其中纯氮用量达到 8.4 万 t。据调查，北京市瓜菜类化肥年投入量占北京市化肥总投入量的 43％，每年菜田土壤淋洗的氮素约为 433t，平均每亩淋洗 0.56kg，可使 4 330 万 m^3 的地下水超标 10mg/L。磷素施入土壤后易被固定，在 2 个月内就有 2/3 变成不可吸收的状态，而且作物对磷（P_2O_5）的当季利用率很低，一般只有 5％～15％，加上后期利用率不超过 25％，约有 75％的磷素滞留在土壤中，每季磷在土壤的积累量每亩可达 15.5kg，有些设施菜田耕层土壤的磷含量可达 300～500mg/kg。氮、磷素在耕层的积累，对土体、地下水、河湖等环境存在着潜在的危害。采用测土配方施肥技术，优化肥料施用结构、减少不合理肥料用量，降低环境污染、提高耕地基础地力，从而有效地缓解能源供需的矛盾，促进农业的可持续发展。

二、测土配方施肥的作用与目标

我国是一个人口众多而耕地后备资源相对不足的国家，农业增产依赖于单产的提高，肥料的施用对作物单产的提高起着重要的促进作用。长期以来，我国农村盲目施肥现象严重，这不仅造成农业生产成本增加，而且带来严重的环境污染，威胁农产品质量安全，影响农业产量进一步提高。随着"高产、优质、高效、生态、安全"农业的发展，转变施肥观念、实行科学施肥，成为今后的一项长期性任务。推广测土配方施肥技术，对于提高作物单产，改善农产品品质，降低生产成本，保证作物稳定增产、农业增效、农民持续增收具有现实的意义和作用，对于提高肥料利用率、减少肥料浪费、保护农业生态环境、保证农产品质量安全、实现农业可持续发展具有深远的历史意义。

（一）测土配方施肥是提高化肥利用率的主要途径

目前，我国化肥利用率很低，平均仅为 30%，氮肥的利用率一般为 30%～50%，磷肥的利用率一般为 10%～15%，钾肥的利用率一般为 40%～70%。导致化肥利用率偏低的原因很多，但施肥量和施肥比例不合理是其中的主要因素。通过开展测土配方施肥，可以合理确定施肥量和肥料中各营养元素比例，建立作物施肥指标体系，有效提高化肥利用率。

（二）测土配方施肥是确保我国粮食安全的战略举措

我国是世界上人口最多的发展中国家，粮食安全关系国家的长治久安，任何时候都麻痹不得、大意不得、放松不得，必须常抓不懈。在人增地减难以逆转的形势下，保障粮食安全必须依靠科技进步，走提高单产的道路。长期实践证明，合理施肥对提高单产有着其他任何措施不可替代的作用。长期研究结果表明，肥料对粮食增产的贡献率一般在 40%以上。据全国测土配方施肥补贴项目连续 6 年实施调查结果显示，通过测土配方施肥，项目区与传统施肥区相比，小麦、玉米等粮食作物亩均增产 6%～10%，充分展示了测土配方施肥在提高粮食单产中的重要作用。根据《国家粮食安全中长期规划纲要》，我国粮食自给率要稳定在 95%以上，全国粮食需求量 2010 年达到 5 250 亿 kg，2020 年要达到 5 450 亿 kg，测土配方施肥技术的推广是重要技术支撑。为此，必须把测土配方施肥继续作为今后促进粮食生产稳定发展、保障国家粮食安全和农产品有效供给的战略性举措，长期坚持下去。

（三）测土配方施肥是转变农业发展方式的重要内容

发展现代农业必须按照高产、优质、高效、生态、安全的要求，加快转变农业发展方式，提高土地产出率、资源利用率、劳动生产率，增强农业抗风险能力、国际竞争能力、可持续发展能力。长期以来，我国农业发展方式是"高投入、高产出、低效益"。目前，尽管我国用占世界近 9%的耕地养活了占世界 22%左右的人口，满足了国内日益增长的粮食等农产品需求，却消费了占世界 1/3 的化肥，生产成本过高和资源浪费较大是不争的事实。因此，改进耕地、肥料资源等利用方式是转变农业发展方式不可或缺的重要内容，是加快发展中国特色农业现代化的内在要求。近 6 年来，通过测土配方施肥补贴试点，项目区肥料利用率提高 3～5 个百分点，全国累计减少不合理施肥 160 万 t（折纯），相当于节约原油 210 万 t 或天然气 2.2 亿 m^3。实践证明，大力推广测土配方施肥技术，可以节约开支，降低成本，培肥地力，提高耕地产出率，是发展高产、优质、高效农业的重要途径，应当成为农业科技革命的一项重要措施来抓。

（四）测土配方施肥是建设农业生态文明的客观要求

20 世纪 70 年代以来，我国在肥料施用上逐步以有机肥为主转变为以化肥为主，目前已成为世界第一大化肥消费国。2007 年，全国化肥施用总量达到 5 000 多万 t，占世界化肥消费总量的 30.2%，由于先进实用的科学施肥技术未得到应有的推广应用，化肥利用率长期徘徊在 30% 左右，与发达国家相比差距很大。大量化肥通过挥发进入大气、通过渗透流入地下或进入江河，造成局部地区水体富营养化。此外，畜禽养殖废弃物等有机肥资源处置不当，利用率低，也造成资源浪费和环境污染。通过测土配方施肥项目的实施，项目区农民施肥观念逐渐转变，增加了有机肥的施用，氮、磷、钾施用比例趋于合理。实践表明，测土配方施肥对减少肥料用量、提高化肥利用率，减轻环境污染、促进节能减排具有重要的现实意义。

（五）测土配方施肥是促进农业增效、农民增收的有效途径

农业是安天下、稳民心的战略产业，同时也是效益比较低的弱势产业。《中共中央关于推进农村改革发展若干重大问题的决定》指出：农业基础仍然薄弱，最需要加强；农村发展仍然滞后，最需要扶持；农民增收仍然困难，最需要加快。测土配方施肥是当前农业生产中最直接、最广泛、最有效的节本增收措施。全国测土配方施肥项目实施结果证明，通过实施测土配方施肥，粮食作物平均每亩节本增收 25～35 元，经济作物每亩节本增收 50～80 元。为此，应该进一步加大推广力度，扩大测土配方施肥覆盖面，指导农民科学、经济、合理施肥，使这一节本增效的有效措施长期惠泽广大农民群众。

（六）测土配方施肥是缓解化肥资源供需矛盾的客观需要

目前，我国已成为世界最大的化肥生产和消费国，2007 年我国化肥生产总量 5 696 万 t，每年因生产氮肥需消耗标准煤约 1 亿 t，消耗的天然气占全国总量的 1/3。我国磷矿品位低，开采难度大，现有的 21.11 亿 t 资源也只能延续到 2022 年左右；钾矿资源有限，可开采资源少，现有经济储量可开采 66 年左右。在这种化肥资源与能源供应偏紧，而化肥需求总量呈刚性增长的情况下，当务之急就是通过测土配方施肥，实行经济、科学、环保施肥，减少不合理的化肥用量，减缓化肥需求过快增长的势头，减轻国家化肥资源与能源供给压力。

总之，测土配方施肥不同于一般的"项目"或"工程"，是一项长期性、规范性、科学性、示范性和应用性很强的农业科学技术，是直接关系到作物稳定增产、农民收入稳步增加、生态环境不断改善的一项"日常性"工作。

有效全面实施测土配方施肥能够达到 5 个方面的目标：①增产目标。即通过测土配方施肥措施使作物单产水平在原有基础上有所提高，在当前生产条件下，能最大限度地发挥作物的增产潜能。②优质目标。即通过测土配方施肥均衡作物营养，使农产品在质量上得到改善。③高效目标。即做到合理施肥、养分配比平衡科学，提高肥料利用率，降低生产成本，增加施肥效益。④生态目标。即通过测土配方施肥，减少肥料的挥发、流失等浪费，减轻对地下水硝酸盐的积累和面源污染，从而保护农业生态环境。⑤改土目标。即通过有机肥和化肥的配合施用，实现耕地养分的投入产出平衡，在逐年提高单产的同时，使土壤肥力不断得到提高，达到培肥土壤、提高耕地综合生产能力的目标。

三、测土配方施肥的基本原理

测土配方施肥以养分归还（补偿）学说、最小养分律、肥料效应报酬递减律和因子综

合作用律等理论为依据，以确定不同养分的施肥总量和配比为主要内容。为了充分发挥肥料的最大增产效益，施肥必须与选用良种、肥水管理、种植密度、耕作制度和气候变化等影响肥效的诸因素结合，形成一套完整的施肥技术体系。

测土配方施肥的基本原理包含以下三方面的基本内涵：

"测土"：摸清土壤的养分状况，掌握土壤的供肥性能。

"配方"：根据土壤缺什么元素，确定补充什么元素。其核心是根据土壤、作物状况和产量要求，确定施用肥料的配方、品种和数量。

"施肥"：按照上述配方，合理安排基肥和追肥比例，规定施用时间和方法，以发挥肥料的最大增产作用。

四、测土配方施肥的基本原则

（一）氮、磷、钾相配合

氮、磷、钾是作物生长需要量最大的 3 个营养元素，也称肥料三要素。这 3 个营养元素之间相互作用、相互影响、相互制约，氮、磷、钾相配合是测土配方施肥的重要内容。随着产量的不断提高，在高强度消耗土壤养分的情况下，必须强调氮、磷、钾相互配合，并补充必要的微量元素，才能获得高产稳产。

（二）有机与无机相结合

实施测土配方施肥必须以有机肥为基础，因为增施有机肥可以增加土壤有机质含量，改善土壤理化性状，提高土壤保水保肥能力，增强土壤微生物的活性，促进化肥利用率的提高。因此，必须坚持多种形式的有机肥投入，才能够培肥地力，实现农业可持续发展。

（三）大量、中量、微量元素配合

各种营养元素的配合是配方施肥的重要内容。随着产量的不断提高，在耕地高度集约利用的情况下，必须进一步强调氮、磷、钾大量元素肥料与硫、钙、镁等中量元素及硼、锌、铁、铜、钼、锰等微量元素肥料相互配合，才能获得高产稳产。

（四）用地与养地结合，投入与产出平衡

要使作物—土壤—肥料形成物质和能量的良性循环，必须坚持用地与养地结合，投入与产出平衡。破坏或消耗了土壤肥力，就意味着降低了农业再生产的能力，影响农业可持续发展。

五、测土配方施肥的基本方法

（一）确定田块的施肥量

基于田块的肥料用量的确定方法主要包括土壤与植物测试推荐施肥方法、肥料效应函数法、土壤养分丰缺指标法和养分平衡法。首先确定氮、磷、钾养分的用量，然后确定相应的肥料组合，通过提供配方肥料或发放配肥通知单，指导农民使用。

1. 土壤与植物测试推荐施肥方法 该技术综合了目标产量法、养分丰缺指标法和作物营养诊断法的优点。对于大田作物，在综合考虑有机肥、作物秸秆应用和管理措施的基础上，根据氮、磷、钾以及中、微量元素养分的不同特征，采取不同的养分优化调控与管理策略。其中，氮肥推荐根据土壤供氮状况和作物需氮量，进行实时动态监测和精确调

控，包括基肥和追肥的调控；磷、钾肥通过土壤测试和养分平衡进行监控；中、微量元素采用因缺补缺的矫正施肥策略。该技术包括氮素实时监控、磷钾养分恒量监控和中微量元素矫正施肥技术。

（1）氮素实时监控施肥技术。根据不同土壤、不同作物、不同目标产量确定作物需氮量，以需氮量的 30%～60% 作为基肥用量。具体基施比例根据土壤全氮含量，同时参照当地丰缺指标来确定。一般在土壤全氮含量偏低时，采用需氮量的 50%～60% 作为基肥；在土壤全氮含量居中时，采用需氮量的 40%～50% 作为基肥；在土壤全氮含量偏高时，采用需氮量的 30%～40% 作为基肥。30%～60% 基肥比例可根据上述方法确定，并通过 "3414" 田间试验进行校验，建立当地不同作物的施肥指标体系。有条件的地区可在播种前对 0～20cm 土壤无机氮（或硝态氮）含量进行监测，调节基肥用量。

$$每亩基肥用量 = \frac{(目标产量需氮量 - 土壤无机氮含量) \times (30\% \sim 60\%)}{肥料中养分含量 \times 肥料当季利用率}$$

每亩土壤无机氮含量＝土壤无机氮测试值×0.15×校正系数

氮肥追肥用量推荐以作物关键生育时期的营养状况诊断或土壤硝态氮的测试为依据，这是实现氮肥准确推荐的关键环节，也是控制过量施氮或施氮不足、提高氮肥利用率和减少氮肥损失的重要措施。测试项目主要有土壤全氮含量、土壤硝态氮含量或小麦拔节期茎基部硝酸盐浓度、玉米最新展开叶叶脉中部硝酸盐浓度，水稻采用叶色卡或叶绿素仪进行叶色诊断。

（2）磷钾养分恒量监控施肥技术。根据土壤有效磷、速效钾含量水平，以土壤有效磷、速效钾养分不成为目标产量的限制因子为前提，通过土壤测试和养分平衡监控，使土壤有效磷、速效钾含量保持在一定范围内。对于磷肥，基本思路是根据土壤有效磷测试结果和养分丰缺指标进行分级，当有效磷水平处在中等偏上时，可以将目标产量需肥量（只包括带出田块的收获物）的 100%～110% 作为当季磷肥用量；随着有效磷含量的增加，需要减少磷肥用量，直至不施；随着有效磷含量的降低，需要适当增加磷肥用量，在极缺磷的土壤上，可以施到需肥量的 150%～200%。在 2～3 年后再次测土时，根据土壤有效磷含量和产量的变化再对磷肥用量进行调整。对于钾肥，首先需要确定施用钾肥是否有效，再参照上面方法确定钾肥用量，但需要考虑有机肥和秸秆还田带入的钾量。一般大田作物磷、钾肥全部作基肥。

（3）中微量元素矫正施肥技术。中、微量元素的含量变幅大，作物对其需要量也各不相同。这主要与土壤特性（尤其是母质）、作物种类和产量水平等有关。矫正施肥就是通过土壤测试，评价土壤中、微量元素的丰缺状况，进行有针对性的因缺补缺的施肥。

2. 肥料效应函数法 肥料施用量与作物产量之间数量关系的数学函数式即为肥料效应函数。肥料效应函数法是建立在田间试验与生物统计基础上的计量施肥方法。它不用化学或物理手段去揭示农田土壤养分供应量、作物需肥量和肥料利用率等参数，而是借助于施肥量田间试验，通过施肥量与产量之间的数学关系，配制出一元、二元或多元肥料效应回归方程。所得的肥料效应回归方程可计算出代表性地块的最高施肥量、最佳施肥量和最大利润施肥量等配方施肥参数。

（1）施肥量与产量之间的直线关系。李比希认为，作物产量与最小养分供应量之间呈

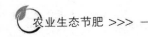

直线关系，尤其是在生产条件差、土壤肥力低、养分供应不足、施肥量较低时。一般表示为：

$$y = b_0 + b_1 x$$

式中：y 为总产量；b_0 为不施肥区产量；b_1 为效应系数；x 为施肥量。

（2）施肥量与产量之间的曲线关系表示为：

$$y = a(1 - 10^{-cx})$$

式中：y 为总产量；a 为施用该种养分所达最高产量；c 为效应系数；x 为施肥量。

$$y = b_0 + b_1 x + b_2 x^2$$

式中：y 为总产量；b_0 为不施肥区产量；b_1、b_2 为效应系数；x 为施肥量。

国内外大量氮肥试验表明，肥料的增产效应往往符合二次抛物线形式。

3. 土壤养分丰缺指标法　土壤养分丰缺指标法是经典的测土配方施肥方法。其具体做法是：利用土壤普查的养分测试资料和已有的田间试验结果，结合农民的经验按土壤肥力分成若干等级，根据各种养分丰缺等级确定适宜的肥料种类并估算出施肥量。此方法的核心是测土，即通过对土壤养分的测定和校验研究结果判定相应地块各种养分的丰缺程度并提出施肥建议，同时用建立在相关校验基础上的测土施肥参数和指标指导施肥实践。此方法的优点是简单易行、快速、廉价并具有针对性，可服务到每一地块，提出的施肥种类和用量接近当地群众的经验值，农民也容易接受。

土壤养分丰缺指标田间试验也可采用"3414"部分实施方案，氮、磷、钾 3 个肥料因素，每个因素设 4 个水平、14 个处理的不完全试验设计方案。"3414"方案中的处理 1 为空白（CK），处理 6 为全肥区（NPK），处理 2、4、8 为缺素区（即 PK、NK 和 NP）。收获后计算产量，用缺素区产量占全肥区产量百分数即相对产量的高低来表示土壤养分的丰缺情况。相对产量低于 50% 的土壤养分为极低，50%～60%（不含）为低，60%～70%（不含）为较低，70%～80%（不含）为中，80%～90%（不含）为较高，90%（含）以上为高，从而确定适合于某一区域、某种作物的土壤养分丰缺指标及对应的肥料施用数量。对该区域其他田块，通过土壤养分测试，就可以了解土壤养分的丰缺状况，提出相应的推荐施肥量。

4. 养分平衡法

（1）基本原理与计算方法。养分平衡法是国内外配方施肥中最基本和最重要的方法。此方法根据作物需肥量与土壤供肥量之差来计算实现目标产量的施肥量，由作物目标产量、作物需肥量、土壤供肥量、肥料利用率和肥料中有效养分含量五大参数构成。"平衡"之意就在于土壤供应的养分满足不了作物的需要，就用肥料补足。Truog-Stanford 的养分平衡计量施肥法早在 20 世纪 60 年代就引进我国。这种方法虽然为国内外学术界所公认，但由于"土壤供肥量"要通过相同条件的田间不施肥区的作物产量推算，对"经验"仍然有较大的倾向性，而土壤肥料科学工作者又不可能在短期内做大量的田间试验来获得此参数，致使此方法始终未得到广泛应用。直到 20 世纪 70 年代初，上海化工研究院从文献中引入了"土壤有效养分校正系数"，又称雷氏（Ramonorthy, 1965）目标产量施肥法，用校正后的土壤养分测定值代替田间试验结果推算土壤供肥量，这一化繁为简的方法才使养分平衡法在我国长江以南部分地区得到推广和应用。根据作物目标产量需肥量与土壤供肥量之差估算施肥量，计算公式为：

$$每亩施肥量 = \frac{目标产量所需养分总量 - 土壤供肥量}{肥料中养分含量 \times 肥料当季利用率}$$

养分平衡法涉及目标产量、作物需肥量、土壤供肥量、肥料利用率和肥料中有效养分含量五大参数。土壤供肥量即在作物生长期间土壤提供给作物的养分量，可以用"3414"方案中空白处理的作物养分吸收量代替。目标产量确定后因土壤供肥量的确定方法不同，形成了地力差减法和土壤有效养分校正系数法两种。

地力差减法是根据作物目标产量与基础产量之差来计算施肥量的一种方法。其计算公式为：

$$每亩施肥量 = \frac{（目标产量 - 基础产量）\times 单位产量养分吸收量}{肥料中养分含量 \times 肥料当季利用率}$$

式中：基础产量即为"3414"方案中空白处理的产量。

土壤有效养分校正系数法是通过测定计算土壤有效养分含量来计算施肥量。其计算公式为：

$$每亩施肥量 = \frac{单位产量养分吸收量 \times 目标产量 - 土壤测试值 \times 0.15 \times 土壤有效养分校正系数}{肥料中养分含量 \times 肥料当季利用率}$$

（2）有关参数的确定。

目标产量：目标产量可采用平均单产法来确定。平均单产法是利用施肥区前3年平均单产和年递增率为基础确定目标产量，其计算公式为：

$$每亩目标产量 = （1 + 递增率）\times 前3年平均每亩产量$$

一般粮食作物的递增率为10%～15%，露地蔬菜为20%，设施蔬菜为30%。

作物需肥量：通过对正常成熟的作物全株养分的分析，测定各种作物每100kg经济产量所需养分量，乘以目标产量即可获得作物需肥量。

$$目标产量所需养分量 = \frac{目标产量}{100} \times 100kg产量所需养分量$$

土壤供肥量：土壤供肥量可以通过测定基础产量、土壤有效养分校正系数两种方法估算：

通过基础产量估算：不施肥区作物所吸收的养分量作为土壤供肥量。

$$土壤供肥量 = \frac{不施养分区作物产量}{100} \times 100kg产量所需养分量$$

通过土壤有效养分校正系数估算：将土壤有效养分测定值乘一个校正系数，以表示土壤"真实"供肥量。该系数称为土壤有效养分校正系数。

$$土壤有效养分校正系数 = \frac{缺素区作物地上部每亩吸收该元素量}{该元素土壤测定值 \times 0.15}$$

肥料利用率：一般通过差减法来计算。施肥区作物吸收的养分量减去不施肥区作物吸收的养分量，其差值视为肥料供应的养分量，再除以所用肥料养分量就是肥料利用率。

$$肥料当季利用率 = \frac{施肥区作物每亩吸收养分量 - 缺素区作物每亩吸收养分量}{肥料每亩施用量 \times 肥料中养分含量} \times 100$$

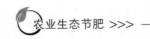

以计算氮肥利用率为例来进一步说明。

施肥区（NPK 区）作物每亩吸收养分量："3414"方案中处理 6 的作物总吸氮量。

缺氮区（PK 区）作物每亩吸收养分量："3414"方案中处理 2 的作物总吸氮量。

肥料每亩施用量：施用的氮肥肥料用量。

肥料中养分含量：施用的氮肥肥料所标明的含氮量。如果同时使用了不同品种的氮肥，应计算所用的不同氮肥品种的纯氮含量。

肥料养分含量：供施肥料包括无机肥料与有机肥料。无机肥料、商品有机肥料含量按其标明量，不明养分含量的有机肥料养分含量可参照当地不同类型有机肥养分平均含量获得。

（二）施肥分区与制定区域肥料配方

在 GPS 定位土壤采样与土壤测试的基础上，综合考虑行政区划、土壤类型、土壤质地、气象资料、种植结构、作物需肥规律等因素，借助信息技术生成区域性土壤养分空间变异图和县域施肥分区图，优化设计不同分区的肥料配方。主要工作步骤如下：

1. 确定研究区域　一般以县级行政区域为施肥分区和肥料配方设计的研究单元。

2. GPS 定位指导下的土壤样品采集　土壤样品采集要求使用 GPS 定位，采样点的空间分布应相对均匀，如每 100 亩采集一个土壤样品，先在土壤图上大致确定采样位置，然后在标记位置附近的一个采集地块上采集多点混合土样。

3. 土壤测试与土壤养分空间数据库的建立　将土壤测试数据和空间位置建立对应关系，形成空间数据库，以便能在 GIS 中进行分析。

4. 土壤养分分区图的制作　基于区域土壤养分分级指标，以 GIS 为操作平台，使用克里金（Kriging）等方法进行土壤养分空间插值，制作土壤养分分区图。

5. 施肥分区和肥料配方的生成　针对土壤养分的空间分布特征，结合作物养分需求规律和施肥决策系统，生成县域施肥分区图和分区肥料配方。

6. 肥料配方的校验　在肥料配方区域内针对特定作物，进行肥料配方验证。以区域内的"3414"试验点作为校验点进行校验，在配方图中找出"3414"试验点对应的配方。根据配方肥推荐用量计算该点施用配方肥对应的氮肥、磷肥和钾肥用量，将此氮肥、磷肥、钾肥用量分别代入每个"3414"对应的一元方程，将会得到配方肥条件下的氮肥、磷肥、钾肥产量。将此产量与根据"3414"试验优化的最佳施肥量产量做相关性分析，校验配方的适用性。

六、测土配方施肥的基本内容

测土配方施肥技术包括"测土、配方、配肥、供应、施肥"5 个核心环节和"野外调查、田间试验、土壤测试、配方设计、校正试验、配方加工、示范推广、宣传培训、数据库建设、效果评价、技术创新"11 项重点内容。

（一）测土配方施肥的核心环节

1. 测土　在广泛的资料收集整理、深入的野外调查和典型农户调查与掌握耕地立地条件、土壤理化性状、施肥管理水平的基础上，按每 100～200 亩（丘陵山区 30～80 亩）农田确定取样单元及取样农户地块，采集有代表性的土样 1 个；对采集的土样进行有机质、全氮、碱解氮、有效磷、缓效钾、速效钾及中、微量元素等养分的化验，为制定配方和田间肥料试验提供基础数据。

2. 配方　以开展田间肥料小区试验，摸清土壤养分校正系数、土壤供肥量、作物需肥规律和肥料利用率等基本参数，建立不同施肥分区主要作物的氮、磷、钾肥料效应模式和施肥指标体系为基础，再由专家分区域、分作物根据土壤养分测试数据、作物需肥规律、土壤供肥特点和肥料效应，在合理配施有机肥的基础上，提出氮、磷、钾及中、微量元素等肥料配方。

3. 配肥　依据施肥配方，以各种单质或复混肥料为原料，配置配方肥。目前推广上有两种方式：一是农民根据配方建议卡自行购买各种肥料，混合施用；二是由配肥企业按配方加工专门的配方肥，农民直接购买施用。

4. 供应　测土配方施肥最具活力的供肥运作模式是通过肥料招投标，以市场化运作、工厂化生产和网络化经营将优质肥料供应到户、到田。

5. 施肥　制定、发放测土配方施肥建议卡到户或供应配方肥到点，并建立测土配方施肥示范区，通过树立榜样田的形式来展示测土配方施肥技术效果，引导农民应用测土配方施肥技术。

（二）测土配方施肥的重点内容

1. 野外调查　资料收集整理与野外定点采样调查相结合，典型农户调查与随机抽样调查相结合，采取广泛深入的野外调查和取样地块农户调查。主要调查内容包括取样地块土壤基本性状、前茬作物种类、产量水平和施肥水平等。土壤基本性状由取样人员现场调查，利用 GPS 记录该地块地理坐标，同时判断土壤类型、土壤质地、排灌能力、地形部位和土层厚度等，确定土壤障碍因素与土壤肥力水平；前茬作物的种类、产量、施肥和灌水情况，询问陪同取样调查的村组人员和地块所属农户。

2. 田间试验　田间试验是获得各种作物最佳施肥量、施肥时期、施肥方法的根本途径，也是筛选、验证土壤养分测试技术、建立施肥指标体系的基本环节。通过田间试验，掌握各个施肥单元不同作物优化施肥量，基、追肥分配比例，施肥时期和施肥方法；摸清土壤养分校正系数、土壤供肥量、作物需肥规律和肥料利用率等基本参数；构建作物施肥模型，为施肥分区和肥料配方提供依据。这里主要介绍"3414"试验，"3414"设计是李仁岗等（1994）在国外"3411"多点肥料试验方案的基础上，加了"12～14"3个处理后得到的方案。该方案设计吸取了回归最优设计处理少、效率高的优点，是目前国内外应用较为广泛的肥料效应田间试验方案。在具体实施过程中，可根据不同目的采用"3414"完全实施方案和部分实施方案。

（1）"3414"完全实施方案。"3414"是指氮、磷、钾3个因素、4个水平、14个处理。4个水平的含义：0水平指不施肥，2水平指当地最佳施肥量的近似值，1水平＝2水平×0.5，3水平＝2水平×1.5（该水平为过量施肥水平），具体见表5-2。

表 5-2　"3414"试验方案处理（推荐方案）

试验编号	处理	N	P	K
1	$N_0P_0K_0$	0	0	0

（续）

试验编号	处理	N	P	K
2	$N_0P_2K_2$	0	2	2
3	$N_1P_2K_2$	1	2	2
4	$N_2P_0K_2$	2	0	2
5	$N_2P_1K_2$	2	1	2
6	$N_2P_2K_2$	2	2	2
7	$N_2P_3K_2$	2	3	2
8	$N_2P_2K_0$	2	2	0
9	$N_2P_2K_1$	2	2	1
10	$N_2P_2K_3$	2	2	3
11	$N_3P_2K_2$	3	2	2
12	$N_1P_1K_2$	1	1	2
13	$N_1P_2K_1$	1	2	1
14	$N_2P_1K_1$	2	1	1

该方案除了可应用 14 个处理，进行氮、磷、钾三元二次效应方程的拟合之外，还可以分别进行氮、磷、钾中任意二元或一元效应方程的拟合。例如，进行氮、磷二元效应方程拟合时，可选用处理 2～7、11、12，可求得在以 K_2 水平为基础的氮、磷二元二次肥效方程。此外，通过处理 1，可以获得基础地力产量，即空白区产量。

（2）"3414"部分实施方案。要试验氮、磷、钾某一个或两个养分效应，或因其他原因无法实施"3414"的完全实施方案时，可在"3414"方案中选择相关处理，即"3414"的部分实施方案。这样既保持了测土配方施肥田间试验总体设计的完整性，又考虑到不同区域土壤养分的特点和不同试验目的的具体要求，满足不同层次的需要。如有些区域要重点检验氮、磷效果，可在最佳钾肥用量作底肥的基础上进行氮、磷二元肥料效应试验，但应设置 3 次重复。具体处理及其与"3414"方案处理编号对应列于表 5 - 3。

表 5 - 3 氮、磷二元二次肥料试验处理

试验编号	处理	N	P	K
1	$N_0P_0K_0$	0	0	0
2	$N_0P_2K_2$	0	2	2
3	$N_1P_2K_2$	1	2	2
4	$N_2P_0K_2$	2	0	2
5	$N_2P_1K_2$	2	1	2
6	$N_2P_2K_2$	2	2	2
7	$N_2P_3K_2$	2	3	2
11	$N_3P_2K_2$	3	2	2
12	$N_1P_1K_2$	1	1	2

上述方案也可分别建立氮、磷一元效应方程。

在肥料试验中，为了获得土壤养分供应量、作物吸收养分量、土壤养分丰缺指标等参数，一般把试验设计为 5 个处理：无肥区（CK）、氮磷钾全肥区（NPK）、无氮区（PK）、无磷区（NK）和无钾区（NP）。这 5 个处理分别是"3414"完全实施方案中的处理 1、6、2、4 和 8。如果要获得有机肥的效应，可增加有机肥处理区（M）；检验某种中（微）量元素的效应，在氮、磷、钾的基础上，进行加与不加该中（微）量元素处理的比较。试验要求测试土壤养分和植株养分含量，进行考种和测产。设计中，氮、磷、钾肥与有机肥用量应接近效应函数计算的最高产量施肥量或用其他方法推荐的合理用量。

（3）一般流程。①试验作物和地块的确定。一般选用当地主要栽培的作物品种，或拟推广的作物品种；试验地的选择按照前述的一些注意事项宜选择平坦、整齐、均匀，具有代表性的地块；坡地选择坡度平缓、肥力差异较小的地块；避开道路等特殊场地。②试验准备工作。整理土地，设置保护行，划定试验小区；试验小区单灌单排设施的建设；肥料准备和分析；种子鉴定；供试土壤养分状况的分析等。③施肥措施。根据试验方案和供试肥料的施用要求进行田间施肥操作。④田间管理与观察记载。除了施肥管理措施外，其他各项田间管理措施应保持一致，且符合生产要求，由专人在同一天内完成。并对作物生长发育过程中试验地基本情况、田间操作、作物生物学性状等进行记录。⑤收获测产。收获和脱粒应分小区进行，严防发生混杂、丢失和差错，以免影响试验的效果。收获脱粒后，需将种子晒干或烘干，使其达到标准含水量后方可称重。为使收获工作顺利进行，避免发生差错，在进行收获、运输、脱粒、晾晒、储藏等工作时，必须专人负责，建立验收制度，随时检查核对。⑥数据分析与肥效评价。对试验结果进行方差、回归等统计分析，评价肥料效应。⑦撰写试验报告和计算肥料效应函数校正因子。试验报告的撰写也是田间试验的一项重要内容，一个完整的试验报告应包括试验的来源和目的、时间和地点、供试材料（土壤、作物、肥料）、试验方案设计、试验结果的统计分析、主要的试验结论、试验执行单位和主持人等内容。

3. 土壤测试　土壤测试是制定肥料配方的重要依据之一。随着我国种植业结构的不断调整，高产作物品种不断涌现，施肥结构和数量发生了很大的变化，土壤养分库也发生了明显改变。通过开展土壤氮、磷、钾及中、微量元素养分测试，了解土壤供肥能力状况。近 20 年来在土壤测试方法研究，特别是土壤有效养分浸提方法方面取得了较大进展，如采用一种浸提剂同时提取多种营养元素，并与现代仪器分析方法相结合，使土壤测试的速度和效率大大提高。麦里科Ⅲ（Mehlich3，简称 M3）是一种可同时提取土壤有效磷、钾、钙、镁、钠和微量元素的通用浸提剂，适用于酸性、中性土壤，而且在石灰性土壤（$CaCO_3$ 含量小于 15％）上也取得了较好的效果，有望成为覆盖我国主要区域土壤类型有效磷、钾和微量元素浸提的重要方法。随着测土配方施肥数据的建设，各地积累了大量的土壤测试数据，具体农户或种植业经营公司可以向当地农业部门查询要施肥地块的土壤测试数据，大大减少了测土配方施肥费用，缩短了所耗费的时间。

4. 配方设计　肥料配方设计是测土配方施肥工作的核心。通过总结田间试验、土壤养分数据等，划分不同区域施肥分区；同时，根据气候、地貌、土壤、耕作制度等相似性和差异性，结合专家经验，提出不同作物的施肥配方。

（1）基于田块的肥料配方设计。首先确定氮、磷、钾养分的用量，然后确定相应的肥料组合，通过提供配方肥料或发放配肥通知单，指导农民施用。肥料用量的确定方法主要包括土壤与植株测试推荐施肥方法、肥料效应函数法、土壤养分丰缺指标法和养分平衡法。

（2）县域施肥分区与肥料配方设计。在 GPS 定位土壤采样与土壤测试的基础上，综合考虑行政区划、土壤类型、土壤质地、气象资料、种植结构、作物需肥规律等因素，借助信息技术生成区域性土壤养分空间变异图和县域施肥分区，优化设计不同分区的肥料配方。

5. 校正试验　为保证肥料配方的准确性，最大限度地减少配方肥料批量生产和大面积应用的风险，在每个施肥分区单元设置配方施肥、农户习惯施肥、空白施肥 3 个处理，以当地主要作物及其主栽品种为研究对象，对比配方施肥的增产效果，校验施肥参数，验证并完善肥料配方，改进测土配方施肥技术参数。

6. 配方加工　配方落实到农户田间是提高和普及测土配方施肥技术的关键环节。目前，不同地区有不同的模式，其中最主要的也是最具有市场前景的运作模式是市场化运作、工厂化加工、网络化经营。这种模式适应我国农村农民科技素质低、土地经营规模小、技物分离的现状。

7. 示范推广　为促进测土配方施肥技术能够落实到田间，既要解决测土配方施肥技术市场化运作的难题，又要让广大农民亲眼看到实际效果，这是限制测土配方施肥技术推广的"瓶颈"。建立测土配方施肥示范区，为农民创建窗口、树立样板，全面展示测土配方施肥技术效果，是推广前要做的工作。推广"一袋子肥"模式，将测土配方施肥技术物化成产品，也有利于打破技术推广"最后一公里 * 的坚冰"。

8. 宣传培训　测土配方施肥技术宣传培训是提高农民科学施肥意识、普及施肥技术的重要手段。农民是测土配方施肥技术的最终使用者，迫切需要向农民传授科学施肥方法和模式；同时，还要加强对各级技术人员、肥料生产企业、肥料经销商的系统培训，逐步建立技术人员和肥料商持证上岗制度。

9. 数据库建设　运用计算机技术、地理信息系统和全球卫星定位系统，按照规范化测土配方施肥数据字典，以野外调查、农户施肥状况调查、田间试验和分析化验数据为基础，时时整理历年土壤肥料田间试验和土壤监测数据资料，建立不同层次、不同区域的测土配方施肥数据库。

10. 效果评价　农民是测土配方施肥技术的最终执行者和落实者，也是最终受益者。检验测土配方施肥的实际效果，及时获得农民的反馈信息，不断完善管理体系、技术体系和服务体系。同时，为了科学地评价测土配方施肥的实际效果，必须对一定的区域进行动态调查。

11. 技术创新　技术创新是保证测土配方施肥工作长效性的科技支撑。重点开展田间试验方法、土壤养分测试技术、肥料配制方法、数据处理方法等方面的创新研究工作，不断提升测土配方施肥技术水平。

---

　　*　公里为非法定计量单位，1 公里＝1km。——编者注

（三）配方肥料的合理施用

在养分需求与供应平衡的基础上，坚持有机肥与无机肥相结合，坚持大量元素与中量元素、微量元素相结合，坚持基肥与追肥相结合，坚持施肥与其他措施相结合。在确定肥料用量和肥料配方后，合理施肥的重点是选择肥料种类、确定施肥时期和施肥方法等。

1. 配方肥料种类 根据土壤性状、肥料特性、作物营养特性、肥料资源等综合因素确定肥料种类，可选用单质或复混肥料或自行配制配方肥料，也可直接购买配方肥料。

2. 施肥时期 根据肥料性质和植物营养特性，适时施肥。植物生长旺盛和吸收养分的关键时期应重点施肥，有灌溉条件的地区应分期施肥。对作物不同时期的氮肥推荐量的确定，有条件的地区应建立并采用实时监控技术。

3. 施肥方法 常用的施肥方式有撒施后耕翻、条施、穴施等。应根据作物种类、栽培方式、肥料性质等选择适宜的施肥方法。例如，氮肥应深施覆土，施肥后灌水量不宜过大，否则会造成氮素淋洗损失；水溶性磷肥应集中施用，难溶性磷肥应分层施用或与有机肥料堆沤后施用；有机肥料要经腐熟后施用，并深翻入土。

第三节 叶面肥

作物吸收养分主要是通过根系进行的，但叶片（包括部分茎表面）也可以吸收养分。叶面施肥是一种及时补充和强化作物营养、防止和矫治营养缺乏症的重要施肥措施，也是提高作物产量、改善农产品品质的有效手段。与土壤施肥相比，叶面施肥具有养分吸收运转快、利用率高、节省肥料，并能避免土壤对某些养分固定等优点，尤其在土壤环境不良、水分过多或干旱、土壤过酸或过碱等因素造成根系吸收作用受阻或作物急需补充营养时，进行叶面施肥可以取得显著的增产效果，还可以防止土壤施肥对一些养分的固定，如微量元素通过土壤施肥时可能存在磷的固定而降低其有效性，而通过叶面施肥可以提高利用率。

一、叶面肥的优点

（一）吸收快

叶面肥由于直接喷施在植物叶片表面，各种营养物质可从叶片进入植物体内，直接参与作物新陈代谢和有机物质合成，其速度和效果都比土壤施肥来得快。据报道，用尿素溶液喷施柑橘叶片，$1 \sim 2h$ 后可吸收 50%；用尿素喷施苹果、菠萝叶片，$1 \sim 4h$ 后可吸收 50%；用尿素喷施黄瓜、菜豆、番茄、香蕉叶片，$1 \sim 6h$ 后可吸收 50%。而土施尿素一般需要 $3 \sim 5d$ 才能见效。用 ^{32}P 涂于棉花叶片后 5min，植株各器官中已有相当多的 ^{32}P；若施于土壤则需 15d 才能达到相同情况。玉米 4 叶期喷施锌肥，3.5h 后上部叶片已吸收 11.9%，中部叶片吸收 8.3%，下部叶片吸收 7.2%；48h 上部叶片吸收可达 53%。而土施锌肥在 1 周后才能见效。

（二）用肥省

叶面施肥由于把肥料喷施在叶片上，不直接与土壤接触，可避免杂草吸收、养分被固定或淋溶损失。叶面施肥与土壤施肥相比，其肥料用量仅为土壤施肥的 $1/10 \sim 1/5$。据报

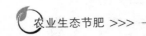
道，苹果落花后 1～3 周，用 0.05％浓度硼肥喷施叶面，与 3 年 1 次株施硼肥 0.02～0.04kg 的效果相同；在洋葱生长期，每亩用 0.25kg 硫酸锰加水 50kg 进行叶面喷施，与土施 3.7kg 硫酸锰效果相当；在豌豆苗高 10cm 时，用 3.7g 钼酸铵加水 50kg 进行叶面喷施，其效果比每亩土施 60g 钼酸铵的肥效高。另外，有人用同位素示踪试验证明，甜菜叶面施磷后，植株吸收磷的数量要比土壤施磷多 40％以上。

（三）效果好

形成作物产量的干物质中，有 90％～95％干物质来自光合作用产物，而光合作用强弱与植物体内营养水平有关。当对作物进行叶面施肥后，可提高作物光合作用强度。据研究，大豆喷施叶面肥，光合强度比不施肥增加 19.5％；茶树喷施叶面肥后，其新梢叶片和老叶的光合强度均比未喷施的处理明显提高。同时，喷施叶面肥还能显著提高酶的活性，保证作物新陈代谢的正常进行，有利于改善农产品品质和提高产量。据报道，叶面施肥的一般增产幅度，粮食作物为 5％～10％，油料作物为 5％～15％，果树、蔬菜为 5％～25％。

这里需要指出，尽管叶面施肥有许多优点，但受到适宜浓度范围低、每次供应养分总量有限及花费劳动力较多等因素的限制，当作物需肥量大时，还需靠土壤施肥来供给，才能满足整个生育期对养分的需求。可见，叶面施肥只有在土壤施肥的基础上，才能充分发挥增产、增质的作用。

二、叶面肥的吸收途径

叶片不仅能利用太阳能进行光合作用，而且还能吸收养分。据研究，叶片吸收养分有三条途径：一是通过分布在叶片上的气孔。这些气孔除主要吸收大气中 CO_2 外，还可吸收 NH_3、SO_2、NO_2 等气体。二是通过叶表面角质层上的羟基和羧基的亲水小孔。三是通过叶片细胞的质外连丝。质外连丝通过主动吸收把营养物质吸收到叶片内部。用同位素证明，通过叶面吸收的营养物质主要向生长中心转移。在作物营养生长阶段，主要向新生叶转移；在生殖生长阶段，主要向结实器官转移。所以，叶面吸收的营养物质在植物体内发挥效果的速度要比根部快。因此，叶面施肥是一种既经济、效果又好的施肥措施，特别是一些微量元素，叶面施用更有成效。

三、叶面肥的种类

（一）大量元素叶面肥

大量元素主要是指植物生长发育所必需的氮、磷、钾等元素。它们在植物体内含量占千分之几至百分之几。植物如果缺少这些元素中的一种或几种，则植株的生长发育和产量就会受到极大的影响。目前，在生产中叶面可用的大量元素肥料有尿素、硫酸钾、氯化钾、磷酸二氢钾、硝酸钾以及含氮、磷、钾的商品叶面肥。为确保多元大量元素商品叶面肥的产品质量，防止假冒伪劣产品进入市场，农业部制定了大量元素水溶肥料的质量标准（NY 1107—2010），对不同剂型的养分、水不溶物、水分及 pH 做了具体规定。至于目前生产中常用的尿素、硫酸钾、氯化钾、磷酸二氢钾、硝酸钾等，其质量以工业品标准为准。

（二）中量元素叶面肥

中量元素主要是指植物生长发育所必需的钙、镁、硫等元素，它们在植物体内的含量仅占千分之几。目前，在生产中常用的中量元素叶面肥料有硝酸钙、络合态的钙、硫酸镁等。

（三）微量元素叶面肥

微量元素主要是指植物生长发育所必需的铁、硼、锰、锌、铜、钼等营养元素，它们在植物体内的含量仅为千万分之一至万分之一，虽然数量甚微，但缺少时对植物生长和产品品质会有很大影响。目前生产中施用的微量元素叶面肥，除单质的硼肥、钼肥、锌肥、铁肥、锰肥、铜肥外，还有把几种微量元素混在一起的多元微量元素叶面肥。为规范多元微量元素叶面肥的质量，NY/T 1974—2010 规定钼、硼、锰、锌、铜、铁 6 种元素中的两种或两种以上元素之和应大于或等于 10%（100g/L），水不溶物含量应小于或等于 5%（50g/L），并对有害元素汞、砷、镉、铅、铬的含量做了明确规定。

（四）含氨基酸叶面肥

含氨基酸叶面肥一般是以有机物料（如动物毛皮及下脚料、海藻等）为原料，经化学水解或生物发酵，并与营养元素、增效剂等混合浓缩而成。产品一般呈棕褐色，主要成分为氨基酸。含氨基酸叶面肥除具有一般叶面肥的提供营养、提高产量的功能外，还有以下两个突出作用：一是能提高保护酶类的活性和细胞的稳定性，有效调节养分吸收和营养积累，促进植株健壮生长，增强抗旱、抗寒和抗病能力。二是对遭到药害、肥害或其他伤害的作物，有良好的缓解效果，使受害作物迅速恢复生机。由于制备氨基酸叶面肥的原料来源各异，所生产的产品质量良莠不齐，为规范含氨基酸叶面肥的质量，农业部制定了含氨基酸水溶肥料的质量标准（NY 1429—2010）。规定氨基酸含量应大于或等于 10%（100g/L），微量元素总量之和应大于或等于 2%（20g/L），并对水不溶物、pH 及有害元素汞、砷、镉、铅、铬的含量有明确要求。只有符合国家标准经过登记的含氨基酸叶面肥才能进入市场。截至 2010 年 3 月，在农业部正式登记的产品就有 598 种，山东、陕西、山西、广西、北京、河北等地的生产企业比较多，约占含氨基酸叶面肥生产企业的 60%。

（五）含腐殖酸叶面肥

腐殖酸是由含芳香结构、无定形的酸性物质组成的混合物，广泛存在于自然界中，也可通过煤的人工氧化方法，或通过生物发酵、化学合成和氧化再生等方法从非煤类物质中制取。腐殖酸具有络合、螯合、表面活性与化学反应等性能。将腐殖酸和大量元素或微量元素相混合，就能制成含腐殖酸的叶面肥，现称为腐殖酸水溶性肥料。农业部制定了腐殖酸水溶性肥料的质量标准（NY 1106—2010）。含腐殖酸叶面肥除了能提供营养成分外，还具有两个突出作用：

1. 刺激作物生长　腐殖酸叶面肥的刺激作用主要表现在能促进种子萌发，提高种子出苗率；促进根系生长，提高根系吸收水分和养分的能力；增加分蘖或分枝，提早成熟。腐殖酸肥产生刺激作用主要原因是腐殖酸分子结构中存在着酚基和醌基，它们参与作物体内的氧化还原过程，提高作物体内多种酶的活性。如腐殖酸结构中的多酚化合物在多酚氧化酶的作用下，能放出活化态氧，氧化呼吸基质中的氢，形成的醌具有很高的氧化电位，又可从呼吸基质中得到氢还原为多酚氧化物，从而氧化呼吸基质。可见，腐殖酸的多酚-

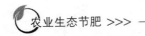

醌基结构，既是氧的活化剂，又是氢的载体，故能促进作物的呼吸作用，增加养分吸收量和干物质累积量，有利于作物的生长发育和增产。

2. 改良土壤、提高肥效 当腐殖酸肥作冲施或土施时，它还能改良土壤，提高肥效。因为腐殖酸中的有机胶体与土壤中的钙离子结合形成絮状凝胶，这种胶体是很好的胶结物质，能把土粒胶结起来，使土壤中水稳性团粒结构增加，从而改善土壤的水、肥、气、热状况。此外，腐殖酸分子结构中的活性基团，不仅能保存铵态氮、钾、钙、镁、锌等养分，还能与酸性土壤中的游离铁、铝离子形成铁、铝络合物，减少磷的固定。

（六）其他有机叶面肥

其他有机叶面肥主要有两类：一类是有机叶面肥，它主要是由腐熟有机物质与植物营养元素经混合而成的一种新型肥料；另一类是含海藻类叶面肥，它是从纯天然海藻中提取，经过特殊生化工艺处理与植物营养物质混合而成的一种新型肥料。这两种肥料产品目前还没有质量标准。

四、提高叶面肥施用效果的途径

（一）叶面肥施用效果的影响因素

1. 作物种类 不同植物叶片对溶液的吸收能力、吸收量不尽相同。一般来讲，叶片承受各种水溶液的量多、溶液在叶片上停留的时间长、叶片吸收溶液多的植物，对叶面喷施的肥料利用率就高；反之则较低。如单子叶植物水稻、大麦、小麦、玉米、韭菜等，从外部形态看，叶片竖立、狭小，表面角质层和蜡质层较厚，叶片与茎秆间的夹角小，喷洒到叶片上的溶液易滚落，所以溶液渗透到叶片中也较少；双子叶植物油菜、棉花、烟草、桑树、马铃薯、蚕豆、番茄等，叶面积大，叶片表面的角质层和蜡质层较薄，而且叶片与茎的夹角大，溶液容易渗透到叶肉组织中，常有较好的喷施效果。

2. 天气状况 叶片只能吸收溶于水中的矿物盐类。所以，凡是影响水分蒸发的外界环境如温度、湿度、风速等天气状况，均会影响植物对矿质元素的吸收。有人以 ^{32}P 示踪证明，在 $30℃$、$20℃$、$10℃$ 的情况下，叶片吸收 ^{32}P 的相对速度分别是 100%、71%、53%，即随温度下降，叶片吸收养分的速度也减慢。例如，在晴天中午气温较高或刮风的情况下进行叶面喷洒时，则叶面上的溶液蒸发速度快，因此吸收的溶液也较少。当然，叶面喷洒溶液后，如果短时间内下雨，溶液易被雨水冲刷掉，也同样会影响叶面施肥的效果。

3. 肥料品种 不同肥料由于其物理、化学性质各异，当配成水溶液后，其溶液在叶面上的渗透性也有差别。如中性的尿素溶液比其他带电荷的 NH_4^+、K^+ 更容易进入植物叶内。即使同种矿质养分的不同盐类，其吸收速率也是不同的。叶片对钾的吸收速率依次为：氯化钾＞硝酸钾＞磷酸二氢钾；对氮的吸收依次为：尿素＞硝酸盐＞铵盐。通常，叶片对喷施养分的吸收速度（以吸收 50% 计）以氮肥最快，需 $1\sim6h$（个别作物，如烟草需要 $1\sim2d$）；钾需 $1\sim4d$；磷则需 $6\sim15d$。

4. 土壤养分供应状况 土壤养分供应状况，对叶面喷施肥的效果也有较大影响。如土壤缺磷，导致玉米、油菜等作物叶片出现紫红色，及时喷施磷酸二氢钾能矫治缺磷症状；当土壤缺硼，引起棉花蕾而不花、花而不铃，杨梅小叶枯梢及柑橘石头果时，喷施硼

肥则有良好的防治效果。所以，喷施叶面肥应了解土壤养分状况，才能有的放矢。

（二）提高叶面肥效果的主要措施

1. 喷施时期 目前市场上所售的叶面肥产品，其说明书上均称在作物的整个生长期都可间隔一定天进行叶面喷施，但为了达到投入少、产出高的目的，叶面施肥仍应根据作物的不同生长发育阶段对营养元素的需求情况，或根据土壤及常年作物缺素状况进行施用。例如，大、小麦等作物苗期生长瘦弱，叶片发黄或叶片呈紫红色，表示缺氮或缺磷，前者可喷施氮肥，后者则应喷施磷肥加以矫治；甘薯、马铃薯是喜钾作物，在花期至薯块膨大期喷施钾肥有利于薯块迅速膨大；甘蓝型油菜需硼量较多，宜在苗期和始花期喷施硼肥，可防止油菜花而不实，提高结荚率；花生、大豆、豆科绿肥等，在始花期和结荚期喷施钼肥，可取得显著的增产增质的效果。可见，在作物缺少某种营养元素或对某种营养元素需求最多时，针对性喷施某种营养元素，就能起到事半功倍的效果。

2. 喷施浓度和次数 叶面施肥时，其喷施浓度直接关系到喷施效果。喷施溶液浓度过低，达不到补充作物营养的要求；反之，浓度过高容易产生肥害，尤其是微量元素，作物从缺乏到过量之间的临界范围很窄，应严格控制。所以，不同作物对不同肥料有不同的浓度要求。以尿素为例，在水稻、大麦、小麦、玉米、棉花上一般喷施浓度为 1%～2%，在露地蔬菜、瓜、果等作物上，喷施浓度可用 0.5%～1.0%；而在温室蔬菜上的喷施浓度就要控制为 0.2%～0.4%，苗床育苗期的幼苗喷施浓度不能高于 0.2%。同种肥料在不同作物上的喷施浓度也各异，如硫酸锌在粮食作物上一般喷施 0.1%～0.2%，而在果树上可用 0.3%～0.5%，在苹果树发芽前甚至可用 1%～2% 的浓度。含氨基酸叶面肥的喷施浓度多采用 0.1%～0.3%；含腐殖酸叶面肥喷施浓度，因不同肥料品种所含腐殖酸含量差异较大，应按说明书施用。如果叶面肥中含有植物生长调节物质，为防止出现不良后果，喷施浓度要严格掌握。如番茄、茄子用 10～20mg/kg 2, 4 - 滴点花，能保花保果；如果增高浓度会引起叶片卷曲、果实畸形，当增至 1 000mg/kg 时，则会起到除草剂的作用。

喷施的次数要根据作物对养分的需求程度和各种营养元素在作物体内移动的速度而定。如氮、钾等营养元素被作物叶片吸收后，在体内的运转比较迅速，能较快到达作物体内各个部位，只需在作物需肥的关键时期喷施 1～2 次即可；钙元素及微量元素硼、锌、铁、锰，在作物体内移动速度慢，一般需喷 2～4 次，每次应间隔 7～10d，才能有较理想的喷施效果。当某种作物同时缺少几种营养元素时，可采用喷施速溶性复混肥或者把两种或两种以上肥料混合后喷施，但要求混合的溶液应对作物安全，且防止混合时发生沉淀、拮抗作用。如磷肥和钼肥混配后，对作物叶片吸收可起到相互促进作用；而磷肥和锌肥混配时因有拮抗作用，则会降低效果，不应混配。

3. 喷施部位 植株上、中、下部叶片和茎秆，因新陈代谢活力不同，吸收营养物质的能力也各异。通常，幼叶、功能叶片和新梢的新陈代谢旺盛，从外界吸收各种营养物质的能力强，应重点喷施。另外，从叶片的结构来看，叶片背面不仅气孔比正面多；且叶片正面多为栅栏组织，细胞排列紧密，肥水不易进入，而背面是海绵组织，细胞排列疏松，细胞间隙大，特别是桃、梨、柿、苹果等果树，叶片正面角质层比背面厚 3～4 倍，因而各种营养物质通过叶片背面进入叶片内部数量多。所以，进行叶面喷施肥液时，不仅要喷

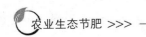

叶片正面，更要注重喷施叶片背面，以增加叶片对肥液的吸收，提高肥料的利用率。

4. 喷施时间　叶片吸收养分的数量与溶液湿润叶片的时间有关，湿润时间越长，叶片吸收养分越多，效果越好。一般情况下，应保持叶片的湿润时间为 1～2h。因此，叶面施肥最好在无风的傍晚进行；在有露水的早晨喷施，会降低溶液的浓度，影响施肥效果。中午、雨天或雨前不要进行叶面喷施，因为高温时喷施，肥液中的水分容易蒸发会影响叶片对养分的吸收；而雨天或雨前喷施容易造成养分淋失，若喷后 3～4h 遇雨，应在转晴后补喷 1 次，浓度可适当降低。

5. 喷施方法　进行叶面喷施肥料时，应掌握：肥料要完全溶解，喷洒雾点要均匀。当前市场上销售的叶面肥有固体和液体两种剂型，特别是固体叶面肥溶解较慢，将其放入喷雾器中，加水后要充分搅拌，使它完全溶解后再喷。硼砂难溶于冷水，需先用热水溶解，如果用冷水溶解则大部分硼砂仍沉积在喷雾器底部，不能随水喷到叶片上，因而效果差。此外，进行叶面喷洒时雾点要匀细，以喷湿作物叶片不淌滴为宜。

6. 加添助剂　为了提高肥液在叶片上的黏附力，人们常在肥料溶液中加入适量的助剂作为黏附剂，使作物叶片吸附更多的肥液。如在配制 0.2% 磷酸二氢钾时，可称 200g 磷酸二氢钾兑水 100kg，再加入中性洗衣粉 50～100g 或洗洁精 50mL，经充分搅匀后进行喷施。加添助剂的目的是减少肥液的表面张力，增加药液在叶片上的滞留时间；但加入的助剂必须是中性助剂，绝对不能用碱性物质，否则会降低肥效或灼伤作物叶片。

五、叶面肥的发展方向

叶面肥是土壤施肥的补充，它强化了植物营养的调节能力，是一种低成本、高效益的施肥措施，在构建"立体施肥"模式中起到了重要作用，已日益受到广大农户的青睐。目前，我国在农业部登记的叶面肥的品种虽有 2 000 多个，但有的品种配方技术含量低，效果并不理想；有的品种原料把关不严，不仅会使作物受害，还会对环境造成污染。为了提高叶面肥的施用效果，减少对环境的污染，叶面肥应向复合多功能化、绿色环保化方向发展。

1. 复合多功能化　随着科技进步，叶面肥已逐渐由单一养分型向综合型转化，由单一功能向多功能转化，这将成为叶面肥发展的主导方向，也是目前市场上推广的主要品种。其主要优点是营养齐全，既可加入所需的大、中、微量元素，又可加入生物活性物质腐殖酸，同时还可根据防虫治病的实际需要加入不同种类的抗虫、抗病药物，形成复合多功能型叶面肥。

2. 绿色环保化　随着人们环保意识增强，人们已看到绿色产品的开发和消费的市场潜力。强大的市场需求必然会推动叶面肥向天然物料索取，如海藻素、菇脚浸提液、秸秆发酵料中提取的原液及稀释液，均对作物有较好的营养补充作用和生理调节作用。此外，海洋生物如壳聚糖也可制作叶面肥；天然物质如褐煤、风化煤中提取的黄腐酸类物质也可作为叶面肥原料，再合理搭配相关营养元素即可制成叶面肥。

第四节　水肥一体化

水是作物生存之源，是农业生产发展的必要条件，而肥料是作物增产高产的物质保证和基础。长期以来，缺水与肥料的过量施用是制约我国农业持续健康发展的重要因素。我国的水资源相对比较贫乏，年均降水量约为 630mm，人均占有量仅为 2 300m³，只相当于世界人均淡水资源量的 1/4。受人类活动的影响，全球正经历着人类历史上前所未有的气候变化。自工业革命以来，全球大气中 CO_2 的浓度日趋增高，CO_2 增加不仅导致全球变暖还将造成气候趋向干旱化，引起并加剧土壤盐碱化，导致淡水资源更加匮乏。如何节约农用水，如何通过采取工程、农艺管理和信息技术等措施，提高农业水分利用率是节约淡水资源、促进水资源的可持续利用、加快社会经济发展的关键。化肥的过量施用不仅造成严重的资源浪费，而且引起了一系列的环境问题。因此，农业在追求作物高产、优质、低成本的同时要保持可持续发展，而实现这个目标的前提是要有一个最优且平衡的水分和养分供应体系。

一、水肥一体化的基本概念

传统的灌溉和施肥是分开进行的，作物处于"饥饿—饱—过饱"的循环中。从施肥来看，虽然传统的施肥方法有多种，如撒施、集中施用、分层施用、叶面施用等，但是这些方法的肥料利用率都不是特别理想。近年来，随着节水灌溉技术的发展，与其相结合的水肥一体化技术的应用逐渐引起人们的关注。

水肥一体化技术也称为灌溉施肥技术，是将灌溉与施肥融为一体的农业新技术，是精确施肥与精确灌溉相结合的产物。它借助压力系统（或地形产生的自然落差），根据土壤养分含量和不同作物的需肥规律及特点，将可溶性固体或液体肥料配成的肥液，与灌溉水一起，通过可控管道系统均匀、准确地输送到作物根部土壤，浸润作物根系生长发育区域，使主要根系土壤始终保持疏松以及适宜的含水量。根据灌水方式的不同，水肥一体化技术主要有水喷灌、泵加压滴灌、重力滴灌、渗灌等。水渠灌溉最为简单，冲施肥对肥料要求不高，但水渠灌溉不利于节水；滴灌是根据作物需水、需肥量和根系分布进行最精确的供水、供肥，不受风力等外部条件限制；喷灌相对来说没有滴灌施肥适应性广。故狭义的水肥一体化技术也称滴灌施肥。

二、水肥一体化的主要特点

"有收无收在于水""收多收少在于肥"，这两句农谚精辟地阐述了水和肥在种植业中的重要性及其相互关系。水肥一体化技术从传统的"浇土壤"改为"浇作物"，是一项集成的高效节水、节肥技术，不仅可以节约水资源，而且可以提高肥料利用率。应用水肥一体化技术，可根据不同作物的需肥特点、土壤环境、养分含量状况以及不同生长期的需水量，进行全生育期需求设计，把水分和养分定时、定量，按比例直接提供给作物，可以方便地控制灌溉时间、肥料用量、养分浓度和营养元素间的比例。

水肥一体化技术与传统地面灌溉和施肥方法相比，具有以下优点：

（一）节水

水肥一体化技术可减少水分的下渗和蒸发，提高水分利用率。传统的灌溉方式，水的利用系数只有 0.45 左右，灌溉用水的 1/2 以上流失或浪费了；而喷灌方式下水的利用系数约为 0.75，滴灌水的利用系数可达 0.95。在露天条件下，微灌施肥与大水漫灌相比，

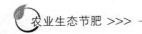

节水率达 50％左右。保护地栽培条件下，滴灌施肥与畦灌施肥相比，每亩大棚一季可节水 80～120m³，节水率为 30％～40％。

（二）节肥

利用水肥一体化技术可以方便地控制灌溉时间、肥料用量、养分浓度和营养元素间的比例，实现了平衡施肥和集中施肥。与人工施肥相比，水肥一体化的肥料用量是可量化的，作物需要多少施多少；同时将肥料直接施于作物根部，既加快了作物吸收养分的速度，又减少了挥发、淋失所造成的养分损失。水肥一体化技术具有施肥简便、施肥均匀、供肥及时、作物易于吸收、肥料利用率高等优点。在作物产量相近或相同的情况下，水肥一体化技术与传统施肥技术相比可节省化肥 40％～50％。

（三）减轻病虫害发生

水肥一体化技术有效地减少了灌水量和水分蒸发量，降低了土壤湿度和空气湿度，抑制了病菌与害虫的产生、繁殖和传播，在很大程度上减少了病虫害的发生，因此也减少了农药的投入和防治病害的劳动力投入。与传统施肥技术相比，水肥一体化技术每亩农药用量可减少 15％～30％。

（四）节省劳动力

水肥一体化技术是管网供水，操作方便，便于自动控制，减少了人工开沟、撒肥等过程，因而可明显节省劳动力；灌溉是局部灌溉，大部分地表保持干燥，抑制了杂草的生长，也就减少了用于除草的劳动力；水肥一体化技术可减少病虫害的发生，减少了用于防治病虫害、喷药等劳动力；水肥一体化技术实现了种地无沟、无渠、无埂，大大减轻了水利建设的工程量。

（五）增加产量，改善品质，提高经济效益

水肥一体化技术适时、适量地供给作物不同生育时期生长所需的水分和养分，明显改善作物的生长环境，因此可促进作物增产，提高农产品的外观品质和营养品质。应用水肥一体化技术种植的作物，生长整齐一致，具有定植后生长恢复快、提早收获、收获期长、丰产优质、对环境气候变化适应性强等优点。通过水肥的控制可以根据市场需求提早供应或延长供应。

（六）便于农作管理

水肥一体化技术只湿润作物根区，其行间空地保持干燥，因而即使是灌溉的同时，也可以进行其他农事活动，减少了灌溉与其他农作管理的相互影响。

（七）改善微生态环境

采用水肥一体化技术除了明显降低大棚内空气湿度和温度外，还可以增强微生物活性。滴灌施肥与常规畦灌施肥技术相比，地温可提高 2.7℃。滴灌施肥避免了因灌溉造成的土壤板结，土壤容重降低，孔隙度增加，有效调控根系土壤的水渍化、盐渍化、土传病害等障碍。

（八）减少对环境的污染

水肥一体化技术严格控制灌溉用水量及化肥施用量，防止化肥和农药淋洗到深层土壤，造成土壤和地下水的污染，同时可将硝酸盐产生的农业面源污染降到最低程度。

此外，利用水肥一体化技术可以在土层薄、贫瘠、含有惰性介质的土壤上种植作物并

获得最大的增产潜力，能够有效地利用与开发丘陵地、山地、沙石、轻度盐碱地等边缘土地。

三、水肥一体化技术研究进展

（一）国际发展历史

水肥一体化技术是人类智慧的结晶，是生产力不断发展进步的产物。水肥-体化技术的发展经历了很长的历史，它的灵感起源是无土栽培技术。早在18世纪，英国科学家John Woodward利用土壤提取液配制了第一份水培营养液。后来，水肥一体化技术经过了3个阶段的发展。

（1）第一阶段：18世纪末至19世纪中期是营养液栽培、无土栽培阶段，是水肥一体化技术的最前期的构想阶段。营养液栽培最初是指没有任何固定根系基质的水培。1838年，德国科学家斯鲁兰格尔，鉴定出植物生长发育需要的15种营养元素。19世纪中叶（1842年）Wiegmen和Polsloff第一次用重蒸馏水和盐类成功地培养了植物，并证明了水中溶解的盐类是植物生长的必需物质。这一时期最杰出的代表人物是Van Liebig，他证明了植物体中的C来自空气中的CO_2，H和O来自NH_3、NO_3^-，其他一些矿质元素均来自土壤。他的工作彻底否定了当时流行的腐殖质营养理论，建立了矿质营养理论的雏形。他的理论也是现代"营养耕作"理论的先导。1859年，德国著名科学家Sachs和Knop，提出了使植物生长良好的第一个营养液的标准配方，建立了直到今天仍沿用的使用溶液培养植物的方法。之后，营养液栽培的含义扩大了，在充满营养液的沙石、砾石、蛭石、珍珠岩、稻壳、炉渣、岩棉、蔗渣等非天然土壤基质材料做成的种植床上种植植物也称为营养液栽培。因其不用土壤，故又称无土栽培，它不用一般的有机肥和无机肥，而是依靠提供营养液来代替传统的农业施肥技术。1920年，营养液的制备达到标准化，但这些都是在实验室内进行的试验，尚未应用于生产。1929年，美国加利福尼亚大学的W. F. Gericke教授，利用营养液成功培育出一株高7.5m的番茄，采收果实14kg，引起了人们极大的关注。这被认为是无土栽培技术由试验转向实用化的开端，作物栽培终于摆脱自然土壤的束缚，可进入工厂化生产。

（2）第二阶段：19世纪中期至20世纪中期，无土栽培实现商业化生产，水肥一体化技术初步形成。第二次世界大战加速了无土栽培技术的发展，为了给美军提供大量的新鲜蔬菜，美国在各个军事基地建立了大型的无土栽培农场，无土栽培技术日臻成熟，并逐渐商业化。无土栽培的商业化生产开始于荷兰、意大利、英国、德国、法国、西班牙、以色列等国家。之后，墨西哥与南美洲、撒哈拉沙漠等土地贫瘠、水资源稀少的地区也开始推广无土栽培技术。20世纪50年代，出现了将肥料溶解在灌溉水中用于地面灌溉、漫灌和沟灌的案例，这是水肥一体化技术的雏形。当时最常用的肥料是氨水和硝酸铵，由于氨在地表容易挥发，再加上灌溉水的利用率很低，使得肥料的氮利用率很低。塑料管件和塑料容器的发展促进了水肥一体化技术的进一步发展，这时通过灌溉系统施用的肥料也大幅度增加，水泵和用于实现养分精确供应的肥料混合灌也得到研制和开发。

（3）第三阶段：20世纪中期以来是水肥一体化技术快速发展的阶段。20世纪50年代，以色列内盖夫沙漠中哈特泽里姆的农民偶然发现，水管渗漏处的庄稼长得格外好，后来经过试验证明，滴渗灌溉是减少蒸发、高效灌溉及控制水肥最有效的方法。随后，以色列政府大力支持实施滴灌，1964 年成立了著名的内塔菲姆滴灌公司。以色列从落后农业国实现向现代工业国的迈进，主要得益于滴灌技术。与喷灌和沟灌相比，应用滴灌的番茄产量增加 1 倍，黄瓜产量增加 2 倍。以色列应用滴灌技术以来，全国农业用水量没有增加，农业产出却较之前翻了五番。内塔菲姆滴灌公司生产的第一代滴灌系统设备是用流量计量仪控制塑料管中的单向水流，第二代产品引用了高压设备控制水流，第三、四代产品开始配合计算机使用。自 20 世纪 60 年代以来，以色列开始普及水肥一体化技术，全国 43 万 hm^2 耕地中大约有 20 万 hm^2 应用加压灌溉系统。由于管道和滴灌技术的发展，全国灌溉面积从 16.5 亿 m^2，增加至 22 亿～25 亿 m^2，耕地从 16.5 亿 m^2 增加至 44 亿 m^2。果树、花卉和温室作物均采用水肥一体化技术，而大田蔬菜和大田作物有些是全部利用水肥一体化技术，有些只是一定程度上应用，这取决于土壤本身的肥力和基肥施用情况。在喷灌、微喷灌等微灌系统中，水肥一体化技术对作物也有很显著的作用。随着喷灌系统由移动式转为固定式，水肥一体化技术也被应用到喷灌系统中。20 世纪 80 年代初期，水肥一体化技术应用到自动推进机械灌溉系统中。

水肥一体化技术除了水分的供应外，另一个关键的问题是养分的供应。利用水肥一体化技术湿润的土壤容积只是耕作层的一小部分，特别是沙质土壤。在初始阶段，通过灌溉系统进行施肥有两种方法：一是利用喷雾泵将肥料溶液注入灌溉系统；二是将灌溉系统的水引到装有水和固体肥料的容器内，然后又回到灌溉系统内。这两种方法简单但是不精确也不均匀。20 世纪 70 年代，液体肥料的应用促进了水力驱动泵的发展。第一种开发的水力驱动泵为膜式泵，它将肥料溶液从一个敞开的容器中抽取后再注入灌溉系统，这种泵产生的压力是灌溉系统中压力的两倍；第二种水力驱动泵是活塞泵，它是利用活塞来进行肥料溶液的吸取和注入。这些水力驱动泵的应用实现了水肥的同时供应。同时，低流量的文丘里施肥器也开始应用，利用这种施肥器肥料可均匀溶解在灌溉水中，养分分布比较均匀，主要应用在苗圃和盆栽温室中。它的应用有效解决了早期水力驱动泵在低流量下的不精确性。随着计算机技术的发展，对肥料的用量和流量逐渐实现了机械化设备自动控制，对肥料用量和流量的控制也越来越精确。

（二）国内发展概况

我国农业灌溉有着悠久的历史，但是大多采用大水漫灌和串畦淹灌的传统灌溉方法，水资源的利用率低，不仅浪费了大量的水资源，同时作物的产量提高得也不明显。我国水肥一体化技术的发展始于 1974 年。随着微灌技术的推广应用，水肥一体化技术的发展大体经历了以下 3 个阶段：

第一阶段（1974—1980 年）：引进滴灌设备，并进行设备研制与生产，开展微灌应用试验。1980 年我国第一代成套滴灌设备研制生产成功。

第二阶段（1981—1996 年）：引进国外先进工艺技术，国产设备规模化生产基础逐渐形成。微灌技术由应用试点到较大面积推广，微灌试验研究取得了丰硕成果，在部分微灌试验研究中开始进行灌溉施肥内容的研究。

第三阶段（1997 年至今）：灌溉施肥的理论及应用技术日趋被重视，技术研讨和技术培训大量开展，水肥一体化技术大面积推广。

自20世纪90年代中期以来，我国微灌技术和水肥一体化技术迅速推广。水肥一体化技术已经由过去局部试验示范发展为大面积推广应用，辐射范围由华北地区扩大到西北干旱区、东北寒温带和华南亚热带地区，覆盖了设施栽培、无土栽培等栽培模式以及蔬菜、花卉、苗木、大田经济作物等多种作物种类。在经济发达地区，水肥一体化技术水平日益提高，涌现了一批设备配置精良、专家系统智能自动控制的大型示范工程。部分地区因地制宜实施的山区重力滴灌施肥、西北半干旱和干旱区协调配置日光温室集雨灌溉系统、窖水滴灌、瓜类栽培吊瓶滴灌施肥与华南地区利用灌溉注入有机肥液等技术形式使灌溉施肥技术日趋丰富和完善。大田作物灌溉施肥最成功的例子是新疆的棉花膜下滴灌。1996年，新疆引进了滴灌技术，经过3年的试验研究，成功地研究开发了适合大面积农田应用的低成本滴灌带。1998年，开展了干旱区棉花膜下滴灌综合配套技术研究与示范，成功地研究出与滴灌技术相配套的施肥和栽培管理技术。即利用大功率拖拉机，将开沟、施肥、播种、铺设滴灌带和覆膜一次性完成，在棉花生长过程中，通过滴灌控制系统，适时完成灌溉和追肥。

灌溉施肥理论与应用研究逐渐深入，由过去侧重土壤水分状况、节水和增产效益试验研究，逐渐发展到灌溉施肥条件下水肥结合效应、对作物生理和产品品质影响、养分在土壤中运移规律等方面的研究；由单纯注重灌溉技术、灌溉制度逐渐发展到对灌溉与施肥的综合运用技术的研究。例如，对滴灌施肥条件下硝态氮和铵态氮的分布规律的研究，对膜下滴灌土壤盐分特性及影响因素的研究以及关于溶质转化运移规律的研究和铵态氮转化迁移规律的研究等。我国水肥一体化技术总体水平，已从20世纪80年代初级阶段发展和提高到了中级阶段。其中，部分微灌设备产品性能、大型现代温室装备和自动化控制设备已基本达到目前国际先进水平，微灌工程的设计理论及方法已接近世界先进水平，微灌设备产品和微灌工程技术规范，特别是条款的逻辑性、严谨性和可操作性等方面，已跃居世界领先水平。1982年，我国加入国际灌溉排水委员会，并成为世界微灌组织成员之一。我国加强国际技术交流，重视微灌技术管理、微灌工程规划设计等的培训，培养了一大批水肥一体化技术推广管理及工程设计骨干和高学历人才。

但是，从技术应用的角度分析，我国水肥一体化技术推广缓慢。首先，只关注了节水灌溉设备，水肥结合理论与应用研究成果较少；其次，我国灌溉施肥系统管理水平较低，培训宣传不到位，基层农业技术人员和农民对水肥一体化技术的应用不精通；再次，应用水肥一体化技术面积所占比例小，深度不够；最后，某些微灌设备产品，特别是首部配套设备的质量与国外同类先进产品相比仍存在着较大差距。

四、水肥一体化的必要性

首先，我国水资源匮乏且分布不均，我国水资源总量居世界第六位，总量本来就不丰富，人均占有量更低，而且分布不均匀；水土资源不相匹配，淮河流域及其以北地区国土面积占全国的63.5%，水资源量却仅占全国的19%。平原地区地下水储存量减少，降落漏斗面积不断扩大，我国可耕种的土地面积越来越少。在可耕种的土地中有43%的土地是灌溉耕地，也就是说靠自然降水的耕地达57%；但是我国雨水的季节性分布不均，大部分地区一年内连续4个月降水量占全年的70%以上，连续丰水年或连续枯水年较为常

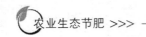

见，旱灾发生率极高。另外，我国农业用水方式比较粗放，耗水量大，灌溉水有效利用系数仅为 0.5 左右。水资源缺乏、农业用水率低不仅制约着现代农业的发展，也限制着社会经济的发展。因此，有必要大力推广节水技术。水肥一体技术可有效节约灌溉用水，如果利用合理可大大缓解我国水资源匮乏的压力。

其次，我国是世界化肥消耗大国，不足世界 10% 的耕地却施用了世界化肥总施用量的 1/3。化肥过度施用而利用率低，全国各地的耕地均有不同程度的次生盐渍化现象。长期大量施用化肥造成农田中氮、磷向水体转移，造成地表水污染，使水体富营养化。肥料的利用率是衡量肥料发挥作用的一个重要的参数。归根结底，肥料的科学施用、合理配施是为了提高肥料的利用率。研究发现，我国的氮肥当季利用率只有 30%～40%，磷肥的当季利用率为 10%～25%，钾肥的当季利用率为 45% 左右，这不仅造成严重的资源浪费，还会引发农田及水环境的污染问题。化肥过度施用造成了严重的土壤污染、水体污染、大气污染、食品污染。因此，长期施用化肥促进粮食增产的同时，也给农业生产的可持续发展带来了挑战。

最后，劳动力匮乏且劳动力价格越来越高，使水肥一体化技术节省劳动力的优点更加突出。数据显示，1938—1956 年出生的人口中，农民占比达到 57%，工人占比只有 25%；而 1977—1997 年出生的人口中，工人占比增加了一倍多，达到 55%，农民占比则减少到 25%。种地的年轻人越来越少，进城务工的越来越多，这导致劳动力群体结构极为不合理，年龄断层严重。在现有的农业生产中，真正在生产一线从事劳动的人的年龄大部分在 40 岁以上。在若干年以后，这部分人没有能力干活了将很难有人来替代他们的工作。劳动力短缺致使劳动力价格高涨，现在的劳动力价格是 5 年前的 2 倍甚至更高，单凭传统的灌溉、施肥技术，单劳动力成本农民就很难承担。

通过以上因素的分析，可以看出，水肥一体化技术在我国发展、推广的必要性和重大意义。水肥一体化技术这种"现代集约化灌溉施肥技术"是应时代之需，是我国传统的"精耕细作"农业向"集约化农业"转型的必要产物。它的应用和推广有利于从根本上改变传统的农业用水方式，提高水分利用率和肥料利用率；有利于改变农业的生产方式，提高农业综合生产能力；有利于从根本上改变传统农业结构，大力促进生态环境保护和建设。早在 20 世纪 90 年代，以色列的内塔菲姆滴灌公司就已进入我国，并成立了内塔菲姆（中国）公司来推广滴灌技术。截至目前，其推广情况并不是很理想，主要在新疆的棉花种植和中西部少数地区的果树种植方面有所推广；而在农业覆盖面积最大、灌溉水资源需求最大且近些年来旱情相对比较严重的华北、东北的小麦、玉米种植区及其他一些边远地区并没有得到推广。

五、节水灌溉系统

灌溉，也就是人们一般理解的"浇地"，是通过人为的手段调节土壤的含水量，保证满足种植作物的正常生长发育所需的水分。从字面上看，"灌"是浇注的意思，"溉"是使水扩散开。从人类农业的灌溉历史看，地面灌溉早在几千年以前就出现了。自由漫灌、沟灌、畦灌是最传统的灌溉方式，但是这些灌溉方式比较粗放，灌水量大，水分利用率低，而且容易导致土壤板结和深层渗漏，还会降低土壤肥力。随着人口爆炸式增长、城市生活

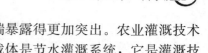

用水和工业生产耗水量增加，这些传统的灌溉方式的弊端暴露得更加突出。农业灌溉技术必须从粗放型走向精确型和集约型。水肥一体化技术的载体是节水灌溉系统，它是灌溉技术的改革和创新。水肥一体化技术采用的灌溉系统大体可分为两类：一是喷灌，二是微灌。

（一）喷灌

喷灌是利用水泵加压或自然落差将水通过压力管道送到田间，经喷头喷射到空中，形成细小的水滴，均匀喷洒在农田上，为作物正常生长提供必要水分条件的一种先进灌溉方法。与传统的地面灌溉方法相比，喷灌具有明显的优点。

1. 喷灌的优点

（1）节约用水。喷灌由于可以对不同土壤或各种作物进行适时、适量、均匀和有计划的小定额灌溉，所以不产生地面径流和深层渗透，因而提高了水的有效利用率，达到了节水的目的，而且灌水均匀。若与地面灌溉相比，喷灌较沟、畦灌省水 30%～50%。透水性强、保水能力差的沙性土壤或山坡岗地，节水在 70% 以上。

（2）增加作物产量、提高作物品质。喷灌对增加作物产量的作用是多方面的。首先，喷灌可以适时适量地满足作物对水分的要求，这对于精细控制土壤水分、保持土壤肥力，满足换茬时两种作物对水分的不同要求极为有利。喷灌像降雨一样湿润土壤，不破坏土壤团粒结构，为作物根系生长创造了良好的土壤状况。喷灌大大减少了沟渠和田埂占地，一般可提高耕地利用率，这对于单产较高的小麦等条播作物来说，进一步提高产量效果十分明显。喷灌可以调节田间小气候，增加近地面空气湿度，调节温度和昼夜温差，不但可避免干热风、霜冻对作物的危害，而且可显著提高水果、蔬菜、茶叶、烟草等经济作物的品质。

（3）节省劳动力。喷灌在世界范围内得以迅速发展的原因之一，是为了提高农业劳动生产率。我国农业经营正在向集约化、规模化方向发展，同样面临着提高农业劳动生产率的问题。喷灌的机械化程度高，可以大大减轻灌溉的劳动强度，提高作业效率，免去每年修筑田埂和田间沟渠的重复劳动。可以说，喷灌是我国今后全面实现农业机械化最有效的灌溉措施之一。

（4）适应性强。喷灌是将水直接喷洒到田面上，并且在一定条件下不产生径流，故灌溉均匀度与地形和土壤透水性没有直接的关系。在土壤透水性强或地形坡度较大的条件下仍可以采用喷灌，大多数情况下无需为灌溉而平整土地或控制地面坡度。

2. 喷灌的缺点 喷洒作业受风的影响。风不但会将喷洒的水滴吹到远处，而且显著改变各方向的射程和水量分布，影响灌溉质量，甚至产生漏喷，一般风力大于 3 级时不宜进行喷洒作业。灌溉季节多风的地区应在设备选型的规划设计上充分考虑风的影响，如果难以解决，则应考虑采用其他灌溉方法。

（1）设备投资高。喷灌系统工作压力较高，对设备的耐压要求也高，因而设备投资一般较高。这也是当前制约喷灌发展的主要因素。与此相关的另一个问题是，目前喷灌设备质量不高，加上管理不善，造成设备损坏、丢失，甚至系统提前报废，投入得不到相应的回报。因此，建设喷灌工程必须切实把好设备和施工质量关，管理也要上个台阶。

（2）耗能较高。喷灌要利用水的压力使水流转成水滴并且喷洒到规定范围内，显然喷

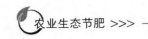

灌需要多消耗一部分能源。但喷灌还能节水,从这方面讲也节约了资源。说喷灌比地面灌溉耗能多一般是符合实际的,但在扬程高的提水灌区和地下水埋深大的井灌区,也有不少既节水也节电、节油的实例,对此应根据当地条件进行综合分析,得出正确的结论。

(二)微灌

微灌,即按照作物需水要求,通过低压管道系统与安装在末级管道上的特制灌水器,将水和作物生长所需的养分以较小的流量均匀、准确地直接输送到作物根部附近的土壤表面或土层中的灌溉方法。与传统的地面灌溉和全面积都湿润的喷灌相比,微灌只以少量的水湿润作物根区附近的部分土壤,因此又叫局部灌溉。微灌灌水流量小,一次灌水延续时间较长,灌水周期短,需要的工作压力较低,能够较精准地控制灌水量,能把水分和养分直接输送到作物根部附近的土壤中。按灌水时水流出流方式的不同,可以将微灌分为滴灌、地表下滴灌、微型喷洒灌溉和涌泉灌溉4种形式。

滴灌:通过安装在毛管上的滴头、孔口或滴灌带等灌水器将水一滴一滴、均匀而又缓慢地滴入作物根区附近土壤中。由于滴水流量小、水滴缓慢入土,因而在滴灌条件下除紧靠滴头下面的土壤水分处于饱和状态外,其他部位的土壤水分均处于非饱和状态,土壤水分主要借助毛管张力作用入渗和扩散。

地表下滴灌:将全部滴灌管道和灌水器埋入地表下面。这种灌水形式能克服地面毛管易于老化的缺陷,防止毛管损坏或丢失,同时方便田间作业。与地下渗灌和通过控制地下水位的浸润灌溉相比,区别仍然是仅湿润部分土体,因此称地表下滴灌。

微型喷洒灌溉:利用折射式、辐射式或旋转式微型喷头将水喷洒在枝叶或树冠下地面,简称微喷。微喷既可以增加土壤水分又可提高空气湿度,起到调节田间小气候的作用。由于微喷的工作压力低、流量小,在果园灌溉中仅湿润部分土壤,因而习惯上将这种微喷划分在微灌范围内。严格来讲,它不完全属于局部灌溉的范畴。

涌泉灌溉:通过安装在毛管上的涌水器形成的小股水流,以涌泉方式使水流入土壤的一种灌水形式。涌泉灌溉的流量比滴灌和微喷大,一般都会超过土壤的渗吸速度。为了防止产生地面径流,需要在涌水器附近挖一个小灌水坑暂时储水。涌泉灌溉尤其适合于果园和植树造林的灌溉。

1. 微灌的优点

(1)节水。微灌系统全部由管道输水,很少有沿程渗漏或蒸发损失;微灌属局部灌溉,灌水时一般只湿润作物根部附近的部分土壤,灌水流量小,不易发生地表径流和深层渗漏。另外,微灌能适时适量地按作物生长需要供水,较其他灌水方法而言,水的利用率高。一般比地面灌溉省水 1/3~2/3,比喷灌省水 15%~25%。

(2)节能。微灌的灌水器在低压条件下运行,一般工作压力为 50~150kPa,比喷灌低;又因微灌比地面灌溉省水,灌水利用率高,对提水灌溉来说这意味着减少了能耗。

(3)灌水均匀。微灌系统能够做到有效地控制每个灌水器的出水量,灌水均匀度高,均匀度一般可达 80%~90%。

(4)增产。微灌能适时适量地向作物根区供水供肥,有的还可调节棵间的温度和湿度,不会造成土壤板结,为作物生长提供了良好的条件,因而有利于实现高产稳产,提高产品质量。许多地方的实践证明,微灌较其他灌水方法一般可增产30%左右。

（5）对土壤和地形的适应性强。微灌系统的灌水速度可快可慢：对于入渗率很低的黏性土壤，灌水速度可以放慢，使其不产生地表径流；对于入渗率很高的沙性土壤，灌水速度可以提高，灌水时间可以缩短或进行间歇灌水，这样做既能使作物根系层经常保持适宜的土壤水分，又不至于产生深层渗漏。由于微灌是压力管道输水，不一定要求整平地面。

（6）在一定条件下可以利用咸水资源（海水种植的芹菜品质好）。微灌可以使作物根系层土壤经常保持较高含水状态，因而局部的土壤溶液浓度较低，渗透压比较低，作物根系可以正常吸收水分和养分而不受盐碱危害。实践证明，使用咸水滴灌，灌溉水中含盐量为 $2\sim4g/L$ 时作物仍能正常生长，并能获得较高产量；但是利用咸水滴灌会使滴水湿润带外围形成盐斑，长期使用会使土壤恶化。因此，在干旱和半干旱地区，在灌溉季节末期应用淡水进行洗盐。

（7）节省劳动力。微灌系统不需平整土地、开沟打畦，可实行自动控制，大大减少了田间灌水的劳动量和劳动强度。

2. 微灌的缺点

（1）易引起堵塞。灌水器的堵塞是当前微灌应用中最主要的问题，严重时会使整个系统无法正常工作，甚至报废。引起堵塞的原因可以是物理因素、生物因素或化学因素，如水中的泥沙、有机物质或微生物以及化学沉凝物等。因此，微灌对水质要求较严，一般均应经过过滤，必要时还需经过沉淀和化学处理。

（2）可能引起盐分积累。当在含盐较高的土壤上进行微灌或是利用咸水微灌时，盐分会积累在湿润区的边缘，若遇到小雨，这些盐分可能会被冲到作物根区而引起盐害，这时应继续进行微灌。在没有充分冲洗条件的地方或是秋季无充足降雨的地方，则不要在高含盐量的土壤上进行微灌或利用咸水微灌。

（3）可能限制根系的发展。由于微灌只湿润部分土壤，加之作物的根系有向水性，这样就会引起作物根系集中向湿润区生长。另外，在没有灌溉就没有农业的地区，如我国西北干旱地区，应用微灌时，应正确布置灌水器；在平面上要布置均匀，在深度上最好采用深埋方式。

总之，微灌的适应性较强，使用范围较广，各地应根据当地自然条件、作物种类等因地制宜地选用。

六、肥料选择

（一）肥料概述

肥料狭义上理解为凡是能直接供给植物生长的必需营养元素的物料，广义上理解为凡是能直接向植物提供养分、改善土壤性状、提高植物产量和品质的物质。在作物对养分需求利用过程中可以发现，适宜的土壤水分含量对施肥效果影响很大，作物生长过程中保持水肥平衡对作物提高吸收和利用养分、充分发挥肥效以及达到增产目的有很重要的作用。随着现代施肥技术不断提高，将灌溉与肥料结合起来，可以让作物根区土壤保持最佳的水肥比，保证作物在最具优势条件下吸收利用养分，从而使作物获得较高的产量并提高产品质量。近年来，伴随着灌溉施肥系统越来越普及，选择合适的肥料成为发挥肥效的关键措施。在水肥一体化施肥中肥料常选择化肥，下面简要介绍部分化肥的特点。

1. 氮肥 硝态氮、铵态氮和酰胺态氮为化肥中氮的三种形态。从供氮营养角度上看，三者的作用是一致的；但三种形态的氮肥在土壤中的行为、根系的吸收特性以及体内反应与代谢机制存在显著差异。例如，硝态氮的深层渗漏较为普遍；铵态氮因土壤存在硝化作用，长期施用铵态氮肥土壤有酸化风险；酰胺态氮肥（尿素）溶解性虽好，但不被土壤胶体吸附，易随土壤水分移动。在大田栽培环境下，三种形态氮肥可以单独施用，也可以几种混合配制成母液施用。如尿素和硝酸铵配成含氮 32%～34% 的氮溶液，其中就含有硝态氮、铵态氮和酰胺态氮。在实际生产使用中，要考虑不同形态肥料中离子间相互作用，应轮流施用多种形态氮肥，实现平衡施用。

2. 磷肥 正磷酸根离子（PO_4^{3-}）、焦磷酸根离子（$P_2O_7^{4-}$）和聚磷酸根离子$[(PO_4)^{n-}]$是化肥中磷的存在形式。用于微灌施肥的磷肥必须是可完全溶于水的化合物。传统常用的磷肥有：过磷酸钙、工业级的磷酸一铵与磷酸二铵、磷酸二氢钾、磷酸、聚磷酸铵等。过磷酸钙虽然易溶于水，但是在溶解过程中伴随其他反应发生，如生成磷酸二钙等堵塞滴头；低等级过磷酸钙不可溶固形物含量比较高，不适合作滴灌肥。工业级的磷酸一铵与磷酸二铵在正常环境条件下可完全溶解，是很好的肥源。磷酸二氢钾是一种非常好的有效磷钾肥源，但价格较为昂贵，无法大面积推广。磷酸因可降低水的 pH，故除用作肥料灌溉施肥外，还可以作为灌溉系统清洗剂使用；但是由于其腐蚀性强、安全性低，所以在我国未被推广使用。聚磷酸铵肥料养分含量高、溶解性好，不易与土壤中的钙、镁、铁、铝等离子反应而失效，相反还具有螯合金属离子的作用，如提高锌、锰等微量元素的活性，在国外该肥料得到广泛应用。在生产中，由于磷的移动性差，磷肥施入土壤后易产生磷酸钙、磷酸镁等沉淀物，所以磷肥施用多采用基肥和灌溉施用相结合，最大程度充分发挥磷肥肥效。

3. 钾肥 钾在土壤中的移动、吸附、吸收等过程要比磷酸盐简单很多。通过微灌系统施用的钾肥有效性高，钾的利用率可高达 90% 以上。钾在土壤中的移动性好，可随灌溉水移动到根系密集区。不同土壤普遍规律表现为：沙壤土＞壤土＞黏土。沙壤土中钾主要以离子形式存在；黏壤土中以交换性钾、非交换性钾和矿物钾形式存在。大部分的钾肥都是可溶性的，灌溉施肥中常用的钾肥有：硝酸钾、氯化钾、磷酸二氢钾等。在滴灌系统中，因红色氯化钾会造成严重堵塞，不宜施用，多选择白色氯化钾。

4. 钙镁硫肥 在北方，因灌溉水和土壤中通常含有足够的钙离子，所以大部分情况下不需要施用钙肥；而在南方，采用基质栽培中因基质及灌溉水中钙的含量都很少，则需要补充施用钙肥。常用的水溶性钙肥有硝酸钙、氯化钙。如果南方酸性土壤中经常施用石灰，那么土壤缺钙现象也是比较少见的。对于一些蔬菜、茎果类作物，由于自身对钙肥需求较多，故而施用钙肥应成为一个常规施肥措施。土壤中有效镁以交换性阳离子形式存在于土壤溶液中，其含量远低于钙离子。沙土的缺镁现象严重，黏土中由于钙、镁、钾的不平衡而出现镁的缺乏。常用的镁肥是硫酸镁，其溶解性好、无杂质，广泛用于灌溉施肥中。在灌溉施肥中，硫作为一种伴随离子存在，如硫酸铵、硫酸镁等。大部分干旱和半干旱的土壤中，不会出现缺硫现象，少数沙土或基质栽培中会出现生理性缺硫症状。

5. 微量元素肥料 如果灌溉时微量元素以离子态施用则容易被土壤固定，不能有效地被作物吸收利用。所以，在灌溉施肥中常用螯合形态。螯合物是一种合成有机化合物，所含阳离子以复杂的形态存在，以避免阳离子与水和土壤的组分发生反应。植物根系可以吸收溶解螯合物从而提高养分吸收利用率。常用的螯合物有乙二胺四乙酸（EDTA）和乙二胺四乙酸（EDDHA）。EDTA 螯合的微量元素在碱性条件下易分解，当灌溉水的 pH 大于 7.0 时，应选用 EDDHA。在灌溉施肥时不宜将微量元素肥料与碱性肥料混合施用，以防降低养分利用率。当前，螯合态微量元素肥料价格昂贵，通过灌溉施肥可以提高肥效，降低用量，节省成本。在生产过程中，对于微量元素的补充可以通过叶面施肥的方式。

（二）水肥一体化技术的肥料选择

1. 灌溉水的理化性质　在进行水肥一体化之前，首先应了解灌溉水中化学成分和水的 pH 和可溶性盐浓度（EC）。一是选择化肥时应当考虑其酸碱性，如硝酸铵、硫酸铵、磷酸铵、磷酸等肥料将会降低灌溉水的 pH；而磷酸二氢钾、磷酸二铵、氨水等将会导致灌溉水的 pH 升高。二是当水源中含有碳酸根、钙镁离子时，灌溉水 pH 的增加可能会引起碳酸钙、碳酸镁的沉淀，从而堵塞滴头。

2. 灌溉施肥的品种　灌溉施肥条件下所用的肥料与传统施肥有所不同，要求常温下完全溶解，固体肥料和液体肥料均可。适宜的肥料品种主要有三种类型：一是养分含量适宜的液体肥料，但这类肥料品种少、价格高，且运输不便，所以生产中很少施用。二是水溶性专用固体肥料，可兼作叶面肥喷施，养分高、配比合理、溶解性好，也存在价格高的问题。三是溶解性好的普通固体肥料，生产中较为普遍，容易购买；但产品质量优劣不一，部分产品含有杂质等。所以，为了保证灌溉管道的畅通和延长其使用年限，生产中尽可能选用水溶性肥料或优质的溶解性好的普通固体肥料；否则会缩短管道的使用年限，而影响技术推广效果。目前，常用作灌溉施肥的氮肥品种有硝酸铵、尿素、氯化铵、硫酸铵以及各种含氮溶液；钾肥品种主要为氯化钾、硫酸钾、硝酸钾；磷肥品种有磷酸和磷酸二氢钾以及高纯度的磷酸二铵。另外，还有各种微量元素肥料、氨基酸、腐殖酸等。

3. 对肥料的基本要求　了解和掌握肥料的理化性状，才能正确合理地运用水肥一体化技术。特别是在滴灌系统中应用时，肥料的选择应该符合以下要求。

（1）可溶性要强。因肥料中水不溶物是堵塞过滤器的主要原因，故而水不溶物含量是判断水溶性肥料质量的重要指标。灌溉模式不同则水不溶物含量要求不一。如水不溶物含量小于 0.1% 的可用于滴灌系统，水不溶物小于 0.5% 的可用于喷灌系统，水不溶物小于 5% 的可用于冲施、淋施、浇施等。当然使用不同过滤装备对水不溶物含量要求也不同，一般自动反冲洗过滤器对水不溶物含量要求相对低一些，而人工清洗的过滤器则较高。在生产中，应结合技术、投入、价格等多因素选择不同的可溶性肥料。

（2）养分含量较高。选择的肥料养分含量要较高，如果肥料养分含量过低，施用时就会增加用量。这样可能会造成溶液中离子浓度过高，而堵塞滴头等现象。

（3）相容性要好。由于水肥一体化灌溉肥料大多是通过微灌系统随水施入的，如果在进行混合施肥时发生沉淀从而导致管道和出水口堵塞，会降低设备使用年限。所以肥料配制时不能产生拮抗作用，在肥料混合时，应基本不产生沉淀。

（4）腐蚀性要小。当肥料与灌溉设备直接接触时，灌溉设备容易被腐蚀、生锈或溶解。如果用铁质施肥罐时，磷酸会溶解金属铁，产生磷酸铁沉淀。所以一般情况下，在选

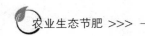

用抗腐蚀的非金属材料施肥罐同时，应根据灌溉设备材质选择腐蚀性较小的肥料。

（5）对灌溉水影响要小。因灌溉水一般含有各种离子和杂质，如钙离子、碳酸根离子、硫酸根离子等，当灌溉水的 pH 达到一定程度时，会产生沉淀现象。因此，在选择肥料品种时应考虑肥料对灌溉水 pH、电导率以及可溶性盐含量的影响。

（6）杂质含量少。肥料中如果杂质过多，容易堵塞过滤器或滴头等灌溉设备。

4. 肥料间的相互作用 在实际生产中，常会同时混合施用几种肥料，但在混合施用时如果搭配不当常会导致沉淀等反应出现。生产中采用两个以上施肥罐把混合后相互作用会产生沉淀的肥料分别储存。如在一个施肥罐中储存钙、镁和微量元素，在另一施肥罐中储存磷酸盐和硫酸盐等，确保安全而有效的灌溉施肥。

（三）用于灌溉施肥的肥料种类

灌溉施肥选用的肥料主要是水溶性肥料，肥料形态上有固体和液体两类。适合灌溉施肥的肥料应满足如下条件：①肥料养分含量高。②在常温条件下易溶于水。③溶解速度较快。④杂质含量低，能与其他肥料混合。⑤与灌溉水的相互作用小，不会引起灌溉水 pH 的剧烈变化。⑥对仪器设备的腐蚀较小。

1. 常用的一元和二元水溶性肥料 尿素是灌溉施肥系统中最为常见的氮肥。其养分含量高、溶解性好、杂质少，与其他肥料的相容性好，是配制水溶性复合肥的主要原料。碳酸氢铵、硫酸铵、氯化铵等也是常见氮肥，溶解性好、无残渣，但对于忌氯作物要慎用氯化铵。磷酸具有一定的腐蚀性，磷的含量变幅较大，用作灌溉肥时操作上要小心谨慎，一般不建议选用。因农用磷酸一铵和磷酸二铵含有大量杂质，容易堵塞灌溉系统，因此选用的磷酸一铵和磷酸二铵均指工业级别，外观为白色结晶状，易溶于水，是目前最广泛用于配制水溶性复合肥的基础原料。氯化钾因红色氯化钾含氧化铁等不溶物，因此多选用白色氯化钾用于复合肥。硫酸钾水溶性较差，需要不断搅拌取上清液施用，因此在大面积灌溉施用时会影响施肥进度。建议扩大施肥池，安装搅拌机，提前溶解肥料。硝酸钾是用于灌溉系统的优质肥料，溶解性好、无杂质，是作物钾肥选用的理想肥料，也是制造水溶性复合肥的重要原料。中微量元素的水溶肥中，大多数溶解性好、杂质少。微量元素则很少单独通过灌溉系统施用，一般选择含微量元素的水溶性复合肥一起施入。

2. 水溶性复合肥 随着肥料加工工艺的进步，近年来水溶性肥料逐渐兴起。在我国农业标准中，水溶性肥料定义为经水溶解或稀释，用于灌溉施肥、叶面施肥、无土栽培、浸种蘸根等用途的液体或固体肥料。而实际生产中，水溶性肥料主要指水溶性复混肥。根据其组成成分不同，可以分为水溶性氮磷钾肥料、水溶性微量元素肥料、含氨基酸类水溶性肥料以及含腐殖酸类水溶性肥料。根据作物营养需求，各厂家生产大量专用性水溶肥，有利于利用简单设备进行水肥一体化施用。这四类肥料中以水溶性氮磷钾肥料用途宽且覆盖量大，是未来发展的主要类型。

七、水肥一体化技术的发展趋势

水肥一体化技术是将施肥与滴灌结合起来并使水、肥得到同步控制的一项技术。它利用灌溉设施将作物所需的水分、养分以最精确的用量供给，以此节约水资源。因而，水肥一体化技术必将得到国家的大力扶植和推广，发展前景十分广阔。

（一）科学化

水肥一体化技术向着精准农业、配方施肥的方向发展。我国幅员辽阔，各地农业生产发展水平、土壤结构及养分间有很大的差别。因此，在未来规划设计水肥一体化进程中，在选取配料前，应根据不同作物种类、不同作物的生长期、不同土壤类型，分别采样化验得出土壤的肥力特性以及作物的需肥规律，从而有针对性地进行配方设计，选取合适的肥料进行灌溉施肥。另外，未来水肥一体化技术肥料的选取方向也将向科学化发展。水肥一体化技术肥料将根据灌溉系统的特点选取滴灌专用肥和液体化肥料。

（二）信息化

水肥一体化技术向着信息化方向发展。信息化是当今世界经济和社会发展的大趋势，也是我国产业优化升级和实现工业化、现代化的关键环节。在水肥一体化方面，不仅要将信息技术应用到生产、销售及服务过程中来降低服务成本，而且要在作物种植方面加大信息化发展。例如，水肥一体化自动化控制系统，可以利用埋在地下的湿度传感器传回土壤湿度的信息，以此有针对性地调节灌溉水量和灌溉次数，使植物获得最佳需水量。有的传感系统能通过监测植物的茎和果实的直径变化，来决定植物的灌溉间隔。

（三）标准化

目前，市场上节水器材规格参差不齐，严重制约了我国节水事业的发展。因此，在未来的发展中，节水器材技术标准、技术规范和管理规程的编制，会不断形成并成为行业标准和国家标准，以规范节水器材生产，减少因节水器材、技术规格不规范而引起的浪费，以此来提高节水器材的利用率。另外，水肥一体化技术规范标准化也会逐渐形成。目前的水肥一体化技术，各个施肥环节标准没有形成统一，效率低下，因而在未来的滴灌水肥一体化进程中，应对设备选择、设备安装、栽培、施肥、灌溉制度等各个环节进行规范，然后以此形成技术标准，提高效率。

（四）产业化

当前水肥一体化技术已经由过去局部试验示范发展为大面积推广应用，辐射范围由华北地区扩大到西北干旱区、东北寒温带和华南亚热带地区，覆盖了设施栽培、无土栽培、果树栽培等多种栽培模式，以及蔬菜、花卉、苗木、大田经济作物等多种作物。另外，水肥一体化技术的发展方向还表现在：节水器材及生产设备实现国产化，降低器材成本；解决废弃节水器材回收再利用问题，进一步降低成本；新型节水器材的研制与开发，发展实用性、普及性、低价位"二性一低"的塑料节水器材；完善的技术推广服务体系。

今后很长一段时间，我国水肥一体化技术的市场潜力主要表现在以下几个方面：建立现代农业示范区，由政府出资引进先进的水肥一体化技术与设备作为生产示范，让农民效仿；休闲农业、观光果园等一批都市农业的兴起，将会进一步带动水肥一体化技术的应用和发展；商贸集团投资农业进行规模化生产，建立特种农产品基地，发展出口贸易、农产品加工或服务于城市的餐饮业等；改善城镇环境，公园、运动场、居民小区内草坪绿地的发展也是水肥一体化设备潜在的市场；农民收入的增加和技术培训的到位，使农民有能力也愿意使用灌溉施肥技术和设备，以节约水、土和劳动力资源，获取最大的农业经济效益。

第六章 | CHAPTER 6

氮 肥 损 失 调 控

我国是一个农业大国，提高农业生产水平很大程度上依赖于肥料的施用。自 20 世纪 70 年代以来，我国化肥施用量迅速增加，目前已经成为世界上化肥消费第一大国。其中，又以氮肥的增长速度最快，目前氮肥施用量占化肥消费比重的 60% 左右。施用氮肥带来的作物产量提高和经济效益增长是显而易见的。但是，氮肥的施用存在不可忽视的缺点，一部分施入土壤的氮素以各种途径损失，如硝态氮通过淋溶作用进入水体、反硝化作用使氮素以气态形式损失；氮素向水体的迁移会导致水体污染，给人畜健康带来潜在的威胁。据农业部报道，我国主要粮食作物的氮肥当季利用率平均只有 35% 左右，氮肥利用率不高，氮素的损失较为严重。在农业生产中，可以采用氮肥深施、平衡施肥、施用缓释肥等技术措施来减少氮素损失，提高氮肥的利用率。

第一节　氮素循环

我们美丽的蓝色星球上存在着许多循环系统，如大气循环、水循环、生态系统的物质循环，当然还包括农田碳、氮、磷、硫等养分的循环。这些养分的循环是极其重要的，因为它们决定了土壤质量以及农田生态系统的生产力和可持续特性。氮是构成一切生命体的重要元素。在作物生产中，作物对氮的需要量最大，土壤供氮不足是引起作物产量下降和农产品品质降低的主要限制因子。同时，氮素肥料施用过剩会造成江河湖水体富营养化、地下水硝态氮积累等。了解氮素循环及土壤及肥料氮的形态、转化特性，对现代农业面临的环境保护问题至关重要。

农业生产体系中，氮素的循环是指氮素通过不同的途径进入农业生态系统后，经过多种转化和迁移过程后，又不同程度地离开农业生态系统。该循环是开放性的，与大气、水体等外界环境进行着复杂的交换。土壤是农业生态系统氮素流通的关键环节。土壤圈与生物圈之间，土壤氮素通过植物吸收，继而被人和家畜利用，然后又以作物根系、有机肥（人畜粪尿和秸秆等）等形式返回农田进入氮素再循环。土壤圈和大气圈之间，大气中的分子态氮通过生物固氮作用还原成氨，成为土壤氮素的重要来源之一，干湿沉降也可将一部分氮带入土壤；而土壤氮素通过硝化—反硝化和氨挥发以气态氮的形式流向大气圈。土壤圈和水圈之间，土壤中的氮素通过淋洗和径流损失进入水圈，而江河、湖泊和水库中的氮又通过灌溉进入土壤圈。由此可见，氮素的循环与平衡状况与大气和水体质量密切相关。本章将着重介绍氮素在土壤和作物中的循环过程。

一、农田系统中的氮素循环

农田系统中的氮素循环（图 6-1）包括氮素输入、转化和损失等过程。农田系统氮素主要来自土壤本身保持的各种含氮物质，而施肥和微生物固氮作用是氮素输入农田系统的重要来源，灌溉和大气降水携带的少量氮素随水进入土壤。农田系统氮素转化主要表现为作物和微生物与土壤之间不断进行氮的吸收固定和分解释放交换过程，以及土壤氮素的分解和合成转化过程，黏土矿物对 NH_4^+ 的吸收固定和释放。农田系统氮素损失过程主要包括通过地表径流和渗漏水携带土壤中的溶解态氮移出农田系统，农田表土颗粒侵蚀过程中损失的氮素，土壤中的氨挥发和反硝化作用以及作物生长过程中向大气释放的各种气态含氮化合物。上述各种氮素损失和随作物收获时携带的氮构成了农田系统氮素的输出。当农田系统氮素输入大于输出，土壤氮素水平处于盈余状态；反之则亏损。

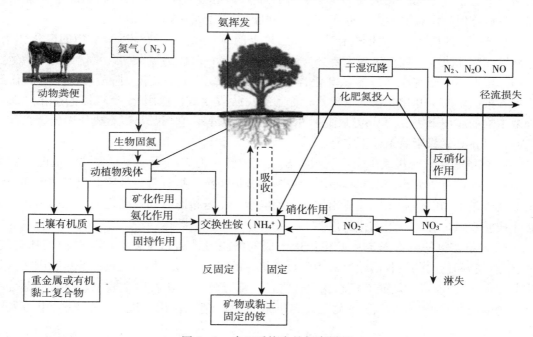

图 6-1　农田系统中的氮素循环

土壤中氮素转化从形态和性质的角度可看作一个无机态氮和有机态氮之间不断进行转化的过程；从生态系统的角度可看作一个不断在环境、生物和土壤之间进行着交换和转移，并伴随着氮的形态和性质变化的过程。而由于耕作土壤在不同耕作制度影响下，土壤氮素原有循环和平衡受到破坏，向新的平衡水平演变。

二、土壤氮的获得和转化

（一）土壤氮的获得

1. 大气中氮的生物固定　大气和土壤空气中的分子态氮不能被植物直接吸收、同化，必须经生物固定为有机氮化合物，才能直接或间接地进入土壤。

2. 雨水和灌溉水带入的氮　大气层发生的自然雷电现象，可使氮氧化成 NO_2 及 NO 等氮氧化物。散发在空气中的气态氮，如烟道排气、含氮有机质燃烧的废气、由铵化物挥发出来的气体等，通过降水的溶解，最后随雨水带入土壤。全球由大气降水进入土壤的氮，据估计为每年每亩 $0.13\sim1.47kg$，对作物生产来说意义不大。随灌溉水进入土壤的氮主要是硝态氮，其数量因地区、季节和降水量而异。

3. 施用有机肥和化肥　持续施用有机肥对提高土壤的氮储量、改善土壤的供氮能力有重要作用；但仅以有机肥形式返回土壤氮素，难以满足作物生长的需要。氮肥问世后，其成为现代农业中氮的重要来源。

（二）土壤中氮的转化

大气中的惰性氮经过生物和非生物固定进入土壤后，其主要形态是无机态氮和有机态氮两大类。土壤无机态氮主要为硝态氮和铵态氮，是植物能直接吸收利用的生物有效态氮。有机态氮是土壤氮的主要存在形态，一般占土壤全量氮的 95% 以上。

1. 有机氮的矿化　占土壤全量氮 95% 以上的有机氮，必须经过微生物的矿化作用，才能转化为无机氮。矿化过程主要分为两个阶段：第一阶段为复杂的含氮化合物在微生物酶的作用下逐级分解成简单的氨基化合物，称为氨基化阶段。第二阶段在微生物的作用下，各种简单的氨基化合物分解成氨，称为氨化阶段（氨化作用）。有机氮的矿化是在多种微生物的作用下完成的，包括细菌、真菌和放线菌等，它们都是以有机质中的碳素作为能源，可在好氧或厌氧条件下进行。

2. 铵的硝化　有机氮矿化释放的氨在土壤中转化为铵离子，一部分被带负电荷的土壤黏粒表面和有机质表面功能基吸附，另一部分被植物直接吸收。最后，土壤中大部分铵离子通过微生物的作用氧化成亚硝酸盐和硝酸盐。土壤铵态氮在亚硝化和硝化细菌作用下转化成硝态氮的过程称为硝化作用。

3. 无机态氮的生物固定　矿化作用生成的铵态氮、硝态氮和某些简单的氨基态氮，通过微生物和植物的吸收同化，成为生物有机体的组成部分，称为无机氮的生物固定（又称固持作用）。形成的新的有机态氮化合物，一部分随作物从农田中输出，而另一部分和微生物的同化产物一样，再一次经过有机氮氨化和硝化作用，进入新一轮的土壤氮素循环。

4. 铵离子的矿物固定　土壤中产生的另一个无机态氮固氮反应叫铵态氮的矿物固定作用（ammoninm fixation），指的是离子直径大小与 $2:1$ 型黏土矿物晶架表面孔穴大小接近的铵离子，陷入晶架表面的孔穴内，暂时失去了它的生物有效性，转变为固定态铵的过程。

三、氮肥在土壤中的循环

不同的氮肥施入土壤后溶解于水，其氮素分别以 NH_4^+、NO_3^- 或尿素分子存在于土壤溶液中，并直接参与土壤—植物体系中的循环。即一部分直接被植物和微生物吸收；一部分（NH_4^+ 或尿素）被土壤吸附而保存；还有一部分则经过一系列变化，以气态形式回到大气或以 NO_3^- 形态随水流失、淋失，后者在更大范围内参与氮素循环。

（一）氮肥的生物学固定

氮肥中氮素主要是无机态，施入土壤后可直接被作物根系吸收利用，也能被土壤微生物吸收同化，其实质是肥料中的无机态氮的有机化或称为生物学固定。

1. 作物对氮肥的吸收　氮肥施入土壤后，作物对氮的吸收率一般为 30%～50%，最多也只有 60%～70%，而且不同作物及同一作物不同品种之间，都有明显的差异。

氮肥的吸收率因氮肥品种和土壤类型而异。有报道表明，作物对氮肥的吸收率还与施肥时期和方法有关。以尿素为例，在两合土上，水稻对氮肥的吸收由栽秧时期的 22.3% 提高到旺长时期的 61.8%，亏损率由 47.3% 降到 25.8%。氮肥造粒深施比粉状肥料表施或混施的氮素利用率要高，且随着作物的生长，根系的伸展越趋明显。

根系吸收的无机氮，在作物体内转化为有机氮，一部分以种子等收获物的方式带走；而其余则以根茬或秸秆形式残留于土壤中，经过土壤微生物分解、矿化，再参与植物—土壤体系的氮素循环。

2. 微生物对氮肥的吸收和同化　微生物的吸收同化作用使土壤中的氮肥有机化，成为土壤氮素，在适宜条件下又被矿化。由于施入土壤中的氮肥迅速被有机化，促进了土壤原有有机质的分解，这一现象称为激发效应。土壤中氮肥的有机化和土壤有机态氮矿化的消长量，因土壤条件而异。

（二）氮肥在土壤中的转化

不同形态的氮肥施入土壤后，其中的氮素除被作物根系直接吸收外，酰胺态氮在脲酶作用下分解释放的铵与铵态氮肥的铵可被土壤吸附，也可在微生物作用下氧化为硝态氮。硝态氮在厌氧条件下，又进一步被还原。在碱性条件下，铵转化为氨气。

1. 土壤对铵的吸附与固定　铵态氮肥或尿素施入土壤后，通过不同途径产生铵离子。由于大部分土壤以带负电荷为主，因此铵离子以静电引力被土壤胶体吸附，并发生阳离子交换吸附反应。当土壤中铵离子浓度降低时，交换性铵离子又被解吸进入土壤溶液中，以维持土壤溶液中铵离子的浓度。可见，交换性铵离子是作物的重要氮源。

铵离子在土壤中还可以非交换方式进入 2：1 型黏土矿物晶层表面孔穴内而被固定，通常称为铵的晶格固定。土壤对铵离子的固定能力主要取决于土壤黏土矿物的类型。不同土壤黏土矿物的组成不同，固定铵的能力有较大差异。其中，蛭石固定能力最强，伊利石和蒙脱石次之，贝得石和云母也有一定的固铵能力。

土壤对铵离子的晶格固定，可减少土壤中铵态氮肥的损失，改善土壤的氮素状况。因为固定态铵，尤其是铵态氮肥施入土壤后，被黏土矿物新近固定的铵，对作物的有效性比原有固定态铵高。

2. 铵的硝化　铵态氮肥或尿素转化形成的铵，在硝化细菌的作用下氧化成硝酸。生物氧化过程的强弱与土壤中硝化细菌的数量和活性有关，而这又受到土壤通气条件、pH、质地、温度、水分含量及施肥等因素的影响。硝化作用在是在好氧条件下进行的。pH>8 或 pH<4.5 硝化作用不能进行；土壤通气良好时，硝化速率很快。硝化作用产生的 NO_3^- 是作物的主要氮素来源之一，但它不能被土壤胶体吸附，因此过多的硝态氮易随降水或灌溉水流失。

3. 硝态氮的还原　反硝化作用是硝态氮还原的一种途径，即 NO_3^- 在厌氧条件下，经过反硝化细菌的作用，还原成气态氮（N_2O 或 N_2）的过程。

土壤中反硝化作用的强弱，主要取决于土壤通气状况、pH、温度和有机质含量。当土壤水分含量大于田间持水量的 60% 时，就有可能发生反硝化作用，土壤含水量增加，反硝化作用增强。因此，淹水土壤、通透性差或排水不畅的土壤，易发生反硝化作用。土壤 pH 和温度也影响反硝化速率，适宜的 pH 一般为 $5\sim8$，适宜温度为 $30\sim35℃$。

4. 铵态氮的分子态化　随氮肥施入的 NH_4^+ 在土壤中可形成分子态（NH_3）。在石灰性土壤中，氨的挥发比非石灰性土壤更严重。在非石灰性土壤中，各种铵态氮肥与尿素施入湿润土壤后，在土壤溶液中形成的 NH_4^+ 和 NH_3 之间的平衡为：$NH_4^+ \rightarrow NH_3$（水）$+ H^+$。随土壤溶液 pH 的升高及 NH_3 浓度的增加，NH_3 的分压也加大，而溶液中 NH_3 的挥发又取决于溶液中 NH_3 分压和大气中 NH_3 分压之差。通常大气中 NH_3 的浓度很低，当溶液中 NH_3 的浓度加大时，就导致 NH_3 分子向大气逸散。

四、植物对氮的吸收

植物吸收利用的氮素主要是铵态氮和硝态氮。在旱地农田中，硝态氮是植物的主要氮源。由于土壤中的铵态氮经过硝化作用可转化成硝态氮，所以植物吸收的硝态氮常多于铵态氮。

（一）硝态氮的吸收

植物吸收硝态氮是主动吸收过程，所以它是逆电化学势梯度被吸收的。植物吸收硝态氮的最初速率较低，因为硝酸还原酶是诱导酶，它的生成有一个诱导过程。影响硝态氮吸收的因素很多，如光照、低温、介质的 pH 等。介质的 pH 显著影响植物对硝态氮的吸收，pH 升高，硝态氮的吸收减少。

硝态氮进入植物体后，其中一部分可进入根细胞的液泡中储存起来暂时不被同化，而大部分可以在根系内同化为氨基酸、蛋白质，也可以硝态氮的形式直接通过木质部运往地上部进行同化。根中合成的氨基酸也可向地上部运输，在叶片中再合成蛋白质。

（二）铵态氮和酰胺态氮的吸收

已有研究表明，植物可以直接吸收铵态氮和酰胺态氮，但对两者的吸收机理仍存在着不同的见解。以尿素为例，多数研究者认为，尿素在植物体内可由脲酶水解产生氨和二氧化碳；还有人认为尿素是直接被吸收和同化的，因为在某些植物体内并没有脲酶，如麦类、黄瓜等，但它们却能很好地吸收尿素。鉴于学术上存在的分歧，本书不再对该部分内容进行讨论。

第二节　氮素损失的途径

农业上增加氮肥投入是发展农业生产的主要途径之一，但是农田中氮素的损失又会引起环境污染，因此兼顾氮肥的农业效益和环境效益应该是氮肥合理施用的指导思想。氮肥施入土壤后主要有三大去向：被作物吸收利用、残留在土壤中用以补充被作物吸收的土壤氮以及通过氨挥发与淋洗等途径损失到环境中。农田中氮肥的损失途径主要有：氨挥发、气态氮的损失（硝化作用和反硝化作用）、径流和淋洗（淋失、淋溶）。

一、氨挥发

氨挥发是农田氮素损失的一条重要途径，是指土壤中的 NH_4^+ 转化成 NH_3 而损失的过程。氨挥发较易发生在石灰性土壤上，特别是表施铵态氮肥和尿素等化肥时，氨挥发的损失量可达施氮量的 30％以上。

农田氨挥发受土壤 pH、土壤含水量、温度等环境因素影响。土壤 pH 是影响农田氨挥发的主要因素之一，pH 的升高可促进土壤氨挥发。主要原因在于，较高的 pH 有利于水溶态 NH_3 的形成。如当尿素施入土壤后，尿素的快速水解使土壤 pH 迅速升高，从而促进了氨挥发。

土壤含水量会影响 NH_3/NH_4^+ 在土壤溶液中的浓度，较低的土壤含水量导致 NH_3/NH_4^+ 在土壤溶液中浓度较高，从而促进氨挥发；但当土壤含水量过低时，肥料分解或水解率的降低必然导致氨挥发的降低。与此相反，过高的土壤含水量导致 NH_3/NH_4^+ 在土壤溶液中浓度过低，从而抑制氨挥发。因此，土壤水分适中或较低时氨挥发量最高，土壤含水量过高或过低时氨挥发量均较少。

施入的氮肥是农田氨挥发的直接氮素来源，因此肥料种类、施肥量、施肥方式等同样是影响农田氨挥发的重要因素。通常氨挥发损失量随施氮量的增加而增加，且施用不同类型氮肥表现出的氨挥发特征不同。在常用的氮肥中，尿素、碳酸氢铵的氨挥发损失较高，而硫酸铵及磷酸氢二铵的氨挥发损失相对较低。碳酸氢铵和尿素两种氮肥的氨挥发进程也有很大的差异：施用碳酸氢铵后，氨挥发立即发生并达到高峰；尿素的氨挥发速率在施肥后的初始阶段接近于零，此后随着尿素的水解而逐渐升至高峰值，虽远低于碳酸氢铵，但挥发持续的时间则要长得多。施用方式对氨挥发的影响也较大，表施氮肥，氨的挥发受温度、地面风速、植被、土壤性质与氮肥品种等因子的影响。据潮土田间观察表明，氨挥发在高温、多风季节大于秋冬季节；裸地大于有植被的地块，质地轻、阳离子交换量小的土壤大于质地重的；施用碳酸氢铵的大于施用硫酸铵的；施用尿素初期低于施用硫酸铵，但经 1 周左右的分解，氨的挥发则迅速增加。

农田耕作方式对氨挥发也具有一定的影响。农田免耕可导致肥料在土壤表层的富集，从而促进氨挥发；而施肥后的翻耕可使肥料进入深层土壤，从而抑制土壤表面的氨挥发。

二、硝化—反硝化作用

硝化—反硝化作用是氮素循环的重要环节，涉及气态氮的损失和环境污染的问题。其中，硝化作用是土壤中的铵态氮在微生物的作用下氧化为硝态氮的过程。在硝化过程中，有一部分 NO_2^- 转化成气态的氮氧化物逸失到环境中，其氧化形成的硝态氮也易通过淋洗和反硝化作用损失。

（一）硝化作用

硝化作用分两个步骤，即亚硝化过程和硝化过程。第一个步骤是 NH_4^+ 氧化为 NO_2^-，主要由亚硝化细菌参与。这个过程是一个慢反应，决定了整个硝化过程的反应速度。第二个步骤是将 NO_2^- 氧化为 NO_3^-，主要由硝化细菌参与。这两个反应中，只要有

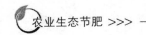

其中一个反应被抑制，就会抑制整个硝化过程。

（二）反硝化作用

反硝化作用在自然界具有重要意义，是氮素循环的关键一环。它是指 NO_3^- 和 NO_2^- 被还原成气态氮化合物（包括 NO、N_2O 和 N_2）归还到大气中的过程。

三、氮的径流损失

农田土壤氮的径流流失是指农田表层土壤氮素在降水、灌溉作用下迁出土体进入径流的过程，是农田氮素面源污染的重要途径之一，也是引起农田周边水体富营养化的直接原因。

土壤中的铵态氮已被土壤胶体固定不易随水流失，而硝态氮极易随水流失造成水体污染。硝化作用的存在提高了硝态氮随水流失的概率。硝态氮随地表径流流失则成为坡地及水田中氮素流失的主要途径。

降水、施肥是影响农田氮素损失的两个主要因素。降水是引起土壤氮流失的主要作用力，当降水强度大于土壤下渗速度时，便产生地表径流，引起土壤氮素的径流流失。降水量、降水强度和降水持续时间都是影响农田氮素流失量、流失浓度的关键因素。一般来说，降水量越大、降水强度越强、降水时长越长，氮素流失量越大。降水强度不仅影响氮素径流损失量，同时对氮素流失形态也产生影响。降水强度较大时，氮素流失主要以泥沙流失为主，且泥沙具有富集养分的特征；降水强度较小时，氮素流失以水溶态氮和泥沙结合态氮为主，其中水溶态氮占比较大。

农田施肥方式、耕作方式等都对氮素径流流失产生影响。在降水径流发生过程中，土壤表层的溶质氮最易进入土壤径流，随着土壤深度的增加，氮素进入径流的概率呈指数递减。因此，肥料深施或穴施与表施相比，可显著降低氮的径流流失量。

四、氮的淋溶（淋洗、淋失）损失

氮的淋洗损失是指在降水或灌溉的作用下，土壤中的氮随水向下移动至根系活动层以下，而不能被作物根系吸收所造成的氮素损失。这部分损失的氮素直接渗入深层土壤和地下水中，从而引起一系列的环境问题，甚至影响人类的健康。氮素淋失是农田氮素损失的重要方面之一。

NH_4^+ 和硝酸盐在水中溶解度很大，NH_4^+ 因带正电荷，易被带负电荷的土壤胶体表面所吸附；硝酸盐带负电荷，是最易被淋洗的氮素形态，随着渗漏水的增加，硝酸盐的淋失增大。因此，氮素淋失以硝态氮为主。

自然条件下，硝态氮的淋失取决于土壤、气候、施肥和栽培管理等条件。在湿润和半湿润地区，土壤的淋洗量较多；半干旱地区较少，而在干旱地区除少数沙质土壤外，几乎没有淋洗。地表覆盖与硝酸盐的淋洗也有密切的关系，植物生长旺盛的季节，土壤中根系密集，吸氮强烈，即使在湿润地区，氮的淋失也较弱；相反，休闲地的氮淋失则较强。

淋洗作用是一种累积过程，当季没有被淋洗的氮，后续会继续下移而损失；已淋失的氮（主要是硝态氮）在此后的旱季中又可随水分的蒸发而向上移动重新被作物根系吸收。

淋洗损失的氮包括来源于土壤残留的氮和当季施入的肥料氮。

由于秋冬季气温较低，作物对氮素及水分的吸收较弱，因此农田氮素淋失量在秋冬季往往大于春夏季。夏季气温高，农田土壤水分蒸发快，且夏季农田一般为休闲期，种植作物少，肥料投入量少，所以氮素淋失量相对小一些。

在大田条件下，氮素的淋失是多种影响因子共同作用的结果，其中施肥、降水或灌溉是影响农田氮素淋失的两个关键因素。传统化肥的氮素淋失量显著高于缓释肥，且硝酸铵及硝酸钙的施用造成的氮素淋失量最高，施用硫包衣尿素氮素淋失量最低，相比尿素处理，削减率可达 52.5％。土壤含水量达到饱和时，氮素才会随土壤水分向深层土壤迁移。国内外许多研究表明，降水是农田氮素淋失的主要决定因素之一，降水量越多，农田土壤硝态氮的淋溶损失量也越大。灌溉也是影响农田氮素淋失的重要因素，其影响机理与降水类似，灌溉强度、灌溉时间都显著影响氮素的迁移和下渗。

第三节　正确理解氮肥利用率

近些年，常常可以在科技期刊和媒体宣传报道中看到这样的内容：我国的氮肥利用率只有 30％～35％，发达国家的氮肥利用率为 50％以上，我国比发达国家的氮肥利用率低 10～20 个百分点。以上数据容易给大家造成误导，好像 65％～70％的氮肥都损失到水里、大气中了，以此来说明氮肥对环境的影响很严重。但实际上，平时说到的氮肥利用率多数是指施用的氮肥在作物当季被利用的数值，与氮肥的损失其实是两码事，还要考虑氮肥施入土壤后在土壤中的残留。况且，利用率是百分数，并不是一个绝对量的概念，而且一个简单的氮肥利用率的数值也很难反映不同农业生产水平下氮肥的利用状况。因为氮肥利用率受到土壤、气候、施氮量、施氮方法和时期、其他营养元素的供应状况以及光热水等其他因素的影响。对于某一生产体系的氮肥利用状况应该用多种指标衡量，如产量水平和氮肥利用、氮肥残留、氮肥损失，不仅需要用百分数表述，还需要有绝对量的指标。鉴于目前社会上对氮肥利用率仍存在一些模糊的认识，有可能会对氮肥的有效施用产生消极的影响，特在此重点引用国内多名著名学者的有关研究进行讨论与说明，供读者参考。

一、正确理解施氮量、产量及氮肥利用率的关系

氮肥在施入土壤后的去向，可以分为 3 个部分：一是被作物吸收，即氮肥当季被利用的部分，称为氮肥当季利用率。二是残留在土壤中。三是通过硝化作用、淋失等不同机制和途径损失。氮肥的当季利用率是决定氮肥增产效果的主要因素。提高氮肥当季利用率的潜力则主要在于减少其施入土壤后的损失，而关键是确定一个合理的氮肥施用量和正确的施肥方法。

氮肥利用率由于受土壤性质、作物种类和生长时期、氮肥及其他肥料的种类和施用技术以及气象条件等因素的强烈影响，因而具有很大的变幅。我国著名的氮素研究专家中国工程院院士朱兆良在我国田间试验中，以成熟期地上部累积氮量为基础，用差值法计算得到的几种主要作物氮肥利用率的统计结果表明，氮肥利用率的变幅为 9％～72％。就平均

值而言，水稻和麦类对几种氮肥的利用率为 30％～41％。中国农业大学巨晓棠教授研究团队对国外水稻和麦类作物进行的大量试验结果统计表明，由于受氮肥品种、施肥时期和施肥技术等条件的影响，不同试验之间的氮肥利用率变幅也很大，各试验处理之间的平均值变动范围为 25％～83％（差减法利用率）。由此看来，国外的氮肥利用率也不都是在 50％ 以上。所以，不能简单地说我国的氮肥利用率比国外低多少个百分点，而要充分考虑这些数据得来的条件及其变异性。

按照目前计算氮肥利用率的方法（通常指的是差减法）来讲，氮肥利用率受施氮量的影响较大。差减法氮肥利用率的计算公式为：

$$氮肥利用率 = \frac{施氮区作物的吸氮量 - 不施氮区作物的吸氮量}{施氮量} \times 100$$

按照该公式，可以通过少施氮肥而提高氮肥利用率，但是作物的产量并不一定很高。就我国目前的情况而言，只能追求保持较高产量水平下合理的氮肥利用率，而不应该一味追求高的氮肥利用率而降低产量。例如，巨晓棠教授研究团队的一个田间试验中，当每亩施氮量为 5kg 时，氮肥利用率达到 45％，亩产量为 322kg；当每亩施氮量为 15kg 时，氮肥利用率下降到 39％，但亩产量却达到了 405kg。

在农业生产实际中，氮肥利用率低、损失率高，对环境造成较大压力是一个世界性的问题。针对这一问题，一些人少地多的发达国家，采用了改进施肥技术和方法，以及降低产量以减少氮肥施用量等对策。但是，我国人多地少造成粮食生产的压力大，不可能采取后一种对策，必须从协调作物高产与保护环境的关系出发，寻找二者的最佳结合点；必须研究解决既能获得尽可能高的产量，又能在最大限度上减轻对环境压力的氮肥施用与氮素管理的技术及其理论。例如，欧洲国家近年来每季作物的氮肥施用量普遍降低到每亩 8kg 左右，而我国东部地区每季作物氮肥每亩施用量普遍超过 16kg，但单位面积的产量相对较高。因此，氮肥利用率低也是情理之中。

二、氮肥残留及其对土壤氮库的补充作用

一般来说，氮肥利用率是不可能无限提高的，因为施入土壤的氮肥总有一部分在土壤中残留，一部分发生损失。实际上，氮肥残留是不可避免的。根据巨晓棠教授的观点可知，无论怎么施肥，高产作物吸氮量中一般 50％ 以上来自土壤，施用的氮肥在土壤中发生残留实际上是对所消耗的土壤氮素的一种补偿，这是肥料中的氮与土壤中的氮发生的交换作用。以下用一个田间试验的例子来说明氮肥利用、残留与损失的关系（表 6 - 1）。

表 6 - 1　冬小麦收获期氮肥的去向（采用同位素 ^{15}N 标记）

每亩施氮量（kg）	每亩作物吸氮量（kg）	氮肥利用率（％）	0～100cm 土壤每亩残留氮（kg）	残留率（％）	每亩作物—土壤回收氮（kg）	作物—土壤回收率（％）	每亩损失氮量（kg）	损失率（％）
8	3.61	45.1	3.62	45.3	7.23	90.4	0.77	9.6
16	4.81	30.0	3.85	24.0	8.65	54.1	7.35	45.9
24	5.58	23.2	5.02	20.9	10.60	44.1	13.40	55.9

由表6-1可以看出，随着施氮量的增加，作物吸氮量增加，氮肥利用率下降；氮肥残留量增加，残留率下降；损失量增加，损失率也增加。在该试验中，后两个施氮量的产量并不比前一个高，但损失量显著增加。施氮量为每亩8kg时，氮肥的残留率达到45.3%，损失率只有9.6%。由此可见，如果在合理施氮量范围内，采用适宜的氮肥施用技术，氮肥损失量并不大。

进一步分析施氮量为每亩8kg时，土壤氮、肥料氮和作物吸收氮量之间的关系表明，在每亩9.88kg的作物吸氮量中，来自于土壤的占63.5%（每亩6.27kg），来自于肥料的占36.5%（每亩3.61kg）；在每亩施入8kg氮肥时，有3.62kg氮肥残留到土壤中（图6-2）。实际上，在不施有机肥和秸秆不还田的条件下，残留的肥料氮还不如作物吸收的土壤氮多，长此下去，对土壤氮肥力是一个耗竭过程。从上面的例子可以看出，残留氮不仅是不可避免的，而且是非常必要的。根据朱兆良院士的统计，一季作物之后残留氮约占施氮量的15%～30%，旱地小麦土壤残留氮可以达到7%～74%。据对国外大量的试验统计，土壤中残留的^{15}N为12%～44%。近几年，在华北平原冬小麦—夏玉米轮作体系的田间试验表明，随着施氮量的增加，产量达到一定程度不再增加，但氮素残留量显著增加。这些残留氮不一定会立即损失，只要管理得好，还会起到补充土壤氮库的作用。但土壤中残留过多的氮素尤其是硝态氮，会对环境造成某种程度的威胁。

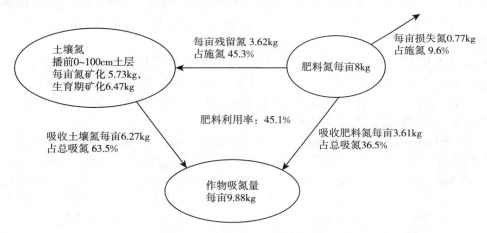

图6-2　冬小麦生长期土壤氮、肥料氮与作物吸收氮量之间的关系

与氮肥利用率和残留率一样，氮肥损失率和损失量也有很大的变幅。据朱兆良院士对国内稻田生态系统的统计可知，损失率可以达到3%～77%；在旱作系统中，可以达到5%～72%。从已取得的大量结果的中值来看，我国农业生产中氮肥的损失率可能为30%～50%，其中水稻田＞玉米田＞小麦田，中值约为40%。但是，由于^{15}N田间微区试验中没有径流损失，因此大田生产中氮肥的损失率可能还会高一些，可以估计为45%左右。由此可见，我们平常所说的氮肥损失率（45%），只是一个整体概念，是就全国而言的一个估计值，其实它的变异是相当大的。对国外大量试验的统计结果也表明，肥料氮的损失率为14%～64%，其变异也是非常大的。现在大部分报道掩盖了这些变异，一谈起氮肥，就说损失很大，对环境的污染极严重。上面所举的例子中，在每亩施氮量为8kg

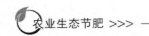

时，达到了比较高的产量，氮肥损失率只有 10% 左右，损失量也只有每亩 0.77kg。

以上分析可以得出，在合理施氮量范围内，只要采取有效的氮肥施用方法，氮肥的损失量并不多；大量的氮肥损失主要发生在过量施用氮肥和落后的施肥方法条件下。

第四节 提高氮肥利用率的措施

一、提高氮肥利用率的技术原则

我国农业生产中氮肥的利用率低、损失大，增产效果远未得到充分的发挥，因此减少氮肥损失、提高其利用率和增产效果的潜力还很大。以下对与此有关的技术原则做简要的说明。

（一）尽量避免土壤中矿质氮的过量积累

土壤中的交换性铵态氮和硝态氮，既是作物可直接吸收的速效氮，又是各种氮素损失过程的共同的源。土壤中适量速效氮的存在无疑是必要的，但是，过量存在将增加氮素的损失风险。因此，避免其在土壤中的过量存在，应是氮肥有效施用的重要原则之一。

（二）针对氮肥的主要损失途径采取对策

在不同土壤、作物和环境条件下，通过不同机制和途径所损失的氮量及其占氮肥总损失的比例迥异，因此减少氮肥损失的技术也应有所不同。但是，不同损失途径之间又存在着一定的内在联系，因此当以其中一个损失机制和途径作为控制对象来制定技术对策时，应考虑它对另一些损失机制和途径可能产生的影响。

1. 减少氨挥发 稻田中氨挥发速率是田面水中的氨分压和田面水以上的风速的函数，前者又是田面水的 $[NH_3 + NH_4^+] - N$、pH 和温度的函数。因此，努力降低施肥后田面水中 $[NH_3 + NH_4^+] - N$、pH，是减少氨挥发的技术关键。此外，还可通过抑制稻田田面水中的氨向大气的逸失来减少氨挥发。

对于旱作，这些原则基本上也是适用的。只是由于旱作土壤没有水层，因此减少氨挥发损失的关键，在于力求将氮肥施于一定深度的土层中，以降低土表的氨分压。

2. 抑制硝化作用 铵的硝化作用不仅可以产生少量 N_2O，而且所形成的硝态氮还易通过反硝化作用（也产生一部分 N_2O）和淋洗而损失。因此，对铵态氮肥及能形成铵的氮肥来说，延缓或抑制其硝化作用的进行，是减少损失、提高利用率和降低环境影响的重要途径之一。

（三）提高作物对矿质氮的吸收能力

作物对矿质氮的吸收与氮素损失之间存在着竞争。因此，消除影响作物生长的各种限制因子，如磷、钾等养分的缺乏以及旱涝等，以提高作物对矿质氮的吸收能力，将有助于提高氮肥利用率、减少损失。此外，在作物旺盛生长时期，由于根系的吸收能力比较强，施入的氮肥能被迅速吸收而有利于减少其损失；而且，由于此时地面的植被覆盖度较高，也有利于降低掠过土面（旱作）或水面（水稻）的风速，从而减少氨挥发。因此，应控制作物生长早期的氮肥施用量，而着重在作物旺盛生长时期追施。

二、减少氮素损失、提高氮肥利用率的技术措施

当前，我国氮肥的有效利用率普遍较低，如何减少氮素损失、提高氮肥利用率是广大

农民普遍关心的问题。氮肥利用率是可以提高的，但不能采取降低氮肥施用量、降低产量、消耗土壤氮肥力的技术途径；而应追求在合理氮肥用量、高产条件下，通过技术进步来提高氮肥利用率，减少氮肥的损失和向环境的扩散。从当前和长远看，减少氮素损失、提高氮肥利用率的技术措施主要有以下几个方面。

（一）确定适宜的氮肥施用量

虽然农业部在 2015 年提出了到 2020 年实现化肥施用量零增长的目标，但从长远来看，为了满足不断增加的人口对粮食的需求，我国对氮肥的消费量还将保持在较高的水平。当前和今后长远一段时间，最根本的问题将是研究如何更有效地利用氮肥。

一般来说，随着施氮量的增加，作物产量在不同氮肥力的土壤上会有不同的反应。从农户的角度考虑，应该在产量效应曲线上找到最佳施肥量。如果施肥量超过最佳施肥量，边际产值将会小于边际成本，对农户来说是不合算的。如果把产量与氮肥通过各种途径损失的量随施氮量的变化绘成一幅图，那么可以清楚地看出：随着施氮量的增加，氮肥通过各种途径损失的量也增加，特别是当施氮量超过最佳施肥量时。因此，单个田块的施氮量应控制在经济施肥量以内，特别是不能超过最高产量施肥量。氮肥管理措施应同时考虑经济收益和环境问题。

巨晓棠教授研究团队在华北地区多年多点的氮肥试验表明，氮肥施用量的确定应采用宏观控制与微观调节的方式，即宏观控制施氮量与土壤、植株测试推荐施氮量相结合的技术路线。宏观控制施氮量是指在特定地区、一定的种植制度下，施氮量应该有一个范围，这个范围对目前农户盲目施用过量氮肥具有非常重要的指导意义。例如，就华北平原冬小麦—夏玉米轮作体系来说，当施氮量为每亩 10.0～14.7kg，小麦、玉米亩产量可以达到 400.0～533.3kg 的产量水平；在冬小麦季可以适当多施，而夏玉米季可以适当少施，玉米季可以利用小麦季的残效。根据他们的研究，氮肥在小麦季的损失较低，小麦收获后残留的氮依然在根区，对后季玉米是有效的；但玉米季应严格控制氮肥的施用量，因为玉米季正处于高温、高湿季节，过量施入的氮肥可通过各种途径发生损失；在华北地区冬小麦—夏玉米轮作体系中，冬小麦季大部分农户的氮肥施用量超过每亩 20.0kg，夏玉米季的氮肥施用量达到每亩 16.7kg。可见，实行宏观控制施氮量对氮肥用量大面积降低到适宜范围具有重要的现实意义。

我国实行一家一户的小规模经营模式，各个地块有机肥和化肥的施用历史不同，其供氮量具有很大的差异。因此，具体到某一田块到底该施多少氮肥，则可以通过土壤、植株测试进行推荐施氮，以实现氮肥的精确调控。

（二）氮肥深施

长期以来，由于人们对氮肥的理化性质、吸收、转移规律及作物需肥规律认识不足，所以普遍存在施肥技术不科学、施肥方法不合理、施肥深度较浅的现象，容易造成氮肥氨挥发和随雨水径流损失；同时还有肥种混施、同床同位易出现烧种、伤苗、后期脱肥、增产效果差等问题。采用氮肥深施技术可以解决以上问题。

1. 化肥深施的概念 化肥深施是根据作物需肥规律和土壤性质，利用配方施肥技术和肥料根际效应原理，将化肥施入耕层一定深度，不使肥料暴露于地表，以利于作物更好地吸收，减少化肥挥发损失，提高化肥利用率。化肥深施技术具有有效提升肥料利用率、

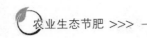

增加作物单产、减少施肥对种子的影响、降低劳动强度等优势，应从底肥深施、种肥深施、追肥深施三方面把握，切实提升施肥效益。总之，化肥机械化深施技术的应用，大大提升了肥料利用率、增加了作物单位产量、减少了施肥对种子的影响，是目前高产稳产的施肥保障。

2. 化肥深施的技术要点

（1）施肥深度。试验研究表明，氮肥氮元素在土壤中的移动半径在 10cm 以上，如果施肥深度过浅，容易造成养分挥发损失。因此，施肥深度最好在距地表 10cm 以下，最好进行分层深施肥，第一层在种下 4～6cm，第二层在种下 8～12cm，以便能在作物不同生育时期供应养分。在低湿冷凉地区施肥深度可浅些，干旱岗地应深些；施肥量小时可浅些，施肥量大时应深些。

（2）肥料的分布。根据作物的需肥规律和位置肥效理论，对化肥在土壤中的分布状况，总结出"穴施不如条施，条施不如带施，带施不如分层施，分层施不如全层施"的经验。施肥时不要使化肥在土壤中过分集中于种子附近，条施和分层施肥时应距离种子 5cm 以上为宜。

（3）施肥量。从经济学观点看，施肥量并不是越多越好。由于各地土壤肥力不同以及不同作物各生育时期所需营养成分和数量也不同，因此应尽可能采用配方施肥和测土施肥技术，科学、经济地施用化肥。

（4）施肥方法和时期。作种肥春季施用时，应避免肥种同床同位，最好是单独开沟侧深施肥。施肥量不宜过大和过于集中，尿素作种肥一次施用量一般每亩不超过 10kg。结合春整地深松起垄时，采用垄体内分层深施肥，可以加大施肥量。

作追肥结合中耕施用时，由于气温较高，化肥容易挥发，因此追肥深度应大于 10cm。作物行距偏差较大时，不宜进行机械深施肥作业，以免伤根伤苗。夏季发生旱涝灾害时，不宜进行追肥，以免造成化肥挥发和随雨水径流发生损失。

作为基肥，在秋季进行深施效果最好。要是垄作，可以进行深松、分层深施肥、起垄镇压联合作业；要是平作，可以进行全面深松、全面深施肥、整地联合作业。最好在封冻前 15d 内进行作业。这样随着气温降低和土壤冻结，水分渗透和化肥分解逐渐停止，养分损失机会少。另外，还可以增加施肥量，实现一次全量深施肥。

3. 氮肥深施的方法　氮肥深施因肥料品种、耕作方法、作物种类等条件的不同而有差别。氮肥深施常用的方法有以下几种：

（1）耕层深施。尿素、碳酸氢铵和氨水，在水田和旱田都可以作基肥深施，结合翻地起垄或耙地将肥料均匀混合在耕层或埋在垄心里。此方法保肥力强，肥效高，并简单易行。

（2）液体氮肥深施。把液体氮肥或尿素、硫酸铵等肥料的水溶液，用液体深层施肥器施到作物旁 10cm 处。

（3）球肥深施。将碳酸氢铵单独造粒或与磷肥、钾肥、土杂肥等配合造料，用于水稻追肥，施于稻丛之间，一般 4 篼或 2 篼施 1 粒。

（4）中耕作物深追肥。玉米、甜菜、棉花等中耕作物，在生育中期深追氮肥有两种方法：一是结合中耕培土，在中耕犁上附加开沟部件和肥料箱，随追肥覆土，省工且效果好。二是刨根深追，随追肥覆土。

4. 氮肥深施的优点

（1）减少养分损失。把氮肥由表施改为深施，能大大减少氮肥的挥发损失及反硝化作用损失。大部分氮肥有一定的挥发性，或经过转化后具有挥发性。深施覆土，用较厚的土层把氮肥与大气隔开，既能防止挥发，又能增强土壤对氨的吸附，减少杂草和藻类对肥料的消耗，同时减少氮的流失。氮肥深施后，使铵态氮处于与空气隔绝的状态下，可减少硝化和反硝化作用造成的氮素损失，因而能提高肥效。据相关试验表明，深施比表施能提高肥效 $0.5 \sim 1.0$ 倍。表施 1kg 碳酸氢铵只增产 1.7kg，浅施 5cm 增产 2.2kg，深施 10cm 增产 2.5kg。

（2）有利于作物吸收养分。一般作物的根群主要分布在 $5 \sim 15cm$ 深度的土层中，所以氮肥深施 10cm 左右，可与植株根系广泛接触，增加根系吸收肥料的机会。北方干旱地区，表层土壤经常处于干燥状态，而肥料在缺水的情况下常呈固体状态，很难被作物吸收利用；深层土壤中水分含量高于表层，因而能提高肥效。

（3）肥效持久。氮肥深施比表层撒施的肥效延长 $2 \sim 3$ 倍。据观察，氮肥表施肥效仅有 $10 \sim 20d$，深施的肥效长达 $30 \sim 60d$，而且供肥情况稳定、后劲足。因而，深施可解决表施肥效期短与作物需肥期长的矛盾，避免后期脱肥早衰。耕层薄的土壤，经过深施肥后，可逐步把植株根系引向深层；长时间深施氮肥，可使土壤耕层加厚。

应当承认，由于氮肥品种和施肥技术的原因，我国作物生产体系中追肥的损失是相当严重的。欧洲国家大部分采用硝酸铵作追肥，而我国的追肥普遍采用尿素或碳酸氢铵。研究表明，表施尿素比表施硝酸铵的氮素损失严重得多。此外，在施肥技术方面，我国农户很难做到氮肥深施或撒施后立即灌水。如在施用基肥时，碳酸氢铵或尿素撒施在地表后，可能需要数小时的时间才能被翻入地下；在进行追肥时，在灌水以前，就有可能使肥料在地表存留数小时。这些都可能造成氮肥的严重损失。根据研究，在北方通气良好的旱地土壤上，施入的铵态氮肥或尿素一般在 14d 以内才能转化成硝态氮，铵态氮在没有转化成硝态氮以前，在 pH 较高的北方石灰性土壤上会产生氨气并挥发出土体。研究表明，表施碳酸氢铵或尿素通过氨挥发损失可高达 50%，但当这些氮肥在深施的条件下，氨挥发损失率很容易降到 10% 以下。在北京地区进行的有关研究表明，表施尿素时其损失达施氮量的 45% ~ 73%，施肥结合灌水时其损失为施氮量的 2% ~ 8%，深施或施肥后覆土其损失量仅为施氮量的 5% 以下。根据华北地区的试验结果，碳酸氢铵或尿素深施 $8 \sim 10cm$，比表施的肥效高 1 倍左右。在水稻上，碳酸氢铵粒肥深施时，氮肥利用率平均达到 64.8%，比表施时的利用率平均值高 42.5 个百分点。至于适宜的施用深度，则既要考虑到尽量减少氮肥损失，又要考虑到能及时被作物根系吸收，且要省工省时。氮肥适宜施用量与氮肥的利用率有密切的关系，氮肥深施由于利用率高，应适当减少用量。

因此，深施氮肥是发挥碳酸氢铵和尿素等氮肥品种肥效的关键技术。遗憾的是在现有生产条件下，这一关键技术在实施中大打折扣，如华北地区普遍采用的冬小麦—夏玉米轮作体系中，在种植冬小麦以前，由于要进行翻耕，肥料结合土壤耕作，尚能做到深施；但在春季追肥时则较难实施深施，大部分田块依然采取撒施后等雨或撒施后灌水的方法追肥，损失严重。在夏玉米上，普遍采用免耕播种使氮肥的施用不得不采用撒施方式；在三叶期追肥尚能做到开沟条施，但条施的质量也难以保证，人工条施作业非常艰苦；在十叶期追肥由于玉米已基本封行，不得不采用雨前撒施或撒施后灌水的方式，氮肥的深施得不到保障，特别是高量施氮条件下损失更严重。因此，如何在生产上实现氮肥的深施，有赖于耕作、农机和施肥专业的人员联合解决，使之在生产上得到切实贯彻。

巨晓棠教授研究团队 2000 年在北京市东北旺乡的调查表明，在整个冬小麦—夏玉米轮作体系中，农户只在冬小麦播种时实现了氮肥深施，而此次施入的氮肥仅占整个轮作周期总施氮量的 28%；大部分氮肥在返青或拔节期以撒施方式追施，有的农户在撒施后不能及时灌水，造成大量的氮肥可能以氨挥发形式损失。在夏玉米季，绝大部分氮肥以追施方式表施，由于夏玉米不进行灌溉，表施后滞留于土壤表面的尿素在高温、高湿条件下很快转化为氨气而挥发损失。毫无疑问，国外由于普遍采用机械化氮肥施用装置，绝大部分可以做到氮肥深施。因此，在施肥技术上（包括肥料品种、施肥方法和时期、平衡施肥，施肥与其他生产要素配合）比我国有所改善，在相同施氮量条件下，其氮肥利用率相应提高。随着我国农业技术的进步，氮肥利用率会进一步提高，氮肥用量还可以适当再降低，从而节约氮肥资源。因此，只要施肥量合理，施肥方法得当，氮肥的三条途径损失量都可以大大降低，并不像有些人想象的 65%～70%的氮肥都损失到环境中去了。

（三）平衡施肥

测土施氮是我国目前正在大面积推广的测土配方施肥的一部分，是以土壤测试和肥料田间试验为基础，根据作物需肥规律、土壤供肥性能和肥料效应，在合理施用有机肥料的基础上，提出氮肥的施用数量、施肥时期和施用方法。通俗地讲，就是在农业科技人员指导下科学施用氮肥。测土施氮技术的核心是调节和解决作物需氮与土壤供氮之间的矛盾。作物需要多少氮素就补充多少氮素，满足作物的需要；达到提高氮肥利用率和减少用量、提高作物产量和改善农产品品质、节省劳力和节支增收的目的，降低氮素对环境的危害。测土施氮具有简便和准确及适用广泛的特点，当然也有其适用的条件：①土壤均一，土层深，各田块间土壤变异不大。②各田块间土壤无机氮含量变异较大。③土壤取样后，氮素淋溶损失较少。④深根作物。⑤从土壤分析到植物开始快速生长和吸氮的时间间隔较小。⑥氮肥用量较高、无机氮残留较多的土壤。近年来，中国农业大学植物营养系的相关研究表明，在我国，测土施氮方法作为推荐施肥的方法之一已在北方大部分地区被证明是行之有效的，尤其在以冬小麦—夏玉米轮作为主的华北平原地区。同时，该方法也适用于蔬菜作物。测土施氮方法考虑了深层土壤无机氮的作用，可以很好地反映土壤无机氮含量和作物产量的关系，是一种较为可行的推荐施肥方法。

磷、钾和中微量元素的供应水平对氮素的有效利用至关重要。我国肥料发展的历史是首先施用氮肥，由于磷、钾肥的不足限制了氮肥作用的发挥，氮肥利用率也不高。在缺磷或磷钾的土壤上，配施磷肥或磷钾肥，可以明显降低氮肥的损失。

吉林、河南、山东和江苏等地小麦和玉米的部分试验结果的统计表明，在缺磷的旱作土壤上，氮磷配合施用，可以显著提高氮肥利用率和籽粒生产效率，并在增产效果上表现出一定的正交互作用；而且，这种正交互作用有随土壤基础产量的降低而增大的趋势。这与基础产量低的土壤常缺磷有关。此外，湖南、浙江和广东的试验结果表明，在氮肥、磷肥施用的基础上，施用钾肥可以获得明显的增产效果。可以预期，随着氮肥施用量的增加和有机肥料回田量的减少，以及产量水平的提高，其他中量和微量元素，如硫、锌等的配合施用问题，也将日趋重要。

平衡施肥的原则：①根据土壤条件施肥。黏土土壤质地黏，土壤孔隙小、含水量高、热容量大、升温慢，被称为冷性土。该类土壤发老苗不发小苗，氮素挥发淋失少，在苗期施用氮肥应以速效氮肥为主，且一次施氮量可大些。沙土土壤质地沙，土壤孔隙大、持水性差、土壤内空气含量多、热容量小、升温快，被称为暖性土。该类土壤保水保肥能力差，后期易早衰，氮肥施用应少量多次，注意后期追肥。②根据肥料性质施肥。氮肥中碳酸氢铵、氯化铵等养分释放快、挥发性强，施用后作物可直接吸收部分氮素；而尿素需转化为碳酸铵后才能供作物根系吸收，在地温 10℃时需 7～10d、20℃时需 4～5d、30℃时需要 2～3d 才能完成转化，相对而言养分释放缓慢。在黏土上施用碳酸氢铵、氯化铵等肥料既能及时促进作物生长，又可通过土壤吸附减少氮素损失；在沙土上施用尿素，既可减少氮素的挥发损失，又能通过缓慢释放供给作物生长需要，提高氮肥利用率。

（四）施用缓控释肥

缓控释肥是一种通过各种调控机制使肥料养分的释放延缓，延长植物对其有效养分吸收利用的有效期，使养分按照设定的释放率和释放期缓慢或控制释放的肥料，具有提高化肥利用率、减少施用量与施肥次数、降低生产成本、减少环境污染、提高农产品品质等优点。

1. 缓控释肥的概念及用途　控释肥料（controlled release fertilizer，CRF）是以颗粒肥料（单质或复合肥）为核心，表面涂覆一层低水溶性的无机物质或有机聚合物，或者应用化学方法将肥料均匀地融入分解在聚合物中，形成多孔网络体系，并根据聚合物的降解情况而促进或延缓养分的释放，使养分的供应能力与作物生长发育的需肥要求协调一致的一种新型肥料，其中包膜控释肥是最大的一类。国际肥料发展中心（International Fertitizer Development Centre，IFDC）编写的《肥料手册》中对控释肥料的定义是肥料中的一种或多种养分在土壤溶液中具有微溶性，以使它们在作物整个生长期均有效，理想的这种肥料应当是肥料的养分释放速率与作物对养分的需求一致。

缓释肥料（slow release fertilizer，SRF）是指肥料施入土壤后转变为作物有效态养分的释放速率远远小于速溶肥料，其在土壤中能缓慢释放养分。它对作物具有缓效性或长效性，它只能延缓肥料的释放速度，达不到完全控释的目的。IFDC 编写的《肥料手册》中对缓释肥料的定义是一种肥料所含的养分是以化合的或以某种物理状态存在，以使其养分对作物的有效性延长。

缓释肥料的高级形式为控释肥料，它使肥料释放养分的速度与作物需要养分的需求一致，使肥料利用率达到最高，广义上来说控释肥料包括了缓释肥料。真正意义上的控释肥料是指能依据作物营养阶段性、连续性等营养特性，利用物理、化学、生物等手段调节和控释氮、磷、钾及必要的微量元素等养分供应强度与容量，能达到供肥缓急相济效果的长效、高效的植物营养复合体。因此，控释肥料是一类具有养分利用率高、省工省肥、环境友好等突出特征的新型肥料。控释肥料施入土壤后，能更好地满足作物的需要，同时还具有价格低廉，利于大规模的推广应用，使用过程中及使用之后不污染环境，确保农产品安全等特点。

2. 缓控释肥的种类 缓控释肥料有多种，这里主要介绍两大类：化学合成类、包膜包衣型缓控释肥料。

（1）化学合成类缓控释肥料。含氮、磷、钾合成微溶性化合物种类很多，含磷化合物有磷酸氢钙、脱氟磷钙、磷酸铵镁、偏磷酸钙等，含钾化合物有偏磷酸钾、聚磷酸钾、焦磷酸钙钾等。肥料三要素中氮的缓释放意义最大。以氮肥为例，含氮微溶性化合物如下：

脲甲醛（UF）：尿素与甲醛的缩合物，含氮 35%～40%。脲甲醛缓释肥料在国际上是最早被研制的缓释肥料，是由尿素和甲醛在一定条件下化合而成的聚合物。脲甲醛施入土壤后，主要在微生物作用下水解为甲醛和尿素，后者进一步分解为氨、二氧化碳等供作物吸收利用；而甲醛则留在土壤中，在它未挥发或分解之前，对作物和微生物生长均有副作用。脲甲醛施入土壤后的矿化速率主要与 U/F（尿素和甲醛的摩尔比）、氮素活度指数、土壤温度及土壤 pH 等因素有关。当 U/F 为 1.2～1.5、土壤温度≥15℃、土壤呈酸性反应时，氮素活度指数增加，则分解加快。脲甲醛常作基肥一次性施用，可以单独施用，也可以与其他肥料混合施用。等氮量试验结果表明，在棉花、小麦、谷子、玉米等作物上，脲甲醛的当季肥效低于尿素、硫酸铵和硝酸铵。因此，在脲甲醛直接施用于生长期较短的作物时，必须配合施用速效氮肥。

异亚丁基二脲（IBDU）：又称脲异丁醛、异丁基二脲，是尿素与异丁醛的缩含物，含氮 31%～32%，分子式为 $(CH_3)_2CHCH(NHCONH_2)_2$，相对分子质量为 174.20。早在 20 世纪 50 年代，国外学者就发现异亚丁基二脲具有缓慢释放氮素的性能，已被广泛用于园艺、草坪、稻田等。异亚丁基二脲的化学水解作用对水分较为敏感，因此可以通过控制水分含量来控制氮的释放速度；温度对异亚丁基二脲的水解作用影响很小，因此异亚丁基二脲与其他肥料的掺和肥或与其他原料生产的复合肥，可以用于赛场草坪和冬季作物。

亚丁烯基二脲（CDU）：又称脲乙醛，是尿素与乙醛的环状缩合物，含氮 30%～32%。亚丁烯基二脲在土壤中的溶解度与土壤温度和 pH 有关，随着温度升高和酸度的增大，其溶解度增大。亚丁烯基二脲适用于酸性土壤，施入土壤后，其分解为尿素和 β-羟基丁醛，后者分解为二氧化碳和水，无毒素残留。亚丁烯基二脲可作基肥一次施用。当土壤温度为 20℃左右时，亚丁烯基二脲施入土壤 70d 后有比较稳定的有效氮释放率，因此施于牧草或观赏草坪比较好。如果用于速生型作物，则应配合施用速效氮肥。

草酰胺（OA）：又称草酸二酰胺，分子式为 $CO_2(NH_2)_2$，相对分子质量为 88.07。含氮 31%，在水解或生物分解过程中释放氮的形态可供作物吸收。土壤中的微生物影响水解速度；草酰胺的粒度对水解速度有明显影响，粒度越小，溶解越快，研成粉末状的草酰胺就如同速效肥料。草酰胺施入土壤后可直接水解为草胺酸和草酸，并释放出氢氧化胺。草酰胺对玉米的肥效与硝酸铵相似，呈粒状时则释放缓慢。

（2）包膜包衣型缓控释肥料。高分子聚合物包膜的控释肥料。1964 年，美国 ADM 公司率先研制出高分子聚合物包膜肥料。其属于热固性树脂包膜肥料，在制备过程中使聚合物包被在肥料颗粒上，由树脂交联形成疏水聚合物膜。这类控释肥料耐磨损，养分的释放主要依赖于温度变化，而土壤水分含量、土壤 pH、干湿交替以及突然生物活性对养分释放影响不大。1967 年，美国 Sierra Cheamical Co 公司继续研制该产品，并进行包膜材料的改进，成功生产出新产品，该产品命名为"Osmocate"。这是美国在海外销售的唯一树脂包膜控释肥料，直到今天 Osmocate 仍为美国乃至国际上第一大缓控释肥料品牌。另一类树脂包膜缓控释肥料是热塑性包膜肥料。最常用的制造技术是热塑性包膜材料溶解在有机溶剂中形成包膜液，将包膜液包涂在肥料颗粒表面，有机溶剂挥发后形成控释肥料，主要通过包膜材料的配方来调节养分释放速率。

高分子聚合物包膜材料的膜耐磨损，控释性能好，所研制的肥料的养分释放主要受温度的影响，其他因素影响较小，能够实现作物生育期内一次施肥、接触施肥，减少劳动。该类肥料是国际上发展最快的控释肥料品种之一。

世界缓控释肥料总的发展趋势：一是高分子聚合物包膜类控释肥料。将由现在单一的氮肥包膜向氮、磷、钾甚至包括中微量元素和有机-无机肥料包膜方向发展。二是掺混性缓控释肥料。通过物理或化学手段，按照作物生育时期，通过"异粒变速"技术，形成数个养分释放高峰。

1961 年，由美国 TVA 公司研发的硫包衣肥料进入规模化研究。1971 年，每小时 1t 的试验装置开始建设投产，至 1976 年，已经完成生产 1 000t 硫包衣肥料。现在，硫包衣已是包衣控释肥料类里生产和销售量最大的品种。由于硫价格比树脂等材料便宜很多，硫包衣肥料成为最受用户青睐的产品之一。

一般硫包衣肥料硫黄用量 15%～25%，封闭剂 2%～4%，调理剂 2%～4%，含氮量 34%～38%。封闭剂可以是微晶蜡、树脂、沥青和重油等，调理剂可以是滑石粉、硅藻土等。硫包衣设备可以用转鼓，也可以使用流化床包衣。使用转鼓包衣优点是产量高，能耗低，工艺相对简单；缺点是包衣均匀性较差，包衣材料消耗较高。使用流化床包衣优点是包衣均匀，节省包衣材料；缺点是能耗较高，包衣时粒子互相碰撞，易产生裂痕。

3. 缓控释肥的研制及应用推广的意义　我国化肥特别是氮肥利用率低，与肥料形态密切相关。目前的氮肥易溶于水，在土壤中存留时间短，大部分不能被作物吸收利用，损失严重。这样，不仅影响产量、增加成本、浪费资源，而且污染环境，成为农业农村面源污染的主要源头之一。而且，一次施用大量的易溶性矿质肥料，作物不能及时吸收，会造成养分的损失，降低肥料利用率。因此，近年来研发缓控释新型肥料，使肥料养分释放由快释变缓释或控释，实现养分释放与作物需求同步，提高化肥利用率，成为行业共识，这也成为了如何阻止或减少养分淋失问题中的核心。

目前，在提高肥料利用率的技术手段上，国内外多采用以下三种方式：一是利用分子生物学技术，选育具有营养高效性的作物品种。这一方法投入应用阶段仍需进行大量的工作和较长的时间。二是通过合理的肥料分配和改进施肥技术，调节施肥与其他农业措施的关系以提高肥料的利用率。但由于缺少必要的服务体系，这些技术很难得到推广应用。三是对肥料本身进行改性，开发更有利于作物生长的新型肥料。长期的科学研究表明，肥料利用率低下，特别是氮肥中氮素不能被作物充分利用是不能稳定高产的一个重要原因。因此，研究减缓、控制肥料的溶解和释放速度已成为提高肥料利用率的有效途径之一。

所以，研究和开发缓控释肥料，做到在作物的生育期间能缓慢释放养分，使养分释放时间和释放量与作物的需肥规律一致，最大限度地减少肥料损失，提高肥料利用率，是当前肥料的发展方向之一，也是世界上肥料的生产技术与实用技术紧密结合的前沿技术。

综上所述，缓控释肥料具有如下优点：①合理施用可大大提高肥料利用率，节省肥料，降低成本。②可以进行一次性施肥，节省劳力；可进行同穴施肥，肥料粒型和强度也较好，有利于机械作业。③由于肥料利用率提高，肥料在土壤中的损失减少，也就减少了肥料的挥发和流失对大气和水源的污染，对环境保护起到一定作用。④对复混肥本身的保存也有很大的好处。氮肥在保存过程中的吸湿一直是复混肥制造中的一个难题，塑料包膜后，吸湿也就可以避免。缓控释肥料成为一种利国利民的新型肥料，在我国有广阔的市场前景，当前的主要问题是价格高。为了降低成本、利于推广，专家们通过开发连续化包膜设备，筛选高效廉价包膜、控释材料；采用控释肥与普通肥按比例配比、一次性底肥（不追肥）等措施，降低了肥料的生产和施用成本，使其应用范围由非农业市场走向水稻、玉米等大田作物，也将缓控释肥料成功用于蔬菜、果树的基质栽培，提高了育苗和栽培质量，为加速推广蔬菜、果树工厂化育苗开辟了新途径，为农民带来了显著的经济收益，也为控释肥料在农业生产和环境保护中发挥作用开拓了更大的发展空间。

4. 农业生产中控释肥料的应用　控释肥料的养分释放具有如下特点：第一，控释肥料的养分释放是缓慢进行、匀速释放的，并可人为调整养分的释放时间。第二，在作物能正常生长的条件下，控释肥料在土壤中的释放速率基本不受土壤其他环境因素的影响，只受土壤温度的控制。第三，土壤温度变化时，控释肥料的释放量可人为调整。在实际应用中根据这些特性，可以调整其施用方法，达到提高肥料利用率的目的。

具体实践中主要通过以下两条途径提高肥料利用率：①调整控释肥料的释放曲线，做到肥料养分的释放与作物需求相结合。作物的养分需求曲线，一般是中间高两头低。苗期作物个体较小，对养分需求较少；随着生长加快，作物个体增大，对养分的需求迅速增加；生长后期由于生长变慢和某些养分在作物体内转移，作物对某些养分的需求减少。在北方地区，特别是春季播种的作物，在播种初期气温较低，控释肥料养分释放较慢；而后气温升高，养分释放加快；后期肥料膜内养分浓度变为不饱和溶液，释放速度减慢。根据作物需肥时期的长短，选择合适的释放时间的控释肥料，就可达到满足作物各生育时期的养分需求。这样，在作物需肥高峰时肥料养分释放多，作物需肥较少时肥料释放少，可以避免养分的损失，达到提高肥料利用率的目的。②控释肥料可与作物进行接触施肥。一般速效肥料由于溶解较快，一次大量施入会在局部地区造成盐分浓度过高，如与作物种子或根系接触，会产生烧苗现象。控释肥料由于溶解是缓慢进行的，所以在土壤中不会形成高浓度盐分区域，大量的控释肥料可与作物种子或根系进行接触性施肥（同穴施肥）而不会发生烧苗。控释肥料直接施用在作物根系附近，肥料溶解后作物可立刻吸收，以此来提高肥料利用率。据日本的相关报道，此种施肥方法可使氮肥的当季肥料利用率提高至80%左右。

（五）使用脲酶抑制剂

尿素在农业生产中施用最为广泛，占全部氮肥用量的50%以上。与其他氮肥相比，尿素含氮量最高（46%），且物理性状较好，生产成本较低，因此应用最广。但是，尿素施入土壤后，只有少量以分子态的形式被土壤胶体吸附，而绝大部分被土壤中的脲酶催化迅速水解为碳酸铵，进一步导致氨挥发、硝化反硝化等途径损失。脲酶是在土壤中催化尿素分解成二氧化碳和氨的酶，对尿素在土壤中的转化具有重要所用。20世纪60年代，人们开始重视筛选土壤脲酶抑制剂的工作。脲酶抑制剂是对土壤脲酶活性有抑制作用的化合物或元素。重金属离子和醌类物质的脲酶抑制机制相同，均能作用于脲酶蛋白中对酶促有重要作用的巯基（—SH）。磷胺类化合物的作用机制是：该类化合物与尿素分子有相似的结构，可和尿素竞争与脲酶的结合位点，而且其与脲酶的亲和力极高，这种结合使得脲酶减少了作用尿素的机会，达到抑制尿素水解的目的。常见的脲酶抑制剂的种类见表 6-2。

表 6-2　常见的脲酶抑制剂种类

类别	化合物名称
磷胺类	N-丁基硫代磷酰三胺（NBPT）、环乙基磷酸三酰胺（CNPT）、硫代磷酰三胺（TPT）、磷酰三胺（PT）、苯基磷酰二胺（PPD）、环乙基硫代磷酸三酰胺（CHTPT）
酚醌类	醌氢醌、蒽醌、邻苯二酚、间苯二酚、苯酚、甲苯酚、苯三酚、茶多酚
杂环类	六酰胺基环三磷腈（HACTP）、硫代吡啶类、硫代吡唑-N-氧化物
其他	腐殖酸、硼酸、木质素、硫酸铜、石灰氮、硫代硫酸盐、硫脲、菜籽饼、烟叶、茶叶、蓖麻叶等

为了延缓尿素的水解，以减少氨挥发和氮肥总损失，国内外对脲酶抑制剂进行了大量的研究。稻田的统计结果表明，脲酶抑制剂可以减少尿素的氨挥发。NBPT 是一种高效的土壤脲酶抑制剂，在种植业和畜牧业中已有广泛的应用，它与硝化抑制剂复配或者单独与尿素以一定比例混合施用，可以有效减少氮素的流失，提高氮肥的利用率，是减肥增效的一个重要措施和手段。IFOC 在东南亚和非洲南部等地区进行苯基磷二胺的水稻大田试验，取得明显效果。美国、英国、加拿大、荷兰等国使用氢醌在小麦和牧草等作物的试验，也获得较好的效果。

（六）使用硝化抑制剂

1. 硝化抑制剂的概念及内涵　硝化抑制剂是人们为了减少氮素损失、提高肥料利用率而开发的一类抑制铵态氮转化为硝态氮的化学或天然生物制剂。它对硝化细菌有一定的毒性，可以抑制某些硝化细菌的活性，从而抑制硝化作用的强度。硝化抑制剂可以调控土壤氮素的迁移转化，延长铵态氮在土壤中的停留时间，有效减少氮素损失。

从广义上讲，凡是能够延缓硝化过程反应链中任何一步或几步反应的化合物都称为硝化抑制剂。但对 NO_2^- 氧化为 NO_3^- 过程的抑制会导致土壤中亚硝酸盐的累积，而 NO_2^- 对许多微生物都有高度毒性，且易于参加反应，形成毒性更强的化合物；与 NO_3^- 一样，NO_2^- 移动性较强，容易造成环境污染。因此，理想的硝化抑制剂应该是只能专一性抑制亚硝化单胞菌属的活性，从而抑制硝化作用第一步反应的化合物的合成。理想的硝化抑制剂应符合以下要求：一是专一性。能够专一抑制 NH_4^+ 到 NO_2^- 的氧化，即抑制参与该氧化过程的硝化微生物的活性。二是可移动性。在土壤中的移动速度应该与肥料或营养液，特别是与 NH_4^+ 的相对移动速度接近，与氮肥一起在土壤中均匀分布。三是持续稳定性。能在足够的时间内保持一定的活性和稳定性。四是经济性。作为肥料添加剂施用，因此必须廉价易得，而且高效，这样才能保证施用时的低用量，从而降低施用成本，并使其对环境可能带来的二次污染的风险降到最低。五是环保性。其本身及其降解产物对环境及农产品应该是无污染的，对其他土壤微生物、动物和人类应该是低毒甚至无毒的。

硝化抑制剂的作用是抑制硝化菌使铵态氮向硝态氮转化，从而减少氮素的反硝化损失、硝酸盐的淋溶损失。硝化抑制剂与氮肥混合施用，可以阻止铵的硝化和反硝化作用，减少氮素以硝态和气态氮形态损失，提高氮肥利用率。硝化抑制剂的作用机制主要是抑制硝化作用第一阶段中将 NH_4^+ 氧化为 NO_2^- 的亚硝化细菌的活性，从而减少 NO_2^- 的累积，进而控制 NO_2^- 的形成，减少氮的损失。

2. 硝化抑制剂的种类　硝化抑制剂主要分为无机和有机化合物两类，无机化合物主要包括重金属的各种盐，有机化合物主要包括吡啶类、嘧啶类等。国内外对硝化抑制剂研究较多的是 3，4 -二甲基吡唑磷酸盐（DMPP）、双氰胺（DCD）和 2 -氨基- 4 -氯- 6 -甲基嘧啶（Nitrapyrin）。Nitrapyrin 是由美国陶氏益农公司独家生产，商品名为 N-Serve；DCD 作为一种技术产品，在德国、日本和挪威各有一个生产厂家；DMPP 是 20 世纪 90 年代德国巴斯夫公司（BASF）研发出的新型硝化抑制剂。

3. 硝化抑制剂的局限性　硝化抑制剂在减少氮素损失、提高氮肥利用率、保护环境方面确实起到了很大的作用，但对提高氮肥回收利用率和作物产量方面有局限性。主要原因是大多数硝化抑制剂是不同种类的无机或有机化合物，使用效果受环境影响（硝化抑制剂的降解速率和浓度、土壤温度和湿度等）很大。有些硝化抑制剂的毒性很大，会对土壤动物和土壤微生物产生毒害作用；有些硝化抑制剂残留量大，会污染土壤环境。

4. 硝化抑制剂的应用效果　国内将硝化抑制剂 DCD 加入碳酸氢铵，制成长效碳酸氢铵。在水稻的田间试验中，其利用率达到 35%，比普通碳酸氢铵高出 8 个百分点，并在多种作物上表现出一定的增产效果。俞巧钢等（2014）研究表明，添加硝化抑制剂 DMPP 处理的氮肥利用率为 39.1% 和 53.3%，是对照的 1.78 倍和 2.23 倍。

5. DMPP 的优点及使用需注意的问题　与其他硝化抑制剂相比，DMPP 的优点体现在：用量小，每公顷施用 0.5～1.5kg 就能起到很好的硝化抑制效果；在显著降低硝态氮淋失损失的同时，其自身也不会淋失；没有危害作物的激素效应产生，在植物体内残留极小；在土壤中可完全分解，有效期达 4～10 周；对人体的皮肤和眼睛等无刺激性。

DMPP 的应用效果主要受以下几方面因素的影响：一是添加水平。通常认为，以氮素的 1% 作为 DMPP 的添加量为最优用量。二是土壤质地。一般情况下，土壤质地越轻，其抑制效果越强烈，但是作用时间也越短；土壤质地越黏重，作用时间越长。三是土壤有机质。土壤有机质对硝化抑制剂的吸附可以减少抑制剂的挥发损失量，有利于抑制剂在土壤中的存留。四是土壤温度。土壤环境温度是影响抑制效果的重要因素之一。五是土壤湿度。六是土壤酸碱度。七是土壤酶活性。土壤过氧化氢酶活性对抑制效果的发挥有较大的影响。过氧化氢酶和 DMPP 在土壤表面具有相似的结合行为，两者都易被土壤黏土矿物吸附，表现为竞争吸附。当土壤过氧化氢酶活性增加时，DMPP 抑制效果降低。

三、其他注意事项

作物产量是众多因素构成的函数，只有合理调配影响作物产量的各种因素，才不至于因其他因素的限制而影响某项投资效率的发挥。氮素只是限制产量的一个因素，由于其他因素而影响氮肥作用的发挥，引起氮肥严重损失的问题在我国农业生产上越来越严重。以华北平原为例，水分和养分不足是限制作物产量的两大因素。氮肥和水分的管理必须协调，因为氮肥和水分有很大的交互作用，不仅氮素供应不足不会充分发挥水分的增产作用，水分供应不协调也会使氮肥资源浪费；水分管理不当还会引起硝态氮的淋洗，有可能对地下水产生污染。目前，华北平原的农业生产实践大多建立在高灌水量和大量氮肥投入的基础上，农民的灌溉往往是经验性质的，没有一个明确的灌溉指标。然而，生产上这种灌溉方式，在湿润年份有可能造成水资源的利用率很低、水资源浪费的问题；在干旱年份有可能造成灌水次数或灌水量不足，影响作物产量，使投入的肥料不能发挥应有的增产效果。

　　总之，在农业生产体系中，我们并不是要把氮肥利用率提高到什么特定的程度，而是要尽量减少施入氮肥的损失和向环境中的迁移，能最大限度地利用残留氮，保持土壤的氮肥力。目前，多数研究都有将氮肥利用率提高多少个百分点的说法。其实只要减少氮肥的施用量即可达到这样的指标，而提高利用率并不一定能达到高产和保护环境的双重目标。显然，这样的指标是没有意义的。

第七章 | CHAPTER 7
磷 肥 污 染 防 治

　　磷素是作物必需的营养元素之一。农业中磷肥的应用在很大程度上提高了土壤磷素肥力，为农业生产带来了巨大的经济效益。但随着磷肥的长期大量施用，却增加了土壤磷素向水环境释放的风险，大量磷在土壤中积累也打破了土壤养分供应的平衡。本章在介绍磷素循环的基础上，详细阐述了磷肥损失的主要形态、主要途径及影响因素，并介绍了目前农田土壤磷素流失评价的主要方法，提出了减少磷肥损失的主要技术措施。

第一节　磷素循环

　　磷素既是作物生长必需的营养元素之一，也是农业生产中最重要的养分限制因子。在磷未被作为肥料应用于农业之前，土壤中可被作物吸收利用的磷基本上来源于地壳表层的风化释放以及成土过程中在土壤表层的生物富集。农业中磷肥的应用在很大程度上提高了土壤磷素肥力，为农业生产带来了巨大的经济效益。但随着磷肥的长期大量施用，在改变土壤中磷的含量、迁移转化状况和土壤供磷能力的同时，增加了土壤磷素向水环境释放的风险，许多有毒有害的重金属元素也随磷肥的施用进入土壤和水体。

　　陆地生态系统中的磷，除少部分来自干湿沉降外，大多数来自土壤母质。总体来看，我国自北向南或自西向东土壤含磷量呈递减趋势。以华南的砖红壤含磷量最低，东北的黑土、黑钙土和内蒙古的栗钙土含磷量最高，华中的红、黄壤以及华北的褐土、棕壤介于以上二者之间。自然土壤含磷量取决于多种因素，如土壤母质类型、有机质含量、地形部位、土壤酸碱度以及剖面中土层排列位置等。

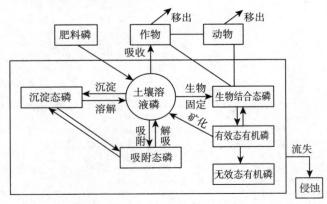

图 7-1　土壤中磷的动态循环

磷与土壤矿物结合紧密，除了径流和淋溶损失外，磷主要在土壤、作物和微生物中进行循环（图7-1）。其过程主要包括：作物吸收土壤有效态磷，动植物残体磷返回土壤再循环，土壤有机磷（生物残体中磷）矿化，土壤固结态磷的微生物转化，土壤黏粒和铁、铝、钙氧化物对无机磷的吸附解吸、沉淀溶解等。

一、土壤磷的形态

了解土壤磷素循环首先需要明确土壤磷的形态，土壤中磷按其储存形态可分为无机态磷和有机态磷两大类。

（一）有机磷

根据我国土壤普查资料，一般耕作土壤中，有机磷含量占全磷量的25%～56%。随着有机质含量的变化，有机磷占全磷的比例变化很大。侵蚀严重的红壤有机质含量常不足1%，有机磷占全磷的10%以下；东北地区的黑土有机质含量达3%～5%，有机磷含量可达全磷量的70%以上。土壤中有机磷的形态主要有以下几种。

1. 植素类 植素类磷一般占土壤有机磷总量的20%～50%，是土壤有机磷的主要类型之一。土壤中的植素是经微生物作用后形成的，在纯水中的溶解度可达10mg/kg左右，pH越低，溶解度越大。植素可被某些植物吸收，但多数需通过微生物的植素酶水解成H_3PO_4，才会对植物有效。土壤中还有一部分植素呈铁盐状态，其溶解度比钙、镁盐更小，脱磷困难，生物有效性较低。

2. 核酸类 核酸是一类含磷、氮的复杂有机化合物。土壤中的核酸与动植物、微生物中的核酸组成和性质基本类似，普遍认为其是直接从生物残体特别是微生物体中的核蛋白质分解出来的。核酸态磷在土壤有机磷中占5%～10%，经微生物酶分解为磷酸盐后即可被植物吸收。

3. 磷脂类 磷脂是一类不溶于水但溶于醇或醚的含磷有机化合物，普遍存在于动植物及微生物体内。土壤中含量不高，一般约占有机磷总量的1%。磷脂类化合物较易分解，有的甚至可通过自然纯化学反应分解。简单磷脂类水解后可产生甘油、脂肪酸和磷酸；复杂的如卵磷脂和脑磷脂在微生物作用下酶解产生甘油、脂肪酸和磷酸，能被植物吸收。

以上几种有机态磷的总量约占有机磷总量的70%左右，另外还有20%～30%的有机态磷性质不清楚，需进一步研究。

（二）无机磷

在大部分土壤中，无机磷占主导地位，占土壤全磷的2/3～3/4，多数又以正磷酸盐形式存在。除了少量水溶态外，绝大部分以吸附态和固体矿物态存在于土壤中。

1. 磷酸钙（镁）类化合物 指磷酸根在土壤中与钙、镁等碱土金属离子以不同比例结合形成一系列不同溶解度的磷酸钙、镁盐类，是石灰性或钙质土壤中磷酸盐的主要形态。在磷酸钙盐的分子组成中，Ca/P越大，稳定性越大，溶解度越小，对植物的有效性越低。

2. 磷酸铁和磷酸铝化合物 指在酸性土壤中无机磷与土壤中铁、铝结合生成各种形态的磷酸铁和磷酸铝化合物。这类化合物有的呈凝胶态，有的呈结晶态。铁在水田呈还原

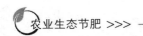

态，使磷酸铁的溶解度比旱地高，从而提高了磷的有效性。

3. 闭蓄态磷　指由氧化铁胶膜或其他胶膜包被的磷酸盐。在酸性土壤中，被氧化铁一类物质包被的磷含量往往超过 50%；在石灰性土壤中，被钙质不溶性化合物包被的磷也达到 15%～30%。

4. 水溶性和弱酸溶性磷酸盐　水溶性磷酸盐主要是一价磷酸的盐类，如磷酸一钙 [Ca（H$_2$PO$_4$）$_2$]，是过磷酸钙的主要成分。这类磷酸盐能溶解于土壤水中，为速效态，易被植物吸收利用。水溶性磷酸盐在酸性和碱性条件下很容易转化为其他形态，从而降低其有效性。弱酸溶性磷酸盐多存在于中性至弱酸性土壤环境中，土壤中有机质（包括有机肥）分解产生的有机酸和无机酸、植物根系和微生物呼吸产生的 CO$_2$ 溶于水生成的碳酸都可以溶解这部分磷酸盐，从而被植物吸收利用。弱酸溶性磷酸盐也属于有效态磷酸盐，在碱性条件下，这部分磷酸盐又会转化为难溶性磷酸盐而失去有效性。易溶性磷酸盐在土壤中的数量一般很少，每千克土壤只有几至几十毫克。

难溶性土壤磷和易溶性土壤磷之间存在着缓慢的平衡，由于大多数可溶性磷酸盐离子为固相所吸附，所以这两部分之间没有明显的界线。在一定条件下，这些被吸附的离子能迅速与土壤溶液中的离子发生交换反应。处于被吸附态和存在于土壤溶液中的这种可溶性磷酸盐，常被称为交换性磷。

二、土壤有机磷的矿化和无机磷的生物固定

土壤有机磷的矿化和无机磷的生物固定是两个方向相反的过程，前者使有机磷转化为无机磷，后者使无机磷转化为有机磷。

（一）有机磷的矿化作用

在分解和利用有机物的过程中，土壤微生物将它们所需要的磷同化，同时以代谢产物的形式释放出多余的磷，这个过程就是有机磷的生物矿化。植物和微生物直接吸收利用的磷形态是 PO$_4^{3-}$、HPO$_4^{2-}$、H$_2$PO$_4^{-}$，因此各种有机磷化合物必须首先转化为上述形态，才能被植物和微生物利用。在有机磷化合物转变为无机磷化合物的过程中，微生物分泌的磷酸酶、磷酸酯酶等发挥着重要作用。同时，无脊椎动物和原生动物也起着重要作用。它们参与有机残体的破碎，促使有机残体与土壤物质结合。另外，原生动物对细菌的捕食，加速了微生物态磷的释放。

微生物对有机磷的矿化作用主要是酶促作用，许多微生物能够分泌多种磷酸酶、蛋白酶等，水解有机磷化合物，释放出磷酸盐。

（二）无机磷的生物固定作用

土壤中的磷除了被植物吸收利用外，也是微生物的必需营养元素之一。微生物吸收同化一部分有效磷转变为微生物体内的有机磷化合物，使之暂时失去对植物的有效性。这种磷被微生物吸收同化固定在微生物体内的现象，称为生物固磷作用。这种生物固磷是暂时的，而且周期短，容易被分解释放出来。生物固磷的数量取决于有机物质的 C/P，一般认为 C/P 为 200～300 时，才有可能发生。

三、土壤磷的吸附与解析

土壤对磷化合物的吸附作用是磷在土壤中被固定的主要机理之一。由于土壤固相性质

不同，吸附固定过程又可分为专性吸附和非专性吸附。

在酸性条件下，土壤中的铁、铝氧化物，能从介质中获得质子而使本身带正电荷，并通过静电引力吸附磷酸根离子，这是非专性吸附。

$$M(金属)-OH+H^+\rightarrow M-[OH_2]^+$$
$$M-[OH_2]^++H_2PO_4^-\Longrightarrow M-[OH_2]^+\cdot H_2PO_4^-$$

除上述自由正电荷引起的吸附固定外，磷酸根离子置换土壤胶体（黏土矿物或铁、铝氧化物）表面金属原子配位壳中的—OH或—OH$_2$配位基，同时发生电子转移并共享电子对，而被吸附在胶体表面即为专性吸附。专性吸附不管黏粒带正电荷还是带负电荷，均能发生，其吸附过程较为缓慢。随着时间的推移，由单键吸附逐渐过渡到双键吸附，从而出现磷的"老化"，最后形成晶体状态，使磷的活性降低。在石灰性土壤中，也会发生这种专性吸附。当土壤溶液中磷酸根离子局部浓度超过一定限度时，经化学力作用，便在CaCO$_3$的表面形成无定型的磷酸钙；随着CaCO$_3$表面不断渗出Ca^{2+}，无定型磷酸钙逐渐转化为结晶型；经过较长时间后，结晶型磷酸盐逐步形成磷酸八钙或磷酸十钙。

土壤磷的解吸则是磷从土壤固相向液相转移的过程，它是土壤中磷酸释放作用的重要机理之一。土壤磷或磷肥的沉淀物与土壤溶液共存时，土壤溶液中的磷因被植物吸收而浓度降低，破坏了原有的平衡，使反应向磷溶解的方向进行。当土壤中的其他阴离子的浓度大于磷酸根离子时，可通过竞争吸附作用，使吸附态磷解吸，吸附态磷沿浓度梯度向外扩散进入土壤溶液。

四、土壤磷的沉淀与溶解

土壤中磷化合物的沉淀作用也是磷在土壤溶液中被固定的重要机理。一般来说，当土壤溶液中磷的浓度较高，且土壤中有大量可溶态阳离子存在和土壤pH较高或较低时，沉淀作用是引起磷在土壤中被固定的决定因素。相反，当土壤磷浓度较低时，土壤溶液中阳离子浓度也较低的情况下，吸附作用才占主导地位。

土壤中的磷和其他阳离子形成固体而沉淀，在不同的土壤中由不同的体系控制。在酸性土壤中，由铁铝体系控制，土壤溶液中的磷酸根离子主要以H$_2$PO$_4^-$形态与活性铁、铝或交换性铁、铝以及赤铁矿、针铁矿等化合物作用，形成一系列溶解度较低的Fe（Al）-P化合物；在石灰性土壤和中性土壤中，由钙镁体系控制，土壤溶液中的磷酸根离子以HPO$_4^{2-}$为主要形态，它与土壤胶体上交换性Ca^{2+}经化学作用产生Ca-P化合物。

从磷的固定情况看，磷的有效性是十分有限的，在各种酸性条件下都存在固定现象，但固定的速度、程度和数量差别很大。只有靠近中性的微酸性至微碱性范围内，特别是在土壤有机质含量较高的情况下，磷的固定较弱，有效性较高。而酸性土壤中磷的固定作用远比石灰性土壤中强烈，因此酸性土壤中磷的有效性较低。

五、土壤磷的流失

农田土壤磷素流失主要通过两个途径：地表径流和渗漏淋溶。近几十年来，我国磷肥消耗量大幅度增加，土壤有效磷含量每年平均以1mg/kg的速度提高，一些城市郊区的蔬

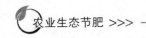

菜保护地土壤有效磷含量高达几百，其流失的风险非常大。研究发现，我国农田由 20 世纪 60 年代的土壤磷损失，逐渐转变为土壤磷积累，且进入 20 世纪 90 年代后，土壤磷积累问题日益严重，我国农田磷肥利用率呈下降趋势。因此，我国现在的农田磷投入并不是限制作物产量的主要因素，反而过量的农田磷投入造成了日益严重的土壤磷积累和水体富营养化等问题。

第二节　磷肥损失的途径

一、我国农田土壤磷收支状况

据历年《中国统计年鉴》统计，我国肥料施用量呈直线上升趋势，2015 年较 1980 年增幅较大，其中磷肥增幅为 208%，复合肥增幅为 7 899%（图 7-2）。

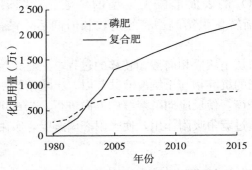

图 7-2　我国历年肥料施用情况

伦飞等（2016）对 1961—2011 年我国农田系统磷收支状况进行评估，研究表明：1961—2011 年，我国农田的磷投入量、磷输出量和磷循环利用量均呈增加趋势。其中，农田磷投入量增加了 7.93 倍，由 1961 年的 80.00 万 t 增加到 2011 年的 714.74 万 t；农田磷输出量 1961 年时为 99.17 万 t，到 2011 年时达到了 384.79 万 t，增加 2.88 倍；农田磷循环利用量则由 1961 年的 5.35 万 t 增加到 2011 年的 19.54 万 t，增加了 2.65 倍。

磷投入的构成由以人畜粪便为主（76.45%）转变为以磷肥为主（70.54%）。牲畜粪便的投入量也有所增加，在 2011 年时，牲畜粪便磷投入量达到了 165.56 万 t。

在 1961—2011 年期间，我国农田土壤侵蚀和渗漏引起的磷输出量基本保持不变，分别为 3.50 万～4.40 万 t 和 3.40 万～5.00 万 t；径流引起的磷输出量则增加了 1.75 倍，由 1961 年的 18.58 万 t 增加到 2011 年的 51.13 万 t。

随着磷肥施用量的增加，我国农田由 20 世纪 60 年代的土壤磷损失逐渐转变为农田土壤磷积累，且进入 20 世纪 90 年代以后，我国农田呈现出严重的土壤磷积累状态。1962 年，我国农田土壤磷年损失量最为严重，达到了 19.99 万 t（相当于 1.01kg/hm²）。随后，我国农田土壤磷年损失量逐渐减少。至 2006 年时，我国农田土壤磷年累积量达到最大，为 391.99 万 t（相当于 24.87kg/hm²）。至 2011 年时，我国农田土壤磷年累积量达到了 71.18 万 t。农田土壤磷投入量的增加速度远快于作物磷吸收量的增加速度，使得我国农田磷利用率明显下降，20 世纪 60 年代为 0.6 左右，2011 年下降至 0.3 左右。

二、磷肥的主要损失途径

磷素流失是农业面源污染的成因之一，也是水体污染的主要影响因子之一。2010 年公布的《第一次全国污染源普查公报》显示，农业污染源总磷排放量为 28.47 万 t，占排放总量的 67.40%。

(一) 磷素的损失形态

虽然磷在土壤中移动性差，但是大量的磷素残留在土壤中会增加由于地表径流、土壤侵蚀、淋溶等途径污染水体生态环境的风险。进入水体的土壤磷素主要以溶解态磷（DTP）和颗粒态磷（PP）两种形态存在。DTP 主要来自土壤、作物和肥料的释放，多以正磷酸盐和少量有机磷的形态存在，这部分磷可以直接被水生生物吸收；PP 主要由含磷有机质和矿物以及吸附在土壤颗粒上的磷组成，也可通过一定酶促反应或者溶解、解吸等物理化学过程成为溶解态磷，进而满足藻类植物生长需求。DTP 直接影响水体质量，PP 作为潜在补给源对水体质量的影响也不容忽视。土柱模拟试验发现，土壤渗漏液中以溶解态活性磷为主，占全磷的 61.97%；相反，地表径流中磷素则以颗粒态形式为主。研究发现，不同形态磷素对水体中总磷的贡献受水流速度的影响。总体而言，在快速流动的溪水和河流中，DTP 含量对水体质量起到决定性作用；在静水生态系统中，水体质量与PP 含量密切相关。

(二) 磷素的损失途径

农田土壤中，磷进入地表和地下水体中的途径主要分为地表径流和渗漏淋溶。这两种流失途径相互作用、相互联系，使累积在农田土壤表层的磷素受到降水冲刷作用，随着径流、淋溶的迁移与泥沙的输移最终进入水体，在各类水体中进行迁移和转化进而影响水生态系统的平衡，引发各类水污染问题。

1. 地表径流和土壤侵蚀 地表径流和土壤侵蚀是构成农田土壤磷素流失的重要途径。其中，富含磷酸盐化合物的耕层土壤经侵蚀冲刷流至湖库、河流，成为藻类植物生长的重要养分，对水体富营养化产生重要影响，因此也构成了土壤磷面源污染的主要因素。地表径流可通过解吸、溶解对土壤溶解性磷素产生重大影响，解吸、溶解主要出现在降水或者排水与土壤相作用的 0~2.5cm 表土。地表径流中的磷素浓度及负荷与土地利用强度呈显著正相关关系。

2. 渗漏淋溶 土壤磷素在农田中可以通过渗漏产生淋溶。然而，对于磷素渗漏淋溶是否可以忽略不计的问题仍然存在诸多争议。

一种观点认为，磷素渗漏淋溶较小，可以忽略不计。土壤对磷有较强的固定与吸附能力，使其对作物的有效性很低；磷也不易被雨水、灌溉水淋溶至地下水从而造成污染（酸性泥炭土和有机土等与磷的亲和力较差除外）。英国洛桑试验站的资料表明：磷在土壤剖面中向下迁移很少，一般移动速度每年不超过 0.1~0.2mm；土壤施磷 100 年后，磷仍集中在 40cm 的土层内，但在表土迅速富集（特别是在免耕条件下）。

另一种观点认为，磷素渗漏淋溶不可以忽略不计。近年来，国内外许多学者对土壤磷素流失的相关研究成果表明：虽然土壤作为巨大的"磷库"，对磷有着较强的吸附固定能力，但当达到饱和时，如遇到较大的降水或灌水时，就极易将累积在土壤中的磷淋溶出

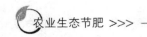

去，造成环境风险和磷资源浪费。英国洛桑试验站的长期定位试验结果显示，当土壤中的有效磷（Olsen-P）超过某一临界值时，从土体排出的水的磷浓度迅速增加，尽管不同的土壤各有差异，但所排出的水足以引起水体富营养化。他们认为，表层土壤的磷能够沿着由于根系和蚯蚓等所形成的大孔隙淋移，并排出土体，成为水体磷素不可忽略的重要来源。

三、影响磷肥损失的因素

农田土壤磷素流失的影响因素较多，除气候、地形、植被等环境因子外，肥料的施用、土壤性质、土地利用方式、耕作方式和磷的运输途径等也与土壤磷素的流失关系较大。

（一）肥料的施用

土壤磷素水平是影响农田磷素流失的重要因素，农田土壤磷流失与磷肥和有机肥用量呈正相关关系。当有机肥或化肥施用到土壤中未被固定时，如果有降水或者灌水，大部分磷会随地表径流或优势流损失掉。

长期以来，施用有机肥是改良土壤、提高土壤肥力的有效手段。有机肥会显著增加土壤磷素累积，加大了磷素损失风险。一方面，有机肥本身含有一定数量的有机磷；另一方面，有机肥施入农田后，增加了土壤有机质含量，可以活化土壤吸附的磷，将有效态磷释放到土壤中。秸秆还田措施也可以提高土壤有效磷含量，但提高幅度小于施用有机肥的措施。研究表明，长期施用有机肥的土壤上富磷现象发生在 20cm 土层以下。

（二）土壤性质

磷在土壤中的移动与土壤质地有关，一般在质地细的土壤上，磷吸附能力强，施矿质肥料只有很小的磷移动。在湿土中，磷流失的量比在多孔的干土中流失的量要明显少得多。pH 也影响土壤磷的流失，随着 pH 增加，磷的固持能力降低，这在某种程度上与可交换性乙酸盐及可交换铝离子的减少有关。

高有机质、频繁耕作、表层土壤有效磷含量高都是引起土壤磷素大量淋洗的主要原因。磷素在土壤中的流失强度取决于土壤中磷吸附位点的饱和程度，饱和程度越高，土壤中磷素的活性越高，因此进入土壤溶液中的速度越快。

（三）土地利用方式

土地利用方式对土壤 pH、有机质等基本理化性质以及土壤磷素形态、含量及其空间分布均有一定的影响。豆类在缺磷土壤中可分泌大量的有机酸，从而螯合铁、铝离子，减少磷的吸附；同时，也会通过提高土壤酸性磷酸酶活性增强有机磷的矿化，进而提高土壤磷的有效性。小麦、燕麦等作物可通过菌根分泌物增加真菌的生物量、提高磷酸酶活性，进而促进有机磷的水解。

（四）耕作方式

耕作方式对土壤有机质含量及微生物活性和群落结构均会产生一定程度的影响。传统耕作方式下，作物的地上部几乎全部移走，秸秆还田量和肥料施用量较低，不能及时补充因自然矿化造成的土壤有机质损失，而长期翻耕等人工作业还会加速有机质的矿化消耗，造成土壤有机质含量下降，活性和中等活性有机磷库容降低。保护性耕作方式下，有机磷和无机磷在表层土壤中大量积累，其中，表层（0～5cm）土壤有效磷的含量可达传统耕作方式的4～7倍。这一方面可能由施肥过程中肥料多集中在表层土壤所致，另一方面可能与保护性耕作可促进有机磷在微生物作用下的矿化过程有关。此外，保护性耕作通过增大土壤的渗透性、减少水分蒸发来增加土壤含水量，也可能造成土壤可溶性磷含量增加。

（五）水分运动

水分运动是土壤磷损失必不可少的条件。研究显示，可溶性磷与排水量有关。在高流量条件或洪水发生时排水中可溶性磷含量最高，同时在高流量时颗粒磷含量也较高。对太湖地区磷的污染研究表明，在雨量充沛的年份，农田地表排水和渗漏水输出磷量明显高于干旱年份，排出水和渗漏水的全磷浓度和土壤有效磷含量、磷肥的用量呈极显著正相关关系。排水强度即水分运动强度会影响磷素流失量，慢速排水导致淋溶的全磷和溶解磷浓度明显高于快速排水；但损失量则相反，因为后者的排水量高于前者。

第三节　农田土壤磷素流失评价

土壤具有较高的磷素吸附力，如果长期或大量施用磷肥将导致土壤磷素的积累。土壤磷水平的提高就意味着土壤磷素向非土壤环境迁移的能力增强，这种能力即土壤磷素流失潜力。土壤磷素的流失不仅与土壤类型有关，还与土壤富磷程度、施肥措施、农业耕作、水文条件和地块特征等有关，评价方法也不相同。因此，建立适应不同条件下的土壤磷素流失评价方法非常重要。目前，对磷素流失风险的评价方法主要包括：土壤测试磷法（STP）、土壤磷吸附饱和度法（DPS）、磷指数模型法等。

一、土壤测试磷法

土壤磷水平是影响农田土壤磷流失的重要因素。土壤有效磷指标与径流或淋溶水中磷具有很好的线性相关性，所以土壤有效磷含量在一定程度上可以反映土壤磷素流失潜能。一般评价农田土壤磷素流失水环境风险的指标主要分为水环境磷和土壤磷：①采用0.01mol/L $CaCl_2$ 浸提土壤中的磷，可以模拟土壤水中的盐分状况，与径流或淋溶水中生物可利用磷呈正相关关系，可表征土壤磷流失风险。②径流或淋溶水中溶解反应磷（DRP），该指标与富营养化水体中藻类利用磷有密切关系。③土壤有效磷指标，如Olsen-P、M-3P、M-1P、Bray1等，与径流或淋溶水中总磷（TP）、可溶性总磷（TDP）、DRP等磷指标呈正相关关系。

按照土壤测试磷与径流或淋溶水中磷浓度相互关系，可将土壤磷含量划分为若干等级。当土壤测试磷超过了一定的等级，便存在较大的流失风险。土壤径流、排水和渗漏液中磷浓度随土壤磷的积累量的增加而增加，超过该临界值时，土壤径流、排水和渗漏液中磷含量将明显增加，进而加大了磷进入水体的风险，对水体产生污染，造成水体富营养化。一般采用线性分割模型（Split-line），对土壤磷和水环境磷指标进行模拟，进而提出土壤磷环境阈值。

由于输入地表水体的磷受磷肥用量、有机肥用量、土壤磷水平等源因子以及土壤侵

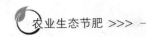

蚀、径流量、坡度、降水量、距水域的远近、渗漏量、耕作措施等农田磷迁移因子影响，单用土壤测试磷水平、地表径流液体积和土壤渗漏液中的可溶性磷难以反映区域农田磷的流失风险或估计流失量，不能全面反映磷素流失风险。

二、土壤磷吸附饱和度法

由于单独考虑土壤磷素状况难以准确全面地预测土壤磷素流失风险，一些研究者提出了综合考虑土壤磷水平和磷素吸持能力的土壤磷吸附饱和度指标，用以评价土壤磷素流失的潜能。土壤磷吸附饱和度是指土壤胶体上已吸附磷的数量占土壤磷总吸附容量的百分数。研究发现，土壤磷吸附饱和度与土壤径流和渗漏液中的溶解态活性磷浓度均呈显著正相关关系。此外，由于土壤中磷的释放与磷的吸附和解吸过程有关，而磷吸附饱和度随磷吸附量的增加而增高，当超过某一临界值时，磷释放进入水体的潜力提高。因此，磷吸附饱和度可用于预测土壤磷释放进入水体的风险。

以土壤磷吸附饱和度为横坐标，土壤中水溶性磷（WSP）为纵坐标绘制曲线，则可以得到相应的拐点。土壤磷吸附饱和度大于该值，预期磷素流失的浓度将有较大幅度的增加。此时的土壤磷吸附饱和度即为临界饱和度，高于该值则产生的地表水会造成环境水体污染。土壤 Olsen-P 可以作为土壤磷吸附饱和度的计算指标，用来表征磷素流失风险，但不同区域间土壤磷吸附饱和度差异较大，与土壤类型、有机质含量、土壤质地等因素相关。研究认为，草酸铵（DPSOX）、Mehlich-1（DPSM1）和 Mehlich-3（DPSM3）浸提法均可用来与磷吸附饱和度进行计算，并且三者之间具有极显著（$P<0.01$）相关性，所得到的临界值类似。

三、磷指数模型法

为实现对农田磷流失的有效控制，1993 年 Lemunyon 等提出了磷指数模型法。该法综合考虑了影响磷素流失的土壤侵蚀、地表径流、土壤测试磷、化学磷肥和磷肥施用等因子。磷指数模型法还可以结合 GIS 形象地识别出磷流失高风险区，为管理者采取针对性的磷素控制措施提供依据，加之，其具有简单、灵活等特点，因此作为一种评价面源磷流失风险的简单方法，自 20 世纪 90 年代以来，已经在美国、中国及欧洲一些国家得到了广泛的应用。磷指数模型评价体系包括组成因子及取值、磷指数计算等。

（一）组成因子

1. 源因子 源因子指磷素流失的发生源及其影响因子，在磷指数模型评价体系中，源因子主要包括土壤磷素状况和外源肥料投入。

（1）土壤磷素状况。土壤中磷的含量与径流中磷含量存在显著的相关关系，表层土壤中磷的不断积累将直接导致农田径流中颗粒态磷含量的增加。因此，土壤磷素水平作为评价磷流失风险的重要因子被广泛纳入磷指数模型评价体系中。在目前现有的磷指数模型评价体系中，衡量土壤磷素水平的因子主要包括土壤全磷和土壤有效磷。

从土壤侵蚀的角度来分析，土壤全磷是反映磷流失情况的最敏感因子。然而，土壤全磷的测试方法相当复杂和麻烦。因此，从数据易获取的角度考虑，一般将测试方法更加简便的土壤有效磷作为土壤磷素水平衡量指标，应用在磷指数模型评价体系中。土壤有效磷的测试方法根据其应用目的不同，分为农学测试方法和环境测试方法。农学测试方法一般从植物营养施肥的角度出发，主要从作物养分需求角度考虑，得到的土壤有效磷能更好地反映土壤供磷能力，一般包括 Olsen-P 法（OP）、Bray-1 法（BP）与 Mehlich-3 法（MP）；环境测试方法则一般从对环境的影响考虑，得到的土壤有效磷更能反映土壤中磷的流失潜力，主要包括氧化铁试纸法（FeP）、阴离子交换树脂法（RP）和蒸馏水提取法（WP）。由于土壤有效磷的测试方法较多，因此国内外研究人员们应用磷指数模型法时，土壤有效磷的表征形式各有不同。美国建立的磷指数模型评价体系一般将 MP 作为土壤磷素水平的衡量指标；北欧国家（挪威、瑞典）一般将 P-AL（ammonium acetate lactate acid）测试磷用于表征土壤中的磷素水平；而德国磷指数模型评价体系中用来衡量土壤磷水平的指标一般选用 P-CAL（calcium acetat lactat auszug）和 P-DL（double lactate extraction）。

除受到土壤磷素水平的影响外，土壤磷的流失潜力很大程度上还受到土壤性质如土壤类型、土壤质地、pH、水分条件、土壤中其他阳离子的作用及土地利用方式的影响。这些因素总体上可以归为土壤固磷能力和解磷能力。衡量土壤固磷能力的指标，目前主要包括土壤最大吸磷量与土壤磷吸持指数。由于土壤最大吸磷量测试比较麻烦，一般将土壤磷吸持指数作为源因子应用于磷指数模型评价体系中。另外，也有研究人员将土壤磷饱和度作为磷指数模型评价体系中一个重要的源因子。

此外，施肥方式（如施肥深度）与耕作方式的不同（如犁耕使施入土壤表层的磷在土壤中呈分层不均匀分布）导致不同深度的土壤中磷素含量不同，因此应用磷指数模型评价体系时，应考虑取样深度对土壤磷素水平的影响。目前对于取样深度的认识主要存在两种观点：一是从植物吸收养分的角度考虑。0～15cm 或 0～20cm 深度（耕层）的土壤中磷含量及根系密度最大，植物一般从该层土壤中获得养分，因此农学测试磷一般采用0～15cm 或 0～20cm 的取样深度。因而，一部分研究人员也将农学测试磷的取样深度作为磷指数模型评价体系中土壤磷素水平的取样深度。二是从径流损失角度考虑。土壤侵蚀及地表径流携带的磷主要来自于土壤表层 0～5cm 或 0～10cm，因此一些学者将评价体系中土壤磷素水平的取样深度设定为 0～5cm 或 0～10cm。

（2）外源肥料投入。外源肥料投入作为土壤中磷的主要来源，被普遍作为一个源因子应用于磷指数模型评价体系中。然而，肥料种类的不同及肥料施用方式和施用时间上的差异，导致不同的肥料投入对土壤磷的影响也不同。因此，一般将肥料分为化肥和有机肥，分别考虑对源因子的影响，同时考虑施用方式和施用时间的影响。从对磷流失的实际贡献来看，投入土壤中的肥料并不会全部流失掉，这取决于作物的吸收利用情况，因此肥料投入中发生磷流失的部分是扣除作物吸收利用后的那部分。因此，将综合考虑了磷素投入和作物吸收的磷盈余量作为磷指数模型评价体系中的源因子更为合理。

此外，为了更好地了解有机肥对径流中可溶性磷流失的影响程度，Leytem 等将磷源系数（phosphorus source coefficient，PSC）引入磷指数模型评价体系中。Zhang 等将无机肥的磷源系数定为 1。Reid 提出的加拿大安大略省的磷指数模型评价体系也考虑磷源系数因子，并分别将液态猪粪、固态牛粪、液态牛粪、固态猪粪和有机污泥的磷源系数设定为 0.98、0.45、0.45、0.25 和 0.026。

2. 迁移因子 迁移因子主要指影响从土壤流失的养分向河道及受纳水体迁移过程的各个因子。在磷指数模型评价体系中，影响磷流失的迁移因子主要包括：土壤侵蚀、地表径流、地下排水、作用距离与连通性等因子。

（1）土壤侵蚀（水蚀）因子。土壤侵蚀与磷素的生物化学过程密不可分，是磷流失的主要流失途径之一，且侵蚀泥沙中的磷较被侵蚀的地表土壤往往出现较明显的磷富集现象。鉴于土壤侵蚀的重要作用，研究者往往将其作为磷指数模型评价体系中主要的迁移因子之一。土壤侵蚀的估算方法主要采用修正的通用土壤侵蚀方程（RUSLE）。

（2）地表径流因子。雨水降落到地面后一部分会形成地表径流，同时地表径流又造成了土壤侵蚀。地表径流越大，除部分吸附态养分随泥沙流失外，也造成了溶解态养分随径流发生流失。因此，地表径流也是磷指数模型评价体系中非常关键的迁移因子之一。目前，大多数的磷指数模型评价体系主要采用以下两种方法来表征地表径流的强度：一种将土壤性质和坡度作为径流潜力的衡量指标；另一种通过降水-径流换算经验公式直接得到的径流量来反映径流的发生程度。

（3）地下排水因子。降落到地面后的雨水，除一部分发生横向运动变为地表径流外，还有一部分进入土壤，在土壤中形成纵向的优先流和基质流及横向的壤中流。随着水分的纵向移动，可溶性磷也会在土壤中发生纵向的迁移，并且在土壤渗透性好、土壤磷吸附能力低及水位埋藏较浅的地区，可溶性磷随水经土壤进入浅层地下水发生淋溶和地下径流流失的可能性较大。因此，表征地下淋溶和地下径流的因子也被纳入磷指数模型评价体系中。

（4）作用距离与连通性因子。磷在迁移过程中被稀释和截留，因此与河流距离越大的区域，磷流失量越小。所以将磷源与受纳水体之间的距离作为迁移因子纳入磷指数模型评价体系中。Gburek 等（2000）通过建立重现期与距离因子之间的定量关系，将重现期作为距离的表征因子。除距离因子外，连通性也是表征磷源与受纳水体之间连通情况的因子。连通性因子包括两方面的内容：一方面受距离长短的影响；另一方面受缓冲带与排水系统及功能的影响。因此，一些研究者在考虑缓冲带及排水沟对连通性因子影响的基础上，将这些因素作为连通性因子的替代因子引入磷指数模型评价体系中。

3. 因子修正

（1）源因子修正。土壤基质与磷的作用主要存在持留型与释放型及持留、释放转化型三种模式，不同模式下土壤基质对径流中磷的作用不同。王丽华等提出，通过考虑不同作用模式对土壤中磷的持留或释放的影响，对土壤中磷的流失潜力进行修正，分别赋予持留型与持留、释放转化型及释放型三种模式的修正系数为 0.8、1.0、1.2。

（2）迁移因子修正。不同形态的磷（溶解态磷和颗粒态磷）的迁移途径不同，颗粒态磷主要随土壤侵蚀以泥沙吸附态发生迁移，溶解态磷主要在水介质中随土壤排水发生流失，因而两种磷的流失风险评价体系也应不同。美国纽约州建立的 PI 法，考虑了不同形态磷流失的差异，分别将溶解态磷和颗粒态磷与其对应的迁移因子进行计算，以得出不同形态磷的 PI 值。

（二）因子等级划分

最初的磷指数模型评价体系是根据影响因子对磷流失的影响程度划分一系列的等级分

值（如0、1、2、4、8）。由于这种划分方法具有一定的主观性，美国东北部一些州采用实测值代替其等级分值来计算磷指数值，如实测地表径流量、土壤侵蚀量、土壤磷水平以及磷肥施用量等。这在一定程度上避免了人为主观性因素的干扰，使磷指数结果更符合实际。

（三）因子权重确定

由于各个因子对磷流失的贡献大小不同，重要性各异，其权重也不同。Gburke等通过专家打分的方法确定了各因子的权重值。国内外学者应用磷指数开展研究时多参考Gburke等提出的各因子权重值。国内外磷指数模型评价体系中源因子及迁移因子的组成见表7-1。

表7-1 磷指数模型评价体系因子组成

因子类型		表现形态	必须性
源因子	土壤磷素状况	土壤全磷	必选
		土壤有效磷	必选
		土壤磷吸持指数	可选
		土壤磷饱和度	可选
		土壤基质类型	可选
	外源肥料投入	有机肥施用量	必选
		化肥施用量	必选
		施肥方式	必选
		磷平衡因子	可选
		磷源系数	可选
迁移因子	土壤侵蚀	通用土壤侵蚀方程	必选
	地表径流	坡度、土壤通透性、洪水频率	必选
		径流曲线值	可选
		径流量	可选
	地下排水	地下径流潜力、地下排水系统	可选
	作用距离	迁移距离	必选
		水文重现期	可选
	连通性因子	沟渠性质	必选
		缓冲带	可选
		道路及田块边界	可选
	消减距离	距受纳水体距离	可选

（四）磷指数计算

在大多数磷指数模型评价体系中，磷指数的计算一般采用以下3种方法：相加法、相加-相乘法、相乘-相加法。

1. 相加法 最初的磷指数模型评价体系将磷流失影响因子划分为土壤侵蚀、地表径

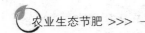

流、土壤磷含量、化肥与有机肥的施用量及施用方法等几个单独因子，根据因子测定值的大小将其分为无、低、中、高、极高5个等级，每个等级分别对应一个分值，如0、1、2、4、8，并赋予每个因子相应的权重。磷指数值通过加权法求得，计算公式如下：

$$PI = \sum_{i=1}^{n} (F_i \times W_i)$$

式中：PI 表示磷指数值；F_i 表示第 i 个因子的等级分值；W_i 表示第 i 个因子的权重。

2. 相加-相乘法 相加法计算的磷指数模型仅考虑每个因子对磷流失的单独影响，未考虑到因子之间相互作用产生的交叉影响，因此实际应用中会出现一些较大的偏差。在以加法计算磷指数模型评价体系下，假如源因子水平很高，但迁移因子很小甚至为零，得出的磷指数值仍然很高，这就与实际情况不相符。Gburek 等对磷指数模型评价体系进行了修正，根据各种影响因子的特点将其划分为源因子和迁移因子两类，且两者之间的关系相乘——乘法关系保证了磷流失高风险区，同时满足源因子和迁移因子的条件，使评价结果更符合实际情况。修正后的磷指数计算公式如下：

$$PI = \left(\sum_{i=1}^{m} S_i W_i\right) \times \left(\sum_{j=1}^{n} T_j W_j\right)$$

式中：S_i 表示第 i 个源因子的等级分值；W_i 表示第 i 个源因子的权重；T_j 表示第 j 个迁移因子的等级分值；W_j 表示第 j 个迁移因子的权重。目前，大多数磷指数模型评价体系采用这种相加-相乘的计算方法。

3. 相乘-相加法 不同源因子的迁移途径不同，通过不同迁移途径流失的磷在形态和数量上也不相同，因而分别计算每个迁移方式的磷流失，然后相加得到的磷指数值更符合实际。首先，根据迁移途径的不同将迁移方式划分为土壤侵蚀、地表径流、亚地表排水三部分；其次，根据相乘法计算每部分的磷指数值；最后，相加汇总得到最终的磷指数值。计算公式如下：

$$PI = T_{\text{runoff}} \times \left(\sum_{i=1}^{l} S_i W_i\right) + T_{\text{erosion}} \times \left(\sum_{j=1}^{m} S_j W_j\right) + T_{\text{subsurface}} \times \left(\sum_{k=1}^{n} S_k W_k\right)$$

式中：T_{runoff} 表示地表径流迁移因子的等级分值；S_i 表示第 i 个源因子的等级分值；W_i 表示第 i 个源因子的权重；T_{erosion} 表示土壤侵蚀迁移因子的等级分值；S_j 表示第 j 个源因子的等级分值；W_j 表示第 j 个源因子的权重；$T_{\text{subsurface}}$ 表示亚地表排水迁移因子的等级分值；S_k 表示第 k 个源因子的等级分值；W_k 表示第 k 个源因子的权重。这种磷指数值的计算方法使得磷指数模型评价体系更客观。

第四节　减少磷肥损失的措施

一、农田磷素阈值

（一）农田磷素环境阈值

在土壤上发生径流、排水和淋溶时，流失液的磷浓度与土壤磷累积量呈正相关关系。土壤磷累积量增加时，流失液的磷浓度也不断上升，而且这种上升存在临界值，称为土壤磷素环境阈值，超出土壤磷素环境阈值就会加大磷进入水体的风险，造成水体富营养化。

在美国，部分州已经针对土壤磷素的流失对水体造成污染的环境问题，出台了磷肥限量施用的相关规定，降低由养分流失而造成的水体污染风险。自20世纪90年代，欧盟的一些国家针对农田肥料的施用制定了相关的法律法规。另外，在一些国家，对入河湖水体总磷浓度进行了限制，如丹麦沿海流域入海口总磷阈值限制为0.084mg/L，美国要求河流直接入湖库的水的总磷浓度不应超过0.05mg/L。

2004年，亚洲开发银行（ADB）报告中认为，我国目前综合性评价面源污染比较困难，同时也欠缺相关的法律法规来约束作物种植过程中产生的一些问题。近年来，在我国也开展了相关阈值研究。黄东风等（2009）对福州市郊菜地土壤磷素流失特征研究发现，土壤发生磷素淋失的有效磷临界值为56.96mg/kg。李学平等（2011）采用室内培养方法，研究了3种类型的紫色土旱地和淹水土壤磷素流失的环境阈值结果表明，无论是淹水土壤还是旱地土壤，3种紫色土Olsen-P与Ca-P之间都存在一个"临界值"，酸性、中性和钙质紫色土磷素淋溶临界点的Olsen-P含量分别为67.2mg/kg、85.8mg/kg和113.8mg/kg。周全来等（2006）通过施用不同剂量磷肥在稻田土壤淹水培养试验，预测出导致田面水中磷急增的土壤Olsen-P浓度阈值为82.7mg/kg，即施磷量为712kg/hm^2。

（二）农田磷素农学阈值

农田土壤磷素农学阈值是由作物需肥特性决定的。当土壤中有效磷含量低于阈值时，作物产量随磷肥施用量提高而显著提高；当土壤中有效磷含量高于阈值时，作物产量对磷肥几乎没有响应。美国根据作物需肥规律、土壤磷素累积特征建立了养分管理法，根据土壤测试磷的含量来推荐有机肥的施用量，防止土壤中磷累积过高。美国的养分管理方法与我国提出的土壤磷素恒量监控技术有些类似。磷素恒量监控技术的原理是以保证作物持续稳定高产又不造成环境风险或资源浪费为目标，确定根层土壤有效磷的合理范围，在较长的时间内，通过对磷肥施用量的调控，将土壤有效磷水平逐渐调整到这一合理范围（表7-2）。

表7-2　美国不同州土壤磷农学与环境阈值比较

美国部分州	阈值		土壤磷测试方法	水质保护管理建议
	农学阈值	环境阈值		
阿肯色州	50	150	Mehlichi 3	土壤磷含量达到或超过150mg/kg时，禁止施用磷肥；在距离河流近的农田，需要设置缓冲带；种植牧草、植物篱等减缓磷素迁移；增加土壤植被覆盖度以减少土壤流失
特拉华州	25	50	Mehlichi 1	土壤磷含量超过50mg/kg时，禁止施用磷肥，直到土壤磷含量降低到合理水平
爱达荷州	12	50～100	Olsen	土壤磷含量沙土超过50mg/kg及黏土超过100mg/kg时，禁止施用磷肥，直到土壤磷含量降低到合理水平
俄亥俄州	40	150	Bray 1	土壤磷含量达到或超过150mg/kg时，禁止施用磷肥，并采取措施减少土壤流失、土壤磷累积

（续）

| 美国部分州 | 阈值 | | 土壤磷测试方法 | 水质保护管理建议 |
	农学阈值	环境阈值		
俄克拉荷马州	30	130	Mehlichi 3	土壤磷含量为 30～130mg/kg 时，在坡度大于 8% 时，减少 1/2 磷肥投入量；130～200mg/kg 时，减少 1/2 磷肥投入量，并采取农艺措施防止土壤侵蚀和地表径流；超过 200mg/kg 时，施磷量不超过作物带走量
密歇根州	40	75	Bray 1	土壤磷含量为 75～150mg/kg 时，施磷量不超过作物带走量；超过 150mg/kg 时，禁止施用任何形态磷肥
得克萨斯州	44	200	Texas A&M	土壤磷含量超过 150mg/kg 时，施磷量不超过作物带走量
威斯康星州	20	75	Bray 1	土壤磷含量大于 75mg/kg 时，施磷量取决于作物带走量和磷素流失量，并禁止施用有机肥；超过 150mg/kg 时，禁止施用磷肥

二、减少磷肥损失的主要技术

（一）源头控制

源头控制主要通过优化农艺措施达到减少农业源污染物产生与排放的目的。肥料品种、用量等均对土壤磷素流失具有一定影响。

1. 合理施用无机磷肥

（1）根据土壤条件合理施用。土壤条件是选择和分配磷肥品种的重要依据。土壤供磷水平、有机质含量、土壤熟化程度、土壤酸碱度等因素都对磷肥肥效有明显影响。

土壤全磷和有效磷含量虽然都是常用作土壤供磷状况的指标，但土壤全磷含量通常作为土壤磷素潜在肥力的一项指标，土壤有效磷含量才是衡量土壤中磷供应水平的重要指标。磷肥的施用重点是有效磷含量低的土壤。有机质含量高（>25g/kg）的土壤，适当少施磷肥；有机质含量低的土壤，适当多施。pH 为 5.5 以下的土壤有效磷含量低，pH 为 6.0～7.5 的有效磷含量高，pH>7.5 时有效磷含量低。酸性土壤可施用碱性磷肥和枸溶性磷肥，石灰性土壤优先施用酸性磷肥和水溶性磷肥。

（2）根据作物特性和轮作制度合理施用。不同作物对磷的吸收利用差异很大，对磷的敏感程度为：豆科和绿肥作物>糖料作物>小麦>棉花>杂粮（玉米、高粱、谷子）>早稻>晚稻。磷肥施用时期很重要，作物需磷的临界期都在早期。因此，磷肥要早施，一般作底肥深施于土壤，而后期可通过叶面喷施进行补充。

磷肥具有后效，因此在轮作周期中，不需要每季作物都施磷肥，而应当重点施在能发挥磷肥效果的茬口。在水旱轮作中，本着"旱重水轻"的原则分配和施用磷肥。在旱地轮作中，本着越冬作物重施、多施，越夏作物早施、巧施的原则分配和施用磷肥。在有豆科绿肥参与的轮茬制度中，应把一部分磷肥，尤其是难溶性磷肥重点施在豆科绿肥作物上。这有三个方面的原因：一是豆科绿肥吸磷能力强，以便作物充分吸收。二是在满足磷营养的条件下，可提高豆科绿肥固氮能力，实现"以磷增氮"。三是豆科绿肥作物可为后茬作物提供充足的有机肥源。

（3）根据磷肥特性合理施用。过磷酸钙、重过磷酸钙等适用于大多数作物和土壤，但在石灰性土壤上更适宜，可作基肥、种肥和追肥集中施用。钙镁磷肥、钢渣磷肥作基肥最好施在酸性土壤上，磷矿粉和骨粉最好作基肥施在酸性土壤上。磷由于在土壤中移动性差，为了满足作物不同生育时期对磷的需要，最好采用分层施用和全层施用。

（4）与其他肥料配合施用。植物按一定比例吸收氮、磷、钾等养分，只有在氮、钾营养平衡的基础上，合理配施磷肥，才能有明显的增产效果。在酸性土壤和缺乏微量元素的土壤上，还需要增施石灰和微量元素肥料，才能更好发挥磷肥肥效。

（5）采用合理的磷肥施用方法。在酸性土、石灰性土等固磷能力强的土壤中，条施、穴施、沟施、蘸秧根等相对集中施用的方法，以及根外追肥等都是经济有效的磷肥施用措施。

2. 合理施用有机磷肥　长期以来，有机肥是改良土壤、提高土壤肥力的有效手段。施用有机肥，可以显著增加土壤磷素累积。秸秆还田措施也可以提高土壤有效磷含量，但提高幅度小于施用有机肥的措施。如果过量施用有机磷肥，也会造成土壤磷的富集，增加磷的损失风险。

挪威、瑞典和爱尔兰等为了减少磷盈余损失的转移污染分别规定了每年粪便磷（P）的最高施用量为 $35kg/hm^2$、$22kg/hm^2$、$40kg/hm^2$。荷兰法令还严格限制农业生产中畜禽粪便磷与化肥磷施用量，规定的限量标准从 1987 年以来不断提高，农田系统中磷（P_2O_5）的最高施用限量标准由 $125kg/hm^2$ 降低到 $80kg/hm^2$，许可的最大盈余损失限量标准由 $40kg/hm^2$ 降低到 $20kg/hm^2$。

（二）过程控制

1. 优化种植制度　对于经过多年磷盈余，土壤磷累积量比较高的地区，可以尝试采取调整、优化轮作类型的手段加以解决。在轮作作物的选择上，在综合考虑经济效应、环境效应的基础上，参考"作物100kg经济产量带走养分量""氮磷钾吸收比例"等指标，有意识地增加高吸磷量的作物种类和作物品种，通过收获物的移出，尽可能多地降低土壤磷盈余。夏立忠等（2012）在三峡库区陡坡地上研究发现，小麦、玉米间作香根草和小麦、玉米间作紫花苜蓿、等高植物篱三种种植模式较常规小麦、玉米管理模式，可显著减少坡面产沙量和泥沙态磷素流失量44%～58%。

2. 保护性耕作技术　保护性耕作是指通过少耕、免耕、地表微地形改造技术及地表覆盖、合理种植等综合配套措施，从而减少农田土壤侵蚀，保护农田生态环境，并获得生态效益、经济效益及社会效益协调发展的可持续农业技术。其核心技术包括少耕、免耕、缓坡地等高耕作、沟垄耕作、残茬覆盖耕作、秸秆覆盖等农田土壤表面耕作技术。研究发现，保护性耕作可显著减少磷素流失。辛艳等（2012）发现，免耕和免耕秸秆覆盖在顺垄布置下与传统平翻耕作相比，分别减少总磷流失18%和30%。

3. 建设植物篱技术　建设植物篱是一种传统的水土保持措施，具有分散地表径流、降低流速、增加入渗和拦截泥沙等多种功能。研究结果表明，植物篱可减少6%的地表径流和75%的泥沙。植物篱建设是控制土壤磷素流失的有效手段。喻定芳等（2010）在北

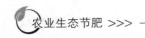

京地区对等高草篱研究发现，狼尾草、野古草分别减少磷素流失 88%、63%。李霞等（2011）通过人工模拟降水在北京地区不同坡度的径流小区上研究发现，草篱可减少 61% 的总磷流失，而免耕与草篱复合措施可减少 76% 的总磷流失。伍红琳等（2011）认为，植被对水土流失及磷流失具有一定的控制效果，灌木胡枝子、马棘的控磷效果较好。

第五节　磷肥与微量元素的合理配合

磷与微量元素间的拮抗作用大多是施磷过量造成的，因而常被描述成高磷诱导的微量元素缺乏症，如施磷不当引起的水稻、柑橘缺锰，大豆缺铁，水稻、玉米、小麦等作物缺锌现象。

一、磷与锌的拮抗作用

（一）可能存在的机制

1. 稀释效应　施磷过多，会使作物生长量或产量增加，而锌的吸收总量变化不大，导致作物对锌的吸收速度不足以保持地上部有足够的浓度维持正常的生理作用而出现缺锌症状。这种现象在土壤缺磷、锌的有效量处于边缘状态或略微缺乏时才发生，且磷用量增加不大时表现更为明显。

2. 土壤中可能存在的机制　关于土壤中磷、锌拮抗作用的研究存在以下两种不同的观点。

（1）土壤中的沉淀机制。研究表明，向土壤施入过量磷肥，土壤锌的有效性降低，植物对锌的吸收量减少，体内的锌浓度也降低。许多研究者便推测，磷、锌拮抗作用发生在土壤中，磷与锌在土壤中形成磷酸盐沉淀而降低了锌的生物有效性。但后来的试验证实，磷酸锌既是一种良好的磷源，也是一种良好的锌源，如在 pH 7.2 的细沙土上施用 $Zn_3(PO_4)_2$、ZnO、$ZnCO_3$ 与 $ZnSO_4 \cdot 7H_2O$ 一样有效。可见，磷、锌拮抗作用并非因为磷酸锌沉淀的生成而产生。

（2）土壤中的吸附机制。有人又推测，施磷引起土壤锌的有效性降低是因为磷素增强了土壤对锌的吸附。磷酸根与土壤的吸附位点有很高的亲和力，被土壤吸附后使土壤胶体上的负电荷增加，致使土壤对锌的吸附能力增强。已有试验证实，增施磷肥，增加了土壤中的锌在铁铝氧化物和碳酸盐上的吸附，使土壤中原有的或外来进入土壤中的锌向活性低的形态转化，造成根部及地上部锌浓度降低。但有一些研究者却得出相反的结论。磷酸根还可能与土壤矿物边缘的吸附位点上的—OH 交换成键，破坏矿物的吸附位点，使锌从土壤吸附位点上解离，提高锌的有效性。王海啸等（1990）的试验证明，施磷促进了土壤吸附态锌的解离。随着施磷水平的增加，土壤中活性较低的晶形铁结合态、碳酸盐结合态锌的比例减少，而交换态、水溶态锌的含量增加，锌的有效性提高，因而磷、锌拮抗作用应发生在植物体内。

3. 植物体内可能存在的机制　发生在植物体内的磷、锌拮抗作用可能有如下几种情况。

（1）高磷抑制了锌向地上部运转。Dwired（1975）用同位素示踪技术在沙土和熟化土上进行的磷、锌配比试验证实，磷与锌的拮抗作用为磷抑制了锌的向上运转，其结果为高磷诱导了玉米叶片缺锌，约有 40％的锌在根内固定，有 20％以上在茎节固定，而正常情况下的相应数值分别为 12％、6％。曹敏建等研究表明，施磷提高玉米幼苗根系含锌量，而降低茎叶含锌量，说明玉米磷、锌拮抗作用是增施磷而使锌在根内富集。杜立宇等研究表明，随着土壤有效磷含量的增加，油菜根中的含锌量也不断增加，直至趋于平稳；而茎叶中的含锌量随着土壤有效磷含量的增加升高到一定程度后表现出下降的趋势。郝小雨等对油菜研究表明，在低锌供应时，随着施磷量的增加，油菜地上部和根部的磷浓度逐渐增加，锌浓度逐渐下降。这可能是油菜根部存在磷-锌拮抗作用，根中高磷抑制了锌在根中的吸收，从而导致地上部磷与锌的比例失调。而在增加锌的供应量后，植株根部和地上部的锌浓度显著增加，进一步说明根是磷-锌发生作用的重要部位，根系可能控制着整株植物磷、锌的吸收、运移等生理活动。

（2）因施磷过多而引起的磷毒。高磷条件下，棉花出现脉间失绿的严重缺锌症状的同时，也出现了叶片卷曲、叶边缘坏死等磷中毒症状，因而磷、锌拮抗作用是因磷过多而产生的磷毒。向日葵、荞麦、马铃薯等植物也是如此。赵秀兰等发现，缺锌增加了作物根细胞膜对磷的渗透性，引起作物对磷的过度吸收，而使作物出现磷中毒症状。当锌供应正常时，锌能维持根细胞膜的稳定性而矫正作物对磷的过度吸收，此时磷、锌间的拮抗作用不再为由磷中毒引起。

（3）磷使锌在地上部失活。高磷诱导作物缺锌与作物地上部锌失活有关，即磷与锌可能形成磷酸盐沉淀而失活，或可能与叶片细胞对锌的"分室"作用有关，因为只有位于细胞质中的锌才具有生理活性，磷可能使更多的锌被固定于细胞壁或限制于液泡中而失活。熊礼明等对棉花研究表明，高磷处理导致植株缺锌与叶片锌的浓度无关而与 P/Zn 有明显关系，当叶片中 P/Zn 高于 150 时，就会导致棉花生理性缺锌而不能结铃。薛新平等研究表明，叶片中锌含量小于 27mg/kg、P/Zn 大于 100 为苹果小叶病的临界值，如果超过会导致单位体积内细胞数量显著减少，叶绿素发育不完整，空液泡增大，细胞变形，严重影响果树的光合作用。赵秀兰等研究表明，随供磷水平的提高，玉米地上部生长受到抑制，其叶片锌浓度变化不明显，但叶片细胞壁部分锌的分布比例增加。

（二）影响磷、锌拮抗作用的因素

磷、锌拮抗作用并不是在任何条件下都发生，主要受以下因素的影响。

1. 磷素形态　磷、锌拮抗作用的发生与磷素形态有关，这可能与不同形态的磷进入土壤后引起土壤与锌的作用机制变化有关。如向娄土、黑麻土加入磷酸一铵（MAP）和磷酸二铵（DAP）后，土壤对锌的吸附机制不同。磷酸一铵呈酸性，施入土壤使土壤 pH 降低，土壤对锌的吸附量减少，但锌的吸附模式并不发生改变，锌的有效性增加；而磷酸二铵的作用则正好相反。由于磷素形态对土壤锌的有效性的影响不同，两种形态的磷分别与锌配合施用时，在玉米上的表现不同。磷酸一铵能充分发挥磷与锌之间的正效应；而施用高剂量的磷酸二铵时，磷与锌之间表现为负效应。

2. 土壤酸碱度　土壤酸碱度是土壤重要的理化性质，它不但影响溶液的离子组成，也影响土壤中进行的各种化学反应。磷、锌间的拮抗作用同样受培养基 pH 的影响。在 pH 5.3 的细沙壤土上，磷、锌间不存在拮抗作用；而在 pH 高的石灰性土壤上，磷、锌

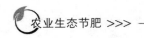

间拮抗作用十分明显。

3. 温度 温度影响植物对矿质养分的吸收速率，根细胞的分化及根的生长、次生根的发生。磷、锌拮抗作用的发生也受生长介质的温度的影响，当营养液的温度为 20℃时，大麦磷、锌间存在拮抗作用；而温度为 10℃时，磷、锌拮抗作用并不明显。

4. 光照 光照度影响植物叶片的光合作用，也影响植物矿质养分的吸收及营养元素间的交互作用。在高温条件下，当光照度从 30 000lx 降至 25 000lx 时，提高磷水平不影响玉米根系对锌的累积；但降至 19 800lx 时，提高磷水平则抑制玉米根系对锌的吸收。

5. VA 菌 VA 菌能促进植物对水分、养分的吸收，增强植物耐旱及根系抵抗病虫害的能力。VA 菌也能促进生长于贫瘠土壤上的植物对磷、铜、锌的吸收，在高磷条件下促进锌的向上运输。

二、磷与其他微量元素

高磷会抑制植物对铁的吸收和运输，植物体内磷的大量积累是导致植株缺铁的主要原因。George 等指出，植物体内磷的大量积累是导致玉米缺铁的主要原因。磷限制了根系对铁的吸收以及阻碍其向地上部运输。随着营养液中磷浓度的增加，根系对铁的吸收以及向地上部的运输减少，主要是因为磷元素通过和柠檬酸的竞争，干扰了铁从根共质体向木质部释放，或干扰铁在木质部中的运输。程素贞（1997）研究发现，啤酒大麦增施磷肥使大量的铁在根部沉淀下来，减弱了铁的移动性和代谢机能，从而使籽粒中铁含量有所降低。邱慧珍等（2004）研究表明，磷高效小麦植株体内更容易积累磷素造成植株缺铁症状的出现。

磷素过高也会影响植物对铜、锰等微量元素的吸收。磷与土壤溶液中铜、锰形成溶解度较低的磷酸盐，使其有效性降低。Bierman 等（1994）曾报道，在高铜含量的土壤中，施磷肥可降低水稻地上部铜的含量。黄德明等（2007）对小麦研究表明，高磷条件下小麦吸收的铜含量从对照的 16.8mg/kg 下降至 4.8mg/kg，接近缺铜的边缘。俄胜哲等（2005）研究表明，施磷降低了稻米中铜、锰元素含量，施磷越多，降低幅度越大。

第八章 | CHAPTER 8

有机肥替代化肥

化肥在农业生产过程中发挥了巨大的作用，提高了作物产量、维持并提高了土壤质量。但是随着化肥的用量持续增加和不合理施用，化肥的作用和利用率在逐渐降低，并造成土壤板结、土壤质量下降、农业面源污染、化肥生产能耗过高等严重问题，制约生态农业可持续发展，对乡村优美环境造成极大威胁。有机肥具有悠久的应用历史，自古以来就起到改良培肥土壤、为作物提供养分的作用，与此同时，有机肥的施用可以显著降低化肥用量。面对我国发展生态农业的需要以及化肥过量施用的现状，有机肥施用对农业面源污染、农业废弃物污染环境的控制具有显著效果，有机肥替代化肥施用受到高度关注。

本章从有机肥替代化肥的意义、有机肥替代化肥的原理、有机肥的矿化影响因素、有机肥分类和特点、有机肥合理施用替代技术等方面来介绍有机肥替代化肥。

第一节　有机肥替代化肥的意义

有机肥通常以植物和（或）动物残体为主要原料，经过加工使其具备安全的使用条件，用于改良培肥土壤和为作物生长提供养分。有机肥含有较高的有机质，可增加和更新土壤有机质，促进微生物繁殖，改善土壤的理化性状和生物活性，保持并提高土壤肥力；有机肥富含作物生长所需的营养元素以及大量有机酸、肽类等有益物质，可有效满足作物生长需求，为作物提供大量的养分。针对目前化肥施用过量的现象，有机肥合理施用是减量、替代化肥的最有效措施之一。

一、有机肥施用防治面源污染，利于环境美化

随着作物产量的提高和畜禽饲养业的发展，有机肥资源的数量逐渐增多。这些资源如果得到充分合理的利用，将会对农业生产及整个社会经济的发展和生态环境的改善带来极大的效益；如果利用不好或者弃之不用，将会对农业生产、生态环境以及整个社会带来不可估量的危害。目前，农业废弃物已经成为我国最大的污染源和潜在资源库，是影响农村环境和面源污染的主要原因之一。如果这些废弃物不能有效地无害化处理并转化为资源，就会成为一个巨大的污染源。

秸秆焚烧会带来严重后果。秸秆燃烧过程中产生大量氮氧化物、二氧化硫、碳氢化合物及烟尘，经过太阳辐射产生的有害物质又进一步造成二次污染，产生大量烟雾，使空气质量下降，细颗粒物数值升高，严重影响人类生存环境以及交通安全。而没有被焚烧或利用的废弃物被随意丢弃在村头、路边，长期得不到有效处理，从而腐烂变质，散发出恶臭

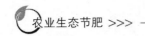

气味招惹蝇蚊，传播病菌，污染生活环境。

畜禽粪便未经处理随意堆放会产生致病菌和寄生虫，在厌氧的状态下会产生大量有毒的化学物质。这些有害成分能够直接或间接进入地表水体，导致河流污染严重，水体严重恶化，致使公共供水中的硝酸盐含量及其他各项指标严重超标，而污水会引起传染病和寄生虫的蔓延，传播人畜共患病，直接危害人的健康。2011年，我国畜禽粪便产生量多达26.8亿t，折算化肥总纯量为2 328万t，相当于2011年全国化肥施用总量的40.8%。如果将其全部加工成肥料施用，全国可以减少施用化肥40%。畜禽粪便还产生大量的污染物，化学需氧量（COD）年产生量约为6 400万t，生物需氧量（BOD）年产生量约为5 400万t，畜禽粪便进入水体流失率高达25%~30%，COD排放接近工业废水COD排放总量，氮、磷流失量大于化肥流失量，造成严重的面源污染。据10余个省的调查资料可知，在农村面源污染中，农业废弃物的贡献份额达到35%~40%。

二、有机肥替代化肥减少能源消耗、提高资源利用

化肥对粮食增产具有重要作用，但是化肥生产消耗大量的能源，也加剧了全球气候变暖。化肥是农业生产基础、重要的投入之一，在现代农业生产中发挥着举足轻重的作用。化肥的施用能够为作物的生长及时提供足够的养分，促进作物增产。据联合国粮食及农业组织统计，化肥对作物增产的贡献占40%~60%。自20世纪50年代以来，全球化肥的施用量逐年增加，至2011年化肥的消费量达到1.8亿t，是1920年的100多倍。但是，从能源消费的角度出发，化肥产业又是高耗能产业，是农业生产能源消费的主要来源。例如，美国化肥生产年能源消费量是5.3亿J，占其农业生产能源消费总量的29%。天然气、煤和原油等不可再生的石化能源不仅是化肥生产的能源来源，而且还是重要的生产原料。据统计，在氮肥生产中，能源消费在总生产成本中所占比例高达90%；在磷肥和钾肥生产中所占比例虽然较低，但也达到45%左右。可见，化肥产业的发展很大程度上依存于石化能源的大量消费，同时带来了二氧化碳等温室气体的大量排放，加剧了世界能源危机和全球气候变暖。

畜禽粪便、作物秸秆等农业废弃物加工而成的有机肥含有大量的养分，可以替代部分化肥，从而降低能源消耗，进而提高资源利用率。①废弃物肥料化利用可以减少大量化肥投入。据估算，2008年我国每年来自农业内部的有机物质（粪尿类、秸秆类、绿肥类、饼肥类）为40亿t，可提供氮磷钾养分5 316万t。其中，秸秆类占资源量的12.2%，可提供养分1 335.7万t；粪尿类占资源量的78.7%，可提供养分3 463.2万t。可见，农业废弃物蕴藏着巨大的资源。②废弃物能源化利用可以减少大量化石能源投入。按目前的沼气技术水平能转化成沼气3 111.5亿m³，户均达1 275.2m³，可解决农村的能源短缺问题。以作物秸秆为例，将目前的5亿t秸秆转化为电能，以1kg秸秆产生1kW·h电计算，就有5亿kW·h电能的潜力。

三、有机肥施用提高耕地质量和农产品产量

施用有机肥可以提高土壤有机质含量，利于腐殖质的形成，改良土壤结构，增加土壤团聚体含量。有机肥营养全面且肥效持久，含有大量有益成分，能促进微生物繁殖和提高

土壤保水保肥等特性，可以很好地弥补化肥的不足，起到培肥地力、提高耕地质量的作用，并充分保障耕地的可持续健康发展。有机肥含有较多种类的养分，能显著增加土壤有效养分的含量，同时提高作物吸收养分的数量，增加作物产量。试验研究表明，相比单一施用化肥，施用有机肥可以增加果类蔬菜产量 3.5%～20.7%，提高草莓产量 3.4%～5.7%。有机肥能改善土壤物理结构，优化土壤化学性质，活化土壤生物活性，提高土壤阳离子交换量，增加对镉等重金属的吸附固定，提高土壤本身自净能力，减少土壤中有害物质对农产品质量的危害。与化肥相比，有机肥不仅能降低蔬菜中硝酸盐和亚硝酸盐的含量，还可以增加果实的维生素、可溶性固形物等含量，提高了作物的品质，同时还可以延长果实储存时间。

第二节　有机肥替代化肥的基本理论

有机肥具有较高的养分含量，商品有机肥养分含量要求在 5% 以上（主要包括氮磷钾养分）。有机肥施入土壤会带入大量养分，随着有机肥养分的矿化，会显著提高土壤有效养分含量以满足作物养分的需求，进而降低作物对化学有效养分的依赖。有机肥含有丰富的养分种类，包括了大、中、微量元素，以及氨基酸、多肽等有益物质，可以促进作物根系生长，提高土壤微生物生物活性以及作物对养分的吸收与养分利用率，进一步降低化肥用量。

一、有机肥含有大量养分

有机肥富含有机质以及作物生长必需的养分、有机酸、糖类等物质，在农产品生产中占有极其重要的地位，是农业生产中用于土壤改良培肥和养分供应的主要肥料。有机肥种类繁多，以下主要介绍粪便类、秸秆类有机肥的养分含量。

（一）粪便类有机肥

我国每年产生畜禽粪便资源量 20 亿 t 以上，约占全国有机肥资源量的 40%，其中畜禽粪便的 80% 左右来自规模化养殖场。畜禽粪便等有机废弃物农用是最直接、最有效的措施，其中肥料化利用是畜禽粪便资源化的一项重要手段。利用好畜禽粪便生产的有机肥，能够提高土壤肥力，实现养分的再循环，对于减少化肥施用、保护生态环境、推动农业可持续发展具有十分重要的意义。我国每年来自农业内部的有机物质（粪尿类、秸秆类、绿肥类、饼肥类）为 40 亿 t，可提供氮磷钾养分 5 316 万 t，其中粪尿类占资源量的 78.7%，可提供养分 3 463.2 万 t（黄鸿翔，2006）。

有机肥的原料来源广泛，主要来源于规模化养殖场的畜禽粪便、工农业有机废弃物（如秸秆、蘑菇渣、酒渣等）等物质。李书田等人对我国主要有机肥和畜禽粪便中养分含量状况进行了评价，鸡粪和猪粪中全氮含量、全磷含量和养分总含量均相对较高，全氮含量（平均 21.6～25.0g/kg）较牛粪、羊粪和其他有机废弃物平均分别高出 47.9%～71.2%、25.6%～45.3% 和 13.7%～31.6%，全磷含量（平均 35.7～47.4g/kg）较牛粪、羊粪和其他有机废弃物平均分别高出 1.2～1.9 倍、1.7～2.6 倍和 77.7%～130.0%，养分总含量（平均 82.7～84.5g/kg）较牛粪、羊粪和其他有机废弃物平均分别高出 85.0%～89.0%、62.8%～66.3% 和 38.5%～41.5%（表 8 - 1）（黄绍文，2017）。

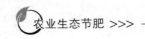

表 8 - 1　有机废弃物养分统计（干重）

养分	项目	商品有机肥种类			平均 (n=126)
		商品鸡粪 (n=29)	商品猪粪 (n=15)	其他商品有机肥 (n=82)	
N (g/kg)	范围	5.0～60.0	6.2～85.1	2.0～199.7	
	平均值	18.3±13.0	24.0±20.7	36.7±42.5	31.0±36.4
	中位数	13.6	17.8	18.7	17.3
P_2O_5 (g/kg)	范围	4.9～52.2	6.8～77.8	2.2～89.2	
	平均值	23.3±13.0	32.6±24.9	24.1±19.7	24.9±19.2
	中位数	21.7	21.5	21.1	21.6
K_2O (g/kg)	范围	6.5～49.2	3.4～39.4	1.9～109.1	
	平均值	21.2±10.0	17.8±10.0	26.0±22.2	23.9±19.0
	中位数	21.0	16.1	18.1	18.6
氮磷钾总含量 (g/kg)	范围	18.9～131.3	29.7～182.9	13.4～310.1	
	平均值	62.7±25.1	74.4±37.9	86.7±61.4	79.8±53.3
	中位数	61.2	75.8	67.8	64.9
有机质含量 (%)	范围	12.4～70.2	21.3～59.8	1.9～78.9	
	平均值	33.9±13.5	41.0±12.3	34.2±14.1	34.9±13.9
	中位数	33.3	40.5	32.9	34.0
C/N	范围	2.1～33.9	1.5～41.8	0.6～70.9	
	平均值	13.8±7.2	16.0±10.7	13.9±14.4	14.1±12.7
	中位数	12.6	12.7	9.9	11.3
C/P	范围	5.9～69.0	4.6～70.0	2.0～269.6	
	平均值	25.4±15.3	29.3±21.0	36.2±37.7	32.9±32.3
	中位数	20.6	21.9	23.2	22.2
pH	范围	5.5～9.1	5.1～7.9	3.1～9.1	
	平均值	7.4±0.8	6.7±0.9	6.6±1.2	6.8±1.2
	中位数	7.5	6.8	6.9	7.1
电导率 (mS/cm)	范围	2.6～77.0	3.1～86.9	0.8～168.7	
	平均值	12.2±14.0	17.8±23.9	28.6±37.0	23.5±32.3
	中位数	8.4	8.9	13.2	10.0

注：n 为统计样本数。

　　鸡粪、羊粪和其他有机废弃物中全钾含量相对较高，平均含量为 20.6～21.7g/kg，较猪粪和牛粪平均分别高出 33.8%～40.9% 和 48.2%～56.1%。猪粪、牛粪和羊粪中有机质含量相对较高，含量为 54.4%～57.4%，较鸡粪和其他有机废弃物平均分别高出 29.2%～36.3% 和 49.0%～57.3%。牛粪的 C/N 相对较高，其次是其他有机废弃物和羊粪，鸡粪和猪粪的 C/N 相对较低。牛粪的 C/N 较其他有机废弃物、羊粪、鸡粪和猪粪平均分别高出 12.7%、27.0%、1.2 倍和 56.6%。牛粪和羊粪的 C/P 相对较高，其次是其他有机废弃物，鸡粪和猪粪的 C/P 相对较低。牛粪和羊粪的 C/P 较其他有机废弃物、鸡粪和猪粪平均分别高出 42.6%～48.1%、2.5～2.7 倍和 2.5～2.7 倍。

（二）秸秆类有机肥

秸秆中蕴藏着巨大的养分资源，作物吸收的养分将近有 1/2 会留在秸秆中。作物秸秆既含有相当数量的作物必需的碳、氮、磷、钾等营养元素，又具有改善土壤的理化性状和生物学性状、提高土壤肥力、增加作物产量等作用，是重要的有机肥源之一。秸秆还田既可充分利用秸秆资源，减轻焚烧秸秆对生态环境造成的负面影响，又是发展有机可持续农业不可替代的有效途径。据统计，我国 2017 年生产主要农作物秸秆约 8.6 亿 t，相比 2007 年秸秆总量增加了近 1.6 亿 t，增幅近 13%。2017 年水稻、小麦、玉米生产秸秆量依次是 2.1 亿 t、1.4 亿 t、3.5 亿 t，占主要作物秸秆总量的比例依次是 23.9%、16.1%、41.3%，相比 2007 年 3 种作物秸秆量，玉米秸秆量增加了近 1.4 亿 t，水稻、小麦秸秆量均增加 0.3 亿 t。2017 年主要作物秸秆量产生量见表 8-2。

2017 年我国主要作物秸秆养分含量如表 8-2 所示。按 2017 年我国秸秆产量计算，8.6 亿 t 秸秆中含氮（N）、磷（P_2O_5）、钾（K_2O）分别为：836.9 万 t、130.1 万 t、1 206.3 万 t，折合 1 820.4 万 t 尿素、1 084.7 万 t 过磷酸钙、2 011.7 万 t 氯化钾，秸秆养分含量占 2017 年化肥总用量的近 37.1%。2007 年秸秆养分含量折合 1 416 万 t 尿素、858 万 t 过磷酸钙、1 570 万 t 氯化钾，2017 年秸秆氮磷钾养分含量相比 2007 年依次增幅 28.5%、26.4%、28.1%。

表 8-2　2017 年我国主要农作物秸秆养分量

作物种类	秸秆量（万 t）	氮（N）		磷（P_2O_5）		钾（K_2O）	
		含量（%）	数量（万 t）	含量（%）	数量（万 t）	含量（%）	数量（万 t）
水稻	20 629.4	0.91	187.73	0.13	26.82	1.89	389.90
小麦	13 836.6	0.65	89.94	0.18	24.91	1.05	145.28
玉米	35 492.9	0.92	326.53	0.12	42.59	1.18	418.82
豆类	3 148.6	1.8	56.68	0.46	14.48	1.4	44.08
薯类	1 706.8	2.37	40.45	0.28	4.78	3.05	52.06
棉花	1 695.6	1.24	21.03	0.15	2.54	1.02	17.30
花生	2 598.0	1.82	47.28	0.163	4.23	1.09	28.32
油菜	3 981.9	0.87	34.64	0.14	5.57	1.94	77.25
麻类	37.1	1.31	0.49	0.06	0.02	0.5	0.19
甘蔗	2 610.1	1.1	28.71	0.14	3.65	1.1	28.71
烟叶	239.1	1.44	3.44	0.19	0.45	1.85	4.42
总计	85 976.1		836.9		130.1		1 206.3

数据来源：中国统计年鉴 2018 年数据。

资料来源：全国农业技术推广中心，1999. 中国有机肥料养分［M］. 北京：中国农业出版社.

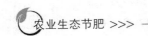

作为有机肥资源，秸秆占我国有机资源总量比例为12%～19%，其中氮、磷、钾等养分资源占有机养分资源的25%～35%。秸秆还田作肥料不但可以替代部分化肥，同时可以提高农田养分的循环利用效率。近年来，政策的引导以及农业补贴力度的加大，有力地促进了秸秆还田技术的应用以及秸秆还田机械的推广，并且配合秸秆禁烧和综合利用取得了明显的成效，秸秆还田水平有了很大的提高。

二、有机肥养分矿化才能成为土壤有效养分

有机肥含有大量的养分，但是其养分主要以有机形态存在，需要经过矿化作用才能被作物吸收。因此，有机肥的矿化作用直接决定有机肥的养分供应，同时决定土壤养分的有效性。

(一) 氮素矿化

有机肥氮素矿化问题是解决有机肥养分释放规律及其与无机肥的合理施用、减量替代化肥、降低农田环境污染、提高农产品质量等问题的瓶颈，已引起了广泛的关注。有研究发现，不同有机肥氮素矿化过程存在一定差异，表现在土壤氮素矿化势值、有机肥本身的矿化速率及矿化量等不同。土壤本身具有较强的氮素矿化能力，氮素矿化主要体现在氮素矿化最大量和矿化速率两个方面。不论是土壤有机质还是有机肥中的有机氮素，最终都矿化为铵态氮和硝态氮两种形式，二者之和可以用来反映土壤和有机肥的氮素矿化量（关焱等，2004）。

一般认为土壤有机氮素的矿化符合一级反应动力学原理。该方法以培养试验得到的数据为基础，依据一级反应动力学方程估算土壤氮素矿化特征的2个基本参数，即土壤氮素矿化势（N_0）和矿化速率常数（K）。N_0是指在一定条件下，土壤氮素可释放的最大氮量；K是矿化快慢的标志。通过田间温度、水分资料对K校正后，即可预测植物某一生长阶段土壤能够矿化氮的数量。有关氮肥施用对N_0影响的结果不一，张玉玲等研究表明，与单独施用无机氮比较，不施任何氮肥能够提高土壤N_0值，但这二者的N_0值都明显低于有机无机结合处理，长期单施氮肥降低了土壤N_0值（武爱莲等，2010）。

(二) 磷素矿化

赵明等（2007）研究了鸡粪、牛粪和猪粪等畜禽有机肥料的有效磷的释放规律得出，鸡粪和猪粪处理初期有效磷释放量最低，之后逐渐增加并维持在较平稳的水平；而牛粪处理的有效磷释放量则一直低于起始值，处理60d开始升高，这可能与牛粪的C/P相对较高、生物固定较多有关。处理120d后，鸡粪、牛粪和猪粪有效磷释放量分别达到总施磷量的24.6%、61.3%和34.8%。

杨莉琳等研究表明，施肥初期磷肥主要转化为Ca_2-P，但随着时间的延长，很快向Ca_8-P、Al-P转化，施用有机肥对磷肥的转化有较大影响。孙华等指出，在砂姜黑土上施用有机肥能够提高土壤有效磷的含量，而施用含有一定量溶磷细菌的肥料，除了提高土壤中的中等活性有机磷和活性有机磷之外，还能促进土壤中Ca_8-P、$Ca_{10}-P$向Ca_2-P、Al-P、Fe-P等无机磷形态的转化，从而提高土壤有效磷的含量。

(三) 钾素矿化

有机肥料中钾素一般以无机形态存在。有机肥的有效钾含量较高，钾素的矿化主要发

生在前期。赵明等指出，鸡粪速效钾的释放率明显高于牛粪和猪粪，牛粪与猪粪的释放率基本相同。鸡粪缓效钾的释放率在施肥初期较低，处理第60d达到最大值；牛粪缓效钾的释放率在处理初期最高，随处理时间延长而逐渐降低；猪粪缓效钾的释放率在处理初期快速上升，处理第15d时达到最大值，之后逐渐下降，至90d后稳定。处理期间，3种有机肥料缓效钾的平均释放率分别占总钾施入量的45.2%、97.9%和108.2%。鸡粪速效钾的转化率高于牛粪和猪粪，平均转化率分别为158.0%、72.0%和78.9%；缓效钾平均转化率分别为187.3%、399.2%和406.3%。3种有机肥料缓效钾转化率的变化规律与释放率基本相同。供试条件下，除鸡粪速效钾平均释放率高于缓效钾外，牛粪和猪粪在土壤中的速效钾平均释放率和转化率明显小于缓效钾的平均释放率和转化率。

温明霞等通过室内模拟试验研究了芥菜叶、水稻秸秆、小麦秸秆和油菜秸秆在土壤中的分解和养分释放动态，结果表明，在30d内秸秆中的钾能快速释放到土壤中，其有效性高。秸秆是钾资源的重要组成部分，有效利用秸秆资源是缓解我国钾资源亏缺的一项重要措施。

（四）其他元素矿化

有机肥中还有大量中微量元素，且含量远高于土壤中的含量，因此有机肥的矿化还可以显著提高土壤中微量元素的含量。土壤施用有机肥料后有效铜、锌、铁、锰含量的变化特性，可能与有机肥料在分解过程中生成的腐殖质含有的活性基团与土壤中的铜、锌、铁、锰等微量元素产生复杂的螯合作用有关，进而影响土壤中微量元素的有效性。研究表明，土壤有效锌含量在培养初期均有所下降，随培养期的延长而又回升，培养后期变化幅度不大，但始终低于不施肥土壤（对照）。施肥土壤有效铁含量在培养期间变幅较大，各处理培养初期的含量逐渐上升，但均低于对照。施用鸡粪处理在培养15d后开始高于对照，施牛粪和猪粪处理在培养60d后才接近或略高于对照，培养120d时施肥土壤有效铁含量又接近或略低于对照。施肥土壤有效锰含量初期快速上升，随后逐渐下降，培养15d时均低于对照，然后回升并高于对照。

三、有机肥矿化提高土壤有效养分含量

（一）对土壤氮素的提高

1. 对氮素含量的影响　氮素被称为生命元素，是农业生产中最重要的养分因子。施入土壤的氮肥对土壤含氮量的影响取决于它在土壤中的净残留量。氮肥对土壤氮的矿化既无明显的净激发，也无明显的净残留，因此它在提高土壤全氮含量中的作用并不明显。与氮肥不同，有机肥料在土壤中大多有明显的净残留，因此有助于土壤全氮含量的提高。在一些长期试验中，都以有机肥料区的土壤含氮量最高，而化肥区仅略高于不施肥区。这是由于大量施用氮肥可提高作物根茬和根系分泌物的量，即增加了归还土壤的有机氮量，这部分氮比土壤原有的有机氮易矿化；但施入的无机氮肥很少能在土壤有机质中积累。

有机无机配施既能快速提高土壤有效氮含量，又能长久保存土壤氮素。有机无机配施能显著提高土壤碱解氮含量；而单施化肥，土壤碱解氮含量增加很少，处于维持平衡的状态。秸秆还田也有利于土壤碱解氮的增加，在化肥用量相同的情况下，随秸秆还田量的增

加，土壤中碱解氮含量逐渐增加，两者呈正相关关系，秸秆与化肥配施效果好。

2. 对氮素形态的影响 土壤氮素形态分为无机氮和有机氮两大类。无机氮以铵态氮和硝态氮形式存在，一般占全氮的 $1\%\sim2\%$。土壤中的氮大部分以有机态存在，有机氮可分为：酰胺态氮、氨基氮（包括氨基酸态氮和氨基糖态氮）、根系分泌物、多肽、土壤微生物体氮以及非水解残渣氮等。

总体来看，长期施用氮肥或氮磷钾肥能显著增加土壤中硝态氮和铵态氮含量，但对土壤有机氮含量影响较小，能扩大土壤有机氮库的方法唯有施用有机肥料。有机肥料中的有机氮在土壤中的分解过程与有机碳大致相似，有机氮在土壤中完成其全部分解过程需要经历漫长岁月。当农田土壤持续施用有机肥时，则多次残留于土壤中的有机氮积累便构成了土壤有机氮库（王媛，2010）。仅施化肥，在全氮略有盈余的情况下，重组氮反而亏缺，轻组氮有大量盈余。这显然是由于在化肥的作用下，复合体中氮分解的同时，化肥氮的残留没有相应转入重组，因而未能补偿重组氮矿化引起的损失，表明施用氮肥对土壤氮库储备没有明显作用。但施用有机肥，则可明显提高土壤氨基糖态氮的相对含量，还可以提高氨基酸态氮的相对含量，而未知态氮的相对含量则有所下降（叶静 等，2008；李玲玲等，2012）。

（二）对土壤磷素的提高

1. 对磷素含量的影响 长期施用有机肥特别是粪肥可以显著提高土壤有效磷含量。施用有机肥增加土壤有效磷含量的原因在于：一方面，有机肥本身含有一定数量的有机磷，这部分磷素容易被分解释放；另一方面，有机肥施入土壤后可增加土壤有机质含量，除了有机肥本身矿化外，还可能由于有机质分解的有机酸与土壤难溶性磷酸盐的金属离子产生络合反应而释放其中的磷，腐殖质在胶体表面形成屏蔽，减少磷素的吸附固定。

2. 对磷素形态的影响 土壤磷素形态分为有机磷和无机磷两大类，大多数土壤以无机态为主。无机磷主要分为磷酸钙化合物，磷酸铁、铝化合物，闭蓄态磷。

长期施用化肥和有机肥均可以增加土壤有机磷和无机磷含量，化肥以增加无机磷为主，有机肥以增加有机磷为主。有机肥增加土壤有机磷的原因在于，有机肥本身不仅含有较多的高活性的有机磷，而且有机肥中含有大量微生物，微生物可以吸收固定无机磷，从而使无机磷向有机磷转化。有机肥促进微生物活动进而提高微生物体磷含量，这是土壤磷库的重要组分。

长期施用有机肥或者有机无机配施，可以明显提高土壤有机磷含量，主要是增加活性、中度活性有机磷含量；而中稳性的有机磷略有下降，高稳性有机磷变化不大。施用化肥也可增加土壤有机磷含量，活性、中度活性有机磷含量有所增加，中稳性、高稳性含量下降。长期施用磷肥或者有机肥，土壤中 Ca_8-P、Ca_2-P、Al-P 和 Fe-P 含量均显著增加，以 Ca_8-P 增加幅度最大。磷肥显著增加土壤 O-P 含量，说明化肥和有机肥施入土壤后，易溶解性磷不但形成了较易溶的 Ca-P，也形成了相当数量的 Al-P 和 Fe-P，进行着Ca-P 体系和 Al-P、Fe-P 体系的转化。在转化过程中，Ca_8-P 起主导作用（杨蕊 等，2011）。

（三）对土壤钾素的提高

钾素被称为提高作物抗逆性的元素。土壤钾以不同形态存在，分为水溶性钾、交换性钾、非交换性钾。有机肥和化肥施用对钾的含量和形态的影响基本趋于一致，显著增加土壤速效钾、缓效钾含量，缓效钾与速效钾变化趋势相同，但速效钾变化更为显著。

（四）对土壤微量元素的提高

有机肥料不仅是土壤生物养分的供给源，而且其分解产生的腐殖质含有一定量的有机酸、糖类、酚类及含氮、硫的杂环化合物等活性基团，很容易与土壤中铜、锌、铁、锰等金属元素络合或螯合，影响土壤微量元素的有效性。有机肥料中含有铜、锌、铁、锰等元素，且有效铜、锌、铁、锰含量均高于土壤，故施用有机肥料可增加土壤微量元素的含量，是作物微量元素的良好供给源。有机肥对不同微量元素增加趋势不同，施鸡粪、牛粪和猪粪处理有效铜含量比对照分别增加 5.2％、2.6％和 32.4％，施猪粪处理有效铜含量增加量最大；施鸡粪处理有效铁含量增加 13.2％，而施牛粪和猪粪处理则分别降低 9.8％和 18.3％；施鸡粪、牛粪和猪粪处理有效锰含量分别增加 36.3％、17.2％和 20.8％（赵明 等，2007；魏明宝 等，2010）。

四、有机肥提高生物肥力，增加土壤养分有效性

（一）有机肥对土壤微生物数量的影响

土壤微生物是维持土壤生物功能的基础，是各种土壤酶的主要来源，土壤酶又控制调节着土壤的各种反应过程。土壤微生物碳、氮、磷分别与土壤有机碳、全氮、有效磷存在显著正相关关系，可以作为指示肥力的重要指标，因而土壤微生物数量是土壤生物的重要指标之一。

有机肥输入对土壤微生物活力的影响远高于化肥。与传统施化肥处理相比，施用有机肥后，土壤有机碳含量上升，微生物碳量显著增加，种植春小麦提高 292％，种植甜菜提高 285％。定期施用有机肥不仅可为土壤增加新的微生物，还可通过生物降解变成易分解的有机质作为微生物的反应底物，提高微生物活力、营养循环的背景值、微生物多样性等，提高养分的有效性和保水能力，改善土壤物理性状，最终提高土壤微生物碳、氮并提升土壤的养分供应能力（薛峰 等，2010）。

（二）有机肥对土壤代谢商的影响

代谢商表征土壤微生物的活力，通常用来评估土壤群落的生理等级。施肥对土壤代谢商的影响，目前主要有以下观点：①胁迫论。施用化肥后，土壤中低微生物生物量商值与高代谢商值总是相伴出现，说明在施用化肥的土壤中，微生物群落受到胁迫。这可能是由于施用化肥后，土壤中有机质含量低，生长期内营养元素的矿化量较少，对微生物有效的营养物质会相应更少，植物和微生物之间的营养竞争被放大。另外，化肥中的氮含量通常偏高，导致土壤营养不平衡。②多样性论。在施用有机肥的土壤中，随着生物多样性的提高，土壤微生物能在较低的能量消耗下将生物残骸中的有机碳转化到微生物体内，形成更高的微生物量。在生物多样性和代谢商之间存在较好的负相关性，土壤微生物的代谢商随着多样性的上升而下降。生物动力耕种处理多样性指数最高，其代谢商最低，可见土壤的高生物多样性水平会影响营养循环中的能量利用效率。另外，传统的施有机肥处理与传统

的施化肥处理相比，在多样性指数接近时，代谢商也略低，可见有机肥处理可有效优化土壤微生物的生存环境（图8-1）。

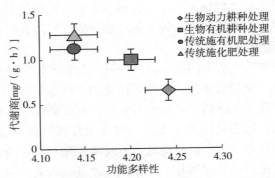

图8-1　不同施肥处理对土壤微生物功能多样性和代谢商的影响

（三）有机肥对土壤酶的影响

土壤酶是代谢组学中表征土壤活性最常见、最直观的指标，是反映土壤质量的生物指标。土壤酶活力是土壤生物群落对于代谢需求和营养有效性的直观表达，能够评估大尺度的土壤生物功能，可对土壤营养循环的速率和土壤微生物多样性做出指示。

1. 磷酸酶　由于植物只能吸收利用无机态磷，土壤中的有机磷必须经植物根系、真菌和土壤微生物释放的磷酸酶水解后才能被植物所利用。植物根系是酸性磷酸酶的主要生产者，碱性磷酸酶则主要由土壤细菌、真菌和动物产生。微生物由于生物量巨大、新陈代谢活力强、生命周期短，能够释放出大量的胞外磷酸酶。有机肥的施用会提高土壤的酸碱缓冲性，使pH趋于中性。空白土壤中的碱性磷酸酶活性始终高于化肥处理，磷肥对碱性磷酸酶存在抑制作用，施用磷肥引起土壤酸化，使得土壤pH更适合酸性磷酸酶。而通常施有机肥可使土壤pH上升，因此施用有机肥后，碱性磷酸酶的活力增强。

2. 脱氢酶　脱氢酶只存在于活性细胞内，并和微生物呼吸相关联，可反映土壤微生物群落的氧化能力，是指示土壤微生物活性的一项良好指标。脱氢酶活性和微生物量与添加的营养种类、用量呈正相关关系。施用有机肥能够改变作物根际土壤生物学特性，提高土壤脲酶、蛋白酶、纤维素酶活性，提高根系活力、光合速率，促进叶片氮代谢和作物对营养物质的吸收，达到提高产量的目的。这可能是因为微生物受到刺激，生物量上升，释放出的细胞外酶增多，随着土壤理化性状的改变，土壤环境质量得以改善，适宜微生物的生存。

第三节　有机肥矿化的影响因素

有机肥矿化直接关系有机肥有效养分的供应，决定着有机肥替代化肥的数量和种类，同时关系着作物生长阶段的养分需求。矿化过程是一个综合、复杂、长期的过程，受到物理、化学、生物等多方面的影响，集中而言主要受到有机肥特性、温度、土壤质地、作物生长时期等因素的影响。研究有机肥矿化的特征，对合理和安全施用有机肥，在提高肥料施用效果的同时保护生态环境，以及对有机肥替代化肥合理施用等方面都具有重要意义

（李培军等，2008）。

一、有机肥特性对矿化的影响

有机肥自身的性质直接影响着土壤中微生物的生命活动。有机肥料氮素在土壤中的残留量，不仅与其施用量有关，而且受施入的有机肥料组成成分的影响。不同 C/N 的有机肥料有机氮的矿化速率在不同培养阶段是不同的，但经过一段时间的培养后，其矿化速率相似。这说明可能已经形成了同一类较难矿化的腐殖化物质，从而进入极慢分解阶段。有机肥料的分解还受不同种类含氮化合物的影响，有机肥料总 C/N 小于热水溶性化合物的 C/N 时，该有机肥料有机碳的有效性极高，淹水后有机碳的激烈分解导致微生物强烈地固定土壤中的矿化氮；有机肥料总 C/N 大于热水溶性化合物的 C/N 时，有机肥料氮素矿化量前期多，后期较小。一般而言，当施入土壤的有机肥料 C/N 为 25 时，矿化与固持相当，因此无净矿化或净固持发生；C/N 小于 25 时，可发生净矿化；C/N 大于 25 时，发生净固持。秸秆类有机肥料的 C/N 很大，因此被认为在分解的前期不可能有净矿化氮释放；而家畜粪尿 C/N 小于 25，分解初期即可释放出矿化氮供作物利用。

用室内培养法研究鸡粪、牛粪和猪粪等畜禽有机肥料的矿化率（表 8－3）得出，有机碳矿化率分别为 87.5%、71.9% 和 55.4%，碱解氮释放量分别为 39.9%、20.6% 和 35.3%，有效磷释放量分别为 24.6%、61.3% 和 34.8%，速效钾释放量分别为 78.8%、36.8% 和 41.5%。

表 8－3　有机肥施入 100d 的养分矿化参数

有机肥种类	氮矿化率（%）	磷矿化率（%）	钾矿化率（%）	土壤类型	研究方法
鸡粪	39.9	24.6	78.8	棕壤	室内纯培养
牛粪	20.6	61.3	36.8	棕壤	室内纯培养
猪粪	35.3	34.8	41.5	棕壤	室内纯培养

二、温度对矿化的影响

温度是影响微生物活动的主要因子。在一定的温度范围内，微生物活动状况与温度呈正相关关系。温度过低（<0℃）或过高（>45℃）时，大多数微生物活动都会受到抑制或者处于休眠状态。在 0～40℃ 范围内，温度愈高微生物活动就愈强，有机物质的分解也就越快。在一定温度范围内（－4～40℃），随着温度的升高，氮素矿化数量和矿化速率也均呈增大的趋势。内蒙古地区草原土壤净氮矿化的研究结果表明，当土壤温度为 3～9℃ 时，矿化速率对温度并不敏感；当土壤温度为 9～15℃ 时，矿化速率增加了 2 倍以上；当土壤温度升高到 15℃ 时，矿化速率迅速升高，出现了另外一个拐点。对不同有机肥料的研究表明，培养温度与矿化速度呈正相关关系。培养温度对有机肥料矿化速率的影响在培养前期（14～21d）较为显著，矿化速率明显较快。

用原位埋袋法研究有机肥在不同温度下的矿化参数，在温室、露地两种模式的壤土条件下研究不同有机肥周年的矿化参数（表 8－4），结果表明，有机肥施入 300d 后，温室、露地条件下氮矿化率分别为 46.6%、37.7%，表明氮素矿化是一个长期的过程；磷矿化率分别为 55.0%、40.5%；钾矿化率分别为 72.3%、71.2%。

表 8-4　有机肥不同条件矿化率

有机肥种类	温室			露地		
	氮矿化率（%）	磷矿化率（%）	钾矿化率（%）	氮矿化率（%）	磷矿化率（%）	钾矿化率（%）
鸡粪	80.55	71.87	80.64	58.29	53.54	83.75
牛粪	59.16	56.31	66.08	38.27	51.86	67.24
猪粪	49.49	44.59	70.70	46.30	32.34	69.09
鸡粪秸秆	17.67	35.83	60.76	20.63	21.38	53.53
蘑菇渣	25.88	66.63	83.44	25.02	43.33	82.15

三、土壤质地对矿化的影响

土壤质地不同，其孔隙系统、通气状况以及持水能力不同，进而会影响参与降解有机肥的微生物活性。因此，其对有机肥氮的矿化速率及矿化量的影响更为复杂，很难断定试验结果差异是单纯由质地差异引起，还是由其他因素的交互作用所致。

对于土壤质地与有机肥矿化关系的研究结果表明，有机肥氮素净矿化量与土壤黏粒含量呈负相关关系或不相关。有机肥的矿化速率与土壤黏粒含量呈负相关关系的原因是：土壤质地越黏重，土壤颗粒越细，对矿化底物的物理性保护越强，对微生物活动的抑制作用越强，有机肥矿化速率越慢。此外，土壤质地越黏重，施入有机肥后易矿化碳库容减小幅度越小，C/N 降低的速率越慢，有机氮的矿化速率越慢。然而 ^{15}N 标记有机肥氮矿化研究试验表明，土壤黏粒含量为 4%～16% 时，有机肥氮矿化速率受土壤质地的影响较小；而土壤氮的微生物固定则与黏粒含量呈正相关关系，即土壤黏粒含量越高，施入有机肥后微生物对土壤中无机氮的固定量越高，有机肥的净矿化量越低，但有机肥自身的矿化速率并不受影响。因此，土壤黏粒含量的变化范围以及研究方法可能影响土壤质地对有机肥氮素矿化研究的结论。当土壤黏粒含量较低时，有机肥自身氮素矿化速率不受土壤质地的影响。

四、作物生长时期对矿化的影响

作物生长周期一般较长，短则 1～2 个月，长则以年为计。在生长周期内，有机肥养分矿化速率和数量差别很大，一般表现为前期矿化速率较快，后期矿化速率较慢，不同元素的矿化差别也很大。不同种类有机肥不同时间段氮素的矿化速率见表 8-5。

表 8-5　不同有机肥养分周年矿化比例

有机肥种类	氮矿化量占总养分比例（%）							
	30d		60d		240d		300d	
	温室	露地	温室	露地	温室	露地	温室	露地
鸡粪	62.33	28.20	66.93	44.73	73.02	48.69	80.55	58.29

（续）

有机肥种类	氮矿化量占总养分比例（%）							
	30d		60d		240d		300d	
	温室	露地	温室	露地	温室	露地	温室	露地
牛粪	32.48	12.39	39.85	12.98	48.09	33.52	59.16	38.27
猪粪	19.48	4.55	22.32	12.12	29.20	15.25	49.49	46.30
鸡粪秸秆	3.79	8.44	4.52	15.74	17.70	19.59	17.67	20.63
蘑菇渣	16.88	9.24	16.41	14.05	17.83	12.18	25.88	25.02
平均	26.99	12.56	30.01	19.92	37.17	25.85	46.55	37.70

通过在壤土进行田间原位埋袋试验研究表明：1 000kg有机肥在300d内温室、露地条件下氮矿化量平均为9.6kg、7.5kg，分别占总氧分量的46.6%、37.7%，表明氮素矿化是一个长期的过程；在前30d，矿化量分别为6.5kg、2.8kg，占总养分量的27.0%、12.6%，分别占总矿化量的1/2、1/3，表明温室条件下氮素在前期矿化量更高。

不同有机肥矿化量差异很大。鸡粪总矿化量最多，温室、露地总矿化量依次为23.6kg、17.1kg，占总养分量的80.6%、58.3%，前30d矿化量依次为18.3kg、8.3kg，占总养分量的62.3%、28.2%，表明鸡粪氮素矿化量温室明显高于露地，且大部分氮素矿化发生在前30d；牛粪氮素矿化量其次，总矿化量依次为11.7kg、7.6kg，占总养分量的59.2%、38.3%，前30d矿化量依次为8.4kg、2.5kg，占总养分量的32.5%、12.4%，表明牛粪氮素矿化量温室明显高于露地，温室下氮素矿化大部分发生在前30d；蘑菇渣氮素矿化量居中，总矿化量为5.0kg、4.8kg，分别占总养分量的25.9%、25.0%，前30d矿化量依次为3.3kg、1.8kg，占总养分量的16.9%、9.2%，蘑菇渣氮素矿化量温室、露地差别不大，前后矿化差异不大。

第四节　有机肥替代化肥的思路

从保护生态环境、促进农业可持续发展出发，在农业生产中推荐用有机肥替代部分化肥，减少化肥用量。作物推荐施肥时，如果有机肥用量过大，推荐化肥时应定量扣除有机肥提供的养分，适当降低化肥用量，尤其是磷、钾肥的用量。有机肥替代化肥施用技术主要步骤可分为以下几步。

一、明确目的

明确施用有机肥可以减量、替代部分化肥，并对土壤质量提高、作物产量提高和品质提升具有促进作用。针对将要施用有机肥的土壤，需测定土壤氮、磷、钾养分含量，根据土壤养分含量估算土壤养分供应量，依据氮、磷、钾养分供应量，确定有机肥的施用量。以氮素为例，尽管经过计算可以得出有机肥提供的植物有效氮的数量，但是实际中植物吸收的氮并不是和供应的有效氮含量保持一致，因此为了保证产量不降低，一般在理论计算的基础上需要多提供50%~60%的氮素来保证作物高产；但是如果生态涵养区域以保护

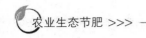

环境为主，可以不考虑增加氮肥用量。

二、掌握有机肥的养分含量

在实际生产过程中，有机肥养分数据获取有两种方式：经验值估算和样品实际测定。通常来讲，实际测算结果更精准一些。

（1）利用经验数据。这种方式依靠对大量不同有机质样品的分析，在经验值基础上获取大量有机肥数据，包括有机肥品种、有机肥状态、有机肥的养分含量等基本情况。施肥时不需要测定有机肥，而是根据有机肥种类、形态估算有机肥的养分含量。常见有机肥的养分含量见表8-6。

表8-6 常见有机肥的养分含量

有机肥种类	全氮（N）（%）	全磷（P_2O_5）（%）	全钾（K_2O）（%）	有机质（%）	C/N	pH	可溶性盐含量（$\mu S/cm$）
鸡粪	2.94 ± 0.25	2.96 ± 0.2	2.30 ± 0.14	450 ± 7.8	9.0	8.1 ± 0.5	$7\,640\pm678$
牛粪	1.19 ± 0.22	1.20 ± 0.11	1.35 ± 0.15	36.6 ± 5.7	10.9	7.6 ± 0.4	$3\,280\pm351$
猪粪	1.98 ± 0.11	1.52 ± 0.12	1.23 ± 0.02	300 ± 3.6	14.7	6.9 ± 0.7	$3\,700\pm278$

（2）检测有机肥样品。这种方式可以提供较为可靠的数据。一般情况需要测定有机肥总氮、磷、钾、镁和铵态氮含量，堆肥、畜禽粪便还需要再测定硝态氮含量，以及畜禽粪便中的酰胺态氮含量。测定样品需要进行科学取样以确保所取样品具有代表性，固体和液体有机肥有很大区别。对于固体有机肥，取样时间并不重要，取样应至少取10个点的混合样。每个点用铲子或者叉子去除表面风化的物质，挖一个大约深0.5m的洞取1kg的样品。将样品放在干净的托盘或者薄板上，弄碎块状物混合均匀，四分法留2kg样品进行分析。对于液体有机肥，需要取5个2L样品混合在一起，搅拌均匀留取2L装入干净的容器用于分析。

三、确定有机肥的合理用量

确定有机肥合理用量是计算有机肥替代化肥的基础，可以根据土壤类型、作物类型、有机肥种类、施用目的等条件确定有机肥合理用量。

根据土壤肥力和有机肥特性施用有机肥。低肥力土壤应以培肥目标为主，应施用鸡粪、猪粪等养分含量较高的有机肥，短期内（2～3年）每年每亩可施2～3t；高肥力土壤应以维持有机质平衡及为作物缓慢提供养分为主，可以施用养分含量较低并以改善土壤结构为主的有机肥，如秸秆、牛粪等原料加工的有机肥，中长期内（3～5年）每年每亩可施1～2t。

根据作物类型和有机肥种类确定有机肥用量。粮食作物有机肥用量较低，一般推荐每年每亩投入0.3～0.5t即可，对有机肥种类没有明显要求；经济作物有机肥用量偏高，但是每年每亩不应该超过2t。有机肥的过高投入会带来土壤氮磷环境风险，引发面源污染；同时由于经济作物的特殊性，如中草药、须根作物等对有机肥较为敏感，特别是猪粪、鸡粪等有机肥发酵不充分容易引起病虫害，可以考虑施用牛粪、羊粪等有机肥。

根据环境要求确定有机肥用量。为了保护生态环境，部分地区由于地下水硝酸盐含量超标，要求有机肥总氮投入不能高于 $250kg/hm^2$。根据有机肥总氮的限量标准提出不同种类有机肥限量指标，见表 8－7。某些特殊作物对氮素也有明确要求，如马铃薯总氮量不能超过 $270kg/hm^2$。

表 8－7 土壤硝酸盐脆弱区有机肥施用上限

单位：t/hm^2

有机肥种类	施用量
鸡粪	11
牛粪	20
猪粪	14
牛厩肥（25%）	41
猪厩肥（25%）	35

四、估算有机肥的有效养分供应

有机肥含有大量的养分，但只有通过矿化作用才能变成作物可吸收的有效养分。根据有机肥用量、有机肥养分含量、有机肥养分矿化系数可以计算出有机肥的有效养分供应量。以氮素为例，植物有效氮素数量的供应常常受到有机肥的类型、有效氮含量、施用时间和方法、土壤类型和天气条件的影响。表 8－8 中数据为利用田间原位埋袋方法得出的不同有机肥在设施壤土条件下不同时间段的矿化参数，可以作为不同时间内有机肥可提供养分的参考。

表 8－8 有机肥氮素矿化参数

单位：%

有机肥种类	氮素矿化量占总养分比例			
	30d	60d	240d	300d
鸡粪	62.33	66.93	73.02	80.55
牛粪	32.48	39.85	48.09	59.16
猪粪	19.48	22.32	29.20	49.49

五、作物养分需求扣除有机肥供应的有效养分

有机肥除了为作物提供所需养分外，长期施肥使土壤自身养分含量较高。在作物生长过程中，土壤会提供一定的养分，如土壤中会存在无机态氮形式的速效养分，有机态氮也会矿化成有效态氮供作物吸收，因此作物总养分需求扣除有机肥养分供应、土壤养分供应之后，可以用化肥的养分来补充。对于磷、钾养分，有机肥含有大量的磷、钾，$40t/hm^2$ 的牛厩肥可以提供 $130kg/hm^2$ 总磷和 $320kg/hm^2$ 总钾。有机肥的 50%～60%的磷可以被迅速作物直接吸收，其余在随后几年会逐渐变得有效；90%的钾处于可溶态，可以被作物直接吸收。对于马铃薯，有效磷、钾的数量可以估计有机肥向作物提供磷、钾的数量，而供应的总的磷、钾在随后的几季中会逐渐变成有效态。化肥养分供

应量可以用下式求得。

化肥养分供应＝（作物养分需求－有机肥养分供应－土壤养分供应）/肥料当季利用率

（一）作物养分需求

作物养分需求根据作物产量和单位养分含量计算得来。作物产量一般包括籽粒（果实）和秸秆产量，产量和植株养分含量可以通过经验法和实测法获取。经验法以3年的统计数据平均值为准，实测法以实际测产、植株养分含量测试为准。

作物养分需求＝作物籽粒产量×籽粒养分含量＋作物秸秆产量×秸秆养分含量

（二）有机肥养分供应

有机肥养分供应参考有机肥养分矿化模型。

（三）土壤养分供应

土壤养分供应量是一个极为复杂的量化数据，与土壤质地、种植作物、种植茬口、农事管理密切相关，一般通过以下公式推导而来，其中土壤有效养分校正系数通过田间试验获得。试验表明，校正系数不是一个定值，它与土壤测试值呈明显的负相关关系，且与土壤类型、质地等都有很大的关系。图8-2为我国潮土土壤有效养分校正系数与土壤有效养分含量的关系。

土壤养分供应量＝土壤养分测定值×2.25×土壤有效养分校正系数

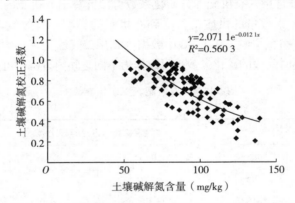

图8-2　土壤碱解氮含量与有效养分校正系数的关系

（四）肥料当季利用率

2001—2005年，中国农业大学张福锁研究团队对我国1 333个试验水稻、小麦和玉米氮磷钾肥的肥料偏生产力、农学效率、肥料利用率和生理利用率结果进行汇总。从表8-9可以看出，水稻、小麦和玉米的氮肥偏生产力分别为54.2kg/kg、43.0kg/kg和51.6kg/kg，氮肥农学效率分别为10.4kg/kg、8.0kg/kg和9.8kg/kg，氮肥利用率分别为28.3%、28.2%和26.1%，氮肥生理利用率分别为36.7kg/kg、28.3kg/kg和37.5kg/kg。

表8-9　主要作物肥料利用率

作物	肥料	样本数	施肥量 （kg/hm²）	产量 （t/hm²）	偏生产力 （kg/kg）	农学效率 （kg/kg）	肥料利 用率（%）	生理利用率 （kg/kg）
水稻	N	179	150	6.84	54.2	10.4	28.3	36.7

（续）

作物	肥料	样本数	施肥量 （kg/hm²）	产量 （t/hm²）	偏生产力 （kg/kg）	农学效率 （kg/kg）	肥料利 用率（%）	生理利用率 （kg/kg）
水稻	P₂O₅	109	90	6.78	98.9	9.0	13.1	68.8
	K₂O	108	86	6.82	98.5	6.3	32.4	19.4
小麦	N	273	169	5.72	43.0	8.0	28.2	28.3
	P₂O₅	150	114	5.70	63.7	7.3	10.7	67.8
	K₂O	165	110	5.61	72.2	5.3	30.3	17.4
玉米	N	215	162	7.05	51.6	9.8	26.1	37.5
	P₂O₅	34	114	6.62	72.4	7.5	11.0	68.4
	K₂O	100	116	6.01	64.7	5.7	31.9	18.0

影响化肥当季利用率的因素有很多，化肥用量直接决定着化肥的利用率。分析施氮量和氮肥利用率的关系可以得出（表8-10），当氮肥用量小于60kg/hm²时，水稻、小麦和玉米的氮肥利用率分别为49.0%、55.4%和40.2%；当氮肥用量大于等于240kg/hm²时，水稻、小麦和玉米的氮肥利用率分别降至15.0%、11.3%和14.4%。所以，随着氮肥用量的增加，水稻、小麦和玉米的氮肥利用率均在逐渐下降。

表8-10　不同施肥量对作物氮肥利用率的影响

氮肥用量 （kg/hm²）	水稻		小麦		玉米	
	氮肥利用率 （%）	产量 （t/hm²）	氮肥利用率 （%）	产量 （t/hm²）	氮肥利用率 （%）	产量 （t/hm²）
<60	49.0	6.24	55.4	5.74	40.2	6.21
60~120	37.3	6.49	40.3	5.45	31.2	6.56
120~180	27.4	6.84	33.2	5.68	29.8	7.07
180~240	23.0	7.11	22.4	6.18	24.1	8.18
≥240	15.0	6.90	11.3	5.67	14.4	5.52

六、有机肥替代化肥量化模型

有机肥替代化肥量化模型可以计算出特定条件下有机肥替代化肥的施用量。有机肥中养分的形态主要是有机态，作物吸收利用的形态为无机态，因此有机肥中养分只有一部分对当季作物有效。具体生产中可根据所用有机肥测定结果（一般测定有机肥中全氮、全磷、全钾含量）和有机肥养分的当季有效性，按表8-11的办法减少化肥用量。以下以春玉米为例，建立有机肥替代化肥推荐模型，并以氮素为例演示有机肥替代化肥的计算过程。

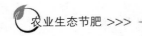

表 8-11　春玉米有机肥替代化肥计算步骤（同一土壤类型不同肥力土壤）

计算步骤	单位	高肥力	中肥力	低肥力
①有机肥用量（t）	kg	300	300	300
②有机肥氮素含量（h）	kg	6	6	6
③有机肥当季有效氮参数（s）		0.4	0.35	0.3
④有机肥当季供应氮素（E）	kg	2.4	2.1	1.8
⑤目标产量（M）	kg	850	750	650
⑥每 100kg 需氮量（Nn）	kg	1.9	1.9	1.9
⑦总需氮量（T）	kg	16.15	14.25	12.35
⑧土壤供氮比例（Ns）	%	40	30	20
⑨土壤供氮量（F）	kg	6.46	4.28	2.47
⑩氮肥需供应量（f）	kg	7.29	7.88	8.08

注：①有机肥用量（t）：基于粮田经济效益以及粮田有机肥施用可操作性考虑，粮田亩施 300kg 有机肥。②有机肥氮素含量（h）：测定有机肥氮素含量，结果为 2%。③有机肥当季有效参数（s）：查找参数确定有机肥氮素当季有效参数为 0.3~0.4。④有机肥当季供应氮素（E）：$E=t×h×s$。⑤目标产量（M）：依据地块 3 年平均产量作为经验值，确定亩产 650~850kg。⑥每 100kg 需氮量（Nn）：查找参数每 100kg 玉米需氮 1.9kg。⑦总需氮量（T）：$T=M×Nn$。⑧土壤供氮比例（Ns）：查找参数确定土壤氮素供应比例，为 20%~40%。⑨土壤供氮量（F）：$F=T×Ns$。⑩氮肥需供应量（f）：$f=T-E-F$。

第五节　有机肥的分类和特点

有机肥种类繁多，合成有机肥的原料也多种多样，目前主要为以秸秆、粪便为原料制作的有机肥。秸秆是作物收获后的副产品，种类和数量丰富，是宝贵的有机质资源之一。利用秸秆制作有机肥料，可以变废为宝，减少其对环境的污染。秸秆制作成有机肥料后施入土壤，可以归还作物从土壤中带走的养分，有利于平衡土壤养分。粪便指人类和畜禽的排泄物，粪便还田作为肥料，是我国农村处理粪便的传统做法，在改良土壤、提高农业产量方面取得了很好的效果。除了秸秆、粪便类有机肥外，还有污泥、粉煤灰、糠醛渣类等工业、农业原料制作的有机肥，下面简单介绍几类有机肥的特性（贾小红，2012）。

一、秸秆类有机肥

秸秆是重要的有机肥源，含有大量的氮、磷、钾、钙、镁、硫等大、中、微量元素，是宝贵的可再生资源。秸秆还田可以改善土壤物理、化学和生物学性状，提高土壤肥力，增加作物产量。合理充分利用秸秆的养分资源对提高肥料利用率及保护生态环境都将具有十分重要的意义。秸秆类有机肥有机质含量普遍较高，C/N 显著高于 25，需要添加额外氮素才能制成良好的有机肥。

秸秆制成有机肥就是秸秆在微生物作用下充分分解的过程，要生产加工出符合要求的有机肥，必须控制与调节秸秆分解过程中微生物活动所需要的条件，重点掌握好以下几个因素：①水分含量一般控制在 60％～75％，水分是微生物生存的必要前提，秸秆吸水后有机质易于被分解，通过水分来调节秸秆堆肥中的通气情况；②通风状况直接影响秸秆分解过程中微生物的活动，分解前期保持通风状态，分解后期减少通风，以厌氧条件为主；③温度控制在 25～65℃，通常采用接种纤维分解菌提高温度；④C/N 保持在 25 左右最为适宜，微生物体成分有一定的 C/N，一般为 5，说明微生物同化一份氮平均需要 4 份碳被氧化所提供的能量；⑤中性和弱碱性是微生物活动适宜的范围，秸秆分解过程中产生大量有机酸，不利于微生物活动，可加入少量石灰或草木灰调节秸秆堆肥的酸度。

北方干旱地区多利用秸秆堆积有机肥，根据堆积温度的高低，堆积有机肥通常分普通和高温堆肥两种形式。普通堆肥是指堆体温度不超过 50℃，在自然状态下缓慢堆积的过程；高温堆肥一般采用接种高温纤维分解菌，并安装通气装置来提高堆体温度，腐熟较快，还可以杀灭病菌、虫卵、草籽等有害物质。我国南方地区多采用沤肥方式处理秸秆，是在厌氧条件下腐解作物秸秆，要求堆积材料粉碎，表面保持浅水层。与堆肥相比，沤制肥料质量高。

秸秆腐熟菌剂是采用现代化学、生物技术，经过特殊的生产工艺生产的微生物菌剂，是利用秸秆加工有机肥料的重要原料之一。秸秆腐熟菌剂由能够强烈分解纤维素、半纤维素以及木质素的嗜热与耐热的细菌、真菌和放线菌组成。目前秸秆腐熟菌剂的执行国家标准，对微生物量、纤维素酶活力都有具体要求。秸秆腐熟菌剂在适宜的条件下，微生物能迅速将秸秆堆料中的碳、氮、磷、钾、硫等养分分解释放，将有机物质矿化为简单物质，进一步将养分分解为作物可利用状态。同时，秸秆在发酵过程中产生的热量可以消除秸秆堆料中的病虫、杂草种子等有害物质。此外，秸秆腐熟菌剂无污染，其中含有一些功能性的微生物兼有生物菌肥的功能，对作物生长十分有利。

二、粪便类有机肥

粪便指人类和畜禽的排泄物。粪便还田作为肥料，是我国农村处理粪便的传统做法，在改良土壤、提高农业产量方面取得了良好的效果。世界各国处理粪便的最常用方法是将其用作肥料，一些经济发达国家和地区，甚至通过立法规定了饲养场的家畜最大饲养量、粪便施用量限额以及排污标准等，以迫使饲养场对家畜粪便进行处理，让粪便还田作肥料成为农牧良性循环、维持生态平衡的有效措施。粪便还田不仅改良了土壤，提高了耕地质量同时促进农牧系统形成良性循环，有效维持了生态平衡，消纳废弃物的同时促进了作物增产。

粪便类有机肥制作主要有以下几种方式：制作圈肥，根据养殖情况又分为固体圈肥和液体圈肥。圈肥具有可操作性强、可大面积示范推广等特点。在畜禽养殖的圈舍内，加入强吸附性的物质吸附粪便中液体和挥发性物质，不仅可以改善圈舍卫生状况，也可以减少粪肥中养分损失。在规模化养殖场，采用新技术的圈肥制作方法是在畜禽进圈前铺一层垫料，再向垫料上撒微生物制剂，粪便被垫料吸附后自然发酵而分解，可以达到 1.0～1.5 年棚内不清粪。腐熟加工制作有机肥，通过原料堆积—微生物接种—通气增氧等操作流程对粪便进行腐熟处理，以达到杀灭大部分病原菌、杂草种子，以及活化大量养分的效果。

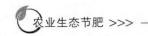

一般有卧式翻抛、条垛式、发酵床、管理鼓气等有机肥发酵工艺。

三、垃圾类有机肥

随着国民经济的发展和城市建设的加快，城市废弃物与日俱增，在一些地方已成为环境的污染源。但不少废弃物中含有作物可利用的营养物质，如有机质、氮、磷、钾以及钙、镁、硫、硅等，既可以用来制成有机肥料，为作物提供养分，培肥地力，也可以防止有机废弃物污染环境。垃圾是人们日常生活中的废弃物，主要由炉灰、碎砖瓦、废纸、动植物残体等组成。生活垃圾主要分布在各大中城市，按城市人均日产垃圾 0.84kg 计算，城市每年产生垃圾 9 100 万 t，而全国城市垃圾在以每年 10% 的速度增加。城市垃圾含有一定的养分，一般以鲜重计算，约含全氮 0.28%、全磷 0.12%、全钾 1.07%，同时还含有大量中、微量元素。

垃圾由于含有一定的重金属、病菌等成分，一般需要用分选机、粉碎机等进行预处理，之后再进行堆积发酵腐熟等工艺。预处理就是把垃圾中的大量碎砖瓦、塑料制品、橡胶、金属、玻璃等物品分离出来，除去各种粗大杂物，通常使用干燥性密度风选机、多级密度分选机、半湿式分选破碎机、磁选机、铝选机等设备进行预处理。经过预处理的垃圾可进行腐熟堆积，堆积是将垃圾变为有机肥料的一种手段，即通过微生物活动使垃圾中的有机物稳定化、无害化、减量化。垃圾堆积方式可分为好氧堆积和厌氧堆积，好氧堆积由于腐熟周期短，无害化效果好，被广泛采用。

利用垃圾堆肥的基本腐熟条件如下：堆积材料中易降解有机物含量占 50% 以上，使微生物活动有充足的能源，为此在堆积之前需要去除垃圾中的杂物和部分灰渣。堆积材料全碳和全氮之比尽量接近 25∶1。堆肥需要保持足够的水分条件，以促使物质溶解和移动，有利于微生物的生命活动，提供充足的蒸发水，调节湿度，维持堆体中的适当孔隙度，最大含水量控制在 60%～80%。堆体中保持适当的空气含量，有利于微生物活动，一般认为 10% 是一个临界值。在实践中，促进气体交换和补氧的手段，除了翻堆、强制通风外，还可以调节紧实度、埋设通气管等。

四、污泥类有机肥

污泥是指混入城市生活污水或工矿废水中的泥沙、纤维、动植物残体以及其他固体颗粒机器凝结的絮状物，各种胶体、有机质、微生物等的综合固体物质。此外，经过污水渠道、库塘、湖泊、河流的停流、储存过程而沉淀于底部的淤泥也称作污泥。污泥含有大量的有机物和多种养分，也含有比污水更多的有害成分。污泥在未经脱水干燥前均呈浊液，养分以干物质计算，氮、磷、钾含量一般为 4.17%、1.20%、0.45% 左右。污泥中的氮以有机态为主，矿化速率比猪粪要快，供肥具有缓效性和速效性的双重特点。

生活垃圾中常含有各种病原菌，在经过稳定化处理和脱水干燥后，其危害程度可大大降低；但是污染物含量过高的污泥不适合作为农肥施用。为此，各国都制定了各自的污染物控制标准，对污泥本身的有害成分以及土壤中有害成分含量进行严格控制，以防农产品污染物残留超标，以及土壤性质发生变化、地下水和农田环境发生污染。

城市污泥的处置与开发利用，污泥的减害化、无害化、资源化已经成为社会经济持续发展需解决的重要问题。国外对污泥处置有 60 多年历史，主要方法有填埋、焚烧和土地利用，一些国家也将污泥干燥后制成肥料。我国由于经济和技术上的原因，目前污泥尚无稳定合理的利用途径，主要以农肥形式用于农业。资料表明，采用现阶段常规污泥处理系统的大中型污水处理厂，污泥处理费用约占二级处理厂全部的 40%，而运转费用占全厂总运转费用的 20%。根据我国目前经济状况，把巨大的资金用于污泥处理工程建设及运行维护具有较大困难。全国污水处理厂中约 90% 没有污泥处理配套设施，60% 以上污泥未经任何处理就直接农用，而农用后的污泥也未进行无害化处理而不符合污泥农用卫生标准。一些地方由于不合理使用污泥造成重金属、有机物污染以及病虫害等问题，导致严重的食品污染问题，直接危及人体健康。

我国是一个农业大国，将城市污泥作为一种肥料资源加以利用，不但减少了污染，还具有良好的经济效益和环境效益。但由于污泥来源比较复杂，一般容易造成重金属超标问题。为了保护耕地质量，《土壤污染防治计划》明确要求污泥严禁进入农田，污泥有机肥只能用于园林绿化使用。

五、粉煤灰类有机肥

粉煤灰是火力发电厂排放的工业废渣，目前我国每年排放粉煤灰 3 000 万 t 左右。粉煤灰是一种大小不等、形状不规则的粒状体，为多孔、粒细、颗粒呈蜂窝状结构的粉状废渣，pH 为 8 左右，干灰 pH 可达 11。粉煤灰中碳含量 10% 左右，氮、磷、钾含量很低，全氮 0.002%～0.200%、全磷 0.08%～0.17%、全钾 0.96%～1.82%、碱解氮 15.3mg/kg、有效磷 17.5mg/kg、速效钾 173mg/kg，同时含有铁、锰、铜、锌等微量元素。在我国，粉煤灰用于农业已经有 20 多年的历史。不少农业科研单位做了许多工作，主要有以下几方面：作土壤改良剂，改良黏质土壤、盐碱土、酸性土以及生土；作肥料，粉煤灰制成硅钙肥和磁化粉煤灰，用于蔬菜等作物。

粉煤灰农用具有投资少、用量大、需求平稳、潜力大等特点，是适合我国国情的重要利用途径。目前，我国粉煤灰在农业应用方面的研究主要为：改良土壤，制作磁化肥、微生物复合肥等。粉煤灰的颗粒组成使它可用作土壤改良剂，所含的硅酸盐矿物和碳粒具有多孔性，是土壤本身的硅酸盐类矿物所不具备的。将粉煤灰施入土壤，能进一步改善空气和溶液在土壤内的扩散，从而调节土壤的温度和湿度，有利于加速作物根系对营养物质的吸收和分泌物的排出，不仅能保证作物的根系发育完整，而且能防止或减少因土温低、湿度大引起的病虫害发生。粉煤灰掺入黏质土壤，可使土壤疏松，降低土壤容重，增加透气透水性，提高地温，缩小膨胀率；掺入盐碱土，除使土壤变得疏松外，还有改良土壤盐碱性的功能。

粉煤灰磁化复合肥是将粉煤灰作为填充材料，加入适当比例的营养元素，经电磁场加工制成的一种有机肥。它不但保持了原有的速效养分，还添加了剩磁，两者协同作用肥效更高。利用粉煤灰制作的磁化复合肥对蔬菜和各种粮食作物均有显著的增产作用，经济效益良好。粉煤灰具有一定的吸附性，可与城市污泥、粪便或秸秆等有机物混合后进行高温堆肥，既可显著减少病原体数量，又可降低重金属的浓度和活性，创造有利于微生物生存

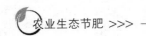

的条件。生产无害全营养复合肥料，既能解决我国化肥和微肥品种少、营养不全与造成土壤板结、碱化、营养失调及作物变异的矛盾，又能解决有机肥肥效低和造成环境污染的突出难题。

六、糠醛渣类有机肥

糠醛渣是将玉米穗轴粉碎加入一定量的稀硫酸，在一定温度和压力作用下发生一系列水解化学反应提取糠醛后排出的废渣，可作有机肥料。糠醛渣是一种黑褐色的固体碎渣，细度 3~4mm，较疏松。经取样分析，以干基计，粗有机物、全氮、全磷、全钾的平均含量分别为 78.3%、0.82%、0.25%、1.03%，pH 为 3 左右，同时含有一定量的微量营养元素。

利用糠醛渣堆积有机肥一般是将其与农业垃圾或人畜粪便混合堆积发酵，常见的堆肥方式主要有两种：①将糠醛渣和切碎的秸秆按 7：3 的比例混合，再加入少量马粪和水，然后用土盖严，充分发酵后施用，一般用作底肥。②将糠醛渣与人粪尿、厩肥制成堆肥，堆积后用作种肥。以上两种堆肥方式一般堆积后肥效较好，但只能用作底肥和种肥，一般不适合作追肥；而且由于糠醛渣的 pH 较低，在无碱性废弃物中和其酸性的情况下，只能在北方的偏碱性土壤上施用，不能在南方酸性土壤上施用。

糠醛渣本身的氮、磷、钾含量较低，所以将其与一定量的化肥进行配比后可制成有机无机复合肥，使其既具有一定的肥效，又可避免单用化肥造成土壤板结的问题。刘养清等将糠醛渣与尿素按 1：（1~6）的比例配制的复合肥，水浴 10min，反应产物的 pH 为 6.0~7.0，且含氮量高，肥效好，见效快，养地作用明显，可在各种土壤和作物上施用；将糠醛渣、尿素、磷酸二氢钾按照 1：1：（0.05~0.20）进行配比后，产物 pH 为 6.0，且氮、磷、钾含量较高。黑龙江大学研制的新型水稻专用肥生产技术，将糠醛渣作为基础原料与各主、副肥料混配的复合肥混施后与对照相比，不仅作物新根发育快，且返青期缩短 2~3d，单株有效分蘖增加 1.4 个，增产 22%~25%，可用作底肥或种肥。屈光道等将糠醛渣、木糖、水、秸秆和速腐剂按一定比例混合，堆沤 30d 左右；待木糖、糠醛渣完全分解后再加入一定量的棉饼、鸡粪、石灰，重新堆腐 60d；最后加入一定量的氮、磷、钾及微量元素，经挤压成型，成为高效的颗粒状有机生物复合肥。

除了将糠醛渣堆积成有机肥和有机无机复合肥外，还出现了糠醛有机复合肥联合生产技术。施用联合生产后的糠醛渣，植株长势明显比单施化肥要好。其株高、叶宽、根系发达、整株颜色深绿，不易倒伏，保水抗旱效果比单施化肥效果好，需水量仅为普通施肥的1/2。刘俊峰等以稻草、麦秆等植物秸秆为原料，采用硫酸作为催化剂同时添加过磷酸钙、重过磷酸钙及其他助剂，常压水解生产糠醛，废渣 pH 接近 7，而有效磷、速效钾含量达到复合磷钾肥工业生产质量标准，可直接用作肥料。糠醛渣是酸性迟效性肥料，只能作底肥施用，条施、穴施均可，最好施于盐碱土、石灰性土与缺乏有机质的贫瘠地。据甘肃张掖地区研究表明，每公顷施用 22.5t 糠醛渣，改土增产效果明显，耕地土壤容重降低 0.14g/cm³，总孔隙度增加 4.7%，土壤含水量增加 70.32g/kg，>0.25mm 的团聚体增加 23.14%，土壤有机质含量增加 0.66g/kg，磷的活性增加 1.85%；小麦、玉米产量分别增加 1 363kg/hm²、3 241kg/hm²。

第六节 有机肥合理施用替代化肥

施用有机肥的最终目的是改善土壤理化性状，协调作物生长环境条件，充分发挥肥料的增产作用，不仅要协调和满足当季作物对养分的要求，还应该保持土壤肥力不降低，维持农业可持续发展。随着对生态环境的重视以及化肥用量的增加，有机肥合理施用以及替代化肥越来越受到关注。

一、依据土壤性质科学施用有机肥

土壤肥力的高低直接决定作物产量的高低，根据土壤肥力和目标产量决定施肥量。对于高肥力地块，适当减少底肥占全生育期肥料用量的比例，增加后期追肥的比例；对于低肥力地块，适当增加底肥占全生育期肥料用量的比例，减少后期追肥的比例。一般以该地块前三年作物的平均产量增加10%作为目标产量。

根据土壤质地不同，结合不同有机肥的养分释放转化速率和土壤保肥性能，采取不同的施肥方案。沙土土壤肥力较低，有机质和各种养分的含量均较低，土壤保水保肥能力差，养分容易流失；但沙土有良好的通透性，有机质分解快，养分释放供应快。沙土应该增加有机肥施用量，提高土壤有机质含量，改善土壤的理化性状，增强保水保肥性能。对于养分含量高的优质有机肥料，一次用量不能太多，过量容易烧苗，转化的速效养分也容易流失，可分底肥和追肥多次施用，也可深施大量堆腐秸秆和养分含量低、养分释放慢的粗杂有机肥料。黏土保水保肥性能好，养分不易流失；但是土壤供肥速度慢，土壤紧实，通透性差，有机成分在土壤中分解缓慢。黏土上施用的有机肥料必须充分腐熟，黏土养分供应慢，有机肥料应早施，可接近作物根部。旱地土壤水分供应不足，阻碍养分在土壤溶液中向根表面迁移，影响作物对养分的吸收利用，应该大量增施有机肥料，增加土壤团粒结构，改善土壤的通透性，增强土壤蓄水、保水能力。

二、根据肥料特性施用有机肥

不同有机肥因组分和性质区别很大，因此培肥土壤作用以及养分供应方式大不相同，施肥时应该根据肥料特性，采取相应的措施，提高作物对肥料的利用率。

秸秆类有机肥有机质含量较高，对增加土壤有机质含量、培肥地力有显著作用。秸秆在土壤中分解较慢，秸秆类有机肥适宜作底肥，用量可大一些；但是氮、磷、钾养分含量相对较低，微生物分解秸秆还需要消耗氮素，因此在施用秸秆有机肥时需要与氮磷钾化肥配合。

粪便类有机肥的有机质含量中等，氮、磷、钾养分含量丰富，由于其来源广泛，施用量比较大；但是由于加工条件的不同，其成品肥的有机质和氮磷钾养分有一定差别，选购该类有机肥时应该注意其质量的判别。以纯畜禽粪便工厂化快速腐熟加工的有机肥，养分含量高，应少量、集中施用，一般作底肥，也可作追肥。含有大量杂质、采取自然堆腐加工的有机肥，有机质和养分含量均较低，应作底肥施用，量可以加大。另外，畜禽粪便类有机肥一定要经过灭菌处理，否则容易传染疾病。

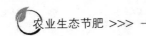

垃圾类有机肥的有机质和养分含量受原料的影响，很不稳定。每批肥料的有机质和养分含量都不一样，一般含量不高，适宜作底肥施用。垃圾由于成分复杂，有时含有大量对人和作物极其有害的物质，如重金属、放射性物质等。施用垃圾类有机肥时，对加工肥料的垃圾来源要弄清楚。含有有害物质的垃圾类有机肥严禁施用到蔬菜和粮食作物上，可用于绿地和树木。

三、根据作物需肥规律施用有机肥

不同作物种类、同一作物的不同品种对养分的需求量及其比例、养分的需求时期、肥料的忍耐程度均不同，因此在施肥时应充分考虑每种作物的需肥规律，制定合理的施肥方案。

设施种植一般生长周期长，作物需肥量大，需要施用大量有机肥，以基肥深施，施在离根较远的位置。一般有机肥和磷、钾作底肥施用，后期应该注意氮、钾追肥，以满足作物的需要。由于设施属于相对封闭的环境，应该施用充分腐熟的有机肥，防止有机肥在设施环境下二次发酵；由于设施没有雨水的淋洗，土壤中的养分容易在地表富集而产生盐害，因此肥料一次不宜施用过多，且施肥后应配合灌水。

早发型作物在初期就开始迅速生长，像菠菜、生菜等生育期短且一次性收获的蔬菜。这类蔬菜若后半期氮素肥料过大，则品质恶化，所以应以基肥为主，施肥位置也要浅一些，离根近一些为好。白菜、圆白菜等结球蔬菜，既需要良好的初期生长，又需要后半期有一定的长势，保证结球紧实，因此前后氮肥供应要均衡，保障后期生长。

四、有机无机搭配施用有机肥

在施肥时，如果单独施用化肥或有机肥或生物菌肥，都不能使蔬菜长时间保持良好的生长状态，这是因为每种肥料都有各自的缺点。化肥养分集中，施入后见效快，但是长期大量施用会造成土壤板结、盐渍化等问题；有机肥养分全，可促进土壤团粒结构的形成，培肥土壤，但养分含量少、释放慢，在蔬菜生长后期不能供应足够的养分；生物菌肥可活化土壤中被固定的营养元素，刺激根系的生长和吸收，但它不含任何营养元素，也不能长时间供应蔬菜生长所需的营养。了解不同种类肥料的缺点后，可以得出这样的结论：化肥、有机肥、生物菌肥配合施用效果要好于单独施用；但要想达到较佳的施肥效果，配合施用时就应注意以下几方面。

首先，注意施用时间。有机肥见效慢，应提早施用，一般在蔬菜播前或定植前一次性基施，施用之前最好进行充分腐熟，后期追施效果不明显。化肥见效快，作基肥时提前7d左右施入，作追肥时应在蔬菜营养临界期或吸收营养高峰期前施入，以满足作物所需。生物有机肥在土壤中经大量繁殖后才能发挥以菌抑菌的作用，故要在蔬菜定植前提早施入，使其有繁殖壮大的时间。生物有机肥可随有机肥一起施入土壤，也可在定植前或定植时穴施。

其次，注意施用方法。有机肥的主要作用是改良土壤，同时提供养分，一般作为基肥施入土壤，所以要结合深耕施入，使土壤与有机肥完全混匀，以达到改良土壤的目的。因为有机肥中的养分以氮为主，所以施基肥时，与有机肥搭配的氮肥可少施，氮肥的30%

作基肥，70%作追肥；钾肥可作基肥一次性施入；磷肥因移动性差，后期追施效果不好，也应作基肥施入土壤。追施的化肥最好用全溶性速效肥，这样肥料分解后可被蔬菜迅速吸收，对土壤影响较小。生物有机肥因其用量少可集中施在定植穴内或随有机肥基施。后期可多次追施同种生物有机肥，以壮大菌群，增强其解磷、解钾能力，提高防病效果。

最后，注意施用数量。不同蔬菜的不同生育时期所需肥量不同，不能多施也不能少施。蔬菜对营养元素的吸收是有一定比例的，如番茄所需要的氮、磷、钾比为 1：0.23：1.52，茄子为 1：0.23：1.70，辣椒为 1：0.25：1.31，黄瓜为 1：0.3：1.5。因此，施肥应根据蔬菜的不同需肥比例进行；但是因土壤中已含有一些营养元素，所以最好进行一次测土，按测土配方施肥建议进行施肥。

第七节　有机肥替代化肥潜在的问题

有机肥原料种类繁多、来源复杂，个别原料里可能会掺杂某些有害物质，如抗生素、重金属等物质。因此，在有机肥合理施用以及替代化肥过程中，需要高度注意避免引起有害物质过量，引发食品安全和生态环境安全。

一、施用有机肥不当引发有害物质积累

（一）抗生素问题

自 20 世纪 50 年代美国食品药品监督管理局（Food and Drug Administration，FDA）首次批准抗生素用作饲料添加剂后，世界各国相继进行了抗生素的饲喂试验，并全方位推广应用于畜牧生产。在巨大的经济利益推动下，饲用抗生素用量迅速增长，我国近年饲用抗生素年平均消费已达 6 000t。然而，滥用抗生素的不良影响和对人类的危害表现出越来越严重的趋势，并逐渐成为人们普遍关注的一个社会热点问题。据报道，进入动物体内的抗生素有 60%～90% 随粪尿等排泄物排出。其作为有机肥施入农田，可对土壤、水体等环境产生不良影响，并通过食物链对生态环境产生毒害作用，影响植物、动物和微生物的正常生命活动，最终影响人类的健康。据报道，在长期施用动物排泄物的表层土壤中，土霉素和金霉素的最大残留量分别高达 32.3mg/kg 和 26.4mg/kg。我国对养殖系统抗生素的残留研究已有少量报道，但有关长期施用含抗生素畜禽粪肥的农田土壤中抗生素残留的报道不多，这在一定程度上影响了有关抗生素残留对生态环境及人类健康的影响和危害程度的正确评价。

（二）重金属问题

商品有机肥的原料来源广泛，主要来源于规模化养殖场的畜禽粪便、工农业有机废弃物（如秸秆、蘑菇渣、酒渣等）以及草（泥）炭、风化煤等，不可避免地含有重金属等有害物质。随着铜、锌、砷等微量元素作为饲料添加剂在规模化畜禽养殖中的广泛使用，加之畜禽对微量重金属元素吸收利用率低，这些重金属元素大部分积累在畜禽粪便中。据统计，我国每年使用的微量元素添加剂为 15 万～18 万 t，大约有 10 万 t 未被动物利用而随着畜禽粪便进入环境。

许多重金属既是植物生长的必需营养元素，同时又是环境污染源。这些元素一旦过

量，就会对土壤环境造成污染，对土壤动物、微生物的活动产生潜在威胁，致使土壤肥力和质量降低，影响植物生长，引发系列食品安全问题，最终危及人类健康。资料显示，目前我国受重金属污染的耕地面积约占耕地总面积的 20%，全国每年受重金属污染的粮食多达 1 200 万 t，因重金属污染而导致的粮食减产高达 1 000 多万 t。全国大约 10% 的粮食、24% 的农畜产品和 48% 的蔬菜存在重金属含量超标问题。有机肥除携入一定量的重金属直接污染土壤外，还通过改变土壤中重金属的存在形态，影响植物对重金属的吸收和积累。

畜禽粪便和以畜禽粪便为主要原料生产的商品有机肥中的重金属，存在着被作物吸收而进入食物链与在农业环境中积累而污染农产品和环境的风险。我国畜禽粪便有机肥的 2/3 左右用于菜田，而菜田面积仅约占耕地面积的 1/8。目前，蔬菜生产中畜禽粪便有机肥的施用存在诸多问题，与化肥配合施用时较少考虑其中的养分，用量和配比不合理，往往是多多益善。如农民在设施蔬菜生产中大量施用鸡粪、猪粪等畜禽粪便有机肥，年用量高的为 153.9～240.0t/hm^2。研究表明，过量施用粪肥尤其是猪粪会导致养分流失和淋失，引起地表水、地下水污染。

（三）养分富集问题

长期过量施用有机肥造成土壤养分富集，尤其磷、钾养分的富集是设施土壤老化的重要标志。王朝晖等研究菜地和粮田土壤养分累积的差异发现，菜地土壤中养分大量累积，大棚和露天菜地 0～200cm 土层的有效磷累积总量分别为 978.1kg/hm^2 和 503.3kg/hm^2，比粮田高出 6.2 倍和 2.7 倍。随着种植年限的增加，蔬菜地地表径流中氮和磷的浓度呈明显增加趋势，利用年限为 20～30 年的蔬菜地径流中可溶性磷浓度约为利用年限小于 2 年蔬菜地的 13.1 倍。相比粮田，菜田施用了大量的有机肥，有机肥对土壤氮、磷富集具有很大的贡献，特别是有机肥替代化肥过程中对于氮、磷养分富集需要引起足够重视。

二、施用有机肥不当引发环境风险

（一）有机肥施用磷素风险控制

当前，有机肥施用量通常以作物养分需求为依据，且主要是以氮素需求来计算。由于畜禽有机肥 N/P 普遍偏低，长期施用易造成磷素在土壤表层累积。因此，有机肥的施用量首先要根据土壤中磷素消耗情况来合理制定，其次要充分考虑磷素环境风险因素。一些欧洲国家用土壤吸附饱和度的 25% 作为判定土壤磷流失潜力临界值和推荐有机肥用量的阈值。刘建玲从产量和环境效应考虑，提出磷肥和有机肥的用量不应超过 360kg/hm^2 和 150t/hm^2。此外，由于有机肥中磷的有效性与 C/P、磷的形态等有关，因此在推荐有机肥施用量时，应充分考虑各方面的因素来确定合理的施用量（高德才，2013）。

1. 有机肥磷的地表径流 有机肥磷经矿化后成为作物可吸收的有效磷，其中可溶态磷和颗粒态磷均易随地表径流流失，而颗粒态磷又占流失总磷的 80% 以上，这也是造成农业面源污染的重要原因。目前国内外开展此类研究较多，主要是应用室内模拟试验，研究有机肥中水溶性磷和地表径流中磷流失量的相关性，结果表明这两者间存在显著的相关性，因此提出用有机肥中水溶性磷表示有机肥磷流失潜力。

2. 有机肥磷的渗漏流失　农田土壤磷的渗漏是磷素流失的重要方式之一，其主要受土壤质地、磷素水平、磷的吸附解析特性、磷肥施用量等影响。张作新提出，随着土壤磷水平和有机肥用量的增加，土壤 $CaCl_2$ - P、Olsen-P 显著增加，磷素渗漏风险也增大。吕家坡基于洛桑试验站长期肥料定位试验提出土壤磷素拐点论，当 Olsen-P＞60mg/kg 时，土壤磷的渗漏显著增加。大多研究表明，施用有机肥有利于促进土壤中各种磷素形态的增加，其中随着有机肥用量增加，土壤 Olsen-P、水溶性磷、土壤磷的吸附饱和度及土壤灌溉滞留水可溶性磷含量均显著增加。由于磷具有迁移渗漏作用，大量施用磷肥和有机肥，易导致 20～40cm 土层的 Olsen-P、$CaCl_2$ - P 显著增加，从而增加渗漏流失风险。鲁如坤提出，土壤磷（Olsen-P）为 50～70mg/kg 是农田磷通过渗漏污染水源的大致临界指标（李清华，2013）。

（二）有机肥施用氮素风险控制

1. 氮素在地表土壤富集　菜地过量施用氮肥，会导致氮在土壤中积累，随着种植年限的增加，氮的积累越多，且氮积累形态主要为硝态氮，全氮和铵态氮含量也有所提高。李粉茹等调查发现，设施菜地土壤硝态氮含量为 21.91～49.52mg/kg，比粮田高 13～18倍。王朝辉等调查得出，菜地 0～200cm 各土层土壤硝态氮残留量均高于一般农田土壤，常年露天菜地 0～200cm 土层土壤硝态氮残留总量（1 358.8kg/hm²）比农田土壤（245.4kg/hm²）高出 4.5 倍。

2. 氮素对地下水的污染　氮素施用过多，未被吸收和吸附的硝态氮容易淋失，从而污染地下水。菜地长期种植后土壤氮累积，其中主要是硝态氮，而硝态氮移动性强，不能被土壤胶体吸附，遇强降水就会随地表径流和以渗漏等方式进入菜地周围的湖泊、河流等地表水体中。陆安详等对北京市东南郊的菜地调查结果显示，菜地表层的硝态氮在土壤剖面积累，并向下淋溶。在 20～40cm、40～60cm、60～80cm、80～100cm 土层中，其含量分别为 31.3mg/kg、23.1mg/kg、24.3mg/kg 和 18.8mg/kg。

第九章 | CHAPTER 9

生物肥替代部分化肥

　　化肥、农药的过量施用，一方面威胁农产品安全，另一方面导致土壤板结、酸化、有害物质累积，营养元素和微生物种群结构严重失衡，土壤生态环境恶化，长期大量施用化肥给环境带来的污染非常严重，阻碍了农业的可持续发展。生物肥是含有特定微生物活体的制剂，应用于农业生产，通过其中所含微生物的生命活动，增加植物养分的供应量或促进植物生长，提高产量，改善农产品品质及农业生态环境。因此，推广应用生物肥，将是未来农产品产量和品质双向提升、降低化肥施用量的有效途径。本章从生物肥的作用、生物肥替代化肥的原理、生物肥的分类和特点以及生物肥合理施用技术等方面介绍生物肥替代部分化肥技术。

第一节　生物肥基本知识

一、生物肥的定义

　　狭义的生物肥，即指微生物肥，简称菌肥，又称微生物接种剂。它是由具有特殊功能的微生物扩繁而成的，含有大量有益微生物。施入土壤后，或能固定空气中的氮素；或能活化土壤中的养分，改善植物的营养环境；或在微生物的生命活动过程中，产生活性物质，刺激植物生长。

　　广义的生物肥泛指利用生物技术制造的、对作物具有特定肥效的生物制剂。其有效成分可以是特定的活生物体、生物体的代谢物或基质的转化物等，这种生物体既可以是微生物，也可以是动、植物组织和细胞。生物肥与化肥、有机肥一样，是农业生产中的重要肥源。近年来，化肥和农药的不合理施用，不仅耗费了大量不可再生资源，而且破坏了土壤结构，污染了农产品品质和环境，影响了人类的身体健康。因此，从现代农业生产中倡导的绿色农业、生态农业的发展趋势看，不污染环境的无公害生物肥，必将会在未来农业生产中发挥重要作用。

二、生物肥与化肥、有机肥的区别

　　生物肥是汲取传统有机肥的精华，结合现代生物技术加工而成的高科技产品。其营养元素集速效、长效、增效为一体，具有提高农产品品质、抑制土传病害、增强作物抗逆性、促进作物早熟的作用。生物肥与化肥、有机肥的主要区别是：①从提供养分角度讲，有机肥、化肥（单元素肥料、专用肥、复合肥）自身含有一定养分，可以直接供作物吸收利用；而生物肥主要是通过微生物的生命活动，以提高其他肥料利用率来达到肥效。②从养分含量角度讲，化肥养分含量高，有机肥养分含量较低；而生物肥基本不含养分或含微量养分。③从肥效角度讲，化肥见效快但作用时间短，养分利用率低；有机肥见效相对较慢但作用时间长，养分利用率高；生物肥见效稍慢但作用时间长久，只要微生物活着就有效果，微生物活性越强肥效越高。④从无公害、食品安全、环保角度讲，政府提倡、专家呼吁加大有机肥、生物肥投入量以减少化肥用量，减少环境污染。同时，还可以减弱硝酸盐、亚硝酸盐的转化过程，使生产的食品更安全，达到无公害、绿色食品标准。

三、生物肥的作用

（一）提高土壤肥力

这是生物肥的主要功能之一。如各种自生、联合或共生的固氮微生物肥，可以增加土壤中的氮素来源；多种解磷、解钾的微生物如一些芽孢杆菌、假单胞菌的应用，可以将土壤中难溶的磷、钾分解出来，转变为作物能吸收利用的磷、钾化合物，使作物生长环境中的营养元素供应量增加；一些具有加速作物秸秆腐熟及促进有机废弃物发酵等作用的微生物的应用还增加了土壤中有机质的含量，提高了土壤肥力。生物肥中有益微生物能产生糖类物质（占土壤有机质的0.1%），与植物黏液、矿物胚体和有机胶体结合在一起，可以改善土壤团粒结构，增强土壤的物理性能和减少土壤颗粒的损失，在一定条件下还能参与腐殖质形成。所以，施用生物肥能改善土壤物理性状，有利于提高土壤肥力。

（二）有利于植物生长和增产

通过生物肥中所含微生物的生命活动，增加了营养元素的供应量，从而改善植物营养状况，提高产量。其代表品种是根瘤菌肥，肥料中的根瘤菌可以侵染豆科植物根部，在根上形成根瘤，同化空气中的氮素，供给豆科植物主要的氮素营养。另外，许多生物肥中所含微生物还产生大量的各类植物生长刺激素、有机酸、氨基酸等，能够刺激和调节植物生长，使其生长健壮，改善营养状况。同时，施用生物肥对于提高农产品品质，如蛋白质、糖分、维生素等含量有一定作用，有的可以减少硝酸盐的积累。在有些情况下，品质的改善比产量提高好处更大。

（三）增强植物抗病虫害的能力

大量数据显示，在施用生物肥后，可明显降低病虫害的发生。微生物提高植物抗病虫害能力的途径主要有以下三方面：①生物肥中的某些微生物能产生抗生素来抑制病原菌的繁殖与生长，从而与之形成拮抗作用。②生物肥中有益的功能型微生物能在作物根系周围大量繁殖，成为根系生态系统中的优势菌群，从而可有效抑制病原微生物的生长与繁殖。③生物肥中的某些微生物可诱导作物产生过氧化氢酶、多酚氧化酶以及几丁质酶等物质，这些酶类物质可参与作物的防御反应，有效提高作物抗病虫害的能力。

（四）增强植物抗逆性

施用生物肥后可明显提高植物对恶劣环境的抵抗能力，如抗旱、抗极端温度、抗盐碱、抗重金属毒害等能力。例如，生物肥中含有大量游离氨基酸，这些氨基酸可与一些金属离子进行螯合形成两性电解质，可降低盐碱化。另外，VA菌可与作物根系结合形成一

个互惠共生的菌根共生体，菌丝通过向外扩生，可以促进作物根系生长和分支，进而扩大菌根共生体的面积，增强作物对水分的吸收和利用。

（五）提高化肥利用率

随着化肥的长期不合理施用，化肥的利用率不断下降，各国科学家一直在努力探索提高化肥利用率的措施。生物肥在解决这方面问题上有独到之处，如生物肥中所含的多种解磷、解钾的微生物能活化被土壤固定的磷、钾等矿物营养，使之能被植物吸收利用。根据我国作物种类和土壤条件，采用生物肥与化肥配合施用，既能保证增产，又能减少化肥用量，降低成本。

（六）减轻环境污染

当前施用化肥所导致的环境污染已越来越受到人们的广泛关注。我国主要湖泊出现的富营养化，来自农业面源污染的影响甚至超过了工业污染。化肥施入土壤后，除被作物吸收利用外，相当一部分通过渗漏、挥发及硝化与反硝化等途径损失，不可避免地对大气、水体及土壤等环境造成污染，也导致资源的浪费。而施用固氮类生物肥，不仅可以适当减少化肥的施用量，而且因其所固定的氮素直接储存在生物体内，可减轻对环境的污染。

四、生物肥的研究进展和发展趋势

（一）生物肥的研究应用现状

到目前为止，生物肥在国际上的研究和应用已经有 100 多年了。自 1887 年研究者从豆科植物根瘤中分离出具有固氮功能的根瘤菌后，就为生物肥的出现奠定了基础，而生物肥的施用最早始于一种名为"Nitragen"的根瘤菌接种剂的诞生，它是由德国科学家于 1895 年研制而成。除此之外，许多科学家开始着手对其他微生物进行研究，自 1901 年荷兰科学家从运河里分离筛选出自身固氮菌后，生物肥的研究便快速发展起来。到 20 世纪末，已经有许多解磷、解钾、固氮的生物肥开始得到应用。目前，美国和日本等发达国家正在对复合生物肥进行研究。

我国对生物肥的研究最早是在 20 世纪 30 年代，陈华癸等从紫云英中分离筛选出根瘤菌并制成菌剂，在国内进行推广与示范。50 年代开始，我国对从苏联引进的解磷、解钾、固氮菌肥料进行研究和使用，至此，我国对生物肥的研究由根瘤菌接种剂转变为细菌肥料。60 年代开始，伊辛耘等从苜蓿根系中分离筛选出放线菌并将其制成 5406 抗生菌肥。该菌肥在国内被广泛应用，同时期被推广使用的还有固氮蓝绿藻肥等。70~80 年代中期，开始对 VA 菌根进行研究，用以提高水分利用率以及改善植物磷素营养条件。80 年代中期至 90 年代，又相继推出了许多新的产品，如固氮菌、生物钾肥、光合菌剂等。近年来，我国开始研究多种菌剂混合以及复合生物肥的制备，主要生产一些抗生菌剂、土壤修复菌剂的制品，以及用于促进秸秆腐熟的各种制剂。在剂型上，主要有液体、固体等；在产品组成上，除用微生物和载体材料混合制备的传统接种剂外，还有利用各种功能微生物与多种有机物料以及氮磷钾等化肥混合而成的产品。

（二）我国生物肥标准研究进展

由中国农业科学院起草制定的 18 个标准中，有 6 个产品标准、4 个菌种和产品安全与方法标准、6 个生产技术规程、1 个农用微生物产品标识、1 个微生物肥料术语通用标准。起草制定的生物肥标准覆盖了市场上的主体产品，覆盖率超过 70%，初步构建了具有中国特色的生物肥标准体系（表 9-1）。这一标准体系的建设和实施将在引导我国生物肥行业的进一步发展，促进产品质量的稳定提高和新品种的研发应用，规范生物肥市场和适应国内外贸易中起到不可替代的作用。

表 9-1 生物肥标准

类　别	标准名称	标准号
通用标准	微生物肥料术语	NY/T 1113—2006
	农用微生物产品标识要求	NY 885—2004
菌种安全标准	微生物肥料生物安全通用技术准则	NY/T 1109—2017
	硅酸盐细菌菌种	NY 882—2004
产品标准	农用微生物菌剂	GB 20287—2006
	农用微生物浓缩制剂	NY/T 3083—2017
	复合微生物肥料	NY/T 798—2015
	生物有机肥	NY 884—2012
方法标准	肥料中粪大肠菌群的测定	GB/T 19524.1—2004
	肥料中蛔虫卵死亡率的测定	GB/T 19524.2—2004
技术规程	农用微生物菌剂生产技术规程	NY/T 883—2004
	微生物肥料实验用培养基技术条件	NY/T 1114—2006
	微生物肥料田间试验技术规程及肥效评价指南	NY/T 1536—2007
	肥料合理使用准则　微生物肥料	NY/T 1535—2007
	根瘤菌生产菌株质量评价技术规范	NY/T 1735—2009
	微生物肥料菌种鉴定技术规范	NY/T 1736—2009
	微生物肥料生产菌株质量评价通用技术要求	NY/T 1847—2010
	微生物肥料生产菌株的鉴别　聚合酶链反应（PCR）法	NY/T 2066—2011
	微生物肥料产品检验规程	NY/T 2321—2013

（三）我国生物肥的发展趋势

1. 由豆科植物接种剂向非豆科植物用肥方向发展　生物肥起源于豆科植物的专用根瘤菌接种剂，然而豆科植物种植面积在我国较小，对肥料的需求量远不如粮食作物。加之大豆、花生产区经常施用根瘤菌剂，会出现老产区接种效果差的问题，因而 40 年来我国根瘤菌剂生产和用量一直不大，始终没有形成产业规模。因此，今后的生物肥势必将转向非豆科植物用肥。

2. 由单一菌种向复合菌种方向发展　豆科植物接种根瘤菌只选用相应接种族的根瘤菌种，但是，由于生物肥的肥效并非单一功能作用的结果，因而必然发展到多菌种的复合。目前，国内生物肥多趋向于将固氮菌、磷细菌和钾细菌复合在一起施用，使得生物肥能同时供应氮、磷、钾营养。

3. 由单功能向多功能方向发展　生物肥由于其微生物活动的特性，必将在微生物种群生长繁殖的同时向植物根际分泌一些次生代谢产物，而其中的一些次生代谢产物具有改善营养、刺激生长和抑制病菌等综合功能。许多微生物的功能也不是单一的，因此生物肥将向功效的多样化发展，除要求应有的肥效外，还应开发兼有防治土传病害作用的生物肥。

4. 由无芽孢杆菌向芽孢杆菌方向发展 无芽孢杆菌由于不耐高温和干燥，在剂型上只能以液体或将其吸附在基质中制成接种剂，以便存储和运输。无芽孢杆菌抗逆性差，制成液体剂或吸附剂不耐存储，难以进入商品渠道。因此，生物肥今后的发展必然在剂型上有所革新，要求菌种更新换代，即应选用抗逆性高、存储时间长的芽孢杆菌属。

21 世纪，生物肥开发对我国农业可持续发展具有重要意义，生物肥将与化肥、有机肥一起构成植物营养之源。因此，生物肥与化肥是互相配合、互相补充的，它不仅是化肥数量上的补充，更重要的是性能上的配合与补充。生物肥只有与有机肥和化肥同步发展，才具有更广阔的应用前景。相信随着科学技术的进步、研究和生产发展的需要及监督制度的完善，生物肥一定能够健康有序地发展，为农业增收发挥其应有的作用，发展前景广阔。

第二节　生物肥替代化肥的理论

生物肥的核心是有益微生物，其肥效主要是提供对作物生长有益的"微生物群落"来实现的。只有当这些有益微生物具有正常的生长和繁殖功能时，才能将土壤中一些植物不能直接利用的物质转换成可被植物吸收利用的营养物质，并且微生物产生的次生代谢激素类物质对植物具有刺激作用，促进植物对营养元素的吸收，同时还对某些病原微生物具有拮抗作用。

一、直接为植物提供营养元素

根瘤菌类、自生和联合固氮菌类生物肥可以固定空气中的氮素，增加植物的氮素营养。目前，对根瘤菌入侵及结瘤过程的生物化学基础研究得比较清楚，对其遗传学结瘤过程的分子机制研究也取得较大进展。有研究人员从根瘤菌对非豆科植物结瘤固氮的研究中得到启示，通过转移结瘤、酶法（重复酶、产果胶酶）、物理方法（2,4-滴、类黄酮）处理等手段，对根瘤菌能否扩大其宿主范围到非豆科植物，特别是单子叶粮食作物实现共生结瘤固氮的长远目标进行了尝试，并取得一些进展。豆科植物根瘤共生固氮体系是迄今研究最为清楚，与农牧业、林业生产关系最为密切，自然界存在最重要的生物固氮体系之一。豆科植物近 20 000 种，分为蝶形花亚科、苏木亚科和含羞草亚科。其中，蝶形花亚科约 505个属，14 000 种，已调查的 2 400 多种，约98%结有根瘤，与农牧生产有关的豆科植物几乎都在这里。迄今为止，从豆科植物根瘤中分离出来并进行过研究的约有 100 多种豆科植物，而应用于生产的根瘤菌种类却不足其中的 1/5。包括互接种族在内，目前报道使用的主要菌种有：花生根瘤菌［*Bradyrhizobium sp.*（*Arachishypogae*）］，大豆根瘤菌（*B. japonicum* 或 *B. elkanii* 或 *Sinorhizobium fredii*），华癸根瘤菌（*Mesorhizobium huakuii*），苕子、蚕、豌豆根瘤菌（*R. leguminosarumbv. vicea*），苜蓿根瘤菌（*S. meliloti*），菜豆根瘤菌（*R. leguminosarumbv. phasoli* 或 *R. etli*），三叶草根瘤菌（*R. leguminosarumbv. trifolii*），沙打旺根瘤菌［*R. sp*（*astraglas*）］，绿豆根瘤菌［*B. sp*（*vigna*）］。

对于自生固氮类肥料，由于其固氮量少，且难以定量，故对其固氮促生机制的研究进展不大。与根瘤菌不同，联合共生固氮细菌大多聚集在根表，未能形成类似根瘤的稳定共生结构，因而受根际环境因素的影响较大，主要指以能够自由生活的固氮微生物或与某些禾本科植物进行联合共生固氮的微生物为菌种生产出来的肥料。应用研究较多的菌种有：圆褐固氮菌（*Azotobacter chroococcum*）、拜氏固氮菌（*A. beijerinckii*）、雀稗固氮菌（*A. paspali*）、巴西固氮螺菌（*Azospirillum basilense*）、含脂固氮螺菌（*A. lipoferum*）、粪产碱菌（*Alcaligenes faecalis*）、阴沟肠杆菌（*Enterobacter cloacae*）、肺炎克雷柏菌（*Klebsiella pneumoniae*）、多黏类芽孢杆菌（*Paenibacillus. polymyxa*）。

二、活化并促进植物对营养元素的吸收

研究表明，真菌在 85% 的植物氮素吸收中起重要作用，丛枝菌根（Arbuscular Mycorrhiza，AM）真菌肥料与固氮菌之间在豆科植物根际的相互作用也促进植物大量吸收氮素。另外，AM 真菌对土壤中微量元素的吸收有较大作用，其中以锌、铜等元素的吸收更为明显。

（一）磷素营养

早在 19 世纪初，就有土壤学家指出土壤微生物对磷的转化作用。这类微生物在生长繁殖过程中可产生有机酸和一些酶类，可以促进难溶性磷酸盐降解。目前研究和应用的主要有以下属中的一些菌种：芽孢杆菌属（*Bacillus* spp.），如巨大芽孢杆菌（*B. pumilis*）、多黏芽孢杆菌（*B. polymyxa*）、短小芽孢杆菌（*Brevibacillus. brevis*）、环状芽孢杆菌（*B. circulans*）、胶冻样芽孢杆菌（*B. mucilaginosus*）；假单胞菌属（*Pseudomonas* spp.），如荧光假单胞菌（*P. fluorescens*）；节杆菌属（*Arthrobacter* spp.）；分枝杆菌属（*Mycobacterium*）；沙雷氏菌属（*Serratia*）；氧化硫硫杆菌属（*Thiobacillus thiooxidans*）。研究表明，生物肥可以溶解土壤中的难溶性磷酸盐，提高磷的有效性。目前，多数学者认为磷细菌肥料的解磷机理主要是：①产生各类有机酸（如乳酸、柠檬酸、草酸、甲酸、乙酸、丙酸、琥珀酸、酒石酸、葡萄糖酸等）和无机酸（如硝酸、亚硝酸、硫酸、碳酸等），降低环境 pH，使难溶性磷酸盐降解为植物可吸收的有效磷；或认为有机酸可螯合闭蓄态 Fe-P、Al-P、Ca-P，使之释放有效磷；②产生胞外磷酸酶，催化磷酸酯或磷酸酐等将有机磷水解为有效磷。磷酸酶是诱导物，微生物和植物根对磷酸酶的分泌与正磷酸盐的缺乏程度呈正相关关系，缺磷时，其活性成倍增长。

AM 真菌重要的促生机理之一就是其与土壤的磷素营养供应密切相关，有证据表明：①根外菌丝延伸可达几厘米，甚至 10cm 以上。②其磷酸酶活性是无菌植物的好几倍，同时还产生能结合铁、铝的草酸盐与柠檬酸盐，使固定态磷酸盐释放有效磷。而且当复合螯合剂（EDPHA）存在时，植物对磷的吸收会大大增加。

（二）钾素营养

硅酸盐细菌类肥料能对土壤中云母、长石、磷灰石等含钾、磷的矿物进行分解，使难溶钾转化为有效钾。正是由于这种"解钾"作用，这类细菌也俗称"钾细菌"，指能分解硅酸盐类矿物的细菌。该类细菌由 Stoklasa（1911）和 Bassalic（1912）发现并分离，1939 年命名为硅酸盐细菌。1950 年，苏联阿历克山大洛夫描述了菌株 Bacillusmucilagi-

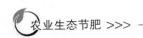

nosus subsp siliceous，并认为它能分解硅酸盐物质。目前该类菌种主要有：胶质芽孢杆菌的一个变种和一个亚种（*Bacillus mucilaginosus subspsiliceus*）、环状芽孢杆菌（*B. circulans*）。目前，认为硅酸盐细菌的解钾作用与细菌胞外多糖的形成和低分子量酸性代谢物（如柠檬酸、乳酸等）有关。

（三）其他营养元素

植物铁素营养的吸收转运得益于细菌胞膜上的各种铁载体蛋白。如荧光菌素能促进大麦对铁的吸收，并促进叶绿素的合成；棉花、花生、高粱、燕麦、番茄等能利用一些微生物铁载体结合的 Fe^{3+}。许多研究表明，AM 真菌能增加宿主对锌、铜、钙、镁、锰、铁的吸收。刘荣昌（1995）研究报道，某些生物肥可活化并促使矿物释放铁、镁等元素。氧化酶细菌使单质硫氧化，土壤 pH 降低，促进了欧洲油菜对铁、硫、锰元素的吸收。

三、生物肥的促生作用

（一）产生多种生理活性物质刺激植物生长

目前，有关生物肥促进植物生长的机理研究表明，微生物活动产生的植物激素、维生素以及酸类物质都能不同程度地刺激、调节植物的生长。

1. 植物激素　许多研究表明，植物生长发育过程中共生微生物产生的植物激素起一定作用。植物激素类物质主要有生长素（IAA）、赤霉素（GA）、细胞分裂素（CTK）、脱落酸（ABA）、乙烯（ET）和酚类化合物或其衍生物等。它们的作用不是孤立的，而是相互协调、相互制约的。其中，ABA 和酚类化合物相当于抑制剂，是植物调节内生生长素的手段之一。

现已证实，80％的根际细菌能产生吲哚-3-乙酸，其中主要有固氮螺菌、假单胞菌、黄单胞菌、粪产碱杆菌以及根瘤菌等。IAA 的重要作用不仅在于其直接促生作用，即通过与质膜上质子泵结合使之活化，改变细胞内环境导致细胞壁糖溶解和可塑性增加来促进 RNA、蛋白质的合成，以及增加细胞体积和质量以达到促生的作用；更重要的是使色氨酸类似物解毒，减轻其毒害作用。另外，还可以抑制植物防卫系统酶的活性，使有益细菌更易定殖于植物。生物肥产生 IAA 提供给植物有三种方式：一是 IAA 基因直接整合到植物细胞染色体上，在植物细胞的调控下合成 IAA，如土壤杆菌。二是细菌侵入植物细胞，在细胞内分泌 IAA 供植物生长。三是细菌也能在宿主植物的根际生活，合成 IAA 供植物利用。

2. 维生素　维生素（主要是 B 族维生素）是许多酶的辅酶或辅基，可作为—H、—CH₃等的转移载体，在生物体物质和能量代谢中起着关键的作用。而且，固氮菌能产生维生素，并能分泌到土壤中，促进植物生长。

3. 酸类物质　各种生物肥通过自身三羧酸循环产生的许多有机酸除了有整合作用和酸溶作用外，其本身就是一种生理活性物质，可促进植物生长。对硅酸盐细菌研究表明，该类细菌有些菌株产生的柠檬酸达到 $100\mu g/g$ 时，可促进水培玉米的生长。水杨酸是一种铁载体，可使植物产生系统获得抗性。同时，水杨酸本身又是一种激素，可诱导植物开花和产热，抑制乙烯的生物合成，以及能够促进种子萌发，抑制伤信号转导。

（二）产生抑病作用间接促进植物生长

生物肥能产生铁载体、抗生素、系统防卫酶和氰化物等多种物质抑制细菌或真菌性病害，有的也能诱导系统抗性间接达到促进植物生长的作用。

1. 产生多种抑病物质 已报道且被分离出的植物根际促生菌产生的抗生素有 20 种左右，并且根际促生细菌产生的氢氰酸（HCN），被认为有抑病作用。一些荧光假单胞菌产生的 HCN 能抑制烟草的黑根腐病。有学者对菌株 PsfCHAO 的研究表明，该菌株有 *hcnABC* 的基因簇控制 HCN 的合成，缺失 *hcn* 基因的菌株其抑病作用消失；而导入 *hcn* 基因后能大量产生 HCN，有效抑制小麦叶病。多数研究者提出 HCN 的抑病机理可能是：①直接拮抗根部病原菌而不损害植物（如烟草）。②可诱发植物抗性机制。

2. 诱导系统抗性 诱导抗性是植物被环境中的非生物或生物因子激活产生的系统抗性，包括病原体激发产生的系统获得性抗性。生物肥施入土壤后，能诱导植物产生抗性。许多与防御反应有关的细胞壁修饰（如木质化、次级代谢产物积累）的由宿主植物可诱导基因编码的各种产物将增加：①系统性获得抗性（SAR）使植物防卫有关的蛋白（PR - 蛋白），如几丁质酶、β - 1，3 - 葡聚糖与超氧化物歧化酶及其他 PR - 蛋白的活性增加。②一些低分子量的微生物拮抗物质如植物菌素和酚类化合物的积累。③还会形成其他保护作用的生物大分子，如木质素、β - 1，3 - 葡聚糖和富含羟脯氨酸的糖蛋白。

四、生物肥可增强土壤生物肥力

土壤生物肥力是指土壤中的微生物、动物、植物根系等有机体为植物生长发育所需的营养和理化条件做出的贡献。同时，生物过程对土壤的物理、化学特性起到良好的促进和维持作用。它与物理肥力、化学肥力共同构成土壤肥力 3 个不可或缺的组分。微生物是土壤生物肥力的核心，是构成土壤肥力的核心组分。因此，人工接种微生物，即施用生物肥，是维持和提高土壤肥力的有效手段。

（一）生物肥力是土壤肥力的重要组分

生物肥力与物理肥力、化学肥力共同构成土壤肥力 3 个不可或缺的组分。如果不对生物肥力这一土壤肥力中的重要组分足够重视，那么就会忽视土壤生物过程。有关土壤生物肥力、化学肥力和物理肥力的定义比较见表 9 - 2。虽然目前对于土壤生物肥力尚无一个简明、定量的描述，但土壤生物肥力已在农业生产中得到了广泛应用。

表 9 - 2　土壤肥力及其三个组分的定义

项 目	定 义
土壤肥力	土壤为植物生长发育提供所需的物理、化学、生物需求的能力。同时，也包括土壤持续、安全方面的能力
土壤生物肥力	土壤中的微生物、动物、植物根系等有机体为植物生长发育所需营养和理化条件做出的贡献。同时，生物过程对土壤的物理、化学特性起到良好的促进和维持作用
土壤化学肥力	土壤为植物生长发育提供所需的化学养分、条件的能力。同时，对土壤物理和生物过程，以及养分循环均有促进作用
土壤物理肥力	土壤为植物生长发育提供所需的物理条件的能力。同时，它具有维持土壤结构不被破坏、不被侵蚀和流失的能力，并对土壤生物和化学过程起到促进作用

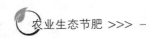

（二）微生物在生物肥力中的主导作用和不可替代地位

由细菌、真菌、放线菌、微藻类组成的微生物，对土壤中有机物分解、养分转化和循环具有不可替代的作用。通常用土壤中的微生物活性评价有机物的分解，被认为是最直接的参数。有机物的分解由异养微生物主导进行，通过分解释放养分，维持营养物质的循环，最典型的是氮、磷和硫素的循环。微生物也可通过自身细胞固定碳素和其他营养物质。活的微生物总量，也称微生物生物量，是土壤中能量和营养转化的主要推动者，也称为原动力，还是土壤中物质循环和养分转化的主要调控者。

微生物种群的多样性以及其分解物质的能力，是实现以下各种功能的基础。微生物在土壤物质循环和养分转化的主要功能表现为：①分解有机物和动植物残体，释放养分。②转化复合物的化学形态，改变这些物质的有效性。③分解杀虫剂和除草剂等复合物。④产生抗生素或其他拮抗特性，维持生态平衡或抵抗土传病害。⑤产生黏合物质利于土壤胶体和团粒结构形成。⑥通过共生作用，如根瘤菌共生固氮和菌根真菌，为植物提供营养。土壤养分转化和循环过程中的重要微生物过程见表 9-3。

表 9-3　土壤养分转化和循环过程中的重要微生物过程

微生物过程		参与过程的一些微生物类群
养分供应	有机质的矿化	异养型微生物
	矿物质的溶解	青霉、假单胞菌、芽孢杆菌
营养的转化和合成	甲烷氧化	甲基球菌、甲基杆菌
	硝化	亚硝化螺菌、亚硝化单胞菌、硝化杆菌
	非共生固氮	固氮螺菌、固氮菌
	共生固氮	根瘤菌、鱼腥蓝细菌
	硫氧化	硫杆菌、异养型微生物
营养流失	产生 CO_2	异养型微生物
	产生 CH_4	甲烷杆菌、甲烷八叠球菌
	反硝化（N_2、N_2O）	芽孢杆菌、假单胞菌、土壤杆菌
	SO_4 还原 H_2S	脱硫弧菌、脱硫单胞菌

第三节　生物肥主要种类与效果

生物肥的种类较多，按照制品中特定的微生物种类可分为细菌肥料（如根瘤菌肥、固氮菌肥）、放线菌肥料（如抗生菌肥）、真菌肥料（如菌根真菌肥）；按其作用机理分为根瘤菌肥料、固氮菌肥料（自生或联合共生类）、解磷菌类肥料等；按其制品内含种类分为单一的生物肥和复合生物肥。复合生物肥既有菌、菌复合，也有菌和各种添加剂复合。我国目前市场上出现的品种主要有：固氮菌类肥料、根瘤菌类肥料、解磷菌类肥料、硅酸盐细菌肥料、光合细菌肥料、芽孢杆菌制剂、分解作物秸秆制剂、微生物生长调节剂类、复合生物肥类、与肽聚糖识别蛋白（PGPR）类联合使用的制剂以及 AM 真菌肥料、"5406"

肥料等。现介绍几种常见的生物肥及其作用效果。

一、微生物菌剂

(一)微生物菌剂的定义

微生物菌剂是指目标微生物（有效菌）经过工业化生产扩繁后，利用多孔的物质作为吸附剂（如草炭、蛭石），吸附菌体的发酵液加工制成的活菌制剂。这种菌剂用于拌种或蘸根，具有直接或间接改良土壤、恢复地力、预防土传病害、维持根际微生物区系平衡和降解毒害物质等作用。农用微生物菌剂合理利用可以提高作物产量、改善农产品品质、减少化肥用量、降低成本、改良土壤和保护生态环境。

(二)微生物菌剂的分类及其效果

1. 促生菌菌剂　促生菌是自由生活在土壤或附生于植物根际的一类可促进植物生长、防治病害、增加作物产量的有益菌类，主要作用有分泌植物促生物质、促进豆科植物结瘤、促进植物出芽、对土传病害的生物调控等。植物根际促生菌既可单独施用，也可与其他生物肥混合施用，使促生、肥效作用更好地结合起来，以提高和加强应用效果。但在混合时，要考虑根圈促生菌与其他微生物之间是否有拮抗作用。

2. 固氮菌菌剂　固氮菌是指能在土壤或植物根际生活，并固定空气中氮，利用土壤中的有机质或分泌物作为碳源的微生物。固氮菌菌剂适用于各种作物，特别是禾本科作物和叶菜类作物，常拌种施用，也可作基肥、追肥。研究发现，固氮菌能固定空气中游离态氮，为植物提供氮素，而且有的还能生成刺激植物生长发育的生长物质，促进其他根际微生物的生长，有利于土壤有机质的矿化。

3. 根瘤菌菌剂　根瘤菌是一类可以在豆科植物上结瘤和固氮的杆状细菌，可侵染豆科植物根部，形成根瘤，与豆科植物形成共生固氮关系，是迄今研究最早、应用最广泛、效果最稳定的生物肥之一。实践证明，根瘤菌的作用效果显著，但根瘤菌只与豆科植物结瘤共生，而且根瘤菌的各个菌株只能感染一定的豆科植物，共生关系具有专一性。近年来，已从花生、大豆、豆科绿肥以及牧草根瘤菌中选育出若干优良菌株，并生产出根瘤菌肥10多种。一般用于豆科植物，用作拌种，每亩用30～40g，用适量水调匀黏附于种子，要求随拌随播。

4. 解钾菌菌剂　解钾菌是从土壤中分离出的一种能分化铝硅酸盐和磷灰石类矿物的细菌，能够分解伊利石、钾长石等不溶性的铝硅酸盐无机矿物质，促进难溶性的钾、磷、硅等养分转化成可溶性养分，增加土壤中速效养分的含量。钾细菌又称硅酸盐细菌，是目前广泛应用的生物肥中的一种重要功能菌。试验证明，它能在种子或植物根系周围迅速增殖形成群体优势，并分解硅酸盐类矿物释放出钾等元素供植物利用，同时具有固氮和解磷功能。固氮菌和钾细菌混用可达到更理想的效果。

5. 解磷菌菌剂　解磷菌能利用微生物在繁殖和代谢过程中产生有机酸（如乳酸、柠檬酸）和酶（如植酸酶类物质），使固定在土壤中的无机磷酸盐溶解、有机磷酸盐矿化，或通过固定作用将难溶性磷酸盐类变成可溶性磷，供植物吸收利用。

6. 光合菌剂　光合细菌是指能利用低分子有机物合成植物所需的养分，并产生促生长因子，激活植物细胞的活性，提高光合作用的能力，增加产量的一类细菌。光合细菌具有固碳、固氮、氧化分解硫化物和胺类等有毒物质，改善水质，分解有机质，抗病的生理生态特性。光合细菌在作物上施用具有其独特功效，比其他生物肥更具有综合效应，既能作种肥，固定分子氮生成 NH_3，还能与其他根瘤菌联合固氮，甚至在黑暗条件下能分解许多有机化合物，促进土壤肥料中某些养分有效化，从而改善土壤结构和养分状况；又富含生理活性物质，进行叶面喷施，能改善植物营养、增强植物生理功能和抗病能力，从而起到增产和改善品质的作用。

二、复合生物肥

（一）复合生物肥的定义

复合生物肥是由特定微生物（解磷、解钾、固氮微生物）或其他经过鉴定的两种以上互不拮抗的微生物与营养物质复合而成，是能提供、保持或改善植物营养，提高作物产量或改善农产品品质的活体微生物制品。

（二）复合生物肥的指标要求

1. 菌种 使用的微生物应安全、有效。生产者需提供菌种的分类鉴定报告，包括属及种的学名、形态、生理生化特性及鉴定依据等完整资料，以及菌种安全性评价资料。采用生物工程菌，应具有获准允许大面积释放的生物安全性有关批文。

2. 成品技术指标

（1）外观（感官）：均匀的液体或固体。悬浮型液体产品应无大量沉淀，沉淀轻摇后分散均匀；粉剂产品应松散；粒状产品应无明显机械杂质、大小均匀。

（2）复合生物肥产品技术指标应符合表9-4的要求。产品剂型分为液体和固体，固体剂型包含粉状和粒状。

表9-4 复合生物肥产品技术指标

项　　目	剂　　型	
	液体	固体
有效活菌数［亿 CFU/mL（g）］	≥0.50	≥0.20
总养分（$N+P_2O_5+K_2O$）（%）	6.0～20.0	8.0～25.0
有机质（以烘干基计）（%）	—	≥20.0
杂菌率（%）	≤15.0	≤30.0
水分（%）		≤30.0
pH	5.5～8.5	5.5～8.5
有效期（月）	≥3	≥6

（3）复合生物肥产品中无害化指标应符合要求，具体见表9-5。

表9-5 复合生物肥产品无害化指标

参　　数	标准指标
粪大肠菌群数［个/mL（g）］	≤100

（续）

参　数	标准指标
蛔虫卵死亡率（%）	≥95
砷（As）（以烘干基计）（mg/kg）	≤15
镉（Cd）（以烘干基计）（mg/kg）	≤3
铅（Pb）（以烘干基计）（mg/kg）	≤50
铬（Cr）（以烘干基计）（mg/kg）	≤150
汞（Hg）（以烘干基计）（mg/kg）	≤2

（三）复合生物肥的主要类型

1. 两种或两种以上微生物的复合　两种或两种以上微生物复合的微生物菌剂（肥）可以是同一个微生物菌种复合，如大豆根瘤菌的不同菌素（或血清组、DNA 同源组）分别发酵，吸附时混合，在不同大豆基因型的地区施用；也可以是不同微生物菌种复合，如固氮菌、解磷菌和解钾菌分别发酵，混合后吸附，以增强微生物菌剂（肥）功效。采用两种或两种以上微生物复合，必须保证彼此间无拮抗作用，而且必须分别发酵，然后混合。

2. 一种微生物与各种营养元素或添加物、增效剂的复合　采用的复合方式为菌剂中添加大量营养元素，即菌剂和一定量的氮、磷、钾或其中 1～2 种复合；菌剂添加一定量的微量元素；菌剂添加一定量的稀土元素；菌剂添加一定量的植物生长激素；用无害化畜禽粪便、生活垃圾、河湖污泥作为主要基质。总之，无论采用哪种方式，必须考虑复合物的量、复合制剂的 pH 和盐浓度对微生物有无抑制作用。常见的肥料有以下几种：

（1）微生物-微量元素复合生物肥。微量元素在植物体内是酶或辅酶的组成成分，对高等植物叶绿素、蛋白质的合成与光合作用以及养分的吸收和利用起着促进和调节的作用，如铝、铁等是固氮酶的组成成分，是固氮作用不可缺少的元素。

（2）联合固氮菌复合生物肥。由于植物的分泌物和根系脱落物可以作为能源物质，固氮微生物利用这些能源生活和固氮，故称为联合固氮体系。我国科学家从水稻、玉米、小麦等禾本科植物的根系分离出联合固氮细菌，并开发研制出具有固氮、解磷、激活土壤微生物和在代谢过程中分泌植物激素等作用的生物肥，可以促进作物生长发育，提高小麦单位面积产量。

（3）固氮菌、根瘤菌、磷细菌和钾细菌复合生物肥。这种生物肥可以供给作物一定量的氮、磷和钾元素。制作方法是选用不同的固氮菌、根瘤菌、磷细菌和钾细菌，分别接种到各种菌的富集培养基上，在适宜的温度条件下培养，当达到所要求的活菌数后，再按比例混合，即制成菌剂，其效果优于单株菌接种。

（4）有机-无机复合生物肥。单独施用生物肥满足不了作物对营养元素的需要，所以生物肥的增产效果是有限的，而长期大量施用化肥，又致使土壤板结，作物品质下降，口感不好。因此，在复合生物肥中加入化肥，制成有机-无机复合生物肥，便成为人们关注的一种新型肥料。

（5）多菌株多营养复合生物肥。这种生物肥是利用微生物的各种共生关系，以廉价的

农副产品或发酵工业的下脚料为原料，将多种有益微生物混合发酵制成的生物肥。微生物的种类多，可以产生多种酶、维生素，以及其他生理活性物质，可直接或间接促进植物的生长。

（四）复合生物肥的施用效果

1. 活化土壤，提高土壤肥力 复合生物肥含有大量有益微生物，能分解有机残体，形成土壤腐殖质，改善土壤理化性状，可将植物不能吸收的物质转化为有效养分供植物吸收利用。肥料施入土壤后，微生物在有机质、无机营养元素、水分、温度的协助下大量繁殖，减少了有害微生物群体的生存空间，从而增加了土壤有益微生物的数量。微生物产生的大量有机酸可以把多年沉积在土壤中的磷、钾元素部分溶解释放出来供植物再次吸收利用。因此，长期施用复合生物肥，土壤将会变得越来越疏松和肥沃。

2. 抑制病害，增强抗逆性 复合生物肥施入土壤后，放线菌能释放抗生素类物质，有利于消灭病原微生物。有益微生物在植物根系周围形成优势菌群，使病原微生物难以繁殖。复合生物菌可诱导植物体内的过氧化物酶、多酚氧化酶、葡聚糖酶等参与对有害微生物的防御反应。施用复合生物肥，植物生长健壮，植物的抗病能力增强。

3. 促进生长，增产增收 复合生物肥施入土壤后，有益微生物在土壤中迅速繁殖，会产生多种对植物有益的代谢产物。这些代谢产物可刺激或调控植物生长，使植物健壮，达到增产目的。施用复合生物肥不仅给植物生长提供所需的大量和中、微量元素，还能为植物提供有机质和有益微生物活性菌。除此之外，复合生物肥中的一些菌种还可以分泌一些刺激素、维生素等刺激植物生长，使植株健壮，改善营养状况。

4. 提高品质，改善口感 复合生物肥能改善植物的营养供应，特别是增加了有机质、腐殖酸、氨基酸等有机营养，有利于植物糖分的积累，提高产品的含糖量，解决了偏施化肥造成的"菜不香、果不甜"的难题。施用复合生物肥可降低农产品中的硝酸盐含量，增加还原糖和维生素 C 的含量。

5. 节约能源，降低污染 大量施用化肥、农药，使土壤受到不同程度的污染，甚至产生一定的毒性。生长在受污染土壤上的植物，除了受到生长障碍外，其产品还会对人类带来危害。因此，消除土壤污染是环境治理的重要内容。复合生物肥的肥效持续时间长，可以减少化肥的施用量，并且它本身无毒无害。另外，复合生物肥具有降解和转化土壤中有毒物质的能力，这种生物修复是土壤修复的各种措施中最经济有效的措施。

三、生物有机肥

（一）生物有机肥的定义

生物有机肥是指特定功能微生物与主要以动植物残体（如畜禽粪便、作物秸秆等）为来源并经无害化处理、腐熟的有机物料复合而成的一类兼具生物肥和有机肥效应的肥料。

（二）生物有机肥的特点及优势

生物有机肥的特点：一是富含有益微生物菌群，环境适应性强，易发挥种群优势。生物有机肥中含有发酵菌和功能菌，具有营养功能强、根际促生效果好、肥效高等优点。二是生物有机肥富含生理活性物质。生产生物有机肥需将有机物发酵，进行无害化、高效化处理，产生吲哚乙酸、赤霉素、多种维生素以及氨基酸、核酸、生长素等生理活动物质。

三是生物有机肥富含有机、无机养分。生物有机肥原料以禽畜粪便为主，富含大量元素（N、P、K）、各种中量元素（Ca、Mg、S 等）和微量元素（Fe、Mn、Cu、Zn、B、Mo、Cl 等）以及其他对植物生长有益的元素（Si、Se、Na 等），故具有养分含量丰富且体积小、宜施用的优点。四是生物有机肥经发酵处理后无致病菌、寄生虫和杂草种子，加入的微生物对生物和环境安全无害，且适合工业化生产，能满足大规模农业生产需求。因此，生物有机肥兼具生物肥与有机肥双重优点，具有明显改土培肥和增产、提高产品品质的效果。

生物有机肥与化肥相比，其营养元素更为齐全，长期施用可有效改良土壤，调控土壤及根际微生态平衡，提高植物抗病虫害能力及产品质量。与农家肥相比，其功能菌对提高土壤肥力、促进植物生长具有特定功效；而农家肥属自然发酵生成，不具备优势功能菌的特效。与生物菌肥相比，生物有机肥包含功能菌和有机质，有机质除了能改良土壤外，其本身就是功能菌生活的环境，施入土壤后功能菌容易定殖并发挥作用；而生物菌肥只含有功能菌，且其中的功能菌可能不适宜某些土壤环境，无法存活或发挥作用。此外，生物有机肥比生物菌肥价格更便宜。

（三）生物有机肥的效果

1. 增产效果　施用生物有机肥可以改善土壤结构，提高土壤肥力，同时能提供给植物全面的营养物质，因此可以达到提高产量的目的。以超大生物有机肥为例，价格相同条件下与无机复合肥相比，超大生物有机肥处理菠菜产量较三元无机复合肥（16 - 16 - 16）增加 2.5%，小白菜产量增加 6.1%，茄子产量增加 7.8%，烤烟产量增加 1.0%，冬瓜产量增加 8.1%，包心芥菜产量增加 9.7%，萝卜产量增加 10.0%，空心菜产量增加 4.1%。可知，生物有机肥在减少化肥用量条件下仍能增加蔬菜产量，显示出生物有机肥的良好肥效。生物有机肥可以促进根系旺盛生长，因此对萝卜等根状作物的增产作用更明显（表 9 - 6）。

表 9 - 6　生物有机肥与等价无机复合肥的肥效比较

试验地点（年份）	蔬菜品种	处理	产量（kg/hm²）				增产（%）
			Ⅰ	Ⅱ	Ⅲ	平均	
南京雄州（2002 年）	菠菜	生物有机肥	7 100	7 900	7 450	7 483	2.51
		复合肥	6 950	7 300	7 650	7 300	
福建连江（2001 年）	小白菜	生物有机肥	9 350	8 950	10 350	9 550	6.11
		复合肥	8 600	9 350	9 050	9 000	
武汉基地（2002 年）	茄子	生物有机肥	51 200	51 170	53 100	51 823	7.85
		复合肥	45 550	47 800	50 800	48 050	
福建连城（2003 年）	烤烟	生物有机肥	1 998	2 124	1 962	2 028	0.96
		复合肥	1 994	1 980	2 052	2 009	
南京雄州（2004 年）	冬瓜	生物有机肥	67 700	71 000	77 000	71 900	8.12
		复合肥	56 500	66 500	76 500	66 500	

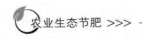

（续）

试验地点（年份）	蔬菜品种	处理	产量（kg/hm²）				增产（%）
			I	II	III	平均	
福建福清（2003年）	萝卜	生物有机肥	31 110	33 030	32 040	32 060	10.02
		复合肥	29 430	30 960	27 030	29 140	
福建泉头（2003年）	空心菜	生物有机肥	42 000	36 750	38 250	39 000	4.14
		复合肥	38 550	34 500	39 300	37 450	

2. 改善品质效果 农产品品质的优劣，与人类健康关系极大。同一品种作物在不同环境条件或不同栽培技术措施下，其品质有很大差异。其中，施肥对农产品品质影响最大。增加或减少某种养分都会影响作物的生长发育，改变作物的代谢方向，促进或抑制作物体内某些营养成分的形成和转化，从而影响农产品品质。生物有机肥养分全面，对改善农产品品质、保持其营养风味具有特殊作用。

生物有机肥一般能提高农产品的维生素 C、β-胡萝卜素、糖分及蛋白质的含量，降低硝酸盐的含量。例如，豇豆施用生物有机肥后，其豇豆单条重、β-胡萝卜素含量和维生素 C 含量分别较对照（复合肥处理）高 1.70%、39.64% 和 23.81%；辣椒施用生物有机肥后，其 β-胡萝卜素含量和维生素 C 含量分别较对照高 4.29% 和 27.53%；包菜施用生物有机肥后，其包菜单株重、β-胡萝卜素含量和维生素 C 含量分别较对照高 25.93%、5.88% 和 0.75%，硝酸盐含量较对照低 58.68%。

3. 对土传病害的防治效果 国内外大量研究表明，施用生物有机肥可以有效防治土传病害。利用对枯萎病有拮抗作用的多黏类芽孢杆菌制成的生物有机肥，其田间防治效果达到 73%。由枯草芽孢杆菌 II-36 和 I-23 分别制成的茄子专用生物肥 BIO-36 和 BIO-23，经盆栽试验验证，这两种肥料均能有效抑制茄子青枯病，防病率分别为 96% 和 91%。目前，生物有机肥在防治蔬菜、水果、烟草等作物土传病害方面效果十分显著，是防治土传病害的一条重要且有效的生态调控防病途径。

4. 提高经济效益 生物有机肥能增加作物产量，提高农产品品质，因而能取得较显著的经济效益。与复合肥相比，施用生物有机肥后蔬菜、果树一般每公顷年增收均在 1 500元以上，最高可达上万元，经济效益十分显著（表9-7）。

表9-7 施用生物有机肥的经济效益

项目	增产（kg/hm²）	每千克售价（元）	每公顷成本（元）	每公顷增收（元）
茄子	2 962	2.2	1 561.2	6 516.4
甘蓝	15 525	0.5	854.3	7 762.5
空心菜	1 545	1.5	412.5	2 317.5
烤烟	562	10.7	35 100.0	6 018.8
冬瓜	5 400	0.4	8 040.0	2 160.0
茶叶	558	2.0	1 968.8	1 114.9
龙眼	3 735	5.0	6 300.0	18 675.0

第四节　生物肥的合理施用

生物肥在蔬菜生产中具有增产、改善品质的功能，还有显著减少蔬菜体内硝酸盐、亚硝酸盐和重金属含量，提高化肥利用率以及培肥土壤等作用。要使生物肥在蔬菜生产中真正发挥增产增效与环保的作用，不仅要让菜农了解生物肥的特性和种类，还必须让其掌握生物肥的合理选择和施用技术。

一、生物肥的施用方法

生物肥根据作物的不同，选择不同的施肥方法，常用的施肥方法有以下几种。

（一）拌种

首先将种子表面用水喷潮湿，然后将种子放入菌肥中搅拌，使种子表面均匀覆着菌肥即可播种。

（二）掺入育秧土

做床式或盘式育苗时，可将菌肥拌入育苗土中堆积 3d 后再做成苗床或装入育苗盘；做营养钵育苗时，先将菌肥均匀拌入营养土中，再做成营养钵。

（三）穴施

首先将菌肥与湿润的细土拌均匀，施在移栽或插秧的穴内，然后移栽幼苗或插秧。

（四）蘸根

将菌肥加适量细土和水拌成泥浆，将移栽秧或扦插苗在泥浆中浸数分钟，然后带浆移栽或扦插。

（五）追施

将菌肥配成菌肥水溶液，浇灌在作物行间或果树周围的浅沟内，浇完后即覆土。

（六）喷施

有些液体菌肥，可作叶面肥施用。方法是加水后充分混匀，喷洒在叶片的正反面即可。

二、科学施用生物肥的技术要点

（一）一季生产中仅用一次

生物菌具有较长的生命力，一般肥效长达 150~180d，所以一季作物生产中施用一次即可满足作物生长发育的需求。

（二）最大限度靠近根系

生物肥是一种活性菌，必须埋施于土壤中，不得撒施于土壤表面，一般深施 7~10cm。由于生物菌对作物不产生烧苗、烧种现象，所以生物肥应和作物根系最大限度的接触，才能有效供给作物充分营养，因此要均匀施入根系范围内。作为种肥应施在种子正下方 2~3cm 为宜；追肥应以最大限度靠近作物根系为好；叶面喷施，应在 15：00 以后均匀喷施在叶片背面，预防紫外线杀死菌种。此外，要保持土壤有充足的水分以利于生物菌繁殖。

（三）配合施肥效果最佳

生物肥是一种含菌量高的生物制剂，施在土壤中需要 15～20d 才能发挥肥效。加之一般的生物菌需要在氮元素作用下才能复苏，并显示旺盛的生命力，所以在播种或移栽地必须配合少量氮肥。根据各地不同情况，每亩配施 3～5kg 尿素、5kg 磷酸二铵为好。为加速改变土壤的理化性状、提高土壤有机质含量、提高生物菌的活化强度，应每亩施用优质有机肥 2t 以上。生物肥施用最好结合春秋整地，与有机肥混合均匀施入土壤内，做到不漏施、不堆施。

（四）配合使用农业技术措施

微生物的活动和繁殖对土壤的温湿度、酸碱度和土壤通气状况要求较严格，生物菌在土壤持水量 30％以上、温度 10～40℃、pH 5.5～8.5 的土壤上均可施用；同时还要求土壤中能源物质和营养供应充足，从而发挥肥效互补。因此，土壤要采取深耕深翻措施，搞好中耕和排涝防旱工作，还要抓好秸秆还田、增施有机肥等措施，始终保持耕作层的碳源充足和疏松湿润，从而发挥生物肥增产增收的作用。

（五）根据作物种类正确施用

茄果类、瓜类、甘蓝类等蔬菜，每亩可用微生物菌剂 2kg 与育苗床土混匀后播种育苗；保护地西瓜、番茄、辣椒等需育苗移栽的蔬菜，每亩施入复合生物肥 50～100kg 作基肥，可与有机肥、化肥配合农家肥或化肥混合后作底肥或追肥，施用时避免与植株直接接触；芹菜、小白菜等叶类菜，可将复合生物肥与种子一起撒播，施后及时灌水。

三、施用生物肥的注意事项

（一）在有效期内选用质量有保证的产品

根据生物肥对改善作物营养元素的不同，常见的有复合生物肥、微生物菌剂、生物有机肥、腐熟剂、土壤调理剂 5 类。在选用这些肥料时，一是要注意产品是否有严格的检测登记程序，是否有农业农村部颁发的生产许可证。二是最好选用当年生产的产品，因为生物肥有效期国家规定为 6 个月以上，一般标明 1～2 年。但是产品中有效微生物数量是随保存时间、保存条件的变化逐步减少的，若数量过少就起不到效果，特别是霉变或超过保存期的产品更不能选用。应妥善储存，保证微生物在适宜环境生长繁殖，要避免阳光直射，防止紫外线杀死肥料中的微生物，储存的环境温度以 15～28℃ 为最佳。三是避免开袋后长期不用，因为其他菌可能侵入袋内，使微生物菌群发生改变，减少有益菌数量，影响施用效果。

（二）避免高温干旱条件下施用

在高温干旱条件下施用生物肥，微生物的生存和繁殖条件就会受到影响，不能发挥良好的作用，如果超过适宜温度，有可能造成菌类死亡。应选择晴天的傍晚或阴天施用这类肥料，并结合盖土、灌水等措施，避免生物肥受阳光直射或因水分不足而不能发挥作用。

（三）避免与未腐熟的农家肥混用

未腐熟的农家肥堆沤时会产生高温，而高温会杀死微生物，生物肥肥效可能会丧失。应避免与之混用，同时也要避免与过碱过酸的肥料混合施用。

（四）避免与杀菌剂、农药同时施用

农药都会不同程度地抑制微生物的生长和繁殖，甚至杀死微生物。如果需要施用农药，也应将施用时间错开；同时应注意，不能用拌过杀虫剂、杀菌剂的工具装生物肥。

（五）避免盲目施用生物肥

大多数生物肥主要是提供有益的微生物群落，依靠微生物来分解土壤中的有机质或者难溶性养分来提高土壤供肥能力，效应缓慢，而不是以提供矿质营养为主。因此，生物肥不可能完全代替常用肥料，要保证足够的化肥或者有机肥与生物肥相互补充，以便发挥更好的效益。

第十章 | CHAPTER 10

绿肥替代部分化肥

我国绿肥栽培历史悠久，为保持地力经久不衰做出了贡献。20世纪末至21世纪初，由于化肥省事且肥效明显，绿肥种植面积大幅度下降。近年来，随着我国对生态文明建设的重视，绿肥种植面积迅速扩大。本章介绍了绿肥的基本概念、分类、栽培史以及发展绿肥的优势，并详细介绍了绿肥在改善土壤理化性状、增加土壤有机质含量、提高土壤活性和土壤肥力水平以及改善生态环境、农业节本、增收方面的作用。绿肥替代部分化肥理论中，介绍了绿肥有机物腐解、养分释放规律，为绿肥替代化肥提供理论支撑。最后介绍了绿肥替代化肥基本原则，以及不同种植模式中，绿肥替代部分化肥技术。

第一节 绿肥基本知识

一、绿肥的概念

利用植物生长过程中所产生的全部或部分绿色体或者根茬，直接或间接翻压到土壤中作肥料或者起到促进作物生长、改善土壤理化性状的作用。这类绿色植物体称为绿肥。

二、绿肥的分类

绿肥种类繁多，资源十分丰富。我国绿肥资源有10科42属60多种，共1 000多个品种。生产上常用的有4科20属26种，约500多个品种。

（一）根据来源划分

1. 栽培绿肥 栽培绿肥指人工栽培的绿肥作物。

2. 野生绿肥 野生绿肥指非人工栽培的野生植物，如杂草、树叶、鲜嫩灌木等。

（二）根据生长季节划分

1. 冬季绿肥 冬季绿肥指秋冬播种，翌年春夏收割的绿肥，如紫云英、苕子、蚕豆等。

2. 夏季绿肥 夏季绿肥指春夏播种，夏秋收割的绿肥，如田菁、竹豆、苕子等。

（三）根据植物学特性划分

1. 豆科绿肥 豆科绿肥根部有根瘤，根瘤菌有固定空气中氮素的作用，如紫云英、苕子、豌豆、蚕豆等。

2. 非豆科绿肥 非豆科绿肥指一切没有根瘤、本身不能固定空气中的氮素的植物，如油菜、二月兰等。

（四）根据生长环境划分

1. 水生绿肥　如喜旱莲子草（水花生）、凤眼莲（水葫芦）、水浮莲等。

2. 旱生绿肥　旱生绿肥指一切旱地栽培的绿肥。

3. 稻底绿肥　稻底绿肥指在水稻未收获前种下的绿肥，如稻底紫云英、苕子等。

（五）根据生长期长短划分

1. 一年生或越年生绿肥　如竹豆、豇豆、苕子等。

2. 多年生绿肥　如山毛豆、木豆、银合欢等。

3. 短期绿肥　短期绿肥指生长期很短的绿肥，如绿豆、黄豆等。

三、绿肥栽培史

我国绿肥栽培历史悠久，大致可分为 4 个发展阶段。①公元前 200 年前为锄草肥田时期。《诗经·周颂·良耜》有"其镈斯赵，以薅荼蓼，荼蓼朽止，黍稷茂止"的记载，已认为黍、稷生长茂盛与锄下的杂草腐烂后肥田有关。②公元 2 世纪末前为养草肥田时期。《氾胜之书》有"须草生，至可耕时，有雨即耕，土相亲，苗独生，草秽烂，皆成良田"的记载，指在土地空闲时，可任杂草生长，在适宜的时机犁入土中作肥料。③公元 3 世纪初为绿肥作物开始栽培的时期。西晋郭义恭《广志》中记有"苕草，色青黄，紫华，十二月稻下种之，蔓延殷盛，可以美田，叶可食"，说明当时已种植苕子作稻田冬绿肥。④公元 5 世纪以后为绿肥作物广泛栽培时期。栽培较多的有绿豆、小豆、芝麻、苕子等作物。《齐民要术》载有"凡美田之法，绿豆为上，小豆、胡麻次之"的经验，指出施用绿肥作物的肥田效果是"其美与蚕矢、熟粪同"。到了唐、宋、元时期，绿肥的使用技术广泛传播，绿肥作物的种类和面积都有较大的发展，芜菁、蚕豆、麦类、紫花苜蓿和紫云英等，都作为绿肥作物栽培。明、清时期，金花菜、油菜、香豆子、肥田萝卜、饭豆和满江红等也相继成为绿肥作物。20 世纪 30～40 年代又引进毛叶苕子、箭筈豌豆、草木樨和紫穗槐等。1978 年，全国绿肥作物的种植总面积达到 1 190 万 hm²，遍及全国各地。

绿肥作物在其他国家也早有栽培，如罗马帝国时代就已利用羽扇豆作绿肥，日本在 12 世纪已利用紫云英。20 世纪初，世界上农业发达国家都是把厩肥、绿肥以及豆科作物等作为增加土壤养分的主要来源。之后，一些工业发达的国家逐步发展无机肥料，绿肥作物种植面积与有机肥料用量大幅度下降。20 世纪 80 年代以来，由于世界性的能源危机和环境污染，豆科作物和生物固氮资源的利用又引起重视。绿肥作物一般采用轮作、休闲或半休闲种植，除用以改良土壤外，多数作为饲草，还可以根茬肥田，或作为覆盖作物栽培以保持水土和保护环境。

四、绿肥的优势

绿肥是我国传统的重要有机肥料之一，发展绿肥有如下优势：

（一）来源广，数量大

绿肥种类多，适应性强，易栽培，农田荒地均可种植；鲜草产量高，一般亩产可达 1 000～2 000kg。此外，还有大量的野生绿肥可供采集利用。

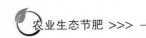

（二）质量高，肥效好

绿肥作物有机质含量丰富，含有氮、磷、钾和多种中微量元素等；养分分解快，肥效迅速。一般含 1kg 氮素的绿肥，可增产稻谷、小麦 9～10kg。

（三）改良土壤，保护生态

绿肥含有大量有机质，能改善土壤结构，提高土壤的保水保肥和供肥能力。绿肥有茂盛的茎叶覆盖地面，能防止或减少水、土、肥的流失。绿肥作物覆盖地表，接纳雨水，减少径流，防风固沙，起到绿化美化环境、改善大气环境的作用。

（四）节能减排

豆科绿肥作物中总氮量的 67% 是由共生根瘤菌固氮作用获得的空气中的游离氮。种植 15 亩豆科绿肥，产鲜草 30.0～37.6t，可固定空气中游离氮 90.0～112.5kg，相当于 196.0～245.0kg 尿素的含氮量。种植 50 亩绿肥的含氮量相当于 1 000kg 尿素的含氮量，节省了尿素生产所消耗的 1.2～1.5t 煤、1 200kW·h 电，同时减少 CO_2、SO_2 的排放。

（五）投资少，成本低

绿肥只需少量种子和肥料，就地种植，就地施用，节省人工和运输成本。豆科绿肥从空气中固定氮素，是天然的氮肥生产车间。豆科绿肥的共生固氮占全球生物固氮总量的 40% 左右，每年共生固氮量约 160 万 t。

（六）促进作物增产、农民增收

绿肥压青或沤制肥料，可使稻谷每亩增产 150kg 左右，按稻谷价格每千克 1.4 元计算，每亩可增收 210 元，扣除每亩绿肥成本约 120 元，每亩可实现节支增收 90 元。果园种植绿肥，可使果品每亩增收 143～210 元，亩节约成本 80 元左右。农田绿肥与玉米轮套种，可使玉米每亩增产 37kg，平均增产率 8.3%，亩平均增收 80 元左右。

（七）综合利用，效益大

大多数绿肥作物都是优质的饲草，发展畜牧业产生的畜粪又是优质的有机肥。绿肥还可作沼气原料，沼渣、沼液也是很好的有机肥和液体肥。一些绿肥的花如紫云英等是很好的蜜源，可以发展养蜂业。所以，发展绿肥能够促进农牧业全面发展。

第二节　绿肥替代化肥的理论

一、绿肥养分丰富

绿肥作物栽培的目的就是作为肥料应用，起到肥料的作用，因此称为绿肥。绿肥本身就是纯天然的优质有机肥，不含普通农家肥、粪肥、商品有机肥可能含有的重金属、激素、抗生素等有害物质，是绿色、无公害、可用于有机生产的肥源。绿肥作物富集或固定土壤中的氮、磷、钾及其他养分，豆科绿肥还具有生物固氮作用。因此，绿肥作物含有大量、不同的养分，其养分含量因品种不同而异。一般情况下，豆科绿肥的含氮量比非豆科绿肥高；菊科、苋科植物的含钾量较高；叶的养分含量高于茎，地上部高于根部；高肥力土壤上生长的绿肥养分含量相对高于低肥力土壤上生长的绿肥；花期虽然养分含量低于苗期，但由于此时绿肥的鲜草产量高于苗期，总养分积累也显著高于其他时期，所以一般翻压绿肥多选择在盛花期。常见绿肥作物养分含量见表 10-1。

表 10-1 常见绿肥作物养分含量

单位：%

绿肥名称	粗有机物	全氮	全磷	全钾	钙	镁	铜	锌	铁	锰	硼	钼	硫
紫云英	87.4	3.44	0.339	2.29	1.25	0.30	15.1	66.1	990	105.8	31.9	3.03	0.39
苕子	89.2	3.31	0.326	2.38	1.76	0.28	12.1	64.7	1 177	79.3	27.3	2.52	0.30
箭舌豌豆	87.7	3.01	0.248	2.12	1.80	0.39	12.4	83.3	1 906	107.9	15.0	2.22	0.20
草木樨	91.6	2.96	0.237	1.64	2.12	0.34	12.3	58.1	701	97.9	24.0	1.05	0.34
田菁	93.3	2.40	0.235	1.39	1.44	0.26	14.5	88.4	576	107.0	27.8	3.15	0.16
金花菜	86.7	3.37	0.406	2.19	1.42	0.31	11.3	78.7	1 137	86.7	16.6	1.86	0.26
紫花苜蓿	89.0	2.58	0.207	2.09	—	—	13.1	98.0	390	99.9	—	—	—
沙打旺	88.6	2.64	0.193	1.60	2.33	0.38	10.2	55.8	1 023	118.4	—	1.88	0.45
蚕豆	86.9	2.50	0.261	1.60	1.56	0.26	13.4	39.2	765	59.9	23.5	1.48	0.19
豌豆	86.8	2.76	0.274	1.80	1.78	0.29	10.7	48.8	1 162	87.3	22.8	2.65	0.30
绿豆	87.9	1.91	0.390	1.70	2.27	0.46	11.5	46.0	972	167.6	25.8	1.44	0.25
豇豆	89.3	2.80	0.342	1.86	2.16	0.45	10.6	41.5	512	95.6	27.0	3.57	0.28
饭豆	89.7	2.17	0.210	1.48	1.89	0.34	9.0	44.4	1 171	138.6	25.3	2.52	0.28
菜豆	89.4	2.20	0.258	2.42	2.01	0.34	8.7	40.5	1 491	134.5	31.6	2.67	0.19
山黧豆	81.4	4.16	0.353	2.63	1.38	0.24	20.0	76.8	1 976	141.8	13.1	2.76	0.28
三叶草	84.6	3.41	0.321	2.94	2.51	0.33	13.1	49.5	2 126	95.5	—	3.36	0.32
肥田萝卜	85.7	2.51	0.397	2.65	2.64	0.24	10.1	54.6	708	57.4	28.2	1.55	0.73
油菜	86.3	3.04	0.374	3.47	0.80	0.21	12.4	67.6	350	154.1	—	0.60	0.24
满江红	78.1	3.16	0.380	2.50	2.28	0.51	12.4	87.5	3 666	295.0	28.2	3.44	0.37
水花生	79.5	2.90	0.317	4.73	1.55	0.47	14.8	84.3	1 574	213.7	25.1	1.00	0.31
水葫芦	78.8	2.60	0.429	4.28	2.31	0.59	10.7	91.8	2 948	328.3	21.3	1.48	0.41
肿柄菊	84.8	3.10	0.355	3.77	2.67	0.37	11.5	56.3	658	117.4	55.0	0.41	0.29
飞机草	89.7	1.90	0.273	2.50	1.29	0.29	9.6	46.4	745	126.6	10.0	0.70	0.28
小葵子	85.7	1.210	0.21	3.36	2.29	0.42	5.2	57.1	1 192	73.6	28.7	—	0.51
籽粒苋	79.3	2.59	0.384	5.51	3.42	0.55	7.0	39.8	363	47.1	—	2.28	0.28
紫穗槐	89.7	3.08	0.323	1.41	1.86	0.32	16.4	92.4	639	104.8	26.9	—	0.02
马桑	84.2	2.35	0.203	1.12	1.08	0.54	16.4	61.7	365	86.0	15.2	0.52	0.18
黄荆	86.6	2.64	0.313	1.95	0.64	0.40	15.5	107.4	501	98.6	17.9	0.22	0.18
野葛	89.8	1.99	0.179	1.66	2.95	0.29	9.7	42.1	641	118.5	—	0.87	0.17
构树	94.8	2.71	0.165	0.86	1.26	0.21	16.3	37.4	214	215.7	—	0.22	0.13
桤木	92.1	3.01	0.162	0.66	0.97	0.27	14.7	42.2	262	216.3	17.5	0.43	0.16
蒿草	86.9	2.70	0.345	3.33	1.74	0.35	16.3	53.8	1 164	132.6	27.0	0.79	0.22
茅草	89.8	0.89	0.120	0.83	0.68	0.14	6.0	30.3	1 009	138.3	1.6	0.31	0.14

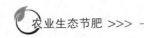

二、绿肥增加土壤有机质

土壤有机质是土壤肥力的重要指标，它与土壤许多物理性状和化学性质都有密切关系。绿肥作为有机肥的一种，施入土壤后，通过微生物的活动，进行着旺盛的矿质化和腐殖化过程，能否提高土壤有机质含量一直存在争议。一种意见认为，绿肥尤其是豆科绿肥，翻压后在土壤中很快分解，引起土壤有机质分解的"激发效应"，通过翻压绿肥提高土壤有机质是不可能的。另一种意见认为，绿肥作物翻压物质多，绿肥进入土壤后虽然可能会引发原有机质的分解，但新的有机质逐步形成可替代原来的有机质，是一种新陈代谢作用。这种更换和代谢，有利于土壤肥力的提高。大量试验表明：不管是豆科绿肥还是非豆科绿肥，翻压后都可以提高土壤有机质含量。同一种绿肥对提高土壤有机质的效果与翻压量有关，翻压数量越多，提高土壤有机质的效果也越好。对同等数量的不同绿肥作物进行比较，禾本科绿肥比十字花科绿肥更有利于提高土壤有机质含量，比豆科绿肥提升效果更好。如果豆科、禾本科、十字花科绿肥混播，则可以取长补短，既可以发挥非豆科绿肥对提高土壤有机质的作用，又可以发挥豆科绿肥对提高土壤含氮量的优势，可以更好地提高土壤肥力水平。

三、绿肥改善土壤理化性状

绿肥还田后经过腐解，释放大量养分供作物吸收，同时还形成腐殖质。腐殖质与钙结合能使土壤胶结形成团粒结构，使土壤疏松、透气，保水保肥能力增强，调节水肥气热的性能好，有利于作物生长。绿肥作物在生长过程中产生的分泌物和翻压后分解产生的有机酸能使土壤中难溶性的磷、钾转化为作物能利用的有效性磷、钾，供作物吸收利用。绿肥施入土壤后，增加了新鲜有机能源物质，使微生物迅速繁殖、活动增强，促进腐殖质的形成、养分的有效化，加速土壤熟化。

（一）绿肥增加土壤矿质养分

绿肥作物在生长过程中，由于其庞大的根系向土壤深广方向吸收养分，养分富集在绿肥作物的生物体内形成有机物。当翻压入土后，绿肥作物有机体腐解，大大丰富了土壤表层和深层的矿质养分。于凤芝等比较了豆科、禾本科、菊科、苋科和十字花科共 65 个绿肥作物品种得出，以豆科含氮量最高，为 $0.48\%\sim0.60\%$；其次为苋科和禾本科，为 $0.33\%\sim0.53\%$；十字花科居中；菊科最低。磷含量也是豆科最高，含量为 0.06%；其次是禾本科和苋科，分别为 0.05% 和 0.04%，其他品种间差异不大。钾含量苋科最高，为 $0.54\%\sim1.08\%$；其次是禾本科，为 $0.21\%\sim0.25\%$，其他品种差异不大。绿肥在腐解过程中，由于微生物的生长和繁衍又进一步促使结合态的矿质养分风化，而使其转化成可利用的吸收态养分。兰忠明等通过溶液培养试验，研究了在不同供磷水平下绿肥紫云英品种间根系分泌物活化利用难溶性磷酸盐的差异，结果表明：在缺磷条件下，品种间草酸分泌量差异达到显著水平，缺磷处理增加了草酸的分泌量；紫云英根系分泌物对 Al-P 和 Fe-P 都具有一定活化能力，在缺磷条件下，对难溶性磷的活化量高于正常供磷水平。

（二）绿肥改善土壤团粒结构

绿肥的根系发达、入土深，能将土壤中的难溶磷和缓效磷通过吸收转化为有效养分。

在种植制度调整时，插入绿肥、与绿肥轮作倒茬是用地养地结合的有效措施。大量试验证明，绿肥可以有效增加土壤孔隙度、降低土壤容重、增加土壤有机质并促进土壤团聚体的形成，同时还能增加土壤水稳性团聚体数量，改善土壤结构。例如，草木樨压青 4 个月后，土壤水稳性团粒由 8.78% 提高到 13.04%，土壤容重降低 11%～16%。连续种植 3 年多年生绿肥，土壤团聚体比连作小麦地高 0.5～5.0 倍。刘忠宽研究认为，果园种植绿肥 4 年，压青区和覆盖区 0～20cm 土壤容重分别降低 0.08～0.12g/cm³ 和 0.05～0.15g/cm³，土壤孔隙度分别增加 3.62% 和 4.33%。

四、绿肥提高土壤微生物活性

土壤微生物的数量及其活性是土壤肥力的重要指标之一。土壤微生物数量多、区系复杂，表明土壤微生态系统平衡，有利于作物的健康生长。陈晓波等研究认为，绿肥轮作翻压烟草地，土壤细菌数量、放线菌数量及微生物总量均高于麦茬翻压及冬闲地，并对土壤真菌具有抑制和调节作用。土壤酶是土壤生物活性的重要指标，土壤酶与土壤微生物共同推动土壤的代谢过程。土壤酶活性反映了土壤中各种生物化学过程的强度和方向，其活性可作为土壤肥力评价的参考指标。陈晓波等研究认为，绿肥轮作翻压烟草地，土壤过氧化氢酶和多酚氧化酶活性均高于麦茬地和冬闲地，绿肥对土壤酶活性具有促进作用。土壤微生物量碳（SMBC）是土壤有机质中最为重要的活性部分，可代表土壤微生物量的大小。土壤有机碳（SOC）是指土壤中的各种含碳有机化合物，可作为土壤衰退及土壤变化过程中土壤质量变化的预警指标。尽管土壤微生物量碳在土壤全碳中所占比例很小，但其所占比例可反映出微生物利用土壤碳源进行繁殖及其解体、碳化的过程。官会林等研究认为，云南植烟红壤区采取绿—烟和豆—烟复种模式下，植烟生长期内根区 SMBC 及 SOC 均高于麦—烟和菜—烟复种及冬闲地，并且差异达到显著或极显著水平；不同复种模式下，SMBC、SOC 及 SMBC/SOC 间呈显著相关性。可见，绿肥与烟草复种有利于提高土壤 SMBC 与 SOC 的含量，延长土壤活性功能。

五、绿肥提高土壤保水、保肥能力

绿肥株丛密集、枝叶繁茂，覆盖地表效果好，能避免暴雨直接打击地面造成水土流失。特别是北方雨季，也是水土流失最严重的季节，此时春播的绿肥已经进入旺盛生长期，当年就能蓄水保土，防止水土流失。朱清等研究贵州山地玉米间作紫花苜蓿认为，紫花苜蓿在整个雨季可保持坡地全年覆盖，减轻土壤侵蚀，使地面坡度下降。而且，紫花苜蓿根系发达，增加了 0～20cm 土层根系量，增强了雨水向土壤的渗透能力，减少地表径流 39.3%，减少土壤侵蚀 59.3%，提高了雨季前和雨季耕层土壤水分，减少了水土流失引起的有机质、全氮、全磷、全钾、速效钾等养分流失。刘忠宽等认为，果园种植绿肥 4 年，0～20cm 土壤地表径流减少 32.5%，雨水渗透深度增加 3～15cm，土壤接纳雨水、蓄水量增强。另外，绿肥具有富集和活化土壤中营养元素的能力。施入土壤中的氮肥、土壤中的无机氮及土壤有机质矿化释放的氮，被作物利用的只有 30%～60%，以硝态氮淋溶损失的占 15%～30%，反硝化损失占 5%～10%，夏季绿肥区比休闲地耕作层土壤硝态氮可减少淋溶损失 5～10 倍。某些绿肥根系能吸收土壤深层中一般作物吸收不到的矿质元

素，随着根系腐解，还能供下茬作物吸收利用。

六、绿肥养分释放规律

绿肥翻压到土壤后，在土壤微生物的作用下发生分解。不同种类的绿肥由于翻压时鲜嫩程度、碳氮比、翻压量及切割程度和翻压时间以及土壤含水量、土壤质地、气温等条件的不同，绿肥分解速度有较大差异。在诸多影响因素中，有机物的碳氮比对其在土壤中的分解与养分释放影响较大。总体来看，在相同条件下，碳氮比小的分解快，腐殖化系数小；反之，则分解较慢，腐殖化系数较大。宿庆瑞等研究了沈阳干旱半干旱地区苜蓿和草木樨两种绿肥切割装袋埋入 10cm 土壤中，从 10 月开始监测，一年中干物质腐解、碳的矿化及氮、磷、钾养分的释放，结果表明，苜蓿年干物质分解率为 75.4%，高于草木樨5.1 个百分点；苜蓿碳的年矿化率为 73.8%，高于草木樨 4.4 个百分点；苜蓿氮的年释放率为 74.4%，高于草木樨 18.6 个百分点；苜蓿磷的年释放率为 74.7%，高于草木樨23.3 个百分点；苜蓿钾的年释放率为 96.8%，仅低于草木樨 0.1 个百分点。北方虽然冬季气温比较低，但两种绿肥冬季腐解还是比较多的。冬季苜蓿干物质分解率占全年分解率的 54.2%，草木樨占 46.4%；钾的释放率较高，冬季苜蓿、草木樨钾的释放率占全年释放率的 94.5%、92.8%。赵娜等采用埋袋方法，研究了西北黄土高原中南部典型干旱农区，大豆、怀豆、绿豆 3 种豆科绿肥养分释放规律，结果表明，3 种绿肥在 9 月埋入土壤1 个月内腐解明显，其养分呈爆发式的释放，随后养分释放比较平稳。这表明绿肥翻压一个月后，能供给作物大部分养分。钾在一个月内释放最彻底，21d 后，残留率只有 10% 左右；磷的残留率在 70% 左右；氮的残留率差异较大，为 60%~85%。孔伟等采用埋袋方法研究了光叶紫花苕在湖北烟田的养分释放规律，结果表明，有机物在前 2 周内腐解较快，3~9 周腐解中等；碳、氮、钾前 1~2 周释放速度较快，氮在前 5 周的释放量占烤烟生育期总释放量的 86.9%~92.27%，磷释放在整个生育期较平稳。刘威等采取埋袋方法，以模拟培养方式，研究了绿肥紫云英的分解释放特性，结果表明，培养前 32d 为紫云英的快速腐解期，腐解量占总腐解量的 90% 左右；养分释放速率为钾>磷>氮>碳。潘福霞等利用埋袋方法模拟研究了旱地箭舌豌豆、毛叶苕子、山黧豆 3 种绿肥的腐解和养分释放规律，结果表明，3 种绿肥在翻压 15d 内腐解较快，腐解率均在 50% 以上；翻压 70d箭舌豌豆、毛叶苕子、山黧豆的累积腐解率分别达 71.7%、67.3%、74.1%，碳累积释放率分别为 71.3%、67.0%、74.1%；3 种绿肥的养分累积释放率均是钾>磷>氮，在翻压 70d 时，钾的释放率均为 90% 以上，磷的释放率为 73.3%~78.7%，氮的释放率为59.9%~71.2%。

第三节　绿肥替代化肥技术

2016 年，农业部印发《农业资源与生态环境保护工程规划（2016—2020 年）》，这一规划提出"深入实施测土配方施肥，实施果菜茶有机肥替代化肥行动，引导农民施用有机肥、种植绿肥、沼渣沼液还田等方式减少化肥施用"。在果菜茶上推行有机肥替代化肥技术，不仅节本增效，而且提升产品品质，促进农业废弃资源转化利用。绿肥替代化肥，首先要种植好绿肥，依据不同品种、不同利用方式，科学有效地替代化肥，起到化肥减量、提高肥料利用率的作用。

一、绿肥的品种选择

（一）南方绿肥品种

1. 豆科绿肥

（1）紫云英：越年生草本，是稻田主要绿肥作物之一，也是优质饲料。

（2）苕子：稻田主要绿肥之一，也是优质饲料。

（3）木豆：多年生木本，粮肥兼用。

（4）毛蔓豆：多年生，匍匐生长，可作覆盖作物，肥饲兼用。

（5）决明（假绿豆）：一年生草本，肥药兼用。

（6）蓝蝴蝶（蓝花豆）：一年生蔓生草本，肥饲兼用，优良的覆盖作物。

（7）柽麻（太阳麻）：一年生草本，速生绿肥作物。

（8）大叶猪屎豆：一年生草本，有毒，不能作饲料，肥药兼用。

（9）大豆（禾根豆）：一年生草本，种子可食，肥饲兼用。

（10）铺地木蓝：多年生匍匐性草木，优良的覆盖作物和水土保持植物。

（11）新银合欢：多年生小乔木，速生，肥饲兼用。

（12）黄花草木樨：二年生（或越年生）草本，兼作饲料，也可作水土保持植物。

（13）豌豆：一年生草本，肥、粮、菜、饲兼用。

（14）绿豆：食用兼肥用。

（15）眉豆（饭豆）：一年生蔓生草本，食用、饲、肥兼用。

（16）竹豆：一年生蔓生草本，食用、饲、肥兼用。

（17）田菁：一年生草本，肥饲兼用。

（18）爪哇葛藤：多年生小灌木。

（19）蚕豆：粮、菜、饲、肥兼用。

（20）印度豇豆：一年生蔓生草本，粮、饲、肥兼用。

2. 十字花科绿肥

（1）肥田萝卜（茹菜、满园花）：一年生直立草本，是冬季优良绿肥品种之一。

（2）油菜：一年生草本，种子可油用，植株饲肥兼用。

3. 菊科绿肥

（1）金光菊：多年生草本，多作夏季绿肥。

（2）小葵子：一年生草本，种子可油用。

4. 满江红科绿肥 绿萍（红萍）：水生，有固氮能力，饲肥兼用。

5. 苋科绿肥 水花生：多年生宿根植物，水生或湿生，生长力很强，农田种植易成草害，饲肥兼用。

（二）北方绿肥品种

1. 豆科绿肥

（1）毛叶苕子：一年生或越年生草本，优质饲草。

（2）紫花苜蓿：世界上栽培最早的绿肥作物，优质饲草，寿命很长，一次种植可利用多年。

（3）沙打旺：优质绿肥和饲草，固氮能力强，防风固沙效果好，产量高。

（4）白花草木樨：一年或二年生春播绿肥，产量高，可压青、堆肥、饲草。

（5）箭舌豌豆：一年或越年生草本植物，可粮豆轮作倒茬，也可麦田套复种。

（6）绣球小冠花：多年生草本，产量高，可多次刈割，是反刍动物的优质饲草。

（7）田菁：喜高温、高湿，耐盐、耐涝、耐瘠薄，麦后复种或玉米田菁间作。

2. 十字花科绿肥

（1）二月兰：越年生草本植物，北方园林、果园覆盖绿肥，也可与农田春玉米轮套作。

（2）冬油菜：越年生草本植物，农田或果园覆盖，也可与春玉米轮套作。

3. 禾本科绿肥

（1）黑麦草：多年生草本，适应性强、越冬性强，覆盖作用好，适宜果园种植。

（2）鼠茅草：多年生草本，枝叶柔软细长，覆盖作用好，适宜果园种植。

（3）高丹草：多年生草本，根系发达，不定根发达，茎秆粗壮，叶片肥大，分蘖再生能力强。

4. 苋科绿肥　苋菜：一年生草本，根系发达，茎直立，适应性强，短日照植物，喜光，再生性强，可刈割青饲。

二、绿肥的种植方式

（一）单作绿肥

在同一田地上仅种植绿肥一种作物，而不同时种植其他作物，只有绿肥收获后腾出地才能种植其他作物。如在开荒地上先种一季或一年绿肥作物，以便增加土壤有机质，以利于后作。

（二）间作绿肥

在同一田地上，同一季节内将绿肥作物与其他作物相间种植。如在玉米行间种黄豆、小麦行间种紫云英、果园里间作赤小豆等，间作绿肥可以充分利用地力，做到用地养地结合。

（三）套作绿肥

在主作物播种前或收获前在其行间播种绿肥，如在麦田套作草木樨。套作除有间作的作用外，还能使绿肥充分利用生长季节，延长生长时间，提高绿肥产量。

（四）混作绿肥

在同一田地上，同时混合播种两种以上绿肥作物。如豆科绿肥与非豆科绿肥，蔓生与直立绿肥混作，使相互间能调节养分，蔓生茎可攀缘直立绿肥，使田间通风透光。混作产量较高，改良土壤效果较好。

（五）插种或复种绿肥

在作物收获后，利用短暂的空余生长季节种植一茬短期绿肥作物，以供下季作物作基肥。一般选用生长期短、生长迅速的绿肥品种，如绿豆、乌豇豆等。这种方式的好处在于充分利用土地及生长季，方便管理，多收一季绿肥，解决下季作物肥料来源。

三、绿肥的栽培

（一）品种选择

不同绿肥品种的生长期和抗逆能力，以及对土壤条件的要求不同，因此要选择适宜当地的绿肥品种。北方地区比较适宜种植的绿肥品种有紫花苜蓿、草木樨、田菁、二月兰、黑麦草等，而南方地区以紫云英、三叶草、苕子、乌豇豆、肥田萝卜、猪屎豆、泥豆、油菜等较多。

（二）种子处理

绿肥种子要求品质纯净、发芽率高、发芽势好，所以播前有必要进行选种，去除杂质，浸种、硬壳种子去壳、去芒等。另外，豆科绿肥还需要进行根瘤菌接种。

（三）选择播期

适时播种是保证绿肥作物正常生长和获得高产的基本条件。适宜播期的确定取决于绿肥作物的种类、品种和种植地的气候条件。适宜秋播的绿肥作物播种过晚，鲜草产量低，不易安全越冬；播种过早，若遇高温影响，冬前苗生长过旺易受冻害。确定适宜播期最可靠的办法是通过田间试验。

（四）播种方法

条播是最常用的播种方式，在作物行间播种，有利于中耕除草、施肥。条播行距一般12～15cm。撒播是在整地后把种子撒于地上，播后覆土。一般适宜单种绿肥或果园下种植绿肥，省工省时，但因覆土厚度不一，常常出苗不太整齐。点播主要用于中耕作物，人工播种或用特殊装置的播种机。播种量受作物种类、种子大小、种子品质、整地质量、栽培用途、播种气候等因素影响。一般禾本科绿肥每亩用种1.5～2.5kg，豆科绿肥0.5～1.0kg，十字花科绿肥1.5～2.0kg。

（五）施肥管理

绿肥作物也是作物，生长发育仍然需要一定的养分，营养不足也会影响产量。因此，适当施肥来满足绿肥作物的需要，能达到"小肥养大肥"的效果。施肥以追肥为主，化肥、有机肥均可，施肥原则是根据绿肥种类和生育时期进行。不同绿肥对肥料的要求不同，禾本科绿肥需要氮肥较多，豆科绿肥需要磷肥较多。同一种绿肥在不同生育时期的需肥情况也不同，苗期需肥较少，拔节抽穗期需肥较多，到生育后期需肥又减少。根据土壤肥力进行施肥，肥力水平高可少施肥，肥力水平低的地块要多施肥；沙土保能能力较差，以有机肥为主，速效养分少量多次；黏土肥力高，前期多施速效养分，后期防止贪青晚熟，徒长和倒伏；土壤水分充足可稍多施肥，水分不足可适当减少施肥。

（六）病虫害防治

霜霉病、褐斑病、菌核病主要侵染豆科绿肥。防治方法：选择抗病品种；盐水选种；平衡施肥；深翻土壤；合理灌溉；发病区可喷洒波尔多液或多菌灵来防治。锈病、白粉病既发生在豆科绿肥又发生在禾本科绿肥上。防治方法：选择抗病品种；及时摘除病叶、病株；选用敌锈钠或者硫菌灵药液防治。夏季绿肥虫害较多，而冬季绿肥虫害较少，侵染绿肥的害虫主要有蛴螬、金针虫、蝼蛄、蝗虫、黏虫、蚜虫等。防治方法主要采取化学防

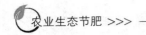

治，如杀虫脒、辛硫磷等杀虫剂或者波尔多液杀菌剂。

四、绿肥的利用

（一）绿肥的利用方式

1. 直接翻耕　直接翻耕以作基肥为主，翻耕前最好将绿肥切短，一般入土 10～20cm，沙质土壤可深些，黏质土壤可浅些。

2. 堆沤　把绿肥作为堆沤肥材料，堆沤可增加绿肥分解，提高肥效。

3. 作饲料　先作牲畜饲料，然后利用畜禽粪便作肥料，这种过腹还田的方式是提高绿肥经济效益的有效途径。绿肥还可用于饲料储存或制成干草或干草粉。

（二）刈割与翻压时期

多年生绿肥作物一年可以刈割几次，一年生绿肥翻压时期应在鲜草产量最高和养分含量最高时进行。一般豆科绿肥适宜翻压时期为盛花期至谢花期，禾本科绿肥最好在抽穗期翻压，十字花科绿肥最好在上花下荚期翻压。间套作绿肥的翻压时期应与后茬作物需肥规律相吻合。

（三）绿肥的翻压深度

一般是先将绿肥茎叶切成 10cm 左右翻耕入土，一般以翻耕入土 10～20cm 较好，旱地 15cm，水田 10～15cm，盖土要严，翻后耙匀，并在后茬作物播种前 15～30d 进行。另外，还应考虑气候、土壤、绿肥品种及其组织老嫩程度等因素，土壤水分较少、质地较轻、气温较低、植株较嫩时，翻耕宜深；反之则宜浅。

（四）绿肥的翻压量

单作绿肥可直接全部翻压肥田；轮套作绿肥翻压的数量，应考虑主作物需肥规律、翻压后绿肥腐解时间等因素，一般应控制为每亩 1 500～2 000kg，翻压量并不是越多越好。若翻压量过大、过深，绿肥会因为缺氧而不利于发酵，过浅则不能充分腐解而难以发挥肥效。

（五）与其他肥料配施

绿肥所提供的养分虽然比较全面、肥效长，但是单一施用情况下，往往不能及时满足下茬作物全生育期对养分的需求，特别是生育关键期对养分的需要，并且大多数绿肥提供的养分以氮为主。因此，绿肥与化肥配合施用是必要的。

五、绿肥替代化肥技术

绿肥作为重要有机肥源，在农业生产中发挥着重要作用。针对长期、过量施用化肥带来的环境风险，最有效的方法就是用绿肥替代部分化肥，减少、控制化肥用量，增加有机肥用量，达到环境和效益的双赢。大量试验证明，绿肥完全可以替代部分化肥，实现化肥减量。王婷等在河西绿洲生态条件下，以长期定位试验为基础，研究了绿肥压青后春小麦氮肥减施对作物产量、品质及土壤养分的影响，结果表明，氮肥减施 30%产量最高，氮肥减施 40%产量次之，即绿肥可替代 30%～40%氮肥用量。刘建香等研究每亩翻压等量绿肥光叶苕子 1 000kg，氮磷钾肥用量即使减少 15%～30%，烟草根、茎、叶的干物质积累量、钾含量以及钾累积量均较其他处理高。谢志坚等研究在早稻种植前每亩翻压等量绿肥紫云英 1 500kg，晚稻不再翻压绿肥，常规施肥基础上减少 20%化肥可有效保证早稻和晚稻产量，但减施 40%～60%化肥时，早稻和晚稻产量均明显下降，表明在翻压绿肥紫云英条件下，应适量减少化肥，否则会影响作物产量。郭熙盛等同样研究了江淮地区化肥与绿肥紫云英配施对水稻产量的影响，结果表明，每亩翻压 1 000～2 000kg 紫云英的条件下，减少 30%化肥用量，可以保证水稻相对高产。

（一）农田绿肥替代部分化肥技术

种植绿肥是在不影响主作物生长情况下，争取利用较多的水、气、热、土地资源，增加土地产出率、水肥利用率，提高作物产量，降低生产成本，增加农民收入。粮田轮套作绿肥，主要以养地肥田及为下茬作物提供养分为主，相应减少下茬作物化肥用量，降低环境风险。在绿肥翻压条件下，根据不同绿肥所含养分不同，在下茬作物施肥时，可相应减少化肥用量。一般情况下，绿肥翻压量越多，相应可减少化肥量也越多。通常绿肥每亩翻压 1 500～2 000kg 鲜草，每亩可提供氮磷钾纯养分 10～14kg，每亩相应可替代氮磷钾肥 30kg 左右，节约化肥成本 45 元/亩左右，增产增效 40 元/亩左右，亩节本增效 75 元左右。不同土壤肥力、不同作物及不同绿肥品种减施化肥量，应根据绿肥品种养分含量、翻压量、下茬作物需肥规律确定，最可靠的是通过大量田间试验获得具体精准数据。同时，绿肥翻压具有一定的后效作用，在北方旱地这种后效一般可持续 2～3 年，因此在连续翻压绿肥情况下，除第一年可减少化肥用量外，后续的 2～3 年均可相应减少化肥用量，随年限增加，减施量逐年减少。

在翻压豆科绿肥情况下，因为豆科绿肥具有固氮能力，植株中含氮量平均为 0.1%～0.5%，因此翻压豆科绿肥，下茬作物氮肥要相应减少用量，具体减施量应视翻压量及下茬作物需氮量确定。

（二）果园绿肥替代部分化肥技术

果园种植绿肥一种方式是通过果园土壤覆盖，调节果园小气候，促进果树生长；另一种方式是种植一年生绿肥，进行适时翻压肥田。连续翻压绿肥的果园，可适当减少化肥用量。减施化肥量应根据果园土壤肥力水平、果树生育时期确定。通常秋季翻压绿肥的果园，在果树秋季施底肥时，可相应减少底肥中化肥用量；夏季翻压绿肥的果园，在果树结果期追肥时，可相应减少追肥化肥用量。对于高肥力果园，结果期的果树需肥量大，在翻压绿肥后，可视翻压绿肥品种养分含量及翻压量，相应减少化肥用量，一般以减少化肥用量 10%～20%为宜，避免减施过多而影响果树产量；对于低肥力果园，种植绿肥主要目的是通过翻压绿肥，增加土壤有机质，培肥土壤，此时要控制减施化肥比例，以首先满足果树生长对养分的需求为前提。在翻压豆科绿肥时，氮肥要相应减少用量，具体减施量应视翻压量及果树不同生育时期需氮量确定。

第四节　不同绿肥利用及替代技术

一、二月兰

二月兰又名诸葛菜（图 10 - 1），十字花科诸葛菜属，二年生草本植物。因农历二月开蓝紫色花，故称二月兰。二月兰原产于我国东部，常见于我国东北、华北地区，是我国北方土著物种。二月兰在北京地区适宜秋季播种，冬季以根越冬，翌年 3 月初开始返青，4 月抽薹开花（无限花序），花期至 5 月下旬，花后结荚，6 月中旬种子成熟，完成整个生育周期。

图 10-1　二月兰田间景观

（一）生长特点

1. 适应性强　二月兰对土壤要求不严，无论是肥沃土壤还是贫瘠土壤，中性、弱酸、弱碱性土壤均能生长。

2. 适播期较为宽泛　6—9 月均可播种，但最适宜播期为 8—9 月，"十一"后播种越冬成活率低。二月兰种子有生理后熟现象，早播时，种子萌发时间长达 1～2 个月甚至更长。

3. 抗寒能力强　在日平均气温 0℃以上能保持生长和绿色，春季日平均气温 3℃以上时即能返青。

4. 耐阴性强　在具有一定散射光情况下，就可以正常生长开花结实，因此果园及园林树下都可以种植。

5. 抗杂草能力极强　栽培管理相对粗放，播种后一般无需人工特殊管理。

6. 具有较强的自繁能力　每年 6 月种子成熟后，荚果自然开裂，种子自然落下，遇到合适的土壤条件，就能生根发芽。

（二）栽培要点

1. 种子选择　采收的新鲜种子有后熟生理现象，因此最好选择当年通过休眠期的新种进行种植。精选或清除种子内的杂物，做好发芽试验，准确掌握种子的发芽率和发芽势。

2. 播前整地　二月兰具有较强的自繁能力，自然落籽就能发芽出苗。在大面积种植情况下，可不翻耕土壤，直接撒播种子。只要种子能接触到土壤，遇到适宜的温湿度条件，就能发芽出苗。若追求种子发芽出苗率，需要精细整地，翻耕、耙平土壤，达到上虚下实、无坷垃杂草。保证土壤墒情，做到足墒下种，从而保证种子萌发和出苗。

3. 播前施肥 如果不追求鲜草产量一般不需要灌水、施肥。若土壤肥力较低，或用于繁种田，可施部分有机肥。

4. 播种时期 6—9月均可播种，较适宜的播期为8—9月，最迟9月底，"十一"后播种越冬成活率较低。偏北一些的地区，应适当提前。

5. 播种方式 撒播和条播两种方式均可，大面积种植以撒播为主。条播行距15～20cm，播后覆土适时镇压。

6. 播量 二月兰种子小，每克种子300～400粒，每亩播量1.0～1.5kg，条播比撒播可减少播量20%～30%。整地质量好，可以相对节约播量。农田套作可适当增加播量，弥补作物采收时，人工、机械的踩踏损失。

7. 播种深度 二月兰种子小，以浅播为宜，在保证出苗墒情下播深1～2cm即可，墒情差地块播深2～3cm。

8. 播后管理 如果不追求鲜草产量，一般可不追肥、不灌水，但追肥、灌水可以大幅度提高鲜草产量。一般不必进行除草等其他管理。

9. 收集种子 5月底至6月上中旬，在角果1/2左右发黄时即可人工或机械采收。

10. 适时翻压 作绿肥适时翻压是关键。在4月底至5月初二月兰盛花期翻压，每亩生物量一般可达1 000kg左右。用粉碎旋耕机械切割粉碎后翻入土壤。

（三）利用及替代技术

1. 农田利用替代技术 春玉米套作绿肥二月兰技术是指在春玉米收获前，大约7—8月，将二月兰种子撒于玉米行间，或在春玉米收获后，整地播种二月兰，翌年春季二月兰返青生长，大约4月底5月初盛花期，将其进行翻压作绿肥，再进行春玉米播种。春玉米播种，底肥可根据地力情况，相应减少底肥中化肥用量的5%～15%。

此轮套作方式（图10-2—图10-7），绿肥可以充分利用秋季及早春的光热水资源生长，提高土地利用率；冬季及早春绿肥绿色体能较好覆盖裸露土壤，起到防风固沙、美化农田作用。同时，绿肥翻压补充土壤养分及有机质，提高土壤肥力，又可相应减少化肥用量，降低环境风险。

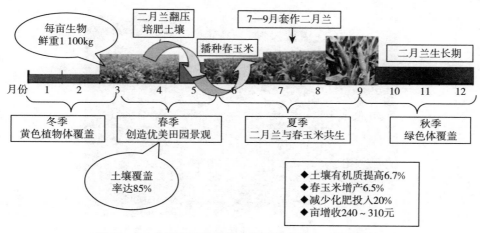

图10-2 农田春玉米套作二月兰技术模式（梁金凤绘）

图 10-3　玉米生长前期套播二月兰（梁金凤摄）

图 10-4　二月兰出苗后与玉米共生（曹卫东摄）

图 10-5　秋季玉米收获后的二月兰（梁金凤摄）

图 10 - 6 春季二月兰盛花期景观（梁金凤摄）

图 10 - 7 翻压二月兰培肥土壤（梁金凤摄）

2. 果园利用替代技术 果园利用替代技术主要有两种，一是翻压肥田，作绿肥适时翻压是关键。在 4 月底至 5 月初，二月兰盛花期进行机械切割粉碎后翻入土壤，起到培肥土壤的作用。若连续种植翻压绿肥，正值果树开花结果期，追肥可根据地力和果树长势，相应减少部分化肥用量，充分发挥绿肥的前期肥效，起到减少化肥用量、提高肥料利用率的作用。二是覆盖肥田，利用二月兰在冬前、春季、秋季以绿色植物体覆盖裸露土壤，形成果园优良小气候，促进果树生长。夏季 6 月中旬二月兰种子成熟，自然落籽，秸秆覆盖地表，经雨水浸泡腐烂起到培肥土壤作用（图 10 - 8—图 10 - 11）。

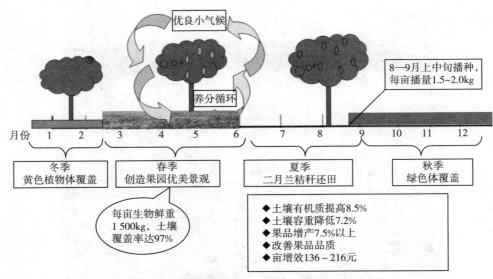

优良小气候

养分循环

8—9月上中旬播种，
每亩播量1.5~2.0kg

月份 1 2 3 4 5 6 7 8 9 10 11 12

冬季
黄色植物体覆盖

春季
创造果园优美景观

夏季
二月兰秸秆还田

秋季
绿色体覆盖

每亩生物鲜重
1 500kg，土壤
覆盖率达97%

◆土壤有机质提高8.5%
◆土壤容重降低7.2%
◆果品增产7.5%以上
◆改善果品品质
◆亩增效136~216元

图10-8　果园覆盖绿肥二月兰技术模式（梁金凤绘）

图10-9　秋季苹果园二月兰覆盖（韩宝摄）

图10-10　春季杏园二月兰景观（韩宝摄）

图 10-11 春季梨园二月兰景观（梁金凤摄）

二、冬油菜

白菜型冬油菜（图 10-12）一般在秋季播种翌年夏季成熟，全生育期较长。一般分为冬性型和半冬性型两种，生长发育过程中，需要经过一段较低的温度条件，才能进入生殖生长、花芽分化和开花期。否则，只长叶不能开花。冬油菜属于异花授粉，植株矮小，冬性品种幼苗匍匐，全生育期分为苗期、越冬期、蕾薹期、开花期、角果成熟期。

图 10-12 冬油菜田间生长景观

（一）生长特点
1. 抗寒性较强 抗寒性表现为地上部生长缓慢，地下部肉质根生长快，枯叶期较早。
2. 适应性较强 对土壤要求不严格，但以土层深厚、肥沃疏松的土壤为宜。
（二）栽培要点
1. 品种选择 选择抗病性好、耐寒性强的白菜型冬油菜品种。适宜北京地区种植的品种有陇油 6 号、陇油 9 号、天油 5 号、天油 8 号。

2. 整地 油菜种子小，幼芽顶土力弱，要求精细整地。在前茬作物收获后要及早进行耕作，以防失墒，耕后进行耙糖细整。

3. 灌底墒水 冬油菜在播种前的 7～10d 要灌足底墒水，使苗全、苗匀、苗壮，并为全生育期的生长发育打下基础。

4. 播种 北京适宜播期 9 月，每亩播量 0.50～0.75kg。可采用小麦播种机播种，将播量调到最小，行距 20cm，播深 2～3cm，播后镇压。

5. 施肥 油菜属喜磷作物，缺硼又会导致"花而不实"症，所以一定要重视磷肥和硼肥的施用。亩产 150～200kg 油菜籽，一般需亩施 N 12～14kg、P_2O_5 10～12kg、K_2O 5～7kg，硼肥可亩施硼砂 0.50～0.75kg 或蕾薹期分两次每亩喷高效速溶硼肥 100g。

6. 管理 灌好"三水"，即返青水、开花水、灌浆水。追好"二肥"，即薹肥、花肥，每亩施尿素 5～8kg。

7. 收获 油菜花是无限花序，由上而下陆续开花结角，成熟时间不一致。当全田 70%～80%的植株黄熟，角果呈黄绿色，分枝上部尚有绿色角果，大部分角果内的种子、种皮处于变色阶段时进行收获产量最高。

（三）利用与替代技术

翻压肥田。在玉米生长前期套作冬油菜，或者玉米收获后，9 月上中旬播种，翌年春季抽薹开花期（图 10-13），翻压作绿肥应用，补充土壤养分，增加土壤有机质，培肥土壤。下茬春玉米种植时，底肥可根据地力及冬油菜翻压量相应减少化肥用量 5%～15%。绿肥与化肥配施提高肥料利用率，减少化肥用量，达到节肥的目的。

图 10-13 玉米套作冬油菜
（图片来源：天津市农业资源与环境研究所赵秋）

三、箭舌豌豆

箭舌豌豆又名大巢菜、春巢菜等（图 10-14），为豆科一年生或越年生草本植物。箭舌豌豆主根明显，根长 20～40cm，根幅 20～25cm，根瘤较多，茎柔嫩，半攀援性。箭舌豌豆是重要的粮、菜、肥兼用型作物。

（一）生长特点

1. 适应性强　箭舌豌豆对土壤适应性广，沙土、黏土均可种植。气温 3℃能缓慢生长，幼苗期能忍受短暂的霜冻，喜凉怕热，日平均温度 25℃以上时，生长受到抑制。抗旱、耐瘠、抗冰雹、不耐盐渍。

2. 根瘤多，有较高的固氮能力　在长出 2～3 片叶时形成根瘤，营养生长期固氮量占全生育期的 95% 以上。

图 10 - 14　箭舌豌豆田间景观

（二）栽培要点

1. 整地　因种子小，幼苗顶土力弱，要精细整地，均匀覆土。

2. 播种　春播从 3 月初至 4 月上旬均可。麦田套作或麦后复种在 6 月中旬左右。套播不宜过早，宜在小麦扬花至灌浆期。秋播宜选择 8—9 月。

3. 播种方式　条播或撒播。撒播后及时灌水，有利苗全、苗匀。

4. 播量　作绿肥单播每亩 5～7kg；也可与毛叶苕子混播，箭舌豌豆播量为 10kg，毛叶苕子播量为 1.5kg。

5. 施肥　生长过程中消耗磷较多，应增施磷肥，每亩施过磷酸钙 10～15kg。

6. 中耕除草　苗期生长缓慢，易受杂草危害，应及时除草，松土保墒，以利于幼苗生长。

7. 水分管理　开花期和青荚期需要及时灌水，保持土壤水分充足；麦田套作，在小麦收获后需要及时灌水。不耐水渍，在多雨季节应及时排水。

（三）利用及替代技术

箭舌豌豆为豆科绿肥，在轮套作后，下茬作物施肥时，可相应减少化肥用量，特别是氮肥。具体减施比例应视箭舌豌豆翻压量、下茬作物需肥量确定，通常化肥量减少10%～20%即可，切不可因减施比例过高而影响主作物产量。连续翻压地块，后茬作物底肥可相应提高减施比例。

1. 粮豆轮作　利用箭舌豌豆与粮食作物倒茬以恢复地力，提高后作产量。在北方，大多以小麦、马铃薯等与箭舌豌豆倒茬（图 10 - 15），也可利用撂荒地种植箭舌豌豆压青养地，提高下茬作物产量。

2. 麦田套复种　在麦收前、后，及时抢时套作或复种。至 10 月中下旬收获鲜草，亩产可达 2 500kg 左右。

3. 作绿肥压青利用　箭舌豌豆在开花至青荚期是机体养分积累的高峰期（图 10 - 16），通常也是压青时期。北方地区多采用秋翻，如果用作冬小麦底肥，压青期不应迟于 9 月上旬，压青时必须注意保蓄水分。春播箭舌豌豆为冬小麦作底肥，应在雨季翻压，以利于接纳秋雨；夏播箭舌豌豆作为翌年春播作物底肥，则必须在早秋翻压，以利于蓄水保墒，为绿肥腐解和后作生长创造有利条件。

图 10 - 15　马铃薯轮作箭舌豌豆

（图片来源：甘肃省农业科学院土壤肥料与节水农业研究所包兴国）

图 10 - 16　玉米套作箭舌豌豆

（图片来源：甘肃省农业科学院土壤肥料与节水农业研究所包兴国）

四、紫花苜蓿

紫花苜蓿为豆科多年生草本植物（图 10 - 17），是世界上栽培最早的豆科绿肥，在我国大部分地区均可种植。它是优质牧草，营养丰富，产草量高；又因其培肥改土效果好，也是重要的倒茬作物。紫花苜蓿株高可达 60～120cm；主根发达，入土较深，枝根也很发达，多集中在 0～40cm 土层内；根瘤较多，多集中在 5～30cm 土层内的枝根上。

图 10-17　紫花苜蓿田间生长景观

（一）生长特点

1. 适应性强　喜温暖半干旱气候，最适宜生长温度 25℃左右，夜间高温对苜蓿生长不利，在灌溉条件下可耐较高温度。耐寒性很强，5～6℃即可发芽，可耐−6～5℃低温，成长植株能耐−30～20℃的低温。对土壤要求不严，除重黏土、低湿地与强酸、强碱地外均能生长，以排水良好、土层深厚的富钙质土壤生长最好。

2. 根系发达，抗旱力很强　在年降水量 300～800mm 的地方均能生长。

（二）栽培要点

1. 整地　紫花苜蓿种子细小，幼苗较弱，早期生长缓慢，需精细整地，灌水保墒，足墒下种。

2. 播种　华北地区可在 3—9 月播种，8 月最佳。北方春播尽量提前，每亩播量 1.5～2.0kg，可条播、撒播，以条播最好。行距 20～30cm 为宜，播深 1.5～2.0cm，干旱可播深 2.0～3.0cm，播后镇压以利于出苗。

3. 中耕除草　幼苗期和收割期是杂草危害最严重的两个时期，应及时消灭田间杂草。

（三）利用及替代技术

1. 轮作倒茬　苜蓿不仅能固氮，提高土壤肥力，同时发达的根系能吸收土壤深层养分，而且在土壤中纵横穿插，能改善土壤物理性状，增加土壤有机质，是重要的轮作倒茬养地作物。苜蓿翻耕多在深秋季节，作为翌年春播作物底肥。苜蓿生物量大，可刈割饲养牲畜。苜蓿茬地土壤肥沃，后作能大幅增产。因此，苜蓿翻压地块或茬地，后茬作物可根据地力及需肥特点，相应减少化肥施用比例 10%～20%，特别是减少氮肥用量，以提高肥料利用率。

2. 套作　苜蓿不仅可以单独播种，也可以与其他作物套作（图 10-18），如与豌豆套作。苜蓿与豌豆的生物量都很大；苜蓿与豌豆都是豆科作物，蛋白质含量比较高，

可刈割饲养牲畜；苜蓿与豌豆固定大气中的氮气，提高土壤肥沃程度，对后作有大幅增产作用。

图 10-18　苜蓿、冬小麦、夏玉米套作
（图片来源：河北省农林科学院农业资源环境研究所刘忠宽）

五、白花草木樨

草木樨为豆科草木樨属，一年或二年生草本植物，草木樨生活力很强，到处都能生长，甚至在极贫瘠的土地上都生能存。北方主要栽培白花草木樨（图 10-19），起源于亚洲西部，又名白甜三叶、金花草、白草木樨、马苜蓿和野苜蓿等。白花草木樨根系粗壮发达，根长达 1～2m，根系主要分布在 0～30cm 土层内；茎秆直立或稍弯曲，茎

图 10-19　白花草木樨田间生长景观

高 1～3m。

（一）生长特点

1. 适应性广，耐寒性强 种子发芽最低温度为 8～10℃，成长植株可耐−30℃或更低温度，能在高寒地区生长。

2. 耐旱性强 在年降水量 400～500mm 地方生长良好。

3. 耐瘠薄 从重黏土到沙质土均可生长，在富钙质土壤生长特别良好。

4. 耐盐碱、不耐酸 在全盐量 0.56％也能生长，在酸性土壤中生长不良。

（二）栽培要点

1. 整地 种子小，出土力弱，根入土深，宜深耕细靶。

2. 播种 种子播前处理可提高出苗率。宜春播或夏播，春播尽量提早。播量每亩 0.75～1.25kg，单播、间作、套作、混作均可。单播行距 20～30cm，深度 2～3cm。

3. 除草 草木樨生长缓慢，应及时除草。如果刈割喂养牲畜，每次刈割后应进行中耕除草、灌溉、施肥，以提高牧草产量。

（三）利用及替代技术

草木樨为豆科绿肥，在轮套作后，下茬作物可相应减少化肥用量，特别是氮肥。具体减施比例应视翻压量及下茬作物需肥量确定，通常减少 10％～20％。连续翻压草木樨地块，可提高减施比例。

1. 草木樨与粮食作物轮作 3 月播种，8 月末或 9 月翻压，翌年种粮食作物；小麦与草木樨同时播种，小麦收获后草木樨继续生长直至 9 月翻压。麦田套作可在小麦灌第一次水前至第二次前套作草木樨，9 月下旬翻压。

2. 玉米与草木樨套作 3 月下旬播草木樨，4 月末播玉米，6 月下旬玉米拔节前翻压草木樨（图 10 - 20）。

图 10 - 20 玉米套作白花草木樨

（图片来源：甘肃省农业科学院土壤肥料与节水农业研究所包兴国）

六、毛叶苕子

毛叶苕子，别名冬苕子（图10-21），豆科野豌豆属一年生或越年生草本植物。茎叶柔软、适口性好、可青饲、放牧，是理想的优良牧草和优质绿肥作物。一般每年刈割2～3次，亩产鲜草2 000～3 000kg。

图10-21　毛叶苕子田间生长景观

（一）生长特点

毛叶苕子具有耐寒、耐旱、耐瘠薄等特性，对土壤要求不高，一般土壤均能生长，也可适应弱碱性土壤。耐阴性较强，在具有一定散射光的情况下，就可以正常生长、开花、结实。

（二）栽培要点

1. 品种选择　选择新鲜、成熟度一致、饱满的种子，如土库曼、蒙苕一号。

2. 整地　播前翻耕土壤，耙糖平整，活土层深厚。

3. 施肥　播种前每亩深施尿素5～6kg、磷酸二铵8～10kg、氯化钾35kg。

4. 播种时间　在北方，毛叶苕子以秋播为主，以8月中旬至9月上旬为宜。

5. 播种方式　条播、撒播均可。条播行距20～25cm，播深2～3cm，土壤墒情差，深播3～5cm。播后墒情不足可灌水，保证出苗。

6. 播量　亩播量5.0～7.5kg，条播可减少10%～20%。

7. 播后追肥　为追求较高鲜草量，可追肥一次，亩追施磷酸二铵10～15kg。

8. 利用　现蕾期适时翻压；刈割收草一般也在现蕾至初花期，留茬10cm左右。

（三）利用及替代技术

毛叶苕子为豆科绿肥，在轮套作后，下茬作物可相应减少化肥用量，特别是氮肥用量。具体减施比例应视翻压量和下茬作物需肥量确定，通常减少10%～20%，以不影响主作物生长、降低产量为宜。

1. 农田利用替代技术　　毛叶苕子作为越冬绿肥，需要适时早播，以利于安全越冬。华北地区宜选择 8—9 月秋播，如果茬口不合适可选择间套作的办法来解决播期问题。花生、马铃薯收获后播种毛叶苕子，翌年春季翻耕作春作物基肥。玉米田套作一般在 8 月中旬至 9 月中旬，在玉米行的两侧点播或条播（图 10 - 22）。小麦收获后马铃薯与毛叶苕子混播复种，混播比例为 5 ： 1。春季生长景观见图 10 - 23。

图 10 - 22　玉米间作毛叶苕子
（图片来源：甘肃省农业科学院土壤肥料与节水农业研究所包兴国）

图 10 - 23　马铃薯复种毛叶苕子
（图片来源：甘肃省农业科学院土壤肥料与节水农业研究所包兴国）

2. 果园利用替代技术　　作绿肥在现蕾期可适时翻压，培肥土壤；若刈割收草，一般在现蕾至初花期，留茬 10cm 左右，用于畜牧养殖或者铺于树盘覆盖肥田（图 10 - 24、图 10 - 25）。

图 10-24 毛叶苕子（春季开花期）果园覆盖（梁金凤摄）

图 10-25 毛叶苕子刈割覆盖肥田（梁金凤摄）

七、三叶草

三叶草为豆科三叶草属多年生草本植物，又称车轴草、荷兰翘摇，原产于欧洲，现广泛分布于温带及亚热带高海拔地区。在我国，主要分布在长江以南各省份，是优良的饲料、绿化兼用型牧草。三叶草分为红花三叶草和白花三叶草，北方多种植白花三叶草（图10-26），春季 4 月开白色小花，冬季以根越冬，长时间保持绿色，绿化美化效果好。

图 10 - 26　白花三叶草生长景观

（一）生育周期

北方地区春秋季都可播种，播后 1 周左右出苗。每年 4 月初开始返青生长，4 月至 5 月初为营养生长期，5 月中旬开始开花，花期约 1 个月，6 月中旬种子陆续成熟。

（二）生长特点

1. 固氮作用强　三叶草为豆科植物，主根短、侧根发达，根系集中分布在 15cm 以内的土层中，根瘤多。

2. 对土壤要求不高　尤其喜欢黏土，耐酸性土壤，也可在沙质土壤生长。

3. 具有一定耐旱性、耐热性　生长最适宜温度为 16～24℃，35℃高温不会萎蔫。喜光，在阳光充足地方，生长茂盛，竞争能力强。

4. 耐寒、耐阴性好　在－15℃条件下能安全越冬，喜湿润凉爽气候。

5. 侵占性强　三叶草茎直立或匍匐，茎长 30～60cm；叶量大，生长整齐一致，土壤覆盖度高。

（三）栽培要点

1. 品种选择　北方地区以中型白花三叶草为好，如海发。

2. 种子处理　播前晾晒种子（图 10 - 27），剔除病种，以提高发芽率。

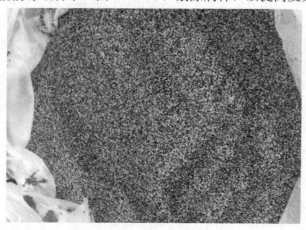

图 10 - 27　三叶草种子

3. 施基肥 三叶草为多年生宿根性植物，一次播种，当年生成，多年刈割，故初种前的基肥施用非常重要。每亩撒施腐熟有机肥1 000～2 500kg，每亩施复合肥不少于25kg。

4. 播前整地 有条件时可先进行土壤耕翻，深度25cm以上，也可旋耕15cm以上，耙平整细。

5. 播种 4月至10月上旬均可播种，以4—5月和8—9月较适宜。一般采取撒播，省事省工。每亩用种量4～5kg，可实现当年覆盖，同时减少人工除草工作量。为了提高播种均匀度，4～5kg掺混同样质量的土，混合均匀后均匀撒播到树下（图10-28）。播后覆土小范围可人工用钉耙轻搂，将种子覆盖；大面积可用机械耙平，勿覆土过深。

图10-28 三叶草与土掺混播种

6. 播后保墒 墒情不足时覆草或覆膜，干旱时每天喷水保持湿润，直至出苗，苗齐后及时将覆盖物去除；墒情适宜时可不用覆盖。一般播后3～7d出苗。

7. 苗后管理 三叶草出齐后实现了全地覆盖，机械除草难以应用，多人工拔除2～3次。一般当年覆盖，除草完成后，以后各年杂草只零星发生，基本上可免除草。

8. 施肥 三叶草出齐后，当年不用施肥，或施少量氮肥。之后视生长情况酌情撒施化肥，也可叶面喷施3%尿素溶液。

9. 刈割 一般当年春季播种田块，秋季可刈割1次，以后每年视生长情况可刈割3～4次。每次间隔45～60d，每次刈割后要视墒情、降水情况，每亩撒施尿素10kg左右。

10. 病虫害防治 白花三叶草抗病虫能力较强，水肥管理正常的年份很少发生病虫害。

11. 越冬 当年11月至翌年2月为三叶草越冬期，每隔1～2年，每亩撒施腐熟有机肥1 000kg以上。

（四）利用及替代技术

三叶草为多年生豆科植物，果园种植多用于覆盖，涵养土壤水分和养分，促进果树生长；根瘤固氮能补充土壤养分；须根发达，可疏松土壤，创造良好土壤结构；还可刈割喂养牲畜。同时，可以明显改善果园的景观，见图 10-29、图 10-30。三叶草多年覆盖的果园，施肥时可相应减少化肥用量，特别是氮肥，减施比例应视土壤肥力、果树生育时期及长势等综合考虑。

图 10-29　三叶草覆盖春季苹果园（梁金凤摄）

图 10-30　三叶草覆盖苹果采摘园（梁金凤摄）

八、多年生黑麦草

黑麦草是禾本科黑麦草属多年生草本植物（图 10-31），全世界有 20 多种，其中经济价格最高、栽培最广的有两种，即多年生黑麦草和一年生黑麦草。果园种植以多年生黑麦草为主。

图 10-31　黑麦草田间生长景观

（一）生育周期

北方地区黑麦草适宜秋季播种，播后 7d 左右出苗，冬前生长旺盛。11 月下旬进入越冬期，以根系越冬，早春返青早，随气温升高生长快。5 月中旬抽穗开花，6 月中旬种子开始陆续成熟。

（二）生长特点

多年生黑麦草生长快，分蘖多，繁殖力强；须根发达，根系较浅，主要分布于 15cm以内的土层中；茎秆直立光滑，株高 50～120cm。

多年生黑麦草喜温暖、湿润、排水良好的壤土或黏土。再生性强，耐刈割，耐放牧，抽穗前刈割或放牧能很快恢复生长。

（三）栽培要点

1. 整地　黑麦草种子细小，播种前需要精细整地，使土地平整、土块细碎，保持适宜的土壤水分。

2. 播种　应选择土壤较肥沃、排灌方便的地方种植。多年生黑麦草可春播，也可秋播，春播以 4 月中下旬为宜，秋播为 8 月底至 9 月中旬。每亩用种量 1.0～1.5kg，一般以条播为宜，行距 15～20cm，也可以撒播，播后覆土 2～3cm 或铺一层厩肥。

3. 田间管理　水肥充足是多年生黑麦草发挥生产潜力的关键性措施，施用氮肥效果尤为突出，每次刈割后都应追肥。黑麦草是需水较多的牧草，在分蘖期、拔节期、抽穗期以及每次刈割后均应及时灌溉，保证水分供应，以提高黑麦草的产量。

（四）利用及替代技术

果园种植一般以覆盖为主，也可根据植株高度刈割利用。黑麦草刈割一般在拔节前，留茬高度不应低于 5cm，齐地刈割对再生不利。一般每年刈割 2～3 次，每次刈割后每亩都应追施有机肥 500kg 或施尿素 7.5kg，并应及时灌水。黑麦草覆盖多年的果园（图 10-

32)，可视土壤肥力、果树长势适当减少化肥用量，以不影响果树生长、降低产量为宜。

图 10-32 黑麦草覆盖春季梨园（梁金凤摄）

九、鼠茅草

鼠茅草为禾本科鼠茅草属多年生草本植物（图 10-33）。秋季播种后在墒情合适时能很快发芽，越冬期株高 15cm 左右，翌年 3 月上旬开始迅速生长，3 月下旬至 4 月上旬为生长高峰期，地上部茎叶开始倒伏。从开始倒伏至枯死历时 40～50d，倒伏后能长时间覆盖地面、抑制杂草生长。生长高峰期，茎叶干物质每亩可达 800kg 左右。

图 10-33 鼠茅草田间生长景观

（一）生长特点

鼠茅草根系一般深达 30cm，最深达 60cm。根系密集，既保持了土壤渗透性，防止了地面积水，也保持了土壤通气性。

鼠茅草地上部为丛生的线状针叶，自然倒伏匍匐生长，针叶长达 60～70cm。在生长

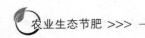
旺季，匍匐生长的针叶类似马鬃马尾，厚20～30cm，长期覆盖地面，既防止土壤水分蒸发，又避免地面受太阳暴晒。

鼠茅草是一种耐严寒而不耐高温的草本植物，国庆节前后播种比较适宜。幼苗像麦苗一样，越过寒冬，翌年3—5月为旺长期，6月中、下旬（小麦成熟期）连同根系一并枯死（散落的种子秋后萌芽出土），枯草厚度达7cm左右。此后即进入雨季，经雨水侵蚀和人为踩踏，逐渐腐烂还田，培肥土壤。另外，干枯草毯，不易点燃，无须担心着火。

（二）栽培要点

1. 播种时间 以9月下旬至10月上旬最为适宜，10月下旬播种还能出苗，但幼苗长势不好，越冬困难。翌年3月播种温度比较适宜，但缩短了生长期，需加大肥水。

2. 播量 每亩播量1.5～2.0kg。

3. 播种方式 以撒播为主，由于鼠茅草种子小而轻，播种前要清除杂草，精细整地，保持足够土壤墒情。播后覆土要薄，镇压要轻（铁耙一遍即可）。

（三）利用替代技术

利用鼠茅草一年四季覆盖果园土壤（图10-34），夏季休眠期，地上部茎叶干枯，经雨水浸泡腐烂培肥土壤。多年种植鼠茅草的果园，视土壤肥力和果树长势，可适当减少化肥用量。具体减施比例随鼠茅草种植年限增加而逐年增加，但以不影响果树生长、降低产量为宜。

图10-34 鼠茅草绿毯式覆盖梨园
（图片来源：青岛农业大学资源与环境学院李俊良）

第十一章 | CHAPTER 11

秸秆还田利用

　　我国的秸秆资源丰富，秸秆含有大量的营养元素，是宝贵的可再生资源。秸秆还田可以大面积以地养地，是低能耗、可持续的农业生产方式，对提高土壤有机质的含量和质量，改善土壤的物理性状，培肥土壤，增加土壤微生物活性，提高作物增产的潜力，防止农田土壤沙化和改善农业生态环境有重要的作用。同时，秸秆还田能减少农业生产造成的污染，实现秸秆的资源化利用，促进循环农业的快速发展。因此，做到合理、科学实施秸秆还田就显得尤为重要。本章从秸秆还田技术发展、重要作用、技术模式、影响因素、注意事项方面阐述秸秆还田技术，对广大农民资源化、肥料化利用秸秆有一定指导作用。

第一节　秸秆还田技术的现状与发展趋势

一、秸秆还田技术的发展

　　20 世纪三四十年代，错误的耕作方式导致美国、加拿大和澳大利亚等地相继受到"黑风暴"的袭击，使这些国家遭受了巨大的损失。加拿大和美国的农业科学家于 20世纪 50 年代末 60 年代初，最先倡导了秸秆留茬还田、少耕和免耕技术，在防止土壤风蚀沙化、培肥土壤和保墒蓄水方面效果显著。因此被世界各国接受和推行，而当时我国人口增长速度较快，对粮食产量的需求不断增加，复种指数不断提高，化肥还没有得到充分利用，秸秆田间堆积和腐熟还田作为培肥地力、增加作物产量的主要措施在我国备受重视。20 世纪 70 年代，我国以秸秆粉碎、田间堆积、腐熟还田为主要利用方式，并陆续展开了少耕和免耕的试验研究，配施少量化肥，经济效益显著。20 世纪 80 年代末以来，随着我国化肥工业的快速发展，化肥的见效快使其用量迅速增长；与此同时由于秸秆还田在短期内见效慢，秸秆的利用率不断降低，造成了严重的资源浪费和环境污染。21世纪，随着经济和社会的发展，由传统农业向现代生态农业的转变是科技进步的必然结果。秸秆还田技术作为一种无污染、低投入、可持续的耕作方式，对生态农业的发展有重要的推动作用。

二、我国秸秆还田的现状

　　作为农业大国，我国每年会产生大量的秸秆、稻壳、花生壳等农业废弃物。这些农业废弃物中富含有机质、氮、磷、钾及多种微量元素，是一种永不枯竭的可再生资源。农业废弃物中以作物秸秆的生物量最大，目前我国年产秸秆量 8 亿 t 以上。其中，以水稻、玉米和小麦等大宗作物秸秆为主，这些秸秆中含氮量约 460 万 t，含磷量约 125 万 t，含钾量约 1 100 万 t，相当于 2005 年我国化肥施用量的 82%。20 世纪 70 年代以前，这些农业废弃物（秸秆）主要用作生活燃料和牲畜饲料，由于当时生产力水平低下，产生的秸秆数量有限，甚至出现供不应求的现象。1978 年以后，随着化肥的大量投入施用、作物产量的大幅度提高，秸秆的总量也迅速增加；但由于经济的发展及农村能源结构的改变，秸秆直接用作牲畜饲料和生活燃料的比例却急剧下降，再加上其分布零散、体积较大、运输成本较高，以及综合利用经济性差、产业化程度低等原因，秸秆出现了地区性、季节性、结构性的过剩。20 世纪 90 年代以来，秸秆还田成为我国处理过剩秸秆的有效途径。各地结合当地光热水资源、农业生产机械水平和农民生产习惯，总结出一系列适合当地生产条件的秸秆还田方式。

（一）东北农区秸秆还田

主要范围涉及辽宁、吉林、黑龙江及内蒙古部分地区，种植制度为一年一熟。主要种植作物为小麦、玉米、大豆和水稻，秸秆还田主要方式为粉碎翻压，还田量为 1 500～9 000kg/hm²。这一地区的北部与南部还田量差异很大，最北端的黑龙江、内蒙古部分地区，由于气候寒冷、春季少雨，秸秆腐烂比较慢，秸秆还田量比较低，一般主要采取作物收获时留高茬的方式，只留一部分秸秆还田，春季采取铁茬播种方式种植下茬作物；东北南部地区，由于热量资源充足，秸秆腐烂条件充足，一般采取作物收获时秸秆全量粉碎还田。

（二）华北农区秸秆还田

主要范围涉及北京、天津、河北、河南、山东、山西及内蒙古地区，种植制度大部分地区为一年两熟，少部分地区为一年一熟。主要种植作物为小麦、玉米，秸秆还田主要方式为小麦多采用留高茬还田，玉米采用粉碎翻压还田，还田量为 5 250～6 750kg/hm²。

（三）西北农区秸秆还田

主要范围涉及陕西、甘肃、新疆等地，种植制度为一年一熟。主要种植作物为小麦、玉米、棉花，秸秆还田主要方式为小麦秸秆采用留高茬还田，棉花和玉米秸秆采用粉碎翻压还田，小麦还田量为 3 150～3 750kg/hm²，棉花和玉米还田量为 6 000～9 000kg/hm²。

（四）西南农区秸秆还田

主要范围涉及重庆及四川、云南、贵州地区，种植制度为一年两熟。主要种植作物为小麦、玉米、水稻、油菜，秸秆还田主要方式为在旱坡地上多采用覆盖还田，水田多采用翻压还田，还田量为 2 250～7 500kg/hm²。

（五）长江中下游农区秸秆还田

主要范围涉及湖北、湖南、江西、江苏、安徽、浙江等地，种植制度为一年两熟。主要种植作物为水稻、小麦、玉米、棉花、油菜，秸秆还田主要方式为旱田采用覆盖还田，水田采用粉碎翻压或留高茬还田，还田量为 2 250～7 500kg/hm²。

（六）华南农区秸秆还田

主要范围涉及海南、广东、广西、福建等地，种植制度为一年两熟或一年三熟。主要种植作物为小麦、水稻、油菜，秸秆还田主要方式为旱田采用秸秆覆盖还田，水田采用粉碎翻压还田，还田量为 3 000～7 500kg/hm²。

三、我国秸秆还田技术的发展趋势

（一）大力发展农业机械化

要想更好地实现秸秆还田，需要进行大面积的机械化操作，把大型、中型和小型的机械结合起来使用，提高机械还田适应性，使机械还田既适合于平原地区，又适合于丘陵山区。研制与农艺配套的还田机械，把机械还田、科学施肥和施药相结合，简化工序，加速腐解，达到还田、施肥、灭虫、省工、节本的综合目的。而在我国大部分地区，机械化的秸秆还田仍不普遍，所以加快秸秆还田机械化技术的研究和推广是当前要重视的问题。秸秆还田机械的研究应在解决秸秆及根茬单项作业的基础上，开发新的复式作业的农业机具，逐步代替原有的单项作业机具，提高机械秸秆还田的效率和效益。

（二）加大生物工程技术发展

在秸秆还田中，秸秆的快速腐解也是一种非常关键的技术。虽然机械粉碎可以使秸秆的物理性状得到改变，扩大秸秆的接触面积，进而可以加速腐熟速度。但是，秸秆中较高的 C/N，使秸秆在土壤中的分解速度依然缓慢。有资料表明，生物菌剂可以加速秸秆的分解。因此，加大生物工程技术的研究，加速腐解秸秆生物菌剂的研制，对未来秸秆还田的发展起着至关重要的作用。

（三）农机与农艺相结合

农机和农艺相结合也是未来秸秆还田的发展方向。其中主要包括两个方面：一是在采用农艺方式时，开发、研制相应的农业机械和生物制剂，简化农艺措施的工序在秸秆还田过程中的应用，使还田秸秆能够实现高效、快速的腐解。二是在采用农业机械化秸秆还田的同时，实施配套的农艺栽培措施（如覆盖栽培、抛秧、免耕直播等）。此过程可加入适量的化学试剂，以达到快速腐解秸秆的目的，减少机械进地作业次数，严格控制机械作业造成的不良影响，调节好土壤的理化性状，达到土壤培肥的目的。

第二节　秸秆资源的特点

一、种类多，数量大

秸秆是作物收获后剩下的作物残留物，包括谷类、豆类、薯类、麻类以及棉花、甘蔗等其他作物的秸秆，种类繁多。据统计，世界每年约产生 20 亿 t 秸秆，使其成为仅次于煤炭、石油和天然气的世界第四大能源。2017 年，我国秸秆年产量为 8.6 亿 t，其中以水稻、玉米、小麦秸秆占有比例最高，占总量的 75% 以上；但是随着农村产业结构的调整，经济作物秸秆的比例也会逐年增加。

二、养分含量高，宝贵的可再生资源

作物秸秆作为重要的可再生资源，由大量的有机物和少量的无机盐及水分构成。其有机物的主要成分是纤维素类化合物，以及少量的粗蛋白质和粗脂肪。2017 年秸秆产量为 8.6 亿 t，水稻、小麦、玉米生产秸秆量依次是 2.1 亿 t、1.4 亿 t、3.5 亿 t，8.6 亿 t 秸秆中含氮（N）、磷（P_2O_5）、钾（K_2O）分别为：836.9 万 t、130.1 万 t、1 206.3 万 t，折

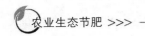

合1 820.4万 t 尿素、1 084.7 万 t 过磷酸钙、2 011.7 万 t 氯化钾，秸秆养分含量占 2017 年化肥总用量的近 37.1%。

三、利用方式多样化

秸秆利用方式多种多样，主要集中在 4 个方面：畜牧饲料、工业原料、能源物质、肥源物质。世界发达国家秸秆多以肥源为处理方式，美国、英国、加拿大等国家的小麦、玉米秸秆大部分用于还田，美国秸秆还田量占秸秆生产量的 68%，英国秸秆直接还田量则占秸秆生产量的 73%，而南亚、东南亚等一些国家作物秸秆则主要用于动物饲料的生产，埃及等许多国家秸秆田间焚烧占相当大的比例。我国秸秆中约有 35% 作为生活能源，25% 作为畜牧饲料，9.81% 作为肥源，工业原料占 7%。目前，我国秸秆利用的现状虽然与我国实际情况密切相关，但是由于秸秆不利用或者利用方式不当会污染环境，随着经济的逐步发展和人们保护环境意识的增强，秸秆还田的比例会得到增加。

第三节　秸秆还田的重要作用

一、养分效应

土壤有机质和氮素水平是研究土壤肥力与评价土壤质量的重要指标，其含量越高，土壤越肥沃，耕性越好，丰产性能越持久。秸秆还田最重要的作用就是提高土壤有机质的含量和质量，活化土壤氮、磷、钾养分，提高土壤肥力。据刘富萍测定，湿玉米秸秆中有机质的含量平均为 15% 左右，含钾量为 2.28%，含氮量为 0.61%，含磷量为 0.27%，同时一些微量元素（镁、钙、硅等）也是作物生长所必需的。这些秸秆还田一年后的腐解率可达 80%～90%，耕层土壤有机质和腐殖质都明显提高，土壤速效氮、磷、钾养分也得到明显改善。秸秆的 C/N 大约是 53，还田后高 C/N 激发土壤氮的矿化，土壤速效氮含量增加。秸秆先经历一个快速分解的阶段，在无外源氮补充的情况下，土壤微生物与作物竞争氮，不仅影响土壤微生物的活性，甚至会影响作物的生长发育，所以秸秆还田配施少量的氮肥是必要的，以满足土壤中合适的碳氮比例（25∶1）。土壤中碳、氮、磷、钾元素是最基础的营养物质，任何元素的比例失衡，对土壤生态都会产生不利的影响，通常用钾辅磷，以磷促氮，调节土壤的营养。秸秆还田配施适量的外源钾和磷肥，土壤中钾和磷表观有盈余，提高了土壤的供钾数量和供钾强度，可以明显提高土壤中各种无机磷形态的含量，促进氮的矿化。单纯的秸秆还田或单施钾肥不能抵消钾的消耗，秸秆还田配施钾肥土壤中速效钾的含量均高于单施氮和磷肥的处理，而且土壤全氮、有效磷、速效钾的含量也有一定的提高，且有效磷＞速效钾＞速效氮。据报道，在黑龙江省兰西县，由于长期施用化肥，黑土的有机质含量由开垦前的 6% 左右下降到 1.8% 左右，而且平均每年仍以 0.1% 的速度下降；而黑龙江省的八五四农场和八五五农场，坚持常年秸秆还田，该农场土壤有机质、氮、磷、钾的含量明显提高。因此，秸秆还田不失为提高土壤养分和作物产量的一个有效措施。

二、改土效应

秸秆还田的主要作用是改善土壤的结构，补充和平衡土壤的养分，降低土壤容重，改善土壤耕性。秸秆还田主要是提供了较多稳定的腐殖质，促进了团粒结构的形成，使土壤的孔隙增加，容重下降，土质变松，保水保肥的能力增强，土温上升，加快了土壤养分循环。土壤容重是土壤物理性状的综合指标，容重越低，土壤的耕性越好。大量的秸秆还田试验表明，对于长期的免耕和犁耕，只要将秸秆还田，都不会引起土壤板结，明显降低了土壤容重，增加了土壤孔隙度，防止土壤水分的蒸发，提高水分的渗透，有效改善了土壤的物理性状。由于土壤的物理性状得到改善，土壤的水、肥、气、热得以很好的协调，养分循环加快，渗水能力增强，保墒性能增加，抗旱抗涝的能力也都得到了极大改善。

三、微生物效应

土壤微生物是农业生态系统中重要的一员，具有分解有机物和净化土壤的作用。土壤酶活性是微生物活动的基本反应，秸秆还田显著提高了土壤中脲酶、转化酶和过氧化氢酶活性，激发了土壤微生物的生长，增加了土壤有益微生物种群的数量，加速了有机物质的分解和营养元素的矿化，但降低了土壤微生物群落的丰度，使土壤微生物区系由细菌型向真菌型转化，即向有利于积累土壤有机质的微生物群落转化。土壤微生物对土壤养分转化与能量循环具有调节和补偿作用，其呼吸作用部分用来合成作物所需要的营养物质，部分用来维持自身的代谢活动。张电学等研究发现，秸秆直接还田增加了土壤微生物的数量，小麦和玉米收获期土壤微生物量碳、氮、磷也均明显增加，且土壤微生物的数量与同期的土壤酶活性、碱解氮含量、有效磷含量和作物产量呈正相关关系。

四、经济效应

作物产量是一个系统管理水平与土壤生产力的综合反应，是农业持续发展的重要指标。秸秆还田技术在大多数作物上均表现出增产效益，这种效应随着秸秆还田时间的延续而增加。徐新宇于 1972—1989 年共进行了 129 次秸秆还田的田间试验，结果表明，作物平均增产 4%～9%，而且多表现为连续还田的产量逐年提高。全国各农区进行秸秆还田的定位试验也表明，无论是秸秆全量还田、秸秆半量还田，还是秸秆还田配施外源化肥，都对玉米、水稻、小麦、大豆、油菜等表现增产效益，且土壤的有机质、全氮、碱解氮、有效磷、速效钾的含量也得到大幅度提高，因此秸秆还田后还可以适当减少磷、钾肥的用量。马宗国等还发现，秸秆还田后对水稻稻瘟病和稻曲病有明显的抑制作用；同时水稻抗早衰能力也显著增强，作物生长旺盛，根系发达，茎秆粗壮，作物增产明显。因此，秸秆还田在提高秸秆的再生利用率、作物增产的潜力和节约化肥的投资成本上有一定作用。

五、环境效应

秸秆还田可以实现大面积以地养地，不仅消除了焚烧秸秆带来的一系列危害，而且净化了空气，改善了生态环境，充分展示了秸秆还田在农业生态系统中的重要作用。秸秆还田可以增加土壤有机碳的含量，而土壤有机碳与全球碳循环密切相关，增加土壤有机碳储

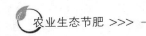

量以增加对大气中 CO_2 的固定，是调节全球碳循环的重要途径之一。同时，秸秆还田作为保护性耕作的核心内容之一，可以减少农田的输沙量，对农田风蚀有明显的改善作用。

第四节　秸秆还田的方式

秸秆还田一般分为两大类，直接还田和间接还田。直接还田指作物收获后剩余的秸秆直接还田，包括翻压还田、覆盖还田和留茬还田。间接还田指秸秆作为其他用途后产生的废弃物继续还田，包括秸秆沼肥还田、秸秆过腹还田、秸秆堆沤还田。

一、秸秆直接还田

秸秆作为有机肥直接还田，是普遍开展的一项工作。北方地区试验表明，秸秆还田量每公顷 $20.0\sim26.7kg$ 即可维持土壤有机质水平，培肥土壤，保持水土。秸秆直接还田方式多种多样，成熟的技术模式有以下几种：机械粉碎还田。在收获的同时将秸秆粉碎，并均匀撒在田间。秸秆覆盖还田。作物收获后，将秸秆覆盖在田间，采取免耕措施，条播或挖穴播种，秸秆在田间自然腐烂。但是直接还田也存在一些问题，农业机械和机具不配套，南方和华北地区茬口紧张等都是限制和制约秸秆还田的主要问题。

二、秸秆过腹还田

秸秆作为畜禽的饲料，经过消化吸收后形成畜禽粪便，畜禽粪便经过处理后以有机肥的形式归还土壤。秸秆作为饲料利用主要通过氨化、青贮、微生物处理等。

氨化处理指氨的水溶液对秸秆的碱化作用能破坏木质素和多糖之间的醋键结构，从而利于秸秆的分解。秸秆尿素氨化较为常用，一般建长、宽、高比为 $4:3:2$ 的长方形氨化池，将秸秆切碎，置于氨化池中，将相当于秸秆干物重 5% 的尿素溶于水中，均匀喷洒在秸秆中，秸秆通常夏季 1 周、秋冬季 $2\sim4$ 周即青贮成为牛等牲畜的饲料。

三、秸秆堆腐还田

作物收获后，将秸秆运出田间，在地头或村头，采取堆腐或者沤制将其加工成有机肥，通过施肥措施使秸秆还田。利用秸秆堆腐有机肥是我国农村地区的传统做法，为保持地力经久不衰做出了贡献；但传统堆沤费工、费时，很多地区农民已放弃堆沤加工有机肥的做法。采用现代技术，运用生物、工程、机械等措施利用秸秆加工有机肥省工、省时，可变废为宝，已开始被人们所采用。在经济作物种植较多的地区，有机肥需要量大，秸秆堆腐是加工有机肥的主要方式之一。

第五节　主要秸秆还田技术

我国主要粮食作物为水稻、小麦和玉米，科学的秸秆还田技术不仅利于秸秆资源的合理利用，而且能提高土壤质量，提高资源利用率，替代部分化肥用量。研究结果表明，秸秆中含有大量养分，理论上约 29% 与 99% 的秸秆还田率可基本替代钾肥与磷肥的有效施用量，而 100％秸秆还田即可替代约 87％的氮肥有效施用量。

一、玉米秸秆还田技术

（一）玉米秸秆还田全膜双垄集雨沟播技术模式

该技术模式适用于年降水量为 300～500mm 的陕西、宁夏、山西及甘肃中东部的玉米种植区。

1. 秸秆处理　在玉米成熟后，立秆摘穗，运穗出地，将秸秆粉碎均匀撒入田中。趁秸秆青绿（最适宜含水量 30％以上），若土壤温度为 12℃且土壤含水量能保证 40％以上时，可施用秸秆腐熟剂，按每 1 000kg 秸秆施用 4～8kg 秸秆腐熟剂（具体用量参照秸秆腐熟剂产品说明书的推荐用量），兑水喷洒在粉碎的秸秆上，用机械深翻入土。

2. 调节碳氮比　一般可选择增施尿素等氮肥来调节碳氮比，施用量要根据配方施肥建议和还田秸秆有效养分量确定，酌情减施磷肥、钾肥和中微量元素肥料，适量增加氮肥基施比例，将碳氮比调至 20～40。

3. 起垄整地　在起垄时，按大小垄规格先画出大小行，在地边留出 40～50cm，再按"小垄＋大垄"依次类推。用步犁沿小行画线处来回向中间耕翻，在整理垄面时将犁臂落土用手耙刮至大行中间形成大垄，也可用机械直接起垄。大小垄总宽度为 120cm，大垄宽为 70～80cm，高度为 5～10cm；小垄宽为 40～50cm，高度为 15～20cm。缓坡地应沿等高线起垄，垄沟、垄面的宽窄要均匀，垄脊高低一致。

4. 地面覆膜　在起垄后，全垄覆盖地膜，地膜相接处在大垄的垄脊中间，膜与膜间不留空隙，用下一垄沟内的表土压住地膜。地膜与垄面、垄沟应贴紧，每隔 2m 横压土腰带，防大风揭膜，拦截径流。在垄沟内，每隔 50cm 打一个雨水入渗孔。

5. 注意事项　种植玉米要选用抗旱包衣种子。海拔高度在 2 000m 以下的地区，选用中晚熟品种；海拔高度在 2 000m 以上的地区，选用中早熟品种。肥力水平较高的地块，株距为 30～35cm，大行距为 70～80cm，小行距为 40～50cm，每亩保苗 3 200～3 700 株；肥力水平较低的地块，株距适当放宽至 35～40cm，每亩保苗 2 800～3 200 株。

（二）玉米秸秆粉碎还田技术模式

该技术模式适用于地势平坦、机械化程度较高的北方玉米种植地区。耕作方式可单作、连作或轮作，田间作业以机械化作业为主。

1. 秸秆处理　在玉米成熟后，采取联合收获机械收割时，一边收获玉米穗，一边将玉米秸秆粉碎，并覆盖地表；采用人工收割时，在摘穗、运穗出地后，用机械粉碎秸秆并均匀覆盖地表。秸秆粉碎长度应小于 10cm，留茬高度小于 5cm。在秸秆覆盖后，趁秸秆青绿（最适宜含水量 30％以上），若土壤温度为 12℃以上且土壤含水量能保证 40％以上时，可施用秸秆腐熟剂，按每 1 000kg 秸秆施用 4～8kg 秸秆腐熟剂（具体用量参照秸秆腐熟剂产品说明书的推荐用量）。

2. 调节碳氮比　一般可选择增施尿素等氮肥来调节碳氮比，施用量要根据配方施肥建议和还田秸秆有效养分量确定，酌情减施磷肥、钾肥和中微量元素肥料，适量增加氮肥基施比例，将碳氮比调至 20～40。

3. 深翻整地　采取机械旋耕、翻耕作业，将粉碎玉米秸秆、尿素与表层土壤充分混合，及时耙实，以利保墒。为防止玉米病株携带病菌，在翻埋玉米秸秆前，及时进行杀菌处理。在秸秆翻入土壤后，需灌水调节土壤含水量，保持适宜的湿度，达到快速腐解的目的。

4. 注意事项 在玉米秸秆还田地块，早春地温低，出苗缓慢，易发生丝黑穗病、黑粉病，可选用包衣种子或相关农药进行拌种。发现丝黑穗病和黑粉病植株要及时深埋病株。玉米螟发生较严重的秸秆，可用苏云金杆菌杀虫剂处理秸秆。

二、小麦秸秆还田技术

(一)小麦秸秆墒沟埋草还田技术模式

该技术模式适用于小麦、水稻轮作区，主要解决小麦秸秆量过多造成的难以全量就地还田的问题。

1. 开挖墒沟 在冬小麦播种后，立即开挖田间墒沟，防止小麦渍害。墒沟深20cm、宽20cm，沟间距要根据地形地貌、灌溉与排水设施实际情况确定。实行机耕、耕插、机收田块，墒沟间距要与机械作业宽幅匹配。一般墒沟的沟间距为10～15m。

2. 收获小麦 在小麦成熟后，根据灌浆程度和天气状况，适时采用机械收割，做到收脱一体化。大动力机械收割时，应尽量平地收割；小动力机械收割时，一般留高茬15cm左右；人工收割时，尽量齐地收割，并在田间就地脱粒，小麦秸秆留于本田。

3. 秸秆还田 按每公顷16.7～23.3kg小麦秸秆量就地均匀铺于农田畦面。对配有机械粉碎装置的收割机，将秸秆切段为5～10cm，然后均匀铺散在农田畦面。对小麦产量高、秸秆量较多的田块，将多余小麦秸秆置于本田墒沟内，每公顷约10kg左右，不宜太多，以免影响后茬水稻灌水与排水。各地根据实际情况决定是否施用秸秆腐熟剂，如果施用秸秆腐熟剂，按每1 000kg秸秆施用4～8kg秸秆腐熟剂（具体用量参照秸秆腐熟剂产品说明书的推荐用量）。

4. 调节碳氮比 在大田铺草及墒沟埋草后，一般可选择增施尿素等氮肥来调节碳氮比，施用量要根据配方施肥建议和还田秸秆有效养分量确定，酌情减施磷肥、钾肥和中微量元素肥料，适量增加氮肥基施比例，将碳氮比调至20～40。施用秸秆腐熟剂和肥料后，一般采用水旋耕法将小麦秸秆与根茬翻入土壤，整平田面。

5. 田间管理 浅旋耕与整地后，在水稻秧苗栽（抛）前1d畦面灌透水，糊状抛秧，灌水定苗活棵。灌溉条件良好的地区可在秸秆还田后灌水泡田1～2d，以泡透为宜。在水稻整个生育期，以湿润灌溉为主，调节土壤含水量。分蘖期建立浅水层，拔节期适时控水，抽穗至灌浆结实期间隙灌溉（每隔5～7d灌一次水），以加速秸秆腐熟。墒沟秸秆在水稻生长过程中进行腐解，秋播时将墒沟内腐烂的秸秆挖出，施入本田用作小麦基肥或盖籽肥。

6. 注意事项 在麦稻轮作过程中，水稻、小麦收割后，田间要按一定规律排序开沟，在下茬作物收获时，选择不同位置继续开沟埋草，一般是6～8茬为一个循环周期，实现田间全部埋草一遍，土壤普遍轮耕和休耕一遍。对于稻麦连续少（免）耕的，应适时深耕一次，合理深耕翻周期为2～3年一次，其耕翻时间在稻熟时进行（夏耕）。

（二）小麦秸秆粉碎还田技术模式

该技术模式适用于小麦、玉米轮作区。

1. 秸秆处理　在小麦成熟后，根据灌浆程度和天气状况，适时采用机械收割，做到收脱一体化。大动力机械收割时，应尽量平地收割；小动力机械收割时，一般留高茬15cm左右；人工收割时，尽量齐地收割，并在田间就地脱粒，小麦秸秆留于本田。按每公顷16.7～23.3kg小麦秸秆量就地均匀铺于农田畦面。对配有机械粉碎装置的收割机，将秸秆切段为5～10cm，然后均匀铺散在农田畦面。各地根据实际情况决定是否施用秸秆腐熟剂，如果施用秸秆腐熟剂，按每1 000kg秸秆施用4～8kg秸秆腐熟剂（具体用量参照秸秆腐熟剂产品说明书的推荐用量）。

2. 调节碳氮比　一般可选择增施尿素等氮肥来调节碳氮比，施用量要根据配方施肥建议和还田秸秆有效养分量确定，酌情减施磷肥、钾肥和中微量元素肥料，适量增加氮肥基施比例，将碳氮比调至20～40。

3. 注意事项　在处理秸秆时，清除病虫害较严重的稻草和田间杂草。对于连续少（免）耕的，应适时深耕一次，合理深耕翻周期为2～3年一次，其耕翻时间在稻熟时进行（夏耕）。

三、水稻秸秆还田技术

（一）水稻秸秆粉碎还田技术模式

1. 秸秆处理　水稻实行机械或人工收割时，留茬高度应小于15cm。收割机加载切碎装置，边收割边将全田稻草切成10～15cm长度的碎草；人工收割后稻草也要按10～15cm长度粉碎。将粉碎的稻草均匀撒铺在田里，平均每公顷稻草还田量为20.0～26.7kg。南方稻田，当土壤温度与土壤微生物条件满足不了秸秆快速腐熟的要求时，则需要施用秸秆腐熟剂，按每1 000kg秸秆施用4～8kg秸秆腐熟剂（具体用量参照秸秆腐熟剂产品说明书的推荐用量）。

2. 调节碳氮比　一般可选择增施尿素等氮肥来调节碳氮比，施用量要根据配方施肥建议和还田秸秆有效养分量确定，酌情减施磷肥、钾肥和中微量元素肥料，适量增加氮肥基施比例，将碳氮比调至20～40。

3. 注意事项　在处理秸秆时，清除病虫害较严重的稻草和田间杂草。在基肥和秸秆腐熟剂施用后，立即灌入10cm深水泡田，5～7d后田间留2～3cm浅水，免耕抛秧，或用旋耕机耕田整地、栽插晚稻。分蘖苗足后排水晒田。采用免耕抛秧栽培的稻田，抛秧前平整田面，避免田面深浅不一。

（二）水稻秸秆覆盖还田技术模式

1. 秸秆处理　在收割水稻时，留茬高度小于15cm，割下的稻草全量还田。根据不同下茬作物，选择不同稻草覆盖方式。种植油菜时，水稻收获后趁墒将稻草均匀覆盖于水稻田宽窄行的窄行中，宽行留作免耕栽油菜。种植小麦时，在施足基肥、播种小麦后再盖草，每公顷覆盖稻草量30～40kg。种植马铃薯时，在马铃薯栽种后，趁垄面湿润覆盖稻草，盖草后淋一次水或撒土压草，1亩稻田的稻草覆盖1亩马铃薯田。种植冬种蔬菜时，应在蔬菜播种后，按每公顷稻草用量16.7～20.0kg直接铺盖或撒铺，以不见表土为准。稻草撒铺后，各地根据实际情况决定是否施用秸秆腐熟剂，如果施用秸秆腐熟剂，按每1 000kg 秸秆施用 4～8kg 秸秆腐熟剂（具体用量参照秸秆腐熟剂产品说明书的推荐用量）。

2. 调节碳氮比　一般可选择增施尿素等氮肥来调节碳氮比，基肥施用量要根据配方施肥建议和还田秸秆有效养分量确定，酌情减施磷肥、钾肥和中微量元素肥料，适量增加氮肥基施比例，将水田碳氮比调至 20～40。

3. 注意事项　在低洼易积水的果园或土壤过于黏重的田块不适合采取稻草覆盖还田方式。有严重病虫害的稻草不宜直接覆盖，需将其高温堆沤腐熟后再利用。

（三）水稻秸秆留高茬还田技术模式

1. 秸秆处理　水稻成熟后，采用机械联合收割或人工收获，留茬高 30～40cm。若当地土壤温度为 12℃以上且土壤含水量能保证 40％以上时，可施用秸秆腐熟剂，按每 1 000kg 秸秆施用 4～8kg 秸秆腐熟剂（具体用量参照秸秆腐熟剂产品说明书的推荐用量）。

2. 调节碳氮比　一般可选择增施尿素等氮肥来调节碳氮比，基肥施用量要根据配方施肥建议和还田秸秆有效养分量确定，酌情减施磷肥、钾肥和中微量元素肥料，适量增加氮肥基施比例，将水田碳氮比调至 20～40。

3. 旋耕　施肥后，用旋耕机进行旋耕，将稻茬和秸秆腐熟剂一并翻埋入土壤。

4. 注意事项　在处理秸秆时，清除病虫害较严重的稻草和田间杂草。

四、秸秆还田的注意事项

（一）秸秆还田数量

秸秆还田数量基于两方面考虑：一方面能够维持和逐步提高土壤肥力，另一方面不影响下季作物耕种。因此，从生产实际来说，以秸秆原位还田为宜。秸秆还田对土壤环境的影响是土壤类型、气候、耕作管理等因素共同作用的结果，因此秸秆还田量主要由当地的作物产量、气候条件、耕作方式以及利用方式决定，而没有一个固定的还田量。国内研究表明，在免耕直播单季水稻上，油菜还田量为 1 800～5 400kg/hm² 时，水稻产量随秸秆用量而增加；但是用量达到 7 200kg/hm² 时，产量不再增加。

总体来说，小麦秸秆的适宜还田量以 3 000～4 500kg/hm² 为宜，玉米秸秆以 4 500～6 000kg/hm² 为宜。肥力高的地块还田量可适当高些，肥力低的地块还田量可低些。每年每公顷一次还田 3 000～4 500kg 秸秆可使土壤有机质含量不会下降，并且逐年提高。果、桑、茶园等则需适当增加秸秆用量。此外，秸秆还田量和还田方式应随作物及其种植地区的不同而有所改变。用量过多不仅影响秸秆腐解速度，还会产生过多的有机酸，对作物的根系有损害作用，影响下茬的播种质量及出苗。

（二）秸秆还田时间

秸秆还田时间的选择在实际生产中至关重要，秸秆还田后在微生物作用下分解，与作物争夺氮源，同时产生大量的还原性物质，这些物质明显影响下季作物的生长。当前农业生产者主要在秋季还田，秋季秸秆还田后经过一个冬季的冻融，使得碳氮比降低。因此，实际生产中要注意还田时间，结合作物需水规律协调好水分管理，充分发挥秸秆的优越性和环境效益。

　　秸秆还田的时期多种多样，无一定式。玉米、高粱等旱地作物的还田应是边还田边翻埋，以使高水分的秸秆迅速腐解。果园则以冬闲时还田较为适宜，要避开毒害物质高峰期以减少对作物的危害，提高还田效果。一般水田常在播前 40d 还田为好，而旱田应在播前 30d 还田为好。

（三）秸秆还田深度

　　水田栽秧前 8～15d 秸秆直接还田，浸泡 3～4d 后耕翻，5～6d 后耙平、栽秧。施用深度一般以拖拉机耕翻 18～22cm 较好。稻区小麦秸秆、油菜秸秆施入水田深度以 10～13cm 为好，做到泥草相混，加速分解。玉米秸秆还田时，耕作深度应不低于 25cm，一般应埋入 10cm 以下的土层中，并耙平压实。秸秆还田后使土壤变得过松、大孔隙过多，导致跑风跑墒，土壤与种子不能紧密接触，影响种子发芽生长，使小麦扎根不牢，甚至出现吊根死苗现象，应及时镇压灌水。秸秆直接翻压还田，应注意将秸秆铺匀，深翻入土，耙平压实，以防跑风漏气，伤害幼苗。

（四）土壤含水量

　　秸秆还田后进行矿质化和腐殖化过程，其速度主要取决于温度和土壤水分条件。土壤和秸秆含水量较大时，秸秆腐解很快，从而减弱和消除了对作物和种子产生的不利影响。通常情况下，当温度为 27℃ 左右，土壤持水量为 55%～75% 时，秸秆腐化、分解速度最快；当温度过低，土壤持水量为 20% 时，秸秆分解几乎停止。还田时秸秆含水量应不少于 35%，过干不易分解，影响还田效果。

　　秸秆还田的地块，表层土壤容易被秸秆架空，会影响秋播作物的正常生长。为踏实土壤，加速秸秆腐化，在整好地后一定要灌好踏墒水。如果怕影响秋播作物的适期播种，应在播后及时灌水。土壤水分状况是决定秸秆腐解速度的重要因素，秸秆直接翻压还田时，需把秸秆切碎后翻埋土壤中，一定要覆土严密，防止跑墒。对土壤墒情差的，耕翻后应灌水；而墒情好的则应镇压保墒，促使土壤密实，以利于秸秆吸水分解。在水田水浆管理上应采取"干湿交替、浅水勤灌"的方法，以避免出现影响出苗甚至烧苗的现象；并适时搁田，改善土壤通气性。因为秸秆还田后，在腐解过程中会产生许多有机酸，易在水田中累积，浓度大时会造成危害。

　　玉米秸秆还田时，应争取边收边耕埋；小麦秸秆还田时应先用水浸泡 1～3d，土壤含水量也应大于 65%。小麦播种后，用石磙镇压，使土壤密实，消除大孔洞，大小孔隙比例合理，种子与土壤紧密接触，利于发芽扎根，可避免小麦吊根现象。秸秆粉碎和旋耕播种的麦田，整地质量较差，土壤疏松、通风透气，冬前要灌好冻水。

（五）肥料的搭配施用

　　秸秆的碳氮比高，大小麦、玉米秸秆的碳氮比为 80～100，而微生物生长繁殖要求的适宜碳氮比为 25。微生物在分解作物秸秆时，在秸秆分解初期，需要吸收一定量的氮素营养，造成与作物争氮，结果秸秆分解缓慢，幼苗因缺氮而黄化、生长不良。为了解决微生物与作物幼苗争夺养分的矛盾，在采用秸秆还田的同时，一般还需补充配施一定量的速效氮肥，以保证土壤全期的养分供应。若采用覆盖法，则可在下一季作物播种前施用速效氮、磷肥。

　　一般 100kg 秸秆加 10kg 碳酸氢铵，把碳氮比调节至 30 左右。适当增施过磷酸钙，促

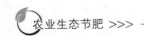

进微生物的生长，也有助于加速秸秆腐解，同时提高肥效。加入一些微生物菌剂，以调节碳氮平衡，促进秸秆分解、腐化。也可在秸秆还田时，加入一定量的氨水，以减少硝酸盐的积累和氮的损失。此外，还可加入一定量石灰氮，既能调节碳氮比，同时石灰氮强腐蚀性又利于促进秸秆快速分解。

（六）秸秆还田配套措施

为了克服秸秆还田的盲目性，提高效益，在秸秆还田时需要大量的配套措施。试验表明，秸秆翻压深度能够影响作物苗期的生长情况，小麦秸秆翻压深度大于 20cm，或者耙匀于 20cm 耕层中，对玉米苗期生长影响不大；翻压深度小于 20cm，对苗期生长不利。从粉碎程度来看，秸秆长度小于 10cm 较好。秸秆翻压后，使土壤变得疏松，大孔隙增多，导致土壤与种子不能紧密接触，影响种子发芽生长。因此，秸秆还田后应该适时灌水、镇压，减少秸秆还田对作物的影响。秸秆还田时，秸秆应均匀平铺在田间，否则秸秆过于集中，容易导致作物局部出苗不齐。

（七）秸秆还田的病虫害防治

秸秆还田由于细度不够，秸秆中留存有多种病原菌和害虫的卵、幼虫、蛹等。如小麦吸浆虫、小麦纹枯病、小麦全蚀病、玉米叶斑病等，当秸秆翻入土壤后，并不能随之灭亡。随着田间病残体逐年增多，土壤含菌量不断积累，呈加重发生趋势。未腐熟的秸秆有利于地下害虫取食、繁殖和发生。病虫害直接发生或者越冬来年发生，越积累越多，增加治理难度，增加农药施用量，影响收成，降低农产品品质。

为了更好地避免秸秆还田带来的病虫害，秸秆还田地块必须加强播种期病虫害的防治。播前整地时，每亩可用 3‰辛硫磷 4～5kg，加细土 10kg 随犁地施入土壤，防治地下害虫；用杀菌剂加杀虫剂拌种，如苯醚甲环唑、多菌灵等杀菌剂加辛硫磷拌种，从而有效预防病虫害的发生。

第六节　秸秆生物反应堆技术

秸秆生物反应堆技术是将秸秆在微生物菌种的作用下通过一定的工艺设施定向转化成植物生长需要的 CO_2、热量、抗病孢子、酶、有机和无机养料，进而获得高产、优质的绿色有机食品的生物工程技术，实现资源科学利用、农民增收、农业增效、生态环境友好的目标。

一、应用方式

秸秆生物反应堆技术应用主要有三种方式：内置式反应堆、外置式反应堆和内外置结合式反应堆。其中，内置反应堆又分为行下内置式反应堆、行间内置式反应堆和树下内置式反应堆；外置式反应堆又分为简易外置式反应堆和标准外置式反应堆。选择应用方式时，主要依据生产地作物品种、定植时间、生态气候特点和生产条件而定。

二、秸秆腐熟菌种处理方法

使用前一天或者当天，将秸秆腐熟菌种进行预处理。方法是：在阴凉处，将菌种和麦麸混合拌匀后，再加水掺匀，比例按 1kg 菌种掺 20kg 麦麸，再加 18kg 水。然后将 50～150kg 饼肥（蓖麻饼、豆饼、花生饼、棉籽饼、菜籽饼等）加水拌匀，比例为 1：1.5。最后将菌种、饼肥再均匀掺和，堆积 4h 后使用。如果菌种当天用不完，应将其摊放于室内或阴凉处，散热降温，厚度 8～10cm，第二天继续使用。另外，寒冷天气要注意防冻。

三、植物疫苗处理方法

（一）植物疫苗的定义

植物疫苗是一种利用植物免疫功能防止植物发生病害的生物技术。植物疫苗防病机理是通过接种进入植物体内，激活植物机体免疫功能，实现防治病害的目的。它是生物反应堆技术体系的重要组成部分。

（二）植物疫苗的用量

作物种类不同，植物疫苗用量也有一定区别。每亩大田果树 3～4kg，大棚果树和密植园 4～5kg，大棚瓜菜 4～5kg，露地瓜菜 3～4kg，大田作物 3～4kg，中药材 3～4kg，绿化树木 6～8kg；草本花卉每 100～130 盆用 1kg。

（三）植物疫苗的处理方法

在阴凉处，将植物疫苗和麦麸混合拌匀后，再加水掺匀，比例按 1kg 疫苗掺 20kg 麦麸，加 18kg 水。将 50kg 饼肥、100～150kg 草粉（可用 75kg 麦麸代替）单独加水掺匀。再与用麦麸拌好的植物疫苗混匀，堆放 10h 后，在室内或阴凉处，将其摊薄 8cm，转化 7～10d 后再用。期间要翻料 3 次，料堆温度不能高于 50℃。料堆上不要盖不透气的塑料薄膜。寒冷天气要防冻，秋天注意防苍蝇。

四、主要技术

（一）内置式秸秆生物反应堆

1. 行下内置式反应堆

（1）反应堆用料。每亩用料量为：秸秆 3 000～5 000kg、秸秆腐熟菌种 6～10kg、植物疫苗 3～5kg、麦麸 180～300kg、饼肥 100～200kg。所用秸秆为整秸秆或整碎结合均可。

（2）操作流程。①开沟。采用大小行种植，一般一堆双行。大行（操作行）宽 90～110cm，小行宽 60～80cm。在小行（种植行）进行开沟，沟宽 70～80cm，沟深 20～25cm。开沟长度与行长相等，开挖的土按等量分放沟两边，集中开沟。②铺秸秆。全部沟开完后，向沟内铺放干秸秆（玉米秸、麦秸、稻草等），一般底部铺放整秸秆（如玉米秸、棉柴等），上部放碎软秸秆（如麦秸、稻草、食用菌下脚料等）。铺完踏实后，厚度 25～30cm，沟两头露出 10cm 秸秆茬，以便进氧气。③撒菌种。将处理好的菌种，按每沟所用量均匀撒在秸秆上，边铺放秸秆边撒菌种，并用锨轻拍一遍，使菌种与秸秆均匀接触。新棚要先撒 100～150kg 饼肥于秸秆上，再撒菌种。有牛马羊兔粪便时，可先把菌种的 2/3 撒在秸秆上，铺施一层粪便，再将剩下的菌种撒上。④覆土。将沟两边的土回填于秸秆上成垄，秸秆上土层厚度保持 20cm，然后将土整平。⑤灌水、撒疫苗。在大行内灌大水，水面高度达到垄高的 3/4，水量以充分湿透秸秆为宜。隔 3～5d 后，将处理好的疫苗撒施到垄上与10cm土掺匀、整平。撒疫苗要选择在早上、傍晚或阴天，要随撒随盖，不要长时间于太阳下暴晒，以免紫外线杀死疫苗。⑥打孔。在垄上用打孔器打三行孔，行距20～25cm，孔距20cm，孔深以穿透秸秆层为准，以使氧气进入促进秸秆转化。孔打好后等待定植（图11-1）。

1.开沟（深20cm、宽70~80cm）

2.铺秸秆（30cm）、撒菌种

3.覆土（18~20cm）、灌水、打孔

4.定植、打孔

图11-1　行下内置式反应堆流程

2. 行间内置式反应堆

（1）反应堆用料。每亩用料量：秸秆2 500～3 000kg、菌种5～6kg、麦麸100～120kg、饼肥50kg。

（2）操作流程。①开沟。一般距离苗15cm，在大行内开沟起土，开沟深15～20cm，宽60～80cm，长度与行长相等，开挖的土按等量分放沟两边。②铺秸秆。铺放秸秆20～25cm厚，两头露出秸秆10cm，踏实整平。③撒菌种。按每行菌种用量，均匀撒施菌种，使菌种与秸秆均匀接触。④覆土。将沟两边的土回填于秸秆上，厚度10cm，并将土整平。⑤灌水。在大行间灌水湿润秸秆。灌水3d后，将处理好的疫苗撒施到垄上与10cm土掺匀、整平。之后灌水在小行间进行。⑥打孔。灌水4d后，距离苗10cm处打孔，按30cm一行、20cm一个，孔深以穿透秸秆层为准。

3. 树下内置式反应堆　树下内置式反应堆根据不同应用时期又分全内置和半内置两种，它适用于果树。其他如绿化树、防沙林等附加值较高的树种可参照使用。

（1）反应堆用料。每亩用料量：秸秆3 000～4 000kg、菌种6～8kg、果树疫苗2～4kg、麦麸160～240kg、饼肥60～90kg。

（2）操作流程。①树下全内置式，果树休眠期适用此法。做法是环树干四周起土至树冠投影下方，挖土内浅外深 10～25cm，使大部分毛细根露出或有破伤。坑底均匀撒接一层疫苗，上面铺放秸秆，厚度高出地面 10cm，再按每棵树菌种用量将菌种均匀撒在秸秆上，撒完后用锨轻拍一遍，坑四周露出秸秆茬 10cm，以便进氧气。然后将土回填秸秆上，3～4d 后灌足水，隔 2d 整平、打孔、盖地膜，待树发芽后用 12♯ 钢筋按 30cm×25cm 破膜打孔。②树下半内置式，果树生长季节适用此法。做法是将树干四周分成 6 等份，间隔呈扇形挖土（隔一份挖一份），深度 40～60cm（掏挖时防止主根受伤）。撒接一层疫苗，再铺放秸秆，铺放 1/2 时撒接一层菌种，待秸秆填满后再撒一层菌种，用铁锨轻拍后盖土。3d 后灌水整平，按 30cm×30cm 打孔。一般不盖地膜，高原缺水地区宜盖地膜保水。

（二）外置式反应堆

1. 外置式反应堆应用方式的选择与条件

（1）外置式反应堆应用方式。按投资水平和建造质量可分简单外置式和标准外置式两种。①简单外置式。只需挖沟，铺设厚农膜，木棍、水泥杆、竹坯或树枝作隔离层，砖、水泥砌垒通气道和交换机底座就可使用。特点是投资少，建造快，但农膜易破损，使用期为一茬。②标准外置式。挖沟，用水泥、砖和沙子建造储气池、通气道和交换机底座，用水泥杆、竹坯、纱网作隔离层。投资虽然大，但使用期长。此方式按其建造位置又分棚外外置式和棚内外置式，低温季节建在棚内，高温季节建在棚外。棚外外置式上料方便，用户可根据实际情况灵活选择。每种建造工艺大同小异，要求定植或播种前建好，定植或出苗后上料，安机使用。

（2）反应堆用料。每次秸秆用量 1 000～1 500kg，菌种 3～4kg，麦麸 60～80kg。越冬茬作物全生育期加秸秆 3～4 次，秋延迟和早春茬加秸秆 2～3 次。

（3）建造使用期。作物从出苗至收获，全生育期内应用外置式生物反应堆均有增产作用，越早增产幅度越大。一般增产幅度 50% 以上。

2. 外置式反应堆的建造工艺

（1）标准外置式。一般越冬和早春茬建在大棚进口的山墙内侧处，距山墙 60～80cm，自北向南挖一条上口宽 120～130cm、深 100cm，下口宽 90～100cm、长 6～7m（略短于大棚宽度）的沟，称储气池。将所挖出的土均匀放在沟上沿，摊成外高里低的坡形。用农膜铺设沟底（可减少沙子和水泥用量）、四壁并延伸至沟上沿 80～100cm。再从沟中间向棚内开挖一条宽 65cm、深 50cm、长 100cm 的出气道，连接末端建造一个下口内径为 50cm、上口内径为 45cm、高出地面 20cm 的圆形交换底座。沟壁、气道和上沿用单砖砌垒，水泥抹面，沟底用沙子水泥打底，厚度 6～8cm。沟两头各建造一个长 50cm、宽 20cm、高 20cm 的回气道，单砖砌垒或者用管材替代。待水泥硬化后，在沟上沿每隔 40cm 横排一根水泥杆（宽 20cm、厚 10cm），在水泥杆上每隔 10cm 纵向固定一根竹竿或竹坯，这样基础基本建好（图 11-2）。然后开始上料接种，每铺放秸秆 40～50cm，撒一层菌种，连续铺放三层，淋水浇湿秸秆，淋水量以下部沟中有 1/2 积水为宜。最后用农膜覆盖保湿，覆盖不宜过严，当天安机抽气，以便气体循环，加速反应。

（2）简易外置式。开沟、建造等工序同标准外置式。不同之处是为节省成本，沟底、沟壁用农膜铺设代替水泥、砖、沙砌垒。

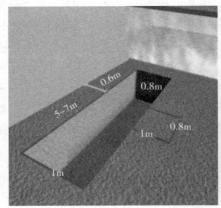

图 11-2 外置式反应堆

3. 外置式反应堆使用与管理 外置式反应堆使用与管理可以概括为："三用"和"三补"。上料加水当天要开机，不分阴天、晴天，坚持白天开机不间断。

（1）用气。苗期每天开机 5～6h，开花期 7～8h，结果期每天 10h 以上。不论阴天、晴天都要开机，尤其是中午不能停机。研究证实，反应堆 CO_2 气体可增产 55%～60%。

（2）用液。上料加水后第二天就要及时将沟中的水抽出，循环浇淋于反应堆的秸秆上，每天一次，连续循环浇淋三次。如果沟中的水不足，还要额外补水。其原因是通过向堆中灌水会将堆上的菌种冲淋到沟中，如果不及时循环，菌种长时间在水中就会死亡。循环三次后的反应堆浸出液应立即取用，以后每次补水淋出的液体也要及时取用。原因是早期液体中酶、孢子活性高，效果好。其用法按 1 份浸出液兑 2～3 份的水，灌根、喷叶，每月 3～4 次，也可结合每次灌水冲施。反应堆浸出液中含有大量的 CO_2、矿质元素、抗病孢子，既能提供植物所需的营养，又可起到防治病虫害的效果。试验证明，反应堆液体可增产 20%～25%。

（3）用渣。秸秆在反应堆中转化成大量 CO_2 的同时，也释放出大量的矿质元素，除溶解于浸出液外，也积留在陈渣中。它是蔬菜所需有机和无机养料的混合体。将外置反应堆清理出的陈渣，收集堆积起来，盖膜继续腐烂成粉状物，在下茬育苗、定植时作为基质穴施、普施，不仅可替代化肥，而且对苗期生长、防治病虫害有显著作用。试验证明，反应堆陈渣可增产 15%～20%。

（4）补水。补水是反应堆反应的重要条件之一。除建堆加水外，以后每隔 7～8d 向反应堆补一次水。如果不及时补水会降低反应堆的效能，致使反应堆中途停止。

（5）补气。氧气是反应堆产生 CO_2 的先决条件。秸秆生物反应堆中菌种活动需要大量的氧气，必须保持进出气道通畅。随着反应的进行，反应堆越来越结实，通气状况越来越差，反应就越慢。因此，中后期堆上盖膜不宜过严，靠山墙处留出 10cm 宽的缝隙，每隔 20d 应揭开盖膜，用木棍或者钢筋打孔通气，每平方米 5～6 个孔。

（6）补料。外置反应堆一般使用 50d 左右，秸秆消耗在 60% 以上。因此，应及时补充秸秆和菌种，一次补充秸秆 1 200～1 500kg、菌种 3～4kg。灌水湿透后，用直径 10cm 尖头木棍打孔通气，然后盖膜。一般越冬茬作物补料 3 次。

第十二章 | CHAPTER 12

种 养 结 合

种养结合是种植业和养殖业相结合的循环农业生产模式。该模式是以一个地区的农业生产资源条件为依托，充分发挥种植业、养殖业各自的比较优势，实行养殖场和农田的合理布局，把养殖业产生的畜禽粪便经无害化处理加工成有机肥，充分利用区域内有机肥资源，减少化肥的施用量，形成种养一体化的生态农业综合经营体系，提高农业生态系统的综合生产力水平，增加农民收入。随着种植养殖结合的不断加强与完善，将不断提高农业生态系统的自我调节能力，最终达到经济、生态、社会效益的高度统一，有利于农业持续、稳定地发展。

第一节　养殖业畜禽粪便产生量估算

畜禽养殖产生的粪便富含有机质及氮磷钾等植物营养资源，合理利用可以提高土壤肥力，改善土壤结构，增强土壤持续生产能力；但长期过量施用也会造成土壤磷钾和重金属元素的富集，破坏土壤环境，影响植物生长。因此，准确估算区域内畜禽粪便的产生量是配备处理、储存、运输以及施用设施设备、制定施肥计划的基础。

一、畜禽粪便的特性

各种畜禽粪便有不同的物理性状和化学性质。物理性状是指重量（W_t）、体积（Vol）、含水量（MC）、总固体物（TS）、挥发性固体物（VS）、固定性固体物（FS）、可溶性固体物（DS）和悬浮性固体物（SS）；化学性质包括不同形态氮（N）、磷（P）、钾（K）的含量以及化学需氧量（COD）和生物需氧量（BOD）。

通常也给畜禽粪便规定一些带有描述性的名字来直接反应它们的水分含量，如液态、浆态、半固态和固态。含水量达到95%，质量表现像水一样的粪便被称为液态粪便；含水量75%左右，质量性状不如固体物，但能够堆成堆，并能保持一定的堆体形状，这种称固态粪便；含水量为75%～95%（5%～25%的固体物含量），这种是半液态（浆态）或半固态。

不同的畜禽粪便拥有不同的物理性状和化学性质，差异较大，分述如下。

（一）牛粪特性

奶牛和肉牛养殖方式不同，粪便差异很大，要分别对其各自特性进行描述。

1. 奶牛粪便特性　处于不同阶段的奶牛，如产奶和不产奶母牛以及牛犊和小母牛产生的粪便特性不同。相同阶段不同个体以及不同产奶量的奶牛，其粪便产生量差异也很

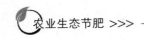

大，一般随产奶量的增加粪便排泄量也会增加。具体奶牛粪便产生量及特性见表 12 - 1、表 12 - 2。

表 12 - 1a 奶牛粪便特性（以 1 头动物单位计算）

项目	单位	产奶量				牛犊 (150kg)	小母牛 (440kg)	无奶奶牛
		23kg/d	34kg/d	45kg/d	57kg/d			
质量	kg/d	60	67	75	81	12	25	39
容量	m³/d	0.059	0.068	0.074	0.082	0.012	0.025	0.040
含水量（湿基）	%	87	87	87	87	83	83	87
TS	kg/d	7.70	8.60	9.50	10.40	1.36	3.77	4.99
VS	kg/d	6.36	7.26	8.17	9.08	1.36	3.22	4.22
BOD	kg/d	1.32					0.54	0.64
N	kg/d	0.41	0.44	0.47	0.50	0.064	0.118	0.227
P	kg/d	0.07	0.08	0.09	0.10	0.009	0.018	0.032
K	kg/d	0.19	0.20	0.22	0.24	0.018	0.050	0.073

表 12 - 1b 奶牛粪便特性（以 1 000kg 动物鲜重计算）

项目	单位	产奶量				牛犊 (150kg)	小母牛 (440kg)	无奶奶牛
		23kg/d	34kg/d	45kg/d	57kg/d			
质量	kg/d	97	108	119	130	83	56	51
容量	m³/d	0.100	0.106	0.118	0.131	0.081	0.056	0.052
含水量（湿基）	%	87	87	87	87	83	83	87
TS	kg/d	12.0	14.0	15.0	17.0	9.2	8.5	6.6
VS	kg/d	9.2	11.0	12.0	13.0	7.7	7.3	5.6
BOD	kg/d	2.10					1.20	0.84
N	kg/d	0.66	0.71	0.76	0.81	0.42	0.27	0.30
P	kg/d	0.11	0.12	0.14	0.15	0.05	0.05	0.04
K	kg/d	0.30	0.33	0.35	0.38	0.11	0.12	0.10

表 12 - 2 挤奶中心奶牛粪便特性指标

项目	单位	挤奶中心			
		MH	MH＋MP	MH＋MP＋HA*	MH＋MP＋HA**
容量	m³/d	0.014×10⁻³	0.037×10⁻³	0.087×10⁻³	0.100×10⁻³
水分	%	100	99	100	99
TS（湿基）	%	0.28	0.60	0.30	1.50
VS	kg	1.56×10⁻³	4.20×10⁻³	2.16×10⁻³	11.99×10⁻³
FS	kg	1.32×10⁻³	1.80×10⁻³	0.80×10⁻³	3.00×10⁻³

（续）

项目	单位	挤奶中心			
		MH	MH＋MP	MH＋MP＋HA*	MH＋MP＋HA**
COD	kg	3.00×10^{-3}	5.04×10^{-3}		
BOD	kg		1.01×10^{-3}		
N	kg	0.09×10^{-3}	0.20×10^{-3}	0.12×10^{-3}	0.90×10^{-3}
P	kg	0.07×10^{-3}	0.10×10^{-3}	0.03×10^{-3}	0.10×10^{-3}
K	kg	0.18×10^{-3}	0.30×10^{-3}	0.07×10^{-3}	0.40×10^{-3}
C/N		10	12	10	7.0

注：MH 为储奶间，MP 为挤奶间，HA 为等待间。* 未包含粪便，** 包含粪便。

2. 肉牛粪便特性　气候、养殖类型以及饲养方式的不同，造成肉牛粪便特性差异很大。肉牛粪便特性具体见表 12 - 3。

表 12 - 3a　肉牛粪便特性（以 1 头动物鲜重计算）

项目	单位	圈养肉牛	圈养小牛（200～350kg）
质量	kg/d	57	22.7
容量	m³/d	0.057	0.023
含水量（湿基）	%	88	88
TS	kg/d	6.81	2.72
VS	kg/d	5.90	2.27
BOD	kg/d	1.36	0.50
N	kg/d	0.19	0.13
P	kg/d	0.044	0.025
K	kg/d	0.14	0.09

表 12 - 3b　肉牛粪便特性（以 1 000kg 动物鲜重计算）

项目	单位	圈养肉牛	圈养小牛（200～350kg）
质量	kg/d	104	77
容量	m³/d	0.11	0.07
含水量（湿基）	%	88	88
TS	kg/d	13	9.2
VS	kg/d	11	7.7
BOD	kg/d	2.5	1.7
N	kg/d	0.35	0.45
P	kg/d	0.08	0.08
K	kg/d	0.25	0.29

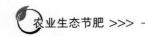

（二）猪粪特性

猪粪特性已进行广泛的研究，具体见表 12-4、表 12-5。从表中可以看出，种猪粪便特性差异性变化要小于正在生长的猪。

表 12-4a 种猪猪粪特性（以 1 头动物计算）

项目	单位	种猪		
		怀孕猪（200kg）	哺乳猪（190kg）	公猪（200kg）
质量	kg/d	5.0	11.4	3.8
容重	m³/d	0.005	0.012	0.004
含水量（湿基）	%	90	90	90
TS	kg/d	0.50	1.14	0.38
VS	kg/d	0.45	1.04	0.34
BOD	kg/d	0.17	0.38	0.13
N	kg/d	0.032	0.086	0.028
P	kg/d	0.009	0.250	0.010
K	kg/d	0.022	0.054	0.018

表 12-4b 种猪猪粪特性（以 1 000kg 动物鲜重计算）

项目	单位	种猪		
		怀孕猪（200kg）	哺乳猪（190kg）	公猪（200kg）
质量	kg/d	25	59	19
容重	m³/d	0.026	0.060	0.019
含水量（湿基）	%	90	90	90
TS	kg/d	2.5	5.9	1.9
VS	kg/d	2.3	5.4	1.7
BOD	kg/d	0.84	2.0	0.66
N	kg/d	0.16	0.45	0.14
P	kg/d	0.05	0.13	0.05
K	kg/d	0.11	0.28	0.09

表 12-5a 商品猪猪粪特性（以 1 头动物计算）

项目	单位	12.5kg 幼猪	70kg 成猪
质量	kg/d	39.5	544.8
容重	m³/d	0.40	0.57
含水量（湿基）	%	90	90
TS	kg/d	4.5	54.5
VS	kg/d	3.95	44.95

（续）

项目	单位	12.5kg 幼猪	70kg 成猪
BOD	kg/d	1.54	17.25
N	kg/d	0.413	4.540
P	kg/d	0.068	0.772
K	kg/d	0.159	1.998

表 12-5b　商品猪猪粪特性（以 1 000kg 动物鲜重计算）

项目	单位	12.5kg 幼猪	70kg 成猪
质量	kg/d	88	65
容重	m³/d	0.087	0.068
含水量（湿基）	%	90	90
TS	kg/d	10	6.5
VS	kg/d	8.8	5.4
BOD	kg/d	3.4	2.1
N	kg/d	0.92	0.54
P	kg/d	0.15	0.09
K	kg/d	0.35	0.24

（三）禽粪特性

由于采用工业化、标准化的封闭养殖方式，肉鸡和蛋鸡粪便特性差异要小于其他禽类粪便。具体见表 12-6、表 12-7。

表 12-6　蛋鸡粪便特性

项目	以 1 只动物计算		以 1 000kg 动物鲜重计算	
	单位	数值	单位	数值
质量	kg/d	0.086	kg/d	57
容重	m³/d	0.000 088	m³/d	0.058
含水量（湿基）	%	75	%	75
TS	kg/d	0.022	kg/d	15
VS	kg/d	0.016	kg/d	11
BOD	kg/d	0.005	kg/d	3.3
N	kg/d	0.001 6	kg/d	1.1
P	kg/d	0.000 5	kg/d	0.33
K	kg/d	0.000 6	kg/d	0.39

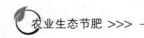

表 12-7a 肉禽粪便特性（以 1 只动物计算）

项目	单位	肉鸡	火鸡（雄）	火鸡（雌）	鸭
质量	kg/d	5.0	35.4	17.3	6.4
容重	m³/d	0.004 8	0.036 8	0.017 3	0.006 6
含水量（湿基）	%	74	74	74	74
TS	kg/d	1.27	9.08	4.45	1.68
VS	kg/d	0.95	7.26	3.54	1.00
BOD	kg/d	0.30	2.36	1.09	0.28
N	kg/d	0.054	0.545	0.259	0.064
P	kg/d	0.016	0.163	0.073	0.022
K	kg/d	0.031	0.259	0.114	0.031

表 12-7b 肉禽粪便特性（以 1 000kg 动物鲜重计算）

项目	单位	肉鸡	火鸡（雄）	火鸡（雌）	鸭
质量	kg/d	88	34	48	102
容重	m³/d	0.087	0.035	0.048	0.106
含水量湿基	%	74	74	74	74
TS	kg/d	22	8.8	12	27
VS	kg/d	17	7.1	9.8	16
BOD	kg/d	5.3	2.3	3.0	4.5
N	kg/d	0.96	0.53	0.72	1.00
P	kg/d	0.28	0.16	0.20	0.25
K	kg/d	0.54	0.25	0.31	0.50

（四）羊粪特性

羊粪特性数据有限，具体见表 12-8。有些情况下，垫圈材料会成为除羊粪之外羊饲养中产生废弃物的主要成分。

表 12-8 羊粪特性（以 1 000kg 动物鲜重计算）

项 目	单 位	数 值
质量	kg/d	40
容量	m³/d	0.039
水分（湿基）	%	75
TS	kg/d	25
VS	kg/d	10
BOD	kg/d	1.0

（续）

项 目	单 位	数 值
N	kg/d	0.45
P	kg/d	0.07
K	kg/d	0.30

二、粪便产生量的估算

常见粪便主要有固态和液态，这两种粪便的产生量估算方法是不一样的，两种方法分别叙述如下。

（一）固态粪便产生量的估算

畜禽粪便和尿液的排泄量与动物种类、品种、性别、生长期、饲料，甚至天气等多方面因素有关。在国内，对于畜禽粪便排泄系数还没有一套比较成熟的核算标准。排泄系数单位为 kg/［头（只）·d］，即每天每头动物排泄粪便的质量。表 12 - 9 列出了我国不同地区几种主要畜禽的粪便排泄系数，从表中可以查出华北地区一头产奶牛每天的粪便排泄量为 32.86kg。

表 12 - 9 畜禽养殖粪便量排泄系数

单位：kg/［头（只）·d］

地区	生猪			奶牛		肉牛（育肥牛）	蛋鸡		
	保育猪	育肥猪	妊娠猪	育成牛	产奶牛		育雏育成	产蛋鸡	商品肉鸡
华北区	1.04	1.81	2.04	14.83	32.86	15.01	0.08	0.17	0.12
东北区	0.58	1.44	2.11	15.67	33.47	13.89	0.06	0.10	0.18
华东区	0.54	1.12	1.58	15.09	31.60	14.80	0.07	0.15	0.22
中南区	0.61	1.18	1.68	16.61	33.01	13.87	0.12	0.12	0.06
西南区	0.47	1.34	1.41	15.09	31.60	12.10	0.12	0.12	0.06
西北区	0.77	1.56	1.47	10.50	19.26	12.10	0.06	0.10	0.18

对于一定时间内畜禽粪便产生量的估算，还需要知道所拥有的各种畜禽的数量和饲养时间。首先，分别计算每种动物的排泄量，即排泄系数乘以动物数量再乘以饲养时间。然后，将每种动物的排泄量相加，就可以得到粪便的产生总量。计算见式（12 - 1）。

$$W = \sum (K_i \times N_i \times D_i) \qquad (12 - 1)$$

式中：W 为粪便产生总量，kg；

K_i 为不同地区不同饲养阶段的排泄系数，kg［头（只）·d］；

N_i 为与 K_i 对应的动物数量，头；

D_i 为与 N_i 对应的饲养时间，d。

例 1：华北某行政区域内有一个 9 000 头生猪的养殖场，其中母猪 300 头，一般孕期为 115d，年产 2 窝；保育猪 4 400 头，育肥猪 4 300 头，饲养时间均为 90d，年出栏 2 批。还有一个年产 10 万只肉鸡的养鸡场，饲养时间为 50d，一年可出栏 4 批。计算该区域内

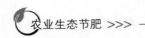

年粪便产生总量。

第一步：确定生猪各阶段的排泄系数。从表 12-9 可以查得华北地区妊娠猪、保育猪和育肥猪的 K_i 值分别为 2.04kg/（头·d）、1.04kg/（头·d）和 1.81kg/（头·d）。

第二步：用式（12-1）分别计算各饲养阶段的粪便产生量。

孕期：$W_1 = 2 \times 2.04 \times 300 \times 115 = 140\ 760$（kg）

保育期：$W_2 = 2 \times 1.04 \times 4400 \times 90 = 823\ 680$（kg）

育肥期：$W_3 = 2 \times 1.81 \times 4300 \times 90 = 1\ 400\ 940$（kg）

第三步：计算猪场时年产粪便量。

$$W_p = W_1 + W_2 + W_3$$
$$= 140\ 760 + 823\ 680 + 1\ 400\ 940$$
$$= 2\ 365\ 380\ （kg）$$

第四步：确定肉鸡的排泄系数。从表 12-9 可以查得华北地区肉鸡的 K_i 值为 0.12kg/（只·d）。

第五步：计算鸡场的年产粪便量。

$$W_c = 4 \times 0.12 \times 100\ 000 \times 50$$
$$= 2\ 400\ 000\ （kg）$$

第六步：计算区域内年粪便产生总量。

$$W_t = W_p + W_c$$
$$= 2\ 365\ 380 + 2\ 400\ 000$$
$$= 4\ 765\ 380\ （kg）$$

因此，该区域内年产粪便总量为 4 765 380kg。

（二）垫料量的估算

畜禽养殖中常会使用一些垫圈材料，垫料具有保温、防潮、吸收有害气体、提供舒适的饲养环境、保证畜禽清洁的作用。在畜禽养殖管理中，通常根据吸氨性、吸湿性、黏粪力这三个指标来衡量垫料的综合利用价值。垫料种类很多，这主要是受可使用材料的种类、成本和特性的影响。有机和无机材料均可用作垫料。表 12-10 列出了畜禽养殖中常用的各种垫料及其单位质量（容重）。

表 12-10　常用垫圈材料及其容重

单位：kg/m³

材料名称	松散	剁碎
豆科干草	69.7	105.3
非豆科干草	64.8	97.2
稻草	40.5	113.4
刨花	145.8	
锯末	194.4	
土壤	1 215.0	
沙子	1 701.0	
石灰	1 539.0	

垫料会与畜禽粪便混合在一起，而成为一种无法分离的混合物，增加了畜禽养殖废弃物的量，有些垫料还可以提高废弃物的有机碳含量，如刨花等垫料。因此，准确估算垫料量对畜禽粪肥处理设施、储存设施容量设计也是十分重要的。垫料量的估算有两种方法，分别如下。

1. 按 1 000kg 动物鲜重计算 表 12-11 给出了奶牛养殖中垫圈材料的使用数量。

表 12-11 奶牛垫料的需求量（以 1 000kg 动物鲜重计算）

单位：kg/d

材　　料	棚舍类型		
	有柱棚	无柱棚	散养型
松散干草或稻草	5.4		9.3
剁碎干草或稻草	5.7	2.7	11
刨花或锯末		3.1	
沙子或石灰		35	

估算一定期限内垫料使用量应使用式（12-2）。

$$W_b = K \times N \times D \times B_w / 1\,000 \qquad\qquad (12-2)$$

式中：W_b 为垫料量，kg；

　　　K 为 1 000kg 动物每天使用垫料量，kg/d；

　　　N 为养殖场所拥有畜禽的数量，头（只）；

　　　D 为时间，d；

　　　B_w 为体重，kg。

例 2：一个奶牛养殖场有 100 头奶牛，使用锯末为垫料，奶牛体重为 1 200kg，计算该养殖场 180d 使用垫料的总量。

第一步：从表 12-11 中查得锯末的单位使用量，即 3.1kg/d。

第二步：将数据代入式（12-2），计算垫料用量。

$W_b = K \times N \times D \times B_w / 1\,000$

　　$= 3.1 \times 100 \times 180 \times 1\,200 / 1\,000$

　　$= 66\,960$（kg）

奶牛废弃物质量是粪便和垫料两部分质量的总和，而容量是粪便容量与一半垫圈材料容量的总和，因为仅有一半的垫圈材料用于弥补其所占的空间。

2. 一次性投入垫料的数量 另外，还有一种情况是垫料一次性投入，养殖过程中不进行补充和清理，只有在养殖结束后进行一次性清理。这种情况下，只要记录垫料的初始投入量即可。如肉鸡养殖中一般一年养殖 3~6 批，更换 1~2 次垫料，容纳 2 万只鸡的鸡舍大约使用 10t 刨花垫料，深度为 10~12cm。

（三）液态粪便产生量的估算

水冲式粪便收集系统运行成本明显低于干清式收集系统，且棚舍的清洁程度要好于刮板清粪系统；但水冲式粪便收集系统由于使用了大量的水，体积会明显增大，对后期的储

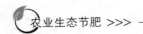

存、处理和施用增加了不小的难度。水冲式粪水产生量的估算方法有两种，分别如下。

1. 按最高允许排水量估算　表 12-12 和表 12-13 分别列出了畜禽养殖中水冲工艺和干清粪工艺最高允许排水量，可根据表中的数值以及养殖场饲养的畜禽数量，估算一定时间内粪水的产生量，计算公式见式（12-3）。

表 12-12　集约化畜禽养殖场水冲工艺最高允许排水量

项目	100 头猪（m^3/d）		1 000 只鸡（m^3/d）		100 头牛（m^3/d）	
	冬季	夏季	冬季	夏季	冬季	夏季
标准值	2.5	3.5	0.8	1.2	20	30

表 12-13　集约化畜禽养殖场干清粪工艺最高允许排水量

项目	100 头猪（m^3/d）		1 000 只鸡（m^3/d）		100 头牛（m^3/d）	
	冬季	夏季	冬季	夏季	冬季	夏季
标准值	1.2	1.8	0.5	1.7	17	20

$$V = K \times N \times D \qquad (12-3)$$

式中：V 为粪水体积，m^3；

　　　K 为畜禽每天排水量，L/［头（只）·d］。如果不知道排水量，可按表 12-12 中的数值进行计算；

　　　N 为存栏畜禽数量，头（只）；

　　　D 为粪水需储存的时间，d。

例 3：北方一个 600 头规模的养牛场，估算该养牛场一年的粪水产生量。

第一步：从表 12-12 确定 100 头牛冬季和夏季排水量分别为 $20m^3$/d 和 $30m^3$/d。

第二步：北方冬季为 11 月至翌年 3 月，共计 150d，夏季为 215d。

第三步：分别计算冬季和夏季的粪水产生量。

冬季：$V_w = 20 \times 600 \times 150/100$

　　　　$= 18\ 000$（m^3）

夏季：$V_s = 30 \times 600 \times 215/100$

　　　　$= 38\ 700$（m^3）

第四步：计算全年粪水产生量。

$V = V_w + V_s$

　$= 18\ 000 + 38\ 700$

　$= 56\ 700$（m^3）

2. 按动物单位计算　粪水是粪便和冲刷水的混合物，用动物单位计算要对粪便排放量和冲刷水使用量分别进行计算，二者之和即为粪水的数量。以上是在未使用垫料情况下的计算结果，若使用垫料还要加上垫料的用量。国内缺少这方面的数据支持，因此将使用国外案例对此进行说明。

例 4：某奶牛养殖场拥有体重约 450kg 的小牛 75 头，平均体重约 635kg 的奶牛 150

头，奶牛日均产奶34kg。出于粪水养分应用的需求，储存期为75d。计算此期间内粪水的产生量。

要解决以上问题，需要知道小牛和奶牛的1 000kg动物单位粪便排放量以及奶牛在挤奶中心的用水量。这些数据均可以从表12-1b和表12-2查询。

按以下步骤计算该奶牛场产生的粪水量。

第一步：按式（12-4）计算动物单位

$$AU = B_w \times N / 1\ 000 \qquad (12-4)$$

式中：AU 为1 000kg动物单位；

B_w 为牛的平均体重，kg；

N 为牛的数量，头。

奶牛：$AU = 150 \times 635 / 1\ 000 = 95$

小牛：$AU = 75 \times 450 / 1\ 000 = 34$

第二步：确定牛的单位粪便产生量。从表12-1b得知奶牛和小牛的粪便产生量（以1 000kg动物单位计算）分别为0.100m³/d和0.056m³/d。

第三步：用式（12-5）分别计算两种牛的粪便产生量。

$$VMD = AU \times DVM \times D \qquad (12-5)$$

式中：VMD 为粪便产生量，m³；

DVM 为每天1 000kg动物单位的粪便产生量，m³/d；

D 为储存时间，d。

奶牛：$VMD = 95 \times 0.1 \times 75 = 712.5$（m³）

小牛：$VMD = 34 \times 0.056 \times 75 = 142.8$（m³）

第四步：计算粪便产生总量。

$TVM = 712.5 + 142.8 = 855.3$（m³）

第五步：确定奶牛在挤奶中心产生的单位废水量，从表12-2可查得该值为0.037m³/d（以1 000kg动物单位计算）。

第六步：用式（12-6）计算废水产生量。

$$TWW = DWW \times AU \times D \qquad (12-6)$$

式中：TWW 为废水产生量，m³

DWW 为每天1 000kg动物单位废水产生量，m³/d；

D 为储存时间，d。

$TWW = 0.037 \times 95 \times 75 = 263.6$（m³）

第七步：用式（12-7）计算粪水产生总量。

$$TWV = TVM + TWW \qquad (12-7)$$

$TWV = 855.3 + 263.6 = 1\ 118.9$（m³）

该奶牛养殖场在75d储存期内，1 000kg动物单位可以产生1 118.9m³的粪水混合物。

3. 两种方法计算结果的比较 为了便于比较，现将例4中的数据用水冲工艺最高允许排水量（GB 18596—2001）冬季数值重新计算，得到的结果为3 375m³（20×225×75/100）；而例4的计算结果仅为1118.9m³。可以看出两者相差2倍左右，姑且不论两种方法的优劣，

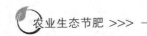

过高或过低估计畜禽废弃物（粪便或粪水）产生量均会对后续处理和应用带来不利的影响。准确估算畜禽废弃物产生量的益处主要表现在以下几个方面：

首先，有利于合理利用空间。废弃物产生量大就会占用更多的储存空间，估算量过高无疑会造成空间的浪费，也会增加储存设施的建设成本；估算量过低会使储存空间提前充满，不仅影响作业空间，造成工作效率下降，液体废弃物的遗漏还会对环境造成不良影响。

其次，有利于各种处理、运输等设备选型。估算量过高会造成设备的闲置、空转，增加采购成本和运行费用；估算量过低会导致设备超负荷运转，使用寿命缩短，造成成本效益降低。

最后，有利于制定准确的田间应用计划。准确估算养殖业的粪便排放量是计算种植业可利用有效养分的基础，对于确定种植业合理布局、制订种植计划、合理应用粪肥起到重要的作用，促进种养业更加有机科学合理地结合，节本增效，保护生态环境，有利于农业的可持续发展。

第二节　畜禽粪便的储存

畜禽粪便在适当的设施内进行合理的储存，不仅能防止二次污染的发生，还能有效地保存所含有的养分。《中华人民共和国环境保护法》和《畜禽规模养殖污染防治条例》要求畜禽养殖场、养殖小区应根据养殖规模和污染防治的需要，建设相应的畜禽粪便、粪水的储存设施。

一、储存设施的要求

2006年，农业部颁布了《畜禽粪便无害化处理技术规范》（NY/T 1168—2006），提出了畜禽养殖场设置粪便储存设施的规范，总体要求如下：

（1）畜禽养殖场产生的粪便应设置专门的储存设施。

（2）畜禽养殖场、养殖小区或畜禽粪便处理场应分别设置液体和固体废弃物储存设施，畜禽粪便储存设施位置必须距离地表水体400m以上。

（3）畜禽粪便储存设施应设置明显标志和围栏等防护设施，保证人畜安全。

（4）储存设施必须有足够的空间来储存粪便。在满足下列最小储存体积条件下设置预留空间，一般在能够满足最小容量的前提下将深度或高度增加0.5m以上。①对固体粪便储存设施最小容积为储存期内粪便产生总量与垫料体积总和。②对液体粪便储存设施最小容积为储存期内粪便产生量和储存期内污水排放量总和。对于露天粪便储存时，必须考虑储存期内降水量。③采取农田应用时，畜禽粪便储存设施最小容量不能小于当地农业生产使用间隔最长时期内的养殖场粪便产生总量。

（5）畜禽粪便储存设施必须进行防渗处理，防止污染地下水。

（6）畜禽粪便储存设施应采取防雨（水）措施。

2011年，我国颁布了GB/T 27622—2011和GB/T 26624—2011国家标准，规范了畜禽粪便储存设施和污水储存设施的设计要求。

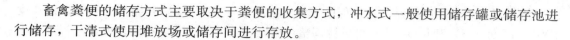

畜禽粪便的储存方式主要取决于粪便的收集方式，冲水式一般使用储存罐或储存池进行储存，干清式使用堆放场或储存间进行存放。

二、固态粪便储存设施

应根据畜禽养殖场的养殖规模和集中收集能力，进行粪便储存设施的设计和建设，具体技术要求如下。

（一）选址

第一，粪便储存设施应根据当地有关要求和规定进行选址，应远离湖泊、小溪、水井等水源地，以避免对地下水和地表水造成污染，与周围各建筑物的距离也应满足相关规定的要求。

第二，粪便在储存过程中会产生臭味，尤其是无任何覆盖措施的粪便储存设施。臭味有一定的污染性，其周围百米远的地方都有可能受到影响。因此，选址时应充分考虑粪便储存设施散发的臭味可能带来的不利影响，应将其设置在下风口，尽量远离风景区和住宅区。

第三，粪便储存设施不应建立在坡度较大以及容易产生积水的低洼地带，以避免发生暴雨时，储存设施内的粪水溢出而产生污染。

第四，结合当地的实际情况，要充分考虑地质条件和周围环境的影响。应避免在有裂缝的基岩或熔岩地貌建造储存设施，也要避开周围环境对设施整体稳定性的影响，如建筑物、树根等。

第五，对场地进行地质勘查，分析土壤质地和岩石类型等基本情况，以确定该场地是否适合建造储存设施。为确定该场地是否符合当地相关防渗要求，必须对土壤进行渗水性检测。

（二）固态粪便储存设施的容量需求

固态粪便储存设施容量计算见式（12-8）。

$$V = W_m/D_m + FR \times W_b/D_b \qquad (12-8)$$

式中：V 为储存设施容积，m^3；

$\quad W_m$ 为粪便质量，kg；

$\quad D_m$ 为粪便密度，kg/m^3；

$\quad FR$ 为容积控制率（垫料体积变化系数），一般为 $0.3\sim0.5$；

$\quad W_b$ 为垫料质量，kg；

$\quad D_b$ 为垫料密度，kg/m^3。

W_m 可用式（12-1）计算，W_b 使用式（12-2）进行计算。垫料密度参考表 12-10，表 12-14 列出了各种动物粪便的密度。

表 12-14　各种动物粪便特性

参数	猪	奶牛	蛋鸡	肉鸡	肉牛	小肉牛	绵羊	山羊	马	火鸡
密度（kg/m^3）	990	990	970	1 000	1 000	1 000	1 000	1 000	1 000	1 000
VS（kg）	8.5	10	12	17	7.2	2.3	9.2	—	10	9.1

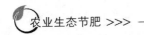
依据场地条件和一般建筑设计程序（尺寸应能被 4 或 8 整除），储存设施的设计宽度（W_I）、高度（H）和长度（L）可进行调整，所以长度可通过试验和误差校正进行最终确定，计算公式见式（12-9）。

$$L = V/(W_I \times H) \tag{12-9}$$

例 5：某养殖场 90d 储存期内需储存 800m³ 的粪便，由于空间的限制，储存设施宽度不能超过 12m，设备作业要求堆体的高度不超过 3m，确定该设施的尺寸需求。

根据场地和设备要求，得知该设施最大宽度（W_I）为 12m，最高高度（H）为 3m，按式（12-9）计算其长度为：

$$L = V/(W_I \times H)$$
$$= 22.22 \ (m)$$

因此，该储存设施的长、宽、高分别为 22m、12m 和 3m。

（三）储存设施的种类

1. 露天堆放场　干燥少雨的地区可以使用露天堆放场进行固态粪便的临时存放，如图 12-1 所示。

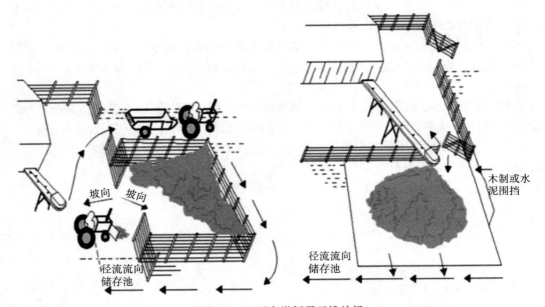

图 12-1　固态粪便露天堆放场

从清粪机出来的固态粪便可以使用铲车进行堆放，也可以通过传送带来堆放，这种堆放设施必须留有能让装载和运输设备容易进出的空间。来自堆体的渗出液和径流必须进行控制，以防止它们流入河流或地表或地下水中造成水资源的污染，可使用导流明渠或地下管道将其导流到液体储存池。露天堆放设施常用木制、钢筋水泥或水泥块做成的墙壁，地面也应进行硬化处理。

2. 储存间　有些地区需要用有屋顶的空间来存放固态粪便，这种储存间有多种形式，如图 12-2 和图 12-3 所示。

图 12-2　双斜面屋顶储存间

注：左图储存间两侧使用的是木制挡墙，而右图使用的是水泥挡墙。

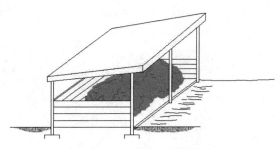

图 12-3　单斜面屋顶储存间

　　用于建造固体储存设施的木材要进行防腐处理，钢筋混凝土也要经过震压处理，这样才能保证其长期接触粪便而不变性。也可使用结构钢，但它易腐蚀，必须进行防腐蚀处理或定期进行更换。同样，在木质结构中必须使用高质量和经防腐处理过的金属固定件，以减少腐蚀问题的发生。

　　粪便堆体产生的渗出液和径流必须加以控制，以防止它们进入地表水和地下水，方法之一是将它们导流到储存池中。同时，房屋屋顶的未受污染径流应与污水进行分离，并引离场区周围的地方。

　　储存间地面要进行硬化处理。所有硬化处理的坡道坡度 8∶1（水平与垂直）或较平的坡道是安全的，坡度太陡，会给设备操作带来困难。混凝土铺设的坡道和储存设施地面应保持表面粗糙，以增加地面摩擦力。坡道要有足够的宽度，以利于设备安全进出和移动。

三、液态粪便储存设施

（一）选址

第一，要与养殖区和居民区等建筑物间隔一定的距离，以满足防疫的要求。

第二，储存池要设置在养殖场生产区、生活区主导风向的下风口或侧风向。

第三，应满足有利于排放、资源化利用和运输的要求，也应留有一定的将来用于扩建的空间，并方便施工、运行和维护。

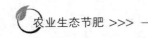

（二）类型和材料

液态粪便储存设施有地下和地上两种类型，如图12-4和图12-5所示。地下储存设施有敞口和封闭两种，但地上储存设施多为封闭的。土质条件好、地下水位低的场地适宜建造地下储存设施，地下水位高的场地适宜建造地上储存设施。

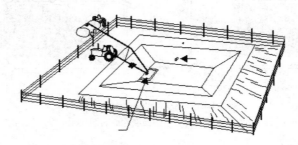

图12-4　敞口地下储存池

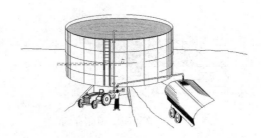

图12-5　地上储存罐

根据场地大小、位置和土质条件，可选择方形、长方形和圆形等形状的设施。

地下水位低的地区，在场地土质允许的条件下，可以建造土制储存池。土制储存设施往往是最便宜的设施类型，然而特定限制条件，如有限的空间、高降水量和地下水位、渗透性强的土壤或较浅岩石层，均是限制建造此类型设施的因素。为储存粪便和径流而设计的土池，一般为四边形，但也可为圆形或便于操作和维护的其他形状。内部坡度范围从1.5：1至3：1，护堤整体坡度（内部加外部）不应小于5：1。使用土制防渗还是合成防渗主要取决于渗透率是否符合地方标准的要求，如果土制防渗不符合地方要求，只能选择合成防渗材料。

土制液态粪便储存池对环境和地质条件的要求较高，如表12-15所示。距离饮用水水源较近以及地质结构有大孔隙存在的地方，不能建造土制液态粪便储存池。距离水源较远，一般大于180m，地质无较大缺陷，土壤颗粒适中的地方，可以建造土制液态粪便储存池，但需要进行防渗处理。储存设施建设的具体情况参考表12-15。

建造液态粪便储存设施的材料有钢筋混凝土和玻璃钢。钢筋混凝土现浇是建造地下罐的主要材料，也可用于地上罐的建造。另外，也可用预制混凝土板建造，板与板之间用螺栓连接在一起，圆形箱板用金属环固定。预制板固定在混凝土地基上，与地基浇筑在一起，罐的地基现浇。有些地上罐是由玻璃钢板制成的，这种材料一般可商业化制造，必须由训练有素的人员进行制造和安装。

表 12 - 15　液态粪便储存设施选址、调查和设计标准

地质脆弱性	水环境风险			
	很高	高	中	低
地质脆弱性	距离公共饮用水水井<450m，距离生活用水水井或I类水质河流<30m	不符合很高风险标准；为地下蓄水层的唯一补给区；距离生活用水水井或I类水质河流30~180m	不符合高风险标准；为地下含水层的唯一补给区；距离生活用水水井或I类水质河流180~300m；距离非生活用水水井或II类水质河流<180m	不符合中风险标准；距离生活用水水井或I类水质河流>300m；距离非生活用水水井或II类水质河流>180m
很强　有大孔隙存在（如喀斯特地貌、熔岩管道、矿井）；地下水反渗高度可达1.5m；距离未做任何处理的废井<180m	不可建造液态粪便储存设施		不可建造液态粪便储存设施	
强　不符合地质脆弱性很强的标准；基岩底部裂缝在0.6m以内（常包括粗粒土壤或母质GP、GW、SP、SW级土壤）；地下水反渗高度为2~6m；距离未做任何处理的废井180~300m	需合成防渗层	需合成防渗层	防渗层要求：单位排放≤1×10^{-6} cm^3/($m^2 \cdot s$)；不可使用粪便的密封作用，要对土制防渗层材料进行取样和检测，以确保渗透性符合要求	防渗层要求：单位排放≤1×10^{-6} cm^3/($m^2 \cdot s$)；不可使用粪便密封的作用，要对土制防渗层材料进行取样和检测，以确保渗透性符合要求

（续）

	水环境风险			
	很高	高	中	低
地质脆弱性	距离公共饮用水水井＜450m，距离生活用水水井或I类水质河流＜30m	不符合很高风险标准；为地下蓄水层的唯一补给区；距离生活用水水井或I类水质河流30～180m	不符合高风险标准；为地下含水层的唯一补给区；距离生活用水水井或I类水质河流180～300m；距离非生活用水水井或II类水质河流＜180m	不符合中风险标准；距离生活用水水井或I类水质河流＞300m；距离非生活用水水井或II类水质河流＞180m
中 不符合地质脆弱性强的标准（常包括CL、ML、GM、SM、ML级土壤；有絮凝反应或块状状黏土（一般与Ca含量高有关）；地层中的结构复杂（非非连续性的层状结构）；地下水反渗高度为7～15m；距离未做任何处理的废井180～300m	不可建造液态类粪便储存设施（除非地方规定允许，需使用合成材料防渗）	防渗层要求：单位排放≤1×10^{-6} cm³/(m²·s)；不可使用粪便的密封作用；要对土制防渗层材料进行取样和检测，以确保渗透性符合标准压实（包括土壤容重、标准压实/原样土壤容重、扰动土壤容重/原样土壤渗透性）	防渗层要求：单位排放≤1×10^{-6} cm³/(m²·s)；不可使用粪便的密封作用；要对土制防渗层材料进行取样和检测，以确保渗透性符合标准压实（包括土壤容重、标准压实/原样土壤容重、扰动土壤容重/原样土壤渗透性）	防渗层要求：单位排放≤1×10^{-6} cm³/(m²·s)；不可使用粪便的密封作用；要对土制防渗层材料进行取样和检测，以确保渗透性符合分级、标准压实（包括土壤容重、标准压实/原样土壤容重、扰动土壤容重/原样土壤渗透性）
低 不符合地质脆弱性中的标准；细粒土壤或母质（常包括GC、SC、MH、CL、CH级土壤）；地下水反渗高度＞15m；			不需要防渗层，但需满足以下要求：单位排放≤1×10^{-6}cm³/(m²·s)；使用规范的方法进行建设；用有效的方法疏松表面土壤，并重新压实，打碎土块的目的	不需要防渗层，但需满足以下要求：单位排放≤1×10^{-6}cm³/(m²·s)；使用规范的方法进行建设；用有效的方法疏松表面土壤，并重新压实，以达到密封裂缝及打碎土块的目的

（三）储存设施的尺寸设计

1. 容量计算　液态粪便储存设施的容量按式（12-10）进行计算。

$$WV = TVM + TWW + TBV \qquad (12-10)$$

式中：WV 为液态废弃物总体积，m^3；

　　　TVM 为粪便总量，m^3；

　　　TWW 为废水总量，m^3；

　　　TBV 为垫料总量，m^3。

具体计算方法参考本章第一节叙述的相关内容。

2. 储存设施的尺寸设计

（1）矩形储存设施的尺寸计算如式（12-11）所示。

$$V = (4 \times Z^2 \times D^3/3) + (Z \times B_L \times D^2) + (Z \times B_W \times D^2) + (B_L \times B_W \times D)$$
$$(12-11)$$

式中：V 为计算出的容量，必须等于或大于 WV，m^3；

　　　Z 为边坡坡率；

　　　D 为高度，m；

　　　B_W 为底部宽度，m；

　　　B_L 为底部长度，m。

（2）圆形储存设施的尺寸计算如式（12-12）所示。

$$V = (1.05 \times Z^2 \times D^3) + (1.57 \times W \times Z \times D^2) + (0.79 \times W^2 \times D)$$
$$(12-12)$$

式中：V 为计算出的容量，必须等于或大于 WV，m^3；

　　　Z 为边坡坡率；

　　　D 为高度，m；

　　　W 为底部直径，m。

依据场地条件和一般建筑设计程序（尺寸应能被 4 或 8 整除），矩形储存设施的设计宽度、高度和长度与圆形储存设施的直径和高度可进行调整，通过反复试验，最终确定储存设施符合要求的尺寸。

例 6：某养殖场 180d 储存期内产生 9 800m³ 的液态粪便，受场地条件限制，要建造一个底部宽度 30m 的矩形储存池，边坡坡率为 3，受土质限制液面高度不能超过 2.5m，计算其底部长度。

从以上条件得知，V 为 9 800m³，B_W 为 30m，考虑到后期残留物、降水对液面高度的影响，暂定液态粪便液面高度为 2m，将这些数据和假定的长度代入式（12-11）进行反复试验，结果见表 12-16。

表 12-16　池底长度的计算

序号	池底宽度（m）	池底长度（m）	高度（m）	容量（m³）	说　　明
1	30	100	2	7 656	小于所需容量，应增加池底长度
2	30	150	2	11 256	大于所需容量，应减小池底长度

（续）

序号	池底宽度（m）	池底长度（m）	高度（m）	容量（m³）	说　明
3	30	140	2	10 536	大于所需容量，进一步减小池底长度
4	30	130	2	9 816	接近且稍高于所需容量，池底长度合适

经反复试验，第四次计算结果 9 816m³ 接近且稍高于所需容量（9 800m³），因此池底长度可确定为 130m。

3. 高度调整　液态粪便储存池涉及粪便固体残留物无法完全清除以及降水影响等问题，因此要对储存池的高度进行调整。此问题涉及两个方面的情况，即闭口储存设施和敞口储存设施，下面分别加以说明。

首先，闭口储存设施不涉及降水量、蒸发量和径流量的问题，因此在设计高度上只要加上固体残留物高度和预留高度即可。例如，某储存罐设计高度为 2.5m，运行固体残留物在罐底积累高度为 0.25m，预留空间高度也为 0.25m，那么该储存罐总体高度为 3.0m。

其次，敞口储存设施涉及降水量、蒸发量和径流量的问题，设施总体高度调整要复杂一些。图 12-6 标明了敞口储存设施总高度组成部分。

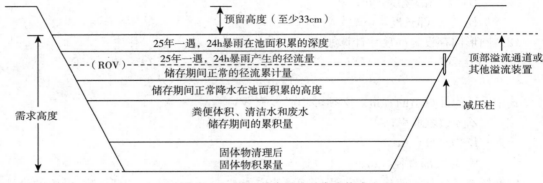

图 12-6　敞口储存设施总高度构成

有径流控制设施的敞口储存池，不需要考虑因径流流入储存池所需的高度。25 年一遇 24h 暴雨量以及正常降水量与蒸发量间的差值可以从当地气象部门查到，有些地区降水量与蒸发量间的差值为负值时，这种情况下可以不考虑。

第三节　畜禽粪便处理

目前，在种养结合模式中，畜禽粪便处理方式主要有堆肥、生物质能源生产、蚯蚓生物反应器等，国外还有高温热解、深加工成垫料和饲料再利用等方式。这里主要介绍固态粪便的堆肥处理方式。

一、堆肥方法

堆肥是微生物分解有机质的过程，这是一个自然过程。最终产品使用起来要比有机原料更安全，可提高土壤肥力、适耕性和持水能力。另外，堆肥可降低有机材料的体积，提高操控性能；可减少臭味、苍蝇和其他病菌；可杀死杂草种子和病原菌。

堆肥方法主要有 4 种，分别是条垛式、堆放式、槽式和容器式。

（一）条垛式

条垛式是把要堆积的混合物布置成窄长条的垛。一般条垛高为 1.5～2m，宽为 3m，条垛间距为 2m，长度可依据场地条件和原材料量进行调节（图 12 - 7）。

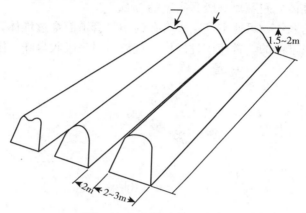

图 12 - 7　条垛式堆肥处理

为保持有氧条件，混合物必须定期翻倒。这可使材料与空气接触，温度也不会升得太高（＞75℃）。最小翻倒频率为 2～10d，这取决于混合物的种类、体积和环境空气温度。随着堆积时间的延长，翻倒频率可降低。条垛的宽度和高度受翻倒设备种类和型号的限制。翻倒设备可是一个前端装载机，也可是一个自动机械翻倒机，种类和型号很多。图 12 - 8 为一种自行式履带翻倒机，图 12 - 9 为翻倒机工作时的情景。

图 12 - 8　自行式履带条垛翻倒机

图 12 - 9　翻倒机工作情景

条垛式堆肥处理具有以下优缺点：

优点：①脱水速度快。温度越高，速度越快。②材料越干，越容易操控。③处理量大。④产品稳定性好。⑤资金投入少。⑥操作简单。

缺点：①占地多，空间效率不高。②需定期进行条剁的翻倒以保持有氧条件。③需要

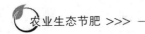

翻倒设备。④易受天气影响。⑤翻倒时会造成臭味释放。⑥需要大量的填充材料。

(二) 堆放式

材料混合后，堆放到能透气的塑料管上，高孔性的小型堆或与高孔性材料分层堆放的堆体可不需要强制通风。堆的外部一般用发酵好的堆肥或其他材料进行隔离。不进行分层堆积时，成堆前材料必须进行充分混合。

堆体的尺寸取决于风机提供的氧气量和原材料的特性。堆的高度一般为 3～5m，宽度常为高度的 2 倍，堆体之间距离一般为高度的 1/2。

带有强制通风的系统，可使空气穿过有孔的塑料管道而穿过堆体，从而达到通风的目的。如果空气是吸入堆体的，常使用过滤堆或过滤材料来吸收臭味（图 12-10）。

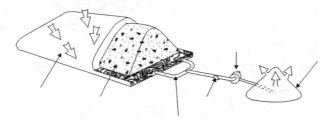

图 12-10　堆放式堆肥处理

堆放式堆肥处理有以下优缺点：

优点：①较低的资金投入。②病原菌破坏度高。③臭味控制好。④操作简单。⑤产品稳定性好。

缺点：①需较大的场地，空间效率不高。②易受天气影响。③管道周围难于操作。④风机需要一定的运行和维护费用。

(三) 槽式

槽式发酵也称卧式发酵，各地还有其他不同的名称。一般在顶部透光的发酵车间内，建一个长 60～80m、宽 10m、高 1.5m 左右的槽。在北方地区，发酵车间的走向一般为东西向，南方地区其走向应根据场地条件而定。发酵槽的一端为原料的入口，一般与畜禽粪便堆放场相接，而另一端为腐熟物料的出口。图 12-11 为塑料棚槽式发酵间。

图 12-11　塑料棚槽式发酵间

槽式发酵的主要设备是翻抛机，各地开发出来多种类型，主要有旋耕式、螺旋式和链轨式3种形式，需根据发酵槽的宽度、高度加以选择。

槽式发酵是国内主要采用的处理畜禽粪便的方法，其优缺点如下：

优点：①不受天气影响，发酵过程可控。②占地少，空间效率高。③处理量大，自动化程度高。④发酵周期短。⑤产品质量稳定。

缺点：①建设成本高。②需要一定设备。

（四）容器式

容器式发酵器（图12-12）可人为或智能控制环境，如含水量、通气和温度，需要大量的复杂仪器和设备，因此这种方法要求有较高的技术水平和操控能力。其优缺点如下：

优点：①占地少，空间效率高。②独立性强，易于程序化控制。③受天气变化影响小。④臭味能得到有效控制。⑤连续性强。

缺点：①仪器设备复杂，资金投入高。②缺乏操作数据支持，尤其是大型系统。③精度高，需要精细管理。④有一定的不稳定性。⑤操作功能缺少灵活性，适应性较窄。

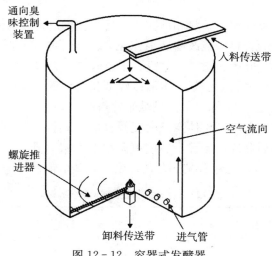

图12-12 容器式发酵器

二、堆肥场地选择

堆肥场地是堆肥成功非常重要的因素。为方便取材，堆肥设施应尽可能地设置在离材料源地较近的地方。如果堆肥产品要进行田间应用，场地应设置在方便运输的地方。当进行场地选择时，应考虑以下因素：

（1）风向。堆肥处理管理不当会产生臭味，当堆肥场地离居民区较近时，堆肥场地的设置应考虑风向因素，将堆肥场设在下风口或侧风口。

（2）地形。堆肥场地要避免设置在陡坡上，因为这样会引起径流问题；也要避免设置在容易积水的地方。

（3）地下水的保护。堆肥场地应设置在下坡的位置，并与水源保持安全距离。有屋顶的堆肥场地的管理应不能产生污染地下水的沥出液。如果堆肥设施没有防护天气变化的措施，应把它设置在不给地下水带来风险的地方。

（4）场地要求。不同堆肥方式对场地大小的要求不同。条垛式方法要求最大，堆放式比条垛式小，但要大于容器式。堆体的大小也影响了占地的多少。大堆表面积小，在粪便体积相同的情况下，需要的堆积面积要小，但也较难管理。在确定堆肥场地大小时，应考虑到用于混合、装载和翻倒作业设备的类型和尺寸，必须在堆肥场内以及周围留有充足的操作空间。另外，如果需要视觉障碍物，应考虑在堆肥场周围留有一定的缓冲地。一般来讲，堆肥材料容重为 $560\sim700kg/m^3$，可用此容重估算堆体初始混合物所需的表面积。此外，还要加上设备操作、翻倒和缓冲区所需要的面积。

三、堆肥混合物

要堆积的畜禽粪便需要按适当的比例与辅料和填充物混合，来促进好氧微生物的活动和生长，并获得理想的温度。为保证取得良好的堆肥效果，堆肥混合物需达到以下几点：①具有充足的能源（碳）和营养源（主要是氮）。②具有充足的水分。③具有充足的氧气。④pH 为 6～8。

堆肥混合物中，畜禽粪便、辅料和填充物的适当比例通常称为配方。

辅料是添加到堆肥混合物中能改变其水分含量、C/N 或 pH 的物质。许多材料适合作堆肥辅料，如作物残体、叶片、杂草、秸秆、干草和花生壳等，这些仅是农业生产中产生的可作辅料的材料。其他材料如锯末、木屑或碎纸和硬纸板，也可从其他来源得到，也不会产生很大的费用。表 12 - 17 标明了常见堆肥辅料的 C/N。

填充物主要是用来改善堆肥堆体本身的支撑性能（结构），提高孔隙度，以使堆体内空气能进行运动，如木屑和碎轮胎等。一些填充物如大木屑既可以提高堆体内的孔隙度，也可改变水分含量和 C/N，这种情况下它既是填充物又是辅料。

表 12 - 17 常见堆肥辅料的 C/N

材料	C/N	材料	C/N
苜蓿（开花阶段）	20	牛粪（液态）	8～13
苜蓿干草	18～20	三叶草	12～23
芦笋	70	三叶草（幼嫩）	12
豌豆秸秆	59	玉米和高粱秸秆	60～100
豌豆（绿肥）	18	黄瓜茎叶	20
树皮	100～130	奶牛粪	10～18
甜椒	30	园林废弃物	20～60
面包屑	28	稻谷	36
甜瓜	20	草屑	12～25
硬纸板	200～500	绿叶	30～60
牛粪（含秸秆）	25～30	绿色黑麦	36

（续）

材料	C/N	材料	C/N
马粪	30～60	锯末（山毛榉）	100
叶片（刚掉落）	40～80	锯末（杉树）	230
报纸	400～500	锯末（老树）	500
燕麦秸秆	48～83	海草	19
泥炭（棕色或浅棕色）	30～50	大豆残体	20～40
猪粪（液态）	5～8	大豆秸秆	40～80
松树针叶	225～1 000	甘蔗（废弃物）	50
马铃薯茎叶	25	牛舌草	80
禽类粪便（鲜粪）	6～10	番茄叶片	13
鸡粪	12～18	番茄茎	25～30
芦苇	20～50	西瓜茎叶	20
蘑菇渣	40	水葫芦	20～30
稻草	48～115	杂草	19
腐熟粪便	20	小麦秸秆	60～373
黑麦秸秆	60～350	松木	723
锯末	300～723	木屑	100～441

四、堆肥参数

要确定配方，必须了解废弃物、辅料和填充物的特性，最重要的特性包括 C/N、水分含量（湿基）、pH。

（一）C/N

要获得理想的微生物活性，堆肥混合物中碳和氮的平衡是关键因素。有机废弃物和其他堆肥组分混合后，微生物迅速繁殖，并消耗碳作为营养来源，消耗养分进行代谢，最终生成蛋白质。多数堆肥设施运行中 C/N 应维持在 25～40。如果 C/N 较低，氨分解，并迅速挥发掉，会造成氮的损失；如果 C/N 较高，由于氮会成为微生物生长的限制因子，所以堆积时间将会延长。

（二）水分含量

微生物将碳源转变成能量需要水分的参与。细菌一般可忍受的含水量为 12％～15％。高于 15％低于 40％的含水量，分解速度会降低；高于 60％的含水量，分解过程会从好氧转变到厌氧。厌氧是不期望发生的，因为其分解速度慢，并产生臭味。因此，最终产品应具有较低的含水量。

（三）pH

在堆积农业废弃物时，一般 pH 是自动调节的，无需考虑。细菌一般在 pH 6.0～7.5 范围内能进行正常生长，真菌在 pH 5.5～8.5 范围内能正常生长。在堆肥堆积过程的不同阶段，pH 一直在发生变化。一旦分解启动，pH 就很难控制。理想的控制方法可通过

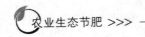

在初始混合物中添加碱性或酸性材料来实现，但添加碱性物质易造成氨挥发，应谨慎加入。

五、配方的确定

配方的确定是通过辅料的添加来调节 C/N 和水含量的反复过程。如果 C/N 超过了可接受的范围，就要添加辅料进行调整。如果调整导致含水量过高或过低，要添加辅料进行含水量的调整。再次检查 C/N，并可重复此过程。几次重复后，混合物的调整结果达到要求，这样配方就可以确定下来。

（一）确定添加填充物的量

此过程从确定是否需要添加填充物开始。如果废弃物原料不能支撑本身或没有足够的孔隙进行内部的空气流动，就需要添加额外的填充物。要确定所需的填充物的量，最好的方法是做一个小型的田间试验。为此，首先称取少量的废弃物原料，添加所要添加的填充物，并进行混合，直到达到所需要的结构和孔隙度为止。通常用木屑、树皮和碎轮胎等材料来作填充物。

（二）计算堆肥混合物的含水量

用式（12-13）确定整个混合物的含水量。各种原料（包括垫料、水等）的样品要单独进行抽取、烘干和称重，以确定混合物的含水量。

$$M_m = \frac{(W_w \times M_w) + (W_b \times M_b) + (W_a + M_a) + 水量}{W_m} \qquad (12-13)$$

式中：M_m 为堆肥混合物含水量，%；

W_w 为粪便湿重，kg；

M_w 为粪便含水量，%；

W_b 为填充物湿重，kg；

M_b 为填充物含水量，%；

W_a 为辅料湿重，kg；

M_a 为辅料含水量，%；

W_m 为堆肥混合物的湿重，包括粪便、辅料、填充物和水的总质量。

如果向堆肥混合物中添加辅料，将使其最终含水量为 40%～60%。如果堆肥混合物水分含量低于 40%，可添加含水量高的辅料来提高含水量，但一般添加水来进行含水量的调节。最好在含水量接近 60% 时启动堆积程序。如果堆肥混合物含水量超过 60%，需要添加干的辅料来降低水含量。通常使用秸秆、锯末、木屑和叶片来作为辅料。式（12-14）可用于确定修正物的量来降低或提高堆肥混合物的含水量。

$$W_{aa} = \frac{W_{mb} \times (M_{mb} - M)}{M_d - M_{aa}} \qquad (12-14)$$

式中：W_{aa} 为添加辅料的湿重，kg；

W_{mb} 为添加辅料前混合物的湿重，kg；

M_{mb} 为添加辅料前混合物的含水量，%；

M_d 为混合物要达到的含水量（湿基），%。

M_{aa}为添加辅料的含水量，%。

（三）计算 C/N

堆肥混合物的 C/N 是用粪便、辅料和修正物的 C/N 来进行计算的。各种粪便和辅料的 C/N 可在表 12-16 中查得，用式（12-15）计算混合物的 C/N。

$$R_m = \frac{W_{cw} + W_{cb} + W_{ca}}{W_{nw} + W_{nb} + W_{na}} \qquad (12-15)$$

式中：R_m 为堆肥混合物的 C/N；

W_{cw} 为粪便中碳含量，kg；

W_{cb} 为填充物中碳含量，kg；

W_{ca} 为辅料中碳含量，kg；

W_{nw} 为粪便中氮含量，kg；

W_{nb} 为填充物中氮含量，kg；

W_{na} 为辅料中氮含量，kg。

（四）确定添加辅料的量

C/N 计算结果小于 25 或大于 40，需要添加辅料来进行 C/N 修正。当堆肥混合物 C/N 低于 25 时，应添加一种 C/N 高的辅料；当堆肥混合物 C/N 高于 40 时，需添加 C/N 低的辅料。用式（12-16）、式（12-17）来计算所需添加辅料的量。

$$W_{aa} = \frac{W_{nm} \times (R_d - R_{mb}) \times 10\ 000}{N_{aa} \times (100 - M_{aa}) \times (R_{aa} - R_d)} \qquad (12-16)$$

或者：

$$W_{aa} = \frac{N_m \times W_{mb} \times (100 - M_{mb}) \times (R_d - R_{mb})}{N_{aa} \times (100 - M_{aa}) \times (R_{aa} - R_d)} \qquad (12-17)$$

式中：W_{nm} 为堆肥混合物中氮含量，kg；

R_d 为所期望的 C/N；

R_{mb} 为添加辅料之前堆肥混合物的 C/N；

M_{aa} 为所添加辅料的含水量，%；

N_{aa} 为所要添加辅料的氮含量（干基），kg；

R_{aa} 为所要添加辅料的 C/N；

N_m 为堆肥混合物的氮含量（干基），%；

M_{mb} 为添加辅料之前堆肥混合物的含水量，%。

堆肥混合物 C/N 高于 40 时，可添加一种无碳的辅料，如肥料，以降低 C/N 达到可接受的范围。在此情况下，式（12-18）可用于计算所要添加氮的干重。

$$W_{nd} = \frac{W_{cw} + W_{cb} + W_{ca}}{R_d} - (W_{nw} + W_{nb} + W_{na}) \qquad (12-18)$$

式中：W_{cw}、W_{cb} 和 W_{ca} 分别为粪便、垫料和辅料中碳含量，kg；

R_d 为所期望的 C/N；

W_{nw}、W_{nb} 和 W_{na} 分别为粪便、垫料和辅料中氮含量，kg。

在确定为校正 C/N 所要添加的辅料数量之后，重新返回到步骤 3，如果 C/N 为 25～40，混合物设计就完成。

六、堆肥

(一)堆肥影响因素

1. 堆积时间　堆积时间因 C/N、含水量、天气、堆积类型、管理、粪便和辅料的种类不同而存在较大的差异。管理较好的条垛式或堆放式堆肥，夏季堆积时间为 14d 至一个月。实际的堆积时间，应考虑堆肥熟化和储存所需要的时间。

2. 温度　应监测堆肥温度的变化。测温探针应有足够的长度，以使其能穿透堆体的 1/3。如果有可能，应每天监测堆体的温度。堆肥期间，温度是微生物活动水平的标志。未达到理想的温度会导致病原菌和杂草种子不能完全被摧毁，从而引起苍蝇和臭味的发生。

最初，堆体温度相当于环境温度，随着微生物的繁殖，温度迅速升高。

按照堆肥混合物内主要细菌的种类，堆肥过程一般分为 3 个阶段。如果温度低于 10℃，堆肥处于低温阶段；如果温度为 10～40℃，堆肥处于中温阶段；如果温度超过 40℃，堆肥处于高温阶段。要彻底杀死病原菌，堆肥温度必须超过 60℃。

3. 水分　应定期监测堆肥混合物的含水量变化。含水量的过高或过低会减缓甚至阻止堆肥过程。一般较高的含水量常导致向厌氧消化过程的转化和臭味的产生。高温能驱赶掉大量的水分，但堆肥混合物可能会过干，常需要添加水分。

4. 臭味　臭味是堆肥下一步如何进行操作的指示剂，臭味的产生意味着堆肥过程已从好氧消化转变成了厌氧消化。厌氧消化是堆体内氧气不够充分导致的，这可能是堆体内水分过多引起的，需要对堆体进行翻倒或通氧。

(二)堆肥程序

一般堆肥需遵循以下几个步骤：

1. 材料的预处理　为提高微生物的分解速度，有必要对原材料进行粉碎，主要是为了增加堆肥混合物的表面积。

2. 粪便、辅料以及填充物混合　按照制定好的堆肥配方对原材料、辅料和填充物进行混合，配方应详细地记录所要混合的废弃物原料、辅料和填充物的数量。混合作业一般由拖拉机上的前端装载机来完成，也可以使用其他方法。

3. 强制空气或机械翻倒进行通氧　一旦材料混合好，堆肥过程就开始了。细菌开始繁殖，消耗碳和氧气。

为保持微生物活力，需向堆体加入空气，以使其重新获得氧气的供应。空气的加入可通过堆体简单地重新混合或翻倒进行。较为复杂的方法是用风机压入或吸出空气，使空气穿过堆肥混合物。每天每千克挥发性物质一般需要 10～18kg 的空气，如果以体积百分数表示，堆肥混合物的理想浓度范围为 5％～15％。超过 15％，由于空气流动大，会使温度降低。氧气浓度低一般会导致厌氧条件的产生，减缓降解过程。不当的通氧易发生厌氧反应，会增加臭味的产生。

4. 水分调节　需要加水时应谨慎行事，因为很容易加多。水分过多堆体容易出现过湿和过紧，堆肥材料将不能充分进行分解。堆体流出液体是水分过多的标志。

5. 熟化　一旦堆肥完成，就可以直接进行一段时间的熟化。熟化期间，堆肥温度重新回到环境温度，生物活性降低。熟化阶段，堆肥养分得到进一步稳定。依据原材料的种类和堆肥的最终用途，一般熟化时间为 30～90d。

6. 干燥　如果堆肥产品要进行销售、长距离运输或用于垫圈物，就需要进行干燥处理，来减轻质量。可通过将堆肥产品铺撒在温暖、干燥的地方或有屋顶的设施中进行自然干燥，直到大量的水分蒸发掉。

7. 填充物的回收　像轮胎碎片或木条这样的填充物，可用筛片从堆肥产品中分离出来，并进行回收。回收的填充物可在下次堆肥配方时再次使用。

8. 储存　在有冰或雪覆盖的条件下，不能进行田间施用，或已经错过生产季节，堆肥产品需要储存一段时间。应在储存间进行储存，露天储存时应进行苫盖，以防受到不良天气的影响。

第四节　粪肥养分管理

在设计养分管理策略时应考虑多种因素的影响。作物生长和环境保护的目标需要保持平衡，不能互相冲突。满足作物的养分需要的同时，也必须考虑土壤的限制条件。

粪便田间应用策略必须按氮或磷作为限制性养分的基础进行设计。以氮含量为主的粪肥在应用时必须以氮元素作为限制性养分，其他不足的养分可以用化肥来补充。高磷含量的粪肥应以磷作为限制性养分对田间施用面积进行限定。

在多数情况下，涉及环境和水资源保护时，应该考虑氮对地下水的影响和磷对地表水的影响，尽管二者对地表水或地下水来说都可作为限制性因子。有一定坡度的地方，土壤易受侵蚀，附近如果有饮用水供应水源，由于磷的移动，会给水库水质造成一定的影响。

养分管理是种养结合模式重要的环节，是建立在土壤测试、作物产量、粪肥养分分析及环境问题基础之上，同时必须考虑粪肥中的有效养分、作物对养分的需求、粪肥应用时期及方式，还必须将径流、淋洗及蒸发损失的风险控制到最低程度。

一、养分损失

养分损失一般分为两类：一是施入土壤前损失的养分，二是施入土壤后损失的养分。

（一）施入土壤前

粪肥施入土壤前的养分损失差异很大，这取决于收集、储存、处理与施用的方法。在计算植物吸收利用的养分量时，这些损失必须考虑进来。气候及管理对养分的损失也有较大的影响。在温暖的气候条件下，养分的蒸发损失会变得很快，如果再有风的话，会加剧养分的损失；另外，废弃物存放和处理时间越长，养分损失越多。

当温度降到 5℃ 以下时，微生物的活动几乎停止。因此，大多数的蒸发损失会在秋天停止，直到翌年春季恢复，这是一种自然保护现象。

在缺少数据的情况下，表 12-18 中数据可以用来估算养分的损失。表中的数据是粪便存放或处理后养分保存下来的百分比，已包含了收集过程中的养分损失。

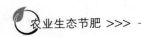

表 12-18 粪便不同保存方法对养分保存率的影响

单位:%

保存方法	肉牛			奶牛			禽类			生猪		
	N	P	K	N	P	K	N	P	K	N	P	K
寒冷湿润地区，露天存放	55~70	70~80	55~70	70~85	85~95	85~95				55~70	65~80	55~70
炎热干燥地区，露天存放	40~60	70~80	55~70	55~70	85~90	85~95						
有遮盖的防水设施中，储存的液态和固态粪便	70~85	85~95	85~95	70~85	85~95	85~95				75~85	85~95	85~95
无遮盖的防水设施中，储存的液态和固态粪便	60~75	80~90	80~90	65~75	80~90	80~90				70~75	80~90	80~90
储存池中保存的液态和固态粪便（稀释倍数小于50%）				65~80	80~95	80~95						
粪便和垫料混合物存放在有屋顶设施中				65~80	80~95	80~95	55~70	80~95	80~95			
粪便和垫料混合物存放在无屋顶设施中，且渗出液流失掉				55~75	75~85	75~85						
存放在板条地板下方沟中的粪便	70~85	85~95	85~95	70~85	90~95	90~95	80~90	90~95	90~95	70~85	90~95	90~95
厌氧池处理过或稀释超过50%存放在储存池中的粪便	20~35	30~50	50~65	20~35	30~50	50~65	20~30	30~50	50~65	20~30	30~50	50~60

在应用过程中养分的损失可以参考表12-19、表12-20中的数据来估算，这些是除了表12-18中估算的养分损失以外的部分。

表 12-19 施入土壤的粪便（氨挥发损失）可提供给土壤氮的百分比

单位:%

施用方法	留存与投入百分比
注入	95

表 12-20 固态粪便撒施（氨挥发损失）可提供给土壤氮的百分比

单位:%

撒施与混入土壤作业的间隔时间	土壤条件		
	干热	湿热	湿冷
1d	70	90	100

（续）

撒施与混入土壤作业的间隔时间	土壤条件		
	干热	湿热	湿冷
4d	60	80	95
7d 或以上	50	70	90

　　粪便施用时间对于氮的保存很关键。蒸发损失会随着时间、高温、风和低湿度的持续而加剧。为了降低蒸发损失，粪便应在风干之前施入土壤。在氮发生明显损失之前，粪便施入土壤的允许时间会随着气候的变化而变化。在较冷、较湿的土壤上施用，粪便不会马上变干，因此可以保持几天不发生蒸发损失；在较热、较干的土壤上施用，粪便会迅速变干，24h 内会以氨气的形式大量损失，尤其是在有干热风的条件下。

　　粪便若是在厌氧条件下存放，超过 50% 的氮以氨的形式存在，随时会随粪便变干而挥发损失。干旱或半干旱气候条件下，干燥粪便已经以氨气的形式损失了大多数的铵态氮，随着时间的推移，几乎没有额外的损失。

　　（二）施入土壤后

　　粪便施入土壤后也会损失一些氮。氮的损失主要是淋洗和反硝化作用，然而，有机氮必须经转化或矿化后才能产生氮损失。粪便施入土壤后，磷和钾的损失降到最低，但是矿化过程依旧发生。

　　1. 淋洗　硝酸盐形式的氮是溶于水的，可以随着下渗的水穿过根区而损失掉。水分可以通过降水、融雪和灌溉进入土层，从而也使得可溶性的养分随着水分移动进入土壤。施用足够量的有机物质能够将这种损失降到最小。

　　在灌溉区，良好的水分管理可以防止可溶性养分的过量淋洗损失。如果用过量的灌溉水冲洗根区下方盐分的话，也会发生养分的淋洗损失。

　　制定养分管理计划必须以养分最小淋洗损失为指导。除了水分预算外，还必须考虑粪便的单位用量、施用时期以及作物养分需求量。土壤淋洗指数可用于制订养分施用计划，以此来估算硝酸盐的淋洗量。表 12-21 可用于制订计划时进行参考。

表 12-21　土壤淋洗指数与无机氮的淋洗损失

淋洗指数（cm）	无机氮淋洗损失（%）
＜5	5
5～25	10
≥25	15

　　淋洗指数是衡量氮淋洗潜力随季节性变化的加权估计值。根区下方养分损失的概率取决于淋洗指数。淋洗指数小于 5cm 的话不会造成养分损失，5～25cm 时可能会造成损失，超过 25cm 造成损失的可能性更大（Williams et al., 1991）。

　　2. 反硝化　氮也可以通过反硝化作用从根区损失掉。反硝化作用是硝酸盐在缺氧条件下产生的。以碳作为能源（一般在根区），同时其他条件适宜厌氧细菌的生长，厌氧细

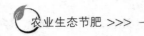

菌会将硝酸盐转化成气态的 N_2O 或 N_2，这些气体会进入大气。因为粪便较化肥含碳量高，碳又是一种常用的能源，因此反硝化作用发生的概率就非常大。

土壤中的厌氧条件一般可以通过控制水分含量（通过土壤排水能力来反映）和土壤有效碳含量（通过土壤有机质含量来反映）而得到控制。表 12－22 给出了各种排水等级和有机质含量的土壤上无机氮发生反硝化作用比例的估算值。表中数据是在假设硝酸盐浓度不受限制，有反硝化细菌存在以及进行反硝化作用温度适宜的情况下得出的。

表 12－22　不同土壤条件下氮反硝化损失的百分比

单位：%

土壤有机质含量（%）	排水能力				
	极强	良好	适中	不良	极差
<2	2～4	3～9	4～14	6～20	10～30
2～5	3～9	4～16	6～20	10～25	15～45
≥5	4～12	6～20	10～25	15～35	25～55

二、养分需求

粪肥可以为作物生产提供部分养分，甚至全部养分。确定作物养分需求最有效的方式是建立养分管理计划，以设定产量目标为基点，对土壤和粪肥进行分析，制订以整个生长期供给作物有效养分为内容的养分平衡计划。粪肥利用有以下两种策略：

（一）最大养分效率管理

养分单位用量是建立在最大限度满足作物生长需求基础的有效养分量。对于大多数动物粪便来讲，这个元素是磷。粪便施用量的计算是基于对磷的需求，氮和钾的供给来自其他来源的养分（一般为化肥）。这个施用量是最保守的用量，还需要其他肥料作为补充，但施用数量不要超过作物推荐用量。

（二）最大粪肥施用量管理

一般来讲，氮素是粪便中含量最多的元素，也是作物需求量最大的元素，在很大程度上氮素会被作物吸收利用。粪便施用量的计算基于作物对氮的需求，这使得粪便施用量尽可能最大化，但会超过作物对磷和钾的需求。长期这样施用的话，会导致磷、钾养分在土壤中过量累积。

三、养分核算

植物生长所需的养分可以通过养分核算程序来确定。固态粪便施用量以 t/hm^2 来计算，液态粪便施用量以 L/hm^2 来计算。

粪便的多样性、施用地点和气候条件的差异性以及地方研究数据的缺失都是影响养分估算准确性的主要因素。但是，在核算过程中对粪便进行抽样检测，可以缩小这种多样性带来的影响。

在不能进行样品测试的情况下，养分核算按以下步骤来进行：

（一）估算粪便中的养分

利用当地农业技术推广服务部门提供的数据或信息来计算粪便中的养分浓度（N、P_2O_5、K_2O）。如果没有测试数据或地方资料的话，可以利用各种畜禽粪便平均养分含量表来计算。

（二）估算废水、溢撒饲料和垫料中的养分

废水，如养殖径流、挤奶中心以及其他过程产生的废水，都含有一定的养分。可参考相关资料中废水养分含量的数据或对废水样品进行分析来确定其养分含量，然后将其转化成 N、P_2O_5、K_2O 养分量。

（三）减去储存过程中损失的养分

核算粪便从排泄到施用再到施入地块之前这段时间内的养分损失量。表 12-18 给出了粪便在存放或多种方式处理后养分的剩余量。用经过以上步骤算得的总养分乘以剩余百分比来获得田间应用时的养分量。

（四）确定作物可利用的养分量

如果当地的数据不可用的话，可以参考表 12-23 中的数据。该表给出了几种粪便在不同管理措施下氮、磷、钾的矿化速率值。表中每列数据表示粪便在连续 3 年的作物生长周期内，每年的粪便矿化率。表中的数值是一个累计值，表示在前一年施用粪便后当年可利用的总养分。施用 3 年数值就是粪肥施用后 3 年中每一年的矿化量。

表 12-23 粪肥中氮、磷和钾的矿化率

单位:%

粪便种类和处理方式	施用1~3年后累计矿化率								
	氮			磷			钾		
	1	2	3	1	2	3	1	2	3
鲜禽类粪便	90	92	93	80	88	93	85	93	98
鲜生猪和牛粪便	75	78	81	80	88	93	85	93	98
坑中储存的蛋鸡粪便	80	82	83	80	88	93	85	93	98
储存在能覆盖的储存池中的猪或牛粪便	65	70	73	75	85	93	80	88	93
储存在露天设施或池塘的猪或牛粪便（未稀释）	60	66	68	75	85	90	80	88	93
储存在有屋顶的牛粪便，含有垫料	60	66	68	75	85	90	80	88	93
处理池流出液或稀释的粪便储存池液	40	46	49	75	85	90	80	88	93
湿冷地区储存在露天的粪便	50	55	57	80	88	93	85	93	98
干热地区储存在露天的粪便	45	50	53	75	85	90	80	88	93

（五）实现目标产量作物和土壤所需要的养分量

当得到粪便分析数据、土壤测试数据和农业技术推广部门推荐数据可行的话，可以拿来直接应用。如果无法得到所需数据，可按下列步骤进行估算：

1. 估算实现目标产量所需的养分量 查询作物单位产量养分吸收量，表 12-24 列出

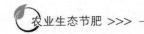

了主要作物单位产量养分吸收量。用目标产量乘以单位产量养分吸收量再除以 100，得到实现目标产量作物需吸收的养分量。

表 12 - 24　主要作物单位产量养分吸收量

单位：kg

作物	收获部位	形成 100kg 产量作物所吸收的养分量		
		氮（N）	磷（P_2O_5）	钾（K_2O）
水稻	籽粒	2.25	1.10	2.70
冬小麦	籽粒	3.00	1.25	2.50
春小麦	籽粒	3.00	1.00	2.50
大麦	籽粒	2.70	0.90	2.20
玉米	籽粒	2.57	0.86	2.14
谷子	籽粒	2.50	1.25	1.75
高粱	籽粒	2.60	1.30	1.30
甘薯	块根	0.35	0.18	0.55
马铃薯	块茎	0.50	0.20	1.06
大豆	籽粒	7.20	1.80	4.00
豌豆	籽粒	3.09	0.86	2.86
花生	果实	6.80	1.30	3.80
棉花	皮棉	5.00	1.80	4.00
油菜	籽粒	5.80	2.50	4.30
芝麻	籽粒	8.23	2.07	4.41
烟草	鲜叶	4.10	0.70	1.10
大麻	茎皮	8.00	2.30	5.00
甜菜	块根	0.40	0.15	0.60
甘蔗	茎	0.19	0.07	0.30
黄瓜	果实	0.40	0.35	0.55
架豆	果实	0.81	0.23	0.68
茄子	果实	0.30	0.10	0.40
番茄	果实	0.45	0.50	0.50
胡萝卜	块根	0.31	0.10	0.50
萝卜	块根	0.60	0.31	0.50
甘蓝	叶球	0.41	0.05	0.38
洋葱	鳞茎	0.27	0.12	0.23
芹菜	整株	0.16	0.08	0.42
菠菜	整株	0.36	0.18	0.52
大葱	整株	0.30	0.12	0.40

2. 因土壤存在反硝化作用的可能性，需要增加作物对养分的需求　表 12 - 22 给出了

在特定田间条件下发生反硝化损失的粗略估算值。此值是在作物生长季节中按粪便有效无机氮含量，并且依据土壤排水条件和土壤有机质含量进行的估算。此值还取决于土壤当季发生反硝化作用的条件，只有氮素有这个过程。

3. 淋洗损失需要增加作物对养分的需求量 这种潜在损失只有当硝态氮淋洗到根区下方时才会发生。表 12-21 提供了按土壤淋洗指数划分的无机氮损失的百分数。

（六）计算因施用造成的氮损失量

表 12-19、表 12-20 可以用于估算粪肥施入土壤后铵态氮的挥发量。

（七）按养分种类计算粪肥施用量

在选择主要养分来计算粪肥施用量时，应考虑到土壤测试结果、作物对养分的需求以及环境的敏感性。粪便中的养分（N、P_2O_5、K_2O）含量比可以与作物养分需求比例相比较。如果养分比例不平衡，应该加强措施减小施用量，以防止超过土壤限制量或作物的需求量。

（八）用粪肥的有效养分量计算施用面积

用上步所选择的主要养分在粪便中的有效含量除以作物生产中单位面积需要的养分量，所得数据即为该种养分进行田间施用时所需要的面积。需要补充的养分可以通过其他来源供给（如化肥）来满足作物和土壤对养分的需求，以实现目标产量。

（九）确定粪肥的单位施用量

（1）固态粪便单位施用量的确定。用粪便质量除以施用面积，得到的数值即为单位施用量。

（2）液态粪便单位施用量的确定。液态粪便在田间一般采用管道和喷灌进行施用，但也可采用拖运到田间然后施用的方式。为了确定施用量，用施用粪便的体积除以施用面积得到单位施用量。

例 7：某农场有 200 头奶牛，平均体重 550kg，日产奶 45kg，全年进行封闭养殖。所有粪便、挤奶间/牛奶储藏室的废水均抽到储存池，无径流流入储存池。挤奶间和牛奶储藏室平均每头的废水量为 20L/d。粪便在每年春季施用，并且在一天之内耕翻到地里。施用粪便的土地用来生产玉米，目标产量为每亩 550kg，并且已经施用了多年。在没有养分含量测定结果的情况下，计算养分产生总量以及按 N、P、K 需求分别需要的土地面积。

步骤 1：估算粪便中的总养分含量（N、P、K）

储存期内养分量＝动物数量×动物平均体重×日养分产生量×储存时间

奶牛粪便的 N、P、K 各养分值可以从表 12-1b 查得，计算如下：

N＝200×550×0.76×365/1 000＝30 514（kg）

P＝200×550×0.14×365/1 000＝5 621（kg）

K＝200×550×0.35×365/1 000＝14 052.5（kg）

步骤 2：加上废水中养分（肉牛养殖无需此步骤）

从表 12-2 得知，每 1 000L 废水中的 N、P、K 的估算量为 0.2kg、0.1kg、0.3kg。

废水中的养分量＝动物数量×每天的废水产生量×每天的养分产量×时间

N＝200×20×0.2×365/1 000＝292（kg）

P＝200×20×0.1×365/1 000＝146（kg）

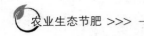

K＝200×20×0.3×365/1 000＝438（kg）

养分总量为：

总 N＝30 514＋292＝30 806（kg）

总 P＝5 621＋146＝5 767（kg）

总 K＝14 052.5＋438＝14 490.5（kg）

转换成肥料形式为：

总 N＝30 806（kg）

总 P_2O_5＝5 767×2.29＝13 206.4（kg）

总 K_2O＝14 490.5×1.21＝17 533.5（kg）

步骤 3：减去储存期间养分的损失量

表 12-18 中，使用"稀释倍数小于 50％"该行较低数值进行估算，用步骤 2 得到的总养分量乘以养分剩余百分比，可得出除去储存过程中损失后剩余的养分总量。

扣除储存损失后的养分总量＝总养分量×养分剩余系数，该数值也就是田间应用时的粪便有效养分总量。

N＝30 806×0.65＝20 023.9（kg）

P_2O_5＝13 206.4×0.80＝10 565.1（kg）

K_2O＝17 533.5×0.80＝14 026.8（kg）

步骤 4：计算作物可利用的有效养分

利用表 12-23 连续 3 年施用粪便后，计算可被作物利用的有效养分量。

作物可利用的有效养分量＝粪便养分量×作物有效利用养分百分数，即：

N＝20 023.9×0.68＝13 616.2（kg）

P_2O_5＝10 565.1×0.90＝9 508.6（kg）

K_2O＝14 026.8×0.93＝13 044.9（kg）

步骤 5：确定达到目标产量的作物养分需求量

按表 12-24 中列出的玉米数值，计算每亩收获部分带走的养分量。

N＝550×2.57/100＝14.1（kg）

P_2O_5＝550×0.86/100＝4.7（kg）

K_2O＝550×2.14/100＝11.8（kg）

在此不考虑，氮的反硝化、淋洗和施用作业所造成的氮损失。

步骤 6：计算粪便施用面积

施用面积＝粪便所含有效养分量/单位面积施用量，即：

S_N＝13 616.2/14.1＝966（亩）

$S_{P_2O_5}$＝9 508.6/4.7＝2 023（亩）

S_{K_2O}＝13 044.9/11.8＝1 106（亩）

从以上计算结果可以看出，仅需要 966 亩耕地就可以完全利用粪便中的氮素养分，但是需要 2 023 亩耕地才能保证磷素不会过量施用。利用此方法也可以计算养殖场所需要的配套耕地面积，具体采取何种施肥策略要根据地方政府的相关规定进行确定。

四、种养结合模式下的土地承载力核算

种养结合模式下，土地承载力是指一定面积土地上作物生产需求的养分中，通过畜禽粪便提供的养分总量所对应的承载畜禽粪便的最大数量。一般依据区域内土地对畜禽养殖氮素养分的负载能力，来测算畜禽养殖的土地承载力。

（一）作物总养分需求

用区域内主要粮食、蔬菜和水果的产量，乘以每种作物所含的养分量，累加可获得该区域的总养分需求。主要作物单位产量养分吸收量见表 12-24。具体计算见式（12-19）。

$$R_t = \sum (Y_i \times N_i / 100) \tag{12-19}$$

式中：R_t 为区域内每年各种作物目标产量下的需氮总量，t；

　　　Y_i 为区域内每年 i 种作物的目标产量，t；

　　　N_i 为区域内 i 种作物每 100kg 的养分氮素吸收量，kg。

（二）区域内粪便含氮总量

依据不同畜禽粪便排泄系数（表 12-9）、粪便含氮量以及粪便储存时间，可以计算出不同畜禽累计排泄的氮量，然后相加就可得到区域内畜禽粪便中氮的总量。各种畜禽粪便养分含量见表 12-25。具体计算见式（12-20）、式（12-21）。

$$NM_i = (Ms_i \times Cs_i + Ml_i \times Cl_i) \times D_i / 1\,000 \tag{12-20}$$

式中：NM_i 为区域内每年 i 种畜禽排泄的总氮量，t；

　　　Ms_i 和 Ml_i 为区域内每年 i 种畜禽粪便和尿液产生量，t；

　　　Cs_i 和 Cl_i 为 i 种畜禽粪便和尿液中的氮含量，%；

　　　D_i 为 i 种畜禽饲养时间或粪便储存天数，d。

$$NM = \sum NM_i \times P_i \times / 1\,000 \tag{12-21}$$

式中：NM 为区域内每年所有畜禽排泄的氮总量，t；

　　　NM_i 为 i 种畜禽排泄氮量，t；

　　　P_i 为区域内 i 种畜禽饲养量，头（只）。

表 12-25　畜禽粪便中污染物平均含量

单位：kg/t

项目	COD	BOD	铵态氮含量	总磷含量	总氮含量
猪粪	52.0	57.0	3.1	3.41	5.88
猪尿	9.0	5.0	1.4	0.52	3.30
牛粪	31.0	24.5	1.7	1.18	4.37
牛尿	6.0	4.0	3.5	0.40	8.00
鸡粪	45.0	47.9	4.8	5.37	9.84
鸭粪	46.3	30.0	0.8	6.20	11.00

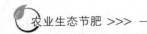

(三) 区域内粪便总氮的供给量

畜禽粪便在排泄后，在收集、储存和处理过程中氮会以氨气的形式损失掉一部分，损失的比例应根据实际情况按表 12-9、表 12-20 进行确定。一般会有 60%～70% 的氮保留住，如果有测定值，应使用测定值进行计算。具体计算见式 (12-22)。

$$NM_{sup} = NM \times P_{rem} \qquad (12-22)$$

式中：NM_{sup} 为区域内每年畜禽粪便氮供应总量，t；

NM 为区域内每年所有畜禽粪便总含氮量，t；

P_{rem} 为畜禽粪便管理过程中氮的保存率，%。

(四) 区域内土地承载力分析

区域畜禽养殖土地承载力指数基于区域土地实际承载畜禽粪污氮量与实际种植作物对畜禽粪污氮需求量，按式 (12-23) 计算。

$$N = \frac{NM_{sup}}{R_t} \qquad (12-23)$$

式中：N 为区域内土地承载力指数；

NM_{sup} 为区域内每年所有畜禽粪污中收集的氮，t；

R_t 为区域内每年种植作物需求粪肥供给氮的总量，t；

当 $N<1$ 时，表明区域的畜禽饲养量不超载。当 $1\leqslant N<1.2$ 时，表明区域的畜禽饲养量超载，需要削减；可在 2 年内逐步削减，且削减完成后 2 年内不适宜反弹。当 $1.2\leqslant N<1.5$ 时，表明区域的畜禽饲养量超载，需要削减；可在 1 年内逐步削减至 $N<1.2$，且削减完成后不适宜反弹。然后继续依照 $1\leqslant N<1.2$ 进行削减。当 $N\geqslant1.5$ 时，表明区域的畜禽饲养量超载明显，需要迅速（小于 1 年）削减至 $N<1.5$，且削减完成后不适宜反弹；然后继续依照 $1.2\leqslant N<1.5$ 进行削减。

区域畜禽粪便土地承载力超载时，应：①减少畜禽养殖量，尤其是环境敏感区的畜禽养殖量。②调整养殖结构。如提升氮排放量低的畜禽种类的饲养比例。③扩大畜禽粪便施用土地的播种面积。如寻找新的畜禽粪便施用土地，变一年单茬种植为一年多茬种植。④扩大现有种植作物的氮携出量。如通过合理施肥等途径提升作物产量。⑤优化作物种植结构。如相同产量下选择氮携出量高的作物。⑥提升区域内商品有机肥的输出量。

(五) 范例

以京郊某区 2015 年统计数据为例进行畜禽粪便土地承载力分析，表 12-26 为该区 2015 年主要粮食作物、油料作物、经济作物和蔬菜的种植面积和产量情况，表 12-27 为该区 2015 年畜禽养殖出栏和存栏情况。

表 12-26 京郊某区 2015 年作物种植面积和产量

项目	水稻	玉米	谷子	高粱	豆类	薯类	油料	蔬菜	水果	青饲	牧草
面积（亩）	182	208 533	3 785	476	8 505	205	578	13 886		8 941	4 169
产量（t）	57	103 462	589	103	947	50	74	21 869	19 253	17 882	2 501

表 12 - 27　京郊某区 2015 年畜禽养殖情况

项目	生猪（头）	种猪（头）	肉牛（头）	奶牛（头）	羊（只）	肉鸡（万只）	蛋鸡（万只）	鸭（万只）
出栏	114 705		5 914		40 971	711.26		30.94
年末存栏	67 793	7 995	3 618	14 850	65 530	41.11	273.59	4.27

1. 区域作物总氮需求量的估算　从表 12 - 24 和其他相关资料中查得各种作物收获 100kg 产量所吸收的 N 量，将查询结果列入表 12 - 28 中。

表 12 - 28　各种作物 100kg 收获材料需 N 量

单位：kg

项目	水稻	玉米	谷子	高粱	豆类	薯类	油料	蔬菜	水果	青饲	牧草
N 含量	2.25	2.57	2.50	2.60	7.20	0.5	7.19	0.43	0.45	0.30	1.38

将表 12 - 26 中的产量数据和表 12 - 28 中的数据代入式（12 - 19）可以计算出该区的氮素需求量为 3 020.2t。

2. 区域粪肥总氮量估算　首先，计算年内出栏畜禽排泄粪便含氮量。畜禽数量、单位氮排放量及计算结果见表 12 - 29。

表 12 - 29　京郊某区 2015 年出栏畜禽排泄粪便含氮量

项目	生猪	肉牛	羊	肉鸡	鸭
出栏［头（只）］	114 705	5 914	40 971	7 112 600	309 400
单位（每只/每头）排氮量（kg）	4.54	69.4	7.29	0.054	0.064
各畜禽排氮量（t）	520.8	410.4	298.7	384.1	19.8

各畜禽排氮量相加可以得到年内该区出栏畜禽排泄粪便含氮量为 1 633.8t。

其次，计算年末存栏畜禽排泄粪便含氮量。畜禽数量、单位氮排放量及计算结果见表 12 - 30。

表 12 - 30　京郊某区 2015 年年末存栏畜禽排泄粪便含氮量

项目	生猪	种猪	肉牛	奶牛	羊	肉鸡	蛋鸡	鸭
年末存栏［头（只）］	67 793	7 995	3 618	14 850	65 530	411 100	2 735 900	42 700
单位（每只/每头）排氮量（kg）	0.413	21.5	23.4	149.7	3.24	0.027	0.584	0.032
各畜禽排氮量（t）	28.0	171.9	84.7	2 223.0	212.3	11.1	1 597.8	1.4

各畜禽排氮量相加可以得到年末该区存栏畜禽排泄粪便含氮量为 4 330.2t。因此，该区全年畜禽排氮总量为 5 964.0t。

计算畜禽排氮量还可以通过畜禽粪便的单位排泄量和氮含量进行计算，这里不再说明。

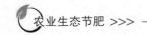

3. 区域畜禽粪便土地承载力分析　粪便全氮量按 60％保存率、70％矿化率来计算粪便可供作物吸收的氮量，结果为 2 505t。用式（12-23）计算土地承载系数为 0.83，也就是说该区域畜禽养殖土地承载力未超过负荷。

第五节　粪肥田间施用技术

粪肥田间施用是种养结合模式的最终目标，在我国有着悠久的历史，也是欧美发达国家消纳畜禽粪便最常应用的方法之一。粪肥养分全面，肥效长，富含有机质，在培肥土壤方面的作用是化肥无可替代的；但其养分含量低，一次性施用量大，大面积施用需要大型机械才能完成。粪肥主要用作基肥，也可用作追肥，常见的施用方法分两类：液态粪肥的喷施（注施）和固体堆肥的机械撒施。

一、粪肥施用技术

（一）液态粪肥的施用

液态粪肥是指固体物含量小于 5％的粪肥，经氧化池和厌氧池处理过的粪肥可以进行田间施用，已逐渐被全球农业生产所接受。固体物含量为 5％～15％的浆态粪肥经稀释后也可以使用液态粪肥的田间施用方式。

1. 地表施用

（1）沟施。农田与养殖场距离较近（1 000m 以内），应用衬渠或管道，或两者相结合的方式，将粪肥输送到田间，通过各个支渠进行施用。渠道和管道输送系统应采取防漏和防渗措施，防止粪肥在输送过程中发生渗漏，对周围地表水造成污染。

该种方式建设成本低，运行费用少；但施用效果均一性较差，严重时会影响作物的长势；也容易形成地表径流，坡度差异较大的地块要慎用。

（2）喷施。通过输送管道或罐车，将液态粪肥输送到田间，管道与喷灌系统相连接，使用大口径的喷嘴将粪肥喷施到田里。含有垃圾、研磨剂、垫圈物或纤维物质的粪肥不适合使用这种喷灌装置，除非对粪肥进行切割或研磨等预处理。这种方法比机械运输方式快捷，喷施均匀度较高，但建设成本和运行费用也较高。应结合土壤特性注意以下几个问题：

（1）排水和吸水速度较慢的土壤会造成地表径流和积水，这很有可能导致土壤不均匀渗透，对河流造成潜在的污染。

（2）在有一定坡度的高地上进行施用时，粪肥施用量要小于土壤的吸收量才能确保径流不会进入水体。

（3）高地下水位意味着粪肥分解产生的养分只需移动很短的距离就能污染地下水。土层较浅或沙性土壤的过滤能力较低，因此增加了这种污染的风险性。

（4）排水性极强的土壤上往往作物产量较低，这是因为施入的养分和灌溉水在这种土壤的移动速度很快，而作物只能吸收较少的一部分。

罐式撒施机的罐一般为钢罐，可安装在一个移动装置（车架与车轮）上由拖拉机或卡车牵引。按安装方式主要分为两种：一种需要用一个单独的撒施泵，常被称为撒施罐车，容量 3 800～4 5000L；另一种为罐体和撒施一体化设备，通常多种功能合为一体。

喷施设备有人工移动式、拖管式、侧滚轮式、固定式和行走式大型喷枪以及中心轴喷灌设备，不同设备各具特点，应根据粪肥特性、运输距离、施用面积、地块特征进行选择，具体需考虑的因素见表 12 - 31。

表 12 - 31　选择喷施系统需考虑的因素

考虑因素	人工移动式	拖管式	侧滚轮式	行走式喷枪	中心轴式
固体物含量	最高 4%	最高 4%	最高 4%	最高 10%	最高 10%
运行规模	小	小	小至中	大小所有	大小所有
劳动力需求	高	中	中	低	低
投资成本	低	低	中	低	高
运行费用	低	高	高	高	高
扩容需求	需更多管道和设备	需更多管道和设备	需更多管道和设备	需更多管道和设备	需更多管道和设备
看护时间	中	中	中	中	低
土壤类型	适合吸收率范围广的土壤	适合吸收率范围广的土壤	适合吸收率范围广的土壤	适合吸收率范围广的土壤	适合吸收率范围广的土壤
地表形状	广泛	广泛	有限	广泛	广泛
作物高度	可适应	低	低	可适应	可适应

2. 土壤注射　表面撒施的液态粪肥在 4～6h 内，氮素的挥发损失是非常明显的。将液态粪肥注射（也称为切入或凿入）到 10cm 左右深度的土壤，可有效减少臭味的产生和养分的损失。当为减少氮素损失添加了硝化抑制剂或为更好地满足作物对氮的需求而添加了无水氨的粪肥时，必须采用土壤注射法进行田间施用（萨顿 等，1983）。

受拖拉机动力的限制，早期的注射器有时安装在罐体的前部或拖拉机与罐体间的连接杆上，这是为了提高注射深度以及操作者的视线。然而，这种方式给拖拉机与罐体的连接带来不便，也影响了注射的效果，在罐车车轮的压力作用下已注入土壤中的粪肥又会重返地表。因此，现在的注射器均安装在罐体的后部。

按犁土方式的不同，注射器分为铲式注射器和圆盘式注射器。①铲式注射器采用一个宽 33～67cm 的金属铲，先将土壤犁开一条沟，然后注入液态粪肥，后部拖曳的盖板重新将掀开的土壤回填到沟中，注入的粪肥会被土壤覆盖。在施用量较大时，这种注射器会使液态粪肥向上渗出，然后沿下坡流动。土壤中有大块岩石或土壤较僵硬时，注射器的深度较难控制，特别是在使用较宽的铲（刀）片时。石头较少，较为松散的土壤注射效果更均匀。②圆盘式注射器采用直径约为 67cm 的圆形刀片，圆盘边缘凸凹不平，这些圆盘在土壤表面下水平滚动，随着土壤被圆形刀片抬起，粪肥被注入刀片的下方。圆盘的安装不是垂直的，要与前行的方向稍呈一定的角度。这样当粪肥被注入土壤后，就能得到较好的覆盖。通常情况下，罐车后部要安装 4～6 个最多 16 个的注射器，间距约 67cm。

土壤表面含水量、场地地形和行驶速度影响了牵引罐车拖拉机的动力需求，同时其也受注射器设计和注射深度的影响。例如，要牵引 12 000L 的罐车，其带有 4 个注射器，注

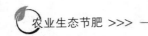

射入已耕土壤 10cm 处，以每小时 5km 的速度行进，应需要 59kW 的动力。

（二）固体堆肥的施用

固体堆肥施用一般要运输到田间，进行表面撒施，随后用圆盘犁或錾形犁等耕具将粪肥混入土壤。

尾部抛撒的箱式撒施机具有普遍性，可以进行固态粪肥的运输和撒施作业。装载容量一般为 $1\sim25m^3$。这种设备相对投资较低，使用简单。箱式撒施机可安装到拖车上，由拖拉机牵引，也可安装到卡车架上。卡车撒施机的优点是容量大和运输速度快，适于运输距离较长时使用。对于小型至中型的养殖场，使用箱式撒施机进行运输和撒施更加方便和实用。

抛撒机的安装方式有垂直式和水平式两种，一般垂直式比水平式的抛撒器更能将原材料打散，抛撒的范围更广，均匀性更好。

为提高堆肥在箱体内的流动性，开发出了 V 形底箱式撒施机，这种撒施机不仅适用于固体堆肥的撒施，也可对含水量更高的浆态粪肥进行有效撒施，所以其适应性更为广泛。V 形底箱式撒施机的肥料抛撒器可安装在箱体的后部和侧面。V 形底箱式撒施机常被安装在卡车上，通常使用一个或多个螺旋推进器，将粪肥推送到侧面或后部的抛撒器上。后部抛撒器的优点是减小了抛到牵引车上的材料量，特别是在有风的条件下；而侧面排放的优点是用途多，如进行垫料的铺设。容量范围为 $5\sim30m^3$，相应的拖拉机动力需求为 $44\sim118kW$。这种类型的撒施机可撒施所有类型的粪肥，但最适合撒施固态、半固态或浆态粪肥。

二、粪肥施用量的校准

作为农田肥料施用的粪肥具有重要的经济价值和环境效益。但是，农户不能仅简单地只知道如何施用粪肥，也必须了解粪肥的营养价值，控制粪肥的施用数量以及撒施作业的均匀性，才能确保作物在整个生育期内获得足够的营养。

粪肥的养分含量是实验室测试得出的，施用数量是按照作物对养分的需求量计算而确定的。在实践中，农户往往不知道到底施了多少，也不知道施用的均匀性如何。粪肥撒施机的校准就提供了这方面的重要信息。

粪肥撒施机可以根据行驶速度、动力输出速度、齿轮箱设置、抛撒口和撒施宽度、重叠模式和其他参数进行不同量级的粪肥撒施。要到达所期望的粪肥施用量，需要在校准好的设置和行驶速度配合下进行撒施作业才能实现。下面介绍了确定粪肥应用率和保证均匀性的测定方法。

（一）校准技术

在不同条件下，对施入土壤的堆肥量进行校准，有两种校准技术：第一种为荷载法，该方法测量堆肥撒施机里装载的堆肥，然后计算已知土地面积所需要的装载次数。第二种为质量法，需要将堆肥铺撒在一块较小的面积上，然后计算每亩堆肥的施用数量。

校准方法的使用取决于堆肥撒施机的类型。土壤注射、液态粪肥撒施机必须使用负载面积方法进行校准，因为注入土壤的粪肥是不能收集的。液态粪肥通过罐式撒施机进行表面施用也是测量负载面积的最佳方法，因为收集液态粪肥很困难，但是也可以用质量法进行校准。固态和半固态粪肥以上两种方法均可以使用。

1. 荷载法校准　荷载法校准需要测量撒施机装载粪肥的数量（t 或 L），以恒定的速度、相同的设置和重叠方式撒施相同的负荷量，测定撒施的总面积，计算每亩应施用粪肥的数量。

步骤 1：确定粪肥撒施机的能力

粪肥撒施机的能力必须用与养分分析和推荐施用率相一致的单位来表示。在某种情况下，单位不一致必须经过转换才能使用。

液态粪肥分析结果是用每升所含养分量来表示，应用率以每亩施用的体积来表示，因此液体粪肥撒施机的撒施能力用粪肥的体积来表示。固态和半固态粪肥分析结果用每吨所含养分量来表示，应用率用每亩施用的质量来表示，因此固态和半固态粪肥撒施机的撒施能力用粪肥的质量来表示。

不同水分含量的固态和半固态粪肥具有不同的质量，所以撒施机装载的质量会因粪肥的种类不同而变化。确定粪肥装载质量最直接、最准确的方法是在农场地坪上实际称量撒施机的质量。如果无法获得地坪，可将撒施机体积容量转换成质量。

箱式粪肥撒施机的容量是用升表示的，通常会提供两种表示方式：堆积装载（高于箱体侧边的粪肥堆）和箱体装载（箱体内的量）。容量乘以粪肥的密度，将它转换成吨。密度取决于粪肥中的水分、固体物和空气含量，可以通过已知标准体积的粪肥称重来进行确定。

步骤 2：在选定地方进行粪肥撒施

至少撒施 3 次粪肥，每次要保持相同的速度和撒施机的设置。为方便计算，要尽量撒成长方形或正方形。

步骤 3：测量撒施面积

在撒施区域的角上插上标志，使用卷尺、测量轮或步伐测量标志之间的宽度和长度。长度乘以宽度，即可计算该区域的面积。

步骤 4：计算施用率

撒施的装载次数乘以每次装载的质量或体积来确定该区域要施用的粪肥总量。用区域面积除以粪肥总量可以得到施用率，用每亩质量或体积来表示。

荷载校准法应该以不同速度和撒施机设置进行多次重复，直到得到所需的施用率。要记录不同设置下的施用率，以避免撒施机每年的重新校准。

2. 质量法校准　用质量法进行撒施机校准需要在地面铺设一张已知长宽的布，以选定的速度、撒施机设置和重叠方式在布上进行粪肥撒施。然后将沉积在该布上的粪肥进行收集，并称重。最后计算每亩粪肥的施用数量。质量法不需要对传播机的粪肥装载量进行称重，步骤如下：

步骤 1：选择粪肥收集面

地布可以是织布或者塑料材料（6mm），面积至少 9m^2（3m×3m）。

液态粪肥会使地布上形成径流，因此浅塑料或金属盘会更适用。每个盘最小面积应为 0.09m^2。为处置和清洗方便，每次场地测试要将盘子放置在塑料垃圾袋内，以便丢弃塑料袋和粪肥后保持盘子清洁。每次测试需要 6 个以上盘子。

对地布或盘子进行称重，并记录质量结果作为皮重用于之后的计算。每次测试前，地布和盘子必须进行称重，以使粪肥残留都在新的皮重中。

步骤 2：收集布的固定

将地布完全展开，铺设在地面上，这样可容易收集其上撒施的粪肥。如果需继续使用地布进行下次测试，要将脏面朝上，以致已包含在皮重中的任何粪肥残留物不会丢失。石头、金属或者土块的质量都要保留在地布上。风可以很轻松地将地布折起，拖拉机轮子和强力的粪肥撒施也可以将其移动，所以要用石块等重物进行固定。

盘子均匀地垂直于撒施机的路径摆成一排。盘子不容易受到风的影响，但可能被粪肥撒施机侧面喷嘴的较强液流移动。盘子很容易被轮胎压碎，因此车轮应保持原有的运行轨迹，在轮子轨迹上插上标记使盘子避免损伤。

步骤 3：收集区域粪肥的撒施

按规划好的田间模式将粪肥撒在地布或盘子上。使用后出口的撒施机，要通过 3 次，第一次直接通过收集区的中心，剩下的两次通过第一遍重叠的两边。使用侧向出口的撒施机，第一次要沿收集区的一边通过，后续的喷施要远离收集区，但要以计划好的重叠方式进行，直到粪肥不再到达收集区的表面。

在所有情况下，开始喷施粪肥要远离收集区，以确保撒施机能正常发挥功能。如果某次喷撒中地布折起或盘子移动，继续测试之前要进行检查。折叠边缘可以拉直，精度不会有大的损失。如果超过 1/4 的面积移动，不能接受到粪肥，应使用新称重的地布进行重新测定。破碎的盘子上保留的粪肥仍然可以使用；要将移动的盘子重新放回原来位置。

步骤 4：收集粪肥并称重

去掉用于固定地布的重物，从短边折叠地布，从四周将粪肥集中到中间位置，这样可避免粪肥遗失。地布待湿润粪肥折叠后，拖动时易于滑动，将其放置在饲料槽或其他容器中，会便于搬动。

盘子易于搬运，但也要小心挪动，以避免液体粪肥溢出。

选择能精确称量收集粪便质量的天平。天平指示的质量包含了地布或盘子的质量，用总重减去皮重就是所收集粪肥的净重。

步骤 5：计算施用率

地布收集粪肥的净重除以地布面积可得到每平方米的质量。该结果乘以 666.7，然后除以 2 000 转换成每亩质量。

将每个盘子收集到的粪肥净重相加起来，以获得粪肥的总净重。粪肥总净重除以收集区域的面积就可以得到每平方米的质量。该结果乘以 666.7，然后除以 2 000 获得到每亩质量。

从质量单位转换成容量单位，需要另外一个测量步骤来确定每升粪肥的质量。用相同浓度的液态粪肥填满一个 5L 的桶。对整桶粪肥进行称重，称重结果减去桶的皮重，就可以得到 5L 粪肥的净重。该结果除以 5 就得到了每升的质量，每平方米的质量乘以 666.7 再除以每升的质量就得到每亩质量。

（二）均匀性测试

粪肥撒施不均匀的结果通常表现为绿色植物生长势存在明显的差异。这是因为撒施机附近的地方比较远的地方沉积了较多的粪肥。通过调整撒施的重叠方式，可以得到均匀的撒施效果。重叠部分的用量可通过均匀试验来确定。

测试过程与质量校准法完全相同，使用盘子或一系列的地布以相同的间距铺设两个撒施机通道的宽度。撒完粪肥后，在盘与盘或地布与地布之间进行相互比较。

在测试期间，如果收集粪肥的所有容器的质量是相同的，则撒施作业是均匀的。如果有些容器收集的质量超过其他，要对重叠方式进行调整。如果通道中心施用量高而通道间施用量低，需要通过减小通道间距来增大重叠面积；如果通道间施用量高而通道中心施用量低，需要增加通道宽度来减少重叠面积。

（三）快捷方式

如果动力输出轴驱动撒施机的拖拉机或卡车装配了地面行驶速度指示器，制定不同撒施机行驶速度下的粪肥施用率就简单多了。以相同的撒施机设置与动力输出速度在低地速和高地速下进行测试，将两个施用率绘制到速度与施用率图上，将两点用直线连接起来，就可以从图上估算出中间速度的施用率。在不同设置或不同动力输出速度进行另外的高低施用率测试将会确定全面的施用率结果。

如果固态或半固态粪肥含水量因季节不同而产生变化，撒施机质量施用能力和质量施用率也将发生改变。通过确定新粪肥密度，根据变化因子提前对撒施机进行校准。在一定速度下估计新粪肥的田间施用率，用旧的施用率乘以新的密度再除以旧的密度即可。这个校准方法减少了只要粪肥性质发生变化都要到田间进行重复试验的必要性。

三、粪肥施用时间的确定

确定粪肥施用时间应按以下规定进行：

（1）粪肥的矿化速率应尽可能与作物养分需求时间相吻合，必要的情况下应参考作物生长曲线。

（2）在风相对平静的天气下施用。这样可避免浮沉和臭味漂移到相邻地区，从而减少臭味对人类居住环境的影响。

（3）当地面没有冻结或未被雪覆盖时施用。

（4）在粪肥产生最小淋洗和径流的时期进行施用。

（5）当土壤含水量达到不会因设备碾压而提高土壤紧实度时进行施用。

（6）在土壤和空气变暖的清晨或气温下降、空气平稳的傍晚进行施用。

第十三章 | CHAPTER 13

多作种植高效节肥

2015 年 7 月 30 日，国务院办公厅印发的《关于加快转变农业发展方式的意见》（国办发〔2015〕59 号）中要求："支持因地制宜开展生态型复合种植，科学合理利用耕地资源，促进种地养地结合。重点在东北地区推广玉米、大豆（花生）轮作，在黄淮海地区推广玉米、花生（大豆）间套作，在长江中下游地区推广双季稻—绿肥或水稻—油菜种植，在西南地区推广玉米、大豆间套作，在西北地区推广玉米、马铃薯（大豆）轮作。"发展多作种植是加快转变农业发展方式的重要手段，对实现农业绿色发展具有重要意义。本章在介绍多作种植类型及对节水、节肥意义的基础上，从粮食、蔬菜、果树等种植作物详细介绍多作种植节肥技术及其应用。多作种植从过去的低投入、低产出，演变为高投入、高产出的现代农业模式，对节水、节肥具有重要意义，在现代农业中占据重要地位。

第一节　多作种植基本形式及其节肥机理

在人地矛盾不断尖锐的情况下，充分利用光、热、水、土资源，提高土地和光能利用率，生产更多的农产品，无疑是我国农业发展的一项战略性措施。多年连作，即使水肥投入没有降低，也逾越不了连作愈久生长愈差的规律。这是因为同种作物的根系生长在深度大致相同的土层中，摄取同样的养分就会使同一块土地同一深度的土层中养分迅速减少，同时同种作物的害虫、病菌以及伴生的杂草也会随着连作次数的增加而增加。所以，种植作物要根据当地情况，制定合理的轮作、间作、套作规划，选用优良品种，这样既能趋利避害，提高复种指数和土地产出率，又能达到增产、增收的目的。

一、常见的多作种植方式

多作种植技术是在我国长期发展起来的增产措施，也是我国农业精耕细作传统的组成部分。其总体优势在于能够充分利用空间，增加叶面积指数；充分利用边行优势，做到用地与养地相结合；充分利用生长季节，发挥作物的丰产性能；增强作物的抗逆能力，以达到稳产保收的目的。常见的多作种植方式有间作、轮作和套作等。

（一）间作

间作是在同一块田地上，于同一生长期内，分行或分带相间种植两种或两种以上作物的种植方式。播种期相同或不同，作物之间的共栖时间超过主体作物全生育期（播种至成熟）的 1/2 以上。在书写中，可用"‖"符号表示间作。禾本科与豆科作物间作是最普遍的间作类型，如玉米‖大豆，能够改变群体结构和透光状况，改善田间通风透光条件，扩大边际效应，增加高秆作物玉米的边行优势。

（二）轮作

轮作是在同一块地上，按一定轮作周期，有顺序地轮换种植不同作物的种植方式。书写时可用符号"→"表示。轮作周期因地、因作物而长短不等，有一年一熟条件下的多年轮作，也有由多作种植组成的多年复种（"—"）轮作。轮作有利于用地和养地，有利于预防作物病虫草害。目前，各地水肥条件逐步改善和耕作水平的提高，为大田栽培与蔬菜轮作创造了良好的生长条件，形成了许多粮菜轮作方式，如冬小麦/玉米（早熟玉米）—大白菜→小麦，实现了粮菜双丰收。

（三）套作

套作是在同一块田地上，同时种植两种以上作物的种植方式，作物之间的共栖时间少于主体作物全生育期的 $1/2$，主要作用是延长作物对生长季节的利用，提高总产量。这种种植方式可用符号"/"表示。玉米/马铃薯种植方式在我国多数地区均有应用，据各地经验，一般马铃薯产量 $19\,500\sim30\,000kg/hm^2$，玉米 $5\,250\sim6\,000kg/hm^2$，产值 $6\,750\sim7\,500$ 元 $/hm^2$，总产量提高 22.2% 左右。

（四）立体种植

在同一块田地上，利用 3 种或 3 种以上株高和生长习性不同的作物合理组合和搭配，以间、套、混作等形式，在一定时间范围内，组成一个层次不同、空间上立体布局的复合群体的种植方式。立体种植可以充分利用作物生长季节的时间和不同作物的分布空间，合理分配土壤养分，改善田间小气候，使每种作物处在有力的生态位，利用分层种植的优势，提高复种指数和土地利用率，以提高单位面积总产量。

二、多作种植的意义

（一）间作

作物合理间作，可以有效利用地力、光能，抑制病虫害的发生，实现高产、稳产和高效益，如高秆作物和矮秆作物搭配、枝叶繁茂横向发展的作物和株型紧凑枝叶纵向发展的作物搭配，以形成良好的通风透光条件和复合群体。合理的豆科作物‖禾本科作物能够促进豆科作物生物固氮，提高禾本科作物的氮素利用率，减少农田氮素的损失，有利于保护农田生态环境和维持农业可持续发展。深根系作物与浅根系喜光作物搭配，可以充分利用土壤中的水分和养分，促进作物生长发育，达到降耗增产的目的。主作物成熟期应早些，副作物成熟期应晚些，这样可以在收获主作物后，使副作物获得充分的光能，优质丰产，实现主副作物两不误。

（二）轮作

连作由于耕作、施肥、灌溉等方式固定不变，会导致土壤理化性状恶化，肥力降低，有毒物质积累，有机质分解缓慢，有益微生物的数量减少；而轮作可以改变农田生态条件，改善土壤理化特性，增加生物多样性。尤其在向有机农业转化过程中，轮作是首先要解决的问题，只有解决轮作问题，才能摆脱现代农业严重依赖农业化学品的现状，实现有机农业的生产。所以，轮作是有机栽培的基本要求和特性之一。无论是土壤培肥还是病虫害防治都要求实行作物轮作。这是因为：

第一，轮作可均衡利用土壤中的营养元素。如青菜、菠菜等叶菜类蔬菜需氮肥比较多，瓜类、番茄、辣椒等果菜类蔬菜需磷肥比较多，马铃薯、山药等根茎类蔬菜需钾肥比较多，如果把它们轮作栽培，可以防止土壤中营养物质偏耗而造成土壤肥力的枯竭，把用地和养地结合起来。

第二，轮作可以改变农田生态条件，改善土壤理化特性，增加生物多样性。由于豆科作物根瘤菌的固氮作用及根、叶残留物较多，种植豆科作物之后，土壤含氮量较高，土壤较疏松。

第三，轮作可免除和减少某些连作所特有的病虫草的危害。前茬作物根系分泌的灭菌素，可以抑制后茬作物病害的发生，如甜菜、胡萝卜、洋葱、大蒜等根系分泌物可抑制马铃薯晚疫病发生，小麦根系的分泌物可以抑制茅草的生长。

第四，合理轮作换茬，可使因食物条件恶化和寄主减少而使那些寄生性强、寄主植物种类单一及迁移能力小的病虫大量死亡，腐生性不强的病原物如马铃薯晚疫病菌等由于没有寄主植物而不能继续繁殖。

第五，轮作可以促进土壤中对病原物有拮抗作用的微生物活动，从而抑制病原物的滋生。

（三）套作

套作可以延长光合作用时间，提高作物对光能的利用率，发挥农业资源的增产潜力；缓和作物争地、争劳（力）、争肥等矛盾，有利于前后茬作物的产量互补，提高产量的稳定性。例如，果园套作油菜，一是可以减少水分蒸发，冬春保墒。有些地区冬、春干旱，大风天气多，气候干燥，地表蒸发量大，土壤水分散失严重，套作油菜后，油菜覆盖果园，有利于保存雨雪和冬（春）灌水，保墒效果良好。二是可以改善土壤理化性状，增加土壤有机质含量。油菜茬口好，产量高，根茎枝叶腐烂快，可增加土壤有机质含量，改善土壤理化性状，提高土壤蓄水保墒性能，培肥地力。据调查，每公顷油菜可产鲜枝叶15 000～22 500kg，缓解了果园覆盖材料不足的问题，连年种植，刈割覆盖，效果更好。三是油菜与果树争肥争水矛盾较小。从10月至翌年3月底，果树处于缓慢生长期、休眠期和萌芽初期，生理代谢缓慢；而此阶段油菜生长较旺，与果树生长高峰相错，因此二者争肥争水矛盾较小。四是油菜和果树套作的方法简便，投资少。油菜抗旱性强，易出苗，封行早，播种管理方法简单易行；种子来源广，价格低，投资少，是果园生草覆盖的有效途径。五是油菜花招蜂引蝶，有助于果树授粉。蜜蜂是果园的主要授粉媒介，刈割前部分油菜花的开放，可招引蜜蜂和其他昆虫于果园，有助于果树授粉，提高坐果率。

（四）立体种植

立体种植的特点是通过"两多"（多个生物种共生和多层次利用），产生更高的产量和效益，可见它与平面种植（单一生物种和单层次利用）是不同的。其意义如下：第一，有利于提高光能利用率。合理的间套作，可使叶面积结构在总体上保持均匀、协调的状态，光合作用增强，从而有利于干物质积累和提高单位面积的产量。第二，有利于作物之间的互补作用，提高设施菜地生态效益，既能增加复种指数，又能增加植被覆盖面，保持土壤良好的结构和合理用地养地。第三，提高设施内生态系统的稳定性，以增加经济效益和社会效益。第四，根据不同设施菜地的气温、光分布的规律，充分利用空间，形成上下多层，有利于蔬菜排开播种，分期上市，充分满足市场的需求。

三、多作种植节水、节肥的作用机理

在自然条件适宜、生产条件具备、科学种田意识较强的地方，多作种植是用地与养地相结合、提高复种指数、增加单位面积农田产量和产值、取得显著经济效益和生态效益的有效途径。尤其是多作种植，能合理协调不同作物种类或品种在农田中的配置和组合关系，使每种作物提高水分利用率、肥料利用率等。

（一）水分的高效利用机理

1. 多作种植可以有效降低水分竞争，提高水分利用率 根据不同作物需水特征的差异，合理安排多作种植，从而降低水分竞争，提高作物获取水分的能力。例如，在河西走廊大面积推广的豌豆、玉米间套作体系，在生长早期（4—5月），间作豌豆比单作豌豆获得更多水分，这时的豌豆具有更高的水分利用率，间作玉米在这个时期相对需水量较低，获取的水分并没有受到影响；间作玉米在生长后期相对于单作获得更多的水分，从而使得间作体系获得水分量显著高于单作体系的加权平均值，同时这个时期玉米具有更高的水分利用率。豌豆和玉米间作将两种作物的最大需水期错开，并让水分的获得量和利用率都达到了最大化，从而优化了间作系统水分利用。

2. 多作种植可以实现水分的再分布 有些植物根系能够穿透土壤干层而进入下层水分含量较高的湿土层，吸收水分后，顺水势梯度将水分从湿土层转移到干土层，湿润周围的土壤，称为提水作用。由于土壤水分分布的异质性，这种"提水作用"不仅仅是从下往上，有时候也有其他方向的移动。间套作体系由于不同物种作物的根系特征存在差异，就会产生水分的补偿利用。

（二）氮的高效利用机理

1. 禾本科作物和豆科作物间作有利于缓解生物固氮的氮阻遏作用 一般认为，高肥力或高氮肥投入条件下，生物固氮的潜力被显著抑制。有研究者系统分析后发现，大豆生物固氮量与氮肥施用量呈显著的指数负相关关系，表明氮肥施用明显抑制豆科作物的生物固氮，即豆科作物的生物固氮存在氮阻遏现象。

与禾本科作物间作，随施氮量增加，单作蚕豆的结瘤固氮作用显著下降，而间作蚕豆的结瘤固氮作用下降幅度较小。这充分说明了禾本科作物与豆科作物间作，缓解了豆科作物生物固氮的氮阻遏作用。

2. 禾本科作物对土壤氮素的竞争作用 研究者研究根系相互作用强度对土壤中氮利用能力的影响表明，小麦对土壤和肥料氮素具有更强的竞争能力，小麦与蚕豆间的根系相互作用使得蚕豆吸收施入土壤的^{15}N降低80.1%，但蚕豆地上部总吸氮量并没有显著下降，表明蚕豆体内来自大气的氮素显著增加。同时，间作使得小麦从土壤中获得更多的氮，间作小麦吸收来自施入土壤的^{15}N量比单作增加79.2%。氮素利用上的生态位分离，是豆科与非豆科作物间作体系氮素补偿利用的主要机制。

3. 作物种间的氮转移 应用高丰度^{15}N（99%）同位素溶液在蚕豆叶柄上注射标记的方法，证实了豆科作物体内的氮有4%向与之间作的非豆科作物转移，豆科作物固定的氮向非豆科作物的直接转移并不是氮素高效利用的主要途径。对旱稻‖花生体系的研究表

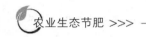

明，旱稻和花生间的氮转移具有双向特征，且只有在较低氮肥用量时，这个转移才对间作体系中非豆科作物的氮营养具有实质性贡献。

综上所述，在豆科作物‖禾本科作物体系中，禾本科作物吸收利用更多的土壤氮，降低了土壤中的氮浓度。一方面使禾本科作物获得充分的氮素营养，具有显著的增产作用；另一方面土壤氮浓度的降低，促进了豆科作物的结瘤固氮作用，从而实现了禾本科作物和豆科作物在氮素利用上的生态位分离，降低种间竞争，两种作物均获得高产。

（三）磷的高效利用机理

1. 土壤难溶性无机磷活化促进吸收利用的机理　研究证明，玉米‖蚕豆具有显著的互惠作用，应用根系分隔技术发现，无论在田间条件下还是室内盆栽条件下，蚕豆均能改善玉米磷营养。这一促进作用不仅体现在作物根系占据土壤空间的互补性方面，而且也体现在蚕豆的种间根际效应上，即蚕豆的根际效应有利于玉米从土壤中获得更多的磷。一系列研究揭示了蚕豆改善玉米磷营养的根际效应机理主要包括：蚕豆相对于玉米具有更强的质子释放能力；能够显著酸化根际，从而有利于难溶性土壤无机磷（如 Fe-P 和 Al-P）的活化和蚕豆及玉米对磷的吸收利用。此外，蚕豆根系释放更多的有机酸，也能促进难溶性磷的活化，从而有利于两种作物对磷的吸收利用。

2. 鹰嘴豆/小麦和鹰嘴豆/玉米对土壤有机磷活化吸收利用的机理　土壤中的磷不仅以无机磷的形态存在，还有相当一部分磷以有机形态存在于土壤中。有机磷不能被作物直接吸收利用，必须分解为无机磷以后才能被吸收利用。不同作物在活化利用土壤有机磷方面具有显著的差异。研究发现，鹰嘴豆的根际效应可以改善小麦的磷营养，并且明确了这种促进作用除了根际酸化的机制外，另一个主要原因是鹰嘴豆根系分泌更多的酸性磷酸酶，鹰嘴豆根际土壤酸性磷酸酶活性因而比玉米根际酸性磷酸酶活性高出 1～2 倍。

这些发现揭示了作物间的根际互惠作用及其机理，不仅对利用间套作种间根系相互作用、提高养分利用率有重要意义，而且对利用生物多样性原理提高生态系统生产力和稳定性有重要的实践意义。

（四）微量元素的高效利用机理

铁、锌等是作物必需的微量元素，也是人体必需的营养元素。铁在石灰性旱地土壤上主要以三价铁这种难溶性形态存在。对于双子叶植物而言，铁的吸收主要是吸收二价铁，这主要依赖于植物细胞膜上的还原酶将三价铁还原为二价铁才能被植物利用。由于三价铁在土壤中的移动性较低，如果根系不能到达土壤中的铁化合物附近，就难以获得所需要的铁营养。因此，生长在石灰性土壤上的双子叶植物很容易缺铁，出现新叶缺铁黄化现象。双子叶植物和禾本科单子叶植物间作后，能够显著改善双子叶植物的铁营养。例如，有报道称花生与玉米间作显著改善了花生的缺铁黄化症状，并且能够增加花生籽粒的铁含量。其主要机制是：禾本科单子叶植物的根系能够分泌植物高铁载体，这种物质能够螯合土壤中的三价铁，一方面能被玉米自己吸收；另一方面增加了三价铁在土壤中的移动性，更容易使铁接近花生根系，从而提高了花生的铁营养。近年来的最新进展还证明，花生能够吸收植物铁载体螯合的铁，改善其铁营养。一些研究进一步证实，鹰嘴豆和大豆等豆科作物与禾本科作物间作也能够改善其铁、锌、铜营养。

第二节　粮食作物多作节肥技术

　　粮食作物间、套、轮作在我国农作史上有悠久的历史，是我国传统精细农艺的精华，在世界农作史上享有盛誉。近年来，随着我国农业产业结构的调整，粮食作物有效耕地面积逐年下降，必须寻求一条高产高效的农业生产途径。由此，粮食多作的发展被认为是一种以寻求最佳经济和生态效益为目的的现代农业生产途径，它不仅能够高效利用土地和增加单位面积粮食产量，而且能够提高光、热、水分和养分等资源的利用率，达到减少化肥用量的目的。

　　现代粮食作物间、套、轮作是一种高投入高产出的集约型农业生产系统，土地利用的强度大，如果不重视土壤培肥及改良、提高粮食多作对水和肥等生产要素的利用率，粮食作物多作将难以持续发展。本节针对粮食作物多作中不合理施肥现状，从生态节肥角度出发，对粮食作物在合理间、套、轮作条件下对土壤养分的利用、作物养分吸收及常见的节肥技术进行阐述。

一、粮食作物多作中养分吸收生态节肥机制

　　从营养生态位的角度分析，多作中的各组分作物对影响作物生长因子的同一个养分生态位的竞争中，间种竞争总是弱于种内竞争。作物的合理营养搭配及合理的施肥量对作物健康生长尤为重要，但是施肥获得高产的同时，也带来了一系列污染的问题。合理配置作物进行间套作，可以提高作物对营养物质的利用率，甚至达到节约资源的效果，避免资源浪费。在营养生态位方面，多作中的作物间主要通过相互促进作用，在减少施肥量的同时，达到预期产量的目标。

（一）粮食作物多作系统中的氮素吸收

　　作物的氮素吸收是产量形成的矿质营养基础，提高作物的含氮量是提高作物产量的重要措施。禾本科作物与豆科作物有很强的养分吸收互补性，合理将二者进行间套作，不仅可以提高作物对养分资源的高效利用，而且可以显著提高作物产量。禾本科作物只能吸收土壤中的氮素，豆科作物主要是通过生物固氮满足氮素的营养需求，当豆科作物与禾本科作物进行间套作时，豆科作物可向禾本科作物转移一定量氮素。利用^{15}N同位素追踪的盆栽试验表明，小麦植株15%的氮来自蚕豆根瘤菌的固氮作用。而禾本科作物对土壤氮素的竞争性吸收，减少了土壤氮素对固氮酶活性的抑制，提高豆科作物的生物固氮效率。花生与水稻间作后增加了各自的氮素养分生态位宽度，另外花生通过根系分泌物和根系脱落物、细小根系的腐解矿化也能为水稻提供一定的氮素营养，也加宽了水稻的养分生态位。其结果既增加了系统的氮素占有量，又提高了禾本科作物的氮素利用率和产量水平，这是水稻和花生二者间作矿质养分优势进而获得间作产量优势的矿质营养学最显著的体现。

（二）粮食作物多作系统中的磷素吸收

　　由于可被利用的磷主要以磷酸根的形式存在，而磷酸根易与土壤中的金属离子结合形成沉淀，致使土壤中可利用磷的含量很少能满足作物的需要。研究表明，有机磷只有经磷酸酶水解后，才能被作物吸收利用。因此，具有较高磷酸酶活性的作物根，对有机磷的

利用能力潜力较大。同时，磷肥释放的磷极易被土壤基质固定和矿化，至少有 80％的磷肥难以被作物吸收利用，这就限制了作物对磷的吸收。因此，土壤磷肥力条件常常成为作物生长发育的主要限制因子。多作作物中，如果一种作物对磷的需求量不高，而另一种作物对磷的需求量高，那么这两种作物在磷素的吸收方面上存在着营养生态位分化，将这两种作物进行间套作，能减少作物对磷素吸收的竞争压力。王元素等人的研究表明，在营养资源的竞争上，禾本科牧草的种内竞争主要是氮素，而红三叶的种内竞争主要是磷素。此外，由于不同的作物利用不同磷源的（Ca-P、Fe-P 和 Al-P）能力不同，因此不同作物可以利用不同的磷源，即作物吸收养分的过程中对磷的利用产生了生态位的分化，从而降低种间养分的竞争作用，使种间促进作用表现出来。例如，在高粱‖木豆体系中，木豆根系可以释放一种有机酸——番石榴酸，能够螯合难溶性磷 Fe-P 中的 Fe，从而使磷释放出来；而高粱则吸收利用 Ca-P。两种作物利用了不同形式的磷源，根据生态位原理，作物对不同形式磷的利用是一种生态位的分离，降低了种间竞争作用。

（三）粮食作物多作提高水分利用率

随着水资源不足对种植业生产制约程度的加剧及以往不合理的农业灌溉，传统间套作由于其耗水量过大而在水资源有限地区被大面积压缩，使单位耕地产出率明显降低，影响了农业整体效益的提高。根系提水作用是指在蒸腾量低的情况下，深层根系从下层土壤中吸收的水分，能通过根系输送并释放到浅层干土中。提水作用有利于水分的传输，可为邻近植物提供水资源，对植物生长、养分循环和水分平衡具有重要意义。在干旱逆境条件下的研究表明，根系的提水作用可以保证根系从深层相对较湿润土层吸收水分，使得根系不断从养分丰富的表层土壤中吸收营养。Sekiya 和 Yano 的研究表明，在木豆和田菁与玉米间作的模式中，木豆和田菁是深根系作物，可以通过提水作用向间作系统中的浅根系的玉米供水。提水作用在间作或者套作中的应用，利用不同作物的地下根系处于不同土壤空间的生态位特点，通过深根作物向浅作植物"提水"，从而起到水分补偿效应，达到节水的效果。此外，间套作模式除了通过地下部提高水分利用率外，地上部对于提高水分利用率的作用也不可忽视。间套作复合群体叶面积指数呈双峰型或多峰型，叶面积指数高峰交替，使得间套作农田覆盖时间和高叶面积指数保持的时间延长，从而改变了土壤水分损失的模式。由于间套作地上部的空间得以充分利用，水分利用率得到提高。合理的多作系统水分利用率较单作可提高 18％～29％，说明作物间套作具有提高水分利用率的优势。

二、粮食作物多作主要类型

（一）粮食作物间作类型和方式

1. 玉米与豆类间作 玉米与豆类间作历史久远，可以充分发挥豆科作物生物固氮、调节碳氮比、促进微生物活动、培肥地力的作用。玉米属禾本科，须根系，株高，叶窄长，为需氮肥多的 C_4 植物；而大豆属豆科，直根系，株矮，叶小而平展，为需磷较多的 C_3 作物。两种作物间作，兼有营养异质效应、补偿效应，能全面体现养分互补，提高养分利用率。

2. 玉米与薯类间作 玉米与薯类间作具有类似玉米与豆类间作的特点。薯类地下结薯，需磷钾较多，根浅，与玉米营养异质效应明显，可以达到养分综合利用效果。

3. 麦类间作　在我国甘肃河西走廊、山西北部、陕西北部、东北、内蒙古河套等一熟有余、两熟不足地区，大多数是春小麦种植区。小麦、大豆间作养分吸收总量分别高出相应单作 24％～39％、6％～27％和 24％～64％，间作优势主要体现在养分吸收量的增加。间作大豆收获指数的提高使间作籽粒产量优势比生物学产量优势更明显，因此小麦、大豆间作在产量增加上具有明显的优势。

（二）粮食作物套作类型和方式

1. 麦田套作二熟　主要方式为小麦/玉米、小麦/棉花、小麦/花生，主要分布在华北、西南、长江流域等地区。套作可使不同作物错开养分吸收关键期，确保养分综合利用最大化。

2. 麦田套作三熟　主要方式为小麦/玉米/大豆、小麦/玉米/甘薯，主要分布在南方丘陵地区旱地。不同作物套作可以实现营养元素相互转移，实现养分的高效利用。

（三）粮食作物轮作类型和方式

1. 禾本科作物轮作　冬小麦—玉米，主要分布在华北各地精耕细作的高标准农田，是目前华北地区最普遍的轮作类型，可以实现培肥地力和养分利用。

2. 禾本科与豆科作物轮作　主要轮作方式有：冬小麦—夏大豆（2～3年）→冬小麦—夏玉米、春玉米→春谷子→春大豆，主要分布在华北各地中下等肥力地区。该种方式既满足了区域粮食需求又保证了农田养分的均衡利用。

3. 薯类与禾本科、豆科作物轮作　薯类尤其是甘薯耐旱、耐瘠，是丘陵旱地的主要作物，山东、河南、河北有一定的分布。春薯前作多为晚秋作物、豆类作物，春薯收获后，土壤疏松，对后作有利。

三、以玉米为主体的多作节肥技术

（一）春玉米与春小麦间作节肥技术

1. 适宜范围　春玉米与春小麦间作适宜在无霜期为 120～150d、≥10℃积温 2 600～3 400℃的河北北部、辽宁、内蒙古、甘肃等冷凉地区种植。

2. 节肥技术要点

（1）定植准备。秋季收获后，在清除根茬进行深耕翻地的基础上，按照 166.7cm 一带插标画印做畦。在准备播种的玉米带中间用大犁开沟，深度 16cm，施入底肥，每公顷施农家肥 45 000kg、P_2O_5 69kg、N 96kg。在犁开沟的两边，用山地犁来回内翻土，形成玉米的带埂，上面拖平、整细，再用碴子压一遍，形成宽 66.7cm、高 10cm 的埂带。等待春季覆膜播种或者直接播种。余下的 1m 宽小麦地每公顷施农家肥 6 0000kg、P_2O_5 42kg、N 73.5kg，叠放在上面，翻埋到土中，整平耧细。

（2）水肥管理。水肥运筹的原则是按照作物的吸水、吸肥规律和设计产量来确定肥料的配比、施用量和施用时期。以中等肥力地块为例，每公顷底施农家肥 75 000～90 000kg，在小麦种植带上每公顷底施 P_2O_5 57.0～67.5kg、N 180～225kg（其中，种肥 50％，三叶后期 40％，抽穗期 10％），并底施 $ZnSO_4$ 15kg。这种"前重后轻"的施肥方式保证了春小麦的"胎里富"，为壮秆大穗提供了条件。在玉米种植带上每公顷底施 P_2O_5 105～120kg、N 315～345kg（其中，底施 35％，65％在大喇叭口期追施），并底施

$ZnSO_4$ 28.5～30.0kg。如果玉米灌浆初期个别地块表现脱肥，要适当追施攻粒肥。

在水的管理上重点考虑春小麦，因为玉米需水临界期与自然降水盛期相一致。据平泉市的资料，在小麦 116d 的生育期中，小麦正常耗水 450～470mm，同期自然降水提供 200～220mm，需灌溉补充 230～250mm。因此，根据常年降水情况，小麦生产在冬前造墒的基础上，生育期内要灌好"五水"，即三叶期灌水 345m^3/hm^2、拔节中期灌水 525m^3/hm^2、孕穗期灌水 600m^3/hm^2、扬花期灌水 495m^3/hm^2、灌麦黄水 450m^3/hm^2。在实际生产中，要根据上述原则，并要看天看地、看苗情等具体情况。在畦灌小麦的同时，对大埂上的玉米也间接起到了供水作用。

3. 生态效益 根据承德地区多年试验，玉米进入三叶期需要灌水施肥，而这次灌水对玉米保全苗是适时的；待进入雌穗分化期，玉米处于需水需肥高峰，此时是小麦灌麦黄水时期，又使玉米受益。因此，提高了全年的经济效益，而且促进资源的高效利用。据分析，间作可明显提高间作生产系统总的生产力，间作农田土壤有效磷含量与根密度的垂直分布呈明显递减特性，30%以上的有效磷和 40%以上的根干重分布在 0～10cm 土层，而表层土壤含水率常低于 10%，水分空间分布与根系和有效磷的错位，限制了磷素养分肥效的发挥，磷肥深施可促进根系在土壤下层的分布，便于深层根系在中后期对养分的吸收。速效氮在空间的分布受灌溉的影响很大，生育前期虽然在表层含量较高，但随着生育期的推进，逐渐向下层运移。因此，灌溉农田过量施氮或施法不当，将造成氮素随水流失，降低氮肥利用率。

(二)玉米与大麦间作节肥技术

1. 适宜范围 玉米与大麦间作是甘肃河西走廊比较普遍的高产高效种植方式。该地区气候特点：海拔 1 504m，无霜期 150d 左右，年降水量 150mm，年蒸发量 2 021mm，年平均气温 7.7℃，日照时数 3 023h，≥10℃的积温为 3 016℃，年太阳辐射总量 140～158kJ/cm^2，麦收后≥10℃的积温为 1 350℃，属于典型的两季不足、一季有余的自然生态区。

2. 节肥技术要点

(1)定植准备。结合整地，施足基肥。在施肥技术上应侧重施基肥和苗肥，控制中后期施肥。农家肥和磷肥宜作基肥、苗肥，一般优质农家肥（腐熟的羊肥）每公顷施用 45 000～75 000kg，一次性施入。

(2)水肥管理。施肥量按照每公顷施 N 120～135kg，N：P_2O_5：K_2O 为 1：1.2：0.5。肥力较高的土壤适当增施磷、钾肥，豆茬地适当减施氮肥（N 112.5kg/hm^2），缺硼地要拌硼肥（种子量的 0.25%）或种肥加硼肥（硼砂 7.5kg/hm^2）。种肥分箱，随播种施肥。叶面追肥两次，第一次结合灭草（三至四叶期）喷施，第二次抽穗至扬花期喷施，以磷酸二氢钾等无氮素的叶面肥为主。对于地力差、基肥不足、苗色淡黄的大麦田，结合第一次灌水，追施尿素 105kg/hm^2 左右。在玉米种植带上每公顷底施 P_2O_5 105～120kg、N 315～345kg（其中，底施 35%，65%在大喇叭口期追施），并底施 $ZnSO_4$ 28.5～30.0kg。如果玉米灌浆初期个别地块表现脱肥，要适当追施攻粒肥。

在有灌溉条件的地方大麦灌头水，一般在幼苗两叶一心至三叶一心时；在三叶至挑旗期，根据墒情和大麦需水规律进行灌溉，这时可以促分蘖形成强壮植株；开花至灌浆初期灌第三水，有利于增加粒重，提高产量。玉米则在抽雄前后灌水，有利于增加穗粒数；灌浆期再根据墒情和天气灌灌浆水，有益于增加玉米粒重，提高产量。

3. 生态效益 刘广才等（2005）在甘肃省武威市永昌镇研究表明，大麦‖玉米群体优势明显，且大麦‖玉米系统产量间作优势主要来自地上部贡献，其相对贡献地上部占80％，地下部占20％。另外，在大麦玉米间作群体中，大麦竞争氮、磷、钾营养的能力比小麦强，从而使地上部大麦与玉米之间的营养竞争比小麦与玉米之间的营养竞争激烈，这也是大麦‖玉米系统间作优势地上部贡献率大于小麦‖玉米系统的原因。大麦玉米间作群体的种间相互作用提高了间作大麦氮素当季回收率，但使与其间作的玉米氮素当季回收率降低。

（三）玉米与花生间作节肥技术

1. 适宜范围 玉米与花生间作分布面积非常广泛，主要分布在黄淮海平原的河南、山东、河北、安徽、山西、湖北等地。该区域年均气温 8～14℃，≥0℃的积温为 4 500～5 500℃，无霜期较长，为 175～220d，年降水量 550～1 200mm，光照充足，年日照时数为 3 000～3 500h。春季日照条件好，气温回升快，相对湿度低。7—8 月光、热、水同季，有利于作物生长，特别有利于喜温作物玉米的生长。

2. 节肥技术要点

（1）定植准备。选择地势平坦、土层深厚、土质肥沃、保水保肥的沙壤土地为好。用旋耕机耕耙两次，结合耕地采用配方施肥技术，每公顷施商品有机肥 150 000kg，或者优质农家肥 60 000kg，同时施入三元复合肥 750kg（折合 N 75kg、P_2O_5 114kg、K_2O 127.5kg），播前作底肥一次施入。由于花生根部根瘤菌有固氮作用，每公顷固氮约 90kg，这样基本保持了氮、磷、钾养分的平衡。

（2）水肥管理。玉米全生育期追肥两次：一次在拔节期，仅玉米种植区域追施尿素 195kg/hm^2；另一次在大喇叭口期，追施尿素 300kg/hm^2。为提高施肥效率和肥料利用率，追肥后及时灌水。对于后期脱肥的玉米田块，可以在玉米花粒期补施粒肥，追施尿素 75kg/hm^2 或碳酸氢铵 225kg/hm^2，以促进后期籽粒灌浆。花生从结荚后期开始，每隔 10～15d 叶面喷施一次 2％～3％过磷酸钙和 1％～2％尿素的混合水溶液，共喷 2～3 次。如果水肥过多，枝叶繁茂而早衰，可喷 0.2％～0.3％磷酸二氢钾 3 次，以维持叶片功能，防止早衰。

3. 生态效益 玉米花生间作效益明显，尤其在缺铁的土壤上，间作的根际作用显著改善了铁营养，使铁的吸收率提高了 68.7％～97.7％，在缺铁土壤上间作改善铁营养效应对群体产量提高的贡献率占 70.4％。花生带采用地膜覆盖，能保墒增温；在花生带间种植玉米可大大避免养分、水分的流失，且玉米植株生长发育迅速，高度很快超过花生植株，从表面看，玉米与花生争夺养分，但从其生长发育特点分析，玉米根系深入土壤较深，这样可使不同土层土壤养分得到充分利用，提高了养分、水分的利用率，减少损耗，达到优、劣势互补的效果，是较为理想的种植模式。

（四）玉米与谷子间作节肥技术

1. 适宜范围 玉米‖谷子既能在雨水正常或偏多的年份充分发挥玉米的增产优势，又能在雨水较少的干旱年份充分发挥谷子耐旱稳产的特性，对秋粮丰收起到了双保险的作用。玉米谷子间作适宜在雨水较少、降水年际变化较大、旱灾频繁发生的地区种植，尤其以耐旱、耐贫瘠和耐储存的特点，在旱作农业中居重要地位。谷子在北方的干旱、半干旱地区种植面积较大，东北、西北和华北等地是我国的谷子主产区。

2. 节肥技术要点

（1）定植准备。玉米‖谷子模式一般选择在 3 年以上未种过谷子的田块较好。秋季前茬作物播种前进行深耕或者深松，可以改良土壤结构，熟化土壤，增强土壤的蓄水保肥能力，加深耕层和活土层，有利于根系下扎，增加根系量。

（2）水肥管理。结合中耕，谷子在拔节期追施尿素 $225\sim300kg/hm^2$，玉米在小喇叭口期（11～12 片叶）追施尿素 $225\sim300kg/hm^2$。小苗出土，若遇到急雨，常使泥浆灌入心叶，造成泥土淤苗。此时，要注意低洼积水处及时排水，破除板结。玉米抽雄前后和灌浆期，需要保持充足的水分供应，若遇干旱要及时灌水，以免降低粒重而影响产量。

3. 生态效益 玉米根系强大，吸肥较多，需水也较多，对土壤的水肥供应能力要求较高，属于典型的高肥水型作物；谷子需肥幅度较宽，适应性广，尤其耐旱和耐贫瘠能力较强，属于中间型作物。玉米根系生长快，可吸收深层土壤养分；谷子根系浅，吸收浅层养分，玉米‖谷子可以利用不同层次的土壤养分，实现用地养地相结合。

（五）玉米与甘薯间作节肥技术

1. 适宜范围 玉米甘薯间作是分布在一年两熟的温暖平原区（河南、河北、山东）、低山丘陵区（如陕西秦巴丘陵低山地区、四川紫土丘陵区）传统的种植制度。

2. 节肥技术要点

（1）定植准备。在春播地块冬前要深翻，结合增施有机肥为主，无机肥为辅，一般每公顷基施农家肥 60 000～75 000kg，同时配施复合肥（N∶P∶K＝15∶15∶15）$600kg/hm^2$。施肥采用集中深施、粗细肥分层施的方法，其中氮、磷、钾肥集中穴施上层，便于薯苗成活。

（2）水肥管理。甘薯大田追肥遵循"前轻、中重、后补"的原则，即：①提苗肥。在栽后 3～5d 结合查苗补苗，在苗侧下方 7～10cm 处开穴追施速效肥，每公顷施 22.5～52.5kg，施后灌水盖土。②壮株结薯肥。在栽后 30～40d，施肥量根据薯地、苗势而异。长势差的多施，追施尿素 52.5～67.5kg；长势好的，则以磷、钾肥为主，氮肥为辅。③催薯肥，又称长薯肥。在甘薯生长中期施用，一般以钾肥为主，施肥时期在栽后 90～100d，可施用硫酸钾，每公顷施 150kg，或者施用草木灰 1 500～2 250kg。草木灰和氮肥分开施用，施肥后及时灌水，增强肥效。④裂缝肥。在薯块盛长期，在垄背裂缝处追肥，尤其是发生早衰或者前期施肥不足的地块，每公顷追施速效氮肥如硫酸铵 60～75kg，或者人粪尿 3 000～3 750kg，加水 9 000～11 250kg，顺缝灌施，效果非常好。⑤根外追肥。在甘薯栽后 90～140d，叶面喷施磷、钾肥，不仅增产而且能有效改善薯块品质。一般用 2％～5％的过磷酸钙溶液，或者 1％磷酸钾溶液或 0.3％磷酸二氢钾溶液或 5％～10％的过滤草木灰溶液在 15∶00 以后喷施，每公顷喷施 1 125～15 000kg，隔 15d 喷一次，共喷 2 次。注意甘薯是忌氯作物，不能使用含氯元素的肥料；在沙土地上施肥注意少量多次；水分充足的地块，要控制氮肥用量，以免引起茎叶徒长，影响薯块生长。

玉米在拔节（占总施肥量的40%）和大喇叭口期（占总施肥量的60%）分两次追肥，追肥以速效氮肥为主，结合灌水。

3. 生态效益 玉米、甘薯对养分种类和数量的需求不同，玉米需氮量大，而甘薯施磷、钾肥更有利于其薯块的膨大和品质形成，养分互补是实现玉米甘薯间作增产增效的重要原因。

四、以小麦为主体的多作节肥技术

（一）冬小麦与夏玉米轮作节肥技术

1. 适宜范围 华北地区包括山西、内蒙古、河北、天津、北京是我国重要的粮食主产区，小麦、玉米轮作是主要的作物种植体系。该地区≥0℃的积温为 4 500～5 500℃，年平均气温 11.5～12.5℃，无霜期 176～205d，年降水量 531～644mm。

2. 节肥技术要点

（1）定植准备。秋季作物收获后，在清除根茬、深耕翻地的基础上，施入农家肥 45 000kg/hm²、P_2O_5 49kg/hm²、N 96kg/hm²。

（2）水肥管理。水肥运筹的原则是按照作物的吸水、吸肥规律和设计产量来确定肥料的配比、施用量和施用时期。小麦 7 500～9 000kg/hm²、玉米 9 000～10 500kg/hm² 的目标产量水平下：①氮肥施用。N 施用量为 375～420kg/hm²，小麦施氮量占全年氮素总投入量的50%～55%，其中氮素的基肥与追肥比例为基肥氮：拔节期追氮：灌浆期追氮＝6.0：2.5：1.5；或一次追施氮肥，按基肥氮与追肥氮比为（6：4）～（4：6）。玉米氮素投入量占全年投入的45%～50%，其中基肥或苗期（三至六叶期）追施氮和大喇叭口期追施氮的用量比为 1：2；或加一次开花期追肥，比例为苗期追施氮：大喇叭口期追施氮：花粒期追施氮＝3：5：2。②磷肥施用。P_2O_5 施用量为 195～240kg/hm²，小麦施磷量占全年磷素总投入量的55%～60%，作底肥一次性施入。玉米磷素投入量占全年投入的40%～45%为宜，在苗期（三至六叶期）一次性施入。③钾肥施用。K_2O 施用量为 195～240kg/hm²，小麦施钾量占全年钾素总投入量的40%～45%，作底肥一次性施入。玉米钾素投入量占全年投入的55%～60%为宜，在苗期（三至六叶期）一次性施入。④微肥施用。硫酸锌施用量为 15～30kg/hm²，硼砂 7.5～11.25kg/hm²。

3. 生态效益 赵荣芳（2006）对华北平原小麦、玉米轮作体系氮肥管理研究表明，在保证作物产量不变的前提下，小麦在农户传统施氮条件下的氮肥利用率仅有20%，而优化施氮时的氮肥利用率为50%；玉米在农户传统施氮条件下的氮肥利用率为10%，而优化施氮时的氮肥利用率为40%。由此可见，对氮肥进行优化管理，可以显著提高氮肥利用率，而且土壤硝态氮残留少，向下淋失的量也减少。

（二）小麦与马铃薯间作节肥技术

1. 适宜范围 该种植模式主要分布在我国西南的云南地区。该区年平均气温 14.7℃，≥10℃的积温为 4 458℃，年均降水量 958.2mm，年太阳辐射总量 523.35kJ/cm²，年日照时数 2 242h，无霜期 246d 左右。

2. 节肥技术要点

（1）定植准备。结合春秋整地施肥进行土壤消毒处理，小麦、马铃薯间作群体一般在

前作收获后，利用农闲给田块每公顷施入优质农家肥 30 000kg，在土地平整前每公顷施入尿素 300kg、过磷酸钙 375kg、硫酸钾 300kg。

（2）水肥管理。对于肥力基础差的地块，在小麦返青期或分蘖期进行追肥，每公顷追施氮 300kg、磷酸二氢钾 30~70kg 或硫酸钾 150kg。

3. 生态效益 小麦马铃薯间作可以实现养分互补。小麦是吸肥较多的作物，而马铃薯在生长后期块茎会向土壤中释放钾素，满足后期小麦对钾的需求，提高小麦的抗逆性，增加产量。

（三）小麦与豌（蚕）豆间作节肥技术

1. 适宜范围 小麦蚕豆间作在长江以南和以北皆有分布，分春播区和秋播区。秋播区主要分布在一年三熟的多熟种植的四川、云南、贵州、陕西南部、湖南、湖北等区域，春播区主要分布在一年两熟或一熟的山西、甘肃、内蒙古、河北、北京、青海等区域，适合我国北方和南方冷凉区域种植。

2. 节肥技术要点

（1）定植准备。豌豆根系分布较深，主根发育早而快，秋季结合深翻，根据土壤肥力和小麦豌豆产量目标，实行有机肥与无机肥、底肥与追肥以及氮、磷、钾和微肥配合施用。按照每公顷撒施腐熟的农家肥 22 500kg、过磷酸钙 300~450kg、硫酸钾 300~450kg 或者草木灰 750~1 500kg 于地表，或者施用氮、磷、钾三元复合肥 600~750kg/hm² 作基肥，然后进行土壤耕翻。若地力差的田块，在基肥中，还应增施 60~120kg/hm² 尿素，以满足小麦和蚕豆复合群体苗期生长的需要，以利于提早形成壮苗和根瘤的迅速形成。

（2）水肥管理。在小麦豌豆生育过程中要追施总施氮量的 50%，可选择在小麦拔节期或豌豆始花期每公顷追施 150~300kg 尿素，以利小麦生长和穗分化，同时有利于提高豌豆结荚率，促进籽粒饱满。也可在封行搭架前每公顷施复合肥 375~450kg、尿素 150~200kg、氯化钾或者硫酸钾 150kg，并在盛花期喷施硼肥保花、保荚，或者花期根外追施硼、钼等微量元素。如在开花结荚期，根外喷施 0.2% 硼酸液、0.05% 钼酸铵液，同时在小麦灌浆期或者豌豆花期增施 0.2% 尿素液和 0.4% 磷酸二氢钾混合液，喷施效果更好。

3. 生态效益 小麦‖豌豆可以提高土壤养分，尤其是土壤速效氮含量。因为豌豆可利用自身根瘤菌的固氮作用，同时通过大量的壳、叶、残根等还原于土壤，增加土壤有机质，提高土壤的疏松性，改良土壤结构，培肥地力。据测定，蚕豆的平均固氮量为 222kg/hm²。甘肃省临夏回族自治州农业科学院测定，小麦‖蚕豆，土壤中速效氮、有效磷、速效钾分别达 295.6mg/kg、197.1mg/kg、189.0mg/kg，分别为小麦种植后土壤速效氮、有效磷、速效钾含量的 320%、121% 和 112%。云南省农业科学院土壤肥料所定位试验表明，种植蚕豆后可丰富土壤中的氮，降低后作氮肥施用量，使栽培成本下降 30%，减少农业面源污染。

五、以豆科作物为主体的多作节肥技术

（一）蚕豆与玉米间作节肥技术

1. 适宜范围 蚕豆玉米间作主要分布于我国冷凉的一年两熟区。甘肃河西走廊地区

和甘肃中部、贵州省的丘陵山地，海拔 1 473m，年降水量 122mm，平均无霜期 148d，年蒸发量 1 972mm，全年平均日照时数为 2 932~3 085h，≥0℃的积温为 2 466~3 391℃，≥10℃的积温为 1 837~2 870℃，属于光热资源充足而水资源短缺的区域。

2. 节肥技术要点

（1）定植准备。选择在土层深厚、疏松肥沃、排水良好、灌溉方便的土壤上种植。坚持"有机为主，无机为辅"的施肥原则，结合深翻土地，每公顷施无害化处理的优质农家肥 45 000kg 以上，精细整地，耙糖保墒。

（2）水肥管理。每生产 100kg 蚕豆籽粒需氮（N）6.4kg、磷（P）2.0kg、钾（K）5.0kg。同时，由于蚕豆需肥量较多，要注重氮、磷、钾配方施肥，增施磷肥能达到以磷促氮的目的。一般蚕豆玉米间作施氮（N）405kg/hm²、磷（P₂O₅）90kg/hm²、草木灰 1 500kg/hm²，其中间作中 1/2 氮肥和全部的磷肥、钾肥作基肥施用，1/2 的氮肥分两次在玉米拔节期和大喇叭口期追施。在蚕豆开花期，可以叶面追肥，每公顷喷施磷酸二氢钾 7.5kg，以提高结荚率和增加荚粒数。施肥结合灌水能提高肥效，尤其在蚕豆开花结荚期和玉米抽雄前后，要保持土壤充足的水分供应。

3. 生态效益 肖焱波等（2003）在甘肃张掖地区研究表明，种植豆科作物后或者与豆科作物间作土壤肥力得到改善，土壤中无机氮累计量增加，根系存在弱竞争。Mayer 也用 ^{15}N 标记试验发现，蚕豆生长期间氮素的根际沉积量占残留氮的 12%~16%。氮供给量的增加，从而使玉米产量增加。此外，蚕豆‖玉米可以提高水分利用率，有研究表明，间作相对于单作水分用量减少 1.29%~11.00%，水分利用率提高了 22.62%~62.37%。

（二）大豆与玉米间作节肥技术

1. 适宜范围 大豆‖玉米分布面积非常广泛，主要分布在黄淮海平原的河南、山东、河北、安徽等地。该区域年均气温 8~14℃，≥0℃的积温为 4 500~5 500℃，无霜期较长，为 175~220d，光照充足，年日照时数为 3 000~3 500h。春季日照条件好，气温回升快，相对湿度低，7—8 月光、热、水同季，有利于作物生长，特别有利于喜温作物玉米的生长。该区年降水量为 550~1 200mm。在我国西南山地和丘陵地区一年两熟或三熟区（云南、四川、贵州等）也有广泛分布。该区海拔 1 700m 左右，属低纬度山地季风湿润气候，年降水量 1 632mm，降水多集中在 6—9 月，年均气温 16.1℃，无霜期 296d。在东北一年一熟区，该间作模式也有分布。

2. 节肥技术要点

（1）定植准备。在一年一熟区，大豆玉米播种前要通过犁耙作业进行整地，同时每公顷施入商品有机肥 7 500kg、三元复合肥 750kg。在黄淮海一年两熟区，由于小麦收获和大豆玉米播种处于三夏大忙季节，麦收前将有机肥送到地头，蓄足底墒水，收麦后立即施肥、整地。

（2）水肥管理。玉米全生育期追肥两次，一次在拔节期，仅玉米种植区域追施尿素 195kg/hm²；另一次在大喇叭口期，追施尿素 300kg/hm²。为提高肥料效率和肥料利用率，追肥后及时灌水。对于后期脱肥的玉米田块，可以在玉米花粒期补施粒肥，施尿素 75kg/hm² 或碳酸氢铵 225kg/hm²，以促进后期籽粒灌浆。大豆可在初花至盛花期用 0.05% 钼酸铵溶液 450~600kg/hm² 进行叶面喷施。在开花结荚期，追施尿素 60~90kg/hm²，叶面喷施 0.3%～0.5%磷酸二氢钾溶液 450～600kg/hm²，每 10d 喷施一次，连续喷施 2～3 次，以增加干物质积累。若遇干旱天气，要灌好开花、结荚、鼓粒水，减少花荚脱落，提高荚粒数和粒重；遇阴雨天及时排水防渍。

3. 生态效益　大豆玉米间作体系中，玉米为须根系，根量大而且相对分布浅；大豆为直根系，根深而量少，这样两者在养分利用空间上有互补优势。玉米需肥量大，当玉米与大豆间作时，玉米对氮的需求和竞争能力远高于大豆，玉米能从大豆固定的氮中获得部分氮，以满足其生长需要，从而使大豆根区土壤氮素水平下降；而缺氮会有利于大豆固氮能力的提高，从而使整个系统的吸氮量明显增加。而且，玉米与不同类型大豆间作的优势差异还来源于对土壤磷吸收的差异。

（三）豌豆与玉米间作节肥技术

1. 适宜范围　豌豆玉米间作主要分布在甘肃省河西绿洲灌区。该区光、热资源丰富，但水资源相对短缺。海拔 1 506m，年均降水量 156～250mm，年蒸发量 2 400mm 左右，年均气温 6.6～7.2℃，无霜期 156～170d，≥0℃的积温为 3 208℃，≥10℃的积温为 2 622℃，年日照时数为 2 945h。豌豆间作玉米是一种节水型多作模式。

2. 节肥技术要点

（1）定植准备。播种地块于上年秋季结合深翻，施农家肥 15 000～25 500kg/hm²，以促进土壤熟化。3 月中旬结合浅耕撒施尿素 300kg/hm²、磷酸二铵 225kg/hm² 或过磷酸钙 1 500kg/hm²、硫酸钾 300kg/hm²、硫酸锌 30kg/hm²。

（2）水肥管理。基肥未施硫酸锌的地块，玉米生育前期可用 33kg/hm² 硫酸锌、47kg/hm² 磷酸二氢钾，配制成溶液 900kg/hm² 进行叶面追肥。5 月下旬至 6 月上旬（在豌豆鼓荚期、玉米大喇叭口期），豌豆和玉米苗中午出现萎蔫、早晚恢复时及时灌头水，结合灌水撒施尿素 300kg/hm²；7 月上中旬豌豆收获后，在玉米抽雄吐丝盛期灌第二水，结合灌水穴施尿素 450kg/hm²；8 月中旬灌三水。之后，结合配水量和降水量情况灌四水，每次灌水量应控制在 1 200m³/hm² 左右，严禁大水漫灌，总灌水量控制在 6 600m³/hm² 左右。

3. 生态效益　豆科作物具有固氮作用，提高了土壤氮素水平，减缓了玉米和豌豆间的营养成分和数量的竞争。两者间作具有低投入的特点，节约资源和肥力投入。

第三节　蔬菜多作节肥技术

蔬菜是人体膳食纤维、维生素和矿物质的主要来源，在我国农业产业结构调整中发挥着重要的作用。尤其是近年来，蔬菜种植已成为农业增效、农民增收的重要途径。然而我国蔬菜总产量的增加主要是依靠菜田面积的扩增及农药、化肥等投入品的过量使用，这对于我们人均耕地资源仅占世界平均值 1/3 的国家来说具有很大的局限性。此外，不合理的施肥，不仅降低了蔬菜品质，破坏农田生态环境，而且造成了土壤板结、土壤质量下降等问题，严重制约着蔬菜产业的可持续发展。

蔬菜品种多，生长周期短，复种指数高，经济效益好。在生产上，如果能够合理地进行蔬菜与其他作物及蔬菜间的间、套、轮作，将可恢复与提高土壤肥力、减轻病虫危害、增加产量、改善品质等。本节针对目前我国耕地持续减少、蔬菜生产施肥量大及蔬菜品质不高的现状，针对蔬菜在合理间、套、轮作条件下对土壤养分的利用、作物养分吸收及常见的节肥技术进行阐述。

一、蔬菜间套作节肥技术

合理间作相对单作而言，其特点是通过各类作物的不同组合、搭配构成多作物、多层次、多功能的作物复合群体，相对于单作有"密植效应""时空效应""异质效应""边际效应""补偿效应"，能提高生产系统对土地、时间、光能、热能、养分的利用率，可显著提高作物产量和土地利用率。

根据与蔬菜间套作的作物类型划分，本节重点阐述蔬菜与蔬菜间套作、蔬菜与粮食作物间套作、蔬菜与其他经济作物间套作三大类型。

（一）蔬菜与蔬菜间套作节肥技术

1. 蔬菜与蔬菜间套作主要原则

（1）生长期长的与生长期短的蔬菜。主作物旺盛生长之前，间作物就已收获。如茄子、辣椒田里间作苋菜、青菜；大蒜混种菠菜；胡萝卜与小白菜混播，后者可为前者护苗；越冬甘蓝、莴笋间作青菜；茄果瓜类蔬菜畦边间作芸豆等。

（2）植株高的与植株矮的蔬菜。这样可充分利用空间，如韭菜地套作豇豆、四季豆、黄瓜，既可充分利用土地和阳光，多收一茬果菜，又可减轻间作物的病害；丝瓜棚下套作大蒜、菠菜、芹菜，可为间作物遮阳降温；辣椒生长中期在行间套作丝瓜、苦瓜，瓜藤可为生长后期的辣椒遮阳。

（3）喜温与喜凉蔬菜。喜凉耐寒的蔬菜间套作喜温性蔬菜，可为后者挡风防寒，如迟青菜、春莴笋行间间套作黄瓜、瓠瓜、豇豆等；北方干旱地区用平畦栽夏芹菜，畦埂上间作豇豆为芹菜遮阳降温；喜凉的大棚草莓，在结果中后期套作喜温耐热的西瓜、甜瓜，可继续利用大棚设施避雨，加大昼夜温差，为西瓜、甜瓜创造一个良好的生长环境；秋延后栽培的黄瓜、番茄，在生长中后期摘去部分老叶，可在行间或畦边套作喜凉的西芹、紫菜薹，继续利用大棚保温，使套作的蔬菜加快生长，达到早熟高产。

（4）喜光与喜阴蔬菜。喜光的果菜如番茄、豇豆等，与较耐阴的叶菜如生菜、菠菜等，或与喜阴的生姜隔畦（或隔行）间作，对双方都有利。

（5）根系深的与根系浅的蔬菜。豇豆、四季豆根系发达，可利用深层土壤养分，而且有根瘤菌固氮。间作青菜、生菜、苋菜等叶菜，其根浅，主要吸收利用浅层土壤中的养分，又喜氮肥，同时叶菜还可帮豆类吸收土壤中偏多的水分。

2. 蔬菜与蔬菜间套作节肥技术应用 目前，蔬菜生产上水肥一体化技术应用已经非常普遍，随着设施设备类型的改造升级，节水节肥技术水平进一步提高。而间套作蔬菜种植模式，除了利用蔬菜自身生长特性及自然资源现状，充分发挥蔬菜间套作优势外，还可以通过分别利用不同深度土层养分、合理利用茬口衔接等途径减少肥料施用量，提高肥料利用率，从而达到节水节肥的目的。

（1）茄果类间套作叶菜类。茄果类蔬菜间套作生育期短、早熟的叶菜类，改一季单种蔬菜一膜一熟为一季两种蔬菜一膜两熟，可增加复种指数，提高单位土地产出，提高肥料

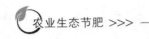
利用率，实现节本增效。

以辣椒间作韭菜、甘蓝为例，节肥技术要点如下。

定植准备。选择土壤肥沃、疏松的地块，施足底肥，每公顷施优质农家肥45 000～75 000kg、复合肥750kg，深耕细耙，平整打畦，以2.6m宽为一带，做宽窄行，宽畦1.9m、窄畦0.7m，畦埂高0.1m。其中，宽畦种甘蓝、韭菜，窄畦种辣椒。

水肥管理。甘蓝生长期通常追肥5～6次，一般在定植、缓苗、莲座初期、莲座后期、结球初期、结球中期各追肥一次，重点是在结球初期追肥。施肥浓度和用量，随植株生长而增加，前期以氮肥为主，每公顷追施尿素300kg。辣椒生长过程中，当门椒长到3cm左右时结合灌水，重施一次肥，可每公顷追尿素225～300kg、氯化钾150kg，以后每隔2～4次灌水追一次肥。灌水应做到小水勤灌，切忌大水漫灌，雨水过大时要及时排涝。要做到蹲促结合，防止徒长，使植株多坐果，争取高产。韭菜于3月中旬育苗，选择平整肥沃的育苗地，每公顷施腐熟有机肥150 000kg、复合肥450kg，深翻30cm，耙碎整平。苗高10cm时，每公顷施尿素300kg，以后15～20d追肥一次，追肥量同前，连续追肥2～3次。育苗后期应控水蹲苗，促进根系发育，培育壮苗。在5月下旬收获甘蓝后的空地，每公顷施有机肥150 000kg、复合肥750kg，深耕细作，平整土地，6月上中旬开始定植韭菜。定植后及时灌缓苗水，7～10d以后再灌水一次，并随水每公顷冲施尿素300kg。辣椒拉秧前，8月中旬以后，随着气温变凉，韭菜进入一年中的第二次营养生长高峰。从8月下旬开始，对宽畦定植的韭菜要加大水肥管理，每10d左右追肥灌水1次，每公顷追施尿素150～225kg，或硫酸铵225～300kg，或顺水冲施腐熟鸡粪15 000kg，连续2～3次。

效益分析。生育期长的茄果类蔬菜间套作矮秆、生育期短的叶菜类，进行长短合理搭配，改一季单种蔬菜一膜一熟为一季两种蔬菜一膜两熟，既提高了复种指数及单位土地产出，又增加了经济效益，还节约了肥料、人工等投入，真正实现了省工节本增效。

（2）叶菜类间套作叶菜类。为了实现增产增收，蔬菜生产中最常见也最易操作的就是叶菜类之间的间套作，可以实现一年多熟。多熟种植是在一年内于同一田块前后或同时种植两种或两种以上作物的种植模式。

以苋菜、苦瓜、大白菜、西兰花一年四熟高效套作栽培模式为例，节肥技术要点如下。

定植准备。结合整地每公顷施22 500kg腐熟有机肥、750kg复合肥作底肥，大棚中间开沟做成2个畦面，耙平畦面，提前一天灌透底水，第二天用细耙疏松畦面使土壤上虚下实。

水肥管理。苋菜收获后种植苦瓜，苦瓜坐果后加强水肥管理，每隔10～15d每公顷撒施225kg复合肥；苦瓜生长中期开始定植大白菜，定植前每公顷撒施尿素或高氮型复合肥150～225kg，撒后及时灌水；苦瓜拉秧后，结合翻地每公顷施30 000kg有机肥和750kg复合肥，开始定植西兰花，缓苗后每公顷随水追施尿素225kg。花球直径2～3cm时每公顷随水追施300kg复合肥，花球形成中期再施一次复合肥，每公顷随水追施300kg复合肥，整个生长过程中保持土壤湿润。

效益分析。后茬蔬菜提前育苗，能做到前茬蔬菜收获后立即移栽定植，节约了时间，是一年四熟种植制度能够实现的前提。利用大棚生产，苋菜和苦瓜实现了提早上市，大白菜在蔬菜淡季上市，保证了销售价格。该套作栽培模式最大限度地利用了土地资源和空间资源，实现了立体栽培，提高了复种指数和经济效益。

（二）蔬菜与粮食作物间套作节肥技术

1. 蔬菜与粮食作物间套作主要原则 粮菜间套作有多种搭配形式。一是注意一般要选择不同种类的粮菜品种，且生长周期应相近，这样以便于统一栽种和田间管理，及时换茬。二是间套作作物对养分的需求、植物生理学特征应有所差异，以便于充分利用养分和空间。三是注意选择不同生育期的品种相配合，如生长期长的品种和生长期短的品种间作，短期收获的品种不会影响生长期长的品种的生长。四是可以选择一次收获和陆续收获的蔬菜相配合。

2. 蔬菜与粮食作物间套作节肥技术应用

（1）以大棚鲜食玉米、丝瓜、蒜薹间作为例，节肥技术要点如下。

定植准备。每公顷施入腐熟农家肥 30 000kg 和硫酸钾三元复合肥（15－15－15）750kg，作为基肥，然后将土壤旋耕耙平，离 8m 宽大棚两边 30cm 处各起 1 垄，垄宽40cm，垄高 15～20cm，种植丝瓜；离丝瓜垄 30cm 处开始，分别起 3 垄，垄宽 180cm，垄高 10～15cm，垄间距 30cm，种植鲜食玉米；鲜食玉米、丝瓜采收结束后将土壤旋耕耙平，整成 3 畦，畦宽 2m，离大棚两边 60cm，畦间过道 40cm，栽培蒜薹。

水肥管理。当玉米长出 5～6 片叶时，要进行追肥，一般每公顷施尿素 150kg、硫酸钾或氯化钾 75kg，可以促进根的生长。当长出 12～13 片叶时，每公顷再施尿素 225kg、硫酸钾或氯化钾 60kg，两株之间穴施后盖土。丝瓜生长期长，需肥量大，追肥要前轻后重，前重氮肥后重磷钾肥。一般抽蔓后追施一次提苗肥，每公顷追施尿素 150kg；开花坐果后，追施一次膨果肥，每公顷追施硫酸钾复合肥（15－15－15）300kg 或及时补充冲施肥，如三元复合肥（N：P：K＝15：5：30）配合甲壳素生物有机肥。每采收 3～4 次追肥一次，结果盛期，要加大追肥量。蒜薹定植前结合耕翻，每公顷施三元复合肥（15－15－15）450kg，开沟做畦，畦宽 2m，沟宽 40cm，定植后要注意在 7d 左右、采薹期和盛期进行追施尿素 10kg，共计 3 次左右。移栽后要进行 1～2 次除草，此阶段如果遇到干旱天气，要及时对蒜薹进行灌水。

（2）以马铃薯、玉米、白菜间套作为例，节肥技术要点如下。

定植准备。精心挑选肥力良好、土壤疏松的沙壤地，这样马铃薯块茎才能膨大生长。整地时每公顷可施 60 000kg 农家肥、750kg 三元复合肥（15－15－15），作为基肥。

水肥管理。马铃薯长出 5 片叶后可追肥灌水，在灌水的同时每公顷可施 300kg 复合肥（20－5－20），在现蕾期每公顷可追施 150～225kg 尿素，确保土壤湿润，不得大水漫灌。在开花初期，根据生长情况喷调节剂，预防其疯长。玉米出苗后应及时划锄，加快幼苗生长，保证玉米幼苗在马铃薯植株封沟前高于马铃薯植株，避免被马铃薯植株遮住。玉米生长过程中，应保持田间持水量为 65%～70%。玉米花粒期为预防脱肥早衰，在根外喷施800 倍磷酸二氢钾溶液。白菜移栽后注意灌水，成活后划锄晒垄，不得过早灌水，见干见湿，结球期每公顷可施 375kg 三元复合肥（15－15－15）。

效益分析。采用粮菜间作模式后，土壤裸露的面积和时间都减少，粮、菜能够保持土壤墒情，减少水分蒸发，有利于作物生长。实行粮菜间作，肥料利用率提高。一方面粮菜

不同根系类型及需肥规律存在差异，充分利用土壤养分；另一方面在粮、菜间作的过程中，一些必要的耕作措施，如翻耕、除草等也能够促进作物对土壤养分的吸收。

（三）蔬菜与其他经济作物间套作节肥技术

蔬菜本身作为经济作物，可以带来可观的收益。在实际生产中，不少农户常常采用蔬菜间套作其他经济作物的种植模式，来获得更大的经济效益。这一种植模式，也能最大限度地利用资源，提高水肥利用率，达到资源节约和高产高效的目的。

1. 草莓间套作蔬菜　以温室内草莓间套作番茄为例，节肥技术要点如下。

（1）定植准备。基肥以有机肥为主，最好一次施足。每公顷施入腐熟有机肥75 000kg、三元复合肥（15-15-15）375kg，撒施后深耕25cm，细耙2遍，灌足底墒水。

（2）水肥管理。草莓开花期控制灌水，保持土壤湿润。早晨采收前要控制灌水。追肥采取少量多次的原则，定植苗长出4片新叶时每公顷追施尿素150kg，施肥后及时灌水和中耕。从顶花序吐蕾开始，每隔20d左右，每公顷追施1次三元复合肥（20-5-20）225kg。生长中后期结合喷药，叶面喷施0.3%～0.5%磷酸二氢钾，每7～10d喷1次，共喷2～3次。番茄坐果前以控水为主，坐果后至果实膨大期加大灌水量。定植后5～8d灌1次缓苗水，10d后视墒情再灌1次水。蹲苗终期田间持水量以60%为宜。进入果实膨大期，每隔7～10d灌1次水，每公顷随水追施三元复合肥（20-5-20）225～300kg。5月上中旬最后一批草莓收获后，对番茄进行1次大追肥，每公顷施磷酸二铵、尿素、硫酸钾各225kg，之后进入正常管理。

（3）效益分析。在京郊生产过程中，草莓套作茄科类蔬菜。草莓在每年8月底9月初定植，翌年3月、4月已到生长后期，产量、品质等方面都处于下降时期，此时可在原有草莓栽培畦上，单行套作茄科类蔬菜，如草莓套作番茄等。此套作模式，由于草莓生产需肥量大，前期生产过程中氮钾肥应施用充足，不用起垄和施底肥，可以直到番茄第二穗坐果期开始追肥。这样比常规栽培至少省去底肥和第一穗果肥，进而达到节肥效果。

2. 葡萄间套作蔬菜　以北方温室内葡萄间套作蔬菜为例，节肥技术要点如下。

（1）定植准备。葡萄栽植株行距为0.6m×2m，11月大棚覆膜前，按行距2m挖栽植沟，宽60cm、深50cm，生土与熟土分开放，沟内每公顷施腐熟有机肥90 000kg、缓释复合肥750kg，用熟土混匀后填平，灌水沉实。

（2）水肥管理。间作的蔬菜以耐寒、生长期较短的低矮蔬菜为好，如茴香、苦菊、生菜、油菜、菠菜和莴苣等。葡萄栽植沟土壤干湿适宜时整修菜畦，11月种茴香、生菜和苦菊等。若种油菜和莴苣，可提前育苗，上冻前移栽入棚内。葡萄新梢高20cm左右时，每株穴施尿素20g，灌水；7月下旬至8月初冲施一次高钾复合肥，每公顷用量600kg；9月每隔10d喷1次0.3%磷酸二氢钾，连喷3次。前期蔬菜灌水冲肥较多，葡萄苗无需灌大水；9月中旬，在种植行一侧30cm外，挖深30cm的沟，每公顷施腐熟有机肥105 000kg左右、三元缓释肥750kg，然后灌水。萌芽后每公顷沟施尿素600kg，灌水；果实膨大后期追复合肥（20-5-20）450kg；果粒软化前冲施高钾复合肥600kg，并每隔7d叶面喷1次磷酸二氢钾，连喷3次；摘果后施一次三元复合肥（15-15-15），恢复树势。沙壤土宜少量多次追肥，半月左右冲施1次。

（3）效益分析。这种葡萄栽植前期与蔬菜间作的模式，提高了经济收益。同时，在早扣棚膜晚拆棚膜条件下，葡萄生长季避免了雨水的冲淋，枝蔓、叶、果穗很少发生病害，大大减少了杀菌剂的施用量。二氧化碳是各类植物光合作用的原料，增加二氧化碳的浓度是提高作物产量的重要措施。葡萄间套作蔬菜充分利用植株高矮交错的特点，田间大气易于流动，被消耗的二氧化碳很容易得到补充。

（四）菌类间套作蔬菜

菌类与蔬菜间作高效生态循环栽培法在当下很实用。蔬菜的茎叶为平菇遮阳，蔬菜光合作用释放的氧气正好被菌类利用，菌类的呼吸作用及培养料发酵产生的二氧化碳作为蔬菜光合作用的原料，形成互利共生的良性生态循环。这种间套作模式在实际生产中，正在进一步扩大应用。

以北方平菇间套作黄瓜为例，节肥技术要点如下。

1. 定植准备　每公顷施腐熟有机肥 45 000～75 000kg、三元复合肥（15-15-15）450kg，平整土地，打畦起垄。温室栽培蔬菜宜在冬春季节，故平菇品种选择中、低温类型。平菇的播种期可提前到 8 月下旬，选用广温型品种或前期选用中温型、后期选用低温型品种；黄瓜应于 10 月中旬播种。黄瓜按大行距 1m、小行距 0.7m 的方式定植，株距 0.2m；平菇采用袋栽方式，上盖塑料薄膜。

2. 栽培管理　平菇从萌发到定植，要严格控制温度，播种后 3～4d 内使料温控制在 24～28℃。待菌丝布满整个培养料，注意保温保湿和通风换气。子实体形成期，白天温度宜为 22℃，夜间为 10℃，增加散射光，避免直射光。袋栽，主要靠调节温室内的通风量，补充氧气、排出二氧化碳。每天通风 2 次，每次 0.5h。室内空气相对湿度应保持为 85%～90%，在子实体菌盖长至 2～3cm 时，用喷雾器械向子实体喷水。在第一茬菇采收后，清除残菇碎片，停水 3d，然后喷小水，使培养料表面潮湿即可，空气相对湿度保持在 90%～95%。第二茬菇蕾形成后，管理同第一茬菇。黄瓜定植后，给平菇喷水时勿喷到黄瓜叶片上，喷水次数适当减少，黄瓜追肥应以滴灌或膜下暗灌为主。平菇的呼吸作用和培养料发酵产生大量的二氧化碳，基本可补充黄瓜光合作用所需，在阳光不强或平菇间作量大时可不施或少施二氧化碳，以免造成黄瓜和平菇二氧化碳中毒。

3. 效益分析　菌菜间作作为高效生态循环的栽培模式，目前研究试验比较多，生产上应用也在逐年增加。这种栽培模式自身的特点，主要体现了二氧化碳肥的合理利用，作为种植施肥的组成部分，为合理开展立体种植、建立科学的施肥管理方案提供了参考。同时，它利用高秆蔬菜行距较大、空地较多的特点间作菌类，实现上部收获蔬菜、下部收获菌类的双重效益。

二、蔬菜轮作节肥技术

蔬菜轮作在蔬菜栽培生产中应用比较广泛，可以克服连作障碍带来的不利影响，有利于减轻病虫害和草害，并达到土壤养分的有效利用。不同种类的蔬菜生物学特性不同，对养分需求特点也有很大差别。同一地块连年种植单一种类蔬菜，对土壤中营养元素进行选择性吸收，会造成土壤中部分养分亏缺，同时富集其他营养元素，影响蔬菜养分吸收平衡，容易降低蔬菜产量和品质。根据蔬菜生长特性及需求养分特点差异，合理安排蔬菜轮作类型，充分利用蔬菜生产过程中自身习性特点及土壤养分供给性能，科学制定施肥方

案，可以达到节肥效果。

（一）蔬菜轮作的原则

蔬菜轮作茬口安排，要充分考虑生产过程中各种因素的影响，包括蔬菜种类、土传病害、杂草虫害、需肥特性、季节特征、设施设备等因素。在实际生产过程中，主要遵循以下原则。

1. 根据蔬菜根系特点与吸收养分规律进行轮作 不同蔬菜的根系长度与分布存在着很大差异，对不同养分需求也有差别，在蔬菜轮作的选择上，可以根据蔬菜作物根系情况和作物养分吸收情况而定。如上茬蔬菜是深根系蔬菜，下茬可以选择浅根系蔬菜；上茬蔬菜是茄果类蔬菜，下茬可以选择叶菜类。

2. 避免病虫害的传播 同科蔬菜常易感染相同的病害，不同科蔬菜进行轮作，可使病菌失去寄生环境或改变其生活环境，达到消灭或减轻病虫害的目的。如大葱收货后种植大白菜，可以减轻大白菜软腐病危害。十字花科蔬菜的根肿病是比较常见的病害，这种病害对十字花科外的蔬菜几乎没有侵染力。

3. 能充分利用土壤养分 蔬菜轮作要充分考虑土壤养分利用问题，如何使营养元素得到最大化的利用，是蔬菜轮作的重要意义。如豆科植物根系与固氮菌存在着互利共生的关系，固氮菌固定氮素供植物利用，大豆收获后，土壤中残留的氮素可以供轮作的茄科类蔬菜吸收利用，以达到充分利用土壤养分的目的。

4. 利于控制杂草生长 蔬菜轮作上下茬口安排，应能对杂草生长起到一定的抑制作用。如一些生长迅速或栽培密度大、生育期长、叶片对地面覆盖度大的蔬菜，像瓜类、甘蓝、豆类、马铃薯等，对杂草有明显的抑制作用；而茴香、芹菜等发苗慢、叶小的蔬菜，易滋生杂草，将这两类蔬菜进行轮作，可明显减轻草害。

（二）蔬菜轮作的类型

1. 菜菜轮作 蔬菜与蔬菜的轮作，由于在克服连作障碍影响表现的优势，在实际生产中尤其是设施生产中是应用最广的轮作方式。蔬菜轮作过程中，注意避免需肥规律类似、根系特点相近、同科作物进行轮作，以利于土壤养分的高效利用和降低病虫害的发生。

2. 粮菜轮作 粮菜轮作的种植模式应用广泛，近年来在设施生产中也逐步扩大了应用范围，在土壤氮磷高效利用、除盐降盐等方面有着重要意义，同时可以获得较高产量和良好的经济效益。

3. 菜经轮作 菜经轮作是指蔬菜与其他经济作物轮作，包括花卉蔬菜轮作、药菜轮作、菌菜轮作等模式。这种轮作模式，在充分利用资源的前提下，可以达到获得最大经济效益的目标。

（三）蔬菜轮作节肥技术应用

1. 菜菜轮作

（1）果菜类之间轮作。以设施黄瓜、番茄轮作为例，节肥技术要点如下。

定植准备。茬口安排秋冬种植番茄，番茄收获后，早春种植黄瓜。番茄品种选择以抗TY品种为主，黄瓜品种选择以抗低温、耐弱光为主。常年种植的设施基地，底肥每公顷施有机肥 15 000kg、三元复合肥（18 - 7 - 20）375kg。

水肥管理。番茄定植缓苗后第七天，灌一次缓苗水，水量以能使定植垄完全湿润为准；

番茄第一穗果之前不施肥，灌水量根据气候及温室内环境状况来定，这一时期水量不宜过多；第一穗果坐果后，开始追肥，可以追施腐殖酸水溶肥（腐殖酸≥6%，N-P₂O₅-K₂O为18-2-10）240～300kg/hm²，每15～20d随灌水一起冲施；番茄采收结束后，平畦整地，底肥每公顷施有机肥15 000kg/hm²、三元复合肥（18-7-20）375kg。黄瓜定植缓苗后第七天，灌一次缓苗水，水量同样要以能使定植垄完全湿润为准。黄瓜根瓜坐果前一般不施肥，根瓜膨大期追施腐殖酸水溶肥（腐殖酸≥6%，N-P₂O₅-K₂O为18-2-10）300～375kg/hm²，盛瓜期根据黄瓜长势情况，可以10～15d追施1次腐殖酸水溶肥（腐殖酸≥6%，N-P₂O₅-K₂O为18-2-10）240～300kg/hm²，追肥随灌水一起冲施。

效益分析。有研究结果表明，番茄、黄瓜轮作周期内配方施肥技术的应用效果显著，可增产23.8%。这一轮作方式充分考虑了番茄、黄瓜两种茄果类蔬菜养分需求规律及土壤供肥情况，减少氮肥和磷肥的施用量，增加钾肥的施用量，利于平衡土壤养分，提高产量。

（2）果菜叶菜轮作。以设施黄瓜、甘蓝轮作为例，节肥技术要点如下。

定植准备。茬口安排越夏茬种植黄瓜，黄瓜采收拉秧后定植越冬茬甘蓝。越夏黄瓜品种宜选用耐高温、耐涝、抗病品种，越冬甘蓝选择冬性强、抗病性强的品种。平整土地，常年种植的设施温室，底肥每公顷施有机肥15 000kg、三元复合肥（18-7-20）375kg。

水肥管理。由于是越夏茬黄瓜，黄瓜定植缓苗后第四天，灌一次缓苗水，水量以能使定植垄完全湿润为准，10d后根据气候情况实时灌水。黄瓜根瓜坐果前一般不施肥，根瓜膨大期追施腐殖酸水溶肥（腐殖酸≥6%，N-P₂O₅-K₂O为18-2-10）300～375kg/hm²，盛瓜期根据黄瓜长势情况，可以7～10d追施1次腐殖酸水溶肥（腐殖酸≥6%，N-P₂O₅-K₂O为18-2-10）240～300kg/hm²，追肥随灌水一起冲施。黄瓜采收拉秧后，平整土地。由于黄瓜生长期间施肥量大，甘蓝定植底肥施三元复合肥（18-7-20）450kg/hm²，追施3次，分别在莲座期、结球初期、结球中期施用。每次腐殖酸水溶肥追施375kg/hm²，腐殖酸水溶肥（腐殖酸≥6%，N-P₂O₅-K₂O为18-2-10）随灌水一起冲施。

效益分析。果菜、叶菜轮作是蔬菜种植过程中重要的轮作方式，充分考虑了果菜、叶菜不同需肥特性及施肥特点。叶菜种植过程中针对上茬果菜底肥及追肥施肥量大的施肥习惯，可以不施或少施底肥，尤其是有机肥。果菜以吸收磷钾肥为主，叶菜以氮肥为主，可以防止土壤单盐积累和毒害，提高土壤养分利用率。

（3）叶菜类之间轮作。以设施甘蓝、芹菜轮作为例，节肥技术要点如下。

定植准备。安排秋冬茬种植甘蓝，甘蓝收获后，早春定植芹菜。甘蓝品种选择耐低温、耐弱光品种。常年种植的温室，平整土地后，底肥每公顷施有机肥75 500kg、复合肥（15-15-15）375kg。

水肥管理。甘蓝定植7d后，灌一次缓苗水，水量以能使定植垄完全湿润为准。地稍干时，中耕松土，提高地温，促进生长。生长期追肥2～3次，分别在莲座期、结球初期、结球中期施用。每次腐殖酸水溶肥追施375kg/hm²，腐殖酸水溶肥（腐殖酸≥6%，N-P₂O₅-K₂O为18-2-10）随灌水一起冲施。甘蓝收获后，平整土地，底肥施商品有机肥7 500kg/hm²、复合肥（15-15-15）375kg/hm²。芹菜定植后，由于根系浅、栽培密度

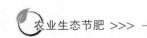

大，追肥应勤施薄施，缓苗期可以不施肥，提苗期可随水追施 150kg/hm² 硫酸铵。当新叶大部分展出时，要多次施肥，可追施腐殖酸水溶肥（腐殖酸≥6％，N-P₂O₅-K₂O 为 18-2-10）240～300kg/hm²，每 15～20d 随灌水一起冲施 1 次。

效益分析。叶菜轮作，可以充分利用设施资源，增加茬口和产量，提高设施种植收益。叶菜轮作过程中，追肥要分多次施用，每次施用量不宜太多，避免氮肥、钾肥过多，增加硼肥和钙肥的施用，从而提高肥料利用率。

2. 粮菜轮作 以设施栽培番茄、玉米轮作为例，节肥技术要点如下。

定植准备。茬口安排越冬茬种植番茄，番茄收货后，直接播种玉米。番茄品种选择以抗 TY 品种为主。常年种植的设施基地，底肥每公顷施有机肥 15 000kg、三元复合肥（18-7-20）375kg，平整土地，打畦做垄。

水肥管理。番茄定植缓苗后第七天，灌一次缓苗水，水量以能使定植垄完全湿润为准。番茄第一穗果之前不施肥，灌水量根据气候及温室内环境状况来定，这一时期水量不宜过多；第一穗果坐果后，开始追肥，可以追施腐殖酸水溶肥（腐殖酸≥6％，N-P₂O₅-K₂O 为 18-2-10）240～300kg/hm²；以后每穗果坐住后都追肥 1 次，追肥随灌水一起冲施。番茄采收结束后，直接在定植垄上播种玉米，可以根据垄面大小确定播种密度；玉米播种后，苗期注意补水，防止过分干旱造成死苗、缺苗，生育期内不施肥；玉米采收后，秸秆可以直接粉碎还田。

效益分析。设施蔬菜连作问题造成的土壤次生盐渍化现象，已经成为越来越多的设施生产需要解决的问题，除了物理手段除盐外，通过轮作禾本科作物降盐的生物手段也成为实际生产中常用的手段。设施温室通过蔬菜、玉米轮作，可有效降低土壤盐分含量，主要由于玉米根系发达、生长迅速、吸肥能力较强且植株高大，蒸发量小，生长过程中可吸收大量多余盐分离子。有研究报道，经过一茬玉米的生长和吸收，轮作温室硝态氮含量降低 10.6％，而连作温室硝态氮含量升高 109.1％。因此，蔬菜、玉米轮作，可有效降低土壤整个剖面硝态氮含量，也为下茬蔬菜生长消除了易引起积盐浓度危害的因子。

3. 菜经轮作 以设施番茄、基质栽培草莓轮作为例，节肥技术要点如下。

定植准备。草莓定植基质为泥炭、珍珠岩和蛭石混合物（体积比为 3∶1∶1），有机质含量 40％以上为好。草莓高垄种植，垄高 30cm 以上，宽 35cm 左右，铺设滴灌管。

水肥管理。草莓定植时灌足水，缓苗前由于气温较高宜勤灌，保持基质相对湿度为 80％；此后进行控水，至开花期基质保持相对湿度为 60％～70％；果实膨大期以促为主，相对湿度为 70％～80％。草莓缓苗后长出 3～4 片新叶时，开始灌第 1 次营养液，开花与果实膨大期每隔 10d 左右灌 1 次营养液。草莓营养液配方如下：硝酸钾 555mg/L、硝酸钙 562mg/L、硫酸镁 633mg/L、磷酸氢二铵 179mg/L、硝酸铵 352mg/L、复合微量元素 27.25mg/L，调控营养液 pH 为 5.5～6.5、EC 为 1.5～2.2。草莓采收后，可以定植番茄。番茄苗期不用追肥，待番茄第一穗果坐果后每 7d 左右灌 1 次营养液。番茄营养液配方如下：硝酸钾 664mg/L、硝酸钙 1 000mg/L、硫酸镁 212mg/L、磷酸 275mg/L、复合微量元素 28mg/L，调控营养液 pH 为 5.5～6.0、EC 为 1.8～2.2。

效益分析。基质栽培草莓是高效栽培的种植模式，鉴于基质栽培成本较高，如何实现高效的重复利用已经成为栽培过程中需要重点考虑的问题。有研究报道称，蔬菜、草莓通过轮作，能够显著降低基质的电导率，延缓基质盐分富集，并减少土传病害的发生；同时并未降低草莓成活率、产量、品质。因此，蔬菜与经济作物轮作，不仅能够改善基质的理化性状，而且能够增加经济效益。

第四节　果园多作节肥技术

果园间作以自然仿生学、生态经济学原理为依据，将高大果树与低矮作物互补搭配组建成具有多生物种群、多层次结构、多功能、多效益的人工生态群落，达到合理利用果树与作物在时间、空间方面的差异，取得光、热、水、肥、气等生态因子的补偿效益，维持系统的稳定、高效，实现系统产量效益、经济效益、生态效益的最优化；反之则表现出种间抑制作用。时间差异主要指果树与作物在生育进程、水肥利用周期等方面的差异。空间差异主要指果树与作物株高的高矮位差异、冠层的大小差异、根系的深浅差异。

影响间作系统稳定高效的关键调节因子主要有：果树与作物品种选择、间作时间及周期的选择、系统结构配置的选择、果树株型塑造方式的选择以及系统水肥利用方式与管理措施等方面的选择。

果树结果多数比较晚，为了充分利用环境资源，特别是在幼龄果园，需要实行果园间作或套作。果树树体高大，根系较深，能够占据地面上层空间和利用深层土壤营养与水分；作物相对矮小，可以利用近地面空间和浅层土壤营养与水分。果园间作能够提高光能利用率和土地利用率。

果园间作是一种传统的果园管理制度，尤其在枣、核桃、板栗、梨等果园采用较多，间作方式多种多样。果园中常用的间作物有豆科作物、甘薯类和蔬菜类等。适于间作的豆科作物有大豆、小豆、花生、绿豆、红豆等。这类作物植株矮小，根系有固氮作用，能提高土壤肥力，与果树争肥的矛盾较小。尤其花生植株矮小，需水肥较少，是沙地果园的优良作物。甘薯、马铃薯前期需水肥较少，对果树影响较小；后期需水肥较多，对生长过旺的树可促使果树提早结束生长。但由于后期生长繁茂，影响树体后期光照。蔬菜类需要耕作精细，肥大水足，对果树生长较为有利。但间作晚秋菜，则易使果树生长过旺，对果树越冬不利。山区果园间作，果树一般栽在土层比较厚的梯田边缘或堰顶外侧，梯田面上种花生、大豆、小麦等。当梯田壁较高，或间作的果树不是很高大（如桃、石榴、山楂、苹果等）时，常每个梯田一行，株距较大；当梯田壁较矮，或间作的果树树冠很高大（如梨、柿、杏、核桃、板栗、杨梅、龙眼、荔枝等）时，则隔一梯田栽植一行。平原、沙地实行大行距、小株距，南北成行，行距为树高的 3～5 倍，大致 10～20m，株距 3～5m。北方间作树种一般为枣、柿、梨、苹果等，南方以柑橘、李等为主。

果园间作的最佳模式主要有：①果粮间作。桃‖豌豆（大豆）、桃‖谷子、桃‖马铃薯，苹果‖谷子、苹果‖大豆，板栗‖大豆，李子‖花生、李子‖大豆，梨‖甘薯。②果菜间作。水浇地间作韭菜、菠菜、油菜等；桃园可以间作韭菜、甘蓝、菜椒、茄子、菠菜、冬瓜、萝卜、番茄等，最好不间作高秆爬蔓的蔬菜作物；旱地间作秋萝卜、茄子、辣椒等需水少的蔬菜；板栗园间作栗蘑，葡萄园间作香菇。③果药间作。果园可间作矮秆药

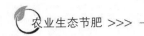

material如柴胡、桔梗、板蓝根、黄芩、知母、地黄、沙参、党参、红花等。

果粮间作比较普遍，是我国北方一种常见的农林间作模式，在平原地区、环塔里木盆地绿洲农区、冀西北地区、黄土高原坡耕地、山区梯田等区域分布较广。适用于果粮间作的果树一般树体高大，对当地自然条件适应性强、高产、优质、高效，如梨、苹果、山楂、李子、杏等；适用于果粮间作的作物一般是矮秆作物、夏收作物或生长对水肥要求不严格的秋收作物，如麦类、豆类、瓜类、薯类等，以豆科作物最佳。果粮间作的果树树形宜采用自然纺锤形。

果粮间作模式由果树和作物在系统内占地比例和产量、效益决定。以果为主的间作模式，果树株行距为（2.0～2.5m）×（5～6m），树高3m左右；幼树期留出宽1m左右的果树清耕带，果树行间种植作物；随树龄增加，间作面积逐年减少，盛果期少间作或不间作，以保证果树产量。以粮为主的间作模式，果树株行距为（2.0～2.5m）×（10～15m），树高3m左右，间作作物占地面积应在90%以上，盛果期作物面积应占85%以上，永久性间作要保证作物增产或不减产。果粮并重型间作模式，果树株行距为（2.0～2.5m）×（7～9m），树高3m左右，间作作物占地面积在盛果期应保证60%～80%，永久性间作作物、果树均比单作时有所减产，但系统内总产量最高，总效益最高。

果粮间作主要遵循以下搭配原则：①高与矮、胖与瘦。如枣树、杏树、梨树与小麦、大豆搭配，比与玉米等高秆作物搭配好，植株纵横发展彼此干扰少，更有利于通风透光，促进早熟高产。②深根系与浅根系、耗氮与固氮。如果树与豆科作物结合，既可用地养地，又能因其根系深浅不一而充分利用土壤各层次的各种营养物质，不会因某一元素缺乏而造成生理病害的发生。③喜光性强与喜阴凉、耐旱怕湿与喜湿润。根据它们各自的特点特性，进行有意识的定向和针对性的集约栽培，这样就可达到各自的适应与满足。④生育期长与短。让主作物生育期长一点和副作物生育期短一点的进行搭配种植，这样互相影响小，能充分利用当地的有效无霜期而达到全年的高产丰收。⑤趋利避害。在考虑根系分泌物时，要根据相关效应或异株克生原理，趋利避害。如小麦与豌豆、马铃薯与大麦、大蒜与棉花之间的化学作用是无害（或有利）的，因此这些作物可以搭配；相反，黑麦与小麦、大麻与大豆、荞麦与玉米间则存在不利影响，它们不能搭配在一起种植。⑥保证群体冠层通风透光。树冠的修剪主要有开心形、主干分层形、干形、纺锤形等，修剪时应利于树冠占据地面的上层空间，从而提高下部作物的光能利用率。下部作物的群体冠层应保持通风透光，群体密度不宜过大，避免倒伏，也可采用错行播种、宽窄行种植等方式增加群体受光数量和质量。

多数果树结果比较晚，为了充分利用环境资源，多数幼龄果园都进行间作或套作，尤其是栽培枣、核桃、板栗、梨等的果园。果园间作、套作与混栽着重于果园垂直空间资源的开发利用，目的主要在于提高光能和土地利用率，防风保土，改善生态环境，抑制杂草生长和增加有益生物的多样性。

一、枣园间作

枣园间作这一模式可提高土地利用率，更好地发挥土地的生产潜力，取得较好的经济效益。枣树枝条稀（结果枝为脱落性枝），叶片小，自然通风透光好；休眠期长，生长期短，与间作物生长期交错分布，二者肥、水和光照需求矛盾较小。枣园间作地上形成林网，地面形成覆盖层，可降低风速，减轻风害，减少蒸发，提高土壤含水量和有机质含量；增加土壤腐生菌和蚯蚓数量，疏松土壤结构，提高土壤肥力；调节枣园和土壤温、湿度的效应，为枣树和间作物生长创造有利条件。

（一）枣园间作的功能

1. 枣树与间作物之间存在着差异较大的物候期，有利于缓解水肥竞争的矛盾 枣树是发芽晚、落叶早、年生长时期比较短的果树。以河北省廊坊市为例，枣树一般在4月中下旬萌芽、长叶，到10月中下旬落叶；小麦则在10月上旬播种，翌年6月上中旬收获，枣树与小麦的共栖期为80～90d。在枣树尚未进入旺盛生长、树冠叶幕尚未形成时，小麦已基本完成返青、起身、拔节的生长过程。4月底至6月上中旬是小麦孕穗至成熟期，以吸收磷、钾肥为主，氮肥为辅；而枣树正是长叶、分化幼芽和生长新枣头的时期，以吸收氮肥为主，磷、钾肥为辅。因此，枣树与小麦间作，争水争肥的矛盾不大。6月上中旬枣树进入开花坐果期，需肥处于高峰期，小麦则开始收获。而刚刚播种的大豆、谷子等作物，尚处于出苗期，需肥量较小，一般不影响枣树的开花坐果。9月中下旬枣树采收后，为储备营养物质，枣叶需磷、钾肥数量上升；但小麦尚处在出苗期，对磷、钾肥吸收量较小，而且小麦播种前又施足了底肥，故枣树与小麦争肥的矛盾不大。

2. 枣树特有的树冠结构和枝叶分布特性，有利于提高光能利用率 枣树树冠较矮，枝条稀疏，叶片小，遮光少，透光率较大，实行间作基本不影响间作物对光照度和采光量的需求。如枣树与小麦间作，小麦从返青至拔节期，要求一定的光照度和采光量，而此时枣树刚刚萌发不久，基本上不影响小麦的光照条件。5月上旬至6月初，小麦进入抽穗、扬花、灌浆成熟期，要求光照度和采光量仅为全光照的25%～30%。此时枣树枝叶进入速长期，枣叶展开后，单叶叶面积平均为7.4～9.8cm²，随风摆动形不成固定的阴影区，基本上可满足小麦各生育阶段对光照的要求。枣树与谷子或豆类间作，由于谷子、豆类都属于光饱和点较低的耐阴作物，因此间作可满足其对光照的要求。枣树与夏玉米间作，虽然夏玉米是喜温作物，光饱和点较高，但夏玉米又是C₄植物，光补偿点较低，具有短日照、高光效的特点，在弱光照下仍可积累较多干物质。故枣树与夏玉米间作也能满足其对光照的要求，且有较高产量。

3. 枣树根系与间作物根系在土壤中的分布不同，有利于充分利用水肥资源 枣树根系的分布以水平为主，集中分布在树冠内30～70cm土层内，占根系总量的65%～75%，树冠外围根系分布稀疏、密度小；而间作物的根系则集中分布在0～20cm耕层内。枣树主要是吸收30cm以下深层土壤水肥，且以树冠内为主；而间作物主要吸收20cm内耕层土壤水肥，以树冠外为主。因此，枣粮间作能够充分利用不同土层水肥资源。

4. 枣园间作能够改善土壤肥力，做到用地与养地有机结合 枣粮间作系统具有较高的生物量，收获后残留物较多。特别是枣树，除去果实外，其余枝叶残留物均埋于土壤内，能提高土壤有机质含量。同时，由于枣树林网的防护作用，可降低有机物的分解速率，免受侵蚀损失，减少了养分淋溶，较好地保持了有机质和养分含量较高的表土层，肥力水平提高。据南京林业大学徐呈祥等（2005）对有关数据分析，单作麦田的纤维细菌数和纤维分解强度为100%，而与枣树间作的麦田这2项指标的相对值分别为106.5%和

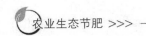

36.5%；枣粮间作田 0～20cm 土层土壤转化酶的活性也显著高于单作麦田，中等肥力麦田的平均值为 4.78，而枣树行间麦田的值达 6.94。因此，合理的枣园间作既有益于区域生态系统的良性循环，又能充分合理利用土地资源，是用地与养地相结合的较好方式。

5. 枣粮间作能够改善田间小气候，有利于提高间作物抗灾减灾能力　在北方干旱地区，进入 5 月下旬以后，由于空气湿度极小，常形成干热风，这样容易使小麦早衰，从而减产。如果与枣树进行间作，枣树蒸腾作用能提高园区的空气湿度；同时枣树的防风作用也可减轻干热风的危害程度，进而达到间作物增产的目的。

（二）枣园间作模式

1. 以粮为主的间作模式　这种模式可长期间作，适宜土地资源较多的平原粮棉区采用。株行距因品种和树冠大小而异：树冠较小的鲜食和兼用品种，株行距为 3m×（15～20）m，每公顷栽 165～225 株；树冠中大的兼用和制干品种，株行距为 4m×（15～20）m，每公顷栽 120～165 株。

2. 枣与间作物并重的间作模式　这种模式可较长期间作，适宜土地资源中等的平原和丘陵枣区采用。小冠品种株行距为 3m×（5～8）m，每公顷栽 420～660 株；中冠品种 4m×（5～8）m，每公顷栽 420～495 株。

3. 以枣为主的间作模式　这种模式可短期间作，适宜土地资源较少的平原和城郊地区采用。小冠品种株行距为 2m×3m，每公顷栽 1 665 株；中冠品种 3m×（4～5）m，每公顷栽 675～825 株。随着枣树生长，间作范围逐渐缩小，一般 5～6 年后，不再进行间作，变成纯枣园。

（三）枣园间作物选择

枣园间作的关键就是通过调节枣树与间作物之间争光、争水、争肥的矛盾，达到互惠、互利，实现枣粮双赢。选择适宜的间作物进行合理搭配，是调节枣树与间作物"三争"矛盾的重要技术之一。适宜枣园间作的间作物应具备与枣树需肥、水、光等物候期交错、植株矮小、耐阴性强、成熟期较早的特点。枣园间作物宜选择株型较矮、生育期较短，与枣树不交叉感染病虫害，耐旱、耐阴、耐瘠薄的豆类、花生、小麦、瓜类、药材、夏收薯类、蔬菜和绿肥作物，不宜间作高粱、玉米、大麻、蓖麻、向日葵等高秆作物和易寄主枣疯病、传播昆虫叶蝉的芝麻，也可在枣树行间间作苹果、梨、葡萄、枣等经济林苗木，采取以圃养园。

（四）枣树的树龄选择

枣园间作要根据树龄大小合理安排种植模式。幼龄枣树生长较慢，定植后 4 年内，枣树分枝量少，扩冠慢，树下及林间遮阳少，可满足光饱和点较低的作物对光照的需求，此时可进行林下与林间间作。7～8 年后，枣树分枝能力逐渐增强，枝量明显增多，树冠不断向外扩展，结果部位增多，枣树树下遮阳面积加大，透光率下降，且地下根量明显增多。此时进行林下间作，枣树与间作物争光、争水、争肥矛盾突出，对作物、枣树产量均造成很大影响，因此已不再适宜进行林下间作，可进行林间或林缘间作。

（五）水肥管理要点

1. 枣树

（1）适时施肥。根据枣树的树龄大小、树势强弱、结果量、土壤状况等确定施肥量。

①秋施基肥。一般在果实采收后于枣树周围开沟施足基肥，一般每株成龄结果树施有机肥30～50kg、过磷酸钙1.0～1.5kg、尿素0.5kg。②适时追肥。一般在花期和幼果期各追施一次速效化肥，做到氮、磷、钾合理搭配，不可单一追施氮肥，以免造成徒长而引起落花落果。一般每株成龄结果树施1.0～1.5kg三元复合肥（15-15-15）。

（2）合理灌水。①催芽水。4月上旬枣树发芽前灌一次催芽水，以促进枣树枝芽萌发和花芽分化，以利枝条健壮生长。②花期水。花期是枣树需水最多的时期，及时灌水可防止因干旱引起的焦花，减少落花落果。一般在6月初枣树"开甲"前进行灌水。③幼果水。一般在7月上旬枣树生理落果后进行，可促进果实生长发育，减少后期落果，提高坐果率。

2. 枣树间作小麦

（1）深耕精细整地，足墒足肥。秋作物收获后若土壤墒情不够，则需灌好底墒水。耕前要施足底肥，一般底施有机肥10～15t/hm²、磷酸二铵300～375kg/hm²或过磷酸钙750～900kg/hm²，深耕达20cm以上。耕后要精细整地，使地面平整，无明暗坷垃，土壤上虚下实，以利小麦出苗。

（2）加强田间管理，实施关键水肥。小麦出苗后及时查苗补种。立冬始至小雪灌好封冻水。早春以中耕划锄、提温保墒为重点。根据苗情、墒情灌好拔节水、孕穗水和灌浆水，并随拔节水追施尿素150～225kg/hm²，孕穗期补施尿素75～150kg/hm²。一般拔节水在4月初实施，孕穗水在4月底实施。

3. 枣树间作夏玉米

（1）施足种肥。种肥最好选用复合肥，用量不宜太多，一般每公顷施三元复合肥300kg左右。种肥一定要与种子分开施用，距离种子5cm以上，以免烧苗。

（2）科学追肥，防旱排涝。玉米大喇叭口期，每公顷可追施尿素300～450kg。对于每公顷产量7 500kg以上的高产田，在玉米抽雄至吐丝期应补施粒肥，每公顷可追施尿素75～105kg。玉米生长中后期若降水过多，造成田间积水，要及早开沟排涝，中耕散墒。生长关键期遇旱要及时灌水，确保玉米正常生长。

4. 枣树间作大豆　封垄前中耕培土1～2次。初花期结合灌水追施尿素150～225kg/hm²；花荚期要喷施叶面肥0.2％磷酸二氢钾、0.15％钼酸铵或0.10％～0.15％硼酸溶液600～750kg/hm²，利于提高抗性，保叶增粒重；鼓粒灌浆期要视土壤墒情灌水1～2次。

5. 枣树间作甘薯　甘薯施肥应以农家肥为主，化肥为辅；底肥为主，追肥为辅。农家肥含有机质多，施入土壤后，在分解过程中所产生的腐殖质可提高土壤肥力，增加沙土的黏结性和保水、保肥的能力，还可使黏土变得疏松，改善黏土的通气性。一般每公顷产45 000kg鲜薯应每公顷施农家肥45t、碳酸氢铵375kg或尿素225～270kg、过磷酸钙300～375kg、硫酸钾150～225kg。追肥以前期为主，土壤贫瘠和施肥不足的田地应早追提苗肥，封垄前于垄半坡偏下开沟追肥，每公顷追施尿素150～225kg。甘薯生长后期，宜采用根外追肥，可叶面喷施磷酸二氢钾，一般能增产10％左右。

6. 枣树间作马铃薯　马铃薯施肥应掌握"攻前、保中、控尾"的原则。结合深耕施足底肥，一般每公顷施优质有机肥22.5t、过磷酸钙300kg、硫酸钾375kg。

80％幼苗出土后要重施提苗肥。结薯期要视苗情状况，叶面喷施0.5％磷酸二氢钾，

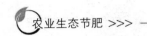

或每公顷追施 150～225kg 三元复合肥（15-15-15）；结薯期应保持土壤湿润，若土壤干旱，应及时灌水。

二、梨园间作

梨果的收入在农业总收入中占有相当大的比重，特别是重点产区。如河北的辛集、赵县、昌黎，山东的莱阳、黄县、栖霞，陕西的蒲城、礼泉、彬县、延长、于长，甘肃的兰州、平凉、径川，新疆的库尔勒、伊犁，吉林的延边，辽宁的绥中，安徽的砀山，江苏的高邮、大丰，浙江的慈溪、松阳，四川成都的龙泉，福建的德化、建宁，云南的呈贡、沪西等。这些区域绝大部分均适合梨粮间作，已成为当地农业收入的支柱产业和农民致富的主要途径。

（一）梨树间作小麦

在林农间作模式中，梨麦间作是一种较为常见的主流种植模式。这是因为：第一，小麦种植已完全实现了全程机械化，在劳动力价格上涨的背景下，节约了大量的劳动力投入。第二，小麦是主要粮食作物，分布区域广，相比棉花等经济作物，小麦株型紧凑，群体大，对光、温、水、肥的要求相对较低，表现出较强的环境适应性，适宜间作的周期较长，品种、配套栽培管理措施等成熟、简便利于推广。第三，在保障粮食安全供给的大背景下，良种补贴等利农政策促进了小麦的发展。上述因素保障了梨树间作小麦的稳定面积与效益（孟平，2004）。

1. 树龄选择 在梨麦间作模式中，定植 1～5 年的幼树，树体小，对小麦的影响不突出，产量与单作小麦相当。随着树龄的增大，遮光对小麦的影响加剧，小麦的产量逐渐降低。至 10～12 年盛果期，梨园树冠封行，小麦产量降为 2～3 年幼树期的 40%～50%。为保障盛果期梨树的产量和效益，一般不间作小麦，或仅在树行、中轴线两侧 1/3 单元进行间作，直至树体遮阳无法保障小麦的产量和效益时，小麦退出间作系统。

2. 种植规格和模式 梨树的配置模式较多，常见的有 5m×6m、2m×3m、3m×5m 和 2.5m×6m 等配置模式。上述模式均可间作小麦，但考虑到利于间作单元中小麦的机械化播种，采用人工收割的方式难以推广，因此生产中梨树的行距因至少保留在 3m 以上，5m×6m、3m×5m 和 2.5m×6m 的模式是较为常见和今后重点发展的模式。

从种植行向来看，目前梨树的种植行向主要有东西向和南北向。由于梨树的经济效益较高，梨树一经定植难以变换配置，因此小麦的行向一般从属于梨树。虽然东西行向利于间作小麦行间光照质量与光照度的提高，但由于受推广观念以及地势的影响，生产中南北走向、东西走向均较为常见，推荐平原低纬度地区适宜的梨园建园模式为东西向，小麦的种植行向也为东西向。

小麦的配置模式为幼龄果树适合密植，保持高产单作的配置结构，间作区域为距离梨树主干水肥沟 50cm 以外的区域。随着间作年限的延长，小麦的株行距可适度增大，距离梨树主干水肥沟的距离逐渐增大，间作区域适度缩小，避免在冠下阴影区种植，减少小麦与梨树在光、温、水、肥、气、热等环境因子方面的竞争。

3. 施肥要点

（1）梨树施肥。1～5 年生梨树在秋季或春季每公顷施优质农家肥 30～35t，6 年生以上增施适量的化肥，每公顷底施尿素 210～240kg、磷酸二铵 210～240kg、硫酸钾 90～120kg，果实膨大期每公顷施尿素 180～210kg、硫酸钾 150～180kg，并可叶面喷施 0.3% 左右磷酸二氢钾以及钙、硼等中微量元素肥料。

（2）小麦施肥。同枣树间作小麦施肥。

（二）梨树间作甘薯

利用行间空闲土地和光热等资源适于间作的客观条件，栽种甘薯，可使同等条件下水肥、光热资源利用的协调性以及病虫杂草防治得到互补优化。对果树的水肥高投入，可以提高甘薯对资源的利用率及其产量和品质。甘薯的栽培特别是保护地甘薯栽培，抑制了果树地内杂草的生长，有利于果园保水保肥。

1. 树龄选择　一般选择幼龄果园，或高枝换优果园。从定植到盛果期，随着树龄的增加，梨树树冠的遮阳效果逐渐增大，产量逐年降低，生产中适宜间作的树龄一般为 6 年以下。

2. 种植规格和模式　新定植香梨可采用 5m×6m、2m×3m、3m×5m 和 2.5m×6m 的密度定植。5m×6m 为常规定植密度，每公顷 330 株。此密度适合前期间作，一般 10 年进入盛果期。2m×3m 为密植栽培，每公顷 1 665 株。此密度可提早进入结果期，前期产量高；但管理不方便，技术要求高，间作产量较低，一般不提倡间作，或只在幼树期间作。3m×5m 和 2.5m×6m 为中密度，如果采用计划密植的修剪方式，可综合稀植和密植的优点，克服二者的缺点，进行间作。

梨树种植行向有南北向与东西向，适宜间作的行向为东西向。以南北向种植为例，8：00～12：00 树体东侧光照丰富，西侧光线受树体遮挡严重；13：00～17：00 树体行间垂直光线较足；17：00～20：00 树体西侧光照充足，而东侧光线遮挡严重。东西向种植光线基本能穿越行间，南侧与北侧的树体遮阳时间及遮阳面积小于南北向种植。

种植行向的不同对甘薯本身所接受的光照将有着巨大的影响，这与太阳运行的方向和作物生长期间的群体结构密切相关。因为甘薯的主要生长季节，太阳渐向北回归线方向移动，日出逐渐提早，日落也渐推迟，中午的太阳高度角逐渐增大，从早到晚走完了大半个弧圈。早晚太阳的高度角小，光从近水平方向上照射，容易在东西行向的行间穿过；但是对于南北行向，树体高大会形成一行行的屏风而阻挡光照。因此，行向的不同导致受光程度各不相同，特别是在林农间作条件下，行向对矮小作物接受的光照差异影响更加明显。

实行果薯间作，重点要考虑在不影响果树正常生长发育的同时，甘薯的栽培既要获得高产优质高效，又要与果树生长相互协调。梨树通常在两侧 0.5m 开灌溉和施肥沟，此直径 1m 范围内不种植甘薯，以保证果树获得充足的养分和光照，确保正常发育。以 3m×5m 梨树为例，去除果沟，有 4m 间作区。1～3 年树龄，按 0.75m 起垄，种 5 沟甘薯。甘薯垄高不超过 0.2m，垄顶可以适当加宽，以利于果树根系发育。随着树冠发育，逐年缩小甘薯用地。对于高枝换优果园，因种植规格不同，适当减少甘薯行距至 0.7m，适套期 3～5 年。

3. 技术要点

（1）深耕地、浅作沟、多施肥。在果树根系区域外适当增加耕地深度达 0.3m，并增加基肥用量，在每公顷施 30～35t 优质有机肥的基础上，另外施 750kg 的甘薯专用复合肥

（N：P$_2$O$_5$：K$_2$O＝8：7：10）。在甘薯整个生长期内一般不需追肥，在生长中期可根据植株长势喷施 0.2％磷酸二氢钾溶液，每隔 6～7d 喷 1 次，连喷 3～4 次。地膜覆盖保护栽培的地块，底墒不足时，盖膜前一定要灌水造墒后再起垄覆膜。甘薯垄高 20～25cm，垄顶可以适当加宽利于根系发育。

（2）地膜覆盖技术。年生产单季薯采用单层覆盖，用（800～900）mm×（0.005～0.008）mm 规格地膜全沟覆盖。早熟双季薯采用双层覆盖，双层覆盖在单层覆盖基础上，附加支架拱棚，跨度 2.7～4.5m 不等。地膜覆盖不但利于保墒，缓解地下水源紧张的矛盾，而且利于对病虫杂草的综合防治，是果薯间套作的重要技术环节。

三、苹果间作

（一）苹果间作花生

1. 栽培模式技术要点　苹果幼树多数行株距为 5m×4m 或 5m×3m，定植后在苹果幼树行向两侧 50cm 处，培宽 0.2m、高 0.2m 的土埂，行间留出 3.5～4.0m 的空地，行间则有 3.8～4.0m 的空地。前 1～3 年行间空地每隔 20～25cm 铺一幅宽 60～70cm 的地膜，每行铺 4 幅，每幅地膜播 2 行花生，行距 40～45cm，株距 15～16cm。随着树龄的增加和树冠的增大，在施有机肥的同时加宽果树行间的清耕部分，使之达到 1.5～1.8m，行间改铺 2～3 幅地膜，即每行播 4～6 行花生，以不影响花生的光照，又利于苹果管理为宜。

2. 苹果幼树管理　幼龄苹果以春季修剪为宜，3 月底完成，修剪量要轻。夏季对 3 年以上的幼树非骨干枝采取摘心、扭梢、喷生长调节剂等措施，促其及早成花结果；9 月上旬以前对所有未停长的新梢进行摘心，以保证新枝安全越冬。春季第一次追肥灌水应在 5 月上旬幼树新梢旺长前进行，株施尿素 0.1～0.2kg 并灌水；6 月土壤易干旱，可灌水 1～2 次；7 月新梢生长缓和时，株施 0.1～0.2kg 三元复合肥（15-15-15）；8 月下旬施用农家肥，1～3 年生每株 25～50kg，4～5 年生 50～70kg，每次施肥灌水后及时中耕除草。

3. 花生栽培管理　施足底肥是花生获得高产的关键。播种前每公顷施农家肥 30～35t、过磷酸钙 450～500kg、尿素 150～200kg，耕翻后做成高 5～8cm、宽 65～70cm 的高畦，搂平，用 40％的除草醚 0.3～0.4kg，加水 100kg 喷于畦表面，喷后立即盖膜。若墒情不好，应在耕前灌水。覆膜 15d 后播种，每公顷点播 6 万～10 万穴。花生出土后 20d 每公顷施尿素 100～120kg，开花后在花生中央压一把土，有利于果针入土。

（二）苹果间套作西瓜

株行距为 3m×4m 栽植的果园，每行间套作 2 行西瓜，西瓜播种行离苹果植株 1m，西瓜株距 33cm 左右。早熟品种于"春分"后 1 周搭小拱棚播种，常规品种于清明节前后播种。

1. 深翻土壤　西瓜生长时间短，生长量大，根系发达，对土壤养分消耗集中、消耗量大，在生产中应对土壤进行深翻，以创造疏松的土壤结构，一般耕深 30cm 以上。

2. 施足底肥　采用测土施肥技术，提倡"一炮轰"施肥方法，将有机肥、全部磷肥、50％钾肥、60％氮肥在播前一次性施入，即每公顷优质有机肥 30～35t、尿素 220～250kg、磷酸二铵 180～200kg、硫酸钾 200～220kg。

3. 适位坐瓜　西瓜每个花序相差 5～7d，第一雌花由于植株叶片少，所坐瓜受营养供给限制，很难长大；而第三雌花后，成熟期延后，西瓜售价下滑，生产效益低。因而，西瓜最适宜的坐瓜部位以第二雌花为佳，生产中通过人工辅助授粉等措施，保证第二雌花坐瓜。

4. 追肥灌水　追肥以氮、钾肥为主，每公顷施尿素 160～180kg，硫酸钾 180～200kg，最好结合灌水施肥，配合叶面喷施 0.2％磷酸二氢钾，补充钙、硼等中微量元素肥料。灌水据土壤墒情及天气状况灵活掌握。

（三）苹果间作洋葱

苹果可间作洋葱，还可间作白菜、白萝卜、大豆等。

5 月中旬在果树行间做畦整地。结合整地深施肥，畦宽 1～2m、畦高 10cm，每公顷施有机肥 30～35t、磷酸二铵 280～300kg、硫酸钾 160～180kg。

洋葱苗龄 50～60d，3 片叶以上时起苗移栽，起苗时按大小苗分级。为了防止地蛆及病害发生，起苗后用 50％辛硫磷 800 倍液浸根，再用 50％多菌灵 100 倍液浸根。定植株行距为（15～20）cm×15cm，每公顷密度 450 万～675 万株。

洋葱的田间管理主要有灌水与排水、除草与施肥、病虫害防治等。在雨水较多的地区，必须能灌能排。在干旱地区覆膜，膜上开穴移栽，膜下滴灌。洋葱生长前期施肥以尿素为主，每公顷追施尿素 240～260kg；当鳞茎膨大至 3cm 时，再追施一次硫酸钾 160～180kg。

（四）苹果、小麦、西瓜、白菜立体种植

1. 合理配置土地　苹果树行距 4m，株距 2m，每公顷定植 1 200～1 300 株。套作时果树留宽 1m 的营养带。果树行间种 9 行小麦，行距 20cm，占地 160cm 宽，每公顷基本苗达到 230 万株。西瓜种在果树营养带和小麦边行之间，在 70cm 的瓜埂上每两行果树之间种两行西瓜，株距 50cm，每公顷种 9 000～12 000 株。小麦、西瓜收获后整地种白菜，行距 60cm，株距 50cm，每公顷定植 24 000 株。

2. 品种选择　苹果树选用 M9、M26 作中间砧，砧木选用海棠苗，接穗选用红富士、秦冠、新红星、金帅等品种，嫁接成矮化中间砧苹果苗；小麦选用矮秆、抗倒伏、抗病、早熟、丰产性好的品种；西瓜选用抗病性强、丰产性好的品种；白菜选用抗病、适应性强、耐储运的品种。

3. 播种、收获时间　苹果于 9 月底或 10 月初收获。小麦于每年 10 月中下旬播种，翌年 6 月收割。西瓜于 2 月底 3 月初利用营养钵火炕育苗，3 月下旬移栽，在瓜埂上盖膜，6 月下旬收摘结束。白菜于 7 月下旬整地，8 月中旬播种，11 月底收获。

4. 管理措施　矮化密植苹果定植时要选择大苗，以利于提前进入盛果期。进入结果期后，结合深翻改土施底肥，每株施 100kg 农家肥、2kg 果树专用肥（18 - 10 - 17），施肥后灌足越冬水。春季开花与果实膨大期之前分别每公顷施 600kg 三元复合肥（15 - 15 - 15），施后灌水，以水促肥。对矮化密植果树要合理修剪，树体以圆柱形或纺锤形树冠为好。

小麦基本苗每公顷达到 230 万株，保证播种质量。播种前每公顷施农家肥 30t、碳酸氢铵和过磷酸钙各 750kg。小麦播种后，根据苗情长势追施尿素 100～120kg。

麦收后及时灭茬，西瓜及时移栽。移栽前施足底肥，每公顷施农家肥 30t、磷酸二铵

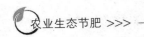

160～180kg。瓜坐稳后，追施 180～200kg 三元复合肥（15-15-15），膨瓜期注意灌水。

白菜高垄直播，播后及时灌水保苗。9月上旬定苗，每公顷留苗 24 000 株。定苗后每公顷追施尿素 200kg，并灌水。9月底再追施一次三元复合肥（15-15-15）300kg，以促进包心，此时不能缺水。

果树进入盛果期后树行间郁闭，此时不宜间套作，果树产量增加，经济收入转为以果为主。此模式适用于人多地少、劳动力充足的农村。在苹果进入盛果期后，可在树荫下种植耐阴菌类，以达到少投资、多收益的目的。

四、葡萄间作

（一）葡萄间作花生

葡萄栽植时，葡萄按行距 250cm、株距 10cm 定植，每公顷栽 3 000 株。采用单壁篱架，2 行葡萄之间除栽植带外，留有 150cm 的空地。经耕翻施肥后，于 4 月下旬至 5 月上旬，在空地上播种花生 4 行，行距 26.5cm，占地宽 106cm，两边各留 22cm 便于管理通行。花生株距 24cm，每公顷共 6 万～7 万穴，每穴 2 粒，每公顷留苗约 880 013 万株。

1. 选用品种 葡萄选用产量高、耐储运、市场好的品种；花生选用高产、粒大、含油率高的品种。

2. 栽培管理 4 月上旬树液开始流动，葡萄应及时出土上架。如果是上年秋季新栽葡萄，应适当推迟到 4 月下旬出土。出土后立即喷洒 45% 晶体石硫合剂防治病虫害。4 月中旬以后是葡萄新梢生长期，应每公顷追施尿素 225kg，促进幼芽早发。出芽后，抹去双芽和三芽中的弱芽、过强芽，只留单芽。新梢长到 20cm 并见到花序后，应去掉弱枝和过密枝，每公顷留新梢 12 万～15 万枝。同时，进行疏花序、切穗尖，每公顷留花序 9 万个左右。开花前 1 周左右，主梢留 5～7 片叶摘心，副梢留 1 片叶摘心，同时绑蔓、去卷须。

4 月下旬至 5 月上旬，地膜覆盖播种花生。播前在耕翻土地的同时每公顷施优质农家肥 30t、过磷酸钙 750kg、碳酸氢铵 600kg 作底肥，耙糖平整。种子要带壳晒种 2～3d，用 40℃ 温水浸种 12h，捞出后置于 25～30℃ 室内催芽，待胚根露尖时播种。播种时起垄覆膜，垄距 85～90cm，垄沟宽 30cm，垄高 13cm。垄面要用耙子推平拉细，以保证覆膜后能拉平、铺直、贴实拉紧。地膜宽 90cm，膜厚 0.004mm，边喷除草剂边覆膜，覆后两边的土必须将膜压紧，以防大风吹起地膜。7 月为葡萄果实膨大期、花生盛花期，要适时灌水，并结合灌水每公顷追施尿素 300kg。9 月浆果成熟，选择着色较好的陆续采收上市。采收后，对葡萄开沟扩穴，每公顷施农家肥 30t、过磷酸钙 300kg、硫酸钾 200kg，与土混匀回填沟内并灌水。9 月下旬或 10 月下旬落叶后开始修剪。

（二）葡萄、马铃薯、甘蓝立体种植

葡萄采用丰产、优质、早熟的优良品种。株、行距为 1m、2.5m，3 月定植，7 月底 8 月初收获。

葡萄的管理措施：一是水肥管理。在开花前后期，如遇干旱天气各灌一次水。果实膨大期需水量最多。采果前应施足基肥，每公顷施农家肥 30～35t，开沟深施。另在开花前、幼果膨大期用 0.3%～0.5% 尿素、磷酸二氢钾叶面喷施，或追施一次三元复合肥（15-15-15）200～240kg/hm²。二是整形及冬夏修剪。葡萄整形采用多主蔓自然扇形，

尽量使葡萄合理布满架面。葡萄冬前修剪一般在冬至前后最为理想；夏季修剪在葡萄幼芽萌动抽枝以后进行，以新梢摘心抹芽、去卷须、新梢引绑为主要内容。

葡萄行间可套作 6 行马铃薯。马铃薯选用早熟、丰产的品种。春季马铃薯 3 月 10 日前切块催芽直播，6 月 20 日收获。其株、行距为 15cm、40cm，播种深度为 7～8cm。播种前每公顷底施农家肥 30t，墒情要足；出苗 70％时每公顷追施尿素 300kg，灌水后及时中耕、培土。开花前后连灌 3 次水，促薯膨大，收获前 1 周停止灌水。

马铃薯收后于葡萄行间，按株、行距 30cm、45cm 定植甘蓝，可套作 4 行。5 月下旬育苗，6 月下旬定植，每公顷施农家肥 30t、尿素 150kg、磷酸二铵 200kg，包心期追施 300kg 三元复合肥（15‑15‑15），9 月开始收获。

五、杏麦间作

杏麦间作在我国分布范围很广，大多数省份皆有，其中以河北、山东、山西、河南、陕西、甘肃、青海、新疆、辽宁、吉林、黑龙江、内蒙古、江苏、安徽等地较多。其集中区域为东北南部、华北、西北等，如新疆轮台、英吉沙杏基地，河北巨鹿、广宗串枝红杏基地，山东招远红金榛杏商品基地，张家口大扁杏商品基地，北京海淀区水晶杏基地，山东崂山关爷脸杏基地，河南渑池仰韶红杏基地，陕西华县大接杏基地，甘肃敦煌李光杏基地等。

（一）树龄选择

一般选择幼龄果园，或高枝换优果园。从定植到盛果期，随着树龄的增加，杏树冠的遮阳效果逐渐增大，产量逐年降低。生产中适宜间作的树龄一般为 6 年以下，10 年以下杏树采用 6m×4m、6m×3m 或 8m×2m、8m×4m、8m×6m 的间作模式。

（二）技术要点

1. 小麦栽培品种　选择高产、优质、抗病性强和熟期适宜的品种。

2. 施肥整地　每公顷底施农家肥 30～35t、尿素 160～180kg、磷酸二铵 240～260kg、硫酸钾 50～70kg，深耕 25cm 左右，剔除田间杂草残体，耙糖合墒，使土壤上虚下实、无坷垃，播前平整疏松，以利出苗。

3. 种子处理　种子用种衣剂处理，用 40％拌种双可湿性粉剂按种子质量的 0.2％进行拌种，可以防治根腐病、虫害、黑穗病，促进小麦健壮生长。用 25％多菌灵或 15％三唑酮拌种，防治小麦锈病、白粉病、腥黑穗病，用量为种子质量的 0.2％～0.3％。

4. 适期播种　距杏树 50～80cm 播种小麦。播期应根据气温、土壤、品种等差异而定，适宜播期为 9 月 10—30 日。以播期调播量，早播低播量，晚播高播量；高肥力地低播量，低肥力地高播量。9 月 20 日前后播种的小麦，每公顷播量 300～375kg；9 月 30 日后播种的小麦，每公顷播量不低于 375kg。严禁撒播，墒情适宜的情况下，施肥、播种、镇压环环相扣，播量要匀，深浅一致，深度 3～5cm，行距 13～15cm（播种越晚，行距应越窄）。

5. 冬前管理　小麦播种后 30～50d，一定要灌封冻水（灌水前要在距杏树 80～100cm 处打堤埂防治果树冬季冻害）。结合灌水，每公顷追施尿素 100～120kg，保证小麦地越冬前土壤相对持水量不低于 85％。灌水后在天气回暖时及时搂麦松土，防冻保墒。

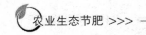

6. 中后期管理　灌拔节水，每公顷追施硫酸钾 50～70kg、尿素 80～100kg。在小麦孕穗、灌浆期，可喷施 0.3％磷酸二氢钾，提高籽粒饱满度和品质。

冬小麦适时收获期是蜡熟末期，此时穗和穗下节间呈金黄色，其下一节间呈微绿色，籽粒全部转黄。民间有"八成熟，十成收；十成熟，两成丢"的说法，因此应及时收获，预防人为减产。

第十四章 | CHAPTER 14
堆肥茶生产与肥料化利用

　　农药、化肥长期大量的投入是我国农业生产近 20 年来持续稳定发展的重要原因，但也造成土壤微生物群落多样性及其功能的降低，破坏了土壤生态系统，导致农业生产的恶性循环。良好的土壤生态系统是实现农业可持续发展的基础，施用有机肥是改善土壤生态环境的有效途径（刘更另，1991）。堆肥化处理是有机固体废弃物资源化利用的一种常用技术，所得到的堆肥产品含有丰富的养分及促进作物生长的活性物质。随着种植业及养殖业的大力发展，秸秆及畜禽粪便的大量产生使得堆肥成为有机肥的重要来源之一。堆肥中富含有机质和微生物，一般作基肥施用，具有明显的改土作用。"堆肥茶"是堆积腐熟的有机肥，经过浸泡、通气发酵而制成的液体肥料。利用腐熟的优质堆肥在水中进行二次好氧或厌氧发酵而生产堆肥茶，其含有的营养物质与特定的微生物及有机代谢产物，能直接为作物生长提供养分，有利于促进土壤中有机养分的矿化与利用，并能提高作物抗逆抗病能力，如抑制真菌、细菌引起的土传病害，包括立枯病、根腐病、根枯病以及爪哇根结线虫病等。堆肥茶制作与施用方便，所含的养分与微生物更容易被作物利用。堆肥茶兼具肥效和生防的双重作用，不仅可以改善作物营养成分还能改善果蔬口感，并具有一定防病功效，与有机肥配合施用还能促进有机肥中养分的利用。因此，堆肥茶制作方法简单，过滤后可以作为功能性水溶性肥料的活性物质，通过水肥一体化技术作追肥进行根层施用，也可作叶面肥进行叶面喷施，很好地解决了有机农业生产中缺乏合适的液体肥料等问题。液体形态的堆肥茶便于进行二次加工通过滴灌、微灌及渗灌的方式施用，且便于追肥，能最大化提升堆肥的潜能，是未来发展生态农业有效的施肥手段。本章总结了堆肥茶的功效及作用机理、生产方式、施用方法和应用前景，可以指导基层技术人员加工与施用堆肥茶。该技术是一项简单实用的生物防治与快速追肥技术，值得在现代生态农业中大力推广应用。

第一节　堆肥茶的基本概念与功效

一、堆肥茶的基本概念

　　农民都知道堆肥的好处，但是现在国际生态农业中正在流行比常见的堆肥更神奇的堆肥茶（compost tea），也称堆肥汤。要知道什么是堆肥茶，需要了解堆肥化、堆肥、堆肥提取液几个概念与堆肥茶之间的关系与区别，有助于掌握堆肥茶的基本概念与功效。

（一）堆肥化与堆肥的区别

堆肥化是指微生物将有机废弃物转化为有用的最终产物的生物过程，是一种可控的、

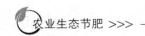

微生物好养分解和稳定有机物质的过程。堆肥指堆肥化过程中熟化和固化阶段提取的产物，也可以用来指堆肥化这一生物过程的终产物，这类产物可以作为土壤改良剂和有机肥料（Buchanan 和 Gliessman，1991；Stoffella 和 Kahn，2001）。在有些文字或者口头表达中，堆肥既作动词，指堆肥化过程；也作名词，指堆肥化过程的产物。人们应根据上下文或具体语言环境，明确堆肥的具体含义。

（二）堆肥提取液与堆肥茶的区别

同样，堆肥提取液和堆肥茶这两个术语的定义也含糊不清。这两个术语在研究中可互相替代，但在生产应用中有本质的区别。堆肥提取液指堆肥在高压、蒸馏、蒸发下产生的或用溶剂处理后的液体样品（Cayne et al.，1989）。堆肥提取液指向堆肥中加入溶剂后直接过滤的液体，不经过发酵过程，通常用水作溶剂（Scheuerell et al.，2002）。而堆肥茶指堆肥在水中发酵后过滤出的液体（Litterick et al.，2004），与堆肥提取液的本质区别是一定要经过一个充分发酵过程，这样可以使微生物在液体中迅速扩繁，极大增强这一液体的功效。

（三）堆肥与堆肥茶的区别

堆肥指堆肥化形成的产物，多指固体有机肥；堆肥茶是指优质有机肥经过泡制、充分发酵、过滤加工的液体有机肥。堆肥与堆肥茶在制作、施用前预处理、施用及其效果方面均完全不同，堆肥茶与堆肥相比有三方面的特殊功效：①堆肥茶虽然是在堆肥的基础上再加工，但其施用效果更好、更持久。②叶面喷洒堆肥茶可使作物吸收更多的营养，加速作物对有害毒素的分解。③施用堆肥茶的农产品营养价值高，风味和口感更好。

二、堆肥茶的营养功效与作用机理

堆肥茶向土壤和作物提供微生物、细颗粒有机质、有机酸、植物生长调节类物质，其中最重要的是微生物。堆肥茶中富含有益微生物，包括细菌、真菌、原生动物等，它们最重要的功能是抑制土传病害，其次它们还能在细胞内固定大量养分元素，在作物需要时释放作为土壤养分的补充。堆肥茶中的微生物是堆肥发酵后微生物经过扩繁而来，施入土壤后很快会形成优势种群，并促进土壤养分的活化。

（一）堆肥茶的营养功效

堆肥茶是优质有机肥经过泡制、液体发酵加工而成的液体肥料。堆肥中本来含大量有机养分和无机养分，能为作物提供养分；堆肥茶中还有大量有益作物生长、有利于促进有机养分分解的微生物，还能显著改善作物根际或作物表面微生态环境，促进养分活化与吸收利用，因此具有很好的肥效。

（二）作用机理

堆肥茶中的营养元素都来源于堆肥原料，表 14-1 是常见堆肥材料的营养元素含量。研究表明，堆肥茶富含氮、磷、钾，可以作为有机农业养分的主要来源。Molineux 研究表明，施用堆肥茶，会显著增加基质和土壤中氮、磷、钾的含量，尤其是磷。堆肥茶中含有可溶性营养物质，有两个关键作用：一是作为堆肥茶中有益生物体的养料，使得它们生长得更快、更好；二是作为作物的养料，使得作物更健康，从而产生更多分泌物来促进有益生物体的生长。有时为了促进堆肥茶中微生物的扩繁，可人为加入一些糖蜜、海藻、岩粉、鱼肉水解物或腐殖酸等营养元素。这些物质经过微生物分解后能为作物生长提供更多养分。

表 14-1　常见堆肥材料的营养元素含量（烘干基）

名称	N（%）	P（%）	K（%）	Ca（%）	Mg（%）
牛粪	1.669	0.429	0.948	1.844	0.466
猪粪	2.087	0.896	1.118	1.800	0.744
鸡粪	2.338	0.929	1.606	2.821	0.751
马粪	1.476	0.466	1.307	1.320	0.455
兔粪	2.108	0.735	1.611	1.894	0.816
鸭粪	1.661	0.885	1.373	5.493	0.621
水稻秸秆	0.910	0.130	1.890	0.610	0.224
小麦秸秆	0.650	0.080	1.050	0.520	0.165
玉米秸秆	0.920	0.152	1.180	0.540	0.224
豆类秸秆	1.810	0.196	1.170	1.710	0.480
杂粮秸秆	0.680	0.139	1.750	0.990	0.230
薯类秸秆	2.510	0.278	3.510	2.570	0.520

注：豆类秸秆养分含量用大豆秸秆代替，杂粮秸秆用大麦、荞麦秸秆的养分平均值代替，薯类秸秆用马铃薯、甘薯秸秆的养分平均值代替。

堆肥茶具有特定的微生物种群，这些微生物一方面可以促进堆肥和土壤中有机养分的分解，为作物生长提供可利用形态的养分；另一方面对病菌的抑制作用，能促进作物生长，也有利于作物更好地利用堆肥茶和土壤的有效养分。堆肥茶和真菌共同施用会显著提高叶片碳、氮含量。Turki 发现，向朝鲜蓟施用 50% 的堆肥和各 25% 的堆肥茶分别作为叶面肥和滴灌肥，能提升植株的磷、钾、钙含量。作为基肥，一次性施用堆肥限制了养分供应，快速补充堆肥茶可以有效提供营养，促进作物生长。

三、堆肥茶的生物防治功效及作用机理

（一）堆肥茶的生物防治功效

堆肥茶作为一种肥料，在供给作物生长所必需的营养物质的同时，还具有：富含营养物质和微生物，促进作物生长环境中有益微生物和昆虫的生长；抑制病菌，有机地减少害虫；有助于提高土壤的保水量和促进作物生长的激素的生成；通过促进有机物质转化为腐殖质，提高土壤有机质含量，改良土壤，减少土壤污染等功效。因此，堆肥茶对叶斑、卷尖、霉菌、霜霉、早期或晚期凋萎病、白粉病、害锈病等病害都有一定的防治效果，另外对花叶病毒、细菌凋萎病、黑腐病等也有一定作用。很多文献表明，堆肥茶可以抑制真菌性土传病害。表 14-2 是对堆肥茶（曝气和非曝气）以及部分堆肥提取液在蔬菜无土栽培中或容器化生产中对土传病害抑制能力的总结。Li（1999；2001）发现，向大棚种植的黄瓜和甜椒施用来自猪、马、牛粪便的非曝气堆肥茶，可以有效控制枯萎病（甜椒：棉花枯萎菌，黄瓜：黄瓜尖镰孢菌）。他们还发现，非曝气堆肥茶对镰孢菌的厚垣孢子和小孢子有溶解作用，这说明堆肥茶可以通过破坏病原菌的繁殖体来达到抑制作用。Scheuerell 和

Mahaffee（2004）的试验表明，施用曝气和非曝气堆肥茶可以有效抑制黄瓜无土栽培中由腐霉菌引起的立枯病，而且加入海草灰和腐殖酸一起发酵的曝气堆肥茶的抑制作用更稳定。Dianez（2006；2007）指出，在体外试验中施用来自葡萄酒渣堆肥的曝气堆肥茶，可以抑制9种真菌，包括立枯丝核菌和瓜果腐霉菌。他们还证明，上述抑制作用是由于该堆肥中微生物产生了嗜铁素。Siddiqui（2009）发现，用稻草和油棕榈的空果串堆肥发酵制成的曝气堆肥茶，未灭菌施用可以抑制瓜笋霉的孢子萌发，而这种病原菌会导致秋葵的软腐病发生。发生他们也发现，向大棚种植的秋葵施用未灭菌的堆肥茶会提高秋葵的抗病性，然而这种抗病性不能长时间保持，随着时间推移抗病性降低。朱开建等（2006）发现，用猪粪、茶叶渣及生活污泥堆积的堆肥发酵产生的堆肥茶可以抑制爪哇根结线虫病，接种堆肥茶原液70d后，土壤和根系中的线虫数量分别下降了49.4%和66.3%。

表14-2 堆肥茶及部分堆肥提取液在蔬菜无土栽培中或容器化生产中对土传病害的抑制情况

发酵方式	作物	植物病原体	效果	堆肥类型	发酵时间	营养物质添加
NCT	番茄	番茄晚疫病菌	+	马厩稻草、土	14d	无
NCT	IV	立枯丝核菌	+			无
NCT	番茄	番茄晚疫病菌	+		7～14d	无
NCT	豌豆	终极腐霉	+	牛粪肥或葡萄酒渣	7～14d	无
堆肥提取液	甜椒	尖孢镰刀菌棉花专化型	+	猪、马、牛粪	不发酵	无
堆肥提取液		德巴利腐霉	+	果树叶片堆肥、园林垃圾堆肥、作物堆肥	不发酵	无
		番茄尖孢镰刀菌	+			
		甘薯生小核菌	+			
ACT	黄瓜	终极腐霉	+	园林修剪垃圾、植被（混合蚯蚓粪）、植被与牲畜粪混合堆肥	36h	海藻和腐殖质
NCT			+		7～9d	细菌和真菌
ACT	IV	立枯丝核菌	+	葡萄酒渣	24h	无
		番茄尖镰孢菌	+			
		番茄尖镰孢菌种	+			
		番茄尖镰孢菌种	+			
		黄瓜尖孢镰刀菌	+			
		大丽轮枝菌	+			
		瓜果腐霉	+			
		寄生疫霉菌	+			
		真菌轮枝霉	+			
堆肥提取液	IV	番茄尖镰孢菌	+	牛粪、羊粪、蔬菜废弃物、稻草	不发酵	无
		腐皮镰孢菌	+			
		禾谷镰孢菌	+			
		核盘菌	+			
		立枯丝核菌	+			
		丝核菌	+			
		腐霉菌	+			
		大丽轮枝菌	+			

（续）

发酵方式	作物	植物病原体	效果	堆肥类型	发酵时间	营养物质添加
堆肥提取液	秋葵	瓜笄霉	＋	稻草和油棕榈的空果串	不发酵	木霉菌
堆肥提取液	IV	齐整小核菌	＋		不发酵	无
堆肥提取液（NCT）	番茄	瓜果腐霉菌	＋	橄榄榨油后的果渣废弃物、波西多尼亚海草、鸡粪	6d	无
ACT	秋葵	瓜笄霉	＋	稻草和油棕榈的空果串	不发酵	无
NCT	IV	致病疫霉菌	＋	鸡粪、羊粪（4种来源）、牛粪、虾粉或海藻	14d	无
堆肥提取液	辣椒	辣椒疫霉菌	＋	6种商业堆肥混合物	30min	无
堆肥提取液	IV	立枯丝核菌	－	猪粪和稻草堆肥	不发酵	无
ACT			－			
NCT			－			

注：NCT指非曝气堆肥茶，ACT指曝气堆肥茶；IV指体外试验；＋表示与对照组相比病害更少（$P<0.05$），－表示与对照组相比没有显著差异。

（二）作用机理

文献表明，在堆肥杀菌后再发酵产生的堆肥提取液没有抑病能力，说明其抑制土传病害的能力主要是由于生物作用而不是理化作用。这种作用可能来自微生物分泌的各种代谢产物，包括多糖、抗生素、蛋白质、嗜铁素等各种活性物质，也可能来自活的微生物。目前，学术界普遍认为活体微生物与病原菌间存在4种抑菌机制：抗生作用、营养竞争、寄生或捕食作用以及诱导植物系统抗性。大多数研究认为，微生物间的抑制作用〔抗生作用和（或）营养竞争作用〕与重寄生是其中最主要的抑菌机制。

抗生作用指一种微生物产生特定的和（或）无毒的代谢产物或抗生素对其他微生物有直接的作用。例如，肠杆菌产生的几丁质水解酶能抗生一些真菌病原体，包括立枯丝核菌等；绿黏帚菌中分离出的有毒的"木霉素"对终极腐霉有抗生作用。还有研究表明，园林绿化物堆肥中的细菌和真菌对其他植物病原体有拮抗作用，包括尖孢镰刀菌。

竞争作用指当有两个或多个微生物需要同一种营养物质时就会发生。当非病原体竞争过病原体时，病害就会得到抑制。如腐霉菌等通过产生低分子量的三价铁配体（嗜铁素）来限制病原体获得铁。上述两种微生物间抑制作用对繁殖体直径$<200\mu m$的病原菌效果更好，包括疫霉菌和腐霉菌；而对于繁殖体直径$>200\mu m$的病原菌，微生物会寄生在上面，这时就存在寄生与捕食作用。寄生现象包括4个阶段：化能自养生长、识别、寄生、产生分解酶分解宿主细胞壁。这4个阶段都会受到有机质分解程度和葡萄糖及其他可溶性盐浓度的影响，它们会影响有杀菌作用的分解酶的产生和作用效果。

捕食作用常见于中等大小的细菌、真菌与原生动物之间（图14-1）。Hahn发现，随着细菌直径的增大，鞭毛虫对其的捕食速率明显下降，对$110\mu m$的细菌捕食速率最快。

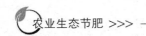
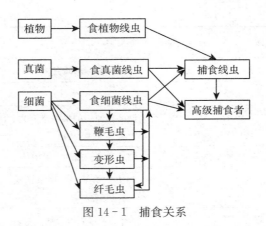

图 14-1　捕食关系

在很多作物中，有益微生物可以通过诱导植物系统抗性来抑制病害。例如，向黄瓜一部分根系施用堆肥，可以诱导其产生对腐霉菌引起的根腐病的系统抗性。大部分相关研究都使用了木霉属微生物，它们也会产生寄生和抗生作用。

以上 4 种机制又能分为两类：非特异性和特异性作用。很多微生物都具有的抑制作用为非特异性作用，通常是由于细菌和真菌会导致营养竞争和改变生态位，这会影响植物病原体的代谢。而对某些病原体或疾病只有一种或两种微生物有作用，这被称为特异性作用。研究表明，超过 90% 的堆肥通过非特异性作用来抑制病原体。然而，在不同媒介中，这种非特异性作用引起的抑制能力不同。堆肥茶向土壤或植物提供微生物、细颗粒有机物质、有机酸、植物生长调节类物质和可溶性矿质营养元素等物质，不仅能显著改良土壤，而且能为植物提供养分，改善植物根际或植物表面微生态环境，促进养分活化与吸收利用，因此具有很好的肥效。土壤中存在大量的微生物，有些是有助于植物生长的，有些是对植物有害的，如植物病害细菌、真菌或原生生物以及食根的线虫等。一般在无氧或者通气不良条件下，有害微生物会大量繁殖并产生有害毒素，危害植物生长；植物表面附着大量病菌，也会导致植物感病。堆肥在氧气充足即充分通气条件下产生的堆肥茶，可以使植物根部土壤或植株表面大多数的致病微生物以及植物毒素清除。

施用堆肥茶后尽管还有少部分的有害微生物，但保留在土壤或植物叶面的有益微生物能够有效控制有害微生物（表 14-2）。这些抑制作用分为 4 种：①经过培养的有益微生物可吞食有害微生物。②有益微生物可产生抗生素抑制有害微生物。③活化有益微生物具有对营养元素的竞争优势。④活化有益微生物具有对生存空间的竞争优势。因此，堆肥茶对病虫害具有明显的生物防治作用。

第二节　堆肥茶的生产

种植业及养殖业产生的大量秸秆及畜禽粪便等有机废弃物资源循环利用可以采用好氧堆肥化处理将其制成无害化商品肥料通过市场销售，其中具有生物防治效果的生物有机肥和复合微生物肥受到了广泛关注。这两种产品均通过外源添加功能性微生物菌剂，其生产需要专门微生物扩繁设备与复合肥加工设备与工艺。堆肥茶是由腐熟的堆肥在水中经发酵而获得的浸提液，通过工艺最大化提取堆肥中微生物群落、功能性物质和养分。同时，对堆肥中提取的微生物进行迅速扩繁，增强堆肥中微生物的功效，提高堆肥中养分的有效性。现有的生物肥和生物有机肥生产设备与工艺存在以下问题：一是菌种扩繁设备复杂、投资大、操作要求高；二是菌种接种到有机肥中很难形成优势种群，影响微生物功效的发挥。堆肥茶加工便于操作、投资低，不仅能激活堆肥中微生物，而且菌种可以很快形成优势种群活化有机肥和养分。

　　堆肥茶作为液体，复配性很强，可以添加营养物质，或结合不同的生产问题添加生物刺激素或生物活性物质，也能配合农药等一同施用。

一、堆肥茶的生产方式

　　堆肥茶的生产关键是发酵过程，分为曝气与非曝气两种类型，包括曝气堆肥茶和非曝气堆肥茶两种。曝气堆肥茶指堆肥产品为在水中发酵的过程中充分曝气后得到的产物；非曝气堆肥茶指发酵过程中没有曝气，或只在最初的混合阶段进行必要的曝气。

　　目前，生产上常用的发酵方式有桶发酵、桶鼓泡器发酵、槽发酵、发酵罐发酵 4 种。大部分生产装置（图 14 - 2）主体为一个容器，里面含有一个装堆肥的尼龙袋，以及专门的曝气装置，包括涡流喷嘴、螺旋曝气机、文丘里射流器、微气泡曝气机等。曝气方式有两种：一种是通过容器上方的涡流喷嘴向堆肥悬浮液喷洒循环水，另一种是通过容器底部的曝气装置鼓气充氧。在投入生产前应先培养和筛选堆肥茶中的种菌，在发酵前后可以加入营养盐，在产品施用前还可以加入添加剂和佐剂。

图 14 - 2　堆肥茶生产装置

　　（1）桶发酵是最简单的生产方式，通过搅拌曝气，发酵期间定期用棍子搅拌混合以引入少量的空气。Brinton 建议每 2～3d 搅动一下混合物，可以更好地释放堆肥微粒中的微生物。

　　（2）桶鼓泡器发酵是将曝气装置引入桶发酵技术，以提供连续流动的空气，创造足够的湍流，缩短制造周期。曝气 2～3d 后，关闭充气泵使堆肥沉到桶底，将堆肥茶从桶顶排出，留下的不溶固体可返回堆肥重复利用。

（3）槽发酵指将堆肥放在大水槽上面的网托盘上，通过循环水系统向堆肥喷水，水透过堆肥流入水槽中。水槽的大小可以为 20～2 000L 不等，生产周期持续几周。同时，通过鼓气泵在液体中鼓气，增加液体的混合并保持好氧条件。

（4）发酵罐发酵一般针对堆肥茶生产原理专门开发发酵工艺，设备包括发酵罐容器、搅拌装置、鼓气装置、过滤装置等。发酵罐可大可小，既可以单独使用，专门加工堆肥茶，也可以作为滴灌、喷灌系统的配套装置，给灌水系统提供液体肥。

二、堆肥茶品质的影响因素

影响堆肥茶品质的因素有很多，包括原料、发酵方式及时间、肥水比和外源营养物质等。这些因素会影响堆肥茶产物的理化性质、营养含量及微生物种类、数量和活性，从而影响其品质。

（一）原料

堆肥茶的性质受不同 C/N 堆肥原料影响很大。研究发现，粪肥和植物残茬联合堆肥做成的堆肥茶有好的抑病效果。Weltzien 认为，粪肥堆肥的效果更好。此外，Tränkner 认为，堆肥经过 2～6 个月的腐熟再做堆肥茶效果更好。堆肥是一个 C/N 降低的过程。Kuo 认为，C/N<25 的堆肥最适宜发酵生产堆肥茶。

常见的有机废弃物含碳量一般为 40%～55%，但氮含量差异很大，所以不同堆肥材料的 C/N 差异很大。一般禾本科植物的 C/N 较高；而畜禽粪便较低，为 10～30。因此，通常使用混合材料以达到合适的 C/N 进行堆肥，C/N 为 20～30 比较适宜。表 14-3 是一些常见堆肥材料的 C/N。

表 14-3　常见堆肥材料的 C/N（烘干基）

名称	C/N	名称	C/N
牛粪	23.2	水稻秸秆	48.0
猪粪	21.0	小麦秸秆	66.5
鸡粪	14.0	玉米秸秆	49.9
马粪	25.6	豆类秸秆	29.3
兔粪	19.1	杂粮秸秆	63.6
鸭粪	17.9	薯类秸秆	14.2

注：豆类秸秆用大豆秸秆代替，杂粮秸秆用大麦、荞麦秸秆的 C/N 平均值代替，薯类秸秆用马铃薯、甘薯秸秆的 C/N 平均值代替。

EC、pH 及阳离子含量对堆肥茶也有很大影响。MdIslam 和 Toyota 发现，与阳离子浓度低的粪便堆肥茶相比，高钙、镁含量的树皮和咖啡堆肥茶对番茄细菌性枯萎病防治效果更好。Mengesha 等发现，相对较低的 EC 和中性 pH 的农业废弃物堆肥茶比蚯蚓粪和城市固体废弃物堆肥生产的堆肥茶对细菌性枯萎病防治效果更好。

（二）发酵时间

堆肥茶中的功能性物质和养分主要来源于堆肥原料，因此必须保证足够的发酵时间。此外，原料不同，所用的发酵方式、设备不同，最佳的发酵时间也不同。一般来说，非曝气堆肥茶发酵时间为 14d 左右，曝气堆肥茶时间短得多，为 2～6d。研究发现，随着发酵时间的延长，堆肥茶产品 pH 和 EC 稍有增加，总氮和总有机碳的含量会减少，且 C/N 减小，同时细菌和真菌的数量也会减少。Cantisano 认为，用于叶面喷施的堆肥茶，1d 的发酵时间最佳，若要达到最大的抑病效果则发酵 7～14d 最佳。Ingham（1999；2003）认为，发酵 18～24h 能获得最大微生物量。如果发酵时间过长，微生物在利用完养分和氧气后会进入休眠，这就会降低微生物活性，且微生物浓度太高易使容器壁形成厌氧环境，从而产生一些有害物质降低堆肥茶的品质。研究发现，要获得最大细菌活性，最佳的发酵时间通常为 3d 左右；而最大真菌活性在发酵 2d 左右达到。

（三）发酵方式

曝气堆肥茶发酵时间短，其中微生物种类和数量更多，对植物的毒性较小甚至没有毒性。非曝气堆肥茶中含有微生物厌氧代谢的有毒物质，能抑制植物病原体活动和病害发生，但对植物本身也有毒害作用。有文献表明，非曝气堆肥茶中存在人类病原体，但对植物没有毒性。Ingram 和 Millner（2007）发现，大肠杆菌 O157：H7、沙门氏菌和粪大肠菌等人类病原体的大量繁殖与堆肥茶的发酵方式无关，而与发酵初始添加营养盐有很大关系。

（四）肥水比

肥水比即堆肥与发酵用水的比例。肥水比会显著影响堆肥茶的性质、养分含量及微生物浓度，包括 EC、总氮含量、有机碳含量、C/N。大多数研究使用的肥水比为 1：（1～50），最常用的为 1：（3～10）。不同的堆肥茶原料的最适肥水比不同。研究发现，对于橄榄树枝、牛粪和秸秆堆肥来说，1：2.5 的肥水比最适宜后续堆肥茶的生产。郭徽（2009）发现，对于牛粪堆肥茶来说，1：5 的肥水比最适宜。

（五）外源营养物质

在初始阶段添加营养元素可保证总体微生物群落或特定的有益微生物群落的生长。糖分是微生物生长的直接能源物质，若需要加快某些特定真菌的扩繁，还需要加入海藻、岩粉、鱼肉水解物或腐殖酸。这些外源营养物质对微生物代谢产生的中间产物具有很好的生物活性刺激作用，如加入海藻和胡敏酸混合曝气发酵获得的堆肥茶有很强的抑制病害作用。添加的营养元素可能会提高堆肥茶的抑病能力，但也可能会引起人类病原体的繁殖。

三、堆肥茶的加工设备

堆肥茶加工技术在欧美等发达国家作为一项成熟技术在生产中使用广泛，因此国外开发出一系列适用于不同生产条件的堆肥茶加工设备，有人工操作的简单设备，也有用于大型滴灌系统的复杂设备。国内知道和使用该技术的人很少，研究开发堆肥茶加工设备的机构更少，长春市农业机械研究院、北京市土壤肥料工作站等部门对堆肥茶的加工设备进行了研究，厦门正信润诚生物科技有限公司在北京市土壤肥料工作站指导下开发堆肥茶加工设备，并在北京、福建等地进行示范推广。该设备具有制作方法简单，便于结合滴灌、微灌和渗灌技术施肥等优点，在农业生产、生活以及园林花卉栽培等领域均有应用。

（一）作用原理

利用空气通过管道循环水体，同时通过管道中的扩散器和浸在水中的扩散器将氧气注入水中。将堆肥悬浮于水体中，循环水回流时破坏水体表面张力。为了维持好氧微生物生存，溶解氧的最低容量为 6mg/kg，设备平均工作时间仅限于 1~36d。其在 200L 左右的设备配置情况下，使用 4% 堆肥、0.75% 糖浆、0.063% 鱼肉蛋白水解物和 0.25% 海带粉，将其放置在约 19℃ 的水中。初始固体总溶解氧量为 21mg/kg、运行超过 48d 时，溶解氧仍可维持在 8.8~9.6mg/kg。

方向相反的两端口实现了水流的持久产生，避免任何静止水域出现，可有效制取并维持水体中合理的高溶解氧含量。这是该设备制取和维持溶解氧水平超高效率的关键。

（二）设备构造

堆肥茶加工设备构造如图 14-3 所示。

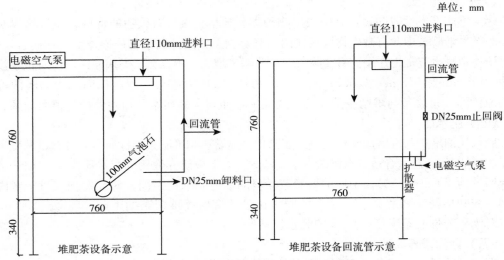

图 14-3 堆肥茶加工设备管路构造

设备重 30kg，体积为 760mm×760mm×1 100mm，功率 80W，电压 220V，容器材质为聚乙烯材料，支架选用碳钢防腐。设备运行环境条件见表 14-4。

表 14-4 堆肥茶设备运行环境条件

环境条件	参 数
环境温度	≤40℃
相对湿度	≤85%
水质要求	低黏度，pH 为 3~9
使用条件	无结冻、无结霜，保持通风，避免阳光直射
安全要求	禁止明火，无易燃、易爆、腐蚀性气体

（三）设备操作规程

1. 设备安装　按实际需求将设备进行定位安装，要求安装地面平整，可遮风防雨，方便通电引水。

2. 操作说明

（1）从投料口注入干净水，将容器内部清洗干净，清洗水从底阀排干，关闭底阀。

（2）将水加至 180L 左右，打开气量控制阀，关闭备用控制阀，打开气泵电源，开始水循环和曝气。

（3）约 5min 后，将堆肥茶原料从投料口按顺序投加。

（4）调节控制气量控制阀，将回流量调节至需求量，进行持续发酵堆肥。

（5）发酵堆肥一个周期结束后，关闭气泵电源，打开底阀，将发酵液进行灌装，以供使用。

（6）灌装完成后，将发酵容器清洗干净。

3. 安全、操作、维护保养注意事项

（1）该设备在搬运过程中应避免强烈震动；使用时应放置平稳，倾斜度不超过 10°。

（2）该设备可连续开机使用，为延长设备的使用寿命，运行间隔时间视环境温度应在 0.5h 以内；避免频繁启动设备，每小时启动次数不超过 4 次。

（3）请注意用电安全，如插头或电源线损坏，不可开机；如电源电压超出正常使用范围或电压波动大时，请不要开机，或者增加稳压装置。

（4）请注意防火，包括避开热源及明火，不要在附近吸烟，也不要在装置及其零件上使用油或油脂，以免增加火灾发生概率。

（5）冬季停用时，系统及连接的管路内部积水会结冰，为避免造成管路损坏及外壳破裂，一定要将水排净，保持环境温度在 3℃ 以上。

（6）装置开启时，除专业人员调试需要，严禁触摸装置内部其他部件以防触电。

（7）请勿在该设备机壳上放置液体（尤其是腐蚀性液体），以防止腐蚀机壳、损坏设备。

第三节　堆肥茶的施用

堆肥茶及其复配产品可以直接施入土壤，通过管道滴灌或者作为无土栽培的营养液，也可以进行叶面喷施。堆肥茶的最大特点是方便追肥，可以在堆肥作为基肥的情况下，根据作物的实际生长情况随时补充施用。随着滴灌、喷灌等节水农业的迅速推广，农业生产对液体水肥的需求迅速扩大；随着人们生活质量的提高，不施农药、化肥的优质农产品越来越受到人们的欢迎。堆肥茶既是液体有机肥，还具有生物防治作用，因此在现代生态农业中有广阔的应用前景。

一、堆肥茶的施用方式

堆肥茶可以广泛施用于大田作物、蔬菜、花卉和果木，对作物种类没有具体要求。施用堆肥茶需要根据作物的健康状况，来决定施用堆肥茶的次数和数量。一般春季施用一次之后，其他季节都无需再施。另外，有益昆虫的存在数量是作物健康生长与否的标志。喷洒堆肥茶后，有益昆虫能够帮助将堆肥茶中的有益微生物散布到整个菜园或果园，甚至能够在几个季节防止害虫的为害。如果农田中有益昆虫数量不够，可以一个月喷洒堆肥茶至少一次，或菜园一月施两次。当作物长出第一片真叶时，喷洒堆肥茶的效果好。

施用方式可以选择叶面喷洒或灌根。叶面喷施可以选择傍晚进行，每公顷喷 50L，雾

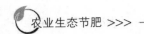

化喷湿植物表面。堆肥茶中加入表面活性剂、黏着剂有利于提高喷施效果，喷后下雨要补喷一遍。灌根可通过人工或者滴灌设备施用，每公顷灌 150L。如果用采用滴灌设备灌根，可以先灌少量水润洗管道，再向水中加过滤纯净的堆肥茶，灌完后再用水清洗滴灌管道；如果人工灌根，对堆肥茶的过滤不做严格要求，堆肥茶中的杂质能为作物提供更多养分与活性物质。

二、堆肥茶施用的注意事项

制作好的成品尽可能在 1h 内将其进行叶面喷施，否则没有足够的氧气和糖等养分使有益细菌处于活跃状态而会进入休眠失去活力；3～4h 后肥效会大大降低，导致原料浪费，增加费用。

制作过程中，如果使用自来水一定要除氯，否则氯气会杀死水中的微生物，影响堆肥茶的生产。

如果有异味散发则意味着效果不好，应该加强通气和搅拌。通气良好、泡制得好的堆肥或堆肥茶有一股甜香和泥土气味。不要施气味不好的堆肥茶，因其含有厌氧生物产生的低浓度乙醇，但足以损伤植物根系。

三、堆肥茶的应用前景

随着我国集约化与现代化农业的发展，水肥一体化技术不断推广。水溶性肥料是指经水溶解或稀释用于叶面施肥、无土栽培、浸种蘸根、滴喷灌等的液体或固体肥料。传统的营养型水溶性肥料是由大量、中量和微量营养元素中的一种或一种以上配制，具有养分含量高、杂质少、水溶性强、防止沉淀发生的优点，其主要作用是提供养分、改善作物的生长情况。但随着市场对绿色健康农产品的需求不断提升，水溶性肥料不断向高效化、复合化、省力化、功能化与低成本方向发展，功能型水溶性肥料将在未来肥料市场占据主要地位。功能型水溶性肥料由无机营养元素（两种或两种以上）和生物活性物质或其他有益物质混配而成，既能提供养分，又能改善土壤质量，促进植物生长，提高植物抗逆性。目前，我国在功能型水溶性肥料产业研究发展中存在诸多问题。一方面，我国目前市场上的功能型水溶性肥料种类单一，多是含腐殖酸、氨基酸和海藻酸类的产品，而对于其他改土、抗病类的功能性物质研究开发较少，或是没有与肥料的开发结合在一起，导致其不能得到很好的推广应用。另一方面，我国功能型水溶性肥料产品的复配尚停留在各种物质的简单掺混或溶解混合阶段，对于助剂筛选、混配技术与生产工艺的集成等方面的研究相对滞后。功能型微生物对于溶液有酸碱性及盐分的特殊要求，使得接种菌剂更难以做到。

堆肥茶是由堆积腐熟的堆肥在水中经发酵而获得的浸提液，含有大量有益微生物和养分，易被作物利用，且能够抑制土传病害的发生，可以作为一种良好的功能型水溶性肥料。另外，其作为液体，复配性很强，可以将营养物质添加进堆肥茶中，从而提高其养分作用；还可以结合目标作物不同的生产问题，添加生物刺激素或生物活性物质，通过与堆肥茶中活性物质及活性微生物的协同作用促进作物生长；也能与农药、杀菌剂和杀虫剂等配合施用；还可以通过筛选确定堆肥茶中的活性微生物，再外源接种功能性微生物，增强微生物的作用。但在复配时，应结合堆肥茶及外加的各种物质的理化特性进行产品复配，尤其是确定其中微生物的生物活性不被抑制，最好最后的配方能促进其中功能性微生物的活性，并应先进行试验保证复合品的功效后才能投入实际生产。堆肥茶的另一大优点是方便追肥，堆肥可以作为基肥施用，但追肥不变。堆肥茶在具有与堆肥类似的好处的情况下，追肥方便快捷，便于根据作物的实际生长情况实时调控，提高产量和质量。

　　堆肥茶可以直接施入土壤，通过管道用来滴灌或者作为无土栽培基质。土壤施用需要有足够的量使堆肥茶作用于整个根区，使得其中的微生物成为土壤生态和根际生态的一部分，这对于根系病害防治效果更好。Ingham 建议土壤施用堆肥茶 $150L/hm^2$。但为了避免喷嘴或灌溉系统堵塞，只能使用溶液状态的堆肥茶，且通常需要过滤，这就可能会过滤掉一些功能大颗粒物质和微生物，降低堆肥茶的功效。

　　对于叶面病害，现在更多的是将堆肥茶作为叶面肥喷施。已有研究表明，稀释比例、施用频率对堆肥茶施用后的效果有影响。稀释会影响堆肥茶的养分效果，但微生物不受影响，尤其是放线菌，因此堆肥茶的抑病能力在稀释后不会下降。施用肥力足的堆肥茶，灌木从发芽期开始每隔 10～14d 喷 1 次效果最佳。喷施的关键在于要使叶片两面完全被堆肥茶覆盖，可以加入一些喷雾佐剂。加入表面活性剂可以减小水的张力，有利于堆肥茶液滴在叶片表面散布并穿过蜡质；加入黏着剂有利于堆肥茶在叶面附着，也减少其因雨淋而流失；加入紫外线抑制剂能延长微生物在紫外线照射下的生存时间。ElaineIngham 认为，至少 70％的叶面被 60％～70％的活性细菌和 2％～5％的活性真菌覆盖时，植物病原体在叶面的增殖才会受到抑制。

第十五章 | CHAPTER 15

肥 料 安 全 控 制

近年来，我国肥料市场原料逐渐复杂化、多元化，使得肥料产品安全隐患逐渐增加，尤其是来源于集约化畜禽养殖场的畜禽粪便原料中可能含重金属、抗生素等有毒有害污染物，若未经充分有效堆腐，生产出的有机肥可能对土壤健康与作物安全构成潜在威胁。本章针对肥料中可能对土壤及农产品产生不利影响的安全风险因素进行了全面梳理和系统总结，重点阐述了肥料中致病生物、重金属和抗生素三类污染物的来源、在肥料中残留现状、对环境及作物的潜在危害以及现有的限量标准，并对三类污染物的风险控制技术进行了详述，以期为肥料生产企业及肥料施用者提供理论参考和技术指导。

第一节　肥料的安全风险

肥料是农业生产不可或缺的投入品。施肥不仅能够补充作物生长必需的营养元素，增加作物产量，还可培肥地力。然而，肥料的生产原料中可能存在病原微生物、重金属和抗生素等有毒有害物质，如果不充分无害化处理，可能会给土壤环境造成一定的负面影响，包括引发土壤污染、损害土壤健康，甚至威胁农产品质量安全等。因此，需要系统认识各种肥料中的危害因素，评价其对生态环境和人类健康的不利影响，并通过技术措施和行政管理手段控制肥料的安全风险，防止有毒有害物质向农田输入，确保土壤健康和农产品质量安全。

一、肥料的生物风险

人畜粪便、作物秸秆等农业废弃物、污水处理，污泥及工业废弃物中可能含有大量的病原微生物。上述废弃物如果直接还田或者未充分无害化处理生产成商品肥料施用，则可能将携带的有害生物带入土壤，并进一步在径流、灌溉作用下向地表、地下水体输入，或通过空气对流释放到大气中，引发农田近水域或近地面的次生生物污染，或者通过食物链传递给人类，严重时甚至危害公众健康。

（一）生物污染源

人畜粪便、污水处理厂污泥等有机废弃物，以及这些原料生产的商品肥料中可能含有多种致病生物。这些有害生物主要来源于人类或者畜禽动物体的消化道，并随着粪便排出体外。有关资料显示，新鲜人畜粪便中微生物数量高达每克 10^7 个，平均粪大肠菌群数（最大可能数）为每克 2.3×10^6 个，超过畜禽养殖业污染物排放标准（GB 18596—2001）规定数值的 1 000 倍（叶小梅等，2007）；养殖场污水中平均每毫升含有 33 万个大肠杆菌和 69 万个大肠球菌（焦桂枝　等，2003）。畜禽粪便中还含有多种病毒，包括禽流感、戊型肝炎病毒、口蹄疫、马里克氏病毒等 30 余种。此外，畜禽粪便中还残留蛔虫卵、毛首线虫卵、隐孢子虫和蓝氏贾第鞭毛虫、弓形虫等 10 种寄生虫。据调查，畜禽养殖场沉淀池污水中蛔虫卵约每升 200 个，毛首线虫卵高达 10^6 个（焦桂枝　等，2003）。这些生物大多具有潜在的致病性。已查明畜禽粪便中可引起人类寄生感染（人畜共患病）的潜在致病源多达 150 余种（Pell，1997；江传杰　等，2005），包括大肠杆菌、李氏杆菌、肠球菌、沙门氏菌、贾第虫（鞭毛虫）、弯曲菌、原虫以及一些病毒等。

（二）病原生物的危害

人畜粪便中的致病微生物在不经任何处理的情况下可以长期存在，在自然堆肥条件下也可存活较长时间。大肠杆菌和沙门氏菌分别需要 2～3 个月和 4～5 个月的自然堆肥才能达标排放，蛔虫卵需要 10 个月才能达到 90％的死亡率（汪雅谷　等，2001）。因此，如果生粪未经堆腐或堆肥温度不够则可能导致肥料中病原生物残留，并随着施肥进入土壤。土壤中一旦有病原生物的介入，可能通过多种途径产生公共健康安全隐患。

1. 环境的生物污染　长期施用生物指标超标肥料会使肥料中有害生物在土壤中残留并存活下来，并在径流、灌溉作用下向地表、地下水体输入，或通过空气对流释放到大气中，引发农田近水域或近地面的次生生物污染。调查显示，施用新鲜粪肥的土样中粪大肠菌群数为每克 10^5 个以上，同时还在 19％的土样中检出沙门氏菌（叶小梅　等，2007）。施粪肥处理的农田田面径流中细菌总数明显高于施饼肥处理（李松鹏，2006）。Howell 等（1995）检测发现，牧场周边水井及泉水中粪便微生物数量超过国家标准 28％～74％，小溪中超标 87％。土壤中病原微生物向水体的淋溶量与降水时间、降水频率、土壤类型、土壤化学与微生物表面性质以及耕作方式密切相关（金淮　等，2005）。

2. 蔬菜的生物污染　研究表明，土壤中的病原微生物可在植物根部残留，并且可向地上部迁移，在作物的可食部位积累。Mahbub 和 Ethan 分别用生物标记法示踪研究了病原菌在土壤—作物系统的迁移可能性，得出一致的结论：肠出血性大肠杆菌 O157：H7 可通过粪便或灌溉水进入土壤，在土壤中存活 154～196d，并可进入作物体内污染作物可食部分；10 周后仍可在洋葱中检出，5 个月后仍可在胡萝卜中检出（Mahbub et al.，2005）。Erin 等（2009）研究发现，如果在初夏施肥，收获时蔬菜的根与叶中仍可检测到沙门氏菌与大肠杆菌。除了常见的人畜共患病原生物以外，畜禽粪肥中还有大量根肿菌休眠孢子。根肿菌休眠孢子在土壤中存活力很强，可存活 10 年以上（Wallehammer et al.，2001）。该类病原生物如果不能得到有效控制，会感染十字花科植物根部，引起严重的土传病害。主要的致病菌种为芸薹根肿菌（*Plasmodiophora brassicae*）。当有感病寄主植物存在，休眠孢子形成游动孢子开始侵染根毛，随后侵染根部皮层，在根部形成根瘤，阻止地下部的养分及水分等向地上部运输，导致植株黄化、萎蔫、矮小，妨碍作物生长，造成减产，严重时可致地上部枯死。田间土壤一旦受到根肿菌的污染，将长期带菌。

3. 威胁人类健康安全　肥料中病原微生物可通过"肥料—土壤—作物"传递，并最终通过食物链传递给人类，引发人体疾病，或者通过土壤、空气、水体的接触传递给农业从业人员，危害他们的健康。有机肥中很大部分病原微生物可感染人体。如李氏杆菌非常容易感染婴儿、孕妇及老年人等免疫功能较弱人群，引发败血症和脑膜炎等疾病（Ros-

imin et al.，2016）。全世界约有人畜共患疾病 250 种，我国有 120 种，其中由猪传染的有 25 种，由禽类传染的有 24 种，由牛传染的有 26 种（李淑芹 等，2003）。主要人畜共患病原生物和疾病特征见表 15-1。

表 15-1 畜禽粪便中可感染人类的微生物

细菌		病毒	
名称	症状	名称	症状
空肠弯曲杆菌	出血性腹泻、腹痛	腺病毒	眼睛与呼吸道感染
炭疽杆菌	皮肤病	禽肠病毒	呼吸道感染
流产布鲁氏菌	肠胃病、厌食症	禽呼肠病毒	感染性支气管炎
大肠杆菌	肠胃病	牛细小病毒	呼吸道疾病
钩端螺旋体	肾感染	牛鼻病毒	口蹄疫
结核分枝杆菌	肺结核	肠病毒	呼吸道感染
副结核分枝杆菌	Johnes 病	呼肠病毒	呼吸道感染
沙门氏菌	沙寒病	鼻病毒	副流感
小肠结肠炎耶尔森氏菌	肠胃感染	轮状病毒	肠胃感染

二、肥料的重金属风险

（一）肥料中重金属来源

无机肥、有机肥及无机-有机复混肥均可能存在重金属污染风险，包括铜、锌、镉、铬、铅、镍、砷、汞及其化合物。肥料中的重金属主要来源于生产原料。

1. 无机肥中重金属来源　氮、钾、磷单一元素肥料及三元复合肥的原料来源及生产工艺均存在很大差异，重金属含量也不尽相同。

尿素是最主要的氮肥。尿素的生产原料是液态 NH_3 和 CO_2，原料中重金属非常低，并且尿素合成过程中部分重金属会流失掉，所以商品尿素中重金属含量较低，污染风险较小。

钾肥（氯化钾）的主要原料是可溶性钾盐矿，钾盐矿中往往含有一定量的重金属，并且在矿石溶解结晶或浮选生产过程中难以去除，所以钾肥中重金属含量略高于尿素。

与氮肥和钾肥相比，过磷酸钙和钙镁磷肥两种矿质磷肥中重金属含量相对较高，主要原因是磷矿石原料中重金属含量比较高。不同国家和地区磷矿石中重金属含量的差异较大（表 15-2），如美国西部某磷矿石中铜、镉、镍、锌和铅的总量是其他地区相应重金属总量的 2~50 倍。从元素组成来看，不同地区磷矿石中几乎都以铜和锌元素为主，部分矿石中镍和镉含量也较高。我国主要磷矿石中镉含量为 0.1~571mg/kg，平均含量 15.3mg/kg，镉含量较高的磷矿石来源于广西、陕西、甘肃、浙江等地（鲁如坤 等，1992）。磷矿石中重金属损失程度因生产工艺的不同而不同。采用硫酸、硝酸、盐酸或磷酸等强酸分解磷矿石，仅有极其微量的重金属被分解，几乎全部的金属元素进入了肥料产品（过磷酸钙），导致过磷酸钙类磷肥的重金属污染风险较大。若用高温加硅石、白云石、焦炭等或不加配料等方法直接分解磷矿石生产钙镁磷肥，部分金属元素会在高温条件下挥发损失，然而损失也不多，剩下超过80％的金属元素仍然进入了肥料产品（钙镁磷肥）。

表 15 - 2　不同国家和地区磷矿石中重金属含量

单位：mg/kg

国家/地区	铜	镉	镍	锌	铅	总量
科拉	30	0.10	2	19	3	54
北卡罗来纳州	15	40	22	360	9	446
佛罗里达州	25	8	40	90	14	177
美国西部区域	80	100	85	870	12	1 147
南非	130	0.15	35	6	35	206
摩洛哥地区 1	15	35	19	120	5	194
摩洛哥地区 2	16	40		490	22	568
摩洛哥地区 3	34	18	32	240	6	330
约旦	15	6	17	250	4	292
以色列	30	20	40	450		540
云南		0.83				
贵州		1.24				
四川		1.84				
湖北		0.52				
湖南		0.79				
广西		174				
甘肃		53.40				
浙江		8.79				

因此，受矿石原料、生产工艺及重金属极强的热、酸稳定性影响，原料中带入的重金属很难去除。各种类别化肥中，磷肥重金属污染风险最大，由此增加了磷肥掺混的普通三元复合肥的重金属污染风险。

2. 有机肥中重金属来源　有机肥中重金属主要来源于畜禽粪便或污泥等有机肥原料。现阶段，我国畜禽养殖业高度集约化，对饲料依赖程度极高。并且，在相对狭小和密闭的养殖环境中，为了有效预防畜禽疾病、充分提高饲料利用率、促进畜禽快速生长，铜、锌、铁、锰、钴、硒、碘、砷等中微量金属和类金属元素被广泛添加到畜禽饲料中。以猪饲料为例，猪饲料中最常使用的两个重金属元素铜和锌，含量分别可达 $100\sim300\text{mg/kg}$ 和 $2\,000\sim3\,000\text{mg/kg}$，浓缩饲料中含量更高（邢廷铣，2001）。然而，兽用金属元素在畜禽体内的代谢程度和吸收率极低，无机镉在畜禽体内的吸收率仅为 $1\%\sim3\%$，有机镉在畜禽体内的吸收率为 $10\%\sim25\%$（Odlare et al.，2008）。无法代谢的金属元素或者化合物逐渐在生物体内积累和富集，并随着粪便排出体外，致使畜禽养殖场农业废弃物成为重要的重金属污染源之一。黄绍文等（2017）指出，现在的畜禽粪便与传统有机肥已经大不相同，尤其是鸡粪和猪粪中铜、锌含量远高于 20 世纪 90 年代初，分别增加 1.5～16.2 倍和 1.3～4.7 倍。

市政污水处理厂和企业废水处理副产物污泥中均可能含有一定浓度的重金属。污泥中重金属主要来源于细菌吸收、细菌和矿物颗粒表面吸附，以及无机盐（磷酸盐、硫酸盐）共沉淀等。调查认为，污泥中重金属以锌含量最多，其次是铜，再次是镍和铅；而镉、汞、砷含量通常较低，每千克为几到几十毫克（陈同斌 等，2003）。从形态来看，污泥中绝大部分重金属以酸溶态、还原态和氧化态等非稳定态存在，具有潜在的迁移风险。

不同类别有机废弃物的重金属残留相差较大，畜禽粪便污染程度相对高于污水处理厂污泥。同一类别有机废弃物不同来源下重金属含量也相差较大。因此，为了防止有机肥中重金属含量超标，有必要加强规模化养殖场畜禽粪便和污水处理厂污泥等新鲜有机肥原料中重金属的监测排查。

（二）商品肥料重金属残留现状

为确保肥料安全，防止肥料重金属污染农田和作物，近 10 年来，我国不断加强肥料产品的质量监管。目前，我国商品肥料重金属安全性总体较好，但部分类别肥料仍存在超标现象（表 15 - 3）。浙江省某地区商品化肥中镉、铜、锌的超标率分别为 24.1%、13.8%、17.2%。黄绍文等（2017）对我国 16 个省份 126 个商品有机肥中重金属进行了调查，按照我国现有的有机肥料中重金属限量标准（NY 525—2012），商品鸡粪中镉、铅和铬超标率分别为 10.3%、17.2% 和 17.2%，商品猪粪中镉和砷超标率分别为 20.0% 和 6.7%，其他商品有机肥中铬、镉、砷和汞超标率分别为 13.4%、2.4%、2.4% 和 2.4%。商品鸡粪以镉、铅和铬超标为主，商品猪粪以镉和砷超标为主，其他商品有机肥以铬超标为主。

表 15 - 3　我国商品肥料中主要重金属元素平均残留浓度

单位：mg/kg

肥料	样品数	元素名称							总量
		铜	锌	砷	镉	铅	铬	汞	
尿素	6	0.28	2.3		0.03	0.18			2.79
氯化钾	6	1.3	4.5		0.05	0.69			6.54
过磷酸钙	3	16.6	89.3		0.63	31.2			137.73
	33			15.4	3.6	55.9	25.3	5.6	105.80
	7				0.11	8.4	60.4	2.5	71.41
钙镁磷肥	3	4.9	11.2		0.08	3.5			19.68
	6			4.4	0.1	6.2	156.9	0.27	167.87
三元复合肥	3	7.3	21.1		0.12	2.1			30.62
	5			6.7	0.18	1.8	84.2	1.6	94.48
复混肥	3	13.7	95.4		0.27	11.4			120.77
	7			23.2	5.0	42.2	47.0	2.4	119.80
有机肥	126	122.2	260.6	5.6	1.2	34.2	165.2	0.41	589.41

各地区不同类别肥料中大多数重金属元素残留程度总体上基本一致：有机肥＞过磷酸钙＞复合肥＞钙镁磷肥＞氯化钾＞尿素。有机肥中以铜、锌和铬污染为主，复混肥中以铜、锌、铅和铬为主，钙镁磷肥以锌和砷为主，过磷酸钙以铜、锌、铅和铬为主，氯化钾和尿素中各重金属含量均较低。

（三）肥料重金属的危害

1. 土壤重金属累积　肥料是农田不可或缺的投入品，长期施用重金属含量超标的肥料会增加土壤重金属总量。根据河南封丘农业试验站、山东莱阳和新西兰某农田 15～50 年连续耕作的土壤监测结果可知，连续施磷肥使土壤镉含量显著升高了 10% 左右。施用氮、磷、钾复合肥比不施肥增加了土壤镉和铅的含量。长期施用有机肥显著增加了土壤重金属含量。施用猪粪 25 年的土壤铜含量比对照升高了 6.8mg/kg。施用猪粪和秸秆 17 年后，土壤全锌含量比对照和化肥处理增加，土壤镉含量是对照的 2 倍。国外研究也表明，长期施用畜禽粪便使土壤表层的铜和锌含量显著增加。王开峰等（2008）对湖南省 7 个稻田长期定位试验研究得出，长期施用有机肥加大了稻田土壤重金属污染的风险，且土壤中重金属含量增加程度与有机肥施用量呈正相关关系；仅施化肥对土壤重金属含量影响较小。孙国峰等（2017）发现连续施用猪粪后，稻麦两熟农田耕层锌存在累积效应，并随着猪粪施用量增加呈线性增加的趋势。

施肥除了可增加土壤重金属总量以外，还可改变土壤中重金属的形态和生物有效性，进而增加重金属的污染风险。施用化肥对土壤有效态重金属的影响尚存在争论，部分研究认为施化肥未显著影响土壤有效态重金属含量；而另有研究则认为施化肥可降低土壤有效态重金属含量，并分析原因可能是施肥促进了作物生长，提高了作物对有效态重金属的吸收能力，从而使作物带走了土壤中部分有效态重金属。该推测也可被 Reuss 及 He 和 Singh 的研究结果佐证。Reuss 研究发现，施用重过磷酸钙能够增加生菜、豌豆和萝卜对镉的富集；同样，He 和 Singh（1995）研究得出，氮、磷、钾配施能促进胡萝卜和燕麦对镉的吸收；氮素能促进小麦籽粒对镉的吸收。施有机肥也可改变土壤中重金属的形态，影响作物对重金属的吸收和积累。增施有机肥后，有机肥料分解产生的腐殖质含有一定量的有机酸、糖类、酚类及氮、硫的杂环化合物，这些活性基团可与土壤中铜、锌、铁、锰等金属元素发生络合或螯合反应，形成水溶性化合物或胶体，提高重金属的可溶性（吴清清，2010；刘秀珍 等，2014）。另外，有机质在土壤中还具有一定的还原能力，可促进土壤溶液中汞和镉形成硫化物而沉淀，减少水溶态重金属含量，降低毒性。

2. 影响作物生长和质量安全　重金属向土壤的输入具有不可逆性、难去除性和较强的生物毒性。当土壤中重金属累积到一定浓度，会对作物的生长产生不利影响。Mitchell 等（2013）研究发现，在阿拉巴马州长期施肉鸡粪的农田土壤铜、锌积累明显，不仅降低了玉米发芽率，还阻碍了玉米生长，降低了玉米产量。

土壤中水溶态的重金属容易从土壤水溶液中向根表及作物地上部迁移。并且，在土壤水环境变化下，土壤中其他形态的重金属可转化为水溶态，变成作物可利用部分，增加作物重金属积累风险。此外，肥料中营养元素在促进作物生长的同时，还提高了作物对金属元素的吸收能力，进一步增强了作物对重金属的积累风险。施用重过磷酸钙、有机肥、污泥均能增加生菜、豌豆、萝卜、燕麦、小麦等蔬菜对重金属的吸收（欧阳喜辉 等，1994；

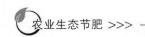

李国学 等，1998；Zhang et al.，2000；梁丽娜 等，2009；Ayari et al.，2010）。也有研究表明，当污泥施用量达到 240t/hm²，谷子、玉米和白菜的可食部分中重金属元素的含量尚未超标（郭媚兰 等，1993）。因此，肥料重金属污染可引起作物可食部分重金属积累，影响农产品的质量安全。

三、肥料的抗生素风险

（一）肥料中抗生素来源

畜禽粪便以及由此发酵生产的有机肥、沼渣和沼液具有潜在的抗生素污染风险。畜禽粪便中的抗生素主要来源于畜禽饲料添加剂。动物饲料中添加抗生素可预防疾病感染，提高饲料利用率、促进动物蛋白质合成，因而自 20 世纪中叶，就被广泛应用于畜禽养殖业。根据我国《允许作饲料药物添加剂的兽药品种及使用规定》，允许用作饲料添加剂的抗生素药物包括土霉素和金霉素，该规定对这两种药物在不同畜禽动物上的使用时间及剂量进行了说明。多数兽用抗生素在动物体内的代谢率很低，30%～70%的药物会以母体或者代谢产物的形式通过动物粪便排出体外，因而新鲜畜禽粪便等养殖场废弃物中抗生素残留十分严重，影响畜禽粪便和商品有机肥农田利用的质量安全（表 15 - 4）。

表 15 - 4　养殖场新鲜畜禽粪便中抗生素的浓度

国家/地区	介质	最大检出浓度
德国	污水	50.8μg/L
澳大利亚	猪粪	49mg/kg
德国	猪粪	136mg/kg
土耳其	鸡粪	35.53mg/kg
山东	猪粪	764.4mg/kg
东北	猪粪	56.81mg/kg
	牛粪	10.37mg/kg
	鸡粪	15.43mg/kg
广西	猪粪	97.6mg/kg
	猪场化粪池	166μg/L
	牛粪	22.2μg/kg
	牛场化粪池	0.145μg/L
	奶牛场化粪池	19μg/L
	粪堆	5mg/kg

（二）肥料中抗生素浓度

1. 新鲜畜禽粪便中抗生素的浓度　根据近年来抗生素残留监测结果可知，我国大多数地区集约养殖场畜禽粪便中抗生素残留问题比较严重，不仅检出种类多，检出率高，而且部分养殖场的检出浓度很高，甚至少数养殖场同时检出 10 余种，包含四环素类、磺胺类、氟喹诺酮类和大环内酯类，最高浓度高达每千克数百毫克。不同类型畜禽粪便中抗生素残留浓度以猪粪最高，鸡粪其次，牛粪相对较低。四环素类几乎是所有类型畜禽粪便的主要残留兽药，其次，鸡粪中氟喹诺酮类检出比较严重。同时，调查发现，部分地区畜禽粪便中抗生素检出种类和平均浓度均与养殖场的养殖规模呈正相关关系。但从全国范围来看，这种正相关性不明显；相反，即使小规模的散户养殖场，畜禽粪便中抗生素残留仍很严重。

2. 商品有机肥中抗生素的浓度　商品有机肥中抗生素的监测相对较少。海南省对 18 个市 102 个商品有机肥 11 种抗生素残留进行了监测，发现 11 种抗生素被不同程度地检出。检出率最高的是环丙沙星，检出率高达 49.02%；检出率最低的是四环素，检出率为 8.82%；金霉素、四环素、多西环素、双氟沙星、磺胺二甲嘧啶、土霉素、磺胺甲基嘧啶、恩诺沙星、磺胺嘧啶、磺胺甲恶唑、环丙沙星的平均检出浓度分别为 2 010μg/kg、834μg/kg、627μg/kg、199μg/kg、195μg/kg、176μg/kg、149μg/kg、146μg/kg、112μg/kg、110μg/kg、82μg/kg（赵文 等，2017）。

（三）抗生素污染危害

1. 土壤抗生素污染　进入土壤的抗生素与蒙脱石、伊利石、高岭土、针铁矿等黏土矿物、铝锰氧化物发生阳离子交换、络合、静电及疏水性分配等界面化学作用而吸附在土壤无机颗粒上。此外，抗生素还可与土壤有机质通过氢键、疏水性分配或者静电结合，从而被土壤吸附和固持。因此，有机肥中残留的抗生素可在农田土壤中积累。调查发现，我国多个地区长期施用有机肥的土壤中不同程度检出了抗生素（表 15-5）。浙江某施有机肥农田表层土壤 3 种四环素类抗生素检出率均在 90% 左右，最高检出浓度为 5.17mg/kg（张慧敏 等，2008）。天津某有机蔬菜基地，由于施用有机肥，土壤中检出了 8 种抗生素，土霉素和金霉素检出浓度最高，最高浓度分别为 2.68mg/kg 和 1.08mg/kg（Hu et al.，2010）。江苏某养殖场周边土壤中磺胺和四环素类药物最高检出浓度均超过了 2mg/kg（Ji et al.，2012）。

表 15-5　土壤中抗生素检出情况

国家/地区	药物浓度
美国	四环素类 0.27mg/kg
意大利	四环素类 0.22mg/kg
德国	磺胺类 0.004mg/kg，四环素类 0.443mg/kg
土耳其	磺胺类 0.40mg/kg，四环素类 0.50mg/kg，氟喹诺酮类 0.05mg/kg
上海	磺胺类 2.45mg/kg，四环素类 4.24mg/kg
珠三角	磺胺类 0.120mg/kg，四环素类 0.104mg/kg，氟喹诺酮类 1.350mg/kg
天津	磺胺类 0.009mg/kg，四环素类 2.680mg/kg，氟喹诺酮类 0.030mg/kg
浙江	四环素类 5.17mg/kg
广州	磺胺类 0.002mg/kg，四环素类 0.349mg/kg，氟喹诺酮类 0.109mg/kg

2. 影响土壤微生物　土壤是微生物生存的重要环境。土壤微生物在元素的地球化学循环、土壤结构的维持、土壤功能的发挥及作物的生长方面起着不可替代的作用。然而，

抗生素物质本身具有抑制微生物繁殖和杀灭微生物的作用。因此，土壤中残留抗生素会对土壤微生物群落构成潜在的威胁。多种抗生素如土霉素、磺胺甲恶唑、磺胺嘧啶均被研究证实不仅会抑制土壤细菌生长，还会降低微生物对碳源的利用能力，降低土壤微生物群落的功能多样性。反过来，微生物暴露于抗生素的过程中也在不断提高自身的耐药能力，使土壤微生物群落整体的耐药程度得到改变，该过程被称为污染诱导群落耐性（pollution induced community tolerance，PICT）。然而，进一步的研究发现，污染诱导群落耐性会随着暴露污染物质的降解而减弱甚至消失。

土壤酶活性与土壤呼吸是微生物健康状态的重要反映，是土壤健康的重要指标。大量研究发现，抗生素对土壤酶活性的影响非常明显。磺胺类混合物施入土壤会强烈抑制土壤脱氢酶的活性，磺胺甲恶唑抑制土壤呼吸。此外，土壤中抗生素污染还对固氮菌、解磷菌、放线菌等重要的土著微生物产生不利影响，降低微生物数量，抑制微生物活性，进而削弱微生物在养分循环中的重要生态功能，影响养分自然循环效率。

3. 诱发抗性菌和抗性基因污染　环境中的微生物在持续暴露于抗生素污染下会通过目标修改、抗生素灭活和抗生素降解等途径产生耐药性，并从分子结构上发生染色体突变，产生抗性基因。耐药微生物体内的抗性基因不仅能够通过"代代繁殖"传递给下一代，还能通过转移、转导、融合和整合子进行"水平转移"。抗性基因在微生物体内和微生物之间的传播增加了环境中抗性基因的比例，改变了自然微生物群落的结构。更严重的是，整合子通常能携带多个甚至上百个不同的耐性基因，进行多药物耐性传播，使微生物对多种药物形成耐性，并可能诱导超级细菌出现。

养殖场排放的猪粪和废水携带大量抗性细菌，并通过还田和灌溉引起农田抗性菌和抗性基因污染。我国多个地区长期施用有机肥的菜田中均检出抗性菌和抗性基因，且长期施粪肥农田土壤比未施粪肥的抗性细菌数量高1～2个数量级（李松鹏，2006；叶小梅等，2007）。某养猪场蔬菜地的表层、中层、底层土壤均受到了抗性基因污染，抗性基因数量比对照菜地分别高出5.70倍、14.70倍、5.93倍。施肥引入土壤的抗性菌数量随时间的延长有所降低，表层（0～5cm）土壤中四环素抗性菌数量在施肥2个月后低于施肥前的背景值，而亚表层（5～10cm）土壤在施肥4个月时仍高于或接近施肥前的背景值。这表明表层土壤较强的耕作扰动可促进抗性菌的衰亡，而亚表层可能更利于抗性菌的生存。此外，对抗性菌和抗性基因的检测也发现类似的规律。菜田下层土壤抗性基因序列总量高于中层土和表层土（何良英，2016），稻田亚表层土壤中抗性菌数量和抗性菌比例均高于表层土壤（王一明 等，2010），说明抗性基因在土壤中纵向迁移和积累的趋势明显，会进一步扩大抗性基因的污染范围。

4. 影响作物生长和农产品质量安全　土壤中积累抗生素可能会对作物产生生态毒理效应，包括降低种子发芽率、影响作物根系的生理过程、阻碍作物的正常生长（潘兰佳 等，2015）。此外，多数抗生素属于离子化合物，在一定环境条件下可解离成离子，带多个电荷，提高了其水溶性和生物有效性。因此，抗生素具有向作物迁移的能力。室内研究表明，水培和土培条件下，抗生素均可向作物的根部迁移，并向地上部运输。田间调查也证实了部分蔬菜样品的可食部分，尤其是根部积累微量的抗生素。Yang 等（2014）在施用鸡粪的芹菜、小白菜和黄瓜中检出头孢氨苄耐性内生菌，Martin 等

（2013）在施用猪粪的蔬菜表皮中检出 *IncP oriV*、*sul2*、*tet*（*BT*）等多种抗性基因，表明土壤中抗性微生物及抗性基因可能向作物迁移，进而对农产品质量安全和人体健康构成潜在威胁。

第二节　生物风险控制

人畜粪便、污水处理厂污泥中含有大量的病原菌，如果得不到有效控制，则可能进入农田生态系统，污染土壤、水体、空气、作物，危害人类健康。因此，需要对有机肥原料中的致病源进行无害化处理，实现土地利用安全。有机废弃物中病原生物的控制技术主要包括高温好氧堆肥、厌氧发酵、化学杀菌、生物技术和田间消毒。

一、高温好氧堆肥

国内外使用最多的控制技术为高温好氧堆肥。该技术包括两次发酵：第一次发酵指快速升温期，堆体中的微生物菌群迅速利用可被利用的有机碳源、氮源进行生物繁殖，同时产生大量的热量，促进堆体升温，发酵堆体温度达到 50～65℃，维持这样的高温 5～6d 可将大多数虫卵、病原菌、孢子等杀灭，实现有机肥无害化；第二次发酵指陈化后熟期，经过第一阶段快速腐熟期的畜禽粪便、作物秸秆等堆肥原料继续进行缓慢分解发酵，提高堆肥腐殖化程度。高温堆肥可使畜禽粪便 90% 以上 O157：H7 和沙门氏菌在 10d 内被灭活（Millner et al.，2014），可使李氏杆菌在 14d 内被彻底杀死（Inoue et al.，2015），可使小袋虫、球虫、蛔虫被完全灭活（王洪志　等，2013）。

堆肥方式对好氧堆肥中病原微生物的灭活效果影响较大。Pererira-Neto 研究发现，粪便与生物固体废弃混合物通过静态强制通风堆肥，7d 内可将沙门氏菌全部灭活，15d 内可将大肠杆菌由每克 10^7 个减少到 100 个以内；但对粪链球菌的灭活效果不佳，30d 后才可将其数量降低到每克 100 个以下。他同时指出，与静态强制通风堆肥相比，条垛式堆肥效果不佳，60d 后仍能检测到沙门氏菌与大肠杆菌，粪链球菌数量仍达到每克 100 个。

有机物料腐熟菌剂可提高好氧堆肥中病原微生物的灭活效果。该类菌剂由能快速分解有机质的微生物菌群制备而成，添加到堆体中可提高堆体温度、延长高温时间，从而促进致病微生物的去除（胡菊，2005；沈根祥　等，1999；王川　等，2011）。

为确保有机肥产品中有害生物得到合理控制，部分发达国家对病原生物无害化技术做出了相应的规定。美国国家环境保护局规定，采用堆肥方式处理的废弃物，为彻底杀灭病原微生物，要求对于露天堆肥必须保持 55℃ 以上高温至少 15d，且至少翻堆 5 次；对于室内封闭堆肥，则要求 55℃ 以上高温连续保持 3d 以上。德国规定堆肥需满足 3 个要求：一是堆肥程序必须符合法定程序。二是堆肥过程需要符合过程管理要求，即有详细的记录。三是堆肥产物需符合法定标准，要求堆肥产物中每 50g 样品中不得检出 Salmonella Seltenbergstrain W775 标志菌株。我国堆肥过程中的安全控制标准正在陆续制定中。2017年，农业部主持制定了《畜禽粪便堆肥可行性技术指南》，对堆肥过程进行了规范，有助于提高畜禽粪便堆肥的安全性。

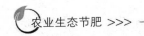

二、厌氧发酵

厌氧发酵也可直接杀灭粪水中的病原微生物，减少生物污染量；但密闭厌氧发酵杀灭病原微生物所需时间较长，并且对不同生物的效果差异较大。钩虫卵经 30d 可杀灭 90％，经过 60d 死亡率达 99％；蛔虫卵也需 30～40d 厌氧处理才可被杀灭；痢疾杆菌在沼气池中 30h 便死亡（寇明科 等，2005）。因此，采用厌氧发酵处理畜禽粪便一定要达到规定的处理时间，保证充分杀死其中的病菌或回虫卵等有害物质。

三、化学杀菌

高温好氧堆肥和厌氧发酵对畜禽粪便中病原微生物的控制具有较好的效果，但需要的周期较长，对场地要求高，并且达到高温与可维持时间受季节、堆体物料等因素的影响，从而降低了病原微生物控制的效率。与之相比，化学技术省时、省力，效果显著。主要的化学技术包括石灰氮技术、酸碱快速升温技术、尿素技术。

（1）石灰氮技术。石灰氮是由氰氨化钙、氧化钙和其他不溶性杂质构成的混合物，具有良好的杀虫灭菌效果，广泛用于土壤消毒。研究发现，畜禽粪便堆肥堆体中添加石灰氮可以提高病原微生物的无害化效果。室内模拟试验表明，即使堆体温度为 30℃ 以下，添加 2.5％或 3％的石灰氮可在 48h 内将大肠杆菌全部杀死（于俊娥，2007）；同样，添加石灰氮能快速杀死牛粪堆体中的肠球菌（李玉，2011）。然而，石灰氮碱性较强，畜禽粪便中添加石灰氮可能增加氮的损失；也有资料报道，添加石灰氮通常会延长达到高温的时间，推迟堆体腐熟时间，影响堆肥发酵效率，添加 2％石灰氮堆体的腐熟时间比对照延长了 12d（于俊娥，2007）。

（2）酸碱快速升温技术。该技术由浙江省农业科学院自主研发，主要用于快速处理农村废弃物。主要原理是利用碱性消毒剂（石灰石粉）对废弃物中蛔虫卵及大肠杆菌等有害微生物进行杀灭，随后加入强酸，利用酸碱中和反应产生的瞬时高温环境（90℃以上）再次杀灭有机废弃物中残留的蛔虫卵及大肠杆菌等有害微生物，驱除小分子臭气及水分，从而实现有机废弃物的快速无害化和减量化。添加 3％石灰石粉和 4％浓硫酸实现废弃物病原微生物无害化的基础上，可保留其中的养分，直接还田后增产效果显著（吴清清，2010）。

（3）尿素技术。研究发现，尿素对有机物料病原微生物灭活也具有一定的作用。在 20℃ 环境中，向堆体添加尿素可有效杀死绝大多数大肠杆菌、沙门氏菌和肠球菌。

四、田间消毒

当肥料中病原微生物残留引发土壤病原微生物污染后，可向土壤中施用石灰调节土壤 pH。该方法能够有效抑制土壤中休眠孢子萌发，杀灭细菌等有害微生物，也可用石灰氮消灭土壤中病原微生物。此外，根据有关研究资料和美国国家环境保护局的建议，为避免带有病原微生物的粪便施入农田后通过农产品如蔬菜感染人类，未经堆积处理的粪便的施用期应与作物收获期间隔 4 个月以上（Mahbub et al.，2005）。

鉴于农业废弃物、污泥中有害微生物数量较大、危害严重，我国出台了一系列有关商品肥料中有害生物的国家和行业控制标准，对肥料产品中粪大肠菌群和蛔虫卵死亡率进行了严格限定，规定有机肥、有机-无机复混肥、复合微生物肥、生物有机肥中粪大肠菌群数为每克 100 个以内，蛔虫卵死亡率达到 95％以上（表 15-6）。

表 15-6   不同类别肥料中生物污染源指标控制标准

肥料种类	每克粪大肠菌群数（个）	蛔虫卵死亡率（％）	依据标准
有机肥	≤100	≥95	NY 525—2012
有机-无机复混肥	≤100	≥95	GB 18877—2009
复合微生物肥	≤100	≥95	NY/T 798—2015
生物有机肥	≤100	≥95	NY 884—2012

第三节   重金属风险控制

肥料中重金属风险的控制应贯穿"原料—生产—施肥"整个过程，从生产原料的质量把关、生产工艺的优化、肥料产品监管和施肥技术指导等各个环节入手，确保肥料投入品合格优质、土壤健康和农产品质量安全。

一、原料管控

化肥原料的重金属监测管理是控制化肥重金属风险的前提，肥料企业有必要筛选重金属含量较低或者无重金属残留的原料。特别是针对重金属含量较多的磷矿石和钾矿石，需要对其中所含主要类别重金属的含量进行初步测试，并根据化肥生产工艺对重金属可能的去除效果，评估生产出的产品是否符合化肥中重金属限量标准。对于原料中重金属含量较低的矿石，考虑运用酸法生产钙镁磷肥；对于原料中重金属含量中等的矿石，则推荐用热法生产过磷酸钙类磷肥；对于原料中重金属含量较高的矿石，则需要进行重金属处理后才能制作化肥。

畜禽粪便和污水处理厂污泥等有机肥原料中重金属残留相对无机肥更普遍和复杂。对畜禽养殖场而言，一方面，必须严格执行国家对饲料及添加剂中重金属限量标准，使畜禽粪便中重金属的残留浓度可知可控；另一方面，可开发替代重金属的环保型饲料配方，如向饲料中添加酶制剂，可补充动物内源酶的不足，降低饲料中的营养拮抗因子，促进营养物质的高效吸收和利用，提高营养物质的利用率，并且很大程度上减少粪便排泄量和污染物的含量，降低环境压力。此外，益生菌具有改善畜禽消化道内的微生物环境、减少畜禽患病、促进畜禽生长、减少恶臭物质排放等功效。添加这类物质可替代有毒重金属，减少禽畜养殖场重金属的使用及畜禽粪便中重金属的残留。

二、生产过程控制技术

（一）化肥生产重金属控制技术

磷矿石中重金属含量较高，并且酸法和热法工艺对磷矿石原料中重金属的去除十分有限。因此，针对重金属过高的矿石原料，需要先进行重金属处理。目前比较看好的技术是溶剂萃取法和无水硫酸钙共结晶法，但成本较高。此外，离子交换法也逐渐被关注和重视起来。

（二）有机肥生产重金属控制技术

1. 生物发酵技术　生物发酵指利用有机物料本身的菌群或者额外添加腐熟菌剂分解有机物质产肥或者产气的生化反应过程，包括好氧发酵和厌氧发酵。

（1）好氧发酵经过升温期（30～50℃）、高温期（50℃以上）和降温腐熟期（40℃以下）3 个阶段。该过程中微生物群落结构和有机质组分发生显著的变化：堆体微生物菌群由嗜温性微生物（中温放线菌、蘑菇菌等）转变为嗜热性微生物（真菌、放线菌等）；在微生物的作用下，可溶性有机质（单糖、脂肪等）和难分解有机化合物（半纤维素、纤维素、蛋白质和木质素等）逐渐被分解利用，转化为二氧化碳和腐殖质。重金属元素无法作为微生物的营养源，难以被微生物分解利用，因而在堆肥的整个过程中几乎没有质量的损失；并且，随着矿化作用加强，堆肥物料逐渐被分解，堆肥过后重金属总量表现为相对浓缩效应。堆肥后期，大量大分子腐殖质形成。腐殖质含有丰富的羧基、羟基、酚羟基等活性官能团，为重金属的络合、固定提供了有利条件，导致新鲜畜禽粪便中可交换态、碳酸盐交换态、酸溶态重金属向铁锰氧化物结合态、有机结合态、结晶型沉淀态转化，降低了猪粪中重金属的有效性，降低了重金属对土壤环境和农产品污染的风险（郑国砥 等，2005）。

（2）厌氧发酵分为 3 个阶段：第一阶段是液化水解阶段，即发酵菌通过胞外酶的作用使固体物质转化成可溶于水的脂肪酸和醇类物质；第二阶段是产氢产乙酸阶段，可溶性物质在胞内酶的作用下继续分解转化成甲醇、乙醇、甲酸、乙酸等低分子物质；第三阶段是产甲烷阶段，严格厌氧的产甲烷菌把产酸阶段的小分子化合物通过一步或多步的还原作用，最终形成甲烷和二氧化碳。与好氧发酵类似，厌氧发酵也无法降低重金属的总量，只能使重金属从可移动态向更加稳定的低生物有效性形态转变，从而对有机肥原料中的重金属起到钝化固定的作用（Lavado et al.，2005）。Marcato 等（2009）通过化学方法对养猪场鲜粪和沼肥中铜、锌生物有效性的研究对比发现，经过发酵的沼肥中重金属的流动性比鲜粪中的低。可见，生物发酵技术无法将重金属彻底或部分去除，但可以改变重金属元素的形态，降低金属元素的活性，降低土地利用风险。

2. 生物吸附技术　生物吸附是指通过生物体及其衍生物对粪便中重金属离子的吸附作用，达到去除重金属的方法。生物吸附剂包括细菌、真菌、藻类等（尚宇 等，2011；王建龙 等，2010）。有关资料显示，芽孢杆菌、啤酒酵母菌、藻类均有很强的重金属吸附能力。地衣芽孢杆菌 45min 内对 Pb^{2+} 的吸附量可达 224.8mg/g（Asuncion et al.，2002；El-Helow et al.，2000）；啤酒酵母菌可吸附去除 90% 以上的 Hg^{2+}、Cd^{2+} 和 Pd^{2+}（朱一民 等，2004）；藻类细胞壁表面褶皱多，比表面积大，官能团丰富，为吸附金属离子提供了良好条件，并且吸附反应的时间极短，在 10min 内对 Pb^{2+}、Cu^{2+} 和 Cd^{2+} 去除率达到 90%，且整个过程不需任何代谢和能量（尹平河 等，2000）。生物吸附法较传统处理方法具有高效、廉价、环保等许多优点，具有较好的技术优势和经济效益；但该技术的工业化步伐缓慢，并且多组分重金属离子的同时吸附效果还不确定（Gadd，2009）。

3. 化学活化去除技术　与生物发酵技术的钝化作用不同，化学技术旨在活化原料中的重金属，并进一步去除重金属。主要原理是向有机物料中添加化学试剂，改变有机物料堆体的氧化还原电位及 pH，诱导重金属离子的酸化、离子交换、溶解、解吸及络合等化学反应，促进物料中的重金属向可溶的离子态或络合离子态转化，并进一步通过化学淋洗的办法将重金属洗脱下来，达到降低原料中重金属残留的目的。常用的化学试剂包括酸溶液（盐酸、硫酸、硝酸）、表面活性剂以及有机络合剂（EDTA、柠檬酸）。

4. 电化学技术　除化学活化去除技术以外，电化学法也是一种研究较多且已较为成熟的重金属化学控制技术。主要原理是将电极插入粪便，施加微弱直流电形成直流电场。粪便内部的矿物质颗粒、重金属离子及其化合物、有机物等在直流电场的作用下，发生一系列复杂的反应，通过电迁移、对流、自由扩散等方式发生迁移，富集到电极两端，继而达到降低粪便中重金属的目的。此方法可使城市污泥中非稳定态重金属镉、锌的去除率分别高达 68.60%、75.73%。增大电极面积，提高电流强度，有利于污泥中重金属的转化、迁移，从而提高污泥中重金属去除率（周邦智 等，2014）。该方法也有一定的局限性，对可交换态或溶解态的重金属去除效果较好，但对于不溶态的重金属首先需改变其存在状态使其溶解才能将其去除，因此重金属的存在状态对去除效果影响较大。

化学法主要通过一定的化学手段促进重金属的溶解释放达到去除的目的，对物料中重金属的总量削减控制具有良好的效果；但是存在试剂消耗量大、成本过高、过程繁琐、容易造成二次污染等问题。因此，该技术尚以研发为主，实际应用的案例比较少。

5. 钝化技术　在去除重金属总量很难实现的现实情况下，向堆肥原料添加钝化材料，通过物理吸附或化学结合等作用，使重金属从活性较强的形态向活性较弱的形态转化，降低重金属生物有效性也是一个重要的技术方向和常用的技术手段。被主要关注和研究使用的钝化剂包括碳酸钙、沸石、海泡石、膨润土、粉煤灰、生物炭、腐殖酸、泥炭等。

粉煤灰价廉易得，结构松散，多为海绵状、多孔及中空结构，比表面积大，吸附性能好；且粉煤灰多为碱性，可提高堆肥原料 pH，进而减少堆肥原料腐熟时间，降低重金属风险。粉煤灰对有机肥中的锌和铜的钝化效果良好，添加粉煤灰可使有机结合态、残渣态重金属增幅达 18.97%，降低重金属的浸出浓度（高兆慧，2017）。海泡石和膨润土对猪粪中铜、铬和铅、汞钝化效果更佳（刘浩荣 等，2008）。泥炭能够使金属元素的化学活性降低 30% 以上（陈世俭，2000）。沸石和粉煤灰同时添加（2.5% 沸石、2.5% 粉煤灰）对砷、铜、锌的钝化效果达 69.56%~81.31%（龚浩如 等，2012）。7.5% 海泡石或 2.5% 粉煤灰和 5% 磷矿石同时添加对猪粪中重金属钝化效果良好。

三、肥料质量监管

（一）肥料重金属污染控制标准

为了控制肥料原料中重金属向农业生态系统的输入，我国 1987 年制定了城镇生活垃圾农用时砷、镉、铅、铬、汞 5 种重金属元素的限量标准，随后制定了有机肥、有机-无机复混肥、复合微生物肥、生物有机肥、水溶肥 5 种肥料中重金属限量值，并经过不断修改完善，见表 15-7。

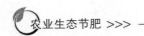

表 15-7　不同类型肥料的重金属控制标准

单位：mg/kg

肥料种类	砷及其化合物 （以 As 计）	镉及其化合物 （以 Cd 计）	铅及其化合物 （以 Pb 计）	铬及其化合物 （以 Cr 计）	汞及其化合物 （以 Hg 计）	依据标准
有机肥	≤15（干基）	≤3（干基）	≤50（干基）	≤150（干基）	≤2（干基）	NY 525—2012
有机-无机复混肥	≤50	≤10	≤150	≤500	≤5	GB 18877—2009
复合微生物肥	≤75	≤10	≤100	≤150	≤5	NY/T 798—2004
生物有机肥	≤15（干基）	≤3（干基）	≤50（干基）	≤150（干基）	≤2（干基）	NY 884—2012
水溶肥	≤10	≤10	≤50	≤50	≤5	NY 1110—2006

表 15-8 总结了不同国家堆肥产品中重金属的限制值。可以看出，丹麦、美国和加拿大规定的阈值相对较高，而澳大利亚和欧盟的指标更严。与之相比，我国对堆肥产品以及添加堆肥产品的其他肥料类型重金属规定的阈值比较严格，比较接近国际先进水平。

表 15-8　各国堆肥产品重金属限制值

单位：mg/kg

国家/地区	铜	锌	砷	镉	铅
澳大利亚	70	200	—	0.7	45
加拿大	34	700	13	3	150
欧盟	70	200	—	0.7	45
丹麦	1 000	4 000	25	0.8	—
美国	—	2 000	41	39	300
中国（有机肥）	—	—	15	3	50
中国（复混肥）	—	—	50	10	150
中国（污泥农用）	500	250	75	5	300

（二）肥料监督抽查

尽管我国已经制定了肥料重金属控制标准，然而根据有关调查，部分地区商品肥料中仍然存在重金属超标的情况。目前，我国有机肥市场还比较混乱，有机肥产品质量良莠不齐。农民施用非商品有机肥的现象也大量存在，农家肥或者私自购买的生粪、未充分无害化的畜禽粪便的重金属残留游离于监管之外，给农业生产和生态环境带来的风险无从知晓。因此，有必要建立商品肥料质量监督抽查机制，形成肥料质量管理常态化，督促企业生产合格肥料，确保农民施用安全肥料；并且，需要加大肥料执法力度，杜绝农民施用生粪或未充分腐熟的有机肥。

四、田间管理

为了阻控肥料或土壤中重金属向作物传递，控制重金属对农产品质量安全造成风险，可以采取土壤改良技术。常用的改良技术包括向土壤投入生物碳、碳酸钙、粉煤灰等钝化剂。例如，有机肥拌施碳酸钙能使番茄中铅、铬、镉、铜、砷分别下降 29%～41%、5%～

46％、9％～42％、2％～24％、4％～60％。盆栽试验表明，粉煤灰与有机肥混施，可以增加铁锰氧化物结合态的铜含量，降低油菜对重金属的富集能力，并能阻控重金属的淋溶迁移（高兆慧，2017）。粉煤灰也可改良土壤重金属污染，使水稻根和茎中的重金属含量显著降低，而且添加粉煤灰可降低污染土壤中重金属的浸出风险。此外，施用沼肥可将土壤中的重金属向铁锰氧化物结合态转化，从而降低重金属的流动性，使得作物不易吸收。随着沼肥施加量的增加，冬小麦种植土壤中可溶态和可交换态的镉含量下降，有机态和无机态的镉含量上升，而残余态无明显变化（Liu et al.，2009）。

第四节　抗生素风险控制

我国早在 1997 年就制定了《允许作饲料药物添加剂的兽药品种及使用规定》，对畜禽动物饲料中土霉素和金霉素的添加细则做了详细规定。2015 年 9 月 1 日，农业部公告〔第 2292 号〕发布在食品动物中停止使用洛美沙星、培氟沙星、氧氟沙星和诺氟沙星 4 种兽药的决定，认为其可能对养殖业和人体健康造成危害或者存在潜在风险。然而，根据研究调查，畜禽粪便和商品有机肥中仍然可同时检出多种兽药抗生素，部分样品检出浓度每千克高达数百毫克。肥料中兽药抗生素残留可导致土壤和水体等环境介质抗生素、抗性微生物和抗性基因污染，引发系列环境污染和生态安全问题。并且，随着"十三五"期间土壤耕地质量提升、化肥减量、加快畜禽粪污资源化利用等重大政策的落实，畜禽有机肥还田数量和速度将得到极大提升。因此，新的形势下，对有机肥中抗生素的风险控制更加迫切和重要。

一、源头控制

我国是一个养殖大国，畜禽动物消耗的兽药抗生素占全国抗生素生产总量的 50％左右，如此巨大的抗生素消耗量已经引起了非常严重的环境抗生素和抗性基因污染问题。抗生素源头减量刻不容缓。实现源头减量包括三个方面：一是开发酶制剂、益生素等新型生物产品，用以替代抗生素的促生长作用。二是改善养殖场环境，降低疾病预防对抗生素的依赖。三是规范兽药抗生素使用办法，加强使用监管。

二、好氧堆肥

好氧堆肥是利用好氧和兼性微生物菌群分解畜禽粪便中有机物质，使大分子有机质分解、重构，并最终形成腐殖质的生化过程。好氧堆肥是去除畜禽粪便中残留抗生素的有效途径之一。研究表明，经过一周堆腐，畜禽粪便中主要的四环素类抗生素土霉素、四环素和金霉素三者的降解率分别为 43％～84％、40％～73％和 30％～58％（沈颖 等，2009）；堆肥 28d 后，磺胺二甲基嘧啶、金霉素和土霉素降解率分别为 95％、86％和 92％（潘寻等，2013）。尽管好氧堆肥可有效降解大多数兽药抗生素，但其效果受多方面因素的影响。

（1）好氧堆肥过程中抗生素的去除速率和去除程度与药物的化学结构有关。磺胺嘧啶经过 3d 的堆肥可全部去除，金霉素经过 21d 堆肥可以全部去除，环丙沙星堆肥 21d 的去除率仅为 69％～83％，泰乐菌素堆肥 35d 降解率为 76％，而磺胺二甲基嘧啶在整个堆肥

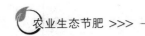

过程中未被降解（Selvam et al.，2012；Dolliver et al.，2008）。根据抗生素降解动力学过程计算不同兽药抗生素的半衰期差异很大，堆肥过程中氯霉素、盐霉素、泰乐菌素、金霉素、土霉素和四环素的半衰期分别为 1d、1.3d、19d、8.2d、1.1d 和 10d（Dolliver et al.，2008；Ramaswamy et al.，2010；Wu et al.，2011）。

（2）堆肥温度影响好氧堆肥过程中抗生素去除效果。土霉素、四环素和金霉素 3 种物质在堆肥过程中的降解率均受到堆肥温度的影响，不同温度下 3 种药物的降解率顺序为 55℃＞45℃＞35℃（沈颖等，2009；王桂珍等，2013）。可见，堆肥温度越高，越有利于抗生素的分解。因此，实际堆肥发酵中，为了促进抗生素的充分降解，需要确保足够的高温条件（55℃以上），维持足够的时间。北方地区冬季温度较低的情况下，建议投入微生物菌剂或补充碳源提高和维持堆体温度；否则影响抗生素的降解。

（3）初始碳氮比影响堆肥中抗生素降解效果。碳氮比影响堆体微生物群落碳、氮代谢过程，进而影响抗生素的共代谢。对大多数抗生素而言，碳氮比为 25 时降解率最高，碳氮比为 30 次之，碳氮比为 20 最小。因此，建议畜禽粪便堆肥中将初始碳氮比调节为 25 左右。

（4）氧气状况影响好氧堆肥过程中抗生素降解效果。堆体中氧气状况对好氧微生物的生化反应产生直接的影响，当微生物对有机质的代谢受到影响后，必然影响其对抗生素的分解。研究表明，堆体中磺胺二甲基嘧啶、土霉素和金霉素的降解受到通风方式的影响，翻堆和机械通风有利于这些抗生素的降解（潘寻 等，2013）。因此，建议实际好氧堆肥中定期进行鼓风供氧处理。

三、厌氧发酵

厌氧发酵可以实现一定程度的抗生素无害化。然而，总体上，厌氧发酵过程中抗生素的去除程度和降解速率相对来说低于高温好氧堆肥。并且，粪污厌氧发酵中抗生素的降解程度变异很大。四环素在猪粪污厌氧发酵过程的半衰期为 2～105d（Winckler et al.，2001；Shi et al.，2011）；金霉素在猪、牛粪污厌氧发酵中的去除率为 57%～90%，半衰期约 18d（Arikan et al.，2008；Stone et al.，2009；Álvarez et al.，2010）；土霉素在粪污中的去除率为 60%左右，半衰期约 56d（Arikan et al.，2006；Álvarez et al.，2010）；氨苄青霉素在牛粪污中厌氧发酵 20d 的去除率不到 20%（Mitchell et al.，2013）；磺胺嘧啶、磺胺甲基嘧啶、磺胺甲恶唑、甲氧苄啶在猪粪污中半个月的厌氧发酵几乎可以完全去除，而磺胺噻唑、磺胺二甲基嘧啶和磺胺氯哒嗪几乎无法降解（Mohring et al.，2009；Shi et al.，2011）；泰乐菌素在牛粪污中经过 4d 的厌氧发酵后几乎无检出，在猪粪污中却难以被降解（Kolz et al.，2005；Stone et al.，2009；Mitchell et al.，2013）。

粪污厌氧发酵中抗生素的降解程度受多种因素的影响。首先，抗生素去除率与药物类别有关。总体来看，氟喹诺酮类药物比较容易被去除；四环素类药物中四环素和金霉素的去除效果优于土霉素，尤其是水相中金霉素的降解程度大于土霉素；磺胺类药物在厌氧发酵过程中的去除程度差别很大。牛粪污厌氧发酵中金霉素的去除率与温度呈正相关关系，可能是由于高温反应系统中嗜热微生物对金霉素的降解能力较强，或者高温促进了化合物的解吸，增加了生物有效性（Varel et al.，2012）。污泥中挥发性固体含量越高，土霉素的降解程度越好，混合速率越大，土霉素的去除效果越好（Turker et al.，2016）。青霉素的降解率与消化反应的时间呈正相关关系（Al-Ahmad et al.，1999）。

　　此外，还有研究发现，发酵副产物沼液中仍然检出抗生素。如果不进一步深度处理，直接用于制作商品液体肥料或者还田灌溉利用，均可能导致抗生素向农田输入。因此，需要对沼液中抗生素进行曝气处理，促进抗生素的降解。同样，沼渣颗粒中腐殖质分子上大量的官能团为抗生素的吸附提供了良好的条件，导致沼渣中仍然检出多种抗生素，影响其还田利用。因此，有必要对沼渣进一步好氧堆腐，促进其中的抗生素进一步被微生物分解，降低沼肥的土地利用风险。

安树义，李广忠，周育忠，等，2001. 浅谈生物肥的特点应用技术及前景展望［J］. 农业环境与发展
　　(2)：43-44.

白永莉，2007. 合理使用微生物肥料的方法［J］. 现代农业 (7)：82-83.

白优爱，2003. 京郊保护地番茄养分吸收及氮素调控研究［D］. 北京：中国农业大学.

白由路，杨俐苹，2006. 我国农业中的测土配方施肥［J］. 土壤肥料 (2)：3-7.

北京市土肥工作站，2010. 施肥技术手册［M］. 北京：中国农业大学出版社.

蔡伟建，赵密珍，于红梅，等，2017. 轮作叶菜对大棚高架栽培草莓生长结果的影响［J］. 中国果树
　　(4)：31-34.

曹广富，2011. 工厂化堆肥原料和配方选择现状调查与分析［D］. 南京：南京农业大学.

曹凯德，肖友红，1998. 稻田养鱼高产高效技术［M］. 北京：中国农业出版社.

曹卫东，2011. 绿肥在现代农业发展中的探索与实践［M］. 北京：中国农业科学技术出版社.

曹志洪，1998. 科学施肥与我国粮食安全保障［J］. 土壤 (2)：57-63，69.

陈广锋，杜森，江荣风，等，2013. 我国水肥一体化技术应用及研究现状［J］. 中国农技推广，29 (5)：
　　39-41.

陈伦寿，1996. 应正确看待化肥利用率［J］. 磷肥与复肥，4：4-7.

陈世俭，2000. 泥炭和堆肥对几种污染土壤中铜化学活性的影响［J］. 土壤学报，37 (2)：280-283.

陈同斌，黄启飞，高定，等，2003. 中国城市污泥的重金属含量及其变化趋势［J］. 环境科学学报，23
　　(5)：561-568.

陈新平，张福锁，2006. 通过"3414"试验建立测土配方施肥技术指标体系［J］. 中国农技推广 (4)：
　　36-39.

陈新平，张福锁，2006. 小麦—玉米轮作体系养分资源综合管理理论与实践［M］. 北京：中国农业大
　　学出版社.

陈忠辉，2002. 农业生物技术［M］. 北京：高等教育出版社.

程素贞，1997. 磷肥对啤酒大麦钼、铁的吸收分配及产量品质的影响［J］. 土壤学报，11：444-450.

褚彩虹，冯淑怡，张蔚文，2012. 农户采用环境友好型农业技术行为的实证分析：以有机肥与测土配方
　　施肥技术为例［J］. 中国农村经济 (3)：68-77.

褚长彬，2014. 微生物肥料的作用效果分析及高效菌株的鉴定［D］. 河南：河南农业大学.

崔雄维，吴柏志，2009. 间作蔬菜研究进展［J］. 云南农业大学学报，1 (24)：128-132.

邓小云，2012. 农业面源污染防治法律制度研究［D］. 青岛：中国海洋大学.

窦菲，刘忠宽，秦文利，等，2009. 绿肥在现代农业中的作用分析［J］. 河北农业科学，13 (8)：37-38，51.

杜文波，2009. 日光温室番茄应用滴灌水肥一体化技术初探［J］. 山西农业科学，36 (1)：58-60.

俄胜哲，袁继超，丁志勇，等，2005. 氮磷钾肥对稻米铁、锌、铜、锰、镁、钙含量和产量的影响［J］.
　　中国水稻科学，19 (5)：434-440.

樊小林，廖宗文，1998. 控释肥料与平衡施肥和提高肥料利用率［J］. 植物营养与肥料学报，4 (3)：
　　219-223.

范明生, 2005. 水旱轮作系统养分资源综合管理研究 [D]. 北京：中国农业大学.

范明生, 张福锁, 江荣风, 2009. 农田养分资源综合管理研究与发展概况 [C]. 第二届全国测土配方施肥技术研讨会论文集：13-20.

范荣辉, 李岩, 杨辰海, 2008. 蔬菜硝酸盐含量的安全标准及减控策略 [J]. 河北农业科学, 12 (11)：50-51.

高德才, 张蕾, 刘强, 等, 2013. 菜地土壤氮磷污染现状及其防控措施 [J]. 湖南农业科学 (17)：51-55.

高利伟, 马林, 张卫峰, 等, 2009. 中国作物秸秆养分资源数量估算及其利用状况 [J]. 农业工程学报, 25 (7)：173-179.

高鹏, 简红忠, 魏样, 等, 2012. 水肥一体化技术的应用现状与发展前景 [J]. 现代农业科技 (8)：250, 257.

高祥照, 2008. 我国测土配方施肥进展情况与发展方向 [J]. 中国农业资源与区划 (1)：7-10.

高兆慧, 2017. 粉煤灰对堆肥重金属有效性及其在环境中迁移转化的影响 [D]. 合肥：安徽大学.

龚浩如, 韩永亮, 王杰, 2012. 不同纯化剂对猪粪堆肥中重金属的锦化效果研究 [J]. 湖南农业科学 (19)：69-71.

关焱, 宇万太, 李建东, 2004. 长期施肥对土壤养分库的影响 [J]. 生态学杂志, 23 (6)：131-137.

郭徽, 2009. 高效液体肥的开发与研究 [D]. 郑州：郑州大学.

郭媚兰, 王逯, 张青喜, 等, 1993. 太原市污水污泥农业利用研究 [J]. 农业环境保护, 12 (6)：258-262, 285.

国彬, 姚丽贤, 刘忠珍, 等, 2011. 广州市兽用抗生素的环境残留研究 [J]. 农业环境科学学报, 30 (5)：938-945.

韩洪云, 杨增旭, 2011. 农户测土配方施肥技术采纳行为研究：基于山东省枣庄市薛城区农户调研数据 [J]. 中国农业科学, 44 (23)：4962-4970.

韩鲁佳, 闫巧娟, 刘向阳, 等, 2002. 中国农作物秸秆资源及其利用现状 [J]. 农业工程学报, 18 (3)：87-91.

何飞飞, 肖万里, 李俊良, 等, 2006. 日光温室番茄氮素资源综合管理技术研究 [J]. 植物营养与肥料学报, 12 (3)：394-399.

何良英, 2016. 典型畜禽养殖环境中抗生素耐药基因的污染特征与扩散机理研究 [D]. 广州：中国科学院广州地球化学研究所.

何世山, 杨军香, 2016. 畜禽粪便资源化利用技术：达标排放模式 [M]. 北京：中国农业科学技术出版社.

何元胜, 胡晓峰, 岳宁, 等, 2012. 微生物肥料的作用机理及其应用前景 [J]. 湖南农业科学 (10)：13-16.

何增明, 2011. 猪粪堆肥中钝化剂对重金属形态转化及其生物有效性的影响研究 [D]. 长沙：湖南农业大学.

候月卿, 沈玉君, 刘树庆, 2014. 我国畜禽粪便重金属污染现状及其钝化措施研究进展 [J]. 中国农业科技导报 (3)：112-118.

胡霭堂, 2003. 植物营养学 (下册) [M]. 北京：中国农业大学出版社.

胡菊, 2005. VT菌剂在好氧堆肥中的作用机理及肥效研究 [D]. 北京：中国农业大学.

黄德明, 2003. 十年来我国测土施肥的进展 [J]. 植物营养与肥料学报 (4)：495-499.

黄德明, 徐秋明, 李亚星, 等, 2007. 土壤氮、磷营养过剩对微量元素锌、锰、铁、铜有效性及植株中含量的影响 [J]. 植物营养与肥料学报, 13 (5)：966-970.

黄东风, 邱孝煊, 李卫华, 等, 2009. 福州市郊菜地土壤磷素特征及流失潜能分析 [J]. 水土保持学报, 23 (1)：83-88.

黄国弟, 2005. 植物氮磷钾营养的土壤化学原理及应用 [J]. 广西热带农业, 99 (4)：20-22.

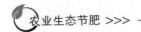

黄国勤，王兴祥，钱海燕，等，2004. 施用化肥对农业生态环境的负面影响及对策 [J]. 生态环境，13（4）：656-660.

黄红英，曹金留，常志州，等，2013. 猪粪沼液施用对稻、麦产量和氮磷吸收的影响 [J]. 土壤，45（3）：412-418.

黄鸿翔，李书田，李向林，等，2006. 我国有机肥的现状与发展前景分析 [J]. 土壤肥料（1）：3-7.

黄绍文，唐继伟，李春花，2017. 我国商品有机肥和有机废弃物中重金属、养分和盐分状况 [J]. 植物营养与肥料学报，23（1）：162-173.

黄亚丽，王庆江，郭云龙，等，2013. 喷施5种叶面肥对板栗产量和品质的影响 [J]. 经济林研究，31（3）：143-145.

冀宏杰，张认连，武淑霞，等，2008. 太湖流域农田肥料投入与养分平衡状况分析 [J]. 中国土壤与肥料（5）：70-75.

贾小红，郭瑞英，王秀群，等，2007. 菜田养分资源综合管理与可持续发展 [J]. 生态环境学报，16（2）：714-718.

贾小红，黄元仿，徐建堂，2010. 有机肥料加工与施用 [M]. 北京：化学工业出版社.

江传杰，王岩，张玉震，2005. 畜禽养殖业环境污染问题研究 [J]. 河南畜牧兽医，26（1）：28-31.

姜瑞波，张晓霞，2002. 微生物肥料的种类及其应用 [J]. 磷肥与复肥，17（3）：10-11.

蒋宝贵，2004. 复合微生物肥料有效菌株的筛选及代表菌株的分子标记 [D]. 湖北：华中农业大学.

焦斌，1986. 中国绿肥 [M]. 北京：农业出版社.

焦桂枝，典平鸽，马照民，2003. 养殖场畜禽粪便的污染及综合利用 [J]. 天中学刊，18（2）：53-54.

金淮，常志州，朱述钧，2005. 畜禽粪便中人畜共患病原菌传播的公众健康风险 [J]. 江苏农业科学，3：103-105.

金文荣，2016. 大棚蔬菜间作套种技术 [J]. 农业与技术，36（4）：13.

金耀青，1989. 配方施肥的方法及其功能：对我国配方施肥工作的述评 [J]. 土壤通报（1）：33，46-48.

巨晓棠，谷保静，2014. 我国农田氮肥施用现状、问题及趋势 [J]. 植物营养与肥料学报，20（4）：783-795.

巨晓棠，潘家荣，刘学军，等，2002. 高肥力土壤冬小麦生长季肥料氮的去向研究 [J]. 核农学报，16（6）：397-402.

巨晓棠，张福锁，2003. 氮肥利用率的要义及其提高的技术措施 [J]. 科技导报，4：51-54.

巨晓棠，张福锁，2003. 关于氮肥利用率的思考 [J]. 生态环境学报，12（2）：192-197.

寇明科，赵焕斌，蔺桂英，等，2005. 畜禽规模养殖场粪便污染综合治理措施研究 [J]. 农业科技与信息，9：33-34.

劳秀荣，吴子一，高燕春，2002. 长期秸秆还田改土培肥效应的研究 [J]. 农业工程学报，18（2）：49-52.

李传林，王芳，张春燕，等，2016. 化肥机械化深施的优势及要点 [J]. 农业开发与装备，4：125.

李春俭，张福锁，等，2006. 烤烟养分资源综合管理理论与实践 [M]. 北京：中国农业大学出版社.

李贵桐，赵紫娟，黄元仿，等，2002. 秸秆还田对土壤氮素转化的影响 [J]. 植物营养与肥料学报，8（2）：162-167.

李国学，黄焕忠，黄铭洪，1998. 施用污泥堆肥对土壤和青菜（*Brassica chinensis*）重金属积累特性的影响 [J]. 中国农业大学学报，3（1）：113-118.

李红莉，张卫峰，张福锁，等，2010. 中国主要粮食作物化肥施用量与效率变化分析 [J]. 植物营养与肥料学报，16（5）：1136-1143.

李金文，杨京平，王米，2008. 农田氮肥当中氮素的损失及其控制方法 [J]. 中国农学通报，24：227-230.

李俊，姜昕，李力，等，2006. 微生物肥料的发展与土壤生物肥力的维持 [J]. 中国土壤与肥料（4）：1-5.

李蕾，2002. 德国的农业土壤保护 [J]. 世界农业（284）：29-32.

李玲玲，李书田，2012. 有机肥氮素矿化及影响因素研究进展 [J]. 植物营养与肥料学报，18 (3)：749-757.

李隆，2013. 间套作体系豆科作物固氮生态学原理与应用 [M]. 北京：中国农业大学出版社.

李隆，2016. 间套作强化农田生态系统服务功能的研究进展与应用展望 [J]. 中国生态农业学报，24 (4)：403-415.

李隆，李晓林，张福锁，2000. 小麦-大豆间作中小麦对大豆磷吸收的促进作用 [J]. 生态学报，20 (4)：629-633.

李隆，李晓林，张福锁，等，2000. 小麦大豆间作条件下作物养分吸收利用对间作优势的贡献 [J]. 植物营养与肥料学报，6 (2)：140-146.

李茂权，朱帮忠，赵飞，等，2011. "水肥一体化" 技术试验示范与应用展望 [J]. 安徽农学通报（上半月刊），17 (7)：100-101.

李娜，郭怀成，2010. 农业非点源磷流失潜在风险评价：磷指数法研究进展 [J]. 地理科学进展，11：1360-1367.

李培军，蒋卫杰，余宏军，2008. 有机肥营养元素释放的研究进展 [J]. 中国蔬菜 (6)：39-42.

李清华，2013. 畜禽有机肥磷的形态、养分矿化及流失潜力评价研究进展 [J]. 安徽农学通报（上半月刊），19 (3)：73-75.

李庆康，张永春，杨其飞，等，2003. 生物有机肥肥效机理及应用前景展望 [J]. 中国生态农业学报，11 (2)：78-80.

李庆逵，朱兆良，于天仁，1998. 中国农业持续发展中的肥料问题 [M]. 南京：江苏科技出版社.

李秋霞，黄驰超，潘根兴，2014. 基于资源环境管理角度推进测土配方施肥的方法探讨 [J]. 中国农学通报，30 (8)：167-175.

李荣华，张萌，秦睿，等，2012. 粉煤灰和猪粪好氧混合堆肥过程中铜锌化学形态的变化 [J]. 干旱地区农业研究，30 (6)：186-193.

李瑞海，徐大兵，黄启为，等，2008. 叶面肥对苗期油菜生长特性的影响 [J]. 南京农业大学学报 (3)：91-96.

李淑芹，胡玖坤，2003. 畜禽粪便污染及治理技术 [J]. 可再生能源，107 (1)：21-23.

李松鹏，2006. 有机肥施用对农田土壤和径流水中病原菌及细菌抗生素抗性水平的影响 [D]. 南京：南京农业大学.

李涛，万广华，蒋庆功，等，2004. 施肥对蔬菜中硝酸盐含量的影响 [J]. 土壤肥料 (4)：20-24.

李文华，2003. 生态农业：中国可持续农业的理论与实践 [M]. 北京：化学工业出版社.

李文华，闵庆文，张壬午，2005. 生态农业的技术模式 [M]. 北京：化学工业出版社.

李霞，陶梅，肖波，等，2011. 免耕和草篱措施对径流中典型农业面源污染物的去除效果 [J]. 水土保持学报，25 (6)：221-224.

李小卫，2009. 科学施肥技术 [J]. 现代农业科技 (8)：165，167.

李学平，石孝均，刘萍，等，2011. 紫色土磷素流失的环境风险评估-土壤磷的 "临界值" [J]. 土壤通报，42 (5)：1153-1158.

李彦文，莫测辉，赵娜，等，2009. 菜地土壤中磺胺类和四环素类抗生素污染特征研究 [J]. 环境科学，30 (6)：1762-1766.

李燕婷，李秀英，肖艳，等，2009. 叶面肥的营养机理及应用研究进展 [J]. 中国农业科学，42 (1)：162-172.

李玉，2011. 牛粪堆肥中添加石灰氮对粪肠球菌的杀灭效果及堆肥发酵影响的研究 [D]. 呼和浩特：内蒙古农业大学.

梁丽娜，黄雅曦，杨合法，等，2009. 污泥农用对土壤和作物重金属累积及作物产量的影响 [J]. 农业

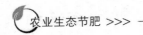
工程学报, 25 (6)：81-85.

廖敦平, 雍太文, 刘小明, 等, 2014. 玉米-大豆和玉米-甘薯套作对玉米生长及氮素吸收的影响 [J].
植物营养与肥料学报, 20 (6)：1395-1402.

林忠辉, 陈同斌, 周立祥, 1998. 中国不同区域化肥资源利用特征与合理配置 [J]. 资源科学, 20 (5)：
26-31.

刘冬梅, 管宏杰, 2008. 美、日农业面源污染防治立法及对中国的启示与借鉴 [J]. 世界农业, 4：35-37.

刘广才, 李隆, 黄高宝, 等, 2005. 大麦/玉米间作优势及地上部和地下部因素的相对贡献研究 [J].
中国农业科学, 38 (9)：1787-1795.

刘浩荣, 宋海星, 荣湘民, 等, 2008. 钝化剂对好氧高温堆肥处理猪粪重金属含量及形态的影响 [J].
生态与农村环境学报, 24 (3)：74-80.

刘虎成, 徐坤, 张永征, 等, 2012. 滴灌施肥技术对生姜产量及水肥利用率的影响 [J]. 农业工程学
报, 28 (S1)：106-111.

刘骅, 林英华, 王西和, 等, 2007. 长期配施秸秆对灰漠土质量的影响 [J]. 生态环境学报, 16 (5)：
1492-1497.

刘建英, 张建玲, 赵宏儒, 2006. 水肥一体化技术应用现状、存在问题与对策及发展前景 [J]. 内蒙古
农业科技 (6)：32-33.

刘健, 2000. 微生物肥料作用机理的初步研究 [D]. 北京：中国农业科学院.

刘健, 李俊, 葛诚, 2001. 微生物肥料作用机理的研究新进展 [J]. 微生物学杂志, 21 (1)：33-36.

刘景春, 陈彦卿, 晋宏, 2003. 国内蔬菜生产中的硝酸盐污染 (综述) [J]. 福建农业学报, 18 (1)：59-63.

刘书远, 2012. 农业可持续发展中的土壤肥料问题研究 [J]. 现代农业科技 (12)：213, 215.

刘小虎, 邢岩, 赵斌, 等, 2012. 施肥量与肥料利用率关系研究与应用 [J]. 土壤通报 (1)：131-135.

刘秀珍, 马志宏, 赵兴杰, 2014. 不同有机肥对镉污染土壤镉形态及小麦抗性的影响 [J]. 水土保持学
报, 28 (3)：243-252.

刘兆辉, 江丽华, 张文君, 等, 2008. 山东省设施蔬菜施肥量演变及土壤养分变化规律 [J]. 土壤学
报, 45 (2)：296-303.

鲁洪娟, 马友华, 樊霆, 等, 2014. 有机肥中重金属特征及其控制技术研究进展 [J]. 生态环境学报,
23 (12)：2022-2030.

鲁如坤, 时正元, 熊礼明, 1992. 我国磷矿磷肥中镉的含量及其对生态环境影响的评价 [J]. 土壤学
报, 29 (2)：150-157.

陆景陵, 2003. 植物营养学 [M]. 北京：中国农业大学出版社.

陆景陵, 陈伦寿, 曹一平, 2007. 科学施肥必读：实现高产、优质、高效、环保和改土的综合目标
[M]. 北京：中国林业出版社.

陆敏, 2007. 水旱轮作农田系统氮素循环与水环境效应 [D]. 上海：华东师范大学.

陆允甫, 吕晓男, 1995. 中国测土施肥工作的进展和展望 [J]. 土壤学报 (3)：241-252.

伦飞, 刘俊国, 张丹, 2016. 1961—2011年中国农田磷收支及磷使用效率研究 [J]. 资源科学, 38 (9)：
1681-1691.

罗林松, 孙永, 杨永高, 2010. 推广使用生物肥的必要性 [J]. 现代农业科技 (11)：287.

罗小娟, 冯淑怡, 黄挺, 等, 2014. 测土配方施肥项目实施的环境和经济效果评价 [J]. 华中农业大学
学报 (社会科学版) (1)：86-93.

骆世明, 2009. 生态农业的模式与技术 [M]. 北京：化学工业出版社.

吕开宇, 仇焕广, 白军飞, 等, 2013. 中国玉米秸秆直接还田的现状与发展 [J]. 中国人口资源与环境
(3)：171-175.

吕世华，张福锁，2007. 稻田养分资源综合管理五大技术 [J]. 四川党的建设（农村版）(10)：48.

马世军，闫治斌，秦嘉海，等，2013. 功能性肥料对制种玉米田物理性质和微生物数量的影响及最佳施肥量的研究 [J]. 土壤 (6)：1076-1081.

马文奇，毛达如，张福锁，2000. 山东省蔬菜大棚养分积累状况 [J]. 磷肥与复肥，15 (3)：65-67.

马永良，师宏奎，张书奎，等，2003. 玉米秸秆整株全量还田土壤理化性状的变化及其对后茬小麦生长的影响 [J]. 中国农业大学学报，8（增刊）：42-46.

马宗国，卢绪奎，万丽，等，2003. 小麦秸秆还田对水稻生长及土壤肥力的影响 [J]. 作物杂志 (5)：37-38.

倪宏正，尤春，倪玮，2013. 设施蔬菜水肥一体化技术应用 [J]. 中国园艺文摘，29 (4)：140-141，192.

欧阳喜辉，崔晶，佟庆，1994. 长期施用污泥对农田土壤和农作物影响的研究 [J]. 农业环境保护，13 (6)：271-274.

潘兰佳，唐晓达，汪印，2015. 畜禽粪便堆肥降解残留抗生素的研究进展 [J]. 环境科学与技术，38 (S2)：191-198.

潘寻，强志民，贲伟伟，2013. 高温堆肥对猪粪中多类抗生素的去除效果 [J]. 生态与农村环境学报 (1)：64-69.

庞金成，2007. 设施蔬菜盲目施肥的危害及综合防治 [J]. 北方园艺 (5)：82-83.

朴哲，崔宗均，苏宝林，2001. 高温堆肥的物质转化与腐熟进度关系 [J]. 中国农业大学学报，6 (3)：74-78.

邱慧珍，张福锁，2004. 不同磷效率小麦对低铁胁迫的基因型差异 [J]. 植物营养与肥料学报，10 (4)：361-366.

全国畜牧总站，2016. 畜禽粪便资源化利用技术：清洁回用模式 [M]. 北京：中国农业科学技术出版社.

全国畜牧总站，2016. 畜禽粪便资源化利用技术：种养结合模式 [M]. 北京：中国农业科学技术出版社.

全国农业技术推广服务中心，1999. 中国有机肥料养分志 [M]. 北京：中国农业出版社.

任仲杰，顾孟迪，2005. 我国农作物秸秆综合利用与循环经济 [J]. 安徽农业科学，33 (11)：2105-2106.

单立楠，2015. 不同施肥模式下菜地氮素面源污染特征及生态拦截控制研究 [D]. 杭洲：浙江大学.

尚宇，周健，黄艳，2011. 生物吸附剂及其在重金属废水处理中的应用进展 [J]. 河北化工，34 (11)：35-37.

沈根祥，袁大伟，凌霞芬，等，1999. Hsp 菌剂在牛粪堆肥中的试验应用 [J]. 农业环境保护，18 (2)：62-64.

沈颖，魏源送，郑嘉熹，等，2009. 猪粪中四环素类抗生素残留物的生物降解 [J]. 过程工程学报 (1)：962-968.

石孝均，2003. 水旱轮作体系中的养分循环特征 [D]. 北京：中国农业大学.

史建伟，王孟本，于立忠，等，2007. 土壤有效氮及其相关因素对植物细根的影响 [J]. 生态学杂志，26 (10)：1634-1639.

史然，陈晓娟，沈建林，等，2013. 稻田秸秆还田的土壤增碳及温室气体排放效应和机理研究进展 [J]. 土壤 (2)：193-198.

斯木吉德，敖日格乐，王纯洁，等，2010. 石灰氮对牛粪堆肥和牛粪锯末堆肥大肠杆菌的抑菌效果研究 [J]. 黑龙江畜牧兽医 (19)：99-100.

侣国涵，王瑞，袁家富，等，2013. 绿肥与化肥配施对植烟土壤微生物群落的影响 [J]. 土壤，45 (6)：1070-1075.

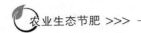

宋敏，2014. 微生物肥料的菌种筛选及发酵工艺研究 [D]. 舟山：浙江海洋学院.

苏本营，陈圣宾，李永庚，等，2013. 间套作种植提升农田生态系统服务功能 [J]. 生态学报，33（14）：4505-4514.

苏成国，尹斌，朱兆良，等，2005. 农田氮素的气态损失与大气氮湿沉降及其环境效应 [J]. 土壤，37（2）：113-120.

苏华，金宝燕，张福塲，等，2005. 施肥和灌溉对蔬菜品质影响的研究进展 [J]. 中国蔬菜（S1）：49-52.

孙国峰，盛婧，张丽萍，等，2017. 基于稻麦轮作农田土壤锌累积的猪粪安全施用量 [J]. 植物营养与饲料学报，23（1）：174-180.

孙丽敏，李春杰，何萍，等，2012. 长期施钾和秸秆还田对河北潮土区作物产量和土壤钾素状况的影响 [J]. 植物营养与肥料学报（5）：1096-1102.

孙宁科，李隆，索东让，等，2013. 河西农田磷钾养分平衡及肥料利用率长期定位研究 [J]. 土壤，45（6）：1009-1016.

孙旭霞，王宏宇，薛玉花，等，2009. 廊坊市大棚蔬菜施肥现状及养分平衡研究 [J]. 安徽农业科学，37（20）：9440-9441.

孙志梅，武志杰，陈利军，等，2008. 土壤硝化作用的抑制剂调控及其机理 [J]. 应用生态学报，19（6）：1389-1395.

谭炳昌，樊剑波，何园球，2014. 长期施用化肥对我国南方水田表土有机碳含量的影响 [J]. 土壤学报（1）：96-103.

谭德水，金继运，黄绍文，等，2007. 不同种植制度下长期施钾与秸秆还田对作物产量和土壤钾素的影响 [J]. 中国农业科学，40（1）：133-139.

谭金芳，韩燕来，2012. 华北小麦-玉米一体化高效施肥理论与技术 [M]. 北京：中国农业大学出版社.

陶延辉，2014. 平菇与蔬菜间作高效生态循环栽培法刍议 [J]. 农业与技术，9（34）：128.

逯超普，2011. 不同空间尺度区域氮素收支 [D]. 南京：南京农业大学.

田婧，李邵，马宁，等，2016. 植物根际促生菌作用机理研究进展 [J]. 安徽农业科学（10）：1-2.

田长彦，冯固，2008. 新疆棉花养分资源综合管理 [M]. 北京：科学出版社.

汪平，2006. 测土配方施肥技术与应用 [J]. 安徽农业科学（13）：3127-3128.

汪雅谷，张四荣，2001. 无污染蔬菜生产的理论与实践 [M]. 北京：中国农业出版社.

王川，何小莉，康晓冬，2011. EM 菌剂在牛粪堆肥中的应用 [J]. 现代农业科技（6）：47-49.

王丹会，付纪勇，王志发，2012. 茄果类蔬菜间套作白菜一膜二熟栽培模式效益比较试验 [J]. 长江蔬菜（22）：46-47.

王德明，程建峰，2015. 越夏黄瓜和越冬甘蓝轮作新技术 [J]. 蔬菜，5：46-47.

王迪轩，刘中华，2011. 复合微生物肥料在农业生产上的应用 [J]. 科学种养（11）：6-7.

王恩信，王卫平，2011. 春暖大棚葡萄和蔬菜间作栽培技术 [J]. 落叶果树（3）：27-29.

王根林，魏玉田，姬景红，等，2009. 保护地蔬菜土壤氮素研究的现状 [J]. 北方园艺（12）：133-135.

王恭祎，段碧华，石书兵，2013. 作物间作 [M]. 北京：中国农业科学技术出版社.

王桂珍，李兆君，张树清，等，2013. 碳氮比对鸡粪堆肥中土霉素降解和堆肥参数的影响 [J]. 中国农业科学，46（7）：1399-1407.

王海啸，吴俊兰，张铁金，等，1990. 山西石灰性褐土的磷、锌关系及其对玉米幼苗生长的影响 [J]. 土壤学报，27（3）：241-249.

王红霞，周建斌，雷张玲，等，2008. 有机肥中不同形态氮及可溶性有机碳在土壤中淋溶特性研究 [J]. 农业环境科学学报，27（4）：1364-1370.

王洪志，杨克美，陈世中，等，2013. 堆肥发酵处理畜禽粪便杀灭寄生虫及虫卵的研究 [J]. 西南民族大学学报（自然科学版），39（3）：307-310.

王激清，马文奇，江荣风，等，2008. 养分资源综合管理与中国粮食安全 [J]. 资源科学，30（3）：415-422.

王继芸，孙彦青，赵然花，等，2016. 韭菜、甘蓝、辣椒间作套种高效栽培技术 [J]. 农业科技通讯，3：179-188.

王建龙，陈灿，2010. 生物吸附法去除重金属离子的研究进展 [J]. 环境科学学报，30（4）：673-701.

王敬国，2011. 资源与环境概论 [M]. 北京：中国农业大学出版社.

王静，郭熙盛，王允青，等，2011. 保护性耕作与氮肥后移对巢湖流域麦田磷素流失的影响 [J]. 农业环境科学学报，30（6）：1152-1159.

王开峰，彭娜，王凯荣，等，2008. 长期施用有机肥对稻田土壤重金属含量及其有效性的影响 [J]. 水土保持学报，22（1）：105-108.

王凯荣，刘鑫，周卫军，等，2004. 稻田系统养分循环利用对土壤肥力和可持续生产力的影响 [J]. 农业环境科学学报，23（6）：1041-1045.

王如芳，张吉旺，董树亭，等，2011. 我国玉米主产区秸秆资源利用现状及其效果 [J]. 应用生态学报，22（6）：1504-1510.

王若冰，2011. 叶面肥及叶面施肥技术 [J]. 现代农业科技（2）：309，312.

王少鹏，洪煜丞，黄福先，等，2015. 叶面肥发展现状综述 [J]. 安徽农业科学，43（4）：96-98.

王兴仁，江荣风，张福锁，2016. 我国科学施肥技术的发展历程及趋势 [J]. 磷肥与复肥，31（2）：1-5.

王旭东，陈鲜妮，王彩霞，等，2009. 农田不同肥力条件下玉米秸秆腐解效果 [J]. 农业工程学报，25（10）：252-257.

王燕，杨蒙立，俞梅珍，等，2015. 大棚春早熟番茄-夏秋黄瓜-水芹轮作栽培模式及技术 [J]. 蔬菜，12：52-56.

王一明，林先贵，华清清，2010. 畜禽粪便农用对土壤中四环素抗性菌和粪源性病原菌的影响 [C]. 第十一届全国土壤微生物学术讨论会暨第六次全国土壤生物与生物化学学术研讨会第四届全国微生物肥料生产技术研讨会论文（摘要）集：79.

王宜伦，张许，谭金芳，等，2008. 农业可持续发展中的土壤肥料问题与对策 [J]. 中国农学通报（11）：278-281.

王媛，周建斌，杨学云，2010. 长期不同培肥处理对土壤有机氮组分及氮素矿化特性的影响 [J]. 中国农业科学，43（6）：1182-1189.

王兆伟，郝卫平，龚道枝，等，2010. 秸秆覆盖量对农田土壤水分和温度动态的影响 [J]. 中国农业气象，31（2）：244-250.

魏明宝，魏丽芳，胡波，2010. 长期施肥对土壤微量元素的影响进展研究 [J]. 安徽农业科学，38（22）：11951-11953，12018.

闻杰，王聪翔，侯立白，等，2005. 秸秆还田对农田土壤风蚀影响的试验研究 [J]. 土壤学报（4）：678-681.

翁伯琦，赵雅静，郑祥洲，等，2014. 现代农业发展中作物养分管理与调控 [J]. 亚热带资源与环境学报（2）：10-17.

吴清清，2010. 快速无害化处理对农村废弃物农用特征及重金属形态变化的影响研究 [D]. 金华：浙江师范大学.

吴琼，杜连凤，赵同科，等，2009. 蔬菜间作对土壤和蔬菜硝酸盐累积的影响 [J]. 农业环境科学学报，28（8）：1623-1629.

吴琼，赵同科，安志装，等，2010. 茄子/大葱间作及氮肥调控对植株硝酸盐含量及养分吸收的影响 [J]. 农业环境科学学报，29（11）：2071-2075.

吴新增，2009. 蔬菜轮作原理与技术措施 [J]. 南方农业（1）：16-17.

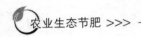

吴洵，2009. 茶园绿肥作物种植与利用 ［M］. 北京：金盾出版社.

伍红琳，张辉，孙庆业，2011. 坡面人工植物群落修复对水土流失及控磷的影响 ［J］. 水土保持学报，
　25（3）：26 - 30.

伍宏业，曾宪坤，黄景梁，等，1999. 论提高我国化肥利用率 ［J］. 磷肥与复肥，1：6 - 12.

武爱莲，焦晓燕，李洪建，2010. 有机肥氮素矿化研究进展与展望 ［J］. 山西农业科学，38（12）：100 - 105.

夏海勇，李隆，张正，2015. 间套作体系土壤磷素吸收优势和机理研究进展 ［J］. 中国土壤与肥料（1）：
　1 - 6.

夏敬源，彭世琪，2006. 我国灌溉施肥技术的发展与展望 ［J］. 中国农技推广（5）：4 - 6.

夏立忠，马力，杨林章，等，2012. 植物篱和浅垄作对三峡库区坡耕地氮磷流失的影响 ［J］. 农业工程
　学报，28（14）：104 - 111.

夏文建，2011. 优化施氮下稻麦轮作农田氮素循环特征 ［D］. 北京：中国农业科学院.

谢道云，2006. 农业可持续发展的重要条件是科学施肥 ［J］. 安徽农学通报（7）：185 - 186.

辛艳，王瑄，邱野，等，2012. 坡耕地不同耕作模式下土壤养分流失特征研究 ［J］. 沈阳农业大学学
　报，43（3）：346 - 350.

邢廷铣，2001. 畜牧业生产对生态环境的污染及其防治 ［J］. 云南环境科学，20（1）：39 - 43.

邢宇俊，程智慧，周艳丽，等，2004. 保护地蔬菜连作障碍原因及其调控 ［J］. 西北农业学报，13（1）：
　120 - 123.

徐福乐，纵明，杨峰，等，2005. 生物有机肥的肥效及作用机理 ［J］. 耕作与栽培（6）：8 - 9.

徐坚，高春娟，2014. 水肥一体化实用技术 ［M］. 北京：中国农业出版社.

徐卫红，2015. 水肥一体化实用新技术 ［M］. 北京：化学工业出版社.

徐新宇，张玉梅，向华，等，1995. 秸秆盖田的微生物效应及其应用的研究 ［J］. 中国农业科学，5：42 - 49.

徐应明，2006. 土壤质量直接影响农产品质量安全 ［J］. 农业环境与发展，23（4）：1 - 2.

许景钢，孙涛，李嵩，2016. 我国微生物肥料的研发及其在农业生产中的应用 ［J］. 作物杂志（1）：1 - 6.

许秀成，张福锁，2007. 养分资源综合管理与肥料创新：探索化肥行业发展之道 ［J］. 磷肥与复肥，22
　（3）：4 - 9.

薛峰，颜廷梅，杨林章，2010. 施用有机肥对土壤生物性状影响的研究进展 ［J］. 中国生态农业学报，
　18（6）：1372 - 1377

杨滨娟，黄国勤，钱海燕，2014. 秸秆还田配施化肥对土壤温度、根际微生物及酶活性的影响 ［J］. 土
　壤学报（1）：150 - 157.

杨蕊，李裕元，魏红安，等，2011. 畜禽有机肥氮、磷在红壤中的矿化特征研究 ［J］. 植物营养与肥料
　学报，17（3）：600 - 607.

杨晓霞，周启星，王铁良，2007. 土壤健康的内涵及生态指示与研究展望 ［J］. 生态科学，26（4）：374 - 380.

杨秀芝，2000. 生物肥料与农业可持续发展 ［J］. 农业与技术（2）：17 - 19.

杨学云，BROOKES P C，李生秀，2004. 土壤磷淋失机理初步研究 ［J］. 植物营养与肥料学报，10
　（5）：479 - 482.

杨治平，2012. 山西省小麦—玉米轮作系统养分资源综合管理研究 ［D］. 太原：山西大学.

杨玉爱，1996. 我国有机肥料研究及展望 ［J］. 土壤学报，33（4）：414 - 422.

叶静，安藤丰，符建荣，等，2008. 不同有机肥对土壤中的氮素矿化及对化肥氮固持的影响 ［J］. 浙江
　农业学报，20（3）：176 - 180.

叶小梅，常志州，陈欣，等，2007. 畜禽养殖场排放物病原微生物危险性调查 ［J］. 生态与农村环境学
　报，23（2）：66 - 70.

尹平河，赵玲，YU Q M，等，2000. 海藻生物吸附废水中铅、铜和镉的研究 ［J］. 海洋环境科学，19

（3）：11-15.

于俊娥，2007. 牛粪堆肥中添加抑菌剂对大肠杆菌的杀灭效果及堆肥发酵的影响［D］. 呼和浩特：内蒙古农业大学.

余喜初，李大明，柳开楼，等，2013. 长期施肥红壤稻田有机碳演变规律及影响因素［J］. 土壤，45（4）：655-660.

俞巧钢，殷建祯，马军伟，等，2014. 硝化抑制剂 DMPP 应用研究进展及其影响因素［J］. 农业环境科学学报，33（6）：1057-1066.

喻定芳，戴全厚，王庆海，等，2010. 北京地区等高草篱防治坡耕地水土及氮磷流失效果研究［J］. 水土保持学报，24（6）：11-15.

袁可能，1983. 植物营养元素的土壤化学［M］. 北京：科技出版社.

袁业琴，2012. 培肥地力提高耕地土壤质量［J］. 农业与技术，32（6）：13，19.

臧小平，邓兰生，郑良永，等，2009. 不同灌溉施肥方式对香蕉生长和产量的影响［J］. 植物营养与肥料学报，15（2）：484-487.

曾后清，朱毅勇，王火焰，等，2012. 生物硝化抑制剂：一种控制农田氮素流失的新策略［J］. 土壤学报，49（2）：382-388.

曾希柏，刘国栋，1999. 生物肥料与我国农业可持续发展［J］. 科技导报，17（8）：55-57.

占新华，蒋延惠，徐阳春，等，1999. 微生物制剂促进植物生长机理的研究进展［J］. 植物营养与肥料学报，5（2）：97-105.

张电学，韩志卿，刘微，等，2005. 不同促腐条件下玉米秸秆直接还田的生物学效应研究［J］. 植物营养与肥料学报，11（6）：742-749.

张凤华，刘建玲，廖文华，2008. 农田磷的环境风险及评价研究进展［J］. 植物营养与肥料学报，14（4）：797-805.

张福锁，2003. 养分资源综合管理［M］. 北京：中国农业大学出版社.

张福锁，2006. 中国养分资源综合管理策略和技术［C］. 循环农业与新农村建设：2006 年中国农学会学术年会论文集：380-383.

张福锁，2008. 协调作物高产与环境保护的养分资源综合管理技术研究与应用［M］. 北京：中国农业大学出版社.

张福锁，2011. 测土配方施肥技术［M］. 北京：中国农业大学出版社.

张福锁，刘书娟，毛达如，1996. 小金海棠和山定子幼苗根自由空间铁累积量和活化量［J］. 植物生理学报（4）：357-362.

张福锁，马文奇，2000. 肥料投入水平与养分资源高效利用的关系［J］. 土壤与环境，9（2）：154-157.

张福锁，马文奇，陈新平，等，2006. 养分资源综合管理理论与技术概论［M］. 北京：中国农业大学出版社.

张福锁，王激清，张卫峰，等，2008. 中国主要粮食作物肥料利用率现状与提高途径［J］. 土壤学报，45（5）：915-923.

张福锁，王兴仁，王敬国，1995. 提高作物养分资源利用效率的生物学途径［J］. 北京农业大学学报（S2）：104-110.

张洪胜，杨述，2014. 复合微生物肥的主要功效与作用机理［J］. 烟台果树（3）：1-2.

张慧敏，章明奎，顾国平，2008. 浙北地区畜禽粪便和农田土壤中四环素类抗生素残留［J］. 生态与农村环境学报，24（3）：69-73.

张静，温晓霞，廖允成，等，2010. 不同玉米秸秆还田量对土壤肥力及冬小麦产量的影响［J］. 植物营养与肥料学报，16（3）：612-619.

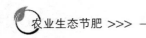

张民，史衍玺，杨守祥，等，2001. 控释和缓释肥的研究现状与进展［J］. 化肥工业，28（5）：27 - 30，63.

张民，杨越超，宋付朋，等，2004. 包膜控释肥料研究与产业化开发［J］. 化肥工业，32（2）：7 - 13.

张敏，2014. 叶面肥应用研究进展及营养机制［J］. 磷肥与复肥，29（5）：25 - 27.

张庆忠，吴文良，王明新，等，2005. 秸秆还田和施氮对农田土壤呼吸的影响［J］. 生态学报，25 （11）：2883 - 2887.

张少斌，梁开明，郭靖，等，2016. 基于生态位角度的农作物间套作增产机制研究进展［J］. 福建农业学报，31（9）：1005 - 1010.

张维理，林葆，李家康，1998. 西欧发达国家提高化肥利用率的途径［J］. 土壤肥料（5）：3 - 9.

张文学，孙刚，何萍，等，2013. 脲酶抑制剂与硝化抑制剂对稻田氨挥发的影响［J］. 植物营养与肥料学报，19（6）：1411 - 1419.

张亚丽，吕家珑，金继运，等，2012. 施肥和秸秆还田对土壤肥力质量及春小麦品质的影响［J］. 植物营养与肥料学报，18（2）：307 - 314.

张志国，徐琪，BLEVINS R L，1998. 长期秸秆覆盖免耕对土壤某些理化性质及玉米产量的影响［J］. 土壤学报，35（3）：384 - 391.

张子鹏，陈仕军，2009. 水肥一体化滴灌技术在大田蔬菜生产上的应用初报［J］. 广东农业科学（6）：89 - 90.

赵明，陈雪辉，赵征宇，等，2007. 鸡粪等有机肥料的养分释放及对土壤有效铜、锌、铁、锰含量的影响［J］. 中国生态农业学报，15（2）：47 - 50.

赵鹏，陈阜，2008. 秸秆还田配施化学氮肥对冬小麦氮效率和产量的影响［J］. 作物学报，34（6）：1014 - 1018.

赵其国，2004. 土地资源大地母亲：必须高度重视我国土地资源的保护、建设与可持续利用问题［J］. 土壤，36（4）：337 - 339.

赵秋，2010. 北方低产土壤实用绿肥作物栽培与利用［M］. 天津：天津科技翻译出版公司.

赵文，潘运舟，兰天，等，2017. 海南商品有机肥中重金属和抗生素含量状况与分析［J］. 环境化学，36（2）：408 - 417.

赵雪梅，2007. 国内生物肥应用研究进展［J］. 赤峰学院学报（自然科学版）（3）：28 - 30.

赵义涛，姜佰文，梁运江，2009. 土壤肥料学［M］. 北京：化学工业出版社.

赵营，2006. 冬小麦/夏玉米轮作体系下作物养分吸收利用与累积规律及优化施肥［D］. 杨凌：西北农林科技大学.

赵永志，2015. 肥料面源污染防控理论策略与实践［M］. 北京：中国农业出版社.

郑国砥，陈同斌，高定，等，2005. 好氧高温堆肥处理对猪粪中重金属形态的影响［J］. 中国环境科学，25（1）：6 - 9.

周邦智，吕昕，牛卫芬，2014. 电动力学技术去除剩余污泥中铜、锌条件优化［J］. 环境工程学报，8 （7）：3018 - 3022.

周吉红，曹海军，朱青兰，等，2012. 不同类型叶面肥在不同时期喷施对小麦产量的影响［J］. 作物杂志（5）：140 - 145.

周建民，2011. 农田养分平衡与管理［M］. 南京：河海大学出版社.

周鸣铮，1987. 中国的测土施肥［J］. 土壤通报（1）：7 - 13.

周全来，赵牧秋，鲁彩艳，等，2006. 施磷对稻田土壤及田面水磷浓度影响的模拟［J］. 应用生态学报，17（10）：1845 - 1848.

朱宝国，韩旭东，张春峰，等，2016. 氮肥深追可提高玉米对^{15}N 的吸收、分配及利用［J］. 植物营养与肥料学报, 22 (6)：1696-1700.

朱昌雄, 李俊, 沈德龙, 等, 2005. 我国生物肥料标准研究进展及建议 [J]. 磷肥与复肥, 20 (4)：5-7.

朱满兴, 杨军香, 2016. 畜禽粪便资源化利用技术：集中处理模式 [M]. 北京：中国农业科学技术出版社.

朱明, 2014. 科学施肥在推进高效环保农业发展中的作用与路径 [J]. 山西农业科学, 42 (9)：984-986.

朱一民, 周东琴, 魏德州, 2004. 啤酒酵母菌对汞离子 (Ⅱ) 的生物吸附 [J]. 东北大学学报 (自然科学报), 25 (1)：89-91.

朱兆良, 1998. 肥料与农业和环境 [J]. 大自然探索 (4)：2-4.

朱兆良, 2000. 农田中氮肥的损失与对策 [J]. 土壤与环境, 9 (1)：1-6.

朱兆良, 2002. 氮素管理与粮食生产和环境 [J]. 土壤学报, 39：3-11.

朱兆良, 2008. 中国土壤氮素研究 [J]. 土壤学报, 45 (5)：778-783.

朱兆良, 文启孝, 1992. 中国土壤氮素 [M]. 南京：江苏科学技术出版社.

AL-AHMAD A, DASCHNER F, KUMMERER K, 1999. Biodegradability of cefotiam ciprofloxacin meropenem penicillin and sulfamethoxazole and inhibition of waste water bacteria [J]. Archives of Environmental Contamination and Toxicology, 37 (2)：158-163.

ÁLVAREZ JA, OTERO L, LEMA J M, et al., 2010. The effect and fate of antibiotics during the anaerobic digestion of pig manure [J]. Bioresource Technology, 101 (22)：8581-8586.

ARIKAN O A, 2008. Degradation and metabolization of chlortetracycline during the anaerobic digestion of manure from medicated calves [J]. Journal of Hazardous Materials, 158 (2)：485-490.

ARIKAN O A, SIKORA L J, MULBRY W, et al., 2006. The fate and effect of oxytetracycline during the anaerobic digestion of manure from therapeutically treated calves [J]. Process Biochemistry, 41：1637-1643.

ASUNCION L, NURIA L, MORALES S, 2002. Nickel biosorption by free and immobilized cells of *Pseudomonas fluorescens* 4F39: a comparative study [J]. Water, Air and Soil pollution, 135 (1-4)：157-172.

AYARI F, HAMDI H, JEDIDI N, et al., 2010. Heavy metal distribution in soil and plant in municipal solid waste compost amended plots [J]. International Journal of Environmental Science and Technology, 7 (3)：465-472.

BIERMAN P M, ROSEN C J, 1994. Phosphate and trace metal availability from sewage-sludge incinerator ash [J]. Journal of Environmental Quality, 23 (4)：822-830.

BRAMBILLA G, PATRIZII M, DE FILIPPIS S P, et al., 2007. Oxytetracycline as environmental contaminant in arable lands [J]. Analytica Chimica Acta, 586 (1)：326-329.

BRINTON W F, TR-NKNER A, DROFFNER M, 1996. Investigations into liquid compost extracts [J]. BioCycle, 37：68-70.

CARLSON K, YANG S, CHA J M, et al., 2004. Antibiotics in animal waste lagoons and manure stockpiles [J]. Colorado State University Agronomy News, 24：3.

CHANEY R L, COULOMBE B A, 1982. Effect of phosphate on regulation of Fe-stress response in soybean and peanut [J]. Journal Plant Nutrition, 5：469-487.

COLOMB B, DEBAEKE P, JOUANY C, et al., 2007. Phosphorus management in low input stockless cropping systems: crop and soil responses to contrasting P regimes in a 36-year experiment in southern France [J]. European Journal Agronomy, 26：154-165.

CRONIN M J, YOHALEM D S, HARRIS R F, et al., 1996. Putative mechanism and dynamics of inhibition of the apple scab pathogen *Venturia inaequalis* by compost extracts [J]. Soil Biology and Bio-

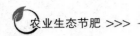
chemistry, 28: 1241 - 1249.

DANIEL T C, SHARPLEY A N, LEMUNYON J L, 1998. Agricultural phosphorus and eutrophi-cation: a symposium overview [J] . Journal of Environmental Quality, 27: 251 - 257.

DOLLIVER H, GUPTA S, 2008. Antibiotic losses in leaching and surface runoff from manure-amended agricultural land [J] . Journal of Environmental Quality, 37 (3): 1227 - 1237.

DOLLIVER H, GUPTA S, NOLL S, 2008. Antibiotic degradation during manure composting [J]. Journal of Environmental Quality, 37 (3): 1245 - 1253.

EL-HELOW E R, SABRY S A, AMER R M, 2000. Cadmium biosorption by a cadmium resistant strain of *Bacillus thuringiensis*: regulation and optimization of cell surface affinity for metal cations [J]. Biometals, 13 (4): 273 - 280.

ELLIOTT G C, LAUCHLI A, 1985. Phosphorus efficiency and phosphate-iron interaction in maize [J]. Agronomy Journal, 77: 399 - 403.

FANG L P, MENG J, 2013. Application of chemical fertilizer on grain yield in China analysis of contribution rate: based on principal component regression C-D production function model and its empirical study [J] . Chinese Agricultural Science Bulletin: 17.

GADD G M, 2009. Biosorption: critical review of scientific rationale, environmental importance and significance for pollution treatment [J] . Journal of Chemical Technology and Biotechnology, 84 (1): 13 - 28.

GAO M, LIANG F, YU A, et al., 2010. Evaluation of stability and maturity during forced-aeration composting of chicken manure and sawdust at different C/N ratios [J] . Chemosphere, 78: 614 - 619.

GBUREK W J, SHARPLEY A N, HEATHWAITE L, et al., 2000. Phosphorus management at the watershed scale: a modification of the phosphorus index [J] . Journal of Environmental Quality, 29 (1): 130 - 144.

GONG C M, INOUE K, INANAGA S, et al., 2015. Survival of pathogenic bacteria in compost with special reference to *Escherichia coli* [J] . Journal of Environmental Sciences, 17 (5): 770 - 774.

HAFEEZ F Y, 2003. 生物肥料在农业可持续发展中的应用前景 [J] . 草原与草坪 (2): 10 - 13.

HAHN M W, HOFLE M G, 1999. Flagellate predation on a bacterial model community: interplay of size selective grazing, specific bacterial cell size, and bacterial community composition [J] . Applied Environmental Microbiology, 65: 4863 - 4872.

HE Q B, SINGH B R, 1994. Crop uptake of cadmium from phosphorus fertilizer: Ⅰ. yield and cadmium content [J] . Water, Air and Soil Pollution, 74 (3 - 4): 251 - 265.

HINSBY K, MARKAGER S. Kronvang B, et al., 2012. Threshold values and management options for nutrients in a catchment of a temperate estuary with poor ecological status [J] . Hydrology and Earth System Sciences Discussions, 9 (2): 2663 - 2683.

HOWELL J M, COYNE M S, COMELIUS P, 1995. Fecal bacteria in agricultural waters of the bluegrass region of Kentucky [J] . Journal of Environmental Quality, 24 (3): 411 - 419.

HU J Y, SHI J C, CHANG H, et al., 2008. Phenotyping and genotyping of antibiotic-resistant *Escherichia coli* isolated from a natural river basin [J] . Environ-mental Science and Technology, 42 (9): 3415 - 3420.

HU X G, ZHOU Q X, LUO Y, 2010. Occurrence and source analysis of typical veterinary antibiotics in manure, soil, vegetables and groundwater from organic vegetable bases, northern China [J]. Environmental Pollution, 158 (9): 2992 - 2998.

INGHAM E R, 1999. Compost tea manual [M] . Corvallis (OR): Soil Foodweb.

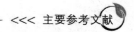

INGHAM E R, 2003. The compost tea brewing manual [M] . 4th ed. Corvallis (OR): Soil Foodweb.

INGRAM D T, MILLNER P D, 2007. Factors affecting compost tea as a potential source of *Escherichia coli* and *Salmonella* on fresh produce [J] . Journal of Food Protection, 70: 828 – 834.

ISLAM M K, YASEEN T, TRAVERSA A, et al. , 2016. Effects of the main extraction parameters on chemical and microbial characteristics of compost tea [J] . Waste Management, 52: 62 – 68.

JI X L, SHEN Q H, LIU F, et al. , 2012. Antibiotic resistance gene abundances associated with antibiotics and heavy metals in animal manures and agricultural soils adjacent to feedlots in Shanghai; China [J]. Journal of Hazardous Materials, 235: 178 – 185.

KARCI A, BALCIO-LU I A, 2009. Investigation of the tetracycline, sulfonamide, and fluoroquinolone antimicrobial compounds in animal manure and agricultural soils in Turkey [J] . Science of the Total Environment, 407 (16): 4652 – 4664.

KHALFALLAH K K, TURKI N, REBAI M, et al. , 2011. Compost and compost tea fertilization effects on soil and artichoke mineral nutrition in organic farming [J] . International Journal of Current Engineering and Technology, 5 (6): 3835 – 3842

KIM M J, SHIM C K, KIM Y K, et al. , 2015. Effect of aerated compost tea on the growth promotion of lettuce, soybean, and sweet corn in organic cultivation [J] . The Plant Pathology Journal, 31 (3): 259 – 268.

KOLZ A C, MOORMAN T B, ONG S K, et al. , 2005. Degradation and metabolite production of tylosin in anaerobic and aerobic swine-manure lagoons [J] . Water Environment Research, 77 (1): 49 – 56.

LAVADO R S, RODRIGUEZ M B, TABOADA M A, 2005. Treatment with biosolids affects soil availability and plant uptake of potentially toxic elements [J] . Agriculture, Ecosystems and Environment, 109: 360 – 364.

LEMUNYON J L, GILBERT R G, 1993. Concept and need for a phosphorus assessment tool [J]. Journal of Production Agriculture, 6: 483 – 486.

LI Y X, ZHANG X L, LI W, et al. , 2013. The residues and environmental risks of multiple veterinary antibiotics in animal faeces [J] . Environmental Monitoring and Assessment, 185 (3): 2211 – 2220.

LITTERICK A M, HARRIER L, WALLACE P, et al. , 2004. The role of uncomposted materials, composts, manures, and compost extracts in reducing pest and disease incidence and severity in sustainable temperate agricultural and horticultural crop production: a review [J] . Critical Reviews in Plant Sciences, 23 (6): 453 – 479.

LITTERICK A, WOOD M, 2009. The use of composts and compost extracts in plant disease control [M]. Oxford: Wiley Blackwell.

LIU L N, CHEN H S, CAI P, 2009. Immobilization and phytotoxicity of Cd in contaminated soil amended with chicken manure compost [J] . Journal of Hazardous Materials, 163 (2 – 3): 563 – 567.

MACKENZIE W R, HOXIE N J, PROCTOR M S, 1994. A Massive outbreak in Milwaukee of *Cryptos poridium* infection transmitted through the public water supply [J] . The New England Journal Medicine, 331: 1252 – 1256.

MAHBUB I, MICHAELP D, SHARAD C P, et al. , 2005. Survival of *Escherichia coli* O157：H7 in soil and on carrots and and onions grown in fields treated with contaminated manure composts or irrigation water [J] . Food Microbiology, 22 (1): 63 – 70.

MARCATO C E, PINELLI E, CECCHI M, et al. , 2009. Bioavailability of Cu and Zn in raw and anaerobically digested pig slurry [J] . Ecotoxicology and Environmental Safety, 72 (5): 1538 – 1544.

MARTIN R, SCOTT A, TIEN Y C, et al. , 2013. Impact of manure fertilization on the abundance of an-

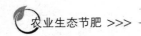

tibiotic-resistant bacteria and frequency of detection of antibiotic resistance genes in soil and on vegetables at harvest [J] . Applied and Environmental Microbiology, 79 (18): 5701 – 5709.

MARTINEZ J L, 2009. Environmental pollution by antibiotics and by antibiotic resistance determinants [J] . Environmental Pollution, 157 (11): 2893 – 2902.

MARTÍNEZ-CARBALLO E, GONZÁLEZ-BARREIRO C, SCHARF S, et al. , 2007. Environmental monitoring study of selected veterinary antibiotics in animal manure and soils in Austria [J]. Environmental Pollution, 148 (2): 570 – 579.

MENGESHA W K, POWELL S M, EVANS K J, et al. , 2017. Diverse microbial communities in non-aerated compost teas suppress bacterial wilt [J] . World Journal of Microbiology and Biotechnology, 33 (3): 49.

MILLNER P, INGRAM D, MULBRY W, et al. , 2014. Pathogen reduction in minimally managed composting of bovine manure [J] . Waste Management, 34 (11): 1991 – 1999.

MITCHELL S M, ULLMAN J L, TEEL A L, et al. , 2013. The effects of the antibiotics ampicillin, florfenicol, sulfamethazine, and tylosin on biogas production and their degradation efficiency during anaerobic digestion [J] . Bioresource Technology, 149: 244 – 252.

MOHRING S A, STRZYSCH I, FERNANDES M R, et al. , 2009. Degradation and elimination of various sulfonamides during anaerobic fermentation: a promising step on the way to sustainable pharmacy [J]. Environmental Science and Technology, 43 (7): 2569 – 2574.

MOLINEUX C J, GANGE A C, NEWPORT D J, 2017. Using soil microbial inoculations to enhance substrate performance on extensive green roofs [J] . The Science of the Total Environment, 580, 846 – 856.

ODLARE M, PELL M, SVENSSON K, 2008. Changes in soil chemical and microbiological properties during 4 years of application of various organic residues [J] . Waste Management, 28 (7): 1246 – 1253.

OLIVEIRA M, USALL J, VINAS I, et al. , 2011. Transfer of *Listeria innocua* from contaminated compost and irrigation water to lettuce leaves [J] . Food Microbiology, 28 (3): 590 – 596.

PAN X, QIANG Z, BEN W, et al. , 2011. Residual veterinary antibiotics in swine manure from concentrated animal feeding operations in Shandong Province, China [J] . Chemosphere, 84 (5): 695 – 700.

PELL A N, 1997. Manure and microbes: public and animal health problem [J] . Journal of Dairy Science, 80: 2673 – 2681.

RAMASWAMY J, PRASHER S O, PATEL RM, et al. , 2010. The effect of composting on the degradation of a veterinary pHarmaceutical [J] . Bioresource Technology, 101 (7): 2294 – 2299.

RAMOS C, AGUT A, LIDóN A L, 2002. Nitrate leaching in important crops of the Valencian Community region (Spain) [J] . Environmental Pollution, 118 (2): 215 – 23.

RICHTER D, DüNNBIER U, MASSMANN G, et al. , 2007. Quantitative determination of three sulfonamides in environmental water samples using liquid chromatography coupled to electrospray tandem mass spectrometry [J] . Journal of Chromatography A, 1157 (1): 115 – 121.

ROSIMIN A A, KIM M J, JOO I S, et al. , 2016. Simultaneous detection of pathogenic *Listeria* including a typical *Listeria innocua* in vegetables by a quadruplex PCR method [J] . Food Science and Technology, 69: 601 – 607.

SCHEUERELL S J, MAHAFFEE W F, 2002. Compost tea: principles and prospects for plant disease control [J] . Compost Science Utilization, 10: 313 – 338.

SCHEUERELL S J, MAHAFFEE W F, 2006. Variability associated with suppression of gray mold (*Botrytis cinerea*) on geranium by foliar applications of nonaerated and aerated compost teas [J] . Plant Disease, 90: 1201 – 1208.

SELVAM A, XU D, ZHAO Z, et al. , 2012. Fate of tetracycline, sulfonamide and fluoroquinolone re-
sistance genes and the changes in bacterial diversity during composting of swine manure [J]. Bioresource
Technology, 126: 383 – 390.

SHI J C, LIAO X D, WU Y B, et al. , 2011. Effect of antibiotics on methane arising from anaerobic di-
gestion of pig manure [J]. Animal Feed Science and Technology (166 – 167): 457 – 463.

SINGH P K, TRIPATHI P, DWIVEDI S, et al. , 2015. Fly-ash augmented soil enhances heavy metal ac-
cumulation and phytotoxicity in rice (Oryza sativa L.); a concern for fly-ash amendments in agriculture
sector [J]. Plant Growth Regulation, 78 (1): 1 – 10.

STONE J J, CLAY S A, ZHU Z W, et al. , 2009. Effect of antimicrobial compounds tylosin and chlortet-
racycline during batch anaerobic swine manure digestion [J]. Water Research, 43 (18): 4740 – 4750.

SU D C, WONG J W C, 2004. Chemical speciation and phytoavailability of Zn, Cu, Ni and Cd in soil a-
mended with fly ash-stabilized sewage sludge [J]. Environment International, 29 (7): 895 – 900.

TOYOTA K, 2004. Suppression of bacterial wilt of tomato by Ralstonia solanacearum by incorporation of
composts in soil and possible mechanisms [J]. Microbes Environments, 19: 53 – 60.

TRÄNKNER A, 1992. Use of agricultural and municipal organic wastes to develop suppressiveness to plant
pathogens [J]. Biological control of plant diseases: 35 – 42.

TURKER G, AYDIN S, AKYOL C, et al. , 2016. Changes in microbial community structures due to var-
ying operational conditions in the anaerobic digestion of oxytetracycline-medicated cow manure [J]. Ap-
plied Microbiology and Biotechnology, 100 (14): 6469 – 6479.

VAREL V H, WELLS J E, SHELVER W L, et al. , 2012. Effect of anaerobic digestion temperature on
odour, coliforms and chlortetracyclile in swine manure or monensin in cattle manure [J]. Journal of Ap-
plied Microbiology, 112 (4): 705 – 715.

WALLENHAMMAR A C, ARWIDSSON O, 2001. Detection of Plasmodiophora brassicae by PCR in nat-
urally infested soils [J]. European Journal of Plant Pathology, 107 (3): 313 – 321.

WELTZIEN H C, 1990. The use of composted materials for leaf disease suppression in field crops [J].
Monograph British Crop Protection Council, 45: 115 – 120.

WU C X, SPONGBERG A L, WITTER J D, et al. , 2010. Uptake of pharmaceutical and personal care
products by soybean plants from soils applied with biosolids and irrigated with contaminated water [J].
Environmental Science and Technology, 44 (16): 6157 – 6161.

WU X F, WEI Y S, ZHENG J X, et al. , 2011. The behavior of tetracyclines and their degradation prod-
ucts during swine manure composting [J]. Bioresource Technology, 102 (10): 5924 – 5931.

YANG Q X, REN S W, NIU T Q, et al. , 2014. Distribution of antibiotic resistant bacteria in chicken
manure and manure fertilized vegetables [J]. Environmental Science and Pollution Research, 21 (2):
1231 – 1241.

ZHANG M, HEANEY D, SOLBERG E, et al. , 2000. The effect of MSW compost on metal uptake and
yield of wheat, barley and conola in less productive farming soils of Alberta [J]. Compost Science and
Utilization, 8 (3), 224 – 235.

ZHOU L J, YING G G, LIU S, et al. , 2013. Excretion masses and environmental occurrence of antibiotics in
typical swine anddairy cattle farms in China [J]. Science of the Total Environment, 444: 183 – 195.

ZHU J H, LI X L, CHRISTIE P, et al. , 2005. Environmental implications of low nitrogen use efficiency
in excessively fertilized hot pepper (Capsicum frutescens L.) cropping systems [J]. Agriculture Eco-
systems and Environment, 111 (1 – 4): 70 – 80.

图书在版编目（CIP）数据

农业生态节肥 / 贾小红等编著 . —北京：中国农
业出版社，2020.5
农业生态论著
ISBN 978-7-109-25807-5

Ⅰ．①农…　Ⅱ．①贾…　Ⅲ．①施肥—技术　Ⅳ.
①S147.2

中国版本图书馆 CIP 数据核字（2019）第 173655 号

中国农业出版社出版
地址：北京市朝阳区麦子店街 18 号楼
邮编：100125
责任编辑：李　晶　　文字编辑：史佳丽
版式设计：王　晨　　责任校对：刘丽香
印刷：中农印务有限公司
版次：2020 年 5 月第 1 版
印次：2020 年 5 月北京第 1 次印刷
发行：新华书店北京发行所
开本：787mm×1092mm　1/16
印张：25.5
字数：580 千字
定价：128.00 元